Σ BEST
シグマベスト

塾で教える高校入試

理科

塾技

改訂版

森 圭示 著

文英堂

『塾で教える高校入試理科 塾技80』刊行のきっかけ

Z会進学教室講師　森　圭示

『塾技理科』刊行のきっかけは大きく分けて2つあります。
その1つが，生徒からの質問でした。
「先生，どうして酸化マグネシウムはMgOで，酸化銀はAg_2Oと2が入るのですか？」
私はその生徒に聞きました。
「学校ではどう教わったの？」
「よく出る化学式は全て暗記しなさいと言われました…。」

理科嫌いとなる原因の1つに「理科は暗記科目」と思ってしまうことがあります。私は常日頃から「理科は暗記科目ではなく，原理・原則をしっかり理解しなければ成績は伸びない科目」と話しています。先ほどの内容ですが，『塾技理科』では結合の手の数で説明しています。原子は他の原子と結びつくとき，結びつくための結合の手の数が決まっています。MgとOはともに結合の手の数が同じ2本なので，仲良く1個ずつ結びつきます。これに対して，Agは結合の手の数が1本なので，手の数が2本のO原子と結びつくためにはAgが2個必要となるわけです。これを生徒に教えると，
「そんな簡単なことだったんだ！」
とあっという間に明るい表情になりました。きちんと原理・原則を伝えて理科嫌いにならないようにさせたい。これが，刊行のきっかけの1つです。

そしてもう1つが，市販の理科の参考書の多くが物質・エネルギー分野と生命・地球分野，もしくは学年別に分かれていることでした。生徒にとっては「これ1冊を完璧にすればよい！」という方が負担感も少なく，やる気の向上にもつながるはずです。そこで，1冊で高校入試の理科の内容はもちろん，暗記ではない本質が理解できる本を刊行しようと考えたわけです。

ひとりでも多くの生徒が理科の楽しさ・奥深さを感じつつ，志望校合格を勝ち取って欲しい。『高校入試理科塾技80』はそんな願いを込めて作成した1冊です。

生命・地球

中１で習う分野

中２で習う分野

中３で習う分野

1 教科書の内容＋塾独自の「塾技」を学べる！

- 現役塾講師が，**塾で教える「塾技」を公開！**　教科書の内容はもちろん，塾独自の内容を随所に取り入れた，今までにない参考書兼問題集です。
- 理科は暗記科目ではありません。本書では，**理科の本質**が学べます。
- 現在，中学と高校の理科の内容はあまりにかけ離れていますが，本書では一部，高校で学習する内容にも触れているため，**中学から高校への橋渡し的役割**も果たします。

2 入試で必要な内容を学年毎に１冊で完全網羅！

- 学年別・分野別に内容を展開。**日頃の学習から入試対策まで**，入試をひかえた３年生はもちろん，**早めの入試対策**をしたいという１年生・２年生すべての生徒さんが活用できます。
- 物質・エネルギー・生命・地球の全分野をこの１冊ですべて学べます！

3 無理なく入試レベルの実力が身につく構成！

- 「塾技要点」→「塾技解説」→「塾技チェック！問題」→「チャレンジ！入試問題」と入試レベルまで**段階的な力の向上が可能**です！
- 見開きページで１つの塾技が完結。別冊解答には問題文も掲載し，別冊解答単独での持ち運びも可能に。**わかりやすさはもちろん使いやすさも追求**しました。

4 図・表を多く取り入れ，視覚的にも理解しやすい！

- 「塾技」本文を縦２段に分割し，**右側と左側で説明と図・表を対応**させているため，すっきりと見やすく理解を促す紙面になっています。
- 図・表を通して入試直前のチェックや学校の定期試験前のチェックも簡単にできます。

5 巻末の用語チェックで実力 UP ！

- 教科書レベルの**基本的な用語の確認**から，**本質を理解するために必要な深い知識**まで幅広く確認できます。
- 「塾技」本文で入試に必要な知識を集中的に学習し，「用語チェック」で付随的に学習する。「塾技」本文と切り離すことで，より効率よく学習できるようにしました。

本書の使用法

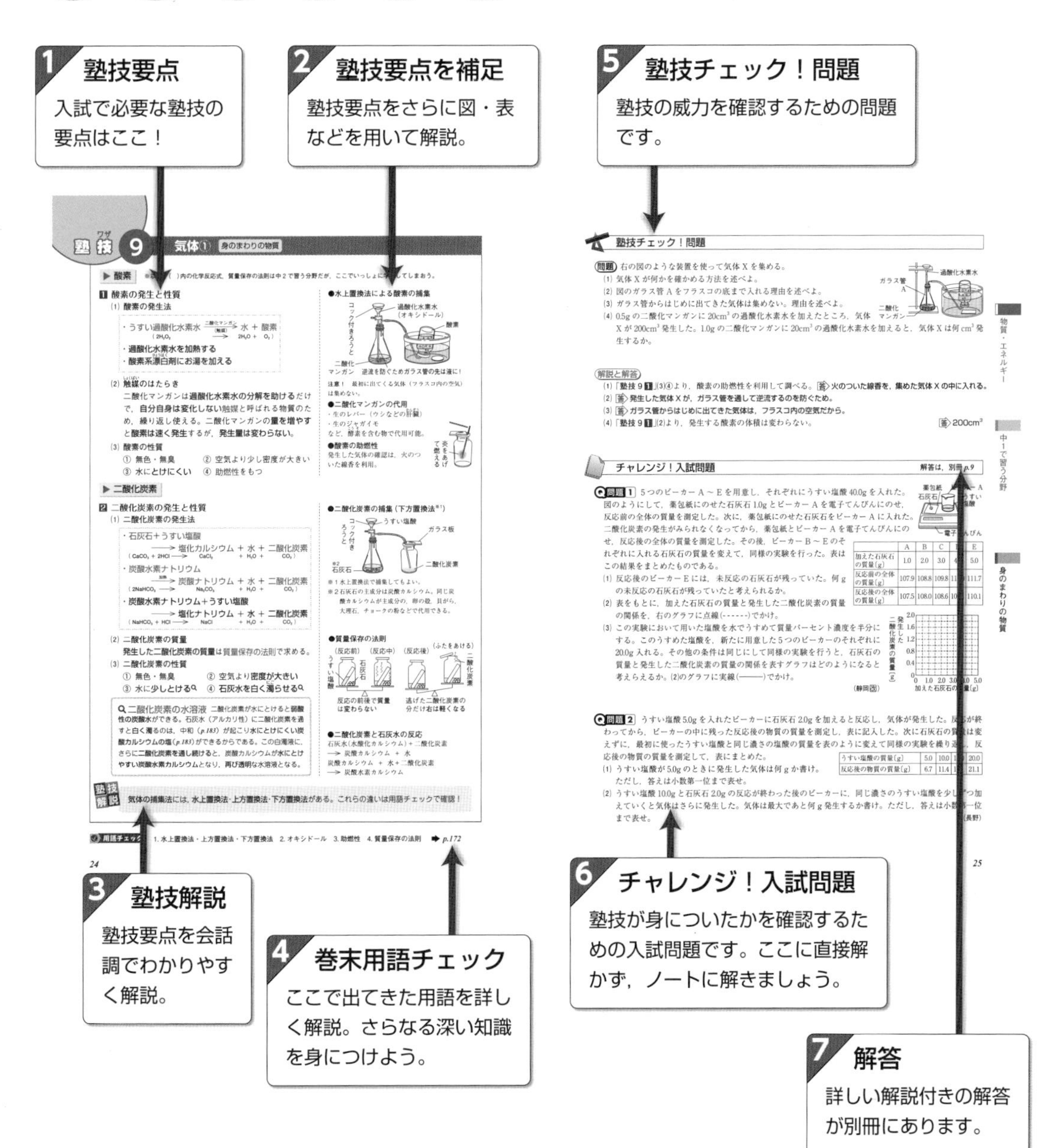

塾技使用法の流れ

1 **2** 各塾技要点の確認をする。

3 **4** 塾技解説・用語チェックを通して塾技要点についての理解を深める。

5 「塾技チェック！問題」で，塾技を使用した問題の解法を確かめる。

6 「チャレンジ！入試問題」で，塾技を実際の入試問題を用いて実践する。

7 別冊解答で「チャレンジ！入試問題」の答え合わせをする。

以上の流れを最低2回はくり返す。反復することで解法の流れが完全に身につきます。

塾技 1 光の反射 身のまわりの現象

▶ 光の反射

1 反射の法則

光は**直進**する。直進した光が鏡などの面に当たって反射するとき，**入射角＝反射角**が成り立つ。これを**反射の法則**という。

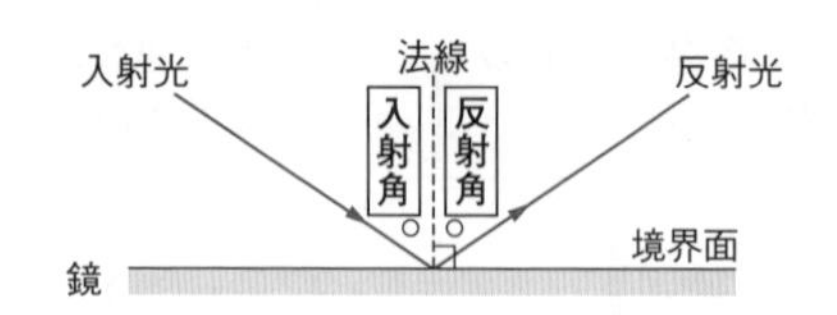

2 鏡の回転角の求め方

入射光の向きは変えずに鏡を回転させて反射光をずらすとき，

反射光のずれる角度 ＝ 鏡の回転角 × 2

という関係が成り立つ。（別冊 *p.1* 参照）

例　右の図で，入射光の向きは変えずに点Pを中心に鏡を時計回りに15°回転させると，反射光が15 × 2 = 30°ずれ，入射光と反射光の間の角度は90°から，90 + 30 = 120°になる。

入射光　反射光　P　鏡

3 鏡にうつる像

(1) **鏡に反射する光の経路の作図手順**

手順① 鏡面に対して光源（物体）と対称な点（像）をとる。

手順② 像と目を直線で結び，鏡面との交点をとる。

手順③ 光源と**手順②**でとった点を結ぶ。

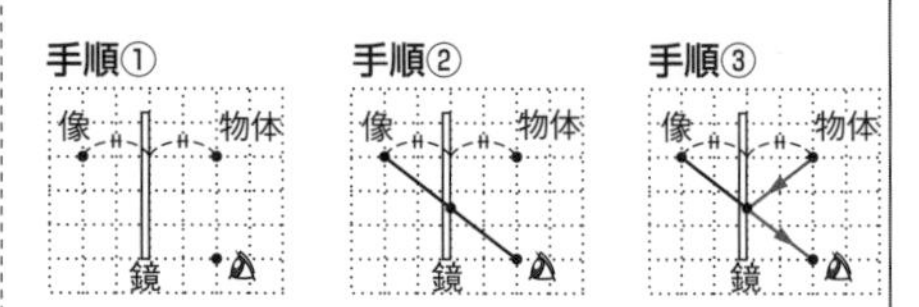

(2) **鏡にうつした物体が見える範囲の作図**

方法① 像を作図し，像と鏡の両端を通る2つの直線を作図する。

方法② 光源から鏡の両端に入射光を引き，反射の法則から反射光を作図する。

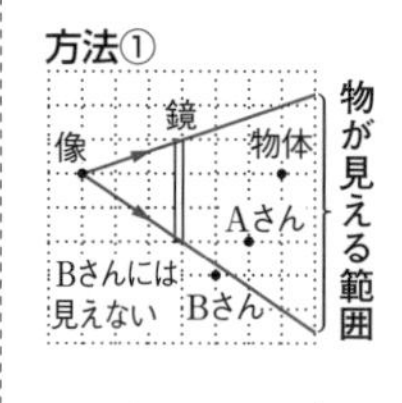

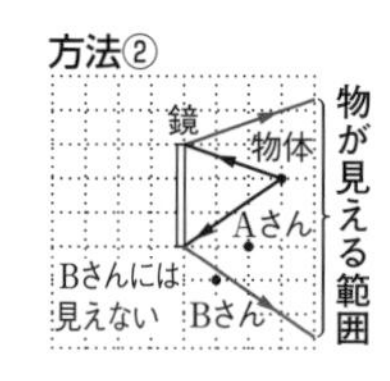

(3) **全身を鏡で見るための鏡の長さと位置**

必要な長さ：身長 × $\frac{1}{2}$

鏡の上端の位置：身長 － 頭上から目の高さ × $\frac{1}{2}$

鏡の下端の位置：つま先から目の高さ × $\frac{1}{2}$

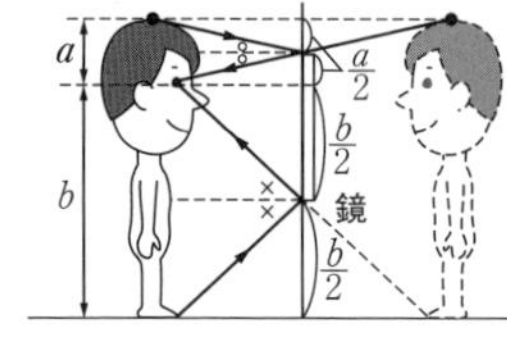

鏡で全身を見るには鏡の上下の長さが身長の半分以上あればよい。鏡からの距離と見える範囲は関係ない。

(4) **2枚の鏡の垂直合わせ**

2枚の鏡を垂直に組み合わせて物体Aを置くと，**それぞれの鏡に像A′とA″**ができ，さらに，互いの鏡の像の中に，A′の像とA″の像が重なった，**実物と左右が同じ像A‴**の合計**3つの像**ができる。

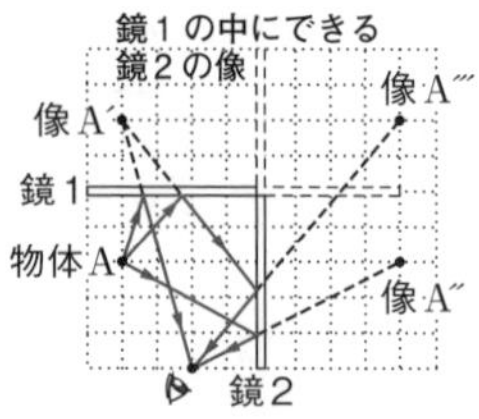

鏡1に像A′がうつり，鏡2に像A″がうつる。さらに像A′の像A‴がうつる。A‴は像の像で，実物と左右が同じに見える。

塾技解説

2枚の合わせ鏡の**像の数**は**鏡と鏡の間の角度**で決まり，$\frac{360}{\text{鏡と鏡の角度}} - 1$ で求めることができる！

例えば，上の**3**(4)の2枚の鏡の垂直合わせでは，像の数は$\frac{360}{90} - 1 = 3$と求められるというわけだ。

✓ 用語チェック　1. 光の直進　2. 法線　3. 入射角　4. 反射角　5. 光源　6. 像　➡ *p.168*

塾技チェック！問題

問題 右の図で，鏡の前の点Aに物体が置いてある。物体が鏡にうつって見える位置は点ア～オのどこかすべて選び，記号で答えよ。

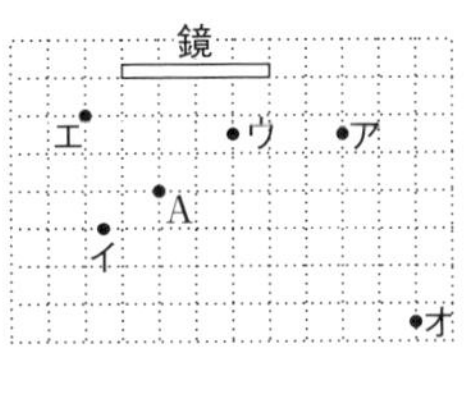

解説と解答 「塾技１❸」

(2)**方法②**を利用して見える範囲を作図すると，右の図のようになる。図より，イ，ウ，オは見える。

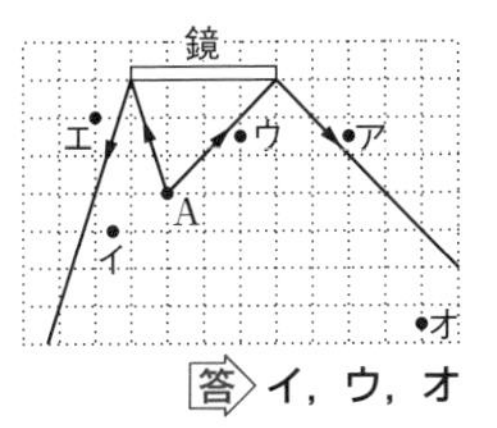

答 イ，ウ，オ

チャレンジ！入試問題

解答は，別冊 ***p.1***

Q問題１ 光源装置から出た１本の光が，鏡で反射するときの様子を観察した。

> 観察１　図１のように光源装置から，鏡上の点Pに向けて１本の光を当てて，入射角と反射角を調べた。
> 観察２　図２のように，光源装置の位置と向きおよび点Pの位置をそのままにして，点Pを中心に鏡を10°だけ反時計回りに回転させ，入射角と反射角の変化を調べた。なお，鏡の厚さは無視する。

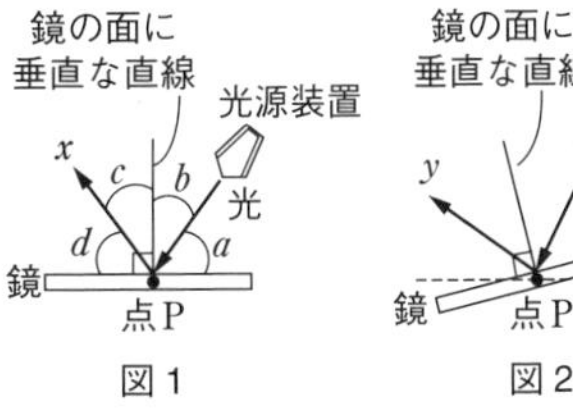

図１

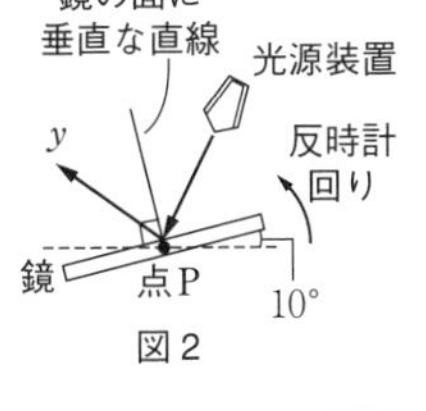

図２

(1) 観察１で，鏡に対する光の入射角と反射角は，図１のそれぞれどれか。正しい組み合わせを右のア～エから１つ選べ。

	ア	イ	ウ	エ
入射角	a	a	b	b
反射角	c	d	c	d

(2) 観察２での反射光 y の方向は，観察１での反射光 x の方向と比べてどのように変化するか。次のア～オから１つ選べ。

ア　反時計回りに5°　　イ　反時計回りに10°　　ウ　反時計回りに20°
エ　反時計回りに30°　　オ　反時計回りに45°

（高田高）

Q問題２ 図１は，光を鏡で反射させて消しゴムに当て，光の反射の仕方を調べる装置を模式的に示したものである。図２は，鏡を２枚直角に合わせて垂直に立て，その鏡の前にサイコロを置いて像を観察する装置を模式的に示したものである。これについて，下の(1)・(2)に答えよ。

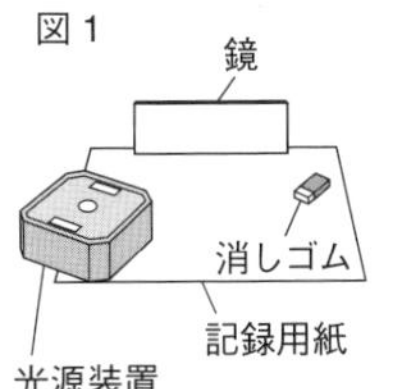

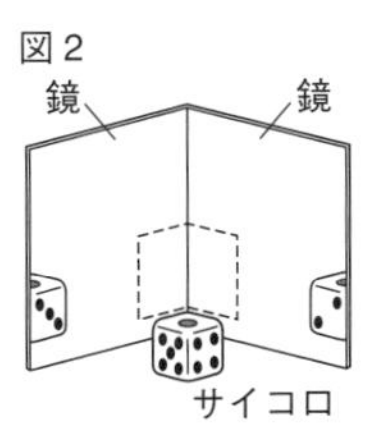

(1) 右の図は，図１の光源装置から光が出る位置を点Aとし，消しゴムに光が当たる位置を点Bとしたときの，点A，点B，鏡の位置関係を模式的に示したものである。点Aから出た光が反射して点Bまで進むためには，光を鏡のどこの位置に当てればよいか。図中のア～オの位置の中から適切なものを選び，その記号を書け。

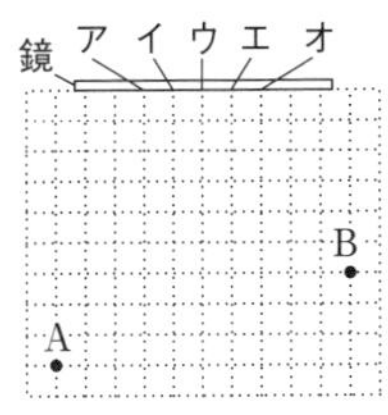

(2) 図２中の［破線の枠］には，サイコロの像が見えている。次のア～エの中から，この像の見え方として適切なものを選び，その記号を書け。

ア 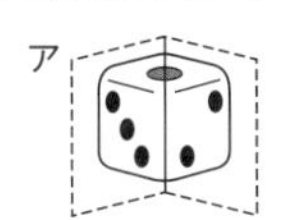
イ 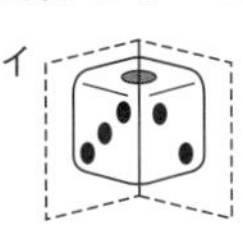
ウ 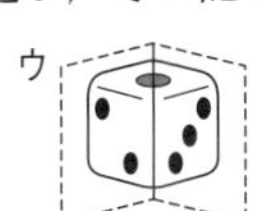
エ 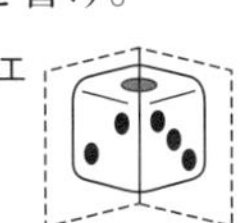

（広島）

物質・エネルギー
中１で習う分野
身のまわりの現象

塾技（ワザ） 2 光の屈折 身のまわりの現象

▶ 光の屈折

1 入射角と屈折（くっせつ）角の関係

(1) **光の屈折と物質の密度（みつど）**

光が空気のような**密度の低い物質**から，水やガラスのような**密度の高い物質にななめに入射**すると，光は**入射角＞屈折角**となるように屈折する。
水→空気の場合は，**光の逆進**を考えるとよい。

入射角＞屈折角　　屈折角＞入射角

(2) **空気→ガラス→空気**

① 直方体ガラス・三角プリズム
入射するときと出るときの**2度屈折**する。

② 半円形ガラス
半円の**中心に向かって入射する光**は，**ガラスの中を直進し，中心から出る**とき屈折する。

左の図のように，中心に向かって入射する光はガラス面に対して垂直になるためそのまま直進する。

(3) **全反射**

密度が高い物質から低い物質へと光が進むとき，**入射角がある一定の角**（臨界（りんかい）角）になると**屈折角が90°**になり，**臨界角を超える**と光は屈折できず，すべて反射する。これを全反射といい，**光ファイバーなど**に**応用**されている。

臨界角：水→空気　約49°，ガラス→空気　約42°

2 全反射プリズム

断面が**直角二等辺三角形のプリズム**に**垂直に光を入射**させると，**全反射**により光の方向を**90°（図1）または180°（図2）変える**ことができる。このようなプリズムを全反射プリズムという。

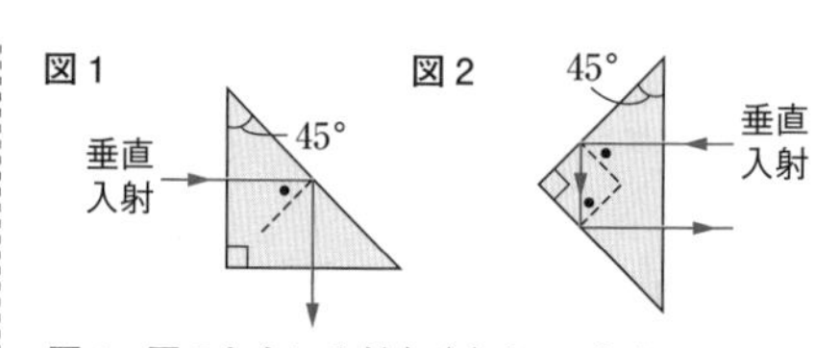

図1，図2ともに入射角（●）が45°となるのでガラス→空気の臨界角42°を超え，全反射する。

3 身近な光の屈折の例

例① 水中にななめに入れたはしは，**折れ曲がって短く見える**。

例② ガラス板を通して物体を見ると，物体が実際の位置から**観察方向と反対方向にずれて見える**。

例③ おわんに水を入（い）れる前には見えなかったコインが，水を入れると**浮かび上がって見える**。

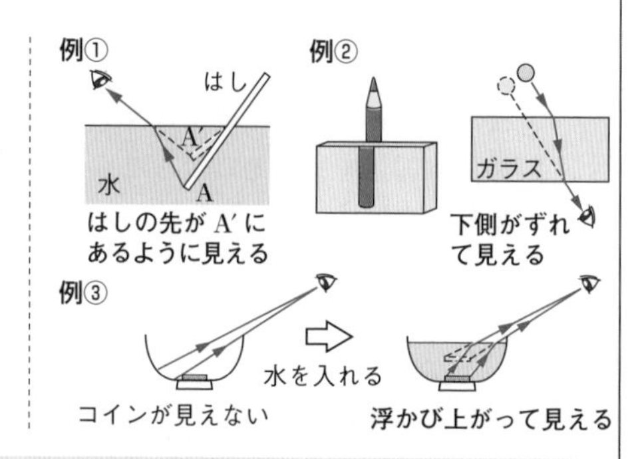

光の屈折は，光が通過する**物質の密度の違い**により**光の速さが変わる**ことで起こる。詳しくは，用語チェックで確認を。あと，**光が屈折する**ときは，**一部の光が反射している**ことも忘れないように！

用語チェック　1. 屈折　2. 屈折角　3. 光の逆進　4. プリズム　5. 光ファイバー ➡ p.168

塾技チェック！問題

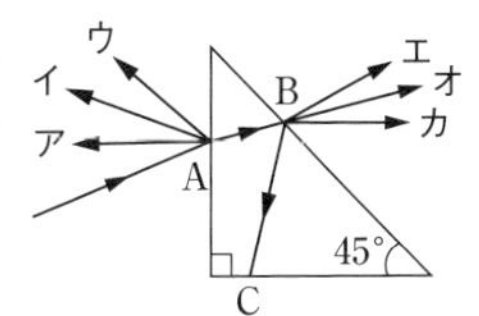

問題 右の図のように，三角形のガラスに光を当てたとき，光は図のA，B，Cの点を通りガラスの外に出た。A点で光の一部は反射して違う向きにも進み，B点では光の一部が屈折(くっせつ)してガラスの外に進んだ。

(1) A点でガラスの中に入らない光の進む向きはア，イ，ウのどれか。

(2) B点でガラスの外に進んだ光の向きはエ，オ，カのどれか。

解説と解答

(1) 入射角と反射角は等しいので，イとわかる。 答 イ

(2) ガラスから空気に進む光は 屈折角＞入射角 となるように屈折するので，カとわかる。 答 カ

チャレンジ！入試問題

解答は，別冊 *p.2*

Q 問題 1 透明な物質中での光の進み方について調べた。

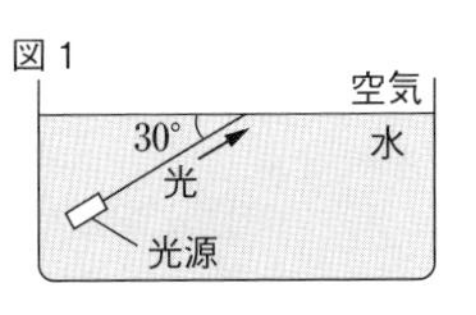

(1) 図1のように，水中に光源を置き，水面に向けて光を当てた。水面と光の進む向きのつくる角度が30°のとき，屈折する光は観察されなかった。このことについて説明した次の文中のaには数値を，bには最も適当なことばを書け。

> 図1において屈折する光はなく，反射角 [a] °で反射する光だけが観察された。この現象を [b] という。

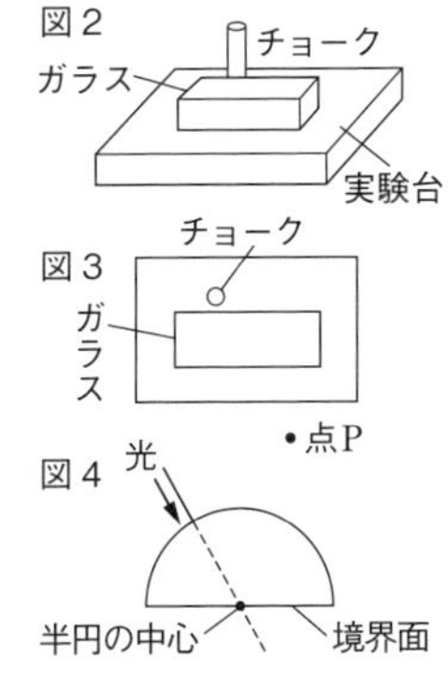

(2) 図2のように，実験台上に直方体の透明なガラスを置き，その後ろにチョークを立てた。図3は図2を真上から見たときの位置関係を示している。図3の点Pの位置からガラスを通してチョークを観察すると，どのように見えるか。次のア～エから1つ選べ。

ア

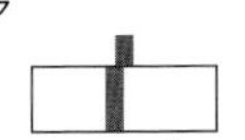

イ

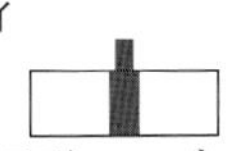

ウ

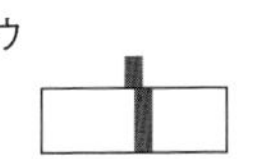

エ

(3) 図4のように，半円形レンズの半円の中心方向へ光を入射した。光がレンズ中を進み，境界面で屈折し空気中へ出ていく道筋を図の中に実線でかけ。

（鹿児島）

Q 問題 2 光の進み方を調べるために次の実験を行った。

実験 図1のような直角三角形の底面をもつ三角柱のガラスを用意した。ガラスの置き方をいろいろ変えて，図2のように水平な方向から光源装置の光を当て，光の進み方を調べた。図3，図4は，ガラスをそれぞれの図のように置いたときの，真上から見た光の道すじを矢印で示したものである。

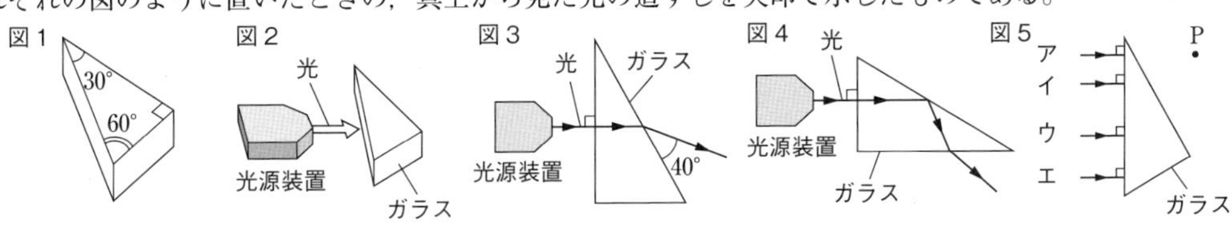

(1) 図3において，光がガラス内から空気中へ出ていくときの入射角と屈折角は，それぞれ何度か。

(2) 図5のようにこのガラスを置き，ガラスの左側から光源装置の光をガラスの面に垂直に当てたところ，ガラス内を通った光はP点を通った。このとき，ガラスに当てた光源装置の光として，最も適当なものはどれか，図3，図4にもとづいて図5のア～エから選べ。ただし，図5は真上から見たものである。

（北海道）

塾技(ワザ) 3 凸レンズの像 身のまわりの現象

▶ 凸レンズの像

1 凸(とつ)レンズを通る光の進み方

点とみなせる光源から**四方に出る光**のうち，**凸レンズに入射する光の進み方**には次の４種類がある。

光① 光軸(こうじく)に平行に進んで入射した光は焦点(しょうてん)を通る
光② レンズの中心を通る光はそのまま直進
光③ 焦点を通って入射した光は光軸に平行に進む
光④ ①～③以外の光は，レンズで屈折(くっせつ)後，光の集合点に向かう

像の作図は**光①～③のうちの２本を作図**する。

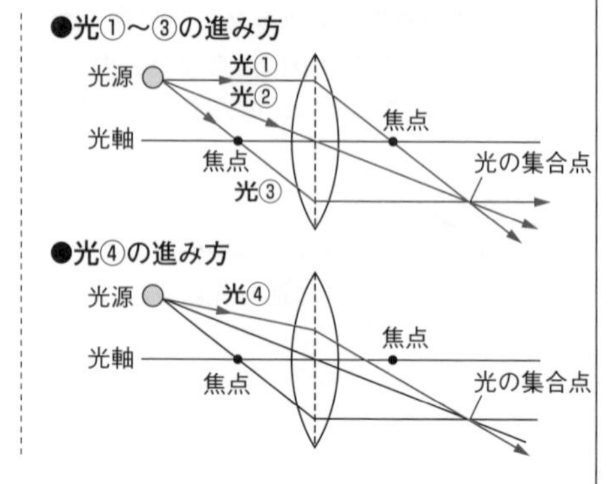

2 凸レンズがつくる像

(1) **光源の位置と像の大きさ・種類**

光源とレンズ間の距離を a，焦点距離を f とする。

① $a>2f$：実物より小さい倒立実像(とうりつじつぞう)
② $a=2f$：実物と同じ大きさの倒立実像
③ $f<a<2f$：実物より大きい倒立実像
④ $a=f$：屈折光がすべて平行になり像ができない。
⑤ $a<f$：実物より大きい正立虚像(せいりつきょぞう)

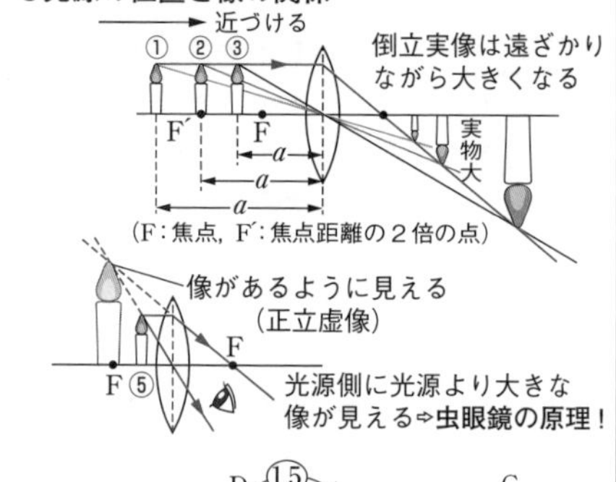

(2) **よく出題される特徴的な像**

(1)で，$a=1.5f$ のとき**像の大きさ**は**実物の２倍**となり，**レンズから像までの距離**は **$2a$** となる。

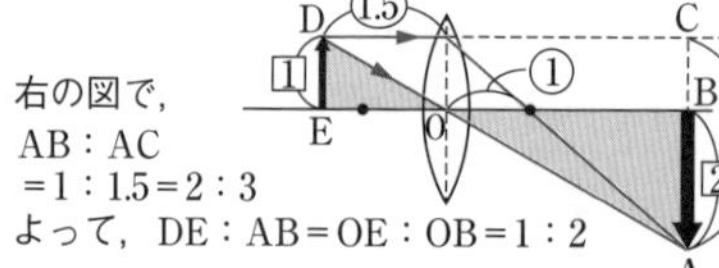

右の図で，
AB：AC
＝1：1.5＝2：3
よって，DE：AB＝OE：OB＝1：2

(3) **凸レンズの厚さと焦点距離**

同じ材質の凸レンズでは，**中心のふくらみが厚い**ほど入射角が大きくなり，屈折角も大きくなるため**焦点距離が短くなる。**光源からレンズまでの距離が同じ場合，**焦点距離が短くなる**と，**レンズから像ができるまでの距離**は**短く**なり，**像**は**小さく**なる。

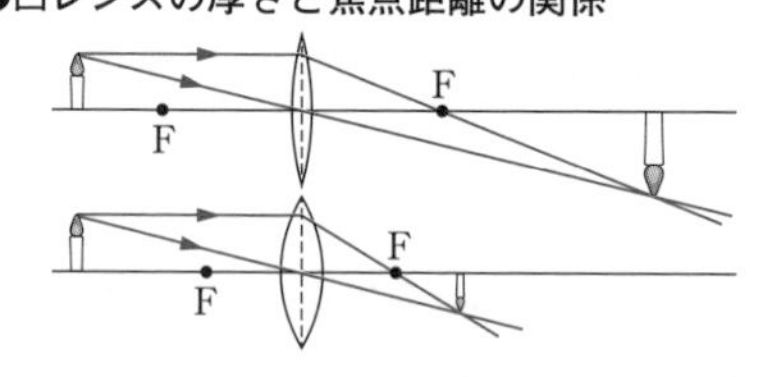

3 凸レンズの利用

顕微鏡(けんびきょう)や**天体望遠鏡**には**２枚の凸レンズ**がついている。**対物レンズ**で**倒立実像**をつくり，**接眼レンズ**で倒立実像を拡大した倒立虚像をつくる。

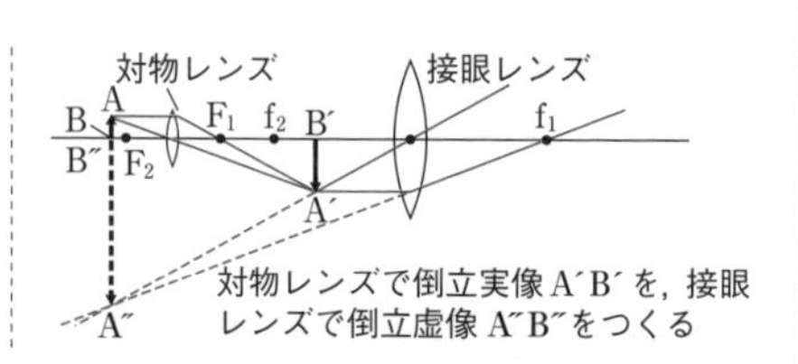

凸レンズでは**レンズの半分をおおったときの見え方**もよく出題される。この場合，光①と②の作図で**像はできる**けど，光量が少なくなるため**像が暗くなる**。あと，**レンズの公式**も用語チェックで確認だ！

用語チェック 1. 凸レンズ 2. 焦点 3. 焦点距離 4. 倒立実像 5. 正立虚像 6. レンズの公式 ➡ *p.169*

塾技チェック！問題

問題 右の図で，物体と凸(とつ)レンズの間の距離と，凸レンズとスクリーンの間の距離がともに24cmとなったとき，スクリーンに物体のはっきりした像がうつった。

(1) この凸レンズの焦点(しょうてん)距離は何cmか。

(2) 観察者が見た像をかけ。

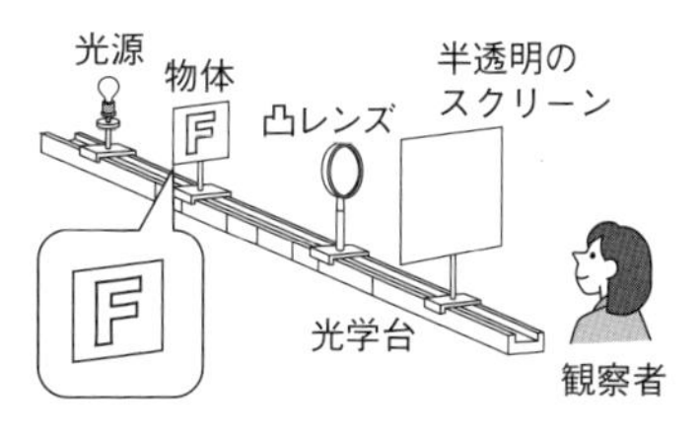

解説と解答

(1) 物体は焦点距離の2倍の位置にある。

答 12cm

(2) 像の向きは，物体と反対側からスクリーンを見ると上下左右が逆の像が見え，光源側からスクリーンを見ると上下のみが逆の像が見える。

答

チャレンジ！入試問題

解答は，別冊 p.3

Q 問題 1 図1のように，物体（火のついたろうそく），凸レンズ，スクリーン，光学台を用い，スクリーン上に物体の像をはっきりとうつす実験を行った。これについて，あとの各問いに答えよ。

図1 （物体（火のついたろうそく），スクリーン，光学台，凸レンズ）

(1) 凸レンズをはさみ焦点距離の2倍の位置に，物体，スクリーンを置き，スクリーン上に物体の像をはっきりとうつす実験を行った。図2は，この実験を模式的に表したものであり，―▶は点Pから点Qに進んだ光の道すじを示している。点Pから点Qに進んだ光が，その後進む道すじを――を使って，図にかき入れよ。ただし，光は，凸レンズの中心を通る線上で屈折(くっせつ)しているものとする。

図2 （物体（火のついたろうそく），凸レンズ，P，Q，焦点，焦点，スクリーン，凸レンズの軸，凸レンズの中心）

(2) 凸レンズを固定して，物体より大きい像をスクリーン上にはっきりとうつすには，物体を光学台上のどの位置に置くことが必要か，その範囲を簡単に書け。

(3) (1)で行った実験で用いた凸レンズより焦点距離の短い凸レンズにかえて，スクリーン上に物体の像をはっきりとうつした。このとき，凸レンズからスクリーンまでの距離とうつる像の大きさは，(1)で行った実験のときと比べて，それぞれどのようになるか。最も適当なものを次のア～エから1つ選び，その記号を書け。ただし，焦点距離の短い凸レンズと物体は，図2に示した凸レンズと物体の位置にそれぞれ固定し，物体の大きさは変わらないものとする。

ア　距離は長くなり，像は大きくなる。　　イ　距離は長くなり，像は小さくなる。
ウ　距離は短くなり，像は大きくなる。　　エ　距離は短くなり，像は小さくなる。

（三重）

Q 問題 2 棒状の光源PQ，凸レンズ，スクリーン，光学台を使って，右図のような装置を組み立てて，スクリーンにできる光源の像P′Q′を観察した。まず，光源PQ，凸レンズ，スクリーンの位置を調節して，スクリーンにできる像P′Q′の大きさがPQの2倍になるようにした。

（棒状の光源，凸レンズ，P，Q，光学台）

(1) このとき，凸レンズからPQまでの距離と，凸レンズの焦点距離との関係を正しく表している式を，下のア～オのうちから選び，記号で答えよ。ただし，凸レンズからPQまでの距離を a〔cm〕，凸レンズの焦点距離を f〔cm〕とする。

ア　$a > 2f$　　イ　$a = 2f$　　ウ　$2f > a > f$　　エ　$a = f$　　オ　$f > a > 0$

(2) このとき，凸レンズからスクリーンまでの距離は，凸レンズからPQまでの距離の何倍か。

（清風高）

▶ 音の伝わりと性質

1 音が伝わる理由

音源が**振動**し，その**振動**が空気などの**音を伝える物質**に**次々と伝わる**ことで音が伝わる。このようにして広がる**音の波**を**音波**という。

●音を伝える物質と音が伝わる速さ
気体＜液体＜固体の順に速くなる
例 空気：約 340m/s
水：約 1500m/s
鉄：約 6000m/s

2 波形の変化と音

(1) 山と谷ができる理由

音源が 1 回振動すると，音源のまわりの**空気の密度が変化**するために **1 組の山と谷**ができる。例えば音さをたたくと，音さに**引かれる空気**は膨張して**うすく**なり，音さに**押される空気**は圧縮して**密**になる。

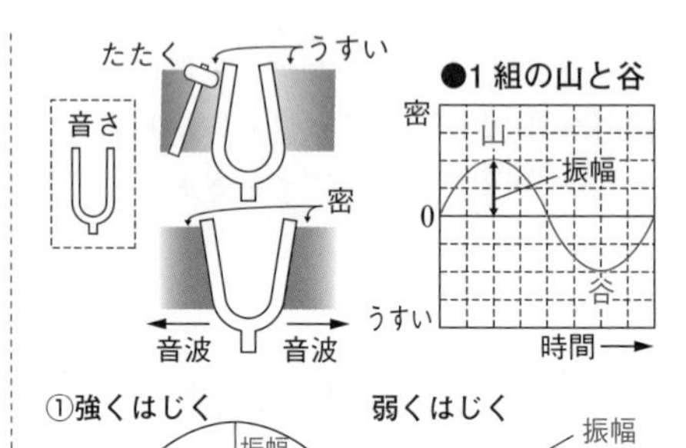

(2) 波形と音の大きさ・高さの関係

① **振幅が大きい**ほど**音は大きい**
モノコードで，弦を**強くはじく**ほど振幅が大きくなり，**大きな音**が出る。

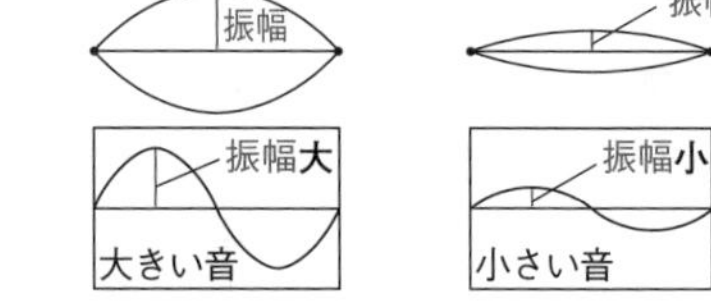

② **振動数が多い(波長が短い)**ほど**音は高い**
<モノコードの弦と音の高さの関係>

弦＼音	長さ	張り方	太さ
高い音	短い	強い	細い
低い音	長い	弱い	太い

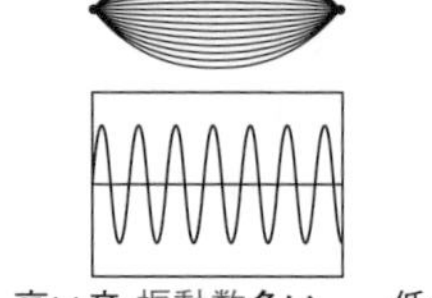

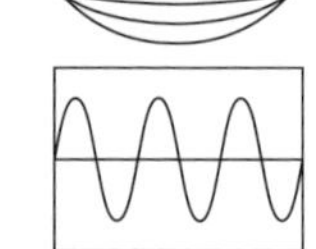

高い音 振動数**多い** 波長**短い**　低い音 振動数**少ない** 波長**長い**

(3) 弦を 1 回はじいたときの音の変化

弦を 1 回はじくと，**音の大きさは時間とともに小さくなる**が，**音の高さは一定で変わらない**。つまり，**振動数は変わらず，振幅のみ小さくなっていく**。

●弦を 1 回はじいたときの波形の変化

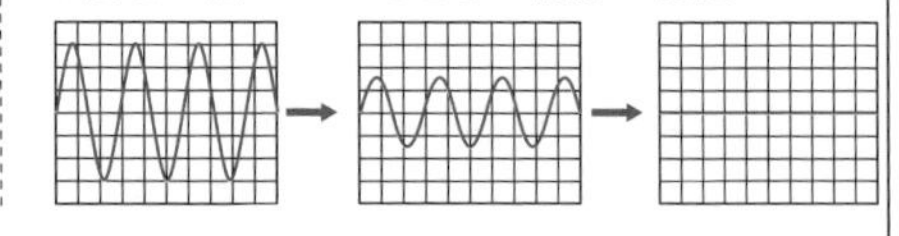

3 音の性質・現象

音は**反射する性質**をもつ。また，**共鳴**，**ドップラー効果**などの現象を起こす。

> **ドップラー効果** 音源が動くことで音の高さが変わって聞こえる現象。音源が近づくと音の波が縮められ，振動数が多くなるため音が高く聞こえ，音源が遠ざかると音の波がのばされ，振動数が少なくなるため音が低く聞こえる。

●ドップラー効果と波長
例えば，近づいてくる音源が 10 秒間鳴らした音を人が 9 秒間で聞くと，10 秒分の音波が 9 秒の中につまることで振動数が多くなり，鳴らした音より高く聞こえる。

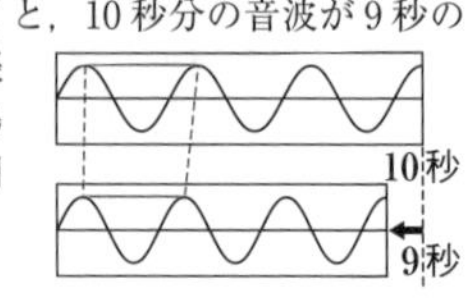

モノコードでは，**音の高さは弦の長さ・太さに反比例**する。また，**張りが 4 倍，9 倍，…，になると，音の高さが 2 倍，3 倍，…，になる**。ドップラー効果は，難関私立高校でよく出題されるので要注意。

用語チェック 1. 振幅 2. モノコード 3. 振動数 4. 波長 5. 音の反射 6. 共鳴 ➡ p.169

塾技チェック！問題

問題 右の図は，3種類の音さの音をオシロスコープ（音を波で表す装置）を用いてグラフにしたものである。

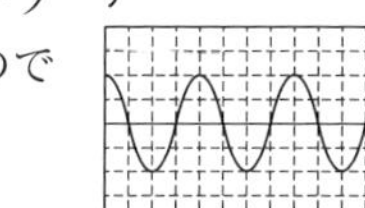

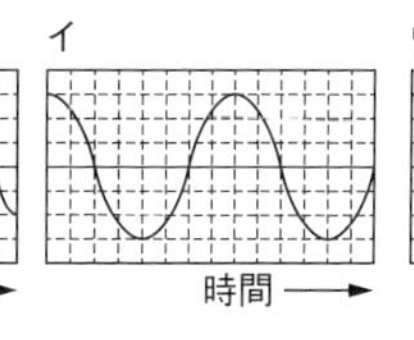

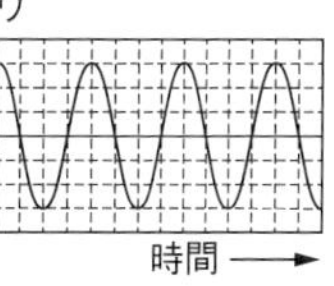

(1) 共鳴(きょうめい)する音さの組を記号で答えよ。
(2) 音の大きさが同じ音さの組を記号で答えよ。
(3) 横の1目盛りが0.005秒のとき，アの音さの振動数は何Hzか。

解説と解答

(1) 同じ高さの音を出す音さは共鳴するので，振動数が等しい音さの組を選べばよい。アとウはともに横の目盛りが4目盛りで1回振動(1組の山と谷ができる)している。 **答 アとウ**
(2) 音の大きさは振幅(しんぷく)で決まるので，振幅が等しい音さの組を選べばよい。 **答 イとウ**
(3) $0.005 \times 4 = 0.02$〔s〕で1回振動するので，1秒では，$1 \div 0.02 = 50$〔回〕振動する。 **答 50Hz**

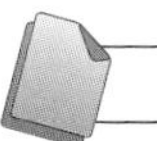

チャレンジ！入試問題

解答は，別冊 *p.4*

Q問題 1 モノコードの弦(げん)をはじいたときの音を調べた。図1のように，モノコードの中央にコマを置き，コマと弦が接する点をPとして，PQ間をはじいた。その音をマイクで集め，コンピューターにとりこんだところ，振動の様子が図2のようになった。縦軸(じく)は振幅を，横軸は時間を表している。

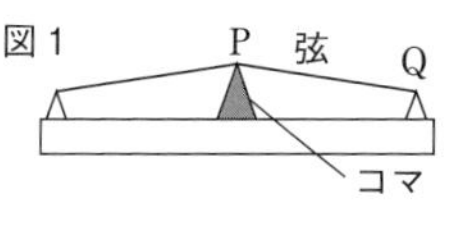

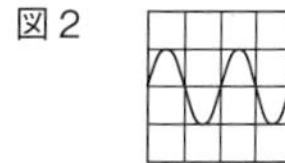

(1) 次の①，②の振動の様子として，それぞれ最も適当なものを，ア～エから選べ。ただし，縦軸，横軸の1目盛りの値は図2と同じである。
① PQ間を強くはじいたとき
② コマを動かし，PQ間を短くしてはじいたとき

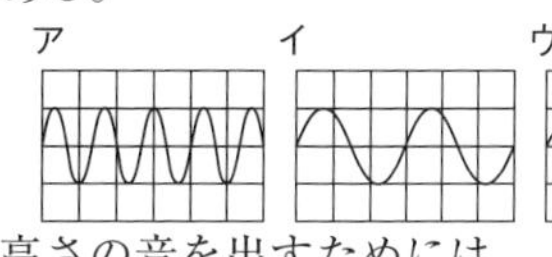

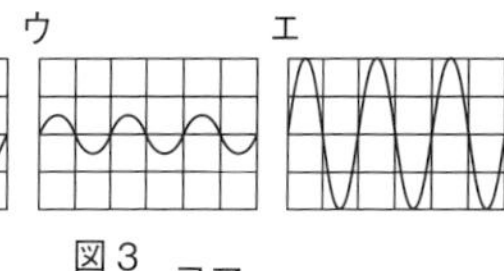

(2) 図1の弦を細い弦にかえて，弦の張り方の強さを初めの状態にした。PQ間をはじいて，図2と同じ高さの音を出すためには，コマを中央から図3のア，イのどちらに動かせばよいか。理由を含めて答えよ。

図3 コマ P 弦 Q ア イ

（長崎）

Q問題 2 水平でまっすぐなレールの上を電車が一定の速さ17m/sで走っている場合を考える。この電車の先頭にはAさんが乗っていて，電車の前方には止まっているBさんがいるとする。AさんとBさんとの間の距離が170mになった時から，Aさんが振動数1900Hzの音が出る笛(ふえ)を2秒間吹き続けた。ただし，この笛の音が空気中を伝わる速さは340m/sであり，風はないものとする。
(1) Aさんが笛を吹き始めてから，Bさんに笛の音が聞こえ始めるまでに何秒かかるか。
(2) Aさんが笛を吹き終えてから，Bさんに笛の音が聞こえなくなるまでに何秒かかるか。
(3) Bさんは何秒間笛の音を聞くことになるか。
(4) (3)で笛の音が聞こえている間にBさんの所では3800回空気が振動したことになる。Bさんが聞く笛の音の振動数は何Hzか。
(5) Bさんが聞く音は，Aさんが止まったまま音を出す場合と比べ，高く聞こえるか，低く聞こえるか答えよ。またその理由を，(4)で求めた振動数を用いて述べよ。 （東邦大付東邦高改）

▶ ばねにはたらく力

1 力のつり合い

天井に固定したばねにおもりをつるすと，**ばねはのびて静止**する。このとき，ばね・天井・おもりそれぞれにおいて**力がつり合う**。それぞれにはたらく力を**力の矢印**で表すと，右の図のようになる。

ばねをのばす力：**力Aと力D**
ばねの弾性力（だんせい）：**力Bと力C**

＜2力がつり合う3つの条件＞
条件① 2力の**大きさが等しい**
条件② 2力の**向きが反対**
条件③ 2力の**矢印が一直線上**にある

A　天井　B　C　D　E

力A：天井がばねを引く力
力B：ばねが天井を引く力※
力C：ばねがおもりを引く力
力D：おもりがばねを引く力
力E：地球がおもりを引く力

力Aと力D がつり合う　**力Cと力E がつり合う**　（※力Bは天井を支える梁（はり）などの力とつり合う）

注意！ AとBおよびCとDはそれぞれ作用・反作用の関係。作用・反作用と力のつり合いは無関係。

2 フックの法則

ばねにつるす**おもりの重さを2倍，3倍，…，**にすると，**ばねののびは2倍，3倍，…，**となり，**ばねの弾性力も2倍，3倍，…，**となる。弾性限界内での**ばねの伸縮（しんしゅく）** x〔m〕は，**弾性力** F〔N〕**に比例**し，

$F = kx$　（k〔N/m〕：**ばね定数**と呼ばれる比例定数）

という関係が成り立つ（**フックの法則**という）。

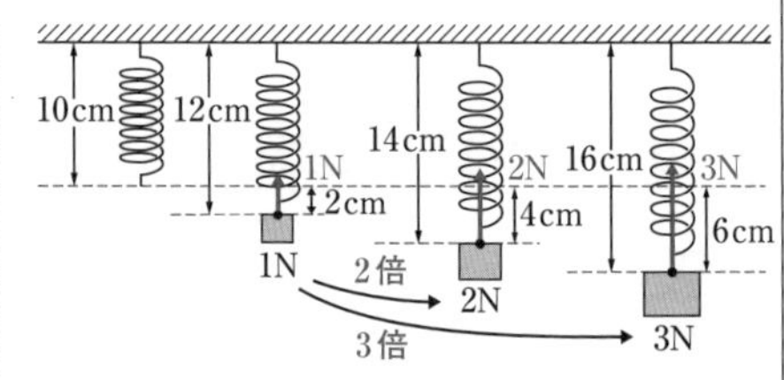

ばねを1.0mのばすのに必要な力〔N〕を表すばね定数は，50N/mとなる。ばね定数が大きいほどばねはのびにくい。

▶ ばねのつなぎ方とはたらく力

※以下，ばねの重さは考えない。

3 直列つなぎ

ばねを直列につないだとき，**それぞれのばねに加わる力の大きさ**は，そのばねを手でもったとき**手が支える力の大きさ**を考えればよい。

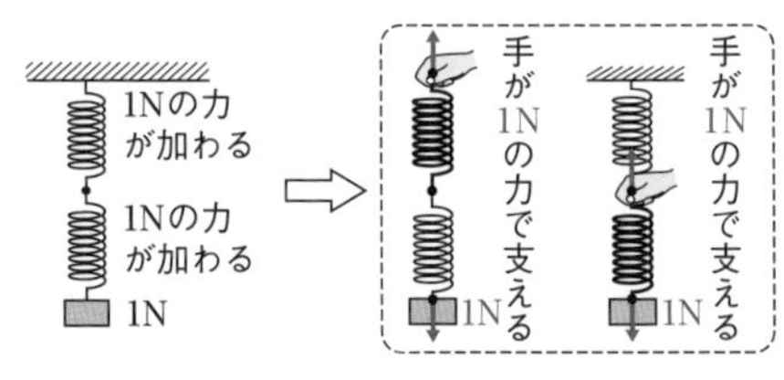

4 並列つなぎ（自然の長さが同じばね）

(1) **ばね定数が同じばねの並列つなぎ**

$$\text{ばねに加わる力の大きさ〔N〕} = \frac{\text{おもりの重さ〔N〕}}{\text{ばねの本数}}$$

(2) **ばね定数が異なる2本のばねの並列つなぎ**

① **ばねに加わる力の大きさの比＝ばね定数の比**
② **棒が水平につり合うときのおもりの位置**
⇨**棒をばね定数の逆比で分けた位置**となる。

例 右の図で，ばねA_1，A_2，A_3にはそれぞれ，$\frac{6}{3} = 2$〔N〕の力が加わる。

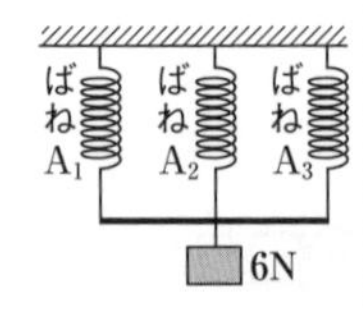

例
ばねA：ばね定数10N/m
ばねB：ばね定数5N/m
ばねAとばねBに加わる力の比は，10：5＝2：1

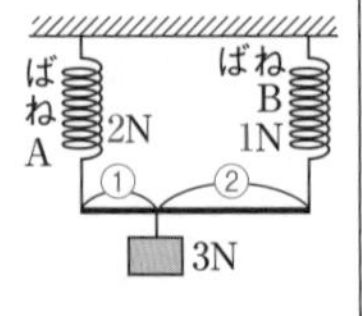

重さと質量の違いには注意が必要。**重さ**は**物体にはたらく重力の大きさ**（単位N）で，**質量**は**物体そのものの量**（単位g，kg）。**場所で変化する重さ**は**ばねばかり**で，**変化しない質量**は**上皿てんびん**ではかるぞ。

用語チェック　1. 力の矢印　2. 作用・反作用　3. 弾性力　4. 弾性限界　5. ばねばかり　6. 上皿てんびん　➡ p.170

塾技チェック！問題

問題 10N の力を加えると 2cm のびる重さの無視できるばねがある。このばねを使った実験について次の問いに答えよ。

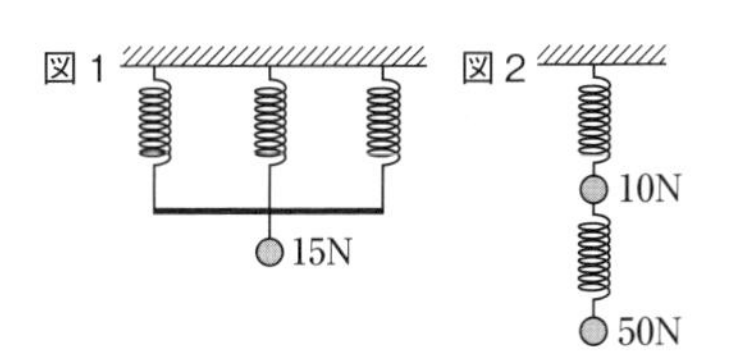

(1) 図１のように，同じばね３本と重さの無視できる棒を使っておもりをつるした。ばね１本あたりののびは何 cm になるか求めよ。

(2) 図２のように，同じばねを２本使っておもりをつるした。ばねののびは合計何 cm になるか求めよ。

解説と解答

(1)「**塾技５ 4**」(1)より，ばねには１本あたり $\frac{15}{3}=5$〔N〕の力が加わるので，ばね１本あたりののびは，1cm

答 1cm

(2)「**塾技５ 3**」より，上のばねには，$10+50=60$〔N〕，下のばねには 50N の力が加わることがわかる。よって，ばねののびの合計は，$2\times 6+2\times 5=22$〔cm〕

答 22cm

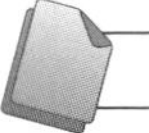

チャレンジ！入試問題

解答は，別冊 *p.5*

Q 問題 1 ばねにはたらく力の大きさが 1.0N のとき，9cm のびるばねを用いて次のような実験を行った。

実験１　図１のようにばねに物体Ｐをつるしたところ，ばねは 5.4cm のびて静止した。

実験２　ばねの下方に台を置き，ばねに物体Ｐをつるしたところ，図２のように，物体Ｐが台の上に接して静止した。このときばねは 4.5cm のびた。

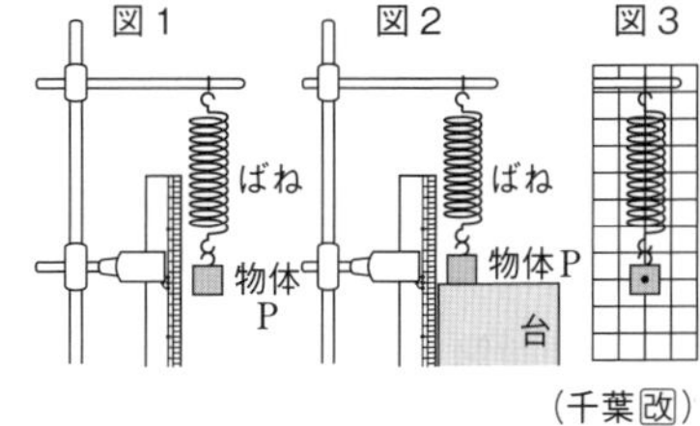

(1) 実験１で，物体Ｐにはたらく力を図３に矢印でかき入れよ。ただし，方眼１目盛りは 0.2N の力の大きさを表すものとし，作用点には黒丸（●）をつけ，重力の作用点は，すでに示してある黒丸（●）を使うこと。

(2) 実験２で，物体Ｐが台を押す力の大きさは何 N か，書け。

（千葉改）

Q 問題 2 自然の長さが同じばねＡ，ばねＢの２本のばねを使って，ばねに加える力とばねののびとの関係を調べる実験を図１のようにして行った。その結果，図２のグラフが得られた。これについて，以下の各問いに答えよ。

ただし，ばねを自然の長さから 1.0m のばすのに必要な力の大きさをばね定数と呼び，その単位は〔N/m〕で表される。また，ばねの重さは無視できるものとする。

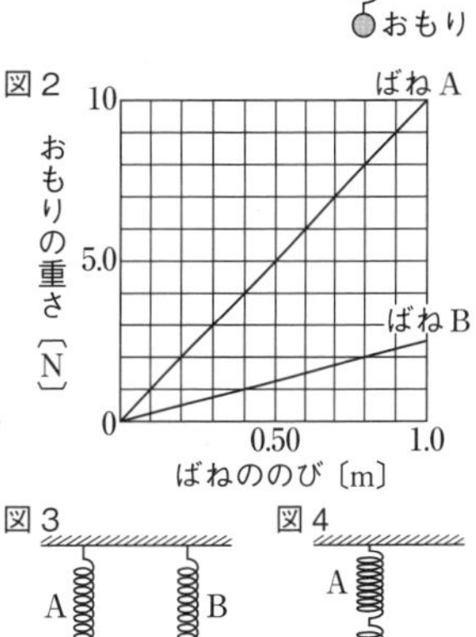

(1) ばねＡとばねＢのばね定数はそれぞれいくらか。

(2) 重さの無視できる棒の両端（りょうたん）にばねＡ，Ｂを取り付け，それぞれのばねのもう一方の端（はし）を天井に固定した。次に，重さ 5.0N のおもりを棒が天井と平行になるように移動させたところ，図３の状態でつり合った。このときのばねＡにはたらく力の大きさを求めよ。

(3) 図３のとき，ばねは何 m のびたか。

(4) 図３で，ばねＡ，Ｂを１本のばねとみなしたとき，このばねのばね定数はいくらか。

(5) 図４のように，ばねＡ，Ｂをつないで，ばねＡの上端を天井につけ，ばねＢの下端に重さ 2.0N のおもりをつるした。ばねＡ，Ｂを１本のばねとみなしたとき，このばねのばね定数はいくらか。

（大阪星光学院高）

塾技(ワザ) 6 実験器具 身のまわりの物質

▶ 実験器具

1 メスシリンダー

液体の体積は**メスシリンダー**で測定する。

① **目の高さ**を**液面の水平部分**に合わせる

② 最小目盛りの $\frac{1}{10}$ **まで目分量で読みとる**

液面の水平部分の高さ1目盛りの $\frac{1}{10}$ まで読みとると，$14.0cm^3$ となる。

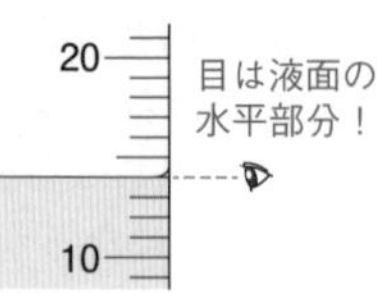

2 ろ過

液体中の固体をろ過する３つのポイント。

① 液は**ガラス棒を伝わらせる**

② ガラス棒の先は**ろ紙の三重部分**に当てる

③ とがったろうとの先を**ビーカーのかべ**につける

●ろ過のポイント

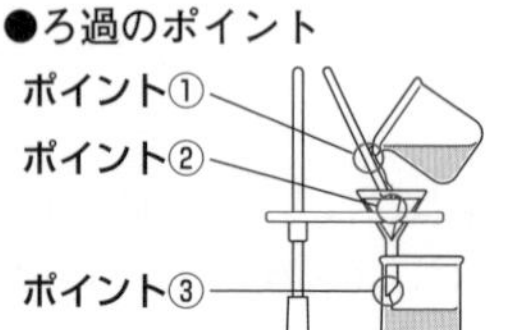

●ろ紙の折り方

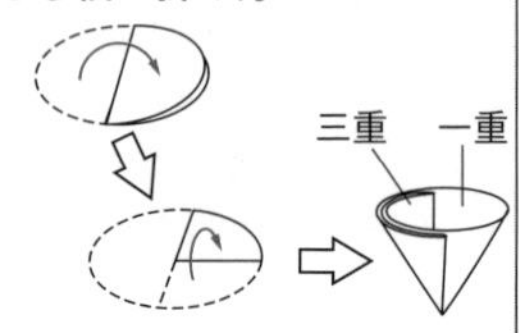

3 ガスバーナー

ガスバーナーは次の手順で火をつける。

元栓を開く→コックを開く→マッチに火をつけガス調節ねじを開き点火→空気調節ねじを開いて炎の色を調整

① ガス調節ねじを押さえて**空気調節ねじを反時計回りに回し**，青い炎にする

② **火を消す**ときは**上の手順の逆**となる

●ガスバーナーの仕組み

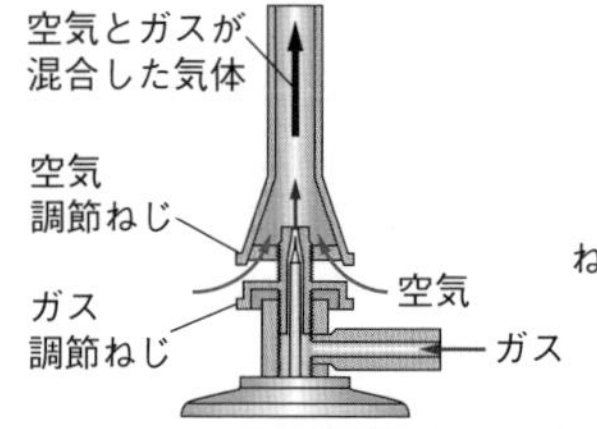

赤みをおびた炎 ⇨ ねじＢを押さえながらねじＡをＸの向きに回して青い炎にする

ねじＢ　ねじＡ　X

※2つの調節ねじは反時計回りに回すと開く

4 顕微鏡

(1) **ステージ上下式・鏡筒上下式顕微鏡**

倍率と視野に関しての３つのポイント

① **接眼レンズ**は**短いもの**ほど，**対物レンズ**は**長いもの**ほど**倍率が高くなる**

② **顕微鏡の倍率**が２倍，３倍，…，になると，視野と明るさは，$\frac{1}{4}$ 倍，$\frac{1}{9}$ 倍，…，になる

③ **像は上下左右が逆**（倒立像）になる

(2) **双眼実体顕微鏡**

(1)の顕微鏡との３つの相違を押さえる。

相違① **立体的に見る**ことができる

相違② **低倍率の観察**に適する（20～40倍）

相違③ 像は**上下左右が同じ**（正立像）になる

●ステージ上下式顕微鏡

鏡筒　接眼レンズ　レボルバー　対物レンズ　調節ねじ　ステージ　しぼり　微調節ねじ　反射鏡

使用手順

①接眼レンズ，対物レンズの順に取りつける

②反射鏡で明るさを調節する

③プレパラートをステージにのせる

④横から見て対物レンズ（低倍率から使用）をプレパラートに近づける

⑤接眼レンズをのぞきながら対物レンズを遠ざけピントを合わせる

●双眼実体顕微鏡

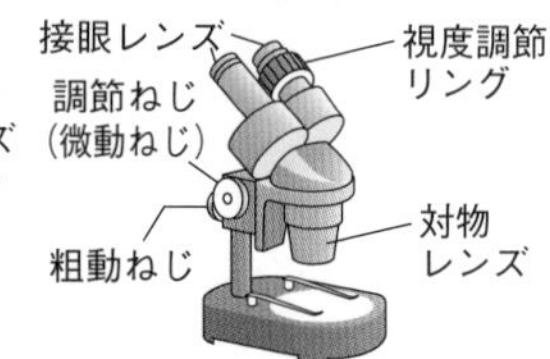

使用手順

①接眼レンズを目の幅に合わせ両目の視野を一致させる

②粗動ねじをゆるめ両目でおよそのピントを合わせる

③右目で調節ねじ（微動ねじ）を回しピントを合わせる

④左目で視度調節リングを回しピントを合わせる

上記の器具以外にも，**上皿てんびんやルーペの使用法**も用語チェックで必ず確認しよう！

用語チェック　1. プレパラート　2. 上皿てんびん（使用法）　3. ルーペ（使用法）　➡ p.170

塾技チェック！問題

問題 図1の顕微鏡について，次の問いに答えよ。

(1) 顕微鏡にはａとｂのレンズのどちらを先につけるか。
(2) 図２は倍率の異なるｂのレンズである。観察を始めるとき，ア～ウのうちのどのレンズを使用したらよいか。
(3) 顕微鏡をのぞくと図３のように見えた。この生物が視野の中で矢印の方向に動いている。この生物を視野の中央にするには，プレパラートをア～クのうちどの方向に動かせばよいか。

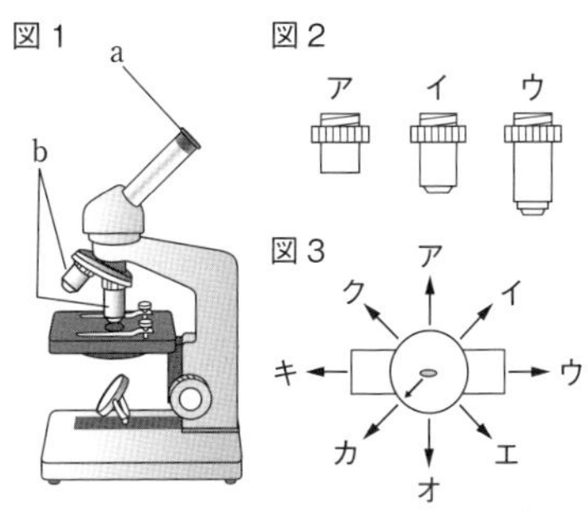
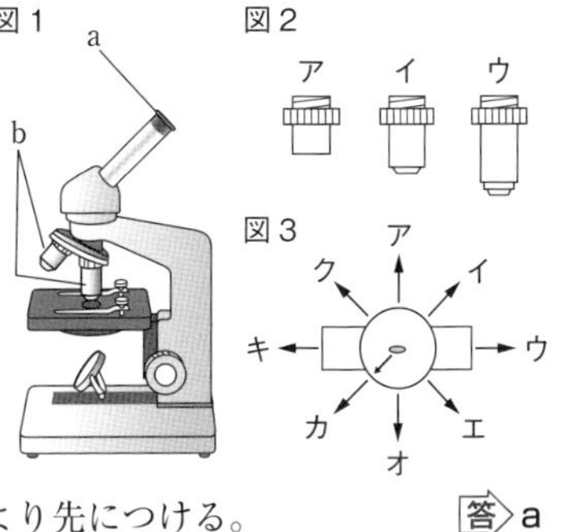

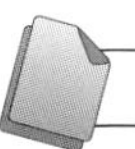

解説と解答

(1) レンズは上からゴミなどが入らないように接眼レンズを対物レンズより先につける。 **答 a**
(2) 「**塾技６ 4**」(1)①・②より，観察物の全体像を見るため，低倍率の対物レンズ(短いもの)から使用する。 **答 ア**
(3) 「**塾技６ 4**」(1)③より，実際はイの方向に動いているのでカの方向に動かす。 **答 カ**

チャレンジ！入試問題

解答は，別冊 *p.6*

Q問題 1 ある金属の質量を上皿てんびんで調べたところ 13.3g であった。右図は水が 10.0cm³ 入ったメスシリンダーにこのかたまりを沈(しず)めたときの様子である。

(1) メスシリンダーの目盛りを読むときの正しい目線の位置をア～ウから１つ選び記号で答えよ。
(2) 金属のかたまりの体積は何 cm³ か。小数第一位まで答えよ。 (愛光高)

Q問題 2 顕微鏡において，接眼レンズを 10 倍から 15 倍に，対物レンズを 10 倍から 40 倍にかえたとき，視野の広さは理論上どのように変化するか。「○○倍に広くなる」,「○○分の１に狭くなる」,「変化しない」のいずれかの形で答えよ。 (東海高)

Q問題 3 顕微鏡の対物レンズを「× 10」から「× 40」にするにあたっての操作として適当でないものを，次のア～エのうちから１つ選び，その記号を書け。

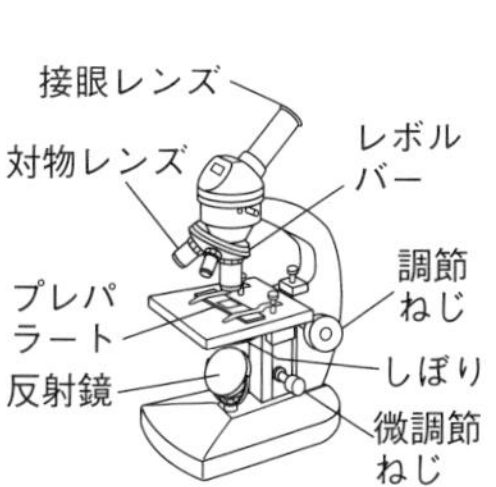

ア 「× 10」のときに，見るものが視野の中央にくるようにしてから「× 40」にする。
イ 「× 40」に変えたあと細かな部分をくわしく観察するために微調節ねじを調整する。
ウ 「× 40」に変えると視野全体が明るくなるので，しぼりや反射鏡を調整し，光の強さを弱くする。
エ 「× 40」の対物レンズは「× 10」より長いので，プレパラートにぶつからないようにしてレボルバーを回す。 (千葉)

Q問題 4 顕微鏡での観察について，次の問いに答えよ。

(1) 右の図は，接眼レンズ，対物レンズを真横からみた模式図である。接眼レンズは「× 5」,「× 10」,「× 15」の３種類，対物レンズは「× 7」,「× 15」,「× 40」の３種類である。図の接眼レンズと対物レンズを組み合わせたとき，倍率が４番目に低くなるのは，どれとどれの組み合わせか。ア～カの記号で答えよ。

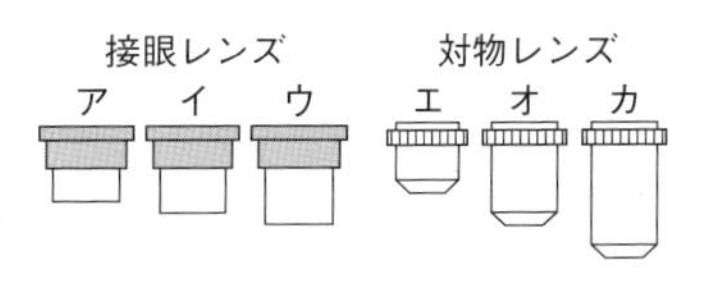

(2) ある細胞を，「× 5」の接眼レンズと，「× 15」の対物レンズの組み合わせで観察したところ，細胞が視野の中央に観察された。プレパラートを動かさず，対物レンズのみを「× 40」のものに変えたとき，視野における細胞の面積は，対物レンズを変える前の何倍になるか。分数で答えよ。 (青雲高改)

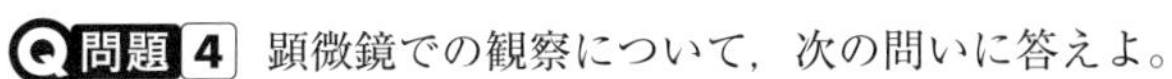

塾技（ワザ） 7 いろいろな物質 身のまわりの物質

▶ 物質の区別

1 物体と物質

物体：形・大きさなど，**機能やはたらきで区別**
物質：物体をつくっている**材質・材料で区別**

例 「木は水に浮（う）く」という場合，木は機能ではなく材質としての木に注目しているので「**物質**」にあたる。

2 物質の種類

(1) 有機物と無機物
有機物：**炭素を含み**，燃えると**二酸化炭素が発生**
無機物：**有機物以外の物質**

(2) 金属と非金属
物質は，**金属**と**非金属**に分けることができる。

<金属の３つの性質>
① みがくと光る（**金属光沢（こうたく）**）
② たたくとのびたり，広がったりする（**延性・展性**）
③ 電気や熱を通す（**電気伝導性・熱伝導性**）
注意！「**磁石につく**」は金属に共通する性質ではない。**鉄・ニッケル・コバルト**などだけがつく。

●エタノール（有機物）の燃焼

白いくもり
→塩化コバルト紙（青）が赤色に変化
→水ができた！

石灰水

白く濁る
→二酸化炭素ができた！

燃焼後ふる

●スチールウール（金属）の燃焼

燃焼したスチールウールを入れる
→白いくもりはできない
→水は生じない

石灰水

変化なし
→二酸化炭素はできない

燃焼後ふる

3 密度（みつど）

(1) 密度の求め方
ある温度における**物質 1cm³ あたりの質量**は，物質の種類で決まり，その物質の密度という。手元にある物質が何かわからないとき，**密度を求める**ことでその**物質の種類を特定**できる。

$$\text{密度〔g/cm}^3\text{〕}=\frac{\text{物質の質量〔g〕}}{\text{物質の体積〔cm}^3\text{〕}}$$

(2) 物質の密度と浮（う）き沈（しず）み
物質の密度＜液体の密度：浮く
物質の密度＝液体の密度：液体中で静止
物質の密度＞液体の密度：沈む

●質量と体積のグラフと密度

・物質の質量は体積に比例
・グラフの傾きが密度を表す

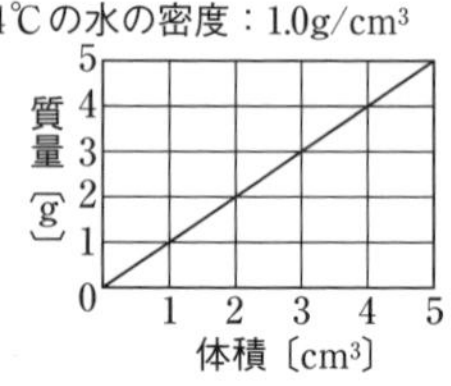

例 氷は水に浮き灯油に沈む

水の密度：1.0g/cm³
灯油の密度：0.8g/cm³
氷の密度：0.9g/cm³
密度は**灯油＜氷＜水**の順

4 白い粉末の区別

白い粉末は，**次の観点で区別**する。
① 水への**とけやすさ**
② **熱したときの変化**の様子
③ 水溶液に**電気が流れるか**どうか

物質＼観点	観点①	観点②	観点③
砂糖	非常によくとける	燃えて黒こげ	流れない
デンプン	とけにくい	燃えて黒こげ	流れない
食塩	よくとける	燃えない	よく流れる
重そう	とけにくい	燃えない	少し流れる
炭酸ナトリウム	よくとける	燃えない	よく流れる

塾技解説 もともと**有機物**とは**生物由来の物質の意味だった**のだけど，無機物から**尿素（にょうそ）**という有機物が合成されたことで，現在では**必ずしも生物由来の物質を有機物とはしていない**。詳しくは用語チェックを確認だ！

用語チェック 1. 有機物 2. 延性と展性 3. 水の密度 4. 重そう 5. 炭酸ナトリウム ➡ p.171

塾技チェック！問題

問題 A～Hの物質について，次の問いに答えなさい。

A　ガラス　　B　砂糖　　C　鉄　　D　木材
E　食塩　　F　カルシウム　　G　エタノール　　H　水銀

(1) 金属はどれか記号で答えよ。
(2) 有機物はどれか記号で答えよ。
(3) BとEを区別する方法(なめる以外)とそのときの変化の様子を書け。

解説と解答

(1) 答 C，F，H
(2) 「塾技7 **2**」(1)より，燃えて二酸化炭素が発生する物質を答える。　答 B，D，G
(3) 答 **方法：加熱する，変化の様子：Bは燃えて黒くこげ，Eは燃えないでパチパチはねる。**

チャレンジ！入試問題

解答は，別冊 *p.7*

問題1 炭素と水素と酸素からなる化合物がある。このうち，炭素や水素が含まれていることを確認するために，まず，集気ビン内で十分な酸素を加えながら燃焼させた。この後，どのような方法でどのような結果を得て，何という物質の存在を確認すればよいかを表に簡潔に書きこめ。

確認したい元素	方法と結果	検出された物質
炭素		
水素		

(大阪教育大附高平野改)

問題2 物質の密度を調べるために，液体Xと液体Yの体積と質量を測定したところ，表のような結果となった。次に，液体Xと液体Yを同じ質量ずつはかりとり，それらを1つのビーカーに入れ，しばらく静かに置いておくと，2つの液体は混ざらずに上下に分かれた。右の図のア～エから，このときの様子を表しているものとして，最も適当なものを1つ選び，その記号を書け。

表〔1気圧，20℃での値〕

	体積〔cm^3〕	質量〔g〕
液体X	50	50
液体Y	50	40

(愛媛改)

図

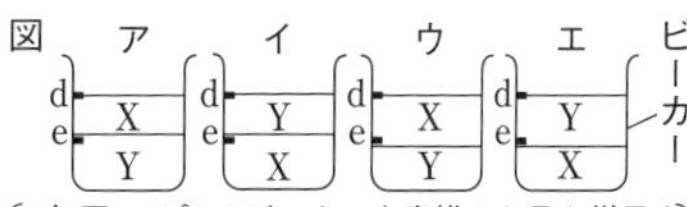

1気圧，20℃でビーカーを真横から見た様子を模式的に表したものであり，eの印が示す体積は，dの印が示す体積の$\frac{1}{2}$である。

問題3 4種類の白い粉末状の物質A，B，C，Dは，砂糖，重そう，食塩，デンプンのいずれかである。A，B，C，Dを見分けるために，次の実験1，2，3を順に行った。

実験1　A，B，C，Dをそれぞれ1gはかり，別々の試験管に入れ，それぞれ5cm^3の水を加えてよく混ぜた。C，Dは完全にとけたが，A，Bの粉末は試験管に残っていた。

実験2　A，Bの粉末をそれぞれ燃焼さじにのせ，ガスバーナーで加熱した。その結果，Aはほとんど変化がみられなかった。Bは黒くなり燃焼したため，石灰水の入った集気びんに入れた。燃焼後の集気びんをふると石灰水が白く濁ったので，二酸化炭素が発生したと確認できた。

実験3　C，Dの水溶液に，電流が流れるかどうかを調べた。その結果，Cの水溶液には電流が流れたが，Dの水溶液には流れなかった。

このことについて，次の問いに答えよ。

(1) A～Dはそれぞれどの物質か答えよ。
(2) Bのように，燃焼して二酸化炭素が発生するものはどれか。次のア～オのうち，あてはまるものをすべて選び，記号で書け。

ア　アルミニウムはく　　イ　ペットボトル（PET）　　ウ　ろうそく
エ　スチールウール　　オ　ガラスびん

(栃木改)

塾技 8 水溶液の濃度と溶解度 身のまわりの物質

▶ 水溶液の性質

1 物質の水へのとけ方

(1) **とける仕組み**

砂糖（溶質）を水（溶媒）に入れると，**水の粒子**（分子）**が砂糖の粒子**（分子）**に衝突**し，かき混ぜなくてもやがてとける。

(2) **水溶液の特徴**

水溶液は次の２つの特徴をもつ

① 透明（有色でもよい）　② 濃さが均一

(3) **水溶液の性質**

水溶液は，酸性・中性・アルカリ性のどれかの性質を示す。**性質の度合い**はpH（ピーエイチ）で表し，**性質の判定**は**指示薬**で行う。

(4) **質量パーセント濃度**

水溶液の濃さは，次の式で求める。

$$\text{質量パーセント濃度〔\%〕} = \frac{\text{溶質の質量}}{\text{溶液（溶媒＋溶質）の質量}} \times 100$$

●砂糖が水にとけていく仕組み

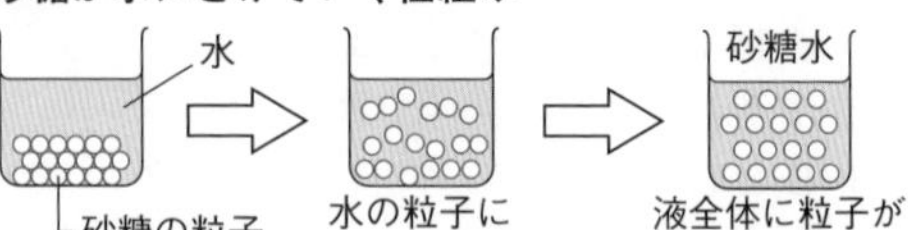

水溶液　牛乳※ 水溶液ではない

※牛乳の粒子は砂糖などより大きく，コロイド粒子という。コロイド粒子が液の中に均一に散らばっている溶液をコロイド溶液という。

●指示薬と色の変化

性質	酸性	中性	アルカリ性
pH	7未満	7	7より大
リトマス紙	青→赤	変化なし	赤→青
BTB溶液	黄色	緑色	青色
フェノールフタレイン溶液	変化なし	変化なし	赤色

例題 100gの水に25gの食塩をとかしたときの食塩水の濃度を求めよ。

解 $\frac{25}{100+25} \times 100 = 20$〔%〕

▶ 溶解度と再結晶

2 飽和水溶液と溶解度

溶質が溶媒に限界までとけた状態を飽和といい，**水に溶質が限界までとけた水溶液**を飽和水溶液という。また，**水100gに物質がとける最大の質量**を溶解度という。

●溶解度曲線

右の図のように，水100gの水温を変化させ，各温度での物質の溶解度をグラフに表したものを**溶解度曲線**という。

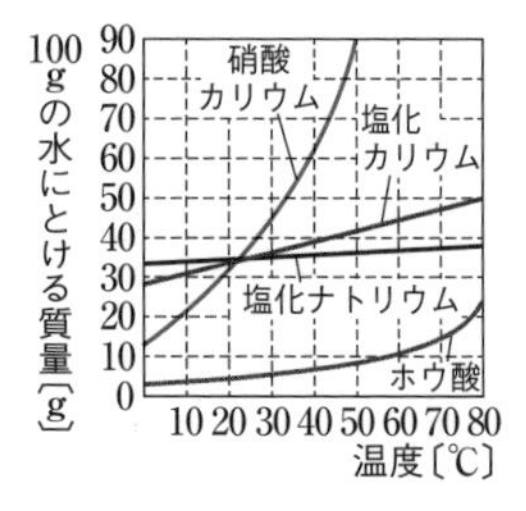

3 再結晶

とけた物質を再び固体として取り出すことを再結晶といい，次の２通りの方法がある。

方法① 水溶液を**冷やして取り出す**

方法② 水溶液から水を**蒸発させて取り出す**

<代表的な結晶の形・色>

［塩化ナトリウム］［ミョウバン］［ホウ酸］［硝酸カリウム］

無色・立方体状　無色・正八面体状　無色・六角形の板状　無色・棒状

●硝酸カリウムの再結晶

40℃の硝酸カリウム飽和水溶液を10℃に冷やすと，63.9 − 22.0 = 41.9〔g〕の硝酸カリウムがとけきれず，結晶になって出てくる。

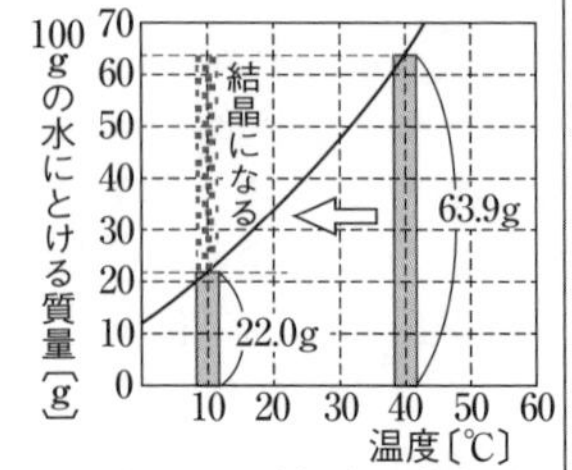

●再結晶の方法

２つの方法のどちらを用いるかは物質の溶解度で決まる。硝酸カリウムなど温度による**溶解度の変化が大きい物質は方法①**，塩化ナトリウムのように**溶解度の変化が小さい物質は方法②**を用いる。

塾技解説 **再結晶**とあとで登場する**蒸留**は，混合物から**純度の高い物質を取り出す**とき，よく利用される方法なんだ。

用語チェック　1. 溶質・溶媒　2. 酸性・中性・アルカリ性　3. pH　➡ p.171

塾技チェック！問題

問題 右の図の溶解度(ようかいど)曲線を用いて次の問いに答えよ。

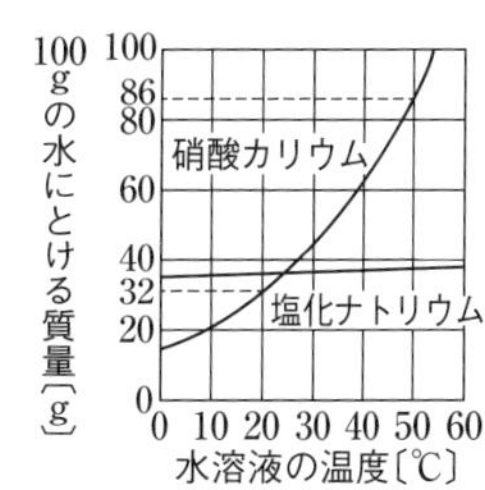

(1) 50℃の水40gに硝酸(しょうさん)カリウム30gをとかしてつくった水溶液を20℃に冷やした。出てくる硝酸カリウムの質量を求めよ。

(2) 50℃における硝酸カリウムの飽和水溶液100g中に含まれる硝酸カリウムの質量を，小数第一位を四捨五入して整数で答えよ。

(3) (1)のように水溶液の温度を下げて水溶液から結晶を取り出す方法は，塩化ナトリウムには適さない。理由を述べよ。

解説と解答

(1) 40gの水にとける硝酸カリウムは，50℃では，$86 \times \frac{40}{100} = 34.4$〔g〕，20℃では，$32 \times \frac{40}{100} = 12.8$〔g〕

よって，50℃で30gすべてとけていたものが，20℃では，$30 - 12.8 = 17.2$〔g〕出てくる。 **答 17.2g**

(2) 50℃の水100gに硝酸カリウムは86gとける。このときできる飽和水溶液の質量と硝酸カリウムの質量の比は，$(100 + 86) : 86 = 93 : 43$となるので，求める質量は，$100 \times \frac{43}{93} = 46.2\cdots$〔g〕 **答 46g**

(3) **答 塩化ナトリウムの溶解度は，温度を下げてもあまり変化しないから。**

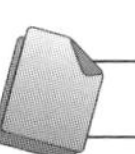

チャレンジ！入試問題

解答は，別冊 *p.8*

Q問題 1 塩化ナトリウムと硝酸カリウムそれぞれの溶解度をさまざまな温度で調べたところ，表のような結果になった。
これを使って，次の問いに答えよ。

100gの水にとける質量〔g〕

温度	20℃	40℃	60℃
塩化ナトリウム	37	38	39
硝酸カリウム	32	64	110

(1) 水の入った容器に少量の塩化ナトリウムを入れ，かき混ぜずに十分長い間放置した場合，どうなるか。次のア～ウから最も適当と思われるものを1つ選び記号で答えよ。ただし，水は蒸発しないものとする。

ア　容器中の液体の下の方が濃(こ)い水溶液ができる

イ　均一な濃さの水溶液ができる

ウ　均一な濃さの水溶液ができ，さらに放置すると下の方が濃くなる

(2) 40℃の水100gに硝酸カリウムをとかして飽和水溶液をつくった。この溶液の質量パーセント濃度はいくらか。答えが割り切れない場合は，小数第一位を四捨五入して，整数で答えよ。

(3) 60℃の硝酸カリウム飽和水溶液105gを加熱して40gの水を蒸発させたのち，20℃に冷却するとき，何gの硝酸カリウムが結晶になって出てくるか。答えが割り切れない場合は，小数第二位を四捨五入して，小数第一位まで答えよ。

（大阪星光学院高改）

Q問題 2 硝酸カリウムは100gの水に40℃で64g，60℃で110gまでとかすことができる。

(1) 60℃の硝酸カリウムの飽和水溶液100gを40℃に冷却すると何gの結晶が生じるか。小数第二位を四捨五入し，小数第一位まで答えよ。

(2) 40℃の硝酸カリウムの飽和水溶液が150gあった。この水溶液から水を20g蒸発させた後，ふたたび40℃に保つと何gの結晶が生じるか。小数第二位を四捨五入し，小数第一位まで答えよ。

(3) 60℃の硝酸カリウムの飽和水溶液を，40℃に冷却したところ10gの結晶が生じた。初めの60℃の飽和水溶液は何gか。小数第二位を四捨五入し，小数第一位まで答えよ。

（清風南海高）

気体① 身のまわりの物質

▶ 酸素

※以下，（ ）内の化学反応式，質量保存の法則は中２で習う分野だが，ここでいっしょに学習してしまおう。

1 酸素の発生と性質

(1) **酸素の発生法**

- **うすい過酸化水素水** —二酸化マンガン（触媒）→ **水 ＋ 酸素**
  （$2H_2O_2 \longrightarrow 2H_2O + O_2$）
- **過酸化水素水を加熱する**
- **酸素系漂白剤にお湯を加える**

(2) **触媒のはたらき**

二酸化マンガンは**過酸化水素水の分解を助ける**だけで，**自分自身は変化しない触媒**と呼ばれる物質のため，繰り返し使える。二酸化マンガンの**量を増やす**と**酸素は速く発生**するが，**発生量は変わらない。**

(3) **酸素の性質**

① 無色・無臭　② 空気より少し密度が大きい
③ 水に**とけにくい**　④ 助燃性をもつ

●水上置換法による酸素の捕集

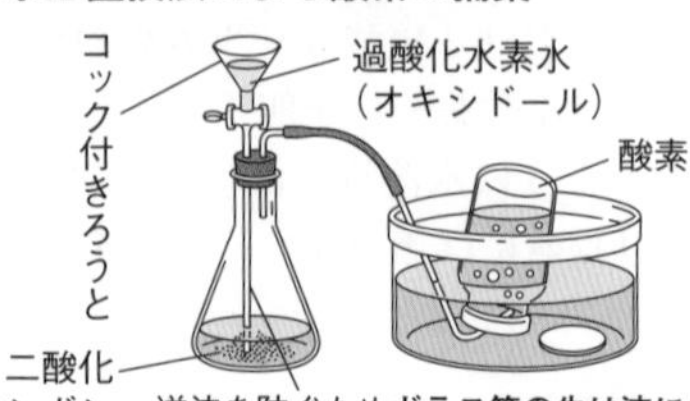

注意！ 最初に出てくる気体（フラスコ内の空気）は集めない。

●二酸化マンガンの代用
- 生のレバー（ウシなどの肝臓）
- 生のジャガイモ

など，酵素を含む物で代用可能。

●酸素の助燃性
発生した気体の確認は，火のついた線香を利用。

▶ 二酸化炭素

2 二酸化炭素の発生と性質

(1) **二酸化炭素の発生法**

- **石灰石＋うすい塩酸**
  → **塩化カルシウム ＋ 水 ＋ 二酸化炭素**
  （$CaCO_3 + 2HCl \longrightarrow CaCl_2 + H_2O + CO_2$）
- **炭酸水素ナトリウム**
  —加熱→ **炭酸ナトリウム ＋ 水 ＋ 二酸化炭素**
  （$2NaHCO_3 \longrightarrow Na_2CO_3 + H_2O + CO_2$）
- **炭酸水素ナトリウム＋うすい塩酸**
  → **塩化ナトリウム ＋ 水 ＋ 二酸化炭素**
  （$NaHCO_3 + HCl \longrightarrow NaCl + H_2O + CO_2$）

(2) **二酸化炭素の質量**

発生した二酸化炭素の質量は**質量保存の法則**で求める。

(3) **二酸化炭素の性質**

① 無色・無臭　② 空気より**密度が大きい**
③ 水に**少しとける**　④ **石灰水を白く濁らせる**

二酸化炭素の水溶液 二酸化炭素が水にとけると**弱酸性の炭酸水**ができる。石灰水（アルカリ性）に二酸化炭素を通すと**白く濁る**のは，中和（*p.183*）が起こり**水にとけにくい炭酸カルシウムの塩**（*p.183*）ができるからである。この白濁液に，さらに**二酸化炭素を通し続ける**と，炭酸カルシウムが**水にとけやすい炭酸水素カルシウム**となり，**再び透明**な水溶液となる。

●二酸化炭素の捕集（下方置換法※1）

※１水上置換法で捕集してもよい。
※２石灰石の主成分は炭酸カルシウム。同じ炭酸カルシウムが主成分の，卵の殻，貝がら，大理石，チョークの粉などで代用できる。

●質量保存の法則

（反応前）（反応中）（反応後）（ふたをあける）

うすい塩酸　石灰石　二酸化炭素

反応の前後で質量は変わらない　逃げた二酸化炭素の分だけ右は軽くなる

●二酸化炭素と石灰水の反応
石灰水（水酸化カルシウム）＋二酸化炭素
→ 炭酸カルシウム ＋ 水
炭酸カルシウム ＋ 水＋二酸化炭素
→ 炭酸水素カルシウム

塾技解説　**気体の捕集法**には，**水上置換法・上方置換法・下方置換法**がある。これらの違いは用語チェックで確認！

用語チェック　1. 水上置換法・上方置換法・下方置換法　2. オキシドール　3. 助燃性　4. 質量保存の法則　➡ *p.172*

塾技チェック！問題

問題 右の図のような装置を使って気体Xを集める。

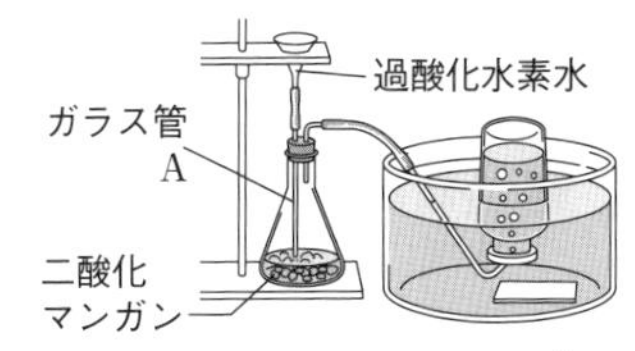

(1) 気体Xが何かを確かめる方法を述べよ。
(2) 図のガラス管Aをフラスコの底まで入れる理由を述べよ。
(3) ガラス管からはじめに出てきた気体は集めない。理由を述べよ。
(4) 0.5gの二酸化マンガンに20cm³の過酸化水素水を加えたところ，気体Xが200cm³発生した。1.0gの二酸化マンガンに20cm³の過酸化水素水を加えると，気体Xは何cm³発生するか。

解説と解答

(1) 「塾技9 **1**」(3)④より，酸素の助燃性を利用して調べる。答 **火のついた線香を，集めた気体Xの中に入れる。**
(2) 答 **発生した気体Xが，ガラス管を通して逆流するのを防ぐため。**
(3) 答 **ガラス管からはじめに出てきた気体は，フラスコ内の空気だから。**
(4) 「塾技9 **1**」(2)より，発生する酸素の体積は変わらない。 答 **200cm³**

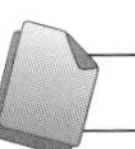

チャレンジ！入試問題

解答は，別冊 *p.9*

Q問題 1 5つのビーカーA～Eを用意し，それぞれにうすい塩酸40.0gを入れた。図のようにして，薬包紙にのせた石灰石1.0gとビーカーAを電子てんびんにのせ，反応前の全体の質量を測定した。次に，薬包紙にのせた石灰石をビーカーAに入れた。二酸化炭素の発生がみられなくなってから，薬包紙とビーカーAを電子てんびんにのせ，反応後の全体の質量を測定した。その後，ビーカーB～Eのそれぞれに入れる石灰石の質量を変えて，同様の実験を行った。表はこの結果をまとめたものである。

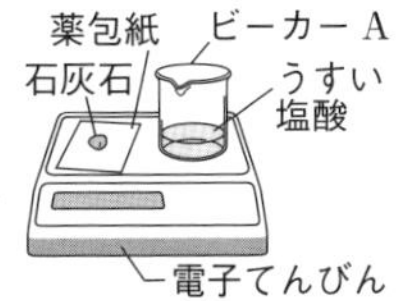

	A	B	C	D	E
加えた石灰石の質量〔g〕	1.0	2.0	3.0	4.0	5.0
反応前の全体の質量〔g〕	107.9	108.8	109.8	111.0	111.7
反応後の全体の質量〔g〕	107.5	108.0	108.6	109.4	110.1

(1) 反応後のビーカーEには，未反応の石灰石が残っていた。何gの未反応の石灰石が残っていたと考えられるか。
(2) 表をもとに，加えた石灰石の質量と発生した二酸化炭素の質量の関係を，右のグラフに点線(------)でかけ。
(3) この実験において用いた塩酸を水でうすめて質量パーセント濃度を半分にする。このうすめた塩酸を，新たに用意した5つのビーカーのそれぞれに20.0g入れる。その他の条件は同じにして同様の実験を行うと，石灰石の質量と発生した二酸化炭素の質量の関係を表すグラフはどのようになると考えらえるか。(2)のグラフに実線(———)でかけ。

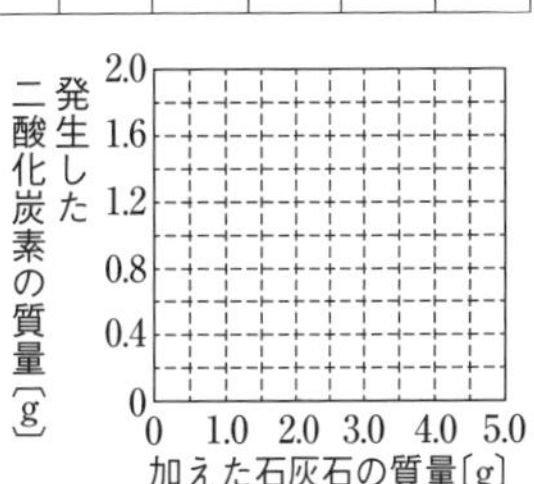

(静岡改)

Q問題 2 うすい塩酸5.0gを入れたビーカーに石灰石2.0gを加えると反応し，気体が発生した。反応が終わってから，ビーカーの中に残った反応後の物質の質量を測定し，表に記入した。次に石灰石の質量は変えずに，最初に使ったうすい塩酸と同じ濃さの塩酸の質量を表のように変えて同様の実験を繰り返し，反応後の物質の質量を測定して，表にまとめた。

うすい塩酸の質量〔g〕	5.0	10.0	15.0	20.0
反応後の物質の質量〔g〕	6.7	11.4	16.1	21.1

(1) うすい塩酸が5.0gのときに発生した気体は何gか書け。ただし，答えは小数第一位まで表せ。
(2) うすい塩酸10.0gと石灰石2.0gの反応が終わった後のビーカーに，同じ濃さのうすい塩酸を少しずつ加えていくと気体はさらに発生した。気体は最大であと何g発生するか書け。ただし，答えは小数第一位まで表せ。

(長野)

塾技(ワザ) 10 気体② 身のまわりの物質

▶ 水素

※以下，( )内の化学反応式は中２で習う分野だが，ここでいっしょに学習してしまおう。

1 金属と水溶液

金属には酸性やアルカリ性の水溶液にとけて**水素が発生**するものがある。

塩酸にとける金属：鉄・亜鉛(あえん)・アルミニウム・マグネシウム
水酸化ナトリウム水溶液にとける金属※：アルミニウム
※熱した水酸化ナトリウム水溶液には亜鉛・鉛(なまり)・スズもとけて水素が発生する。アルミニウム・亜鉛・鉛・スズは酸にもアルカリにも反応するので，両性金属と呼ばれる

●とけない(とけにくい)金属
金・銀・銅：塩酸にも水酸化ナトリウム水溶液にもとけない。
アルミニウム：濃硝酸には不動態となってとけない。

（銀・銅：塩酸や希硫酸にはとけないが，熱した濃硫酸や硝酸にはとける。
金・白金：ほとんどの酸にとけないが王水にはとける。）

2 水素の発生と性質

(1) 水素の発生法

・亜鉛 ＋ うすい塩酸 ──→ 塩化亜鉛 ＋ 水素
($Zn + 2HCl \longrightarrow ZnCl_2 + H_2$)
・マグネシウム ＋ うすい塩酸 ──→ 塩化マグネシウム ＋ 水素
($Mg + 2HCl \longrightarrow MgCl_2 + H_2$)
・水の電気分解 ($2H_2O \longrightarrow 2H_2 + O_2$)
・塩酸の電気分解 ($2HCl \longrightarrow H_2 + Cl_2$)

(2) 水素の性質
① 無色・無臭(むしゅう)　② 最も密度が小さい気体
③ 水に**とけにくい**　④ **可燃性をもつ**

●水上置換法による水素の捕集

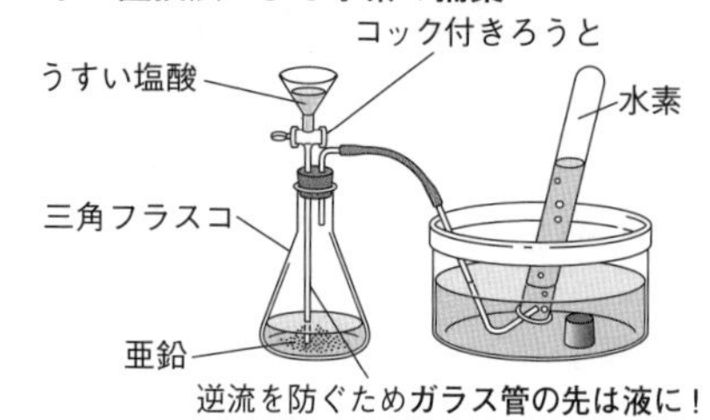

●水素の可燃性
「**ポン**」と音を立てて燃え，水が生じる。

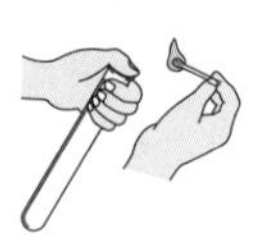

▶ 空気

3 空気の成分

(1) 空気の成分比率
空気は様々な気体からなる**混合物**で，体積の割合で成分の多いものから，**窒素(ちっそ)**（約 78%），**酸素**（約 21%），**アルゴン**（約 0.9%），**二酸化炭素**（約 0.04%），ネオン，ヘリウム，その他となる。

(2) 窒素
空気の**約８割を占める**窒素は次のような性質をもつ。
① 無色・無臭　② 空気より少し密度が小さい
③ 水にとけにくい　④ 助燃性・可燃性なし
⑤ 常温では他の物質と結びついて**化学変化を起こすことはほとんどない**※
※この性質を利用した食品の酸化を防ぐ方法に，窒素充填(じゅうてん)がある。

●吸う空気とはき出す空気

	吸う空気	はき出す空気
酸素	21%	16%
二酸化炭素	0.04%	5%
窒素	78%	78%

●液体空気の分留
液体空気も主に窒素と酸素の混合物で，液体窒素は −195.8℃で，液体酸素は −183.0℃で沸騰するので，液体空気を放置すると最初は窒素だけ蒸発する。このように，２種類以上の液体の混合物から，それぞれの沸点の違いを利用して液体を分離する方法を分留という。

塾技解説 **アルミニウム**は**塩酸にも水酸化ナトリウム水溶液にもとける**が，**銅**はどちらにも**とけない**ことに注意！

用語チェック　1. 不動態　2. 濃硫酸・希硫酸　3. 王水　4. アルゴン・ネオン・ヘリウム　5. 窒素充填 ➡ p.172

塾技チェック！問題

問題 右の図の装置を用いて，うすい塩酸と質量0.6gの鉄を反応させ，気体を集めた。加えた塩酸の体積と発生する気体の体積は下の表のようになった。次の問いに答えよ。

(1) 鉄の質量を0.9gにしたとき，発生した気体は最大で何 cm^3 となるか。

(2) (1)のとき，気体の発生が終わったのは，塩酸を何 cm^3 加えたときか。

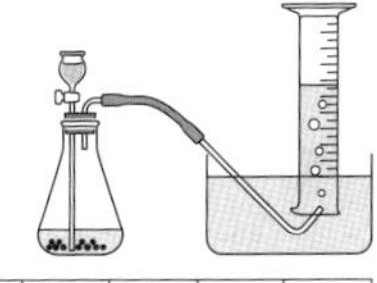

塩酸の体積〔cm^3〕	2	4	6	8	10	12	14
発生した気体の体積〔cm^3〕	36	72	108	144	162	162	162

解説と解答

(1) 表より，鉄0.6gがすべて反応すると，162cm^3 の気体が発生することがわかる。求める気体の体積を x cm^3 とすると，0.6：162 = 0.9：x より，x = 243〔cm^3〕と求められる。 **答 243cm³**

(2) 塩酸が2cm^3 すべて反応すると，36cm^3 の気体が発生している。求める塩酸の体積を y cm^3 とすると，2：36 = y：243 より，y = 13.5〔cm^3〕と求められる。 **答 13.5cm³**

チャレンジ！入試問題

解答は，別冊 *p.10*

問題 うすい塩酸とマグネシウムを反応させたときに発生する気体の体積を調べる実験を行った。発生した気体は，図1のように水で満たしたメスシリンダーを用いて集めた。これについて，あとの問いに答えよ。

実験1 うすい塩酸（塩酸A）5.0cm^3 を用いて，マグネシウムの質量と発生した気体の体積の関係を調べた。その結果は表1のようになった。また，表1をもとに，用いたマグネシウムの質量と発生した気体の体積との関係をグラフに表すと，図2のようになった。

実験2 マグネシウム0.30gに実験1とは濃度の異なる塩酸（塩酸B）を加え，塩酸Bの体積と発生した気体の体積の関係を調べた。その結果，表2のようになった。

図1

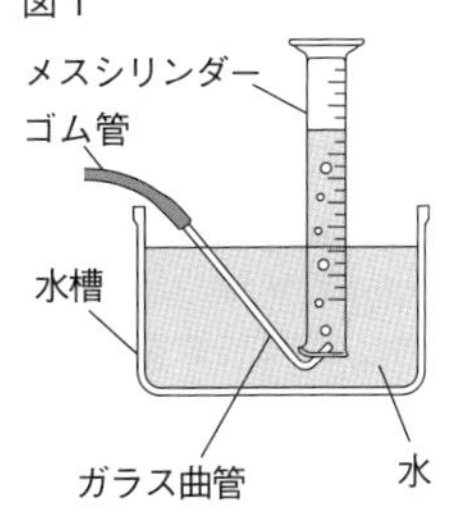

図2

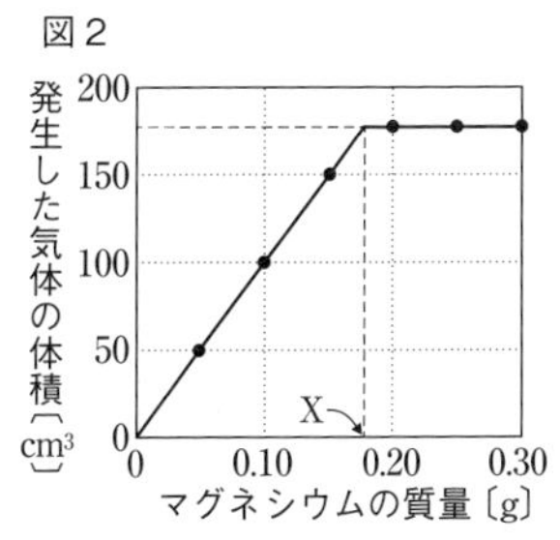

表1

マグネシウムの質量〔g〕	0.05	0.10	0.15	0.20	0.25	0.30
発生した気体の体積〔cm^3〕	50.0	100.0	150.0	180.0	180.0	180.0

表2

塩酸Bの体積〔cm^3〕	2.0	4.0	6.0	8.0	10.0	12.0
発生した気体の体積〔cm^3〕	30.0	60.0	90.0	120.0	150.0	180.0

(1) この実験で発生した気体は何か。気体名を答えよ。

(2) この実験のような気体の集め方を何というか。

(3) 図2のグラフのように，塩酸A5.0cm^3 にある量以上のマグネシウムを加えたとき，発生する気体の体積が一定になるのはなぜか。次の文の［　　］にあてはまることばを20字以内で答えよ。

「一定量の塩酸Aと反応する［　　　　　　］。」

(4) 図2のグラフの点Xは何gか

(5) 実験1の結果から，塩酸A7.5cm^3 にマグネシウムを0.20g加えたときに発生する気体の体積は，何 cm^3 と考えられるか。

(6) 塩酸Aの代わりに塩酸B5.0cm^3 を用いて，実験1と同様の実験を行ったときのマグネシウムの質量と発生した気体の体積の関係を，右のグラフに表せ。 （広島大附高改）

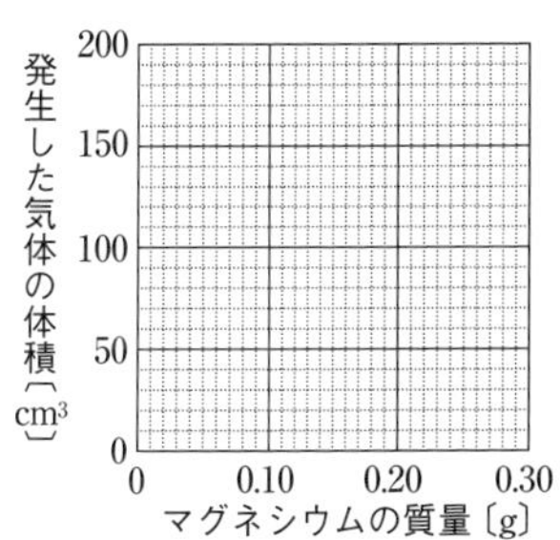

物質・エネルギー
中1で習う分野
身のまわりの物質

ワザ
塾技 11 気体③ 身のまわりの物質

▶ アンモニア

※以下，( )内の化学反応式は中2で習う分野だが，ここでいっしょに学習してしまおう。

1 アンモニアの発生と性質

(1) アンモニアの発生法

・塩化アンモニウム＋水酸化カルシウム
$\xrightarrow{加熱}$ アンモニア ＋ 塩化カルシウム ＋ 水
($2NH_4Cl + Ca(OH)_2 \longrightarrow 2NH_3 + CaCl_2 + 2H_2O$)

・塩化アンモニウム＋水酸化ナトリウム
$\xrightarrow{少量の水}$ アンモニア ＋ 塩化ナトリウム ＋ 水
($NH_4Cl + NaOH \longrightarrow NH_3 + NaCl + H_2O$)

・窒素＋水素 $\xrightarrow{高温・高圧}$ アンモニア(ハーバー法という)
($N_2 + 3H_2 \longrightarrow 2NH_3$)

・炭酸アンモニウム $\xrightarrow{加熱}$ アンモニア ＋ 水 ＋ 二酸化炭素
($(NH_4)_2CO_3 \longrightarrow 2NH_3 + H_2O + CO_2$)

●アンモニアの発生法

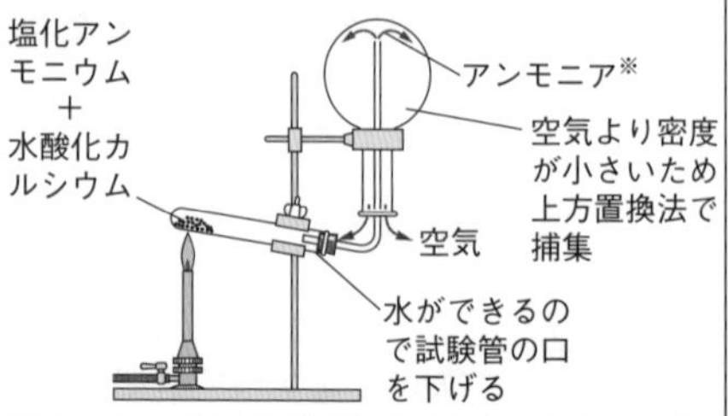

※アンモニアは水に非常にとけやすいため，よくかわいた丸底フラスコを用いて捕集する。

(2) アンモニアの性質

① 無色・刺激臭(しげきしゅう)　② **空気より密度が小さい**
③ 水に**非常によくとける**(20℃の水1cm³に702cm³とける)
④ **塩化水素と反応**し，**白煙**(**白色の固体**)を生じる

●塩化水素との反応

アンモニア＋塩化水素
⟶ 塩化アンモニウム(白煙)
($NH_3 + HCl \longrightarrow NH_4Cl$)

(3) アンモニアの噴水実験

アンモニアは水に**非常によくとけ**，**水溶液はアルカリ性**を示す。この性質を利用した実験に，**噴水実験**🔍がある。

> 🔍**噴水実験** かわいた丸底フラスコにアンモニアを集め，ガラス管と水を入れたスポイトを通したゴム栓をする。ガラス管を水につけ，**スポイトから水を押し出す**と，水の中にアンモニアが一気にとけこみ，**フラスコ内の気圧が急激に下がって，ビーカーの水がフラスコ内に噴水のように流れ込む**。

●アンモニアの噴水実験

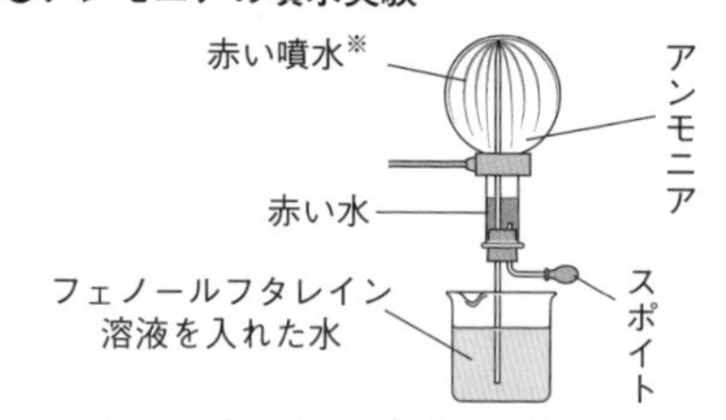

※アンモニア水はアルカリ性のため，フェノールフタレイン溶液を入れた水は赤くなる。

▶ その他の気体

2 塩素

刺激臭がある**黄緑色**の**有毒な気体**。水にとけやすく水溶液(すいようえき)は酸性を示し，**殺菌(さっきん)・漂白(ひょうはく)作用**をもつ。

プールの消毒に使われるさらし粉は，消石灰に塩素を吸収させてつくったもの。

3 塩化水素

刺激臭がある無色の**有毒な気体**。水に**非常によくとけ**，**水溶液**を**塩酸**という。**アンモニア水で白煙**を生じる。

アンモニア同様，水に非常にとけやすいので，青色リトマス液を用いて噴水実験ができる。

4 二酸化硫黄(いおう)(亜硫酸ガス)

刺激臭がある無色の**有毒な気体**。水によくとけ，水溶液は弱い酸性を示し，**漂白作用**をもつ。

硫黄を燃やしたときにできる気体で，火山ガス中にも含まれる。

塾技解説 アンモニアと違い，**塩素・塩化水素・二酸化硫黄**はすべて空気より密度が大きいので，**下方置換法**で捕集するぞ。

用語チェック 1. 塩化アンモニウム 2. 水酸化カルシウム 3. 消石灰 4. 硫黄 ➡ p.173

塾技チェック！問題

問題 実験室にある薬品を使って，右の表のような組み合わせで4種類の気体ア～エを発生させた。これらの気体について次の問いに記号で答えよ。

気体	薬品	
ア	石灰石	うすい塩酸
イ	亜鉛	うすい塩酸
ウ	塩化アンモニウム	水酸化カルシウム
エ	二酸化マンガン	うすい過酸化水素水

(1) 空気中で燃やすと音を立てて燃える気体はどれか。
(2) 塩化水素と反応する気体はどれか。
(3) その水溶液にBTB溶液を加えると，液の色が黄色になる気体はどれか。
(4) しめった赤色リトマス紙の色を青く変える気体はどれか。

解説と解答
アは二酸化炭素，イは水素，ウはアンモニア，エは酸素である。
(1)「**塾技10 2**」(2)④より，イの水素とわかる。  答 イ
(2)「**塾技11 1**」(2)④より，ウのアンモニアとわかる。 答 ウ
(3) 二酸化炭素が水にとけると弱酸性の炭酸ができる。 答 ア
(4) アンモニアは水に非常によくとけ，水溶液はアルカリ性を示す。 答 ウ

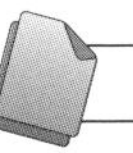

チャレンジ！入試問題

解答は，別冊 *p.11*

Q問題 1 図のように，試験管に炭酸アンモニウム $(NH_4)_2CO_3$ を入れて加熱した。三角フラスコA，BにはBTB溶液を加えた水が入っている。発生した気体を三角フラスコA，Bに通すと，それぞれ何色に変わるか。 （ラ・サール高改）

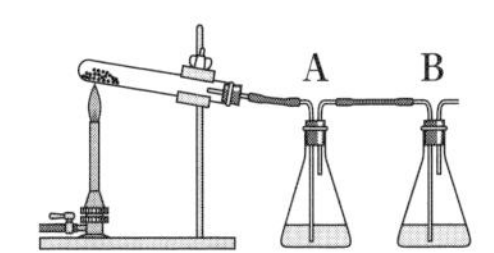

Q問題 2 アンモニアを用いて次のような実験を行った。

操作① 試験管にアンモニア水を入れて穏やかに加熱しアンモニアを発生させ，図1のように，乾いた丸底フラスコに集めた。
操作② 操作①で集めたアンモニアが入っている丸底フラスコを用いて，図2のような実験器具を組み立てた。
操作③ フラスコ内にスポイトで少量の水を入れた。その結果，ビーカーの水がガラス管を上がり，フラスコの中で噴水となった。

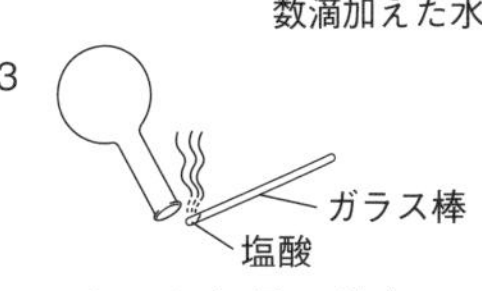

(1) 図1のような気体の集め方を何というか。漢字で答えよ。
(2) 操作③で，フラスコ内で噴水となった水は何色に変化するか。
(3) 操作③においてフラスコ内で噴水ができた理由を，次の文の形で答えよ。

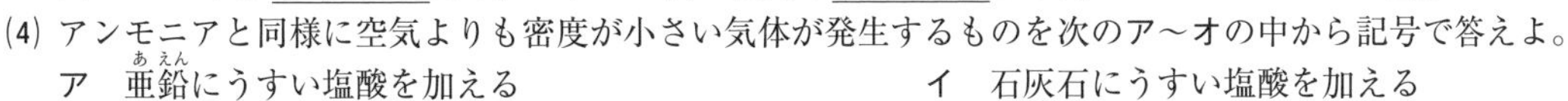
「アンモニアが(7字以内)ため，フラスコ内の圧力が(4字以内)から。」

(4) アンモニアと同様に空気よりも密度が小さい気体が発生するものを次のア～オの中から記号で答えよ。
ア 亜鉛（あえん）にうすい塩酸を加える　　イ 石灰石にうすい塩酸を加える
ウ 二酸化マンガンにうすい過酸化水素水を加える　　エ 硫黄（いおう）を燃焼させる
オ 炭酸水素ナトリウムを加熱する
(5) 図3のようにアンモニアを十分に満たしたフラスコの口の部分に，塩酸をつけたガラス棒を近づけたところ，白煙が生じた。このことについて正しいものを次のア～オの中から記号で答えよ。
ア 気体の二酸化炭素が生じた　　イ 液体のアンモニアが生じた　　ウ 液体の塩化水素が生じた
エ 固体の塩化アンモニウムが生じた　　オ 液体の水が生じた （開成高改）

塾技(ワザ) 12 状態変化① 身のまわりの物質

▶ 物質の状態変化

1 状態変化と粒子(りゅうし)

物質が「**固体→液体→気体**」と**変化**すると，粒子の動きと粒子間の間隔が大きくなり**体積は大きくなる**。
一方，**粒子の数は変化しない**ので，物質の**質量は変わらない**。そのため，**密度は小さくなる**。

固体：粒子は集合して細かく振動
液体：粒子どうしの間隔は固体より広く，粒子は比較的自由に動く
気体：粒子は激しく動き自由に飛び回る

●粒子のモデル

固体　液体　気体

質量	←	変化なし	→
体積	小	←→	大
密度※	大	←→	小

※水は例外で 4℃のとき密度が最大

2 状態変化と体積変化

(1) **固体↔液体の体積変化**
液体から固体になる（凝固(ぎょうこ)）⟹ **体積は減る**
例外：水から氷になると**体積が増える**

(2) **液体↔気体の体積変化**
液体から気体になる（蒸発）⟹ **体積は急増**
例　水：約 1700 倍，エタノール：約 490 倍

●100g の水とろうの体積変化

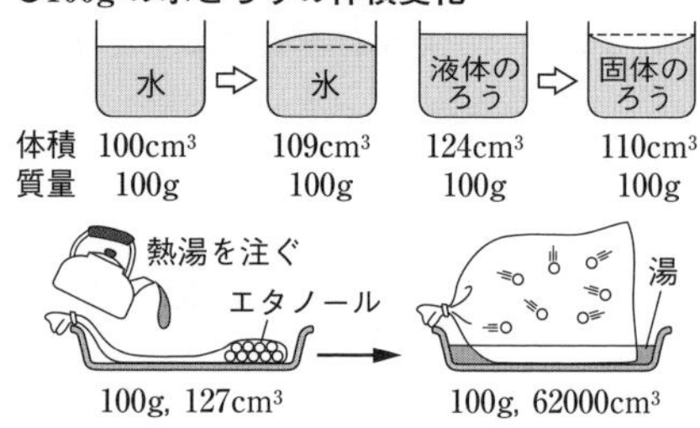

3 状態変化と温度

(1) **温度による水の状態変化**

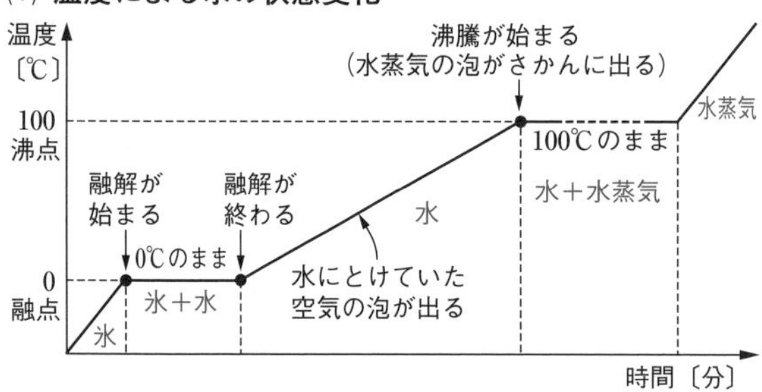

🔍温度一定となる理由 0℃のまま温度が上がらないのは，加えられた熱がすべて氷をとかすためだけに使われ，温度を上げるために使われないからで，100℃のまま上がらないのは，熱が水を水蒸気に変えるためだけに使われるからである。

(2) **量の変化とグラフの形**
状態変化させる物質が同じ場合，**量が増加**すると融(ゆう)点(てん)や沸(ふっ)点(てん)は変化しないが，**温度一定の時間は長く，グラフの傾きはゆるやか**になる。

●水の状態変化の 3 つのポイント

ポイント① 生じる泡の違い
最初に出る小さな泡
→水の中にとけていた空気
さかんに出る大きな泡
→水が蒸発した水蒸気の泡

ポイント② 温度一定の状態と時間
1 度目：固体と液体が混じっている
2 度目：液体と気体が混じっている
一定になる時間：量が多いほど長い

ポイント③ 水蒸気と湯気の違い
湯気（水蒸気が冷えてできた水の粒）は見えるが気体の水蒸気は見えない。

●量の変化とグラフの形

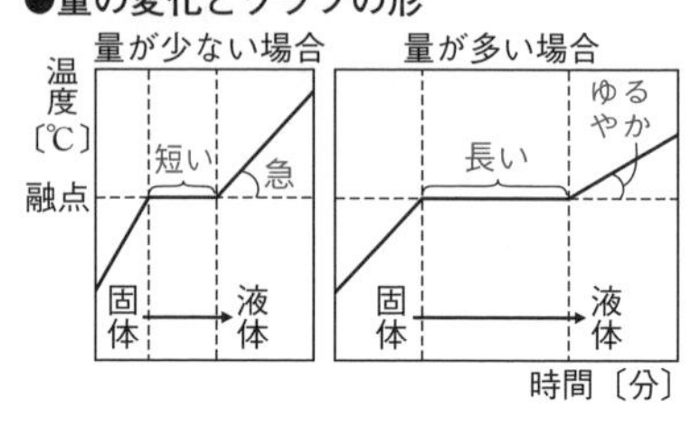

状態変化では**体積が増えても質量は変わらない**ので**密度は小さくなる。氷が水に浮(う)く**のもそのためだ！

用語チェック　1. 状態変化　2. 凝固・融解・蒸発　3. 融点・沸点　4. 沸騰 ➡ p.173

塾技チェック！問題

問題 体積 $55cm^3$, 質量 50g の固体のろうと，体積 $50cm^3$, 質量 50g の液体の水がある。

(1) 固体のろうの密度は何 g/cm^3 か。小数第二位を四捨五入して小数第一位まで求めよ。

(2) ろうおよび水が液体から固体になるとき密度はそれぞれどうなるか。

(3) 固体のろうは液体の水に浮くか沈むかを書き，その理由を答えよ。

(4) 液体のろうは固体になると質量は変化しないが体積は減る。その理由を，「粒子の大きさと数」「粒子と粒子の間隔」という語句を用いて述べよ。

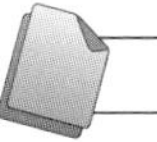

解説と解答

(1) $50 \div 55 = 0.90 \cdots \rightarrow 0.9$〔$g/cm^3$〕　**答 $0.9g/cm^3$**

(2) ろうは液体から固体になると体積が減るため密度は大きくなる。これに対して水は液体から固体になると体積が増えるため，密度は小さくなる。　**答 ろう：密度は大きくなる，水：密度は小さくなる**

(3) **答 浮く，理由：固体のろうは液体の水より密度が小さいから。**

(4) **答 粒子の大きさと数は変わらないが，粒子と粒子の間隔が狭くなるから。**

チャレンジ！入試問題

解答は，別冊 *p.12*

Q問題 右の図は，水を氷の状態からゆっくりと加熱したときの，加熱した時間と温度との関係を模式的に表したものである。(1)～(5)の問いに答えよ。

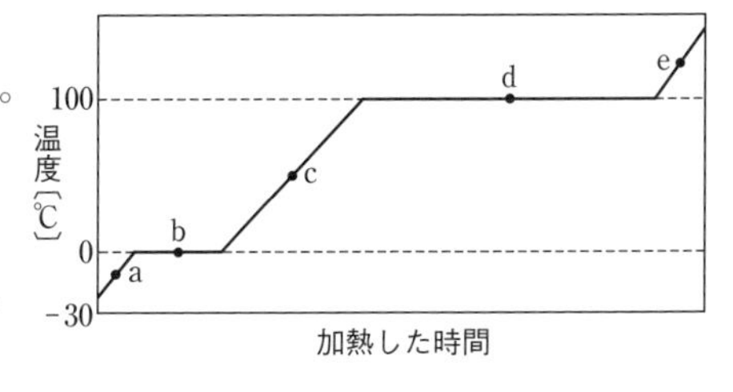

(1) 図のb点の前後では，0℃で温度が一定になっている。このときの温度のことを何というか，その名称を書け。

(2) 図のd点で，水はどのような状態であるか，次のア～ウから最も適当なものを1つ選び，その記号を書け。

ア　固体と液体　　イ　液体と気体　　ウ　固体と気体

(3) 右のX，Y，Zは，固体，液体，気体のいずれかの状態における，物質をつくる粒子の運動の様子を模式的に表したものであり，◎は粒子を表している。図のa点，c点，e点における水の粒子の運動の様子を表すものとして最も適当なものを，それぞれX，Y，Zから1つずつ選び，その記号を書け。

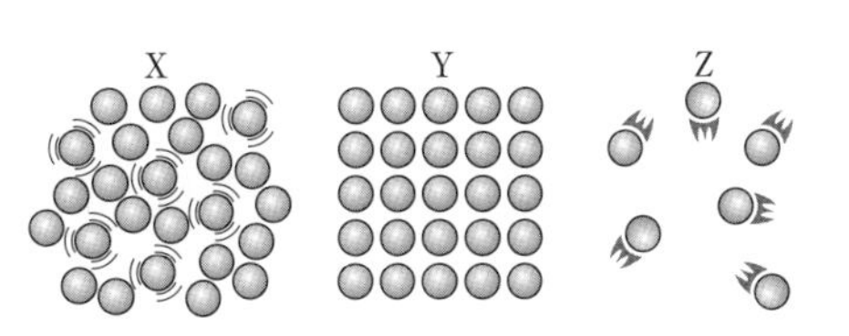

(4) 液体を加熱して気体にすると，体積は大きくなる。4℃の水(液体) $10cm^3$ を加熱して，100℃の水蒸気にすると，体積はおよそ何 cm^3 になると考えられるか。次のア～エから最も適当なものを1つ選び，その記号を書け。ただし，水(液体)はすべて水蒸気になるものとし，4℃の水(液体)の密度は $1.00g/cm^3$，100℃の水蒸気の密度は $0.00060g/cm^3$ とする。

ア　$1700cm^3$　　イ　$6000cm^3$　　ウ　$17000cm^3$　　エ　$60000cm^3$

(5) 一般に，固体を同じ物質の液体に入れると固体は沈むが，氷を水(液体)の中に入れると，氷は浮く。氷が水(液体)に浮く理由を，「体積」と「密度」という2つの語句を使って簡単に書け。　(山梨)

塾技(ワザ) 13 状態変化② 身のまわりの物質

▶ 物質の融点・沸点

1 純粋な物質の融点(ゆうてん)・沸点(ふってん)

純粋な物質の**融点と沸点**は**物質によって決まっている。** ある物質が純粋かどうかは**融点・沸点を調べる**ことでわかる。また，純粋な物質は温度がわかれば，融点・沸点と比べることで状態がわかる。

例　パルミチン酸は融点 62.7℃，沸点 360℃なので，50℃では固体，100℃では液体の状態となる。

●代表的な物質の融点・沸点

物質	融点〔℃〕	沸点〔℃〕
水	0	100
エタノール	－114.5	78.3
塩化ナトリウム	801	1413
ナフタレン	80.5	218.0
パルミチン酸	62.7	360

2 混合物の融点・沸点

(1) 水とエタノールの混合物

純粋な物質と異なり，**混合物**は**一定の融点や沸点をもたない。** **水とエタノールの混合物**では，エタノールの沸点の **78℃くらいから沸騰**が始まり，水の沸点の **100℃くらいまで沸騰を続ける。**

●水とエタノール

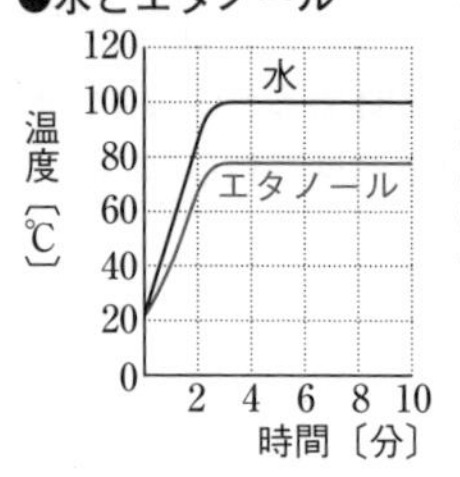

●混合物

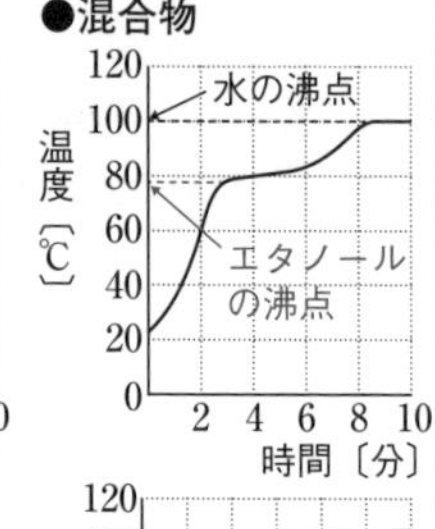

(2) 食塩水の沸点

食塩水は，水の沸点の **100℃では沸騰せず**，**100℃を少しこえたところで沸騰**が始まる。

このとき，純粋な物質と異なり，**温度が一定にならず，ゆるやかに上昇**していく。

●食塩水の加熱曲線

水だけが沸騰するため，出てきた気体を冷やすと純粋な水が得られる。

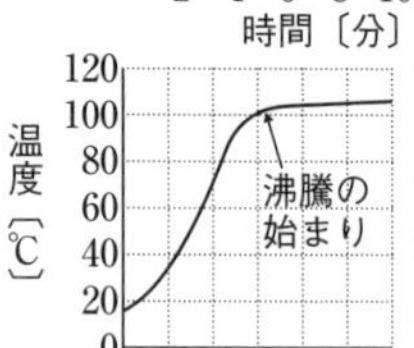

▶ 蒸留

3 蒸留の原理と操作

(1) 蒸留の原理

液体を沸騰させ，**出てくる気体を冷やして再び液体にして集める**方法を**蒸留**という。

さらに，**物質の沸点の違いを利用**して，2種類以上の液体の**混合物を各成分に分離する方法**を**分留**という。

●水とエタノールの混合液の温度変化

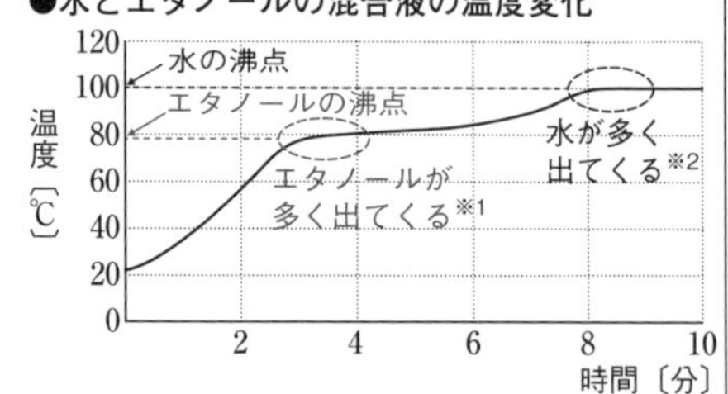

※1 エタノールの強いにおい・炎をあげて燃える
※2 かすかにエタノールのにおい・燃えない

(2) 蒸留の操作と注意点

注意①　沸騰石を入れて**突沸を防ぐ**
注意②　ガラス管の先をたまった**液につけない**※
注意③　試験管は**水で冷却**する
注意④　ガラス管は**火を消す前**に試験管から**出す**※
※試験管の中の液体が逆流しないようにするため

●蒸留の操作

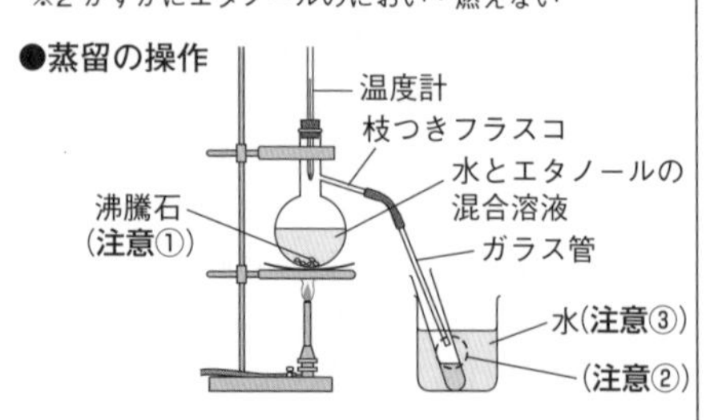

再結晶と分留の違いは，**再結晶**が物質の**溶解度の違いを利用**して**固体の混合物を純粋な物質に分ける**のに対し，**分留**は，物質の**沸点の違いを利用**して**液体の混合物を分ける**(完璧に分けるのは難しい)ことだ。

用語チェック　1. パルミチン酸　2. 食塩水の沸点　➡ p.174

塾技チェック！問題

問題 固体のパルミチン酸を図１のような装置を用いて加熱したところ，温度変化は図２のようになった。

⑴ 加熱後 12 分たったときのパルミチン酸の状態を答えよ。

⑵ 実験を始めて 20 分経過後も加熱を続けたところ，パルミチン酸の温度は一定になったが沸騰（ふっとう）する様子は見られなかった。理由を答えよ。

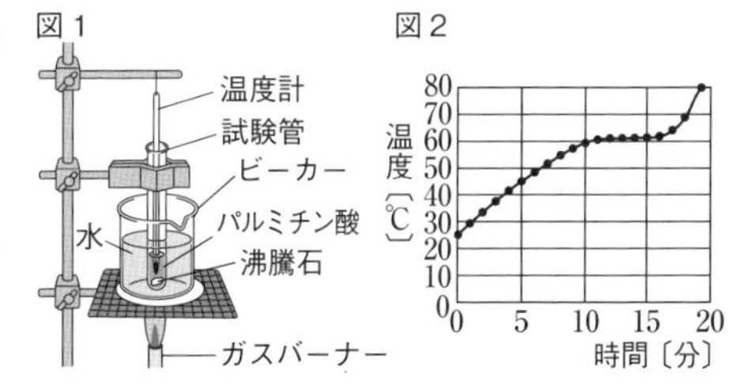

解説と解答

⑴ 図２より，10 分後にとけ始めて 15 分ですべてとけたことがわかる。　**答** **固体と液体**

⑵「**塾技 13 1**」**例**より，液体のままである。　**答** **パルミチン酸の沸点は水の沸点よりも高いため。**

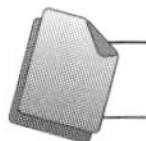

チャレンジ！入試問題

解答は，別冊 *p.13*

Q問題 エタノールを用いて物質の状態変化について調べる実験を行った。あとの問いに答えよ。

実験１　試験管に沸騰石を３個入れてから，エタノールを試験管の$\frac{1}{5}$ほど入れた。これを図１のように沸騰した水が入ったビーカーに入れ，エタノールの温度の変化を調べた。

実験２　エタノール $3.0cm^3$ と水 $17.0cm^3$ の混合物をガラス器具 A の中に入れ，図２のように装置を組み立てて弱火で熱した。蒸気の温度を記録しながら，出てきた液体を約 $2cm^3$ ずつ３本の試験管１～３に集めた。次に，集めた液体にひたしたろ紙を蒸発皿に入れ，図３のようにマッチの火を近づけて燃えるかどうかを調べ，これらの結果を表にまとめた。

実験３　試験管に入れたエタノールを液体窒素の中に入れ，エタノールを固体にした。この固体のエタノールを液体のエタノールに入れたら沈（しず）んだ。

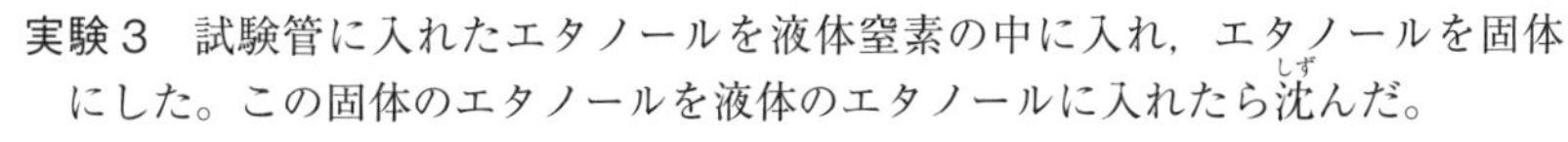

図１　温度計　試験管　沸騰石

図２　温度計　ガラス器具 A　試験管　沸騰石

図３　集めた液体にひたしたろ紙

⑴ 実験１で，エタノールの温度変化を表したグラフはどれか。最も適当なものを図４のア～エから選んで，その記号を書け。

⑵ 実験２で使用したガラス器具 A の名前を書け。

⑶ 実験２で，試験管２に集めた液体として最も適当なものはどれか。次のア～エから選んで，その記号を書け。

ア　純粋なエタノール　　イ　わずかな水を含むエタノール

ウ　純粋な水　　エ　わずかなエタノールを含む水

	蒸気の温度	火を近づけたとき
試験管１	40℃～60℃	燃えなかった
試験管２	70℃～80℃	燃えた
試験管３	90℃以上	燃えなかった

⑷ 実験２で，下線部の混合物の質量パーセント濃度は何％か。ただし，この混合物はエタノールが溶質で水が溶媒の水溶液であり，液体のエタノールの密度は $0.79g/cm^3$，水の密度は $1.0g/cm^3$ とする。答えは小数第一位を四捨五入し，整数で答えよ。

⑸ 実験３で，試験管に入れたエタノールが液体から固体になったとき，質量，体積，密度はそれぞれどうなるか。

（福井改）

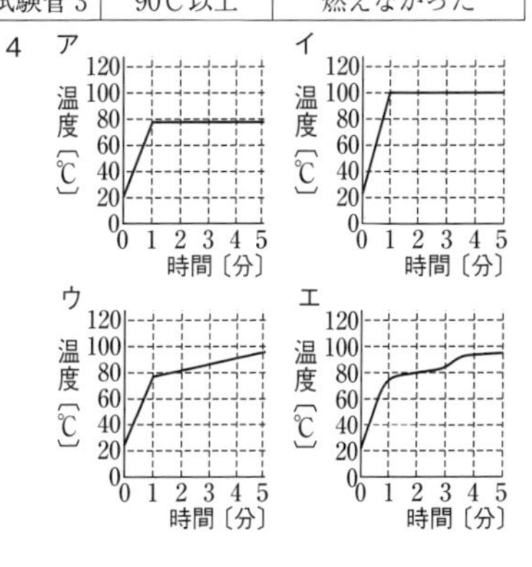

塾技(ワザ) 14 原子と分子 物質の成り立ち

▶ 化学変化における説・法則

1 質量保存の法則(*p.172*)

化学変化では，**反応の前後で**物質全体の**質量は変化しない**という法則で，1774年にラボアジエ（フランス）によって発見された。

●質量保存の法則

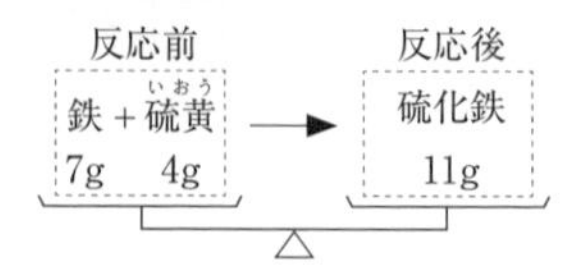

2 定比例の法則

物質の中に含まれている成分の割合は化合物ごとに決まっており，**化合物の質量にかかわらず一定**であるという法則で，1799年にプルースト（フランス）によって発見された。

●定比例の法則

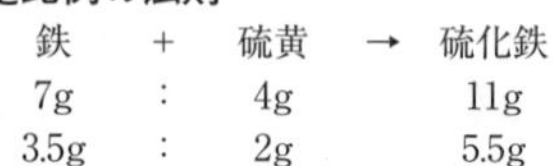

鉄	+	硫黄	→	硫化鉄
7g	:	4g		11g
3.5g	:	2g		5.5g

硫化鉄の質量にかかわらず，鉄と硫黄の割合は常に7：4になる。

3 ドルトンの原子説

質量保存の法則，定比例の法則の説明のため，1803年にドルトン（イギリス）は，「**すべての物質**はそれ以上分**けることができない原子**からできている」という原子説を発表した。

●ドルトンが考えた原子の記号例

酸素原子 ○，**水素原子** ⊙

水の複合原子 ○⊙ など

ドルトンは異なる原子は結合して複合原子をつくるが，**同種の原子は結合しないと考えていた。**

4 アボガドロの分子説

「化学変化する**気体の体積の比は整数比**になる」という，**ゲーリュサックの気体反応の法則**から，1811年にアボガドロ（イタリア）は，「気体は同温・同圧のもとでは，**同じ体積中に同じ数の分子を含む**」という法則を発表し，**物質としての性質を示す最小単位**となる**分子の存在**を提唱した。

●アボガドロの分子モデル

	水素		酸素		水
体積比	2	:	1	:	2
分子数	2	:	1	:	2

（ドルトンの原子説では酸素原子を2つに分割することになり，**「原子は物質の最小単位」という考えに矛盾**する。）

▶ 分子

5 分子をつくる物質とつくらない物質

常温で液体や気体になっているものは**分子から成るものが多い**。分子には，**1つの原子**から成り**分子のようにふるまう単原子分子**，**2つの原子**から成る**2原子分子**，**3つ以上の原子が結合**してできた**多原子分子**がある。

これに対し，**常温で固体となっている無機物**や，**金属原子を含む化合物**は**分子をつくらない**ものが多い。また，**金属はすべて分子をつくらない。**

●分子をつくる物質の例

単原子分子：Ne Ar（ネオン アルゴン）

2原子分子：HH OO（水素 酸素）

多原子分子：NH_3（アンモニア）

●分子をつくらない物質の例

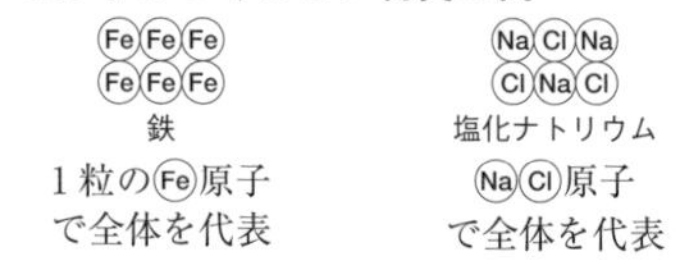

1粒のFe原子で全体を代表

NaCl原子で全体を代表

単体と単原子分子の違いに注意！**単体**は鉄や酸素分子のように**1種類の元素からできた物質**のことだぞ。

用語チェック 1. 化合物 2. 原子説 3. 原子 4. 気体反応の法則 5. アボガドロの分子説 6. 単体 7. 元素 ➡ *p.174*

塾技チェック！問題

問題 次の問いに答えよ。

(1) 次の物質のうち最も個数の多いものを選び記号で答えよ。
　ア　20個の水素分子中の原子　　イ　30個の酸素分子中の原子　　ウ　50個の水分子中の酸素原子

(2) 次の物質のうち分子をつくらないものをすべて選び記号で答えよ。
　ア　二酸化炭素　　イ　塩化ナトリウム　　ウ　塩化水素　　エ　銀　　オ　酸化銅　　カ　塩素

解説と解答

(1) 水素1分子には2個の水素原子があるので，アは40個。同様に，イは60個。水1分子には2個の水素原子と1個の酸素原子があるので，酸素原子は50個。 **答 イ**

(2) 「**塾技14 5**」より，イとエとオが分子をつくらないとわかる。 **答 イ，エ，オ**

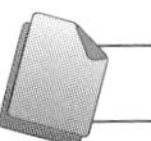

チャレンジ！入試問題

解答は，別冊 *p.14*

Q問題 1 次の問いに答えよ。

(1) 有機物は一般に分子からできている。一方，無機物には，分子をつくらない物質もある。無機物の分子をつくらない純粋な物質について，最も適するものはどれか。
　① 1個の原子である　　② 単体である　　③ 化合物である　　④ 単体も化合物もある

(2) 水と二酸化炭素の分子のモデルは右のように示される。この2つの物質から1つずつ原子を選び，それらを合わせてできる単体の分子のモデルを示せ。

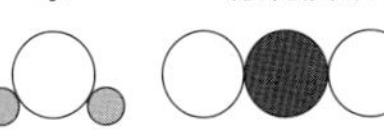

（東京学芸大附高改）

Q問題 2 1774年，ラボアジエは①「化学変化の前後で，物質の質量の総和は変化しない。」という法則を発見した。また，1799年にプルーストは「同一の化合物に含まれる成分の質量の割合は一定である。」という法則を発見した。これらの法則を説明するため，1803年にドルトンは「物質はすべて分割できない最小単位の粒子である原子からできている。」と考えた。ドルトンの考えた原子および複合原子（2種類以上の原子が結合した粒子）のモデルの例を下の図1に示す。その5年後の1808年，ゲーリュサックは様々な気体反応に関する実験を行い，「気体の反応において，反応する気体および生成する気体の体積は簡単な整数比となる。」という法則を発見した。ゲーリュサックは，「気体の種類によらず，同体積の気体は同数の原子または複合原子を含んでいる。」という仮説を立てた。この仮説とドルトンのモデルを用いて水素と酸素から水蒸気ができるときの反応を考えると下の図2のようになるが，体積比が「水素：酸素：水蒸気 ＝ 2：1：2」になるように右辺を埋めようとすると②矛盾が生じる。そこで，1811年，アボガドロは「原子がいくつか結びついた粒子である（A）がその物質の性質を示す最小単位として存在している。そして，気体の種類によらず，同体積の気体は（B）。」と考え，ドルトンの考えとゲーリュサックの実験との間にある③矛盾を解決した。

(1) 下線部①の法則名を答えよ。

(2) 上の文中の（A）にあてはまる語句を答えよ。

(3) 下線部②について，矛盾が生じることをモデルを用いた図で図3に示すとともに，矛盾の内容を文章で説明せよ。

(4) 上の文中の（B）に入れるのに適切な文章を，15字以内で答えよ。

(5) 下線部③について，アボガドロは（A）の存在を考えることで，どのように矛盾を解決したか。モデルを用いた図で図4に示すとともに，文章で説明せよ。

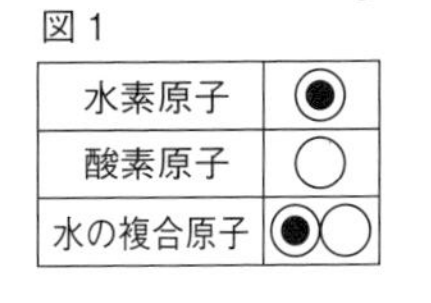

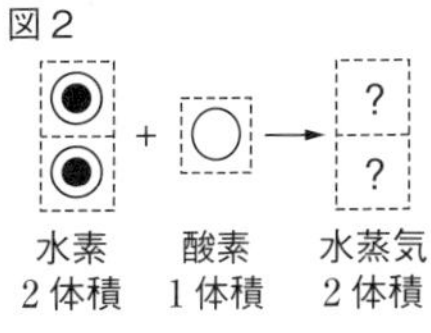

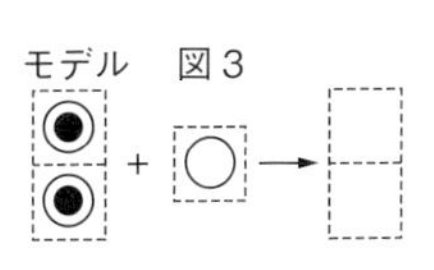

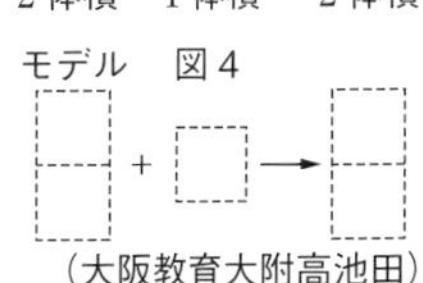

（大阪教育大附高池田）

ワザ
塾技 15 化学式と化学反応式 物質の成り立ち

▶ 化学式

1 化学式と化合物名

化合物の多くの名前は，**化学式を後ろから読んだ形に**なっているため，**化合物の名前**からその**化学式をある程度予想**できる。

- ・酸化□ ↔ □O　　・二酸化□ ↔ □O_2
- ・塩化□ ↔ □Cl　　・硫化□ ↔ □S
- ・水酸化□ ↔ □OH　　・炭酸□ ↔ □CO_3
- ・硫酸□ ↔ □SO_4　　・硝酸□ ↔ □NO_3

例 酸化銅：CuO，二酸化炭素：CO_2，
塩化カリウム：KCl

名前から予想できない化学式 以下は丸暗記する。
アンモニア（NH_3），硫酸（H_2SO_4），塩酸（HCl），硝酸（HNO_3）
過酸化水素（H_2O_2），メタン（CH_4），エタノール（C_2H_6O）など

●結びつく原子の個数
原子は種類によって結合の手の数が決まっている。（**塾技 16**）
そのため，化合物の名前だけから正確な化学式までは書くことができない。
例えば，酸化銀は，手が2本の酸素と手が1本の銀が結びつくので，AgO ではなく Ag_2O となる。

例 塩化マグネシウム　$MgCl_2$
塩化カルシウム　$CaCl_2$
塩化銅　$CuCl_2$
炭酸ナトリウム　Na_2CO_3
炭酸アンモニウム　$(NH_4)_2CO_3$
水酸化カルシウム　$Ca(OH)_2$　など

▶ 化学反応式

2 化学反応式のつくり方

化学反応式をつくるときは，**左辺と右辺**とで**同種の原子が同じ数**になるよう**調整**する。

手順① 起こる化学変化を**物質名，＋と矢印**で書く
手順② 物質名を**化学式**に書き直す
（**気体**は**分子の化学式**で書く）
手順③ 係数を何倍かして原子の数をそろえる
・**最も複雑な化学式**の原子の数からそろえる
・**3か所以上にある原子**の数は**最後に調整**

複雑な化学反応式の係数 複雑な化学反応式の係数は，手順③に方程式を用いる。まず，それぞれの化学式の係数を a，b，c，…，などとし，同種の原子の数について方程式をつくる。次に，$a=1$ のときの他の文字の値を求め，分数になったときは，すべての値を分母の最小公倍数倍して整数に直す。

例 有機物プロパン（C_3H_8）の燃焼
手順① プロパン＋酸素→二酸化炭素＋水
手順② $C_3H_8 + O_2 \rightarrow CO_2 + H_2O$
手順③ 複雑な C_3H_8 の原子の数からそろえる
$C_3H_8 + O_2 \rightarrow 3CO_2 + 4H_2O$
（C_3H_8：C：3個，H：8個　$3CO_2$：3倍してCを3個に　$4H_2O$：4倍してHを8個に）
・最後に3か所にあるO原子の数をそろえる
$C_3H_8 + 5O_2 \rightarrow 3CO_2 + 4H_2O$
（$5O_2$：5倍してOを10個に　$3CO_2$：O：6個　$4H_2O$：O：4個）

別解 上の**手順③**に方程式を利用
手順③ $aC_3H_8 + bO_2 \rightarrow cCO_2 + dH_2O$
Cについて：$3a=c$ …①
Hについて：$8a=2d$ …②
Oについて：$2b=2c+d$ …③
$a=1$ とおくと，
①より $c=3$，②より $d=4$，
③より $b=5$

3 化学反応式の係数が表すもの

化学反応式の係数の比は，次の2つの比を表す。
① 反応に関係する**物質の分子の数や粒子の数の比**
② 気体反応における**気体物質の体積の比**

例 $2H_2 + O_2 \rightarrow 2H_2O$
① 水素分子2個と酸素分子1個から水分子が2個できる。
② 水素2Lと酸素1Lから水（水蒸気）が2Lできる。

化学反応式の係数で注意したいのが，**係数の比と反応する物質の質量の比は一致しない**ということだ。

用語チェック 1. 化学式　2. 化学反応式 ➡ p.175

塾技チェック！問題

問題 1L の窒素と 3L の水素を混合し，高温・高圧下で反応させたところ，一部が反応してアンモニアが 0.8L できた。次の問いに答えよ。ただし，気体の体積はすべて同一条件下での値とする。

(1) この反応の化学反応式を書け。

(2) 反応後の混合気体の体積は全体で何 L か。

解説と解答

(1)「**塾技 15 2**」より，**手順①** 窒素 + 水素 → アンモニア　**手順②** $N_2 + H_2 \rightarrow NH_3$

手順③ $N_2 + H_2 \rightarrow 2NH_3$ ⇨ $N_2 + 3H_2 \rightarrow 2NH_3$

答 $N_2 + 3H_2 \rightarrow 2NH_3$

(2) 反応した窒素の体積を xL とすると，「**塾技 15 3**」より，窒素と反応する水素は $3x$L，生じたアンモニアは $2x$L となり，反応の前後における各気体の体積変化は右の表のようになる。題意より，$2x = 0.8$ より，$x = 0.4$〔L〕。よって，反応後の混合気体全体の体積は，

	窒素〔L〕	水素〔L〕	アンモニア〔L〕
反応前	1	3	0
反応後	$1 - x$	$3 - 3x$	$2x$

$(1 - x) + (3 - 3x) + 2x = 4 - 2x = 4 - 0.8 = 3.2$〔L〕

答 3.2L

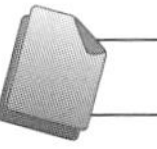

チャレンジ！入試問題

解答は，別冊 *p.15*

問題 1 次の化学反応式において，左辺と右辺で原子の種類と数が等しくなるように，ア～カにあてはまる数を答えよ。

ア $NaHCO_3 \rightarrow$ イ Na_2CO_3 + ウ $CO_2 + H_2O$

エ $(NH_4)_2CO_3 \rightarrow$ オ NH_3 + カ $CO_2 + H_2O$

（清風南海高）

問題 2 ブドウ糖 $C_6H_{12}O_6$ は酵母によって発酵し，エタノール C_2H_6O が生成する。ブドウ糖の発酵を表す次の化学反応式中の係数 a，b，c を決定せよ。なお，係数が 1 になる場合にも省略せずに記すこと。

$a\,C_6H_{12}O_6 \rightarrow b\,C_2H_6O + c\,CO_2$

（函館ラ・サール高改）

問題 3 次の文章を読んで，下の問いに答えよ。

窒素と水素に触媒を加え，特別な条件にすると反応しアンモニアができる。これを化学反応式にすると次のようになる。

$N_2 + 3H_2 \rightarrow 2NH_3$

この反応は気体の反応であり，気体については，「同じ温度，同じ圧力のとき，同じ体積中には，気体の種類にかかわらず同じ数の分子が含まれる」という性質をもっている。それを，モデルで示すと下の図のようになる。

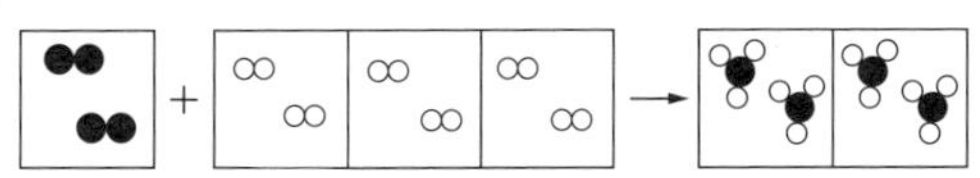

このことから，同じ温度，同じ圧力においては，気体の反応の体積比は，分子数の比に対応していることがわかる。下の問いにおいても，気体の体積は，同じ温度，同じ圧力で測定されたものとする。

実験　ある条件で窒素 10L と水素 10L を反応させたところ，気体の全体積が 17L になったところで反応が止まった。

(1) アンモニアは，それ自身は有害な気体であるが，これを原料として硫酸アンモニウムが工業的に生産されている。硫酸アンモニウムは何に利用されているか。

(2) 実験において，生じたアンモニアの体積は何 L か。

（東大寺学園高）

ワザ
塾技 16 物質が結びつく反応 物質の成り立ち

▶ いろいろな化学変化

1 結合の手

(1) 結合の手の本数

原子どうしが結びつくとき，それぞれの原子は結びつく**結合の手の数**が**決まっている**。

水素原子	酸素原子	窒素原子	炭素原子	塩素原子
H—	O	N	C	Cl—
1本	2本	3本	4本	1本

(2) 結合の手と化学式

化学式における**各原子の数**は，**結合の手の数により決まる**。代表的な化合物のモデル図を示す。

水	二酸化炭素	アンモニア	塩素分子
H-O-H	O=C=O	H-N(H)-H	Cl—Cl
H_2O	CO_2	NH_3	Cl_2

●その他の原子の結合の手の数

1本：カリウム，ナトリウム，銀
2本：硫黄(いおう)，バリウム，マグネシウム，カルシウム，亜鉛
3本：アルミニウム
2本または1本：銅
2本または3本：鉄

「**結合の手**」とは，**結合している原子どうしが互いに手をつなぎあっている**と考えるとわかりやすい。

例 二酸化炭素
酸素：2本の手
炭素：4本の手

→炭素原子1個と酸素原子2個が結びつく

2 代表的な結びつく化学変化の例

(1) 鉄＋硫黄 → 硫化(りゅうか)鉄

	Fe	＋	S	→	FeS
色	銀白色		黄色		黒色
磁石に	つく				つかない
塩酸を加える	水素が発生				硫化水素※が発生
物質の質量比	7	：	4	：	11

※卵のくさったようなにおいのする有毒な気体。気体のにおいは手であおぐようにしてかぐこと。

●鉄と硫黄の反応

鉄と硫黄を乳鉢でよく混ぜてから加熱

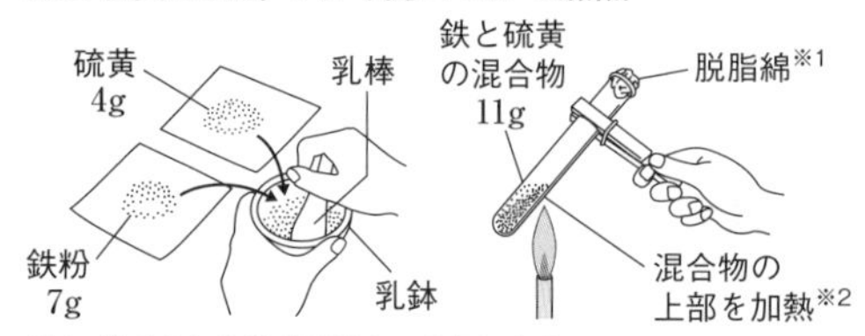

※1 熱せられた硫黄が出ないようにする。
※2 **底を加熱すると，激しく反応して試験管がとけることがある。赤くなり始めたら火を止める。(化学変化で発生する熱で反応が進むため)**

(2) 銅＋硫黄 → 硫化銅

	Cu	＋	S	→	CuS
色	赤色		黄色		黒色
物質の質量比	2	：	1	：	3

●銅と硫黄の反応

らせん状にした銅線をとけた硫黄の蒸気の中に入れる。

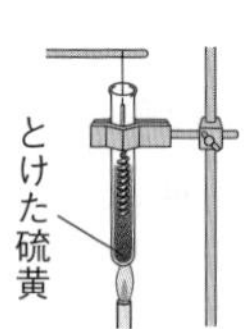

(3) 窒素＋水素 → アンモニア

	N_2	＋	$3H_2$	→	$2NH_3$
物質の体積比	1	：	3	：	2
物質の質量比	14	：	3	：	17

例題 水素分子300個を窒素分子と完全に反応させたとき，アンモニア分子は何個生じるか。

解 反応する分子数の比は化学反応式の係数比と等しいので，**200個**とわかる。

鉄と硫黄の反応は**発熱反応**なので，加熱をやめても**自分自身の熱で反応が次々と進む**というわけだ。

用語チェック 1. 結合の手 2. 物質の質量比 3. 発熱反応 ➡ p.175

塾技チェック！問題

問題 試験管AおよびBに，鉄粉と硫黄(いおう)の粉末7gずつをよく混ぜ合わせたものをそれぞれ入れ，試験管Aはガスバーナーで加熱し，Bはそのままにしておいた。次の問いに答えよ。ただし，鉄と硫黄が過不足なく反応する質量比は，7：4であるとする。

(1) 試験管Aをガスバーナーで加熱するとき，どこを加熱したらよいか。

(2) 十分に冷えた試験管AとBにうすい塩酸を加えたとき，それぞれ発生する気体の名称を書け。

(3) 加熱後，試験管Aには未反応の物質が残っていた。鉄と硫黄のどちらが何g残るか。

解説と解答

(1) 答 **混合物の上部**

(2) 答 **試験管A：硫化水素，試験管B：水素**

(3) 過不足なく反応する質量比は，鉄：硫黄＝7：4なので，硫黄が，7 − 4 = 3〔g〕残る。

答 **硫黄が3g残る**

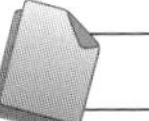

チャレンジ！入試問題

解答は，別冊 *p.16*

問題1 図1のようにして，鉄粉14gと硫黄8gを乳鉢でよく混ぜ合わせ，2本の試験管A，Bに半分ずつ分けて入れた。試験管Aは，そのまま置いた。試験管Bは，図2のように加熱し，加熱した部分の色が赤く変わり始めたところで加熱をやめた。その後，試験管Bの温度が下がったとき，試験管Bの様子を観察すると黒い物質ができていた。試験管Aの中の物質と試験管Bの中にできた黒い物質を比較するため，うすい塩酸を加えた。その結果，試験管Aでは無臭(むしゅう)の気体が発生し，試験管Bではにおいのある気体が発生した。

図1

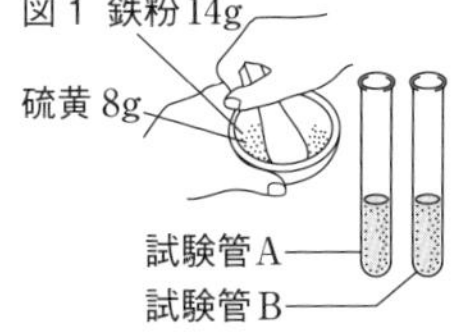

図2

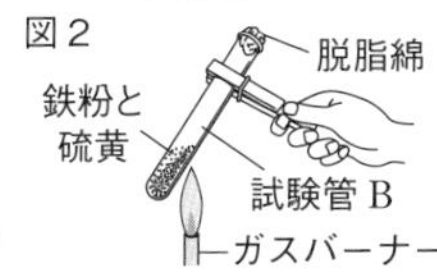

(1) 図1の試験管A，Bの中の物質のように，2種類以上の物質が混ざり合ったものは混合物と呼ばれる。次のア～エの中から混合物をすべて選び，記号で答えよ。

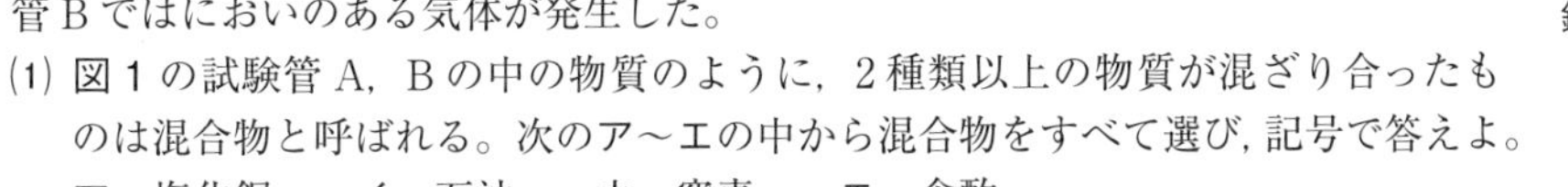

ア　塩化銅　　イ　石油　　ウ　窒素　　エ　食酢

(2) 試験管Aにうすい塩酸を加えたときに発生した無臭の気体を，別のかわいた試験管に集め，火を近づけたところ，反応して試験管内が水滴でくもった。この無臭の気体は何か。化学式で書け。

(3) 試験管Bの中にできた黒い物質は，鉄の原子と硫黄の原子が1：1の割合で結びついてできている。鉄の原子と硫黄の原子が1：1の割合で結びついたときの化学変化を，化学反応式で書け。

(4) 鉄と硫黄が完全に反応するときの質量の比は，7:4であることが知られている。鉄9.8gと硫黄5.2gを，いずれか一方の物質が完全に反応するまで反応させた場合，もう一方の物質の一部は反応しないで残る。反応しないで残る物質はどちらか。また，残る物質の質量は何gか。それぞれ答えよ。ただし，鉄と硫黄の反応以外は，反応が起こらないものとする。

（静岡）

問題2 鉄と硫黄を混ぜ，試験管に入れて図のように加熱すると，黒色の化合物が生成する。以下の問いに答えよ。

(1) この反応で生成する黒色の化合物の化学式と名称を答えよ。

(2) 鉄と硫黄の質量をいろいろ変えて加熱するとき，生成する黒色の化合物の質量は右の表の通りである。

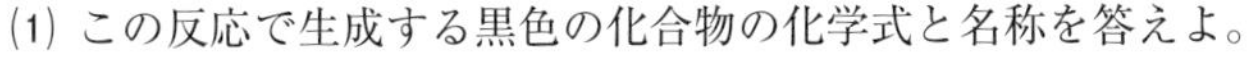

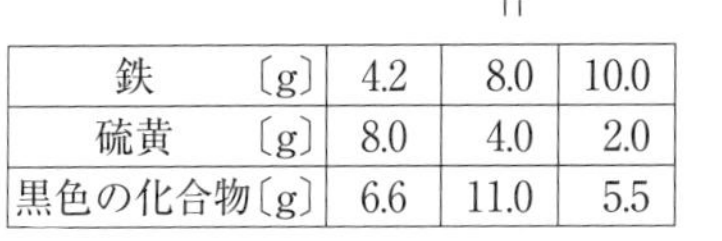

鉄〔g〕	4.2	8.0	10.0
硫黄〔g〕	8.0	4.0	2.0
黒色の化合物〔g〕	6.6	11.0	5.5

① 鉄4.2gと硫黄8.0gを混ぜて加熱したとき，反応せずに残っているのは鉄，硫黄のいずれか。また，それは何gか。

② これらの結果から，鉄原子1個と硫黄原子1個の質量比を求めよ。

（滝高）

塾技（ワザ） 17　分解　物質の成り立ち

▶ 熱分解

1 炭酸水素ナトリウムの熱分解

(1) 化学反応式と物質の確認法

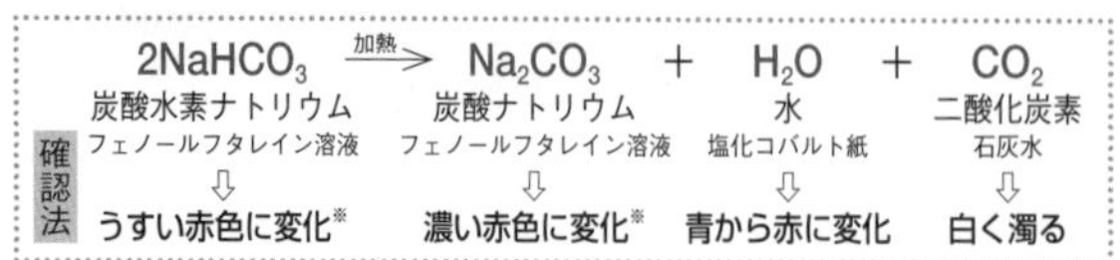

	$2NaHCO_3$ $\xrightarrow{加熱}$	Na_2CO_3	+ H_2O	+ CO_2
	炭酸水素ナトリウム	炭酸ナトリウム	水	二酸化炭素
確認法	フェノールフタレイン溶液	フェノールフタレイン溶液	塩化コバルト紙	石灰水
	⇩	⇩	⇩	⇩
	うすい赤色に変化※	濃い赤色に変化※	青から赤に変化	白く濁る

※炭酸水素ナトリウムは水に少しとけて弱アルカリ性を示し，炭酸ナトリウムは水にとけやすく強アルカリ性を示す。

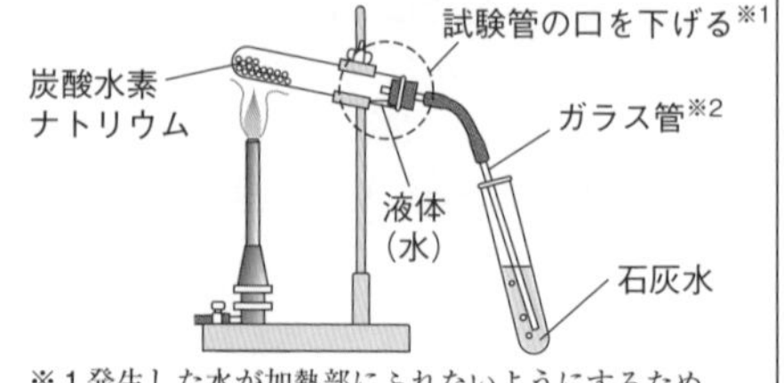

※1 発生した水が加熱部にふれないようにするため
※2 火を止める前にガラス管の先を石灰水から抜く(逆流防止)

(2) 原子団

炭酸水素ナトリウムや炭酸ナトリウムの化学式中の「CO_3」は**まとまって化学変化する**ことが多く，このような原子の集まりを**原子団**という。

例　Na_2CO_3：(Na)—(CO₃)—(Na)

●原子団の結合の手の数

原子団は CO_3 以外にも SO_4, OH, NO_3 などがある。

OH, NO_3：結合の手１本

CO_3, SO_4：結合の手２本

2 その他の熱分解

(1) 酸化銀の熱分解(酸化銀 → 銀 + 酸素)

$2Ag_2O \xrightarrow{加熱} 4Ag + O_2$ ※

黒色　　銀白色

※反応前の酸化銀の質量と，反応後に生じる銀の質量の差が，発生した酸素の質量となる。

(反応のモデル：銀原子●，酸素原子○
●○● ●○● → ● ● ● ● + ○○)

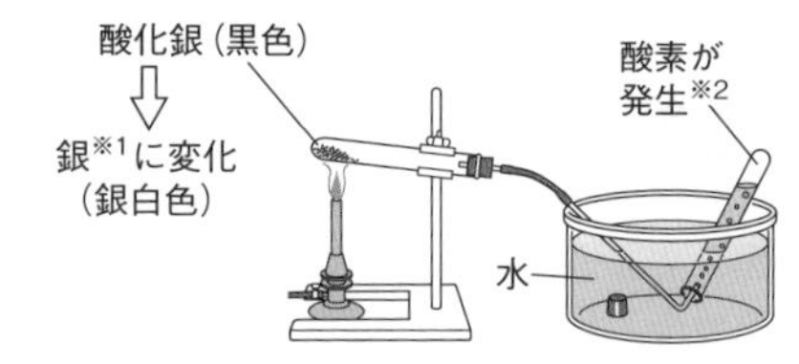

※1 こすると光沢が出てたたくとのびる　※2 火のついた線香が炎をあげて燃える

(2) 炭酸アンモニウムの熱分解

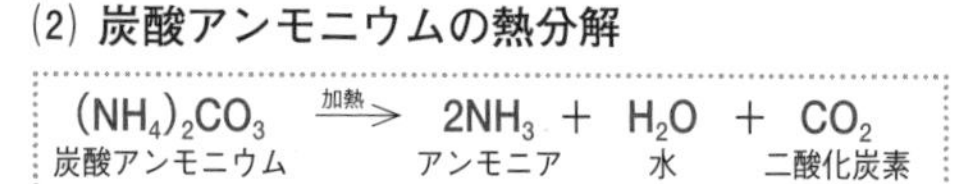

$(NH_4)_2CO_3 \xrightarrow{加熱} 2NH_3 + H_2O + CO_2$

炭酸アンモニウム　アンモニア　水　二酸化炭素

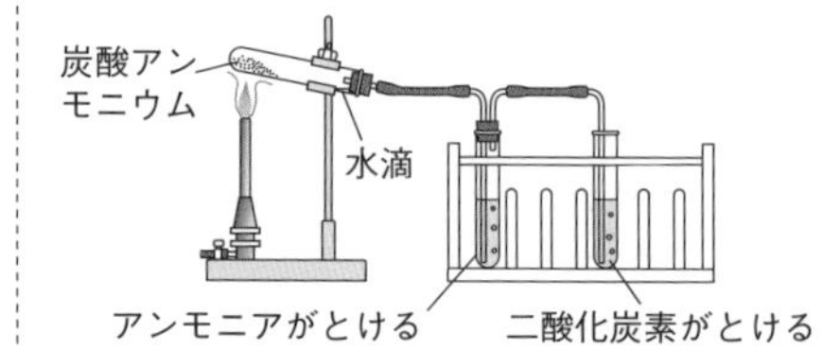

▶ 電気分解

3 水の電気分解(水 → 水素＋酸素)

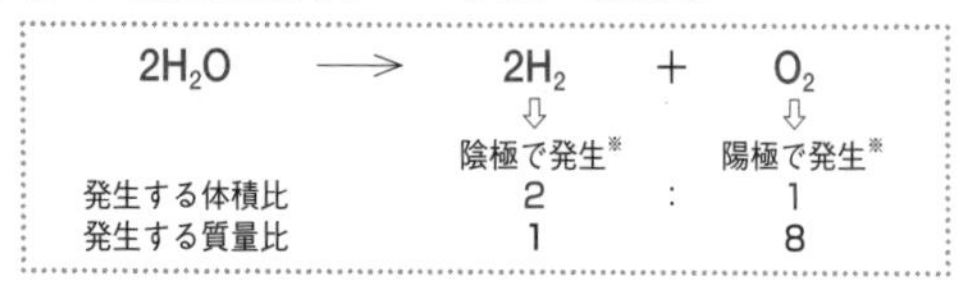

	$2H_2O$ ⟶	$2H_2$	+	O_2
		⇩		⇩
		陰極で発生※		陽極で発生※
発生する体積比		2	:	1
発生する質量比		1		8

※どちらが陰極か陽極かがわからないときは，発生した気体の量で判断でき，多い方が水素，少ない方が酸素とわかる。

(反応のモデル：水素原子●，酸素原子○
●○● ●○● → ●● ●● + ○○)

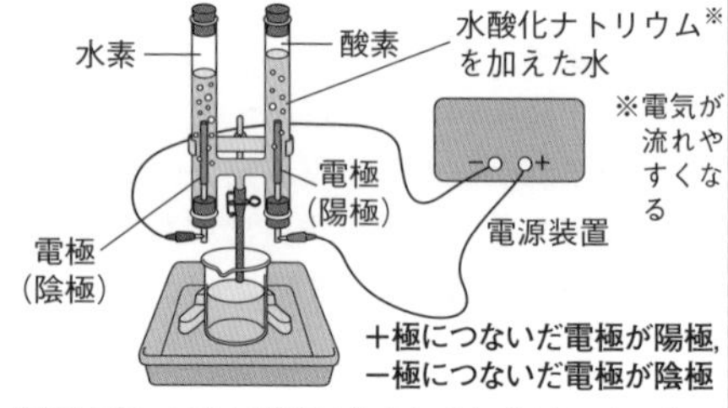

＋極につないだ電極が陽極，－極につないだ電極が陰極

留意点① 水素と酸素はともに水にとけにくいため，捕集できる量は発生する体積比と同じ２：１となる。

留意点② 水素が発生したことの確認は火を近づけると「ポン」と音を立てて燃えることでわかる。

炭酸水素ナトリウムの分解や酸化銀の分解は**吸熱反応**。加熱を続けなければ反応は進まないぞ！

用語チェック　1. 分解　2. 熱分解　3. 電気分解　4. 吸熱反応　➡ p.176

塾技チェック！問題

問題 右の図のような装置を用いて水を電気分解した。次の問いに答えよ。

(1) 水の電気分解をするとき，水に加える物質を1つ答えよ。

(2) B極から発生する気体は何か。また，A極から10cm³の気体が発生したとき，B極から発生する気体は何cm³となるか。

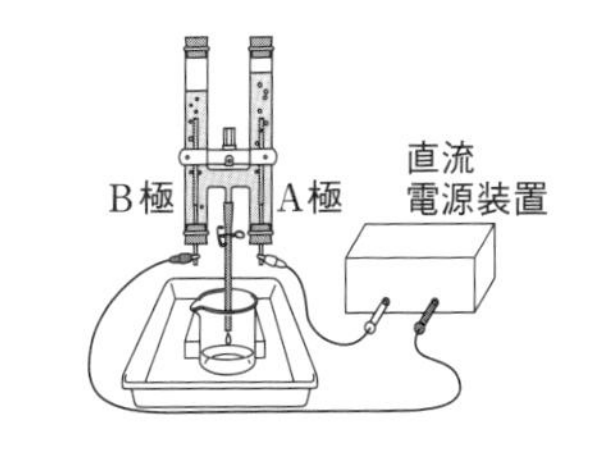

解説と解答

(1) 電気を通しやすくするため，水酸化ナトリウムを少量加える。 **答 水酸化ナトリウム**

(2)「**塾技17 3**」より，水素は酸素の体積の2倍発生する。B極の気体の方が，A極より多く発生しているので，B極から発生する気体は水素とわかる。 **答 水素，20cm³**

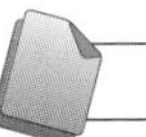

チャレンジ！入試問題

解答は，別冊 *p.17*

Q問題 物質の分解について調べるために，図のような実験装置を組み立てて，実験1・2を行った。

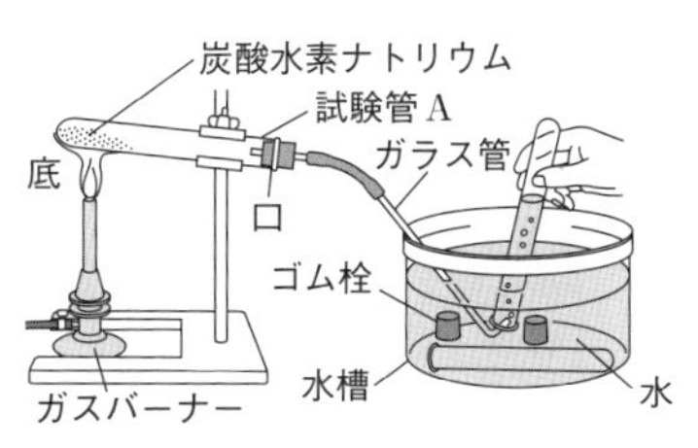

実験1 図のように，試験管Aに入れた炭酸水素ナトリウムを加熱し，発生する気体Pを試験管に集めた。しばらく加熱すると，気体Pが発生しなくなったので，ⓐすぐに操作①を行い，その後，操作②を行った。試験管Aを観察すると，口近くの内側には液体Qがついており，底には固体Rが残っていた。気体Pを集めた試験管に石灰水を加えてふると白く濁り，液体Qに青色の塩化コバルト紙をつけると塩化コバルト紙は赤色に変化した。また，固体Rの水溶液と炭酸水素ナトリウムの水溶液をつくり，それぞれの水溶液にⓑ無色の指示薬を加えると，どちらも赤色に変化したが，その色の濃さに違いが見られた。

(1) 下線部ⓐの操作は，試験管Aが割れるのを防ぐために行った操作である。次のア～エのうち，下線部ⓐの操作①，②として，最も適当なものをそれぞれ1つずつ選び，その記号を書け。

ア　試験管Aを水で冷やす　　イ　ガラス管の先を水槽の水から取り出す
ウ　ガスバーナーの火を消す　　エ　試験管Aの口を底よりも高くする

(2) 下線部ⓑの指示薬の名称を書け。

(3) 実験1で，炭酸水素ナトリウムは，気体P，液体Q，固体Rの3種類の物質に分解した。炭酸水素ナトリウムは4種類の元素からできている。この4種類の元素のうち，固体Rには含まれているが，気体Pと液体Qのどちらにも含まれていない元素が1種類ある。その元素を，元素記号で書け。

実験2 酸化銀(Ag_2O)2.9gを試験管Bに入れ，図の試験管Aを試験管Bにかえて加熱すると，酸化銀(Ag_2O)はすべて銀と酸素に分解した。このとき，試験管Bに残った銀の質量を測定すると2.7gであった。

(4) 原子や分子のモデルを使って，酸化銀(Ag_2O)が銀と酸素に分解する反応を考える。酸化銀(Ag_2O)が分解してできた銀の原子が16個であるとき，できた酸素の分子は何個か。

(5) 実験2の酸化銀(Ag_2O)の質量を7.2gにかえて加熱したところ，加熱時間が短かったので，酸化銀(Ag_2O)の一部が分解しないで残った。このとき，試験管の中に残った固体の物質は銀と酸化銀(Ag_2O)だけであり，この2つの物質の質量の合計は6.8gであった。試験管の中に残った固体の物質6.8gのうち，酸化銀(Ag_2O)は何gか。 (愛媛)

塾技(ワザ) 18 酸化① 物質の成り立ち

▶ 酸化

1 銅の酸化(銅＋酸素 → 酸化銅)

	$2Cu$ 赤色	＋	O_2	加熱→	$2CuO$ 黒色
物質の質量比	4	:	1	:	5

(反応のモデル：銅原子●，酸素原子○
●● ＋ ○○ → ●○ ●○)

留意点① 銅を加熱するとき，**加熱前と加熱後の質量の差が結びついた酸素の質量**となる。実験中，**よくかき混ぜて空気に十分に触れさせなければ，未反応部分ができてしまう。**

留意点② 銅原子２個と酸素分子１個（酸素原子２個）が結びついているので，**質量比の４：１**は，**銅原子１個と酸素原子１個の質量比**でもある。

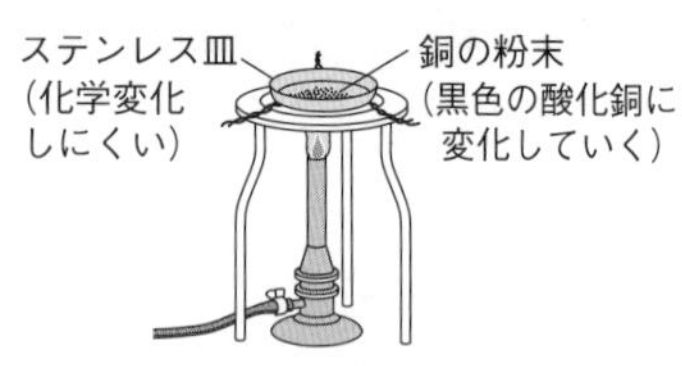

●結びつく物質の質量比

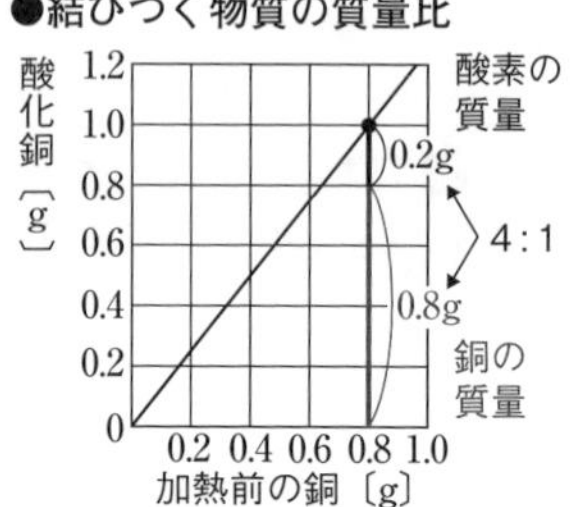

定比例の法則が成り立つ！

2 マグネシウムの燃焼(マグネシウム＋酸素 → 酸化マグネシウム)

	$2Mg$ 銀白色	＋	O_2	加熱→	$2MgO$ 白色
物質の質量比	3	:	2	:	5

(反応のモデル：マグネシウム原子●，酸素原子○
●● ＋ ○○ → ●○ ●○)

留意点① **燃焼前のマグネシウム**は**うすい塩酸の中に入れると水素が発生**するが，**燃焼後の物質**は**気体が発生しない。**

留意点② マグネシウム原子２個と酸素分子１個（酸素原子２個）が結びついているので，**質量比の３：２**は，**マグネシウム原子１個と酸素原子１個の質量比**でもある。

●結びつく物質の質量比

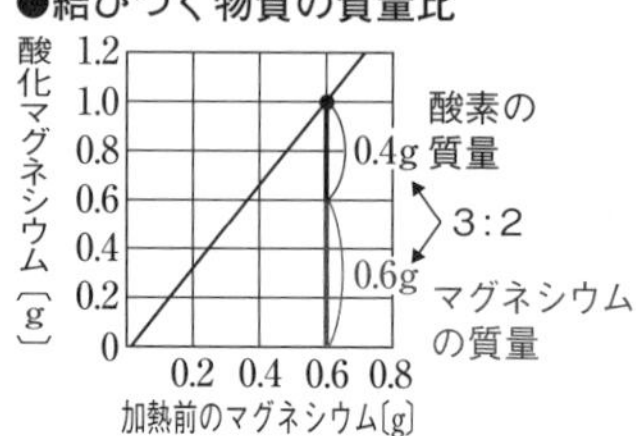

定比例の法則が成り立つ！

3 銅・マグネシウム混合物の酸化

(1) **銅とマグネシウムの質量比**
ある**決まった質量の酸素と結びつく銅とマグネシウムの質量の比**は，銅：マグネシウム＝８：３となる。

銅	:	マグネシウム	:	酸素
4 (×2)			:	1 (×2)
		3 (×1)	:	2 (×1)
8	:	**3**	:	**2**

(2) **混合物の酸化における定量問題**
混合物中の銅を x〔g〕，マグネシウムを y〔g〕とおくと，

酸化銅 $\frac{5}{4}x$〔g〕，酸化マグネシウム $\frac{5}{3}y$〔g〕

となる。これを利用し連立方程式を解く。

x：(酸化銅の質量) = 4：5
(酸化銅の質量) = $\frac{5}{4}x$
y：(酸化マグネシウムの質量) = 3：5
(酸化マグネシウムの質量) = $\frac{5}{3}y$

塾技解説 金属の酸化物では色に注意。**酸化銅や酸化銀は黒色，酸化マグネシウムや酸化アルミニウムは白色**だ。

用語チェック 1. 酸化 2. 燃焼 3. 酸化物 ➡ p.176

塾技チェック！問題

問題 1.60g の銅の粉末を加熱した。冷やしてから質量を測定し，よくかき混ぜてもう1度加熱するという操作を合計5回くり返し，その結果を表にまとめた。次の問いに答えよ。

(1) 4回目以降は質量の変化が見られなかった理由を書け。

(2) 2回目の操作後，1.90g 中の酸化銅の質量は何 g か。

操作	1回目	2回目	3回目	4回目	5回目
質量〔g〕	1.80	1.90	1.95	2.00	2.00

解説と解答

(1) 銅を酸化させて酸化銅に変化させる反応は，かき混ぜることで十分な酸素にふれさせる必要がある。完全に酸化すると，質量は増加しなくなる。

答 銅が完全に酸化したから。

(2) このとき結びついた酸素の質量は，1.90 − 1.60 = 0.30〔g〕とわかる。「**塾技 18 1**」より，反応する酸素と酸化銅の質量比は 1：5 なので，できた酸化銅は，0.30 × 5 = 1.50〔g〕と求められる。

答 1.50g

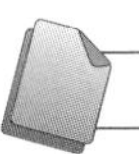

チャレンジ！入試問題

解答は，別冊 *p.18*

Q問題 1 銅を加熱したときの質量の変化を調べる実験について，あとの問いに答えよ。

実験　3つのステンレス皿の上に 1.2g，1.6g，2.0g の銅の粉末をそれぞれはかりとり，図1のような装置を使って加熱した。もとの温度にもどったあとに，粉末の質量をはかった。ステンレス皿上の粉末をよくかき混ぜて再び加熱し，冷えた後に質量をはかるという操作を繰り返した。実験の結果をグラフに表すと，図2のようになった。加熱後の粉末はどれも黒色に変化した。

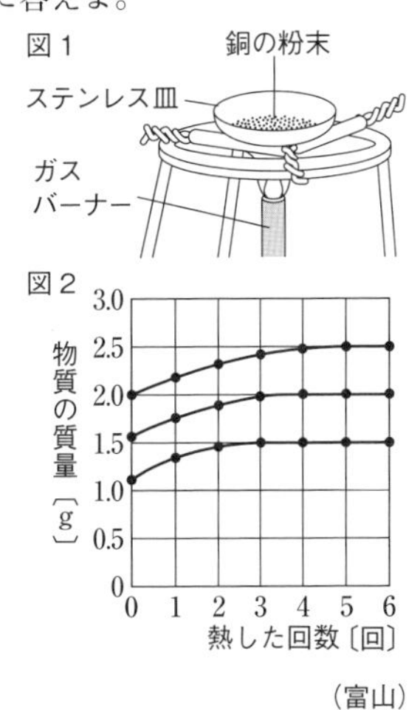

(1) 黒色の物質の名称を書け。

(2) 銅を加熱したときの化学変化を，化学反応式を用いて表せ。また，銅原子100個に対して酸素分子が何個反応したか，答えよ。

(3) 5.0g の銅を加熱し，もとの温度にもどった後に質量をはかったところ，5.8g であった。反応していない銅は何 g か，答えよ。

(4) ステンレス皿上で，次のア～エの物質を十分に加熱したとき，皿上に残る物質の質量が大きくなるものをすべて選び，ア～エの記号で答えよ。

ア　水　　イ　炭素　　ウ　マグネシウム　　エ　鉄

（富山）

Q問題 2 次の文章を読み，あとの(1)～(5)に答えよ。

マグネシウムの粉末と銅の粉末を用意し，それらを完全に酸化してできた化合物(灰)の質量を調べた。右図のグラフはその結果を表したものである。

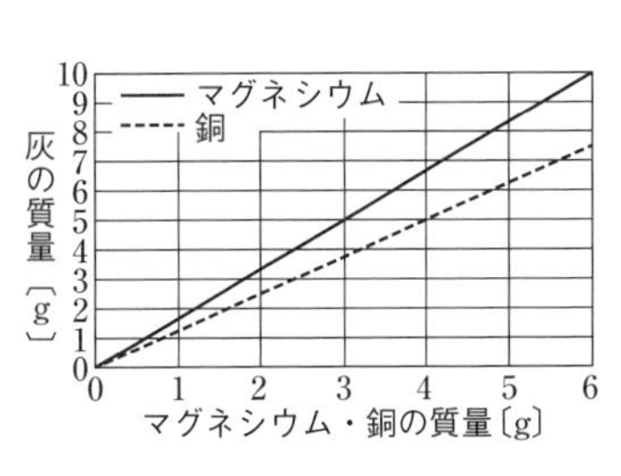

(1) マグネシウムおよび銅が酸化してできた化合物の名称をそれぞれ答えよ。

(2) マグネシウムの粉末 6g が完全に酸化してできた化合物中の酸素の質量は何 g か。

(3) 銅が完全に酸化してできた化合物 5g 中に含まれる酸素の質量は何 g か。

(4) マグネシウムの粉末と銅の粉末の混合物 11g を完全に酸化させたところ，合計の質量が 15g になった。この混合物中のマグネシウムの粉末は何 g か。

(5) マグネシウムと銅が，それぞれ同じ質量の酸素と結びついたとき，できた化合物の質量の比はどのようになるか。最も簡単な整数比で答えよ。

（清風高）

塾技(ワザ) 19 酸化② 物質の成り立ち

▶ 鉄の酸化

1 スチールウールの燃焼

鉄を細かい糸状にした**スチールウールを燃やす**と熱を発生し，**黒色の酸化鉄**ができる。

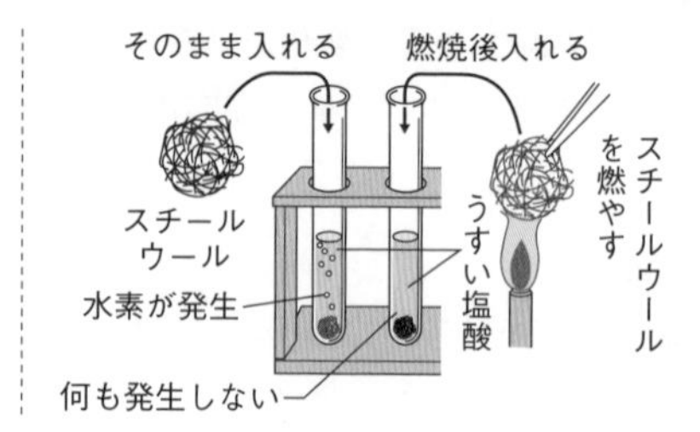

2 酸化鉄の種類

鉄は**結合の手**が**2本**になる場合と**3本**になる場合があり，**条件によって様々な酸化鉄**ができる。

① **酸化鉄(Ⅱ)，化学式：FeO**
鉄を**酸素の少ない状態で加熱**するとできやすい。スチールウールの燃焼でも少し含まれることがある。

② **酸化鉄(Ⅲ)，化学式：Fe_2O_3**
鉄くぎなどを**空気中に放置**したときにできる酸化鉄で，**赤さび**ともいう。

③ **四酸化三鉄，化学式：Fe_3O_4**
鉄を**空気中で強く加熱**するとできやすい酸化鉄で，**黒さび**ともいう。**スチールウールの燃焼でできる酸化鉄**の多くは Fe_3O_4 である。

●酸化鉄(Ⅱ)の化学反応式
$2Fe + O_2 \rightarrow 2FeO$
鉄の結合の手は2本

●酸化鉄(Ⅲ)の化学反応式
$4Fe + 3O_2 \rightarrow 2Fe_2O_3$
鉄の結合の手は3本

●四酸化三鉄の化学反応式
$3Fe + 2O_2 \rightarrow Fe_3O_4$
鉄の結合の手は2本のものと3本のものが混在する。

3 化学カイロ

カイロは，**鉄が酸化して発熱することを利用**した物で，袋を開けると鉄粉が空気中の酸素および水と反応し，水酸化鉄(Ⅲ)$Fe(OH)_3$という**化合物**をつくる。

●カイロの成分
・鉄粉：酸化して発熱する
・食塩水：酸化を速める
・活性炭やバーミキュライト

▶ その他の酸化

4 さまざまな酸化(燃焼)の化学反応式

・**炭素が燃焼して二酸化炭素が生じる**
$C + O_2 \rightarrow CO_2$
・**水素が燃焼して水が生じる**
$2H_2 + O_2 \rightarrow 2H_2O$
・**硫黄(いおう)が燃焼して二酸化硫黄が生じる**
$S + O_2 \rightarrow SO_2$

●炭素の燃焼
炭素が燃焼すると二酸化炭素が生成するが，酸素が不十分であると，不完全燃焼して一酸化炭素(CO)が生じる。
$2C + O_2 \rightarrow 2CO$
一酸化炭素は**血液中のヘモグロビンと結びつき，中毒を引き起こす**。一酸化炭素が燃焼すると二酸化炭素が生じる。
$2CO + O_2 \rightarrow 2CO_2$

「さび」は**金属が酸化**して生じたもの。古い釘(くぎ)は赤みを帯びているけど，あれは鉄の赤さびだ。金属には**さびやすい金属**と**さびにくい金属**がある。理由とさびるしくみは用語チェックで確認を。

用語チェック 1. 赤さび・黒さび 2. 活性炭 3. バーミキュライト ➡ *p.177*

塾技チェック！問題

問題 右の図のような装置に，水素と酸素を入れて点火したところ，爆発音がして，水がプラスチックの筒（つつ）の下から筒の中に入ってきた。次の問いに答えよ。

(1) このとき起こる反応の化学反応式を書け。

(2) 筒の下から水が入ってきた理由を書け。

(3) 過不足なく反応する水素と酸素の混合気体の体積比を求めよ。

水素と酸素の混合気体　プラスチックの筒　水　点火装置

解説と解答

(1) 水素が燃焼して水ができる。　**答** $2H_2 + O_2 \rightarrow 2H_2O$

(2) **答** **水素と酸素が反応して水ができたことにより，筒の中の気圧が下がったため。**

(3) 「塾技 15 **3**」②および(1)の反応式より，2：1 とわかる。　**答** 2：1

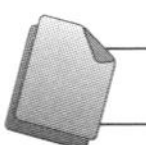

チャレンジ！入試問題

解答は，別冊 *p.19*

Q 問題 化学変化とは，ある物質が他の物質へ変化することを指す。身近に起こる化学変化に，金属がさびることがあげられる。金属がさびるのは，金属が空気中の酸素と結びつくことによる。物質が酸素原子と結びついたり，水素原子を失ったりする反応を酸化反応と呼ぶ。例えば，水素が燃焼して水ができる反応は，式(a)のように表せる。

$2H_2 + O_2 \rightarrow 2H_2O$ …(a)

このとき水素は，酸素原子と結びつくことで酸化されている。鉄粉にどれくらいの酸素が結びつくかを調べる実験を行った。ある質量の鉄粉を図のようにステンレス皿に入れ，ガスバーナーで加熱した。十分に加熱したあと，放冷して反応後の物質の質量を測定した。結果は表のようになった。

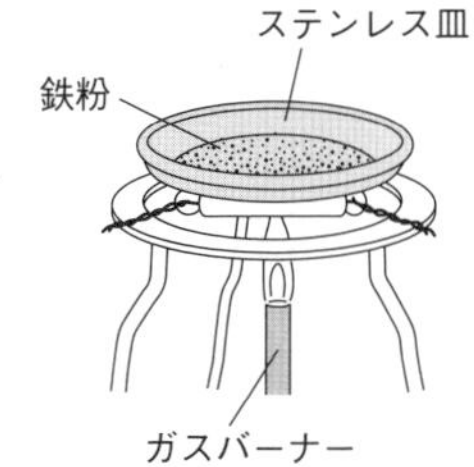

(1) 下線部の反応は，鉄原子が酸素原子を受け取る典型的な酸化還元反応である。つまり，鉄は酸化されて四酸化三鉄（Fe_3O_4）になる。この変化を化学反応式で表せ。

(2) 実験結果を右のグラフに表し，グラフから鉄粉を 15.0g 使用したときの反応後の質量を小数第一位まで求めよ。

鉄粉の質量〔g〕	2.0	4.0	8.0	16.0
反応後の質量〔g〕	3.2	5.3	10.2	22.3

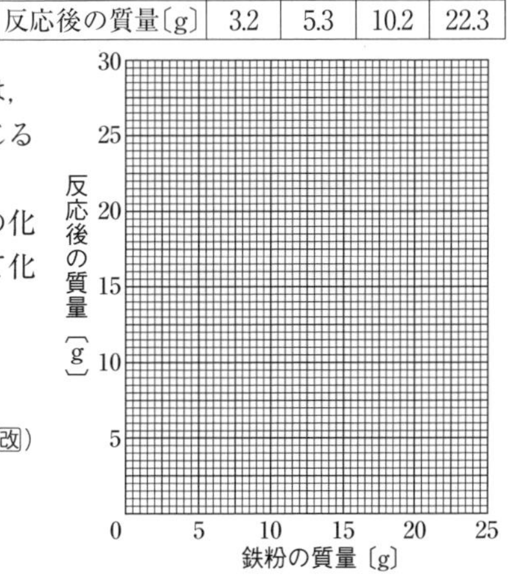

化学カイロは，金属がさびることを利用している。化学カイロには，鉄粉，食塩水および活性炭が含まれており，鉄がさびるときに生じるエネルギーを熱エネルギーとして取り出している。

(3) 化学カイロでは，鉄はさびて水酸化鉄 $Fe(OH)_3$ を生じる。この化学反応式は以下のように表せる。（　）内に適切な数値を入れて化学反応式を完成させよ。

（　）Fe ＋（　）O_2 ＋（　）H_2O →（　）$Fe(OH)_3$

（渋谷幕張高改）

塾技(ワザ)20 還元 物質の成り立ち

▶ 還元

1 酸化銅の炭素による還元(かんげん)

(1) 化学反応式

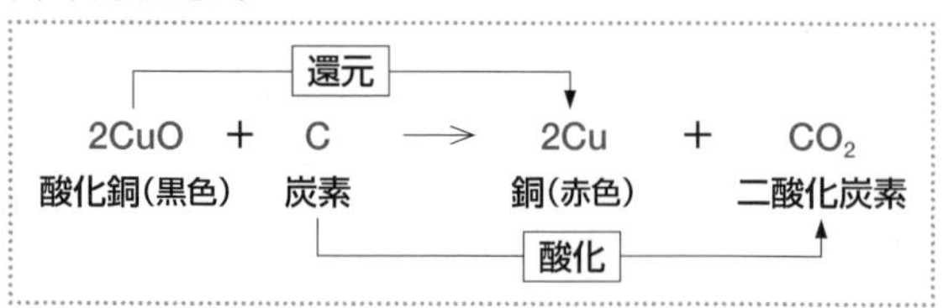

(2) 還元に必要な炭素量

一定量の酸化銅を**炭素の質量を変えて還元**させたとき，加熱後に残る物質の質量と用いた**炭素の質量のグラフは折れ曲がった形**となり，**折れ曲がった点**から還元されてできる銅と**還元に必要な炭素の質量**がわかる。

酸化銅と炭素の混合物（黒色） ⇨ 赤色の銅に変化していく

石灰水が白く濁る

加熱後の物質の質量〔g〕

酸化銅は失った酸素の分だけ軽くなる

未反応の炭素が残る

酸化銅がすべて還元

用いた炭素の質量〔g〕

2 酸化銅の水素による還元

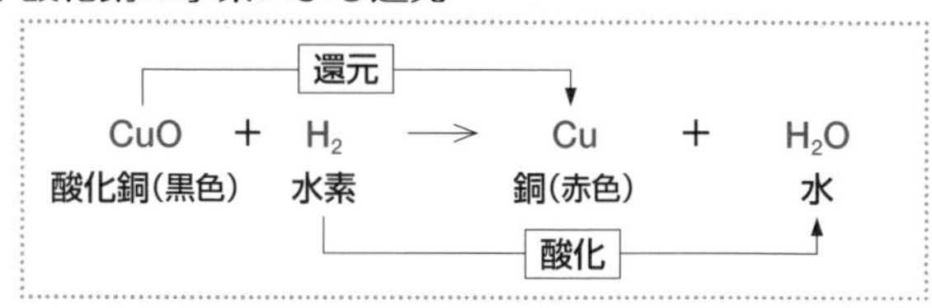

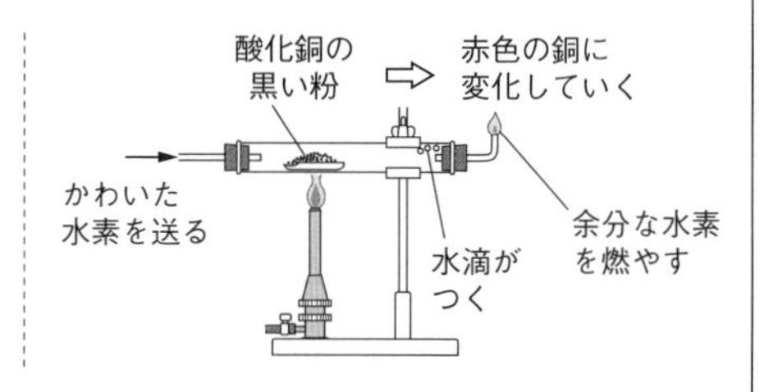

3 酸化鉄(Ⅲ)（Fe_2O_3）の還元

(1) 鉄の製錬(せいれん)

鉄は自然界ではそのままの状態で存在せず，**主成分が酸化鉄である鉄鉱石の形で存在**している。鉄と酸素の結びつきは，銅と酸素の結びつきよりもとても強く，製鉄所では，高温の溶鉱炉(ようこうろ)の中で**鉄鉱石をコークス（炭素を主成分とする黒色の固体）**や石灰石（不純物を除去する）**と混ぜて還元**することで鉄を取り出している。

(2) 一酸化炭素による還元

主に溶鉱炉の中で生じた**一酸化炭素**により，**酸化鉄は還元**されて**鉄**ができる。

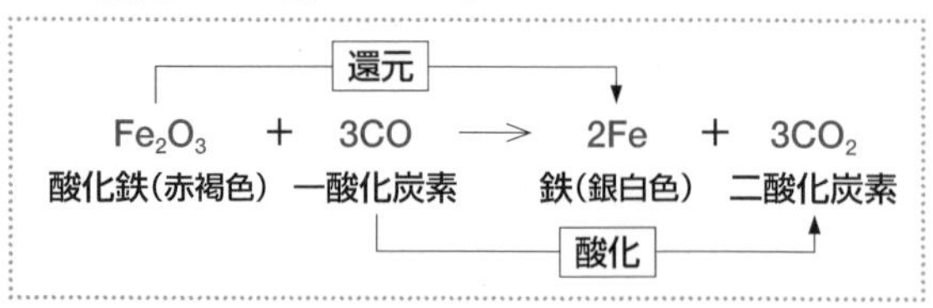

●溶鉱炉の仕組み

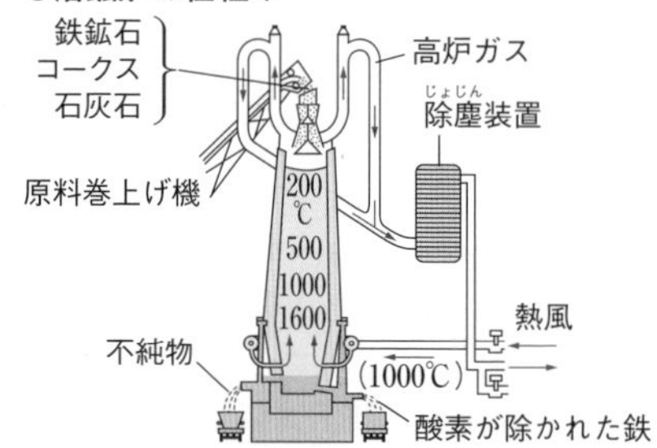

●一酸化炭素の生成

溶鉱炉の中では様々な酸化還元反応によって高温のコークスから一酸化炭素が生じる。

① 炭素の不完全燃焼で直接生じる。

$2C + O_2 \rightarrow 2CO$

② 炭素の燃焼で生じた二酸化炭素が還元されて生じる。

$C + O_2 \rightarrow CO_2$

$CO_2 + C \rightarrow 2CO$

還元でおさえておきたいことは，**還元が起こると，同時に酸化も起こる**（酸化還元反応）ということだ。

用語チェック 1. 還元 2. 酸化還元反応 ➡ p.177

塾技チェック！問題

問題 酸化銅の粉末80gを炭素の粉末と混ぜ合わせて加熱したところ，加熱後，酸化銅と炭素の粉末はすべてなくなり，銅の粉末のみ残った。混ぜ合わせた炭素の粉末は何gか。ただし，炭素原子，酸素原子，銅原子の質量比は，3：4：16とする。

解説と解答
この反応の化学反応式 $2CuO + C \rightarrow 2Cu + CO_2$ および「**塾技15 3**」①より，酸化銅2個と炭素1個から，銅2個と二酸化炭素1個ができることがわかる。酸化銅2個と炭素1個の質量比を求めると，
$(16 + 4) \times 2 : 3 = 40 : 3$ となるので，求める炭素の質量は，$3 \times (80 \div 40) = 6$〔g〕
または，「**塾技14 2**」より，酸化銅 CuO 80gに含まれる酸素 O_2 の質量は，$80 \times \frac{4}{4 + 16} = 16$〔g〕で，これと反応して CO_2 となる炭素Cの質量は，$16 \times \frac{3}{4 \times 2} = 6$〔g〕

答 6g

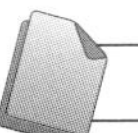

チャレンジ！入試問題

解答は，別冊 *p.20*

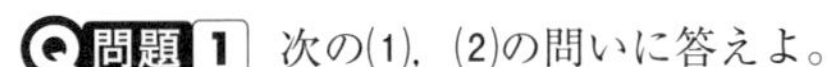

Q問題 1 次の(1)，(2)の問いに答えよ。

図1（水滴／水素／ガラス管）

(1) 図1のような装置で，酸化銅の粉末に水素を送り込みながら十分に加熱した。酸化銅は銅に変化し，ガラス管の内側に水滴がついた。次の①～③の問いに答えよ。
① 酸化銅が銅に変化したことで，色は何色から何色に変化したか書け。
② ガラス管の内側の水滴が，水であることを容易に確かめるにはどうしたらよいか。その方法を簡単に書け。
③ この実験で，酸化銅と水素が反応するときの化学反応式を書け。

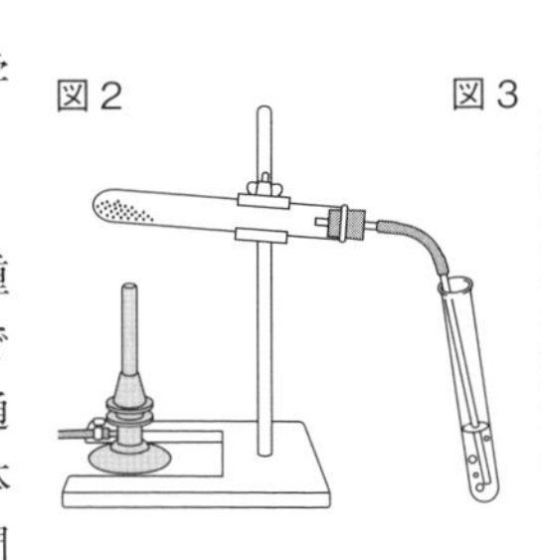
図2

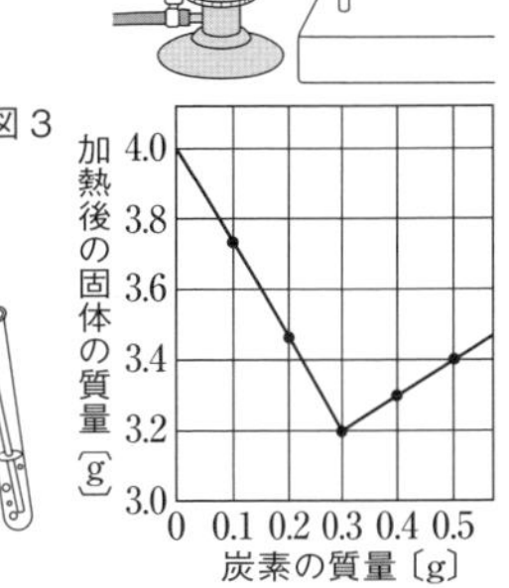

図3

(2) 5本の試験管に，酸化銅4.0gと炭素0.1g，0.2g，0.3g，0.4g，0.5gをそれぞれ混ぜ合わせて入れた。この5種類の，酸化銅と炭素の混合物を，図2のような装置で試験管ごと十分に加熱し，発生した気体を石灰水に通した。図3は，そのときの炭素の質量と加熱後の固体の質量の関係を表したグラフである。次の①～③の問いに答えよ。
① この反応で，酸化された物質と還元（かんげん）された物質の化学式をそれぞれ書け。
② 図3より，酸化銅4.0gと過不足なく反応する炭素の質量を求めよ。
③ 酸化銅4.0gと炭素0.1gを混合して十分に加熱したとき，加熱後の固体の質量は3.73gであった。次のア，イの問いに答えよ。ただし，銅原子1個と酸素原子1個の質量の比は，4：1とする。
ア このとき発生した二酸化炭素の質量を求めよ。
イ 加熱後の固体3.73g中には，単体の銅が何g含まれているか求めよ。 （山梨）

Q問題 2 (a)<u>鉄Feは塩酸にとける</u>。空気中でも簡単に酸化され，そのときに熱を放出するので，化学カイロにも利用されている。鉄鉱石に含まれる酸化鉄は安定な化合物で，そこから単体の鉄を得るのは困難だが，製鉄所では，酸化鉄の一種である(b)<u>Fe_2O_3 を一酸化炭素COで〔 A 〕することにより単体の鉄を得ている</u>。
(1) 下線部(a)について，鉄が塩酸にとける様子を化学反応式で表せ。ただし，鉄は反応後には塩化鉄 $FeCl_2$ に変化したものとする。
(2) 文中の空欄〔 A 〕に入る最も適当な語句を漢字で書け。
(3) 下線部(b)の変化を化学反応式で表せ。 （函館ラ・サール高）

塾技21 オームの法則 電流とその利用

▶ 電流と電圧

1 電流と電圧

(1) **電流の向き**

定義：電源の＋極から－極へ向かう，＋の電気の流れ。
実際[※]：電源の－極から＋極へ向かう，－の電気を帯びた粒子(電子)の流れ。

※実際の粒子の流れは「定義」と電気の種類や流れる向きが反対であることがわかったが，特に大きな問題は生じないため，現在でも電流を「定義」のように定めている。

(2) **回路と電圧**

電流が**＋極から出て－極へもどる道筋**を回路といい，回路に電流を流そうとする**電気の圧力**を電圧という。

(3) **電流計・電圧計のつなぎ方**

相違点：測定部分に対し，電流計は直列に，電圧計は並列につなぐ。
共通点：＋端子は電源の＋極側に，－端子はまず３つの－端子のうち最大の値のものにつなぐ。

●電流の向き　●電子の流れ

●電気用図記号

電源(電池)	電球	スイッチ	導線
─┤├─	⊗	─／─	─┼─ つながっている
抵抗(電熱線)	電流計	電圧計	
─▭─	Ⓐ	Ⓥ	つながっていない

●電流計のつなぎ方

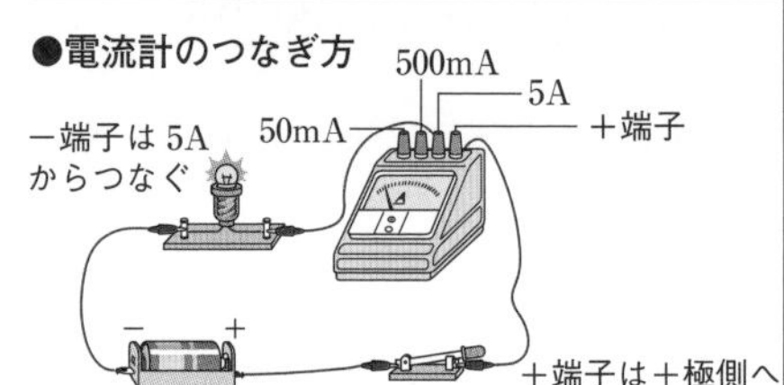

▶ オームの法則

2 オームの法則

回路に流れる**電流の大きさ**は，**電圧に比例**し，**抵抗**(ていこう)**に反比例**する。電流を I〔A〕，電圧を V〔V〕，抵抗を R〔Ω(オーム)〕とすると，

$$V = RI \longleftrightarrow I = \frac{V}{R} \longleftrightarrow R = \frac{V}{I}$$

という関係が成り立ち，オームの法則という。

●オームの法則の使い方

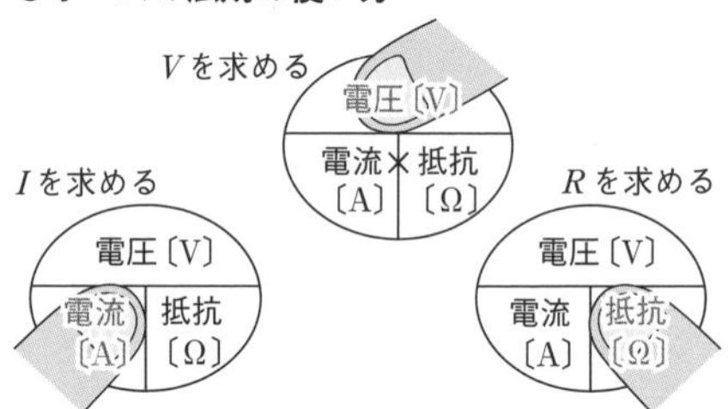

3 直列回路と電流・電圧

① **電流はどこも同じ大きさ**
② 各抵抗の**部分電圧の和 ＝ 電源電圧**
③ 抵抗に加わる**電圧の比 ＝ 抵抗の比**

① $I = I_1 = I_2$
② $V_1 + V_2 = V$
③ $V_1 : V_2 = R_1 : R_2$
（$V = RI$ で，I が一定なら V は R に比例するため）

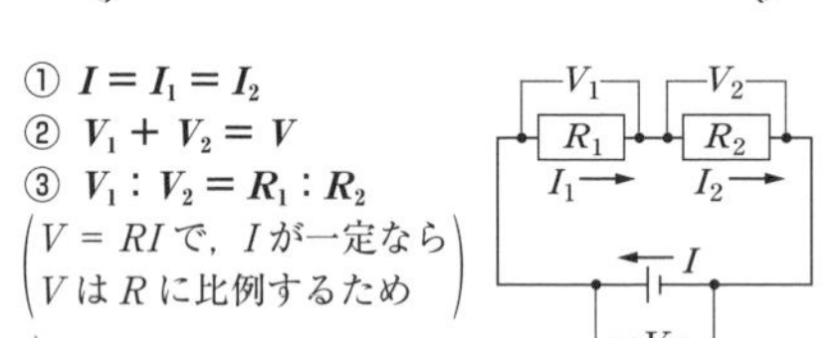

4 並列回路と電流・電圧

① **電圧はどこも同じ大きさ**
② 各抵抗の**部分電流の和 ＝ 回路全体の電流**
③ 抵抗を流れる**電流の比 ＝ 抵抗の比の逆比**

① $V = V_1 = V_2$
② $I_1 + I_2 = I$
③ $I_1 : I_2 = \frac{1}{R_1} : \frac{1}{R_2} = R_2 : R_1$
（$V = RI$ で，V が一定なら I は R に反比例するため）

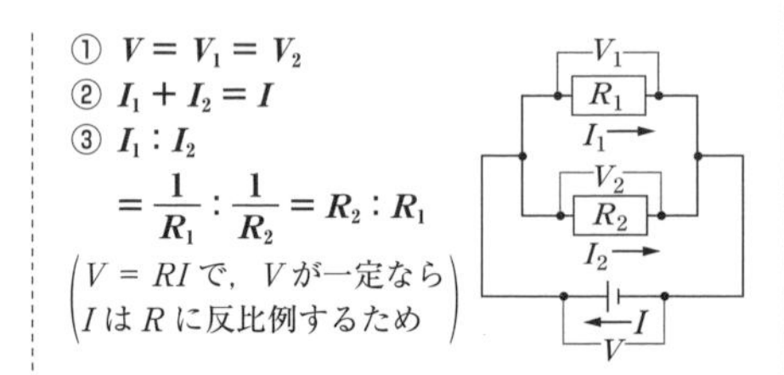

回路計算のコツは最初に**同じ値になるものを書きこむ**こと！　**直列回路なら電流，並列回路なら電圧**だ。

用語チェック　1. 電圧　2. オームの法則　3. 抵抗　➡ p.178

塾技チェック！問題

問題 図 1，図 2 で，抵抗 X が 20 Ω，抵抗 Y が 30 Ωであるとき，次の問いに答えよ。

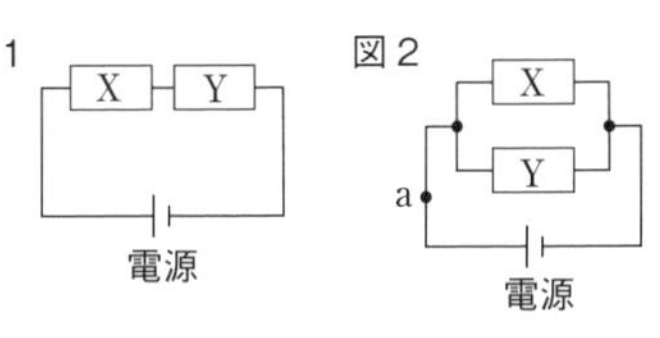

(1) 図 1 で，電源電圧が 100V のとき，抵抗 Y に加わる電圧は何 V か。

(2) 図 2 で，抵抗 X に流れる電流が 150mA のとき，点 a に流れる電流は何 A か。

解説と解答

(1)「**塾技 21 3**」③より，抵抗 X と Y に加わる電圧の比は，20：30 ＝ 2：3 となるので，抵抗 Y に加わる電圧は，$100 \times \dfrac{3}{2+3} = 60$〔V〕 **答 60V**

(2)「**塾技 21 4**」③より，抵抗 X と Y に流れる電流の比は，$\dfrac{1}{20} : \dfrac{1}{30} = 3 : 2$ となるので，抵抗 Y に流れる電流は，$150 \times \dfrac{2}{3} = 100$〔mA〕。よって，求める電流は，150 ＋ 100 ＝ 250〔mA〕＝ 0.25〔A〕 **答 0.25A**

チャレンジ！入試問題

解答は，別冊 *p.21*

Q 問題 1 次の実験についてあとの問いに答えよ。

実験 電源装置，電熱線 a，電熱線 b，電流計，電圧計，スイッチを用意し，図 1，図 2 の回路をつくった。それぞれの回路のスイッチを入れたところ，電圧計はいずれも 3.0V を示した。

(1) 図 1 の回路の電流計は何 mA を示すか。

(2) 図 2 の回路の電流計は何 mA を示すか。 （新潟改）

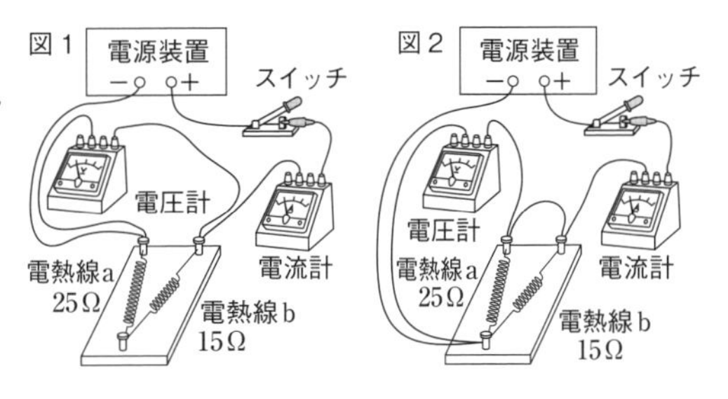

Q 問題 2 電圧と電流の関係を調べるために，電熱線 a ～ d を用いて，次の実験 1 ～ 3 を行った。この実験に関して，あとの問いに答えよ。

実験 1 図 1 のように，電熱線 a を用いて回路をつくり，a の両端に加わる電圧と回路を流れる電流を測定した。図 2 はその結果である。

実験 2 図 3 のように，電熱線 a と電熱線 b を用いて回路をつくり，直列につないだ a と b の両端に加わる電圧と回路を流れる電流を測定した。図 4 はその結果である。

実験 3 図 5 のように，電気抵抗 90 Ωの電熱線 c と電気抵抗 30 Ωの電熱線 d を用いて回路をつくり，電圧計 X_1，X_2，電流計 Y_1，Y_2，Y_3 を配置し，電源装置の出力を一定にしたところ，電流計 Y_1 は 90mA を示した。

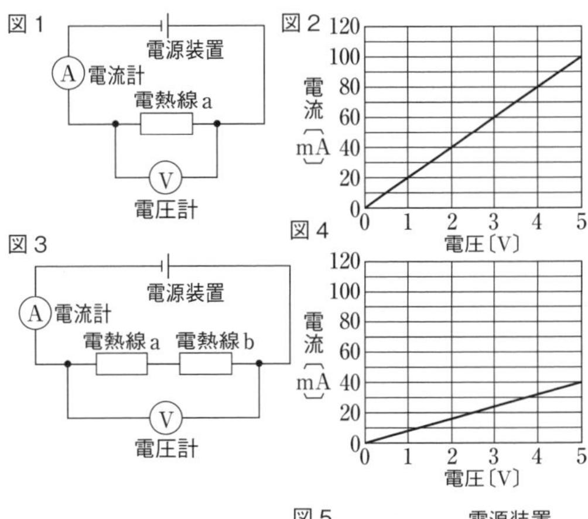

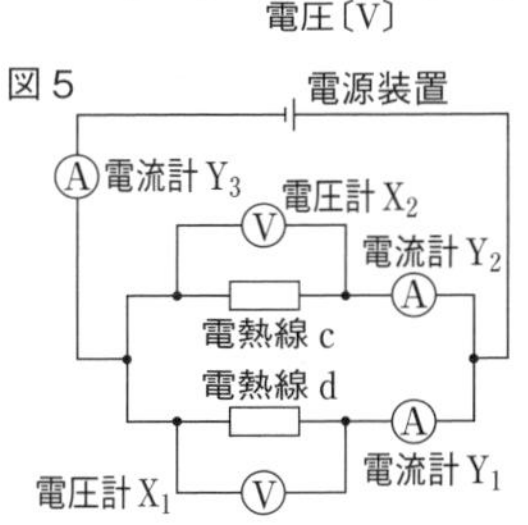

(1) 実験 1 について，電熱線 a の電気抵抗は何Ωか，求めよ。

(2) 実験 2 について，電熱線 b の電気抵抗は何Ωか，求めよ。

(3) 実験 3 について，電圧計 X_1 および X_2 は何 V を示すか，求めよ。また，電流計 Y_2 および Y_3 は何 mA を示すか，求めよ。 （新潟改）

塾技22 合成抵抗とLED 電流とその利用

▶ 合成抵抗

1 合成抵抗の求め方

(1) 直列の合成抵抗

直列の合成抵抗＝各抵抗の和

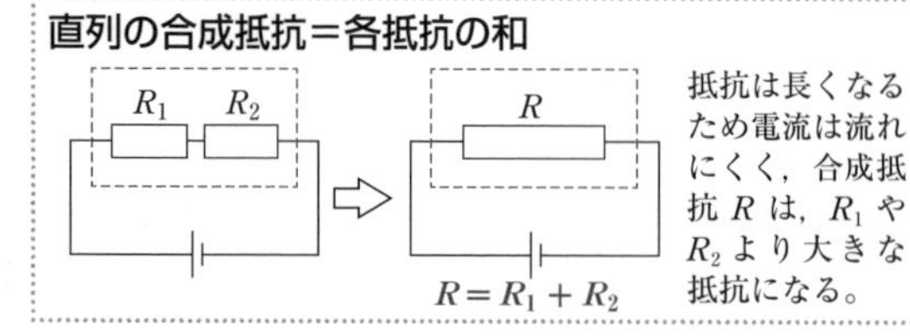

抵抗は長くなるため電流は流れにくく，合成抵抗 R は，R_1 や R_2 より大きな抵抗になる。

例題 右の回路を流れる電流の大きさを求めよ。

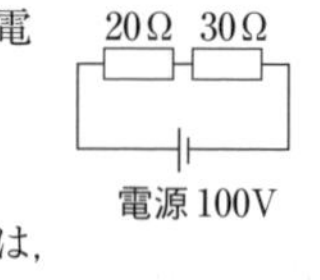

解 回路全体の抵抗は，

20 ＋ 30 ＝ 50〔Ω〕

となるので，求める電流は，

$\frac{100}{50}=$ **2〔A〕**

(2) 並列の合成抵抗

並列の合成抵抗の逆数＝各抵抗の逆数の和

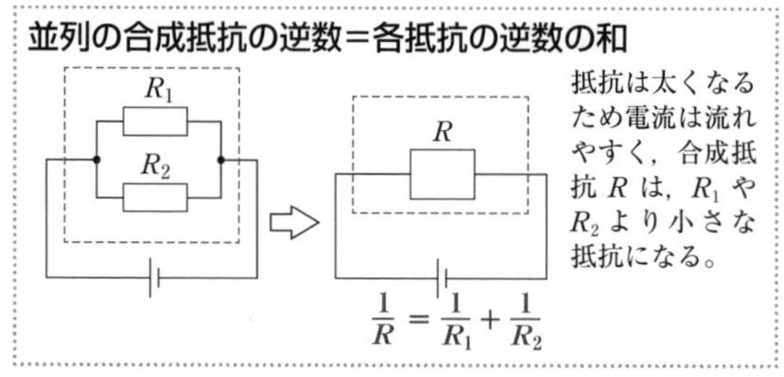

$$\frac{1}{R}=\frac{1}{R_1}+\frac{1}{R_2}$$

抵抗は太くなるため電流は流れやすく，合成抵抗 R は，R_1 や R_2 より小さな抵抗になる。

例題 右の回路で，合成抵抗 R を求めよ。

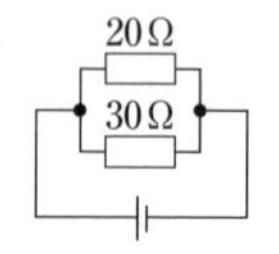

解 $\frac{1}{R}=\frac{1}{20}+\frac{1}{30}=\frac{1}{12}$より，

R ＝ **12〔Ω〕**

●並列の合成抵抗の公式

$\frac{1}{R}=\frac{1}{R_1}+\frac{1}{R_2}=\frac{R_1+R_2}{R_1\times R_2}$ より，

$R=\frac{R_1\times R_2}{R_1+R_2}=\frac{\text{各抵抗の積}}{\text{各抵抗の和}}$ が成り立つ。

(3) 抵抗値が同じ並列の合成抵抗

並列の合成抵抗＝$\frac{\text{同じ抵抗値}}{\text{抵抗の並列個数}}$

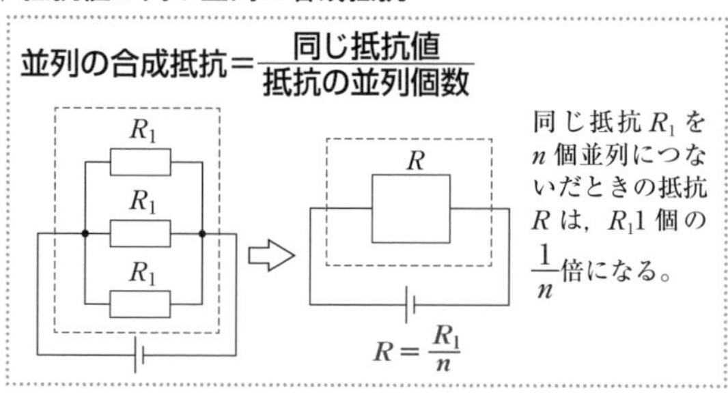

$$R=\frac{R_1}{n}$$

同じ抵抗 R_1 を n 個並列につないだときの抵抗 R は，R_1 1個の $\frac{1}{n}$ 倍になる。

例題 下の回路図でAB間にある抵抗全体を1個の抵抗とみなしたときの大きさを求めよ。

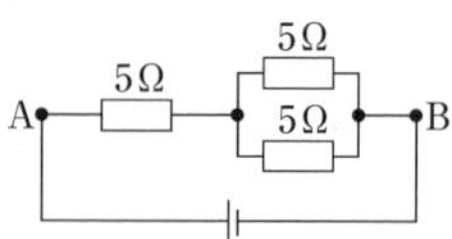

解 並列部は，$\frac{5}{2}=2.5$Ωとみなせる。

よって，5 ＋ 2.5 ＝ **7.5〔Ω〕**

▶ LED（発光ダイオード）

2 LEDと豆電球の相違

相違① **豆電球**はフィラメントを通して**電気エネルギーを熱エネルギーに変換**して光を出すが，**LED**は**電気エネルギーを直接光に変換する。**

相違② 豆電球は極性をもたないが，**LED**は＋極，－極をもち，**電池のつなぎ方によっては電流が流れない。**

相違③ 直流では，LED・豆電球ともに連続した光のすじができるが，**交流**にすると**LEDは光のすじが**破線になる。

●LEDの光り方

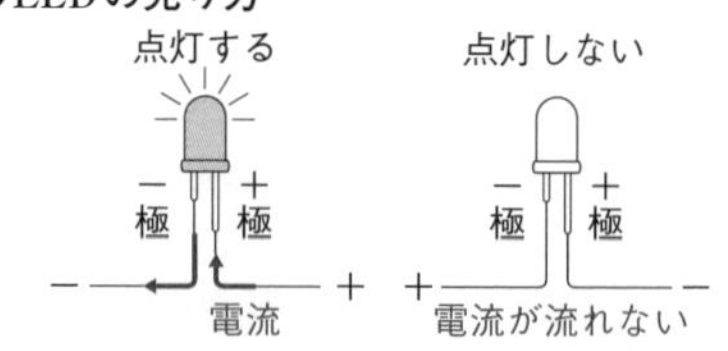

足の長い＋極から短い－極にのみ電流が流れる

●直流と交流の光り方の違い

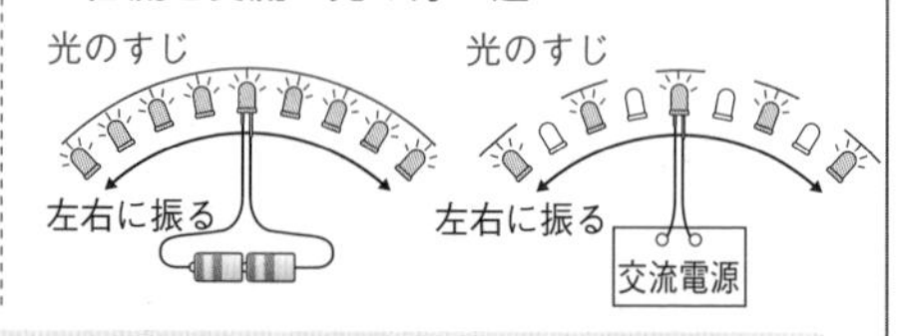

合成抵抗は国私立高校では必須。さらに公立高校でも知っていると簡単に解ける問題が多く出ているぞ。

用語チェック 1. 合成抵抗 2. フィラメント 3. 直流・交流 ➡ p.178

塾技チェック！問題

問題 右の回路図で，R_1 = 12 Ω，R_2 = 60Ω，R_3 = 40 Ω，R_4 = 4Ωのとき，電流計は何 A を指すか。

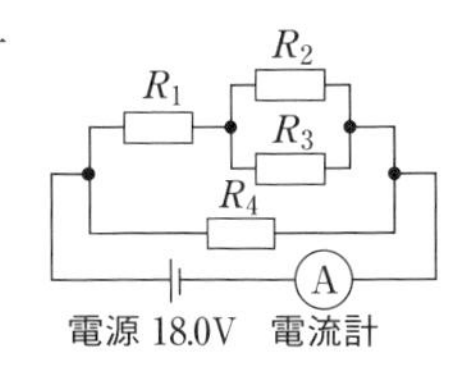

解説と解答

R_1 ～ R_4 を 1 つの抵抗と考え，回路全体に流れる電流をオームの法則で求める。

R_2 と R_3 の合成抵抗を R_5 とすると，「**塾技 22 1**」(2)より，$\frac{1}{R_5}=\frac{1}{60}+\frac{1}{40}=\frac{1}{24}$となるので，$R_5$ = 24 Ωとなる。

次に R_1 と R_5 の合成抵抗を R_6 とすると，「**塾技 22 1**」(1)より，R_6 = 12 + 24 = 36〔Ω〕となる。

最後に，R_4 と R_6 の合成抵抗を R とすると，$\frac{1}{R}=\frac{1}{4}+\frac{1}{36}=\frac{5}{18}$より，$R=\frac{18}{5}$= 3.6〔Ω〕となる。

以上より，電流計の指す値は，$\frac{18}{3.6}$= 5.0〔A〕と求められる。

答 5.0A

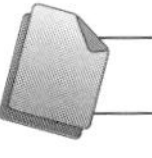

チャレンジ！入試問題

解答は，別冊 *p.22*

Q 問題 1 大きさが1Ωの抵抗 a，2Ωの抵抗 b，3Ωの抵抗 c が 1 つずつある。これらの抵抗 a，b，c を，右の回路図の①～③のいずれかの場所に組み入れて電源装置を接続し，電源装置の電圧を 11V にして回路のアの部分を流れる電流の大きさを測定する。抵抗 a，b，c のすべての組み合わせで測定したとき，最も大きい電流の大きさは何 A と考えられるか。その値を書け。ただし，実験中の電源装置の電圧は一定とする。 (神奈川)

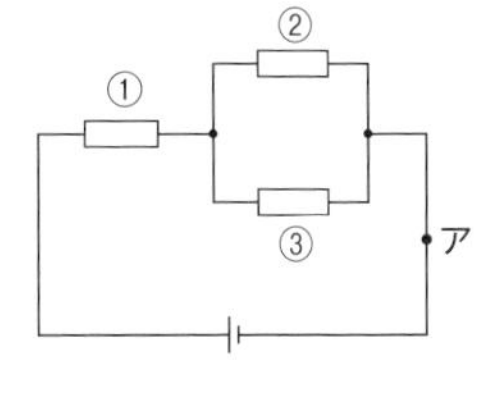

Q 問題 2 同じ抵抗の大きさの電熱線 X，Y，Z と電源装置を用いて，図のような回路をつくった。hj 間の電圧が 6.0V になるように電源装置で回路に電圧を加え，i 点に流れる電流の大きさを測定したところ，0.20A であった。電熱線 X の抵抗の大きさは何Ωか求めよ。 (山梨)

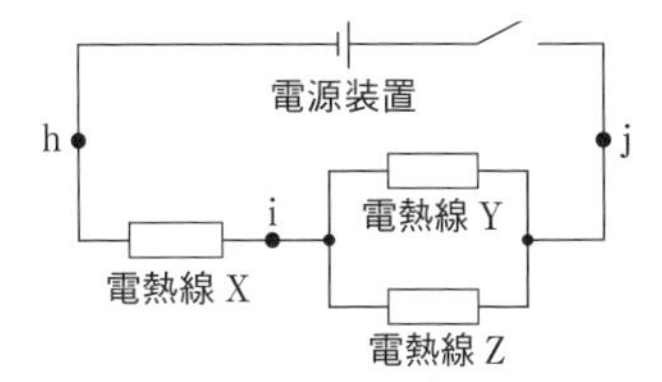

Q 問題 3 次の実験について，あとの問いに答えよ。

実験 電源装置と，100 Ω の抵抗器 C，発光ダイオードを用い，図のような回路をつくった。そのあと，スイッチを入れ，電源装置の電圧を調整し電圧計が 2V を示すようにして，電流計が示す値を読みとった。

(1) 実験の結果，発光ダイオードに明かりがつき，電流計は 44mA を示した。発光ダイオードを流れる電流は何 mA か，求めよ。

(2) 実験と同様の操作を，図の回路の発光ダイオードの向きを逆にしてつないで行うと，電流計の示す値は，実験で電流計が示した 44mA と比べてどうなるか。次のア～ウから 1 つ選び，記号で答えよ。

ア　大きくなる　　イ　小さくなる　　ウ　変わらない

(山形改)

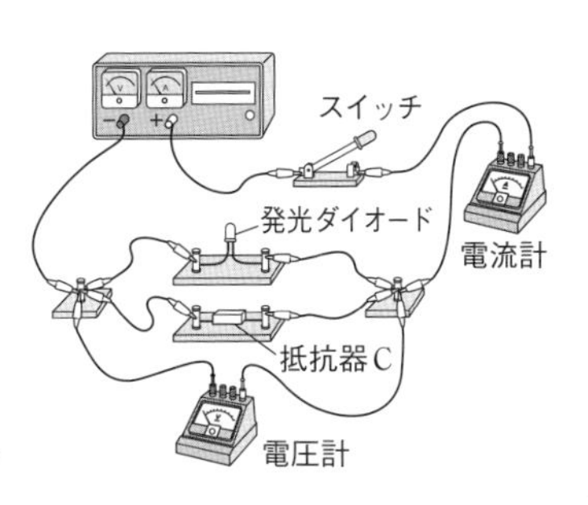

物質・エネルギー

中2で習う分野

電流とその利用

塾技(ワザ) 23 電流による発熱 電流とその利用

▶ 電力

1 電力と電力量

(1) 電力

1秒間あたりの電気エネルギーのはたらきを**電力**(記号：P，単位：W(ワット))といい，次の式で求める。

電力	=	電流	×	電圧
P〔W〕	=	I〔A〕	×	V〔V〕

(2) 電力量

電気エネルギーの消費量の総和のことを**電力量**（記号：W，単位：Ws(ワット秒)，Wh(ワット時)，J(ジュール) など※)といい，次の式で求める。

電力量	=	電力	×	時間
W〔J〕	=	P〔W〕	×	t〔s〕

※ s は second，h は hour の略で，1Ws = 1J となる

(3) 電力と電球の明るさ

電球の発熱による大きさの変化がない場合，電球は，消費する**電力が大きい**ほど明るさは**明るくなる**。

一方，電力＝電流×電圧より，加わる電圧が同じ場合，流れる**電流が大きい**ほど**電力が大きく**なり，明るさは**明るくなる**。

(4) オームの法則と電力の公式の変形

① $P = IV$ に $V = RI$ を代入 ⇨ $P = I^2R$

② $P = IV$ に $I = \dfrac{V}{R}$ を代入 ⇨ $P = \dfrac{V^2}{R}$

●電力の公式の使い方

オームの法則同様，求めたい値をかくす。

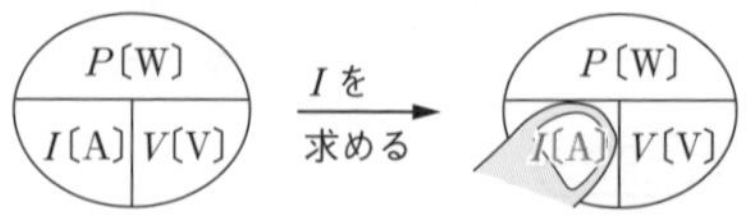

・電力は，右の長方形の面積と一致する。

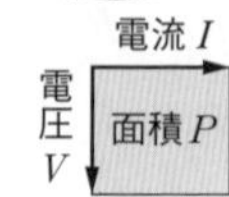

・電力はある瞬間(1秒)にどれくらいの電気エネルギーを消費しているかを表すため，上の図のように厚みがないが，使用した時間を組み合わせることによって消費した電気エネルギーの量がわかる。電力量は，右の直方体の体積と一致する。

時間 t / 電圧 V / 電流 I

例題 右の図で抵抗 20Ω の豆電球 a と，抵抗 60Ω の豆電球 b はどちらが明るいか。

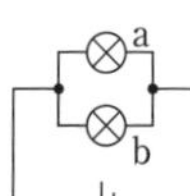

解 加わる電圧はどちらも同じだが，流れる電流は抵抗の小さい a の方が大きいので，**豆電球 a** の方が明るい。

・抵抗 R が一定なら，①，②より，電力 P は電流 I の 2 乗または電圧 V の 2 乗に比例する。

・電流 I が一定(直列回路)のとき，①より電力 P は抵抗 R に比例し，電圧 V が一定(並列回路)のとき，②より，電力 P は R に反比例する。

▶ 発熱量

2 発熱量と電力

(1) 電力と熱量

電熱線などに電流を流したときに発生する(発)熱量(記号：Q，単位：J(ジュール)，cal(カロリー)) は，次の式で求める。

熱量	=	電力	×	時間
Q〔J〕	=	P〔W〕	×	t〔s〕※

※熱量の時間の単位は電力量と異なり秒のみ

(2) 水温上昇と発熱量

発熱量〔J〕＝ 4.2 × 水の質量〔g〕 × 上昇温度〔℃〕

●電力と熱量の関係

・1 秒間あたりの電気エネルギーのはたらきが電力なので，電力と秒数の積は，電気エネルギーのはたらきの総量を表す。このはたらきがすべて熱となった場合，熱量は電力と時間〔s〕の積で表され，単位はジュール〔J〕※となる。

※ 1W の電力を 1 秒間使用したときに発生する熱量を 1J という。

・1g の水の温度を 1℃ 上昇させるには，約 4.2J の熱量が必要。

1(4)の公式の変形では，①，②の**両辺を t 倍**した式，$Pt = Q〔J〕 = I^2Rt = \dfrac{V^2}{R}t$ もよく利用するぞ！

用語チェック 1. 消費電力 2. 熱量 ➡ p.179

塾技チェック！問題

問題 抵抗が4 Ωの電熱線を1本または2本用いて図1～図3の回路をつくった。いずれの回路でも，同温・同量の水をポリスチレンのカップに入れ，カップ内の水をゆっくりかき混ぜながら電圧計が6Vを示すように電熱線に電圧を加え，10分間電流を流した。

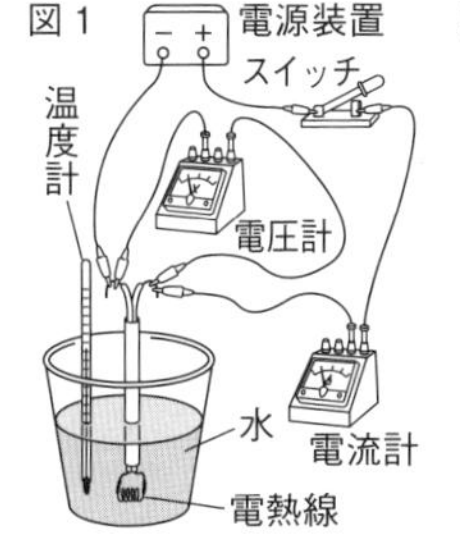

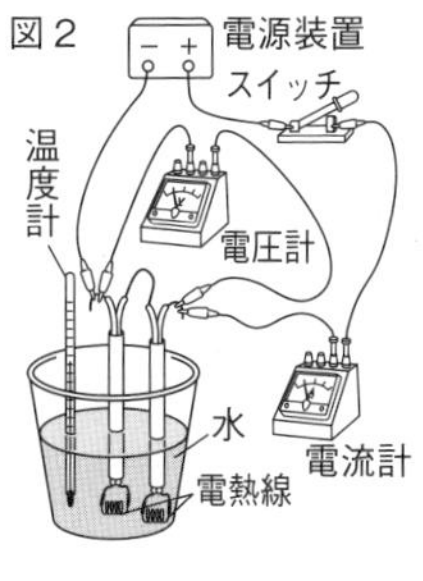

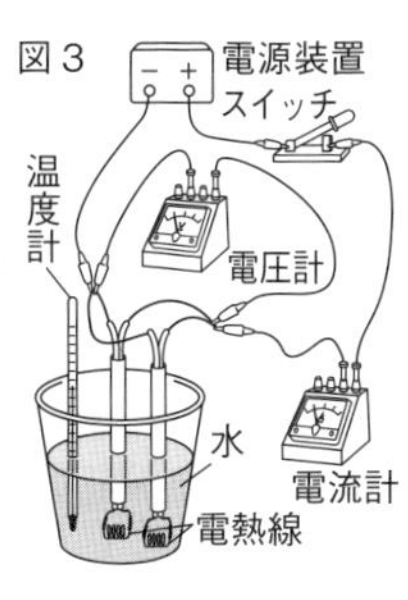

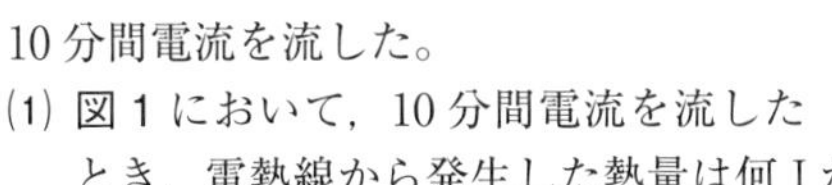
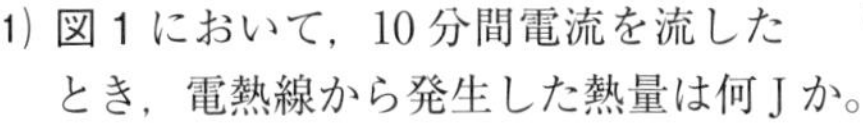

(1) 図1において，10分間電流を流したとき，電熱線から発生した熱量は何Jか。

(2) 図1～図3で，水の上昇温度が大きいものから順に図の番号を答えよ。

解説と解答

(1) 「**塾技 23**」塾技解説より，$Q = \frac{V^2}{R}t = \frac{6^2}{4} \times (10 \times 60) = 5400$〔J〕

答 **5400J**

(2) 電源電圧の大きさと電流を流した時間は同じなので，「**塾技 23 2**」(1)より，発熱量は電力に比例し，電圧が一定なので，「**塾技 23 1**」(4)②より，電力は抵抗に反比例する。図1の抵抗は4 Ω，図2の抵抗は，「**塾技 22 1**」(1)より，4 + 4 = 8〔Ω〕，図3の抵抗は，「**塾技 22 1**」(3)より，$\frac{4}{2} = 2$〔Ω〕となるので，上昇温度は，図3＞図1＞図2の順となる。

答 **図3，図1，図2**

チャレンジ！入試問題

解答は，別冊 *p.23*

Q問題 抵抗値がそれぞれ5 Ω，2 Ωの電熱線a，bと，抵抗値が不明の電熱線c，電源装置，電流計を図1のように直列接続し，電熱線を水の入ったビーカーA，B，Cにひたした。A，C内の水の質量はそれぞれ200g，150gで，B内の水の質量は不明である。回路に7分間通電したら，ビーカー内の水温が図2のグラフに示したような変化をした。電流計の抵抗は考えず，電熱線で発生した熱はすべて水温の上昇に使われたものとせよ。また，水1gの温度を1℃上昇させるには4.2Jの熱量が必要であるものとする。

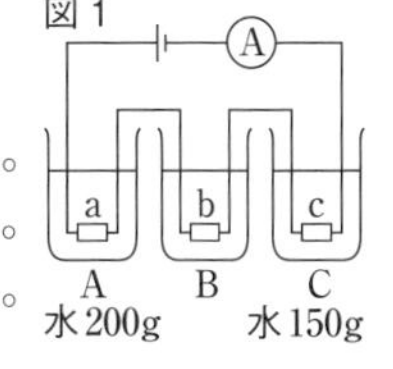

(1) 7分間で電熱線aから発生した熱量は何Jか。

(2) 通電中，電流計は何Aを示していたか。

(3) ビーカーB内の水の質量は何gか。

(4) 電熱線cの抵抗値は何Ωか。

(5) 電源装置の電圧は何Vであったか。

次にこの回路を図3のようにつなぎ変え，ビーカー内の水を等しい水温の新しい水に入れかえた。電源装置の電圧は図1の回路と同じ電圧にして通電した。

図2

図3

(6) 電熱線aにかかる電圧は何Vか。

(7) 電流計は何Aを示すか。

(8) 消費電力が大きい順にa，b，cを並べよ。

(9) 水温上昇の関係を正しく表したものは次のア～コのうちどれか。1つ選んで記号で答えよ。

ア　A＞B＞C　　イ　A＞B＝C　　ウ　A＝B＞C　　エ　A＝B＝C　　オ　B＞C＞A

カ　B＞C＝A　　キ　B＝C＞A　　ク　C＞A＞B　　ケ　C＞A＝B　　コ　C＝A＞B

（青雲高）

ワザ
塾技 24 電流と磁界① 電流とその利用

▶ 磁界

1 磁界の向きと磁力線

方位磁針を磁界の中に置いたとき，**方位磁針のN極が指し示す向き**をその点の**磁界の向き**という。磁界の向きをつないでできる**磁力線**は，**N極から出てS極に入る。**

●棒磁石の磁力線

間隔が広い（磁力が弱い）

N　S

間隔がせまい（磁力が強い）

磁力線（N極から出てS極に入る）

2 電流がつくる磁界

(1) **導線を流れる電流による磁界**

導線に電流を流すと，電気エネルギーが磁気エネルギーに変換され，導線のまわりに同心円状の磁界が生じる。このとき生じる**磁界の向き**は右ねじの法則で決定できる。

(2) **コイルを流れる電流による磁界**

コイルに電流が流れると，コイルの内側では磁力線が合わさり，**強い磁界**ができる。

<コイルの磁界を強くする4つの方法>
方法① コイルに流す電流を大きくする
方法② コイルの巻数を増やす
方法③ コイルに鉄しんを入れる
方法④ コイルを巻く間隔をせばめる

(3) **ソレノイドコイルの磁界の向き**

ソレノイドコイルに電流を流したときできる**磁界の向き(極)**は，右手の法則で決定する。

<右手の法則による磁界の向きの決定手順>
手順① 右手の4本の指を電流の向きに合わせてコイルをにぎる。
手順② 親指を立てた向きが磁界の向き(N極)になる。

●直流電源がつくる磁界

電流の向きに右ねじを進めようとしたとき，ねじを回す向きに磁界ができる。

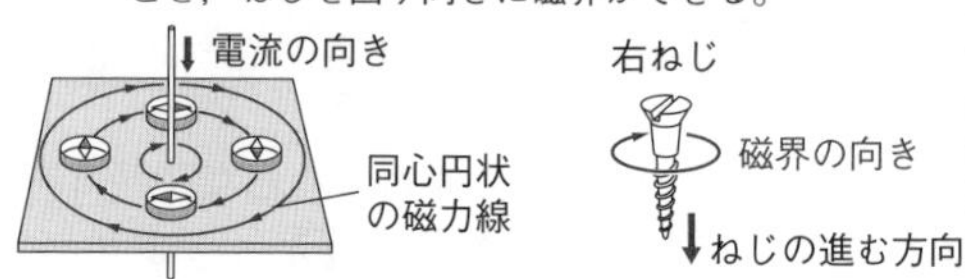

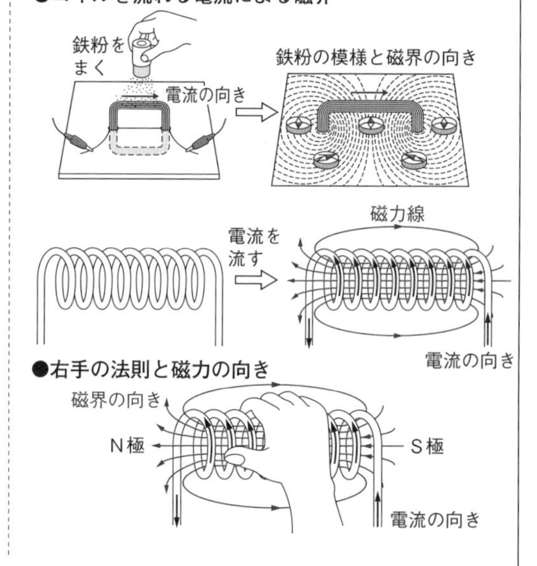

3 磁界の中で電流が受ける力

磁界の中の導線に電流を流すと，導線が動き出す。**電流，磁界，受ける力の向き**はたがいに垂直で，**フレミングの左手の法則**で決定できる。

●フレミングの左手の法則

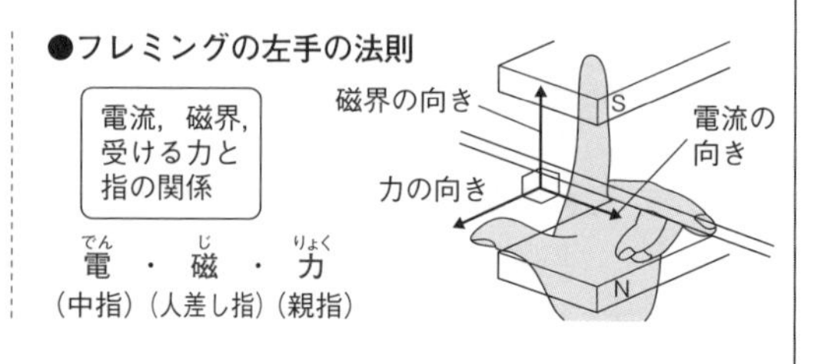

磁界は上の他にも，**U字形磁石の磁界**と，**円形電流がつくる磁界**を押さえる必要がある。また，3の現象を利用した**モーターの仕組み**も入試でよく出題されているので，用語チェックでしっかり確認しよう。

用語チェック　1. 磁界　2. 右ねじの法則　3. ソレノイド　4. U字形磁石　5. 円形電流　6. モーター ➡ p.179

塾技チェック！問題

問題 右の図について，次の問いに答えよ。

(1) スイッチを閉じるとコイルは磁石の手前または奥のどちら側に動くか。

(2) 図の装置の抵抗器の部分だけを変えた場合，コイルが最も大きく動くのは次のア～エのうちどれか記号で答えよ。

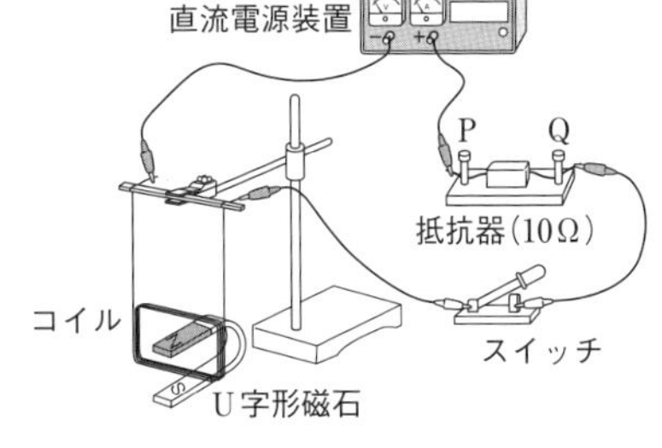

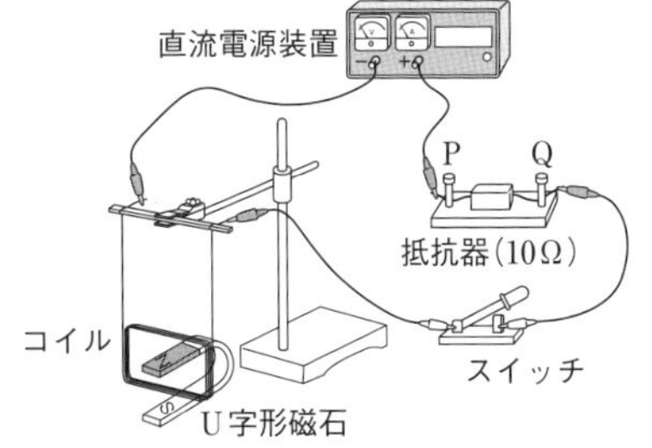

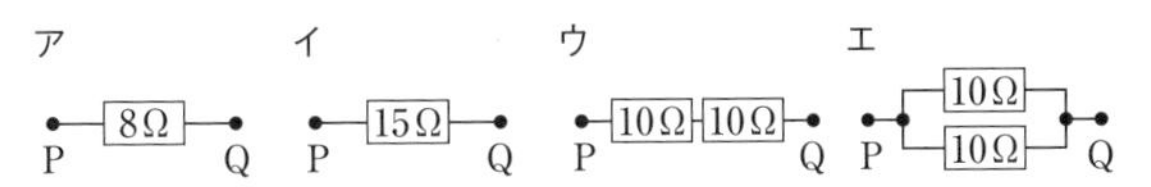

解説と解答

(1) フレミングの左手の法則よりコイルは手前に動く。(電流：右→左，磁界：上→下)　**答 手前**

(2) コイルに流れる電流が大きいほどコイルの磁界が大きくなり，コイルは大きく動くので，回路の抵抗が最も小さくなるものを選べばよい。(合成抵抗はウが 20 Ω，エが 5 Ωとなる)　**答 エ**

チャレンジ！入試問題

解答は，別冊 *p.24*

Q問題 1 図1のように，鉄しんにエナメル線を巻いてつくった電磁石を台の上に置き，乾電池をつないで矢印の向きに電流を流した。電磁石の周囲に4つの磁針を置き，できた磁界の向きを調べた。図2はこのとき用いた磁針のN極，S極を示したものである。電磁石を真上から見たとき，まわりに置いた4つの磁針の向きを次の中から選び，記号で答えよ。

図1

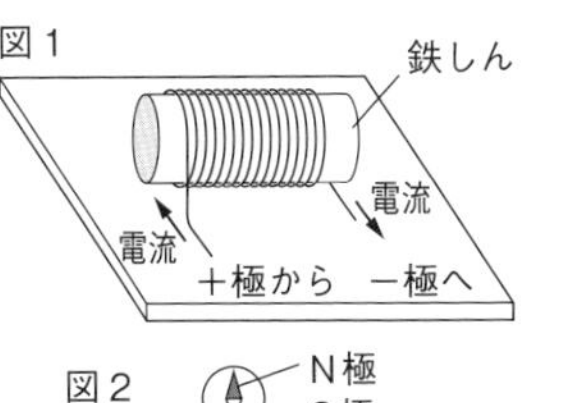

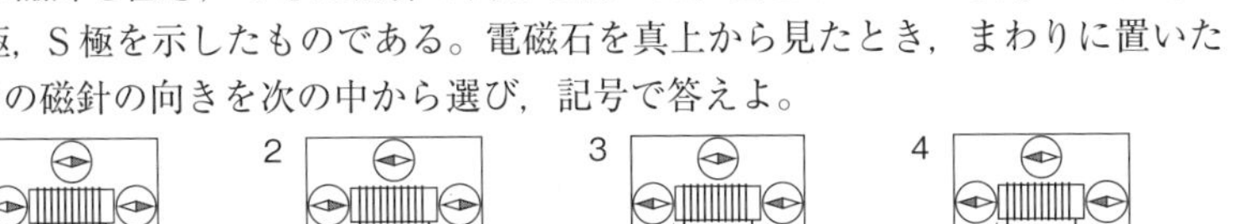

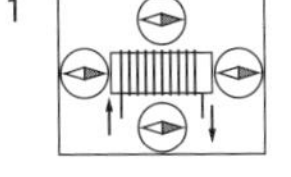

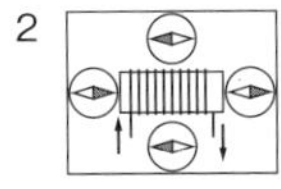

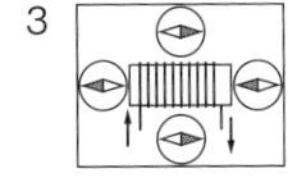

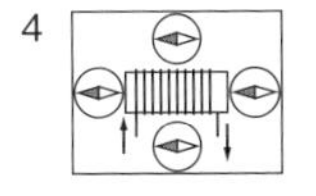

図2 N極 S極

(山口改)

Q問題 2 右の図1のように，コイルを厚紙の中央に差しこんでとめた装置を用いて回路をつくった。次に，スイッチを閉じて，この回路に電流を流した。

(1) このとき，電圧計は 4.8V，電流計は 0.80A を示していた。電熱線の抵抗は何Ωか。

(2) 右の図2のように，コイルの中心に置いた磁針BのN極は南を指した。このとき，コイルの西側および東側に置いた磁針Aおよび磁針Cは，それぞれどのようになっているか。次のア～エのうち，磁針Aおよび磁針Cを表した図として最も適当なものを，それぞれ1つずつ選んで，その記号を書け。

図1

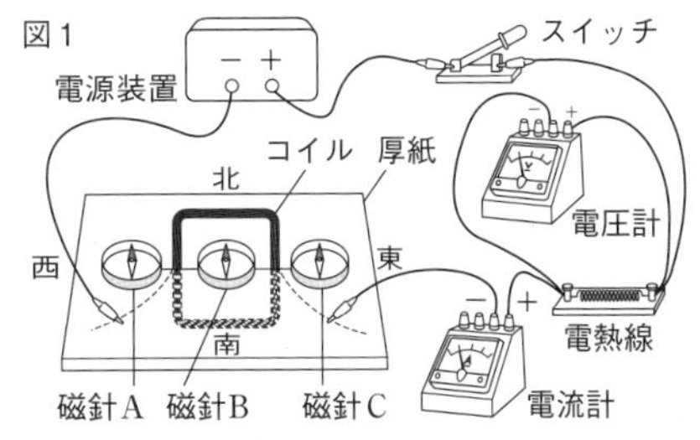

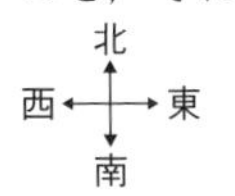

ア 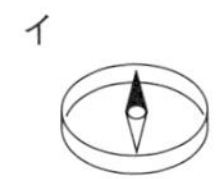

イ 

ウ 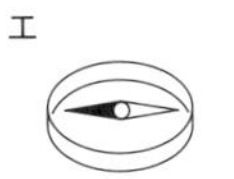

エ 

図2

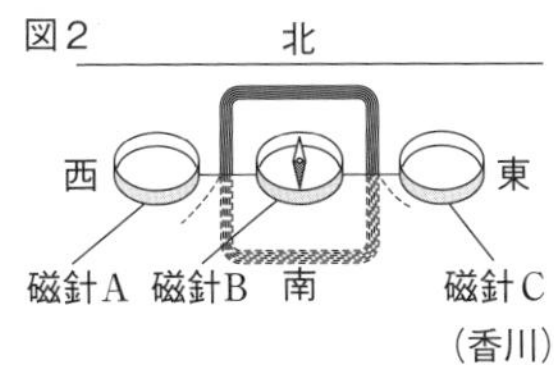

(香川)

Q問題 3 右の図の装置で，スイッチを入れたとき，アルミニウムの棒が上下に振動した。その理由を，アルミニウムの棒が鉄の棒から離れると，電流が流れなくなることをもとに説明せよ。

(奈良改)

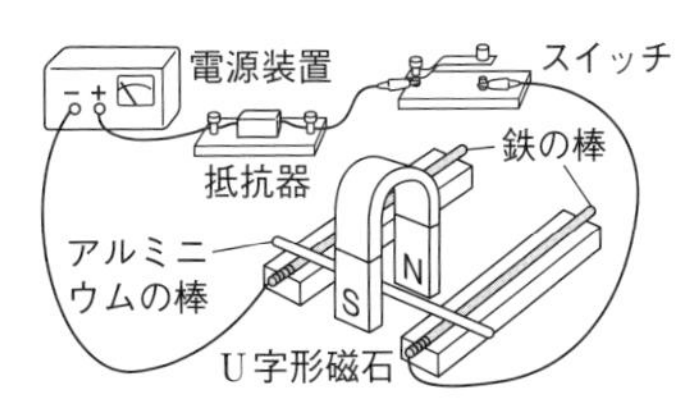

塾技（ワザ） 25 電流と磁界② 電流とその利用

▶ 電磁誘導

1 電磁誘導（ゆうどう）と誘導電流

(1) 電磁誘導が起こる(誘導電流が流れる)過程

過程① コイルに**磁石が近づく**(**遠ざかる**)

過程② コイルをつらぬく**磁力線が変化**

過程③ **変化を打ち消すように磁力線が発生する向き**に誘導電流が流れる

(2) 誘導電流の向き

誘導電流の向きは，**レンツの法則**と**右手の法則**または右ねじの法則で決定することができる。

> **<レンツの法則>**
> **誘導電流は，外部から与えられた磁界の変化を妨げるような磁界が発生する向きに流れる。**

① 磁石が近づく場合
近づいた極と**同じ極**をコイルの上端につくり，**近づくのを妨げようとする。**

② 磁石が遠ざかる場合
遠ざかる極と**反対の極**をコイルの上端につくり，**遠ざかるのを妨げようとする。**

(3) 誘導電流の特徴

特徴① 磁石が**動いている間のみ**電流が流れる

特徴② 磁石を出し入れする**動きが速い**ほど，また，コイルの**巻数が多い**ほど**電流は大きい**

特徴③ コイルの**巻数が同じ**なら，**内径が小さい**ほど**コイルは短**く，抵抗が小さくなるため生じる**電流は大きい**

特徴④ 磁石を**入れるときと出すとき**とで**電流の向きが逆**になる

特徴⑤ **N極(S極)を近づける**ときと，**S極(N極)を遠ざける**ときとで**電流の向きが同じ**

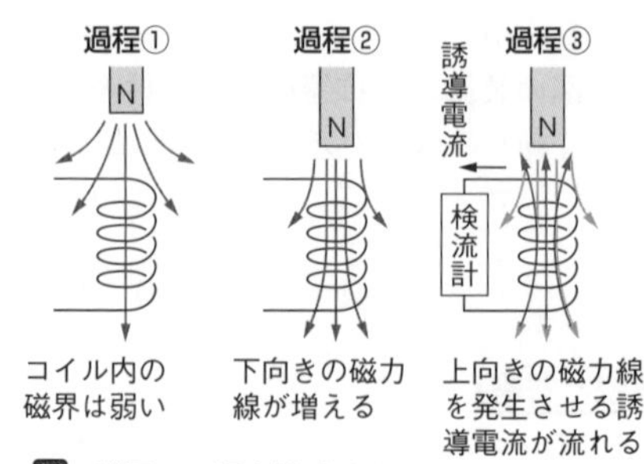

例 磁石のN極を近づける

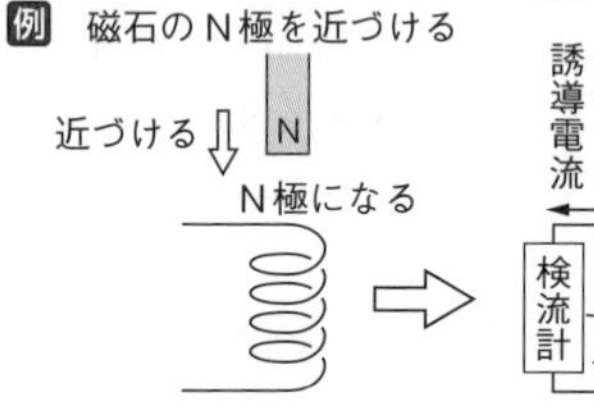

例 磁石のN極を遠ざける

遠ざける
N
S極になる
S
検流計
誘導電流

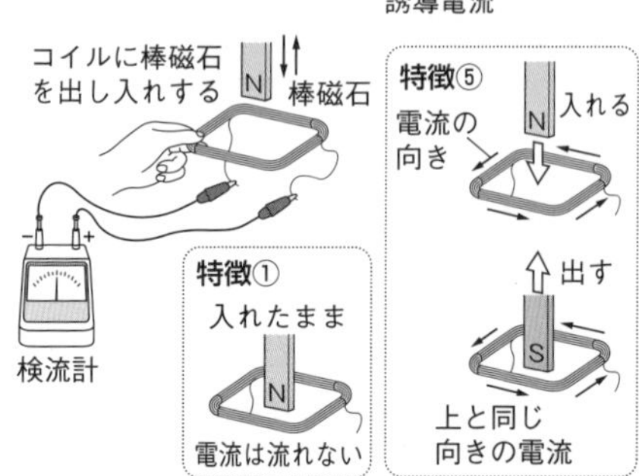

2 磁石の1回の出し入れで起こる現象

① 検流計の針：**右**(左)→ **0** → **左**(右)にふれる

② 豆電球：入るときと出るときの **2 度光る**

③ LED：入るときまたは出るときの **1 度光る**※

※ LED は電流が流れる向きが決まっており，誘導電流は磁石が入るときと出るときで向きが逆になるため。

●電磁誘導と LED の光り方

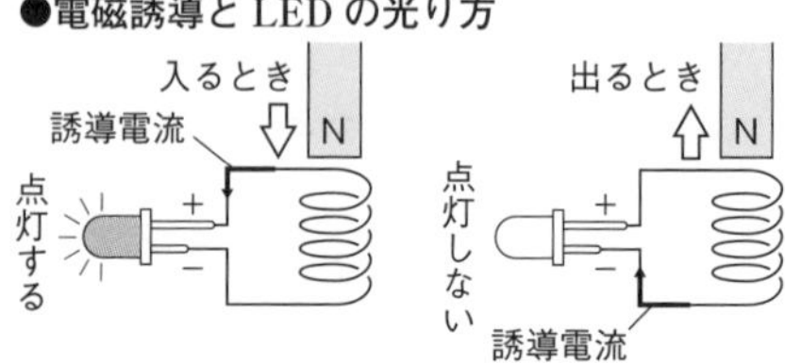

塾技解説

電磁誘導を利用した代表的な装置として**発電機**がある。身近なものとしては自転車のライトの発電機。タイヤが回ると固定されたコイルの中を磁石が回転し電磁誘導で光る。**発電機のしくみ**は用語チェックで確認を。

用語チェック 1. 電磁誘導 2. 検流計 3. 発電機 ➡ p.180

塾技チェック！問題

問題 右の図のようにコイルと検流計をつなぎ，S極を下にした棒磁石をS極の先端がコイルに入るまで一定の速さで動かした。

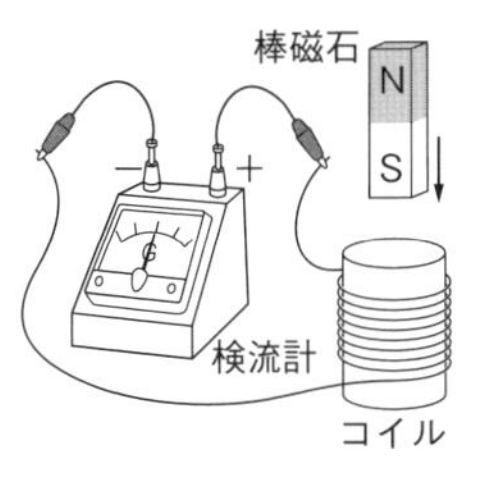

(1) 検流計の針は右と左のどちらにふれるか。
(2) 検流計の針のふれる向きが(1)と同じになるものを次のうちからすべて選び記号で答えよ。
　ア　コイルを磁石のN極に近づける　　イ　コイルを磁石のS極に近づける
　ウ　磁石のN極をコイルに近づける　　エ　磁石のN極をコイルから遠ざける

解説と解答

(1) レンツの法則より，コイル上端がS極，下端がN極となるように誘導電流が流れる。右の図のように，検流計の−端子に向かって流れるので，針は左にふれる。　**答 左**
(2) 磁石のS極をコイルに近づけても，コイルをS極に近づけても同じことである。「**塾技 25 1**」(3)の**特徴**⑤より，磁力の極と動かす向きの両方を逆にすると，同じ向きに誘導電流が生じる。
答 イ，エ

チャレンジ！入試問題

解答は，別冊 *p.25*

Q問題 1 図のように手でコイルを固定して，棒磁石を矢印の方向に動かす実験を行ったところ，検流計の針が左側にふれた。これについて，次の(1)，(2)に答えよ。

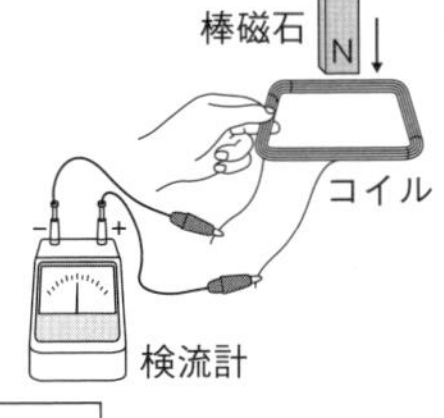

(1) コイル内部の磁界が変化すると，コイルには電流を流そうとする電圧が生じる。この現象を何というか，その名称を答えよ。
(2) 図の検流計の場合と，同じ向きに針がふれるものを，次のア～オからすべて選んで記号で答えよ。

ア	イ	ウ	エ	オ
N極を遠ざける	S極を近づける	S極を遠ざける	N極を横にコイルの中央まで動かす	S極を横にコイルの中央まで動かす

（島根）

Q問題 2 右の図のように，コイルと発光ダイオードをつなぎ，矢印の向きに棒磁石を動かした。発光ダイオードが点灯するものを2つ選び，記号で答えよ。　（山口改）

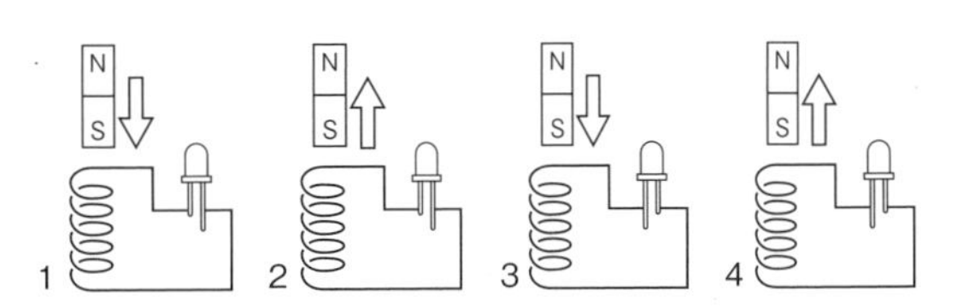

Q問題 3 右の図のように，コイルAと鉄しんの入ったコイルBを用意し，点bに一定の強さの電流をZの向きに流し続けた。図の点Pは，-------線上にある。次の文の①～③の｛　　｝の中から，それぞれ適当なものを1つずつ選びア，イの記号で書け。
図のコイルBのまわりには流れる電流によって磁界ができている。このとき，点Pでの磁界の向きは，①｛ア　上向き　　イ　下向き｝であり，鉄しんの点P側の端は，②｛ア　N極　　イ　S極｝になっている。また，鉄しんの入ったコイルBをコイルAから遠ざけると，図の点aに③｛ア　Xの向き　　イ　Yの向き｝の電流が流れる。　（愛媛改）

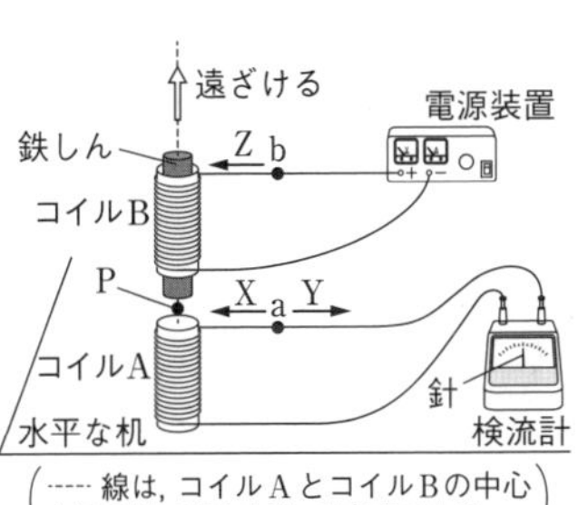

（----- 線は，コイルAとコイルBの中心を通る軸で机に対して垂直である。）

ワザ
塾技 26 電流と電子 電流とその利用

▶ 静電気

1 静電気

(1) **物質の構造**

物質は原子から成り，原子は**原子核（＋の電気をもつ陽子**と**電気をもたない中性子**から成る）および－の電気を帯びた**電子**から成る。通常，原子は**陽子と電子を同数**ずつもっており，それらが**互いに電気を打ち消し合う**ため電気を帯びていない。

原子 ｛ 原子核 ｛ 中性子 / 陽子（＋の電気）｝ / 電子（－の電気）｝ 打ち消し合う

例 ヘリウム原子
中性子２個
陽子（＋の電気）２個
電子（－の電気）２個

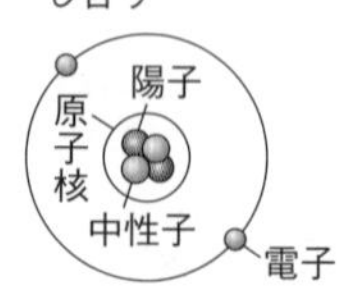

(2) **静電気が起こる過程**

過程① **異なる物質どうしをこすり合わせる**

過程② **電子（－の電気）を失いやすい物質**から電子の移動が起こる

過程③ **電子を失った物質：＋に帯電**
電子を受け取った物質：－に帯電

●ストローとティッシュペーパー

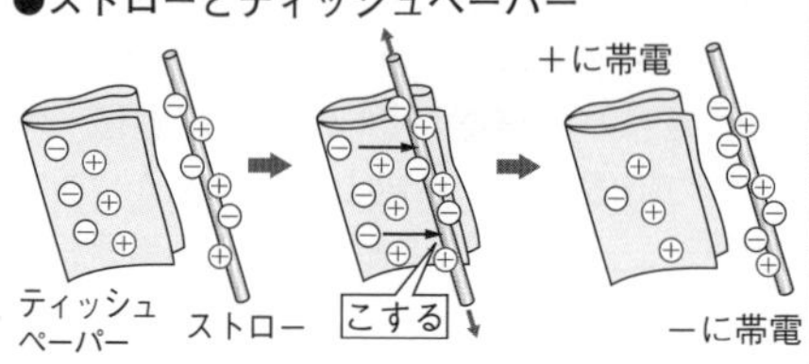

(3) **静電気のはたらき**

① **同種の電気**を帯びた物質は**反発し合う**
② **異なる電気**を帯びた物質は**引き合う**
③ **放電**を起こす　例 雷，ドアノブで「ビリッ」

例題 ティッシュペーパーＡとストローａ，ティッシュペーパーＢとストローｂをそれぞれこすり合わせる。ＡとＢおよびＢとａは反発し合うか，引き合うか。

解 ＡとＢ：**反発し合う**，Ｂとａ：**引き合う**

▶ 電流の正体

2 陰極線（電子線）

(1) **陰極線の性質と確認法**

性質	確認法と結果
－極から出て直進する	＋極を十字形の金属板にする ⇨ ガラス面に十字形のかげができる
－の電気をもつ	通り道に別の電極を置き電圧を加える ⇨ 電極板の＋極側へ曲がる
磁界から力を受ける	強さの異なるＵ字形磁石を近づける ⇨ 強さにより曲がり方が変化する

●直進する　●－極から＋極へ進む

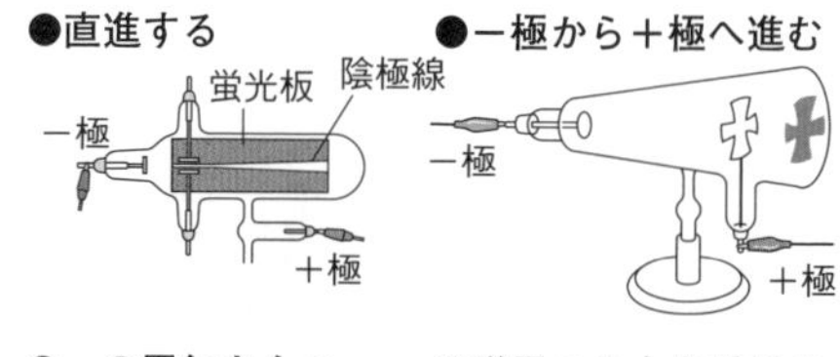

●－の電気をもつ　●磁界から力を受ける

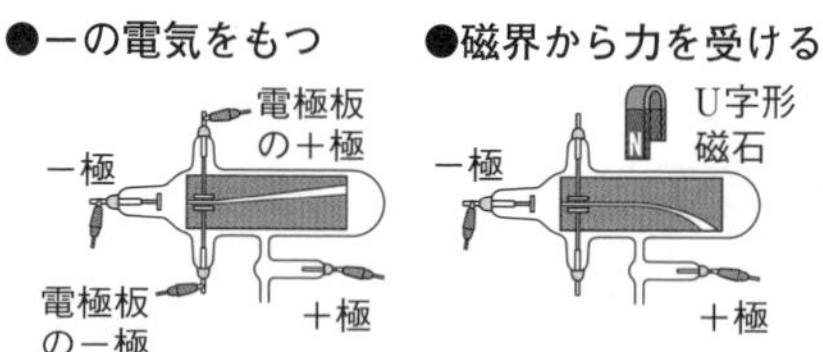

(2) **陰極線と電流の正体**

陰極線の正体は**電子の流れ**である。クルックス管で陰極線を絶えず確認するには，**電源から絶えず陰極へ電子の供給（回路）**が必要で，この**電子の流れ**が電流の正体である。

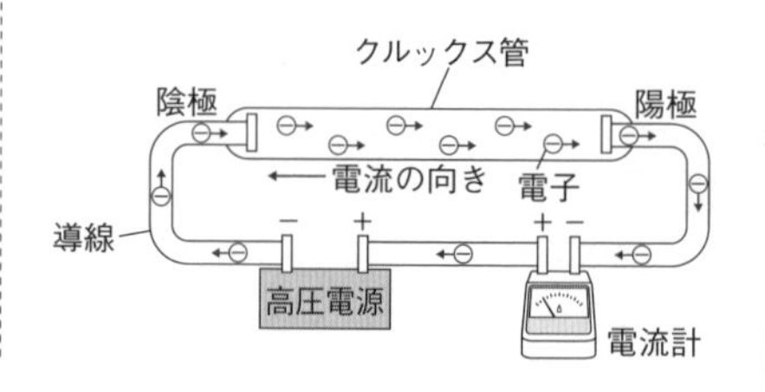

真空放電の実験でドイツの物理学者**レントゲンが発見**したＸ線は，**放射線**の一種。放射線については，用語チェックで確認をしよう。

用語チェック　1. 静電気　2. 帯電　3. 放電　4. 陰極線　5. クルックス管　6. 放射線　➡ p.180

塾技チェック！問題

問題 ティッシュペーパーでよくこすったポリ塩化ビニル管に，右の図のように蛍光灯(けいこうとう)の電極を近づけた。

(1) 蛍光灯はどうなるか述べよ。

(2) 蛍光灯のかわりに豆電球を用いて実験した場合，豆電球は光るかどうかを答え，その理由を述べよ。

解説と解答

(1) ポリ塩化ビニル管の静電気による放電が起き，蛍光灯が一瞬光る。 **答 一瞬光る。**

(2) **答 光らない，理由：静電気によって流れる電流は豆電球を光らせるには小さすぎるため。**

チャレンジ！入試問題

解答は，別冊 *p.26*

Q 問題 1 静電気について調べるために，次のような実験を行った。

実験　2本のストローA，Bを用意した。図1のように，ストローAが回転できるような装置を組み立て，ストローAをティッシュペーパーで十分にこすった。次に，ストローBを別のティッシュペーパーで十分にこすり，ストローBを図2のようにストローAに近づけた。また，ストローBをこすったティッシュペーパーを，同様にストローAに近づけた。

ストローAにストローBを近づけたときのAの様子と，ストローAにストローBをこすったティッシュペーパーを近づけたときのAの様子をそれぞれ述べよ。 (高知改)

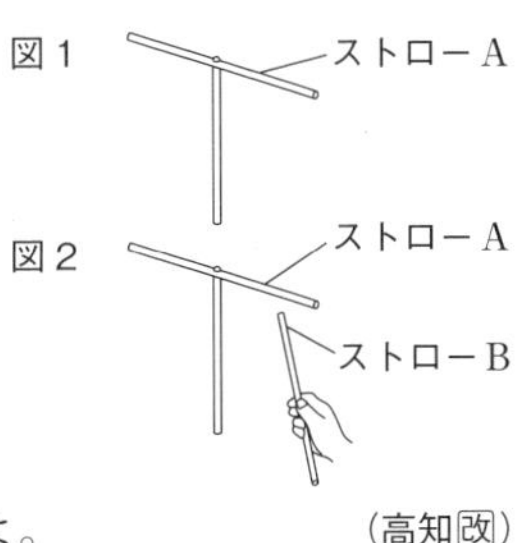

Q 問題 2 次の実験についてあとの問いに答えよ。

実験1　図1のように，十字形の金属板の入った真空放電管の電極Aの－極に，電極Bを＋極にして高電圧を加えると，蛍光面に十字形のかげが観察された。

実験2　電極Aを＋極に，電極Bを－極にして，高電圧を加えると，かげは観察できなかった。

実験3　図2のように，真空放電管の電極Cを－極に，電極Dを＋極にして高電圧を加えると，蛍光板に光のすじが見え，その光のすじは直進した。

実験4　電極C，電極Dに高電圧を加えたまま，さらに電極Eを＋極，電極Fを－極にして電圧を加えた。その結果，蛍光板に見えた光のすじは上に曲がった。

実験1で観察された十字形のかげが，**実験2**で観察できなかったのはなぜか。また，**実験3**で直進していた光のすじが，**実験4**で上に曲がったのはなぜか。それぞれの理由を電子ということばを用いて簡単に説明せよ。 (岩手改)

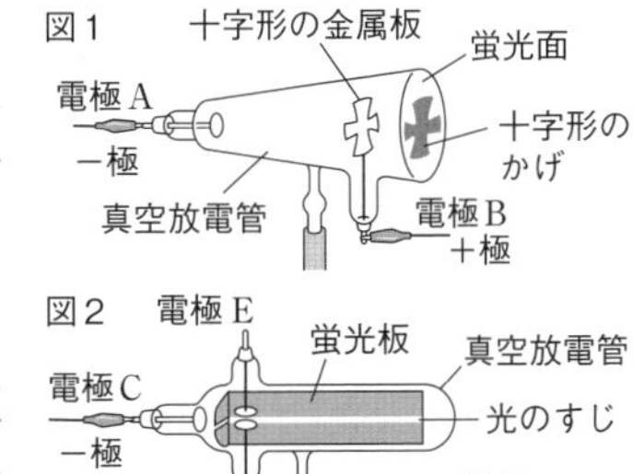

Q 問題 3 図のように，蛍光板を入れた真空放電管（クルックス管）の電極A，Bの間に大きな電圧を加えると，電極Aから陰極線が出た。その後，真空放電管をはさむようにS極を手前にしてU字形磁石を近づけた。陰極線は上，下のどちらに曲がるか。 (鹿児島改)

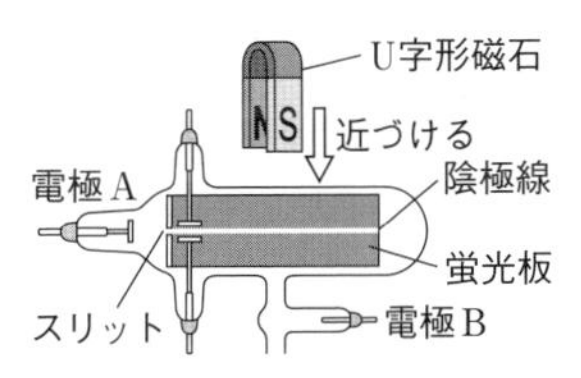

塾技（ワザ）27 水溶液とイオン 化学変化とイオン

▶ イオン

1 陽イオンと陰イオン

(1) 電子の配置

原子核のまわりにある**電子**（*p.58*）は，**電子殻**（かく）と呼ばれる軌道（きどう）に**順番に配置**される。

電子殻	K殻	L殻	M殻
収容できる電子の最大数	2個	8個	18個

例 Na原子の電子配置

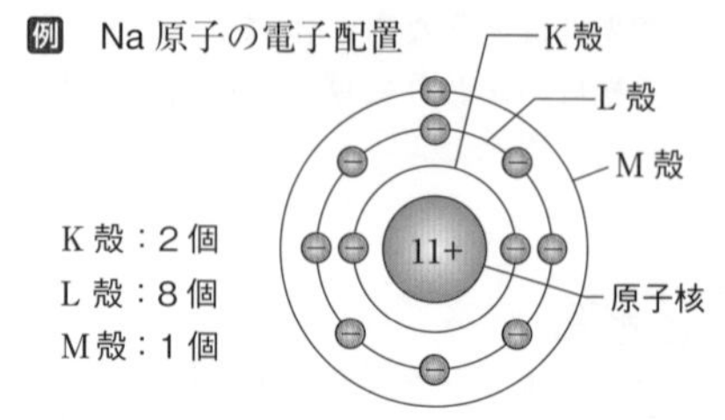

(2) 陽イオンと陰イオンのなりやすさ

原子は一番外側の軌道にある電子の数（**最外殻電子数**）が**8個（または2個）のとき安定**するという性質をもつ。

陽イオン：**電子を失いやすい原子**がなる
→ 最外殻電子数1や2や3の原子

陰イオン：**電子を受け取りやすい原子**がなる
→ 最外殻電子数6や7の原子

例 最外殻電子数1のナトリウム原子は，電子を1個失い陽イオン(Na^+)になる。

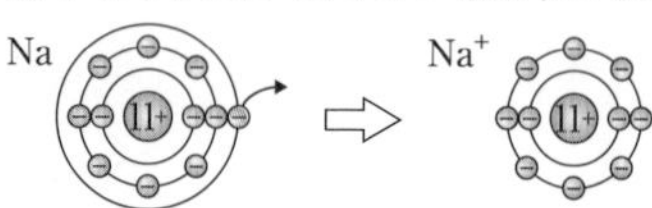

例 最外殻電子数7の塩素原子は，電子を1個受け取り陰イオン(Cl^-)になる。

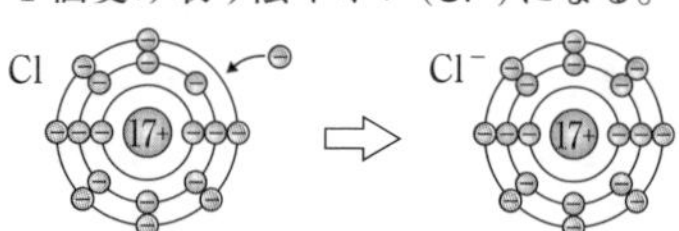

(3) 主なイオンの名称・化学式

陽イオン				陰イオン	
イオン名	化学式	イオン名	化学式	イオン名	化学式
水素イオン	H^+	銅イオン	Cu^{2+}	塩化物イオン	Cl^-
ナトリウムイオン	Na^+	亜鉛イオン	Zn^{2+}	水酸化物イオン	OH^-
カリウムイオン	K^+	マグネシウムイオン	Mg^{2+}	硝酸イオン	NO_3^-
銀イオン	Ag^+	カルシウムイオン	Ca^{2+}	炭酸イオン	CO_3^{2-}
アンモニウムイオン	NH_4^+	バリウムイオン	Ba^{2+}	硫酸イオン	SO_4^{2-}

●金属原子と非金属原子の価数

ふつう金属原子は電子を失い陽イオンになりやすく，非金属原子は電子を受け取り陰イオンになりやすい。また，受け渡しのあった電子の数を価数という。

例 電子を2個失ってできた陽イオンを，2価の陽イオンという。

2 電解質と電離

(1) 電解質と非電解質

水溶液（すいようえき）が電流を通す物質を電解質，通さない物質を**非電解質**という。

●代表的な電解質と非電解質

電解質※：塩化ナトリウム，塩化銅，硫酸，塩化水素，水酸化ナトリウム

非電解質：砂糖，エタノール

※電解質は**電離する物質**ともいえる。

(2) 主な物質の電離を表す式

① $NaCl \longrightarrow Na^+ + Cl^-$
（塩化ナトリウム → ナトリウムイオン ＋ 塩化物イオン）

② $CuCl_2 \longrightarrow Cu^{2+} + 2Cl^-$
（塩化銅 → 銅イオン ＋ 塩化物イオン）

③ $HCl \longrightarrow H^+ + Cl^-$
（塩化水素 → 水素イオン ＋ 塩化物イオン）

④ $NaOH \longrightarrow Na^+ + OH^-$
（水酸化ナトリウム → ナトリウムイオン ＋ 水酸化物イオン）

⑤ $H_2SO_4 \longrightarrow 2H^+ + SO_4^{2-}$
（硫酸 → 水素イオン ＋ 硫酸イオン）

●電離のモデル図

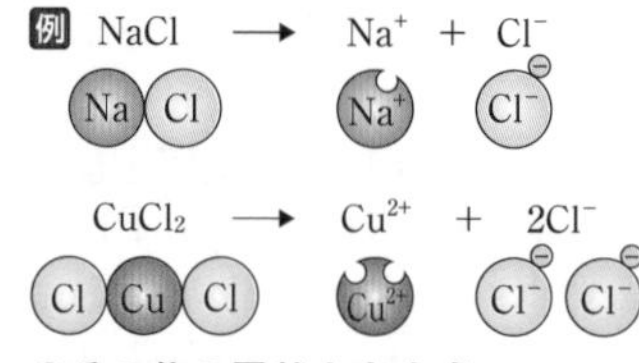

●その他の電離を表す式

・$Ba(OH)_2 \rightarrow Ba^{2+} + 2OH^-$

・$KNO_3 \rightarrow K^+ + NO_3^-$

陽イオンになりやすいか陰イオンになりやすいかは，**周期表と結びつけて考えられる**ようにしよう。あと，**同じ元素でも中性子の数は異なる原子「同位体」**についても，用語チェックで確認しよう！

用語チェック 1. イオン 2. 陽イオン 3. 陰イオン 4. 電離 5. 同位体 ➡ *p.181*

塾技チェック！問題

問題 右の図は，塩化ナトリウムを水にとかしたときの様子を表したものである。●，○はそれぞれイオンを表している。次の問いに答えよ。

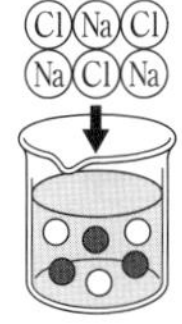

(1) 図のように物質が水にとけてイオンに分かれることを何というか。
(2) ●は＋の電気を帯びている。●と○のイオン名をそれぞれ答えよ。

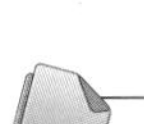

解説と解答

(1) 答 **電離**
(2) ●は陽イオンなら，○は陰イオン。「**塾技 27 1**」(3)より，金属の原子は陽イオンになりやすい。

答 **●：ナトリウムイオン，○：塩化物イオン**

チャレンジ！入試問題

解答は，別冊 *p.27*

Q問題 1 次の文を読み，あとの問いに答えよ。

原子の中心には＋(プラス)の電気をもつ(a)があり，そのまわりを－(マイナス)の電気をもつ(b)が運動している。(a)は，一般に，＋の電気をもつ(c)と，電気をもたない(d)からできている。1 個の(c)がもつ＋の電気の量と，1 個の(b)がもつ－の電気の量は等しい。原子では，(c)の数と(b)の数が等しいので，原子全体は電気を帯びていない。しかし，原子が (b) を失ったりもらったりすると，全体で電気を帯びるようになる。これがイオンである。

固体の塩化ナトリウム(化学式 NaCl)は，ナトリウムイオン Na^+ と塩化物イオン Cl^- が結びついてできている。ナトリウムの原子は 11 個の(b)をもち，塩素の原子は 17 個の(b)をもつので，ナトリウムイオンの(b)の数は塩化物イオンの(b)の数よりも[A]個少ない。固体の塩化ナトリウムは電気を通さないが，塩化ナトリウムの水溶液は電気を通す。塩化ナトリウムのようにその水溶液が電気を通す物質を(e)という。

(1) (a) ～ (e)にあてはまる語句を漢字で答えよ。
(2) [A]にあてはまる整数を答えよ。
(3) 固体の塩化ナトリウムは電気を通さないが，塩化ナトリウムの水溶液が電気を通すのはなぜか。イオンということばを使って説明せよ。 (筑波大附高)

Q問題 2 亜鉛(あえん) Zn に塩酸を加えると，亜鉛がとけて水素 H_2 が発生する。それは，

$Zn + 2HCl \rightarrow ZnCl_2 + H_2$ …① と表される化学反応が起こるためである。この化学反応式は次のように考えられる。①式左辺の塩化水素 HCl は水溶液中では電離し，水素イオン H^+ を生じる。右辺の生成物 H_2 と見比べることで，この変化では水素イオンが電子 e^- を受け取っていることがわかる。

$xH^+ + xe^- \rightarrow H_2$ …②

また，①式右辺の塩化亜鉛 $ZnCl_2$ は水溶液中では電離し，亜鉛イオン Zn^{x+} を生じる。左辺の反応物 Zn と見比べることで，亜鉛がとける変化では亜鉛が電子 e^- を放出していることがわかる。

$Zn \rightarrow Zn^{x+} + xe^-$ …③

つまり，②式と③式の反応に関わる電子の数をそろえ，塩化物イオン Cl^- を補うことで①式が得られる。

(1) 上記②，③式中の x に適する整数を答えよ。
(2) アルミニウム Al も塩酸にとけ，次のように変化する。

$Al \rightarrow Al^{3+} + 3e^-$

これと上記②式を参考にして，アルミニウムと塩酸が反応する様子を化学反応式で表せ。ただし，化学反応式の係数には x を用いないこと。 (函館ラ・サール高)

塾技（ワザ）28 電気分解とイオン 化学変化とイオン

▶ 電気分解

1 塩酸の電気分解

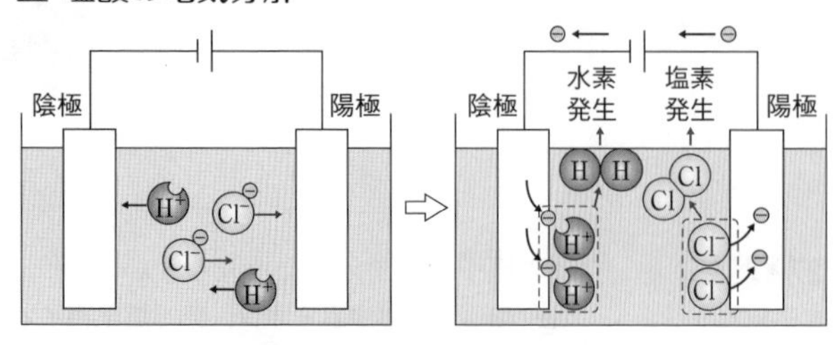

ポイント① 塩酸の電気分解の反応式（電子：e^-で表す）
陽極：$2Cl^- \rightarrow Cl_2 + 2e^-$
陰極：$2H^+ + 2e^- \rightarrow H_2$
全体：$2HCl \rightarrow H_2 + Cl_2$

ポイント② 発生する水素と塩素の体積比は 1：1 だが，**塩素は水にとけやすい**ため**捕集できる量は塩素の方が少ない**。（*p.28*）

●塩酸の電気分解の流れ

① 塩化水素が水溶液中で電離
$HCl \rightarrow H^+ + Cl^-$
② 電圧をかけるとイオンが移動
$H^+ \rightarrow$ 陰極へ　$Cl^- \rightarrow$ 陽極へ
③ 塩化物イオンが陽極へ電子を受け渡して**漂白（ひょうはく）作用のある塩素**が発生
$Cl^- \rightarrow Cl + e^-$　$Cl + Cl \rightarrow Cl_2$ 発生
④ 電子が導線を伝わり陰極へ移動
⑤ 水素イオンが陰極で電子を受け取り水素が発生
$H^+ + e^- \rightarrow H$　$H + H \rightarrow H_2$ 発生
⑥ 電気分解が進むにつれ**塩酸の濃度が低くなっていく**

●発生した物質の確認法

・塩素が発生したことの確認法
陽極付近の水溶液に赤インクを加えると，**塩素の漂白作用で赤色が脱色**される。
・水素が発生したことの確認法
炎を近づけると音を立てて燃える。

2 塩化銅の電気分解

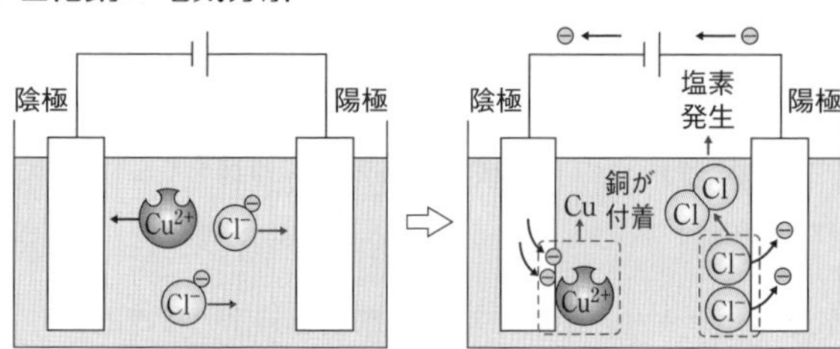

ポイント① 塩化銅の電気分解の反応式
陽極：$2Cl^- \rightarrow Cl_2 + 2e^-$
陰極：$Cu^{2+} + 2e^- \rightarrow Cu$
全体：$CuCl_2 \rightarrow Cu + Cl_2$

ポイント② 電気分解が進むにつれ**青色の塩化銅水溶液の色がうすくなっていく**。

理由 塩化銅水溶液や硫酸銅水溶液の青色は，銅イオン Cu^{2+} の色で，電気分解により Cu^{2+} が Cu として陰極表面に析出して水溶液中の数が減少するため色がうすくなっていく。

●塩化銅の電気分解の流れ

① 塩化銅が水溶液中で電離
$CuCl_2 \rightarrow Cu^{2+} + 2Cl^-$
② 電圧をかけるとイオンが移動
$Cu^{2+} \rightarrow$ 陰極へ　$Cl^- \rightarrow$ 陽極へ
③ 塩化物イオンが陽極へ電子を受け渡して**漂白作用のある塩素**が発生
$Cl^- \rightarrow Cl + e^-$　$Cl + Cl \rightarrow Cl_2$ 発生
④ 電子が導線を伝わり陰極へ移動
⑤ 銅イオンが陰極で電子を受け取り**電極表面に赤色の銅**が析出
$Cu^{2+} + 2e^- \rightarrow Cu$ 析出
⑥ 電気分解が進むにつれ銅イオンが減って**水溶液の青色がうすくなっていく**

●発生した物質の確認法

・塩素が発生したことの確認法
陽極付近の水溶液に赤インクを加えると，**塩素の漂白作用で赤色が脱色**する。
・銅が発生したことの確認法
陰極に付着した赤色の物質を取り薬さじでこすると**金属光沢（こうたく）**が現れる。

上の 2 種類の電気分解の他によく出題されるものに，**水の電気分解**（*p.40*）がある。この場合は**陽極で酸素，陰極で水素**が発生する。仕組みは「用語チェック！」で確認だ。

用語チェック 1. 水の電気分解 ➡ *p.181*

塾技チェック！問題

問題 右の図の装置を用いて塩化銅水溶液の電気分解を行った。次の問いに答えよ。

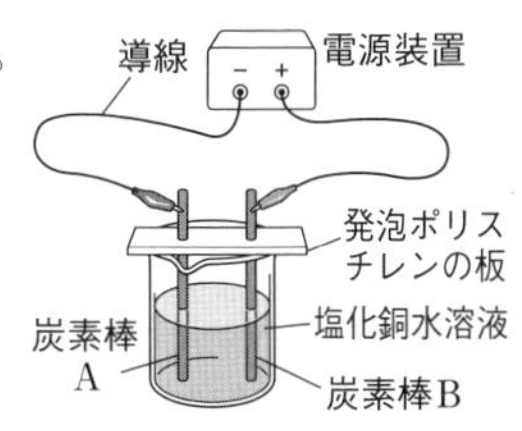

(1) 炭素棒B付近の水溶液を少量とり，赤インクの入った試験管に加えたときの赤インクの変化を理由とともに書け。

(2) 炭素棒Aには色のついた物質が付着した。物質の色と化学式を答えよ。

解説と解答

(1) 炭素棒Bは電源装置の＋極とつながっているため陽極とわかる。陽極では，水にとけやすい漂白（ひょうはく）作用をもつ塩素が発生する。

答 **発生した塩素の漂白作用によって赤インクの色が消える。**

(2) 炭素棒Aは陰極で，赤色の銅が付着する。

答 **色：赤色，化学式：Cu**

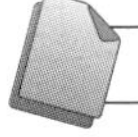

チャレンジ！入試問題

解答は，別冊 *p.28*

Q問題 1 次の文を読み，下の問いに答えよ。

右の図のようにH管を用いて実験装置を組み立て，H管（Ⅰ）には水酸化ナトリウム水溶液を，H管（Ⅱ）には塩化銅水溶液を入れ，一定の電流を流して電気分解を行った。しばらくすると，H管（Ⅰ）の電極A，電極Bではいずれも気体が生じ，その体積比は1：2であった。また，H管（Ⅱ）の<u>電極Cでは気体を生じたが，電極Dでは電極上に赤い物質が付着した</u>。

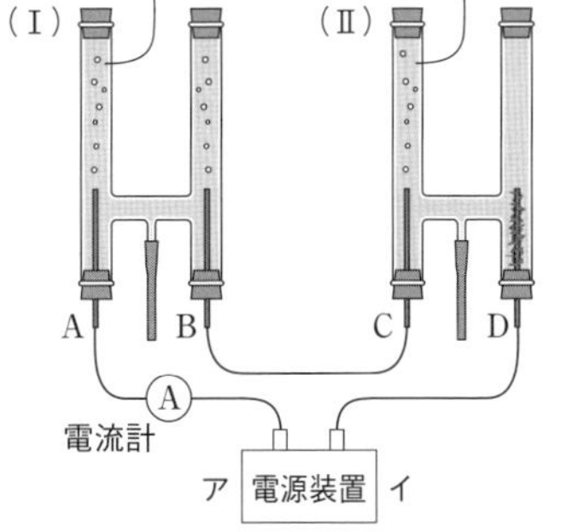

(1) 電極A，B，Cで生じた気体をそれぞれ化学式で答えよ。

(2) 図中の電源装置の＋極はア，イのどちらか。記号で答えよ。

(3) 下線部の説明について，次の文章の空欄に適当な語句を入れよ。

塩化銅水溶液中では，塩化銅は［①］して［②］と［③］に分かれている。そこへ電圧を加えると，［②］は電極Cに引きよせられ，電極上で電子をはなして［④］になり，［③］は電極Dに引きよせられ，電極上で電子を受け取り［⑤］となる。電極D上に付着した赤い物質とは［⑤］のことである。

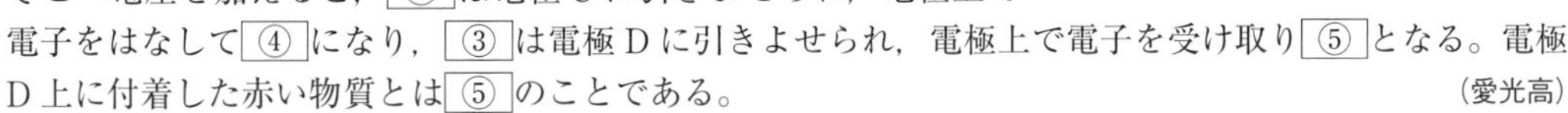

（愛光高）

Q問題 2 右の図のようなH管に塩酸やうすい水酸化ナトリウム水溶液を満たして直流電流を通して，発生する気体を調べた。ただし，電極自身は化学変化しないものを用いた。

A　B　電源装置へ　（－）　（＋）

(1) 塩酸の場合，H管の上のAとBにたまる気体の体積はどうなるか。次のア～オから最も適当なものを1つ選び，記号で答えよ。

ア　AとBは同じだけたまる
イ　BはAの2倍たまる
ウ　AはBの2倍たまる
エ　Aでは多くたまるが，Bではわずかしかたまらない
オ　Bでは多くたまるが，Aではわずかしかたまらない

(2) 水酸化ナトリウム水溶液の場合の陽極および陰極での変化を，電子を e^- としてイオン反応式で示すと次のようになる。［あ］～［う］の中に適当な化学式を入れよ。

【陽極での反応式】4［あ］→［い］＋ $2H_2O$ ＋ $4e^-$　【陰極での反応式】$2H_2O$ ＋ $2e^-$ →［う］＋ 2［あ］

(3) 水酸化ナトリウム水溶液の場合，電流を流し続けると，水酸化ナトリウム水溶液の濃度はどのように変化していくか答えよ。

（東大寺学園高改）

塾技(ワザ) 29 化学変化と電池 化学変化とイオン

▶ 電池

1 化学電池

(1) 化学電池に必要なもの

化学変化を起こす物質のもっている**化学エネルギーを電気エネルギーに変える装置**を化学電池という。次の2つのものを使って化学電池を作ることができる。

① **異なる2種類の金属**
② **電気を通す水溶液(電解質の水溶液)**

(2) イオン化傾向

金属は電解質の水溶液中で原子が電子を放出して**陽イオンになる性質**がある。この**陽イオンへのなりやすさ**を金属のイオン化傾向という。

(3) イオン化傾向と電極

電池は−極から導線を伝わって+極への電子の流れをつくることで電流の流れを起こす装置であるため，**−極には+極より陽イオンになりやすい(電子を放出しやすい)金属**を用いる。

(4) ダニエル電池

硫酸亜鉛水溶液中の**亜鉛を−極**，硫酸銅水溶液中の**銅を+極**として，**両液をセロハンで仕切った電池**をダニエル電池という。**−極**では，銅よりもイオン化傾向の大きい亜鉛がとけて電子を放出する。**+極**では，硫酸銅水溶液中の銅イオン Cu^{2+} が電子を受け取り銅が析出する。

亜鉛板での反応：$Zn \rightarrow Zn^{2+} + 2e^-$
銅板での反応　：$Cu^{2+} + 2e^- \rightarrow Cu$

●レモン電池

・金属板はやすりなどで表面をよく磨(みが)く。
・レモンは少しもんで汁(しる)を出しておくとよい。

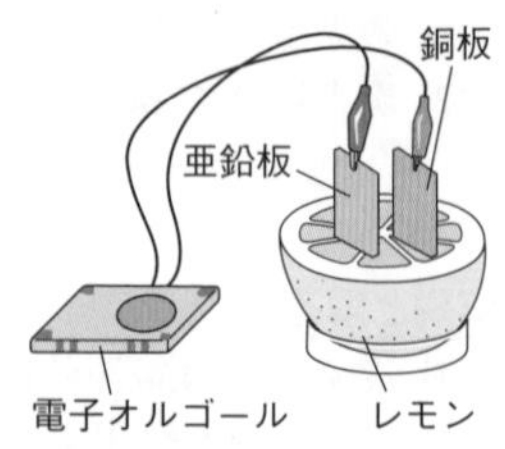

① 異なる2種類の金属：亜鉛板と銅板
② 電気を通す水溶液：レモン汁

●主な金属のイオン化傾向

$Mg > Al > Zn > Fe > (H_2)$※ $> Cu > Ag$

※水素は金属ではないが，陽イオンへのなりやすさを比べるよい目安となるため入れる。

電池の−極：イオン化傾向の大きいほうの金属
電池の+極：イオン化傾向の小さいほうの金属

・2種類の金属の**イオン化傾向の差が大きい**ほどより**大きな電圧**が生じる。例えば，亜鉛と銅では0.7V，マグネシウムと銅では2.3Vになる。

●ダニエル電池の電子の流れ

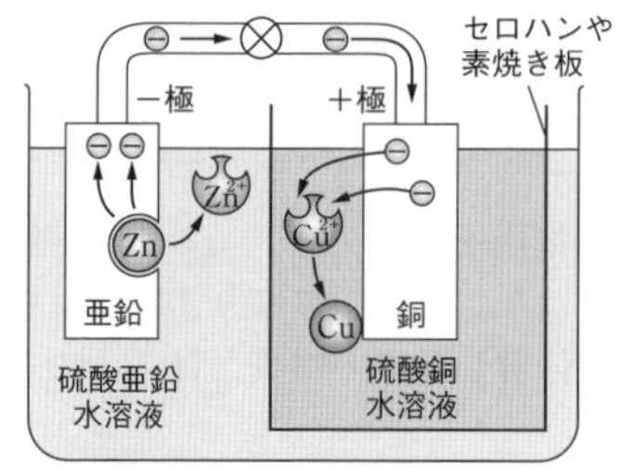

銅板は「+」極→「十」円玉と覚えよう！

2 燃料電池

水の電気分解後，装置から電源を外して−極と+極をつなぐと**水素と酸素の化学反応によって電流が生じる**。このような，燃料が酸化される化学変化から，電気エネルギーをとり出す装置を燃料電池という。**発生する物質が水だけ**であり，**環境にやさしい発電装置**である。

$2H_2 + O_2 \rightarrow 2H_2O$ + 電気エネルギー

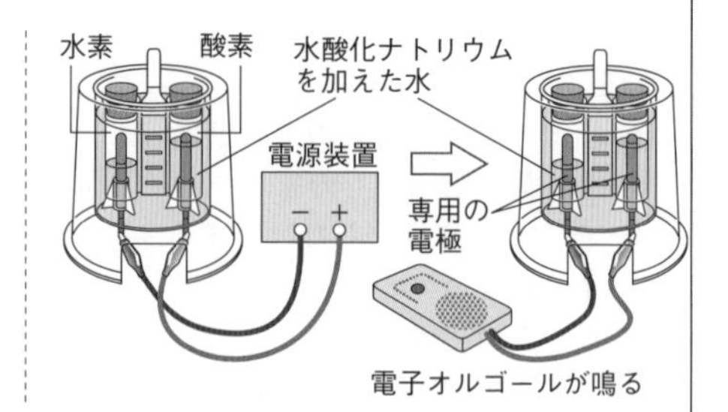

化学電池には，その**原型となったボルタ電池**，それを**改良したダニエル電池**，さらに，**一次電池**や**二次電池**というのもある。化学電池の他に，光や熱などのエネルギーを利用した**物理電池**などもあるぞ。

用語チェック　1. 金属のイオン化傾向　2. ボルタ電池　3. 一次電池　4. 二次電池　➡ p.182

塾技チェック！問題

問題 電池のしくみを調べるために，金属板と水溶液の組み合わせを表のようにして装置をつくり，金属の間の電圧を測定した。

(1) 電圧が生じた装置をA～Eの記号で答えよ。
(2) 電圧が最も大きい装置をA～Eの記号で答えよ。

装置	水溶液	金属板	金属板
A	うすい塩酸	銅板	銅板
B	食塩水	亜鉛	銅板
C	うすい塩酸	亜鉛	銅板
D	うすい硫酸	マグネシウム	銅板
E	砂糖水	マグネシウム	銅板

解説と解答

(1) 異なる2種類の金属と電解質の水溶液の装置を選ぶ。 答 B，C，D
(2) (1)のうち，イオン化傾向の差が最も大きい金属の組を選ぶ。  答 D

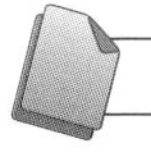

チャレンジ！入試問題

解答は，別冊 *p.29*

Q問題 うすい塩酸に異なる金属板を入れると電池になって，電流をとり出すことができる。右の図のように，金属板Aと金属板Bをうすい塩酸に入れ，プロペラのついたモーターをつないだ装置を使って電池の実験をした。金属板Aと金属板Bの組み合わせをかえることにより，次のa～dの実験結果を得た。これらに関連して，以下の(1)～(5)に答えよ。

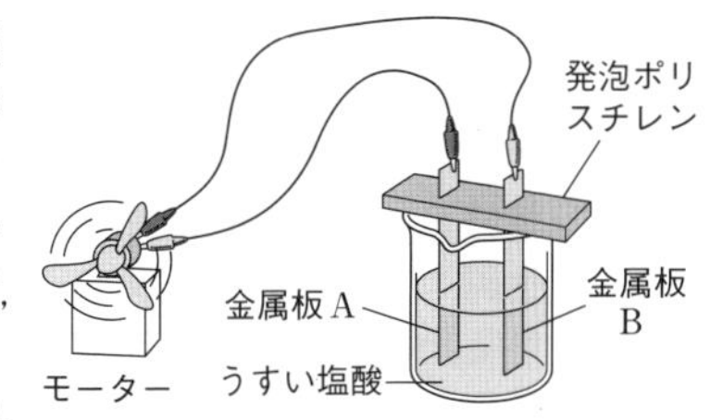

a　Aを亜鉛板，Bを銅板にすると，モーターについたプロペラは，時計回りに回転した。
b　Aを銅板，Bを亜鉛板にすると，モーターについたプロペラは，反時計回りに回転した。
c　Aを銅板，Bをマグネシウムリボンにすると，モーターについたプロペラは，反時計回りに回転した。さらに，プロペラの回転の速さは，aやbの場合よりも速かった。
d　Aを亜鉛板，Bをマグネシウムリボンにすると，モーターについたプロペラは，反時計回りに回転した。

(1) 文章中の下線部において，ビーカー中のうすい塩酸を次のア～エにかえたとき，電池ができるものはどれか。次のア～エの中から1つ選び，記号で答えよ。
　ア　食塩水　　イ　エタノール　　ウ　砂糖水　　エ　精製水
(2) Aが亜鉛板でBが銅板の電池では，＋極となる金属は，亜鉛，銅のどちらの金属か。元素記号で答えよ。
(3) 実験した電池の－極では，金属の表面で原子が電子を失って陽イオンとなり，うすい塩酸の中にとけ出していく。Aが銅板でBが亜鉛板の電池における－極の変化を，例にならって式で表せ。ただし，アには元素記号，イには化学式，ウには数字を書け。
　例：$Na \rightarrow Na^{+} + e^{-}$　　(ア) → (イ) ＋ (ウ)e^{-}（：e^{-}は電子1個を表す）
(4) Aが銅板でBが亜鉛板の電池において，電子が－極から導線を通って，＋極にn個流れたとき，＋極の表面では，水素分子は何個できるか。数字とnを使って表せ。ただし，＋極の表面では，うすい塩酸中の水素イオンが，流れてくる電子をすべて受け取り，水素分子になったとする。
(5) a～dの実験結果から，亜鉛，銅，マグネシウムを，うすい塩酸中で電子を失って陽イオンになりやすい順に並べたものはどれか。次のア～カの中から1つ選び，記号で答えよ。
　ア　亜鉛，銅，マグネシウム　　イ　亜鉛，マグネシウム，銅　　ウ　銅，マグネシウム，亜鉛
　エ　銅，亜鉛，マグネシウム　　オ　マグネシウム，亜鉛，銅　　カ　マグネシウム，銅，亜鉛

（開成高 改）

塾技(ワザ) 30 酸・アルカリとイオン① 化学変化とイオン

▶ 酸・アルカリ

1 酸性

(1) 酸

水にとけ**水素イオンを生じる物質**を酸という。

(2) 酸性の水溶液(pH7 より小さい)の性質

性質① 青色リトマス紙 → 赤色に

性質② BTB 溶液 → 黄色に

性質③ 電流が流れる(電解質水溶液)

性質④ マグネシウムをとかし，水素が発生

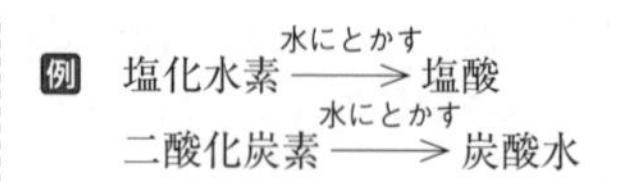

●酸性の水溶液の性質

性質① 性質② 性質③ 性質④

リトマス紙 青 赤 / 緑 BTB溶液 黄 / 流れる 電源装置 / 水素が出る マグネシウム

2 アルカリ性

(1) アルカリ

水にとけ**水酸化物イオンを生じる物質**をアルカリという。

(2) アルカリ性の水溶液(pH7 より大きい)の性質

性質① 赤色リトマス紙 → 青色に

性質② BTB 溶液 → 青色に

性質③ フェノールフタレイン溶液 → 赤色に

性質④ 電流が流れる(電解質水溶液)

性質⑤ マグネシウムはとけない

例 水酸化カルシウム 水にとかす→ 石灰水

アンモニア 水にとかす→ アンモニア水

●アルカリ性の水溶液の性質

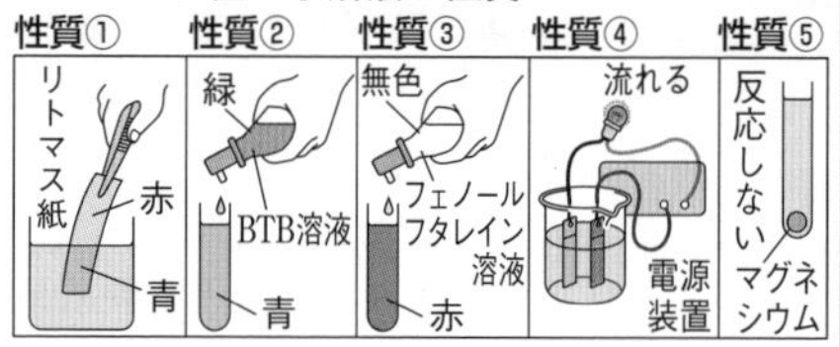

・マグネシウムとは反応しないが，アルミニウムをとかすものはある。

3 酸・アルカリとイオン

(1) 酸とイオン

酸は電離し水素イオン(H^+)を生じる。

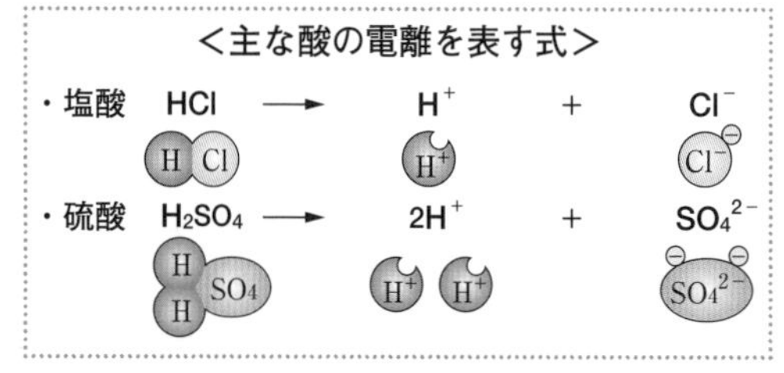

(2) アルカリとイオン

アルカリは電離し水酸化物イオン(OH^-)を生じる。

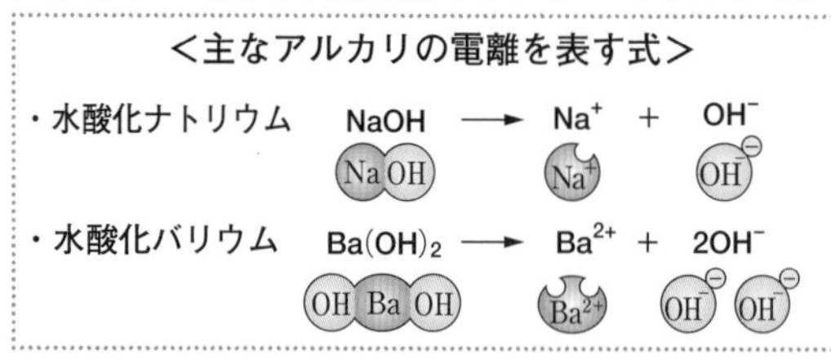

●水素イオンの移動実験

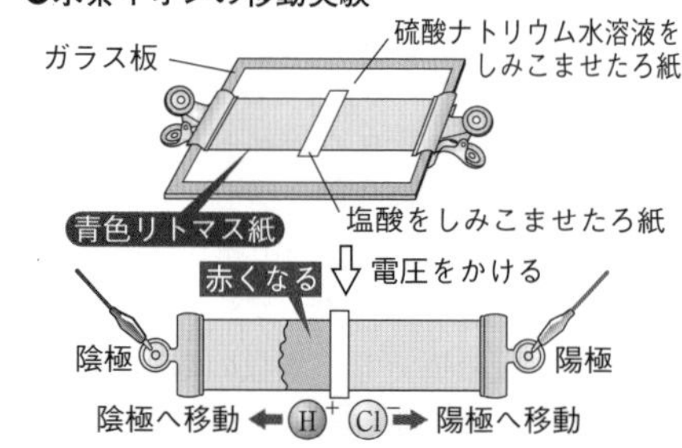

●水酸化物イオンの移動実験

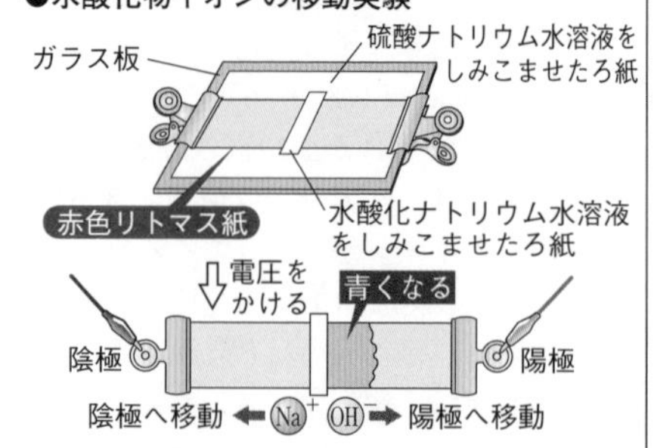

酸と酸性，アルカリとアルカリ性はしっかりと区別を。「**酸**」は**物質**で「**酸性**」は水溶液の**性質**のことだ。

用語チェック 1. 酸 2. アルカリ ➡ p.182

塾技チェック！問題

問題 右の図のように，A～Dの4つの試験管にはそれぞれ異なる水溶液が入っている。次の問いに答えよ。

(1) BTB溶液を加えると青色に変化するものをすべて選び記号で答えよ。
(2) (1)で選んだ水溶液に共通して含まれているイオン名を書け。
(3) マグネシウムを加えると，水素が発生するものをすべて選び記号で答えよ。

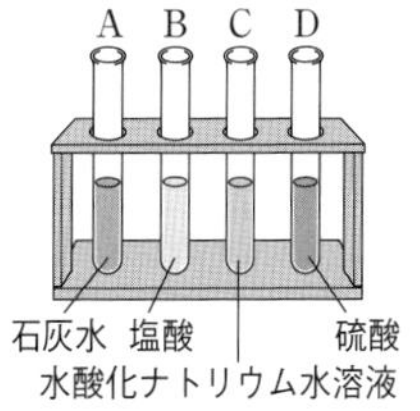

解説と解答

(1) アルカリ性の水溶液を選べばよい。 答 A，C
(2) 答 **水酸化物イオン**
(3) 酸性の水溶液を選べばよい。 答 B，D

チャレンジ！入試問題

解答は，別冊 *p.30*

問題1 次の実験について，あとの問いに答えよ。

実験 スライドガラスに食塩水でしめらせたろ紙を置き，両端を金属のクリップでとめ，青色リトマス紙をのせた。その中央に塩酸をしみこませた糸をのせ，電圧をかけると青色リトマス紙の赤色に変化した部分が陰極側にしだいに広がった。右の図は，装置の一部を拡大したものである。

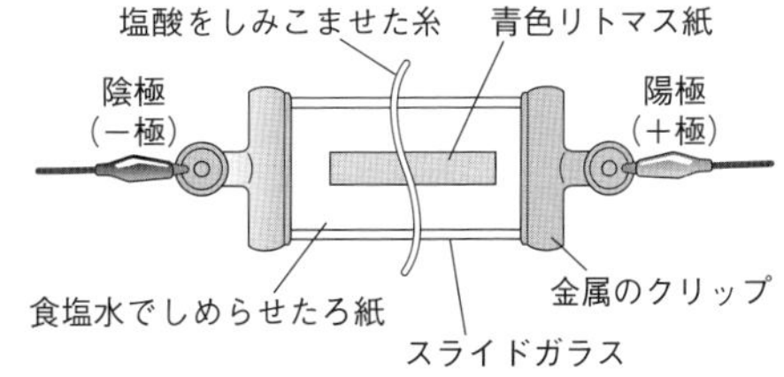

(1) **実験**において，青色リトマス紙を赤色に変化させるのは塩酸中のイオンによるものである。そのイオンの名称は何か。そのように判断した理由を含め，実験結果をもとに答えよ。
(2) 塩酸のかわりに水酸化ナトリウム水溶液をしみこませた糸を，青色リトマス紙のかわりにフェノールフタレイン溶液をしみこませたろ紙を用いて**実験**と同様の実験を行った。そのときのフェノールフタレイン溶液をしみこませたろ紙の色の変化として最も適当なものは，次のどれか。
ア 中央の青色に変化した部分が陽極側に広がる　イ 中央の青色に変化した部分が陰極側に広がる
ウ 中央の赤色に変化した部分が陽極側に広がる　エ 中央の赤色に変化した部分が陰極側に広がる

（長崎改）

問題2 水溶液に電流を流して，水溶液の性質を調べる実験を行った。

実験 ガラス板の上に，食塩水をしみこませたろ紙をのせ，その上に青色のリトマス紙と赤色のリトマス紙を置いた。さらに，うすい塩酸をしみこませた糸を両方のリトマス紙にかかるように中央に置いた。次に，両端を電極用のクリップではさんで電源につなぎ電流を流した。図はこのときの様子を示したものである。しばらくすると，図のリトマス紙のア～エのうち1か所でリトマス紙の色が変化し，その変化した部分が電極側にしだいに広がっていく様子が観察できた。

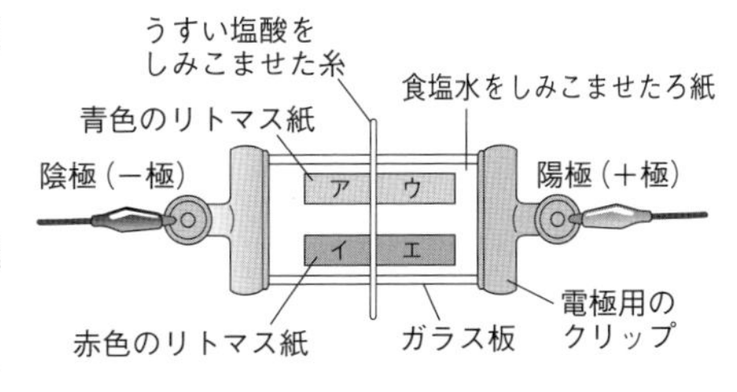

(1) **実験**で，純粋な水ではなく，食塩水をろ紙にしみこませた理由を書け。
(2) **実験**の図のリトマス紙のア～エのうち，電流を流したときに，色の変化した部分が電極側にしだいに広がっていく様子が観察できたのはどこか。図のア～エの中から1つ選び，その記号を書け。また，その選んだ場所において，リトマス紙の色が変化する理由を，関係するイオンの名称を用いて書け。さらに，リトマス紙の色の変化した部分が電極側に広がっていく理由を書け。

（埼玉改）

塾技(ワザ) 31 酸・アルカリとイオン② 化学変化とイオン

▶ 中和

1 中和

(1) **中和でできる物質**

中和が起こると必ず**水**と**塩**(えん)ができる。

中和： 酸 + アルカリ → 水 + 塩

酸の水溶液 / アルカリの水溶液 / 中和後の水溶液

H^+（陰イオン） + OH^-（陽イオン） 中和⇨ H OH → H_2O 陽イオン 陰イオン → 塩

(2) **中和と金属の反応**

中和の進行の様子は，**指示薬の色の変化**や**金属との反応の変化**などで確認できる。

例 試験管にBTB溶液(ようえき)を加えて黄色にした塩酸と，マグネシウムを入れる。そこに水酸化ナトリウム水溶液を少しずつ加えていくと，中和が進むにつれ水素の発生がだんだん弱まり，混合溶液が緑色になる。完全に中和すると塩酸がなくなるため水素の発生が止まる。

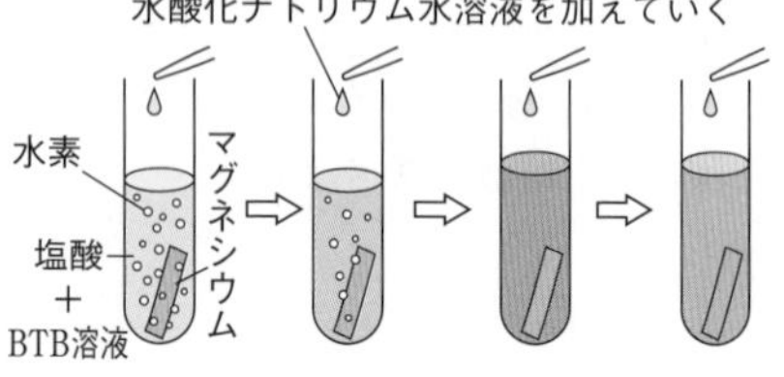

水素がさかんに発生	水素の発生が少なくなる	水素は発生しない	水素は発生しない
色：黄色（酸性）	黄色（酸性）	緑色（中性）	青色（アルカリ性）

(3) **中和とイオン数の変化**

<塩酸に水酸化ナトリウム水溶液を加えていく>

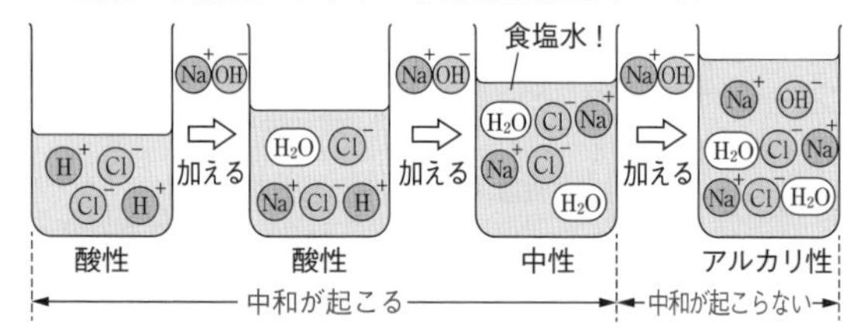

●**イオン数の変化とグラフ**

塩酸に水酸化ナトリウム水溶液を加えていくと，それぞれのイオンの数は次のように変化する。

H^+：しだいに減る
Cl^-：変化しない
Na^+：しだいに増える
OH^-：中和が起こらなくなると増える

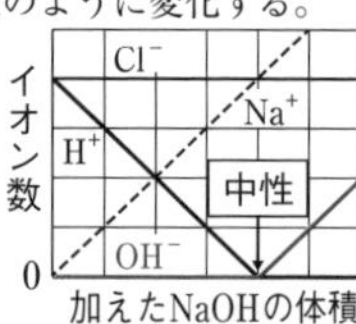

(4) **中和と水溶液の体積・濃度**

水溶液に含まれるイオン数は，水溶液の**体積**および**濃度に比例**するので，一定量の酸の水溶液を中性にするために必要なアルカリの水溶液の体積は，加える**アルカリの水溶液の濃度（一定体積あたりのイオン数）に反比例**する。

例題 塩酸A $10cm^3$ に水酸化ナトリウム水溶液B $8.0cm^3$ を加えると中性になる。Bを水で3倍にうすめたCでA $10cm^3$ を中性にするには，Cは何 cm^3 必要か。

解 Cの濃度はBの $\frac{1}{3}$ 倍なので，必要な体積は3倍の **$24.0cm^3$** となる。

2 代表的な中和反応

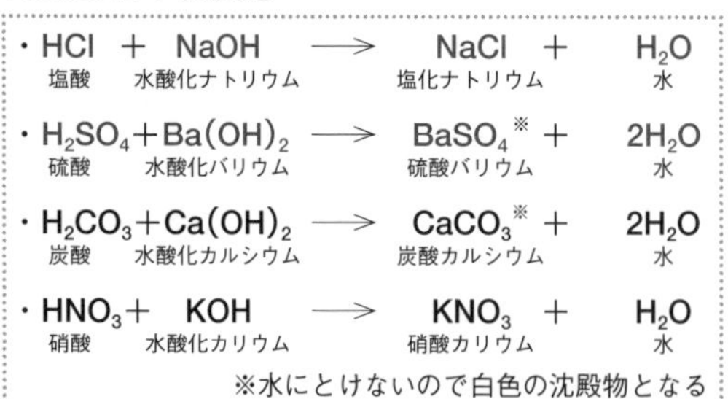

酸	＋	アルカリ	→	塩	＋	水
HCl 塩酸	＋	$NaOH$ 水酸化ナトリウム	→	$NaCl$ 塩化ナトリウム	＋	H_2O 水
H_2SO_4 硫酸	＋	$Ba(OH)_2$ 水酸化バリウム	→	$BaSO_4$※ 硫酸バリウム	＋	$2H_2O$ 水
H_2CO_3 炭酸	＋	$Ca(OH)_2$ 水酸化カルシウム	→	$CaCO_3$※ 炭酸カルシウム	＋	$2H_2O$ 水
HNO_3 硝酸	＋	KOH 水酸化カリウム	→	KNO_3 硝酸カリウム	＋	H_2O 水

※水にとけないので白色の沈殿物となる

●**イオン数の変化とグラフ**

硫酸に水酸化バリウム水溶液を加えていくと，それぞれのイオンの数は次のように変化する。

H^+：しだいに減る
$SO_4{}^{2-}$：Ba^{2+}と結合し沈殿するため減る
Ba^{2+}：中和が起こらなくなると増える
OH^-：中和が起こらなくなると増える

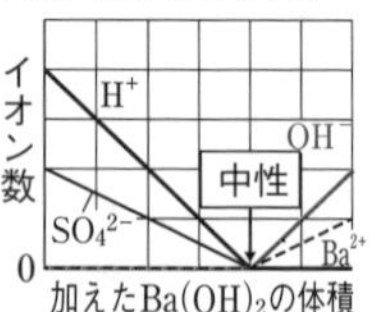

中和では，上記以外にも**中和と電流の関係**や**中和熱**なども出題される。「用語チェック」で確認しよう。

用語チェック 1. 中和 2. 塩 3. 中和と電流 4. 中和熱 ➡ p.183

塾技チェック！問題

問題 濃度の異なるうすい塩酸A液，B液をつくり，A液 $10cm^3$ をビーカーaに，B液 $10cm^3$ をビーカーbに入れた。a，bに6％の水酸化ナトリウム水溶液(C液)を少しずつ加えたところ，ビーカーaでは $12cm^3$，ビーカーbでは $8cm^3$ 加えたとき中性になった。

(1) A液 $20cm^3$ に3％の水酸化ナトリウム水溶液(D液)を加えて中性にするには，D液を何 cm^3 加えればよいか。

(2) ビーカーbにC液を $4cm^3$ 加えたとき，ビーカーの中に含まれている水素イオンの数と同じ数のイオンを化学式で答えよ。

解説と解答

(1) A液 $20cm^3$ を中性にするために必要なC液は，$12 \times 2 = 24$〔cm^3〕だが，D液の濃度はC液の濃度の $\frac{1}{2}$ 倍なので，D液は，C液の2倍の量の $48cm^3$ 必要となる。 **答** $48cm^3$

(2) ビーカーbにC液を $4cm^3$ 加えると中和が起こり，水素イオンの数はC液を加える前の半分になる。「**塾技31** **1**」(3)のグラフのように，H^+ の数が半分になったとき，Na^+ の数と同じになる。 **答** Na^+

チャレンジ！入試問題

解答は，別冊 *p.31*

Q問題 1 塩酸（A液）と水酸化ナトリウム水溶液（B液）を用いて実験を行った。B液10mLにA液10mLを混合した溶液Xと，B液10mLにA液30mLを混合した溶液Yの中にそれぞれマグネシウムを加えた。このとき，化学反応が起こるのはX，Yのどちらか。ただし，A液10mLとB液5mLを加えたとき，ちょうどぴったり中和するものとする。 （清風高改）

Q問題 2 濃度(のうど)未知の塩酸(塩化水素の水溶液)Aと，濃度未知の水酸化ナトリウム水溶液Bを，いろいろな体積で混ぜて反応させたのち，反応後の水溶液にBTB溶液を加えたところ，右の表のような結果になった。これについて，次の問いに答えよ。

実験番号	1	2	3	4	5
Aの体積〔cm^3〕	20	40	60	80	100
Bの体積〔cm^3〕	100	80	60	40	20
BTB溶液の色	青	青	青	緑	黄

(1) 実験番号1～5のうち，反応後の水溶液を加熱して水を蒸発させたとき，水酸化ナトリウムが残らないものはいくつかあるか。その数を答えよ。

(2) 右の図は，実験番号1～5の反応後の水溶液中に含まれる Na^+ のイオンの数を表したグラフである。このグラフを参考にして，実験番号1～5の反応後の水溶液中に含まれる OH^- のイオンの数を表したグラフを描け。ただし，実験番号1～5の反応後の水溶液中に含まれる OH^- のイオンの数は ○ で示し，それらを結んでグラフを描くこと。 （筑波大附高）

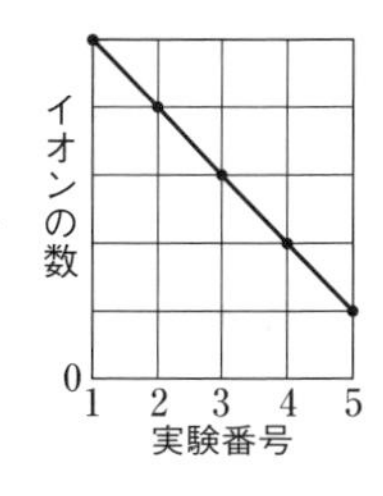

Q問題 3 塩酸と硫酸(りゅうさん)を混ぜ合わせたところ，混合水溶液中にとけている水素イオンと硫酸イオンの個数はそれぞれ $7N$ 個，$2N$ 個であった。この水溶液に水酸化バリウム水溶液を加えると，硫酸イオンの個数は右の図のように減少した。次の問いに答えよ。

(1) 水酸化バリウムと硫酸の反応を化学反応式で記せ。なお，反応式にイオンを表す式を用いてはならない。

(2) 水酸化バリウム水溶液を50mL加えたとき，水溶液中にとけている水素イオンの個数を N を用いて表せ。なお，存在しないときは「0」と記せ。

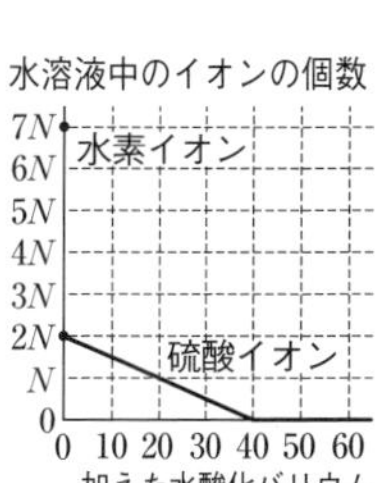

（東海高改）

塾技(ワザ) 32 力のはたらき① 運動とエネルギー

▶ 力のはたらき

1 水圧(すいあつ)

地上の物体が空気の重さによって，気圧を受けるように，**水中の物体**は，**水の重さ**によって物体のすべての面に垂直方向の力（水圧）を受ける。**水圧は水深に比例**し，**水深 x cm の場所における水圧**は 100x Pa（x hPa）となる。

右図のような水柱を考える。
底面積：1m², 体積：10000cm³
水の密度 1.0g / cm³ とすると，
水の質量：10000g，水の重さ：100N
水深 1cm の水圧：100N/m²=100Pa=1hPa
よって，水深 $x$cm の場所の水圧は，

$100x$ N/m² = $100x$ Pa = x hPa

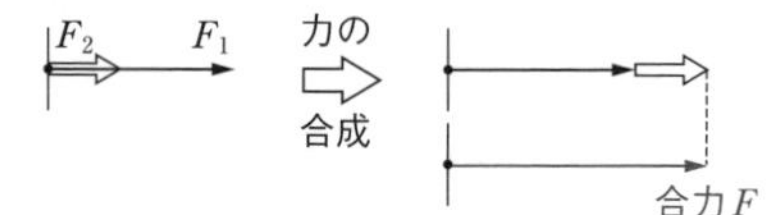

2 力の合成

① 一直線上にある**同じ向きの 2 力**の合成

合力の大きさ：2 力の大きさの和
合力の向き　：2 力と同じ向き

② 一直線上にある**反対向きの 2 力**の合成

合力の大きさ：2 力の大きさの差
合力の向き　：大きい方の力と同じ向き

③ **一直線上にない 2 力**の合成

合力の大きさ：平行四辺形の対角線の長さ
合力の向き　：平行四辺形の対角線の向き

●同じ向きの2力

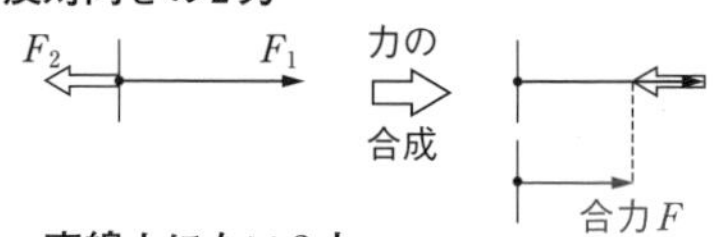

●反対向きの2力

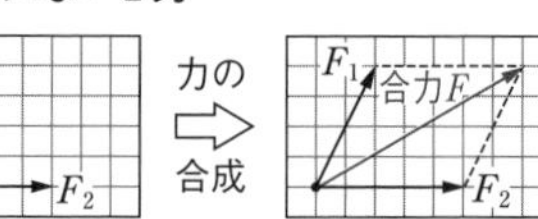

●一直線上にない2力

3 3力のつり合い

2 力の合力が残りの力とつり合うとき，3 力はつり合う。下の図のように 2 人で同じ重さの荷物を持つ場合，**開き方が大きい**と 2 人に**かかる力は大きくなる。**

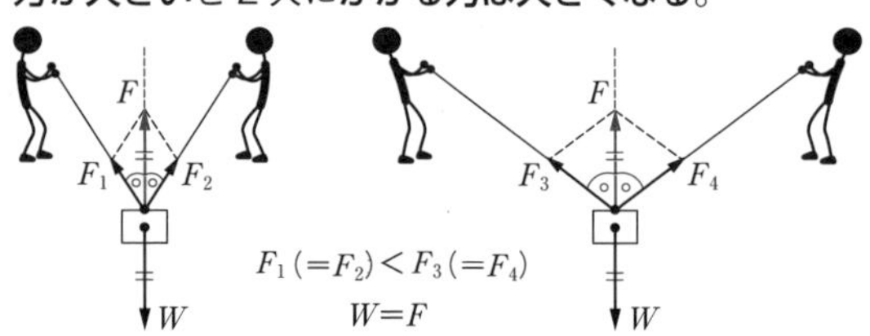

●3力のつり合いと角度

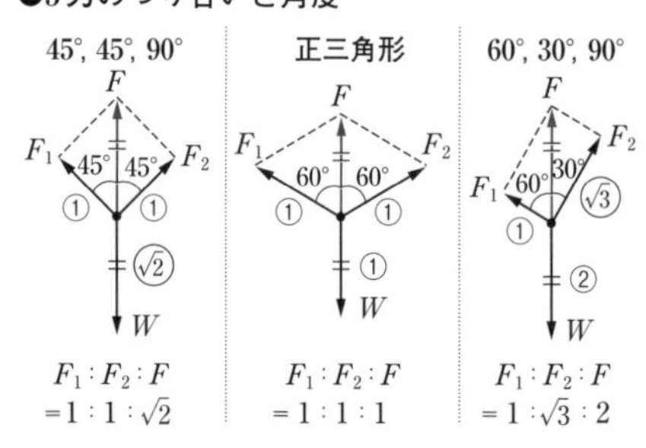

4 力の分解

1 つの力をそれと同じはたらきをする 2 力に分けることを力の分解といい，**分けられた 2 力**をもとの力の分力という。力の分解では，**もとの 1 つの力を対角線とする平行四辺形**をつくると，**対角線をはさむ 2 辺が分力**となる。

●分力の求め方

対角線から平行四辺形をつくるとき，右の図のように**同じ対角線をもつ平行四辺形は無数**にあるため，2 つの分力の方向が決まっていなければいけない。

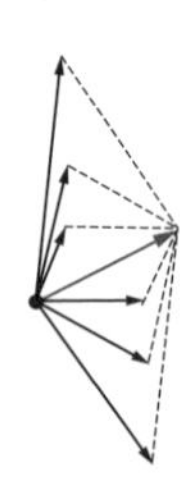

物体に複数の力がはたらいていても，**力の合力が 0 の状態**では**物体は静止**，または等速直線運動（*p.76*）をする。これが**つり合っている状態**だ。

用語チェック 1. 力の合成　2. 合力　➡ *p.183*

塾技チェック！問題

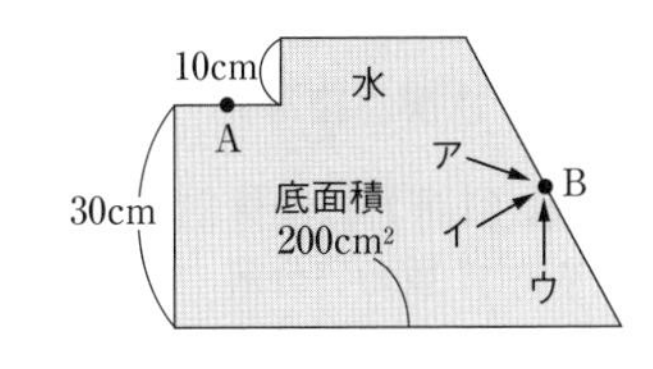

問題 右の図のような容器に水が入れてある。
次の問いに答えよ。ただし，水の密度は $1.0g/cm^3$ とする。

(1) A 点における水圧は何 Pa か。
(2) B 点における水圧の向きを図のア～ウから選べ。
(3) 底面が水から受ける力は何 N か。

解説と解答

(1) A 点は水面から水深 10cm の場所なので，「**塾技 32 1**」より，水圧は 1000Pa　**答** 1000Pa
(2) 水圧は面に対して垂直にはたらく。　**答** イ
(3) 底面の水圧は $4000N/m^2$ で，底面積は，$200cm^2 = 0.02m^2$ より，$4000 \times 0.02 = 80$〔N〕　**答** 80N

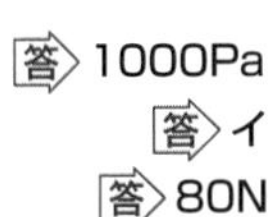

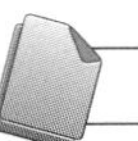

チャレンジ！入試問題

解答は，別冊 *p.32*

Q 問題 1 力のつり合いや，力の合成と分解について調べるために，図１のような装置を組み，次の実験を行った。あとの問いに答えよ。ただし，ばねばかりは水平に置いたときに針が０を指すように調整してある。また，糸は質量が無視でき，のび縮みしないものとする。図１～３は，上から見たものである。

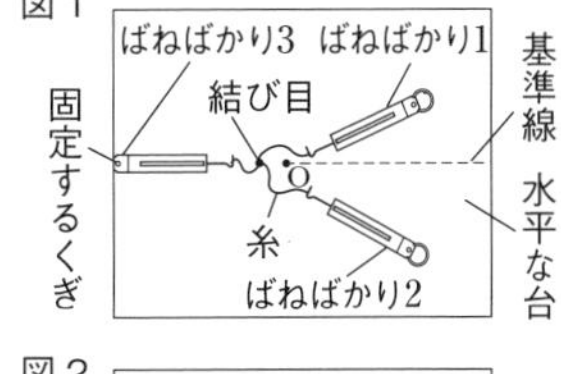

実験　図２のように，ばねばかり 1，2 につけた糸を異なる方向に引いて結び目を点 O に合わせたときの，ばねばかり 1 ～ 3 の示す値を調べた。*A*，*B* は，それぞれの糸と基準線との間の角を表す。

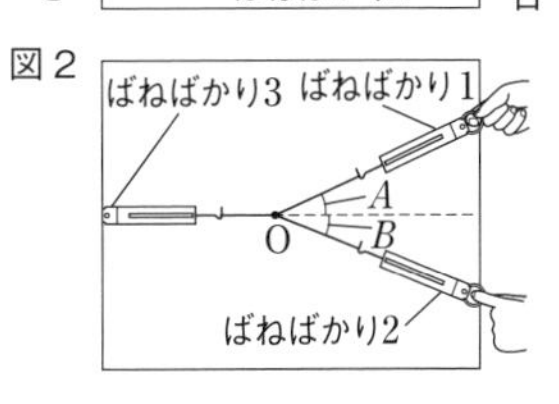

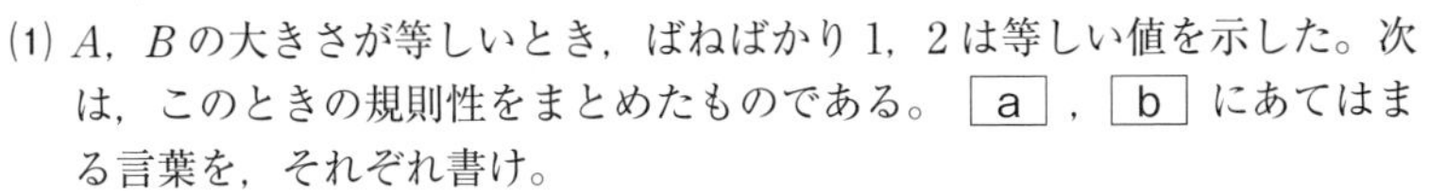

(1) *A*，*B* の大きさが等しいとき，ばねばかり 1，2 は等しい値を示した。次は，このときの規則性をまとめたものである。［a］，［b］にあてはまる言葉を，それぞれ書け。
A，*B* の角度の大きさをそれぞれ同じだけ大きくしていくとき，*A* の角度が大きくなると，ばねばかり 1 の示す値は［a］。ばねばかり 3 の示す値は［b］。

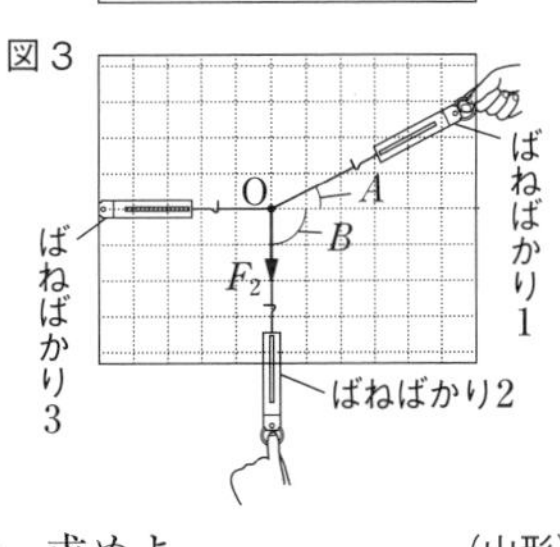

(2) 図３は，**実験**における *A*，*B* の組み合わせの１つを表している。図３には，このときの，ばねばかり 2 につけた糸が結び目を引く力 F_2 を方眼上に示してある。次の問いに答えよ。
① ばねばかり 1 につけた糸が結び目を引く力 F_1 を，図３にかき入れよ。
② ばねばかり 2 の示す値が 1.0N のとき，ばねばかり 3 の示す値は何 N か，求めよ。　（山形）

Q 問題 2 次の操作について，あとの問いに答えよ。ただし，糸の重さは考えないものとする。また，図は長さや角度が必ずしも正確に描かれていないことに注意し，正三角形の頂点から対辺におろした垂線は，対辺の垂直二等分線であることを利用せよ。

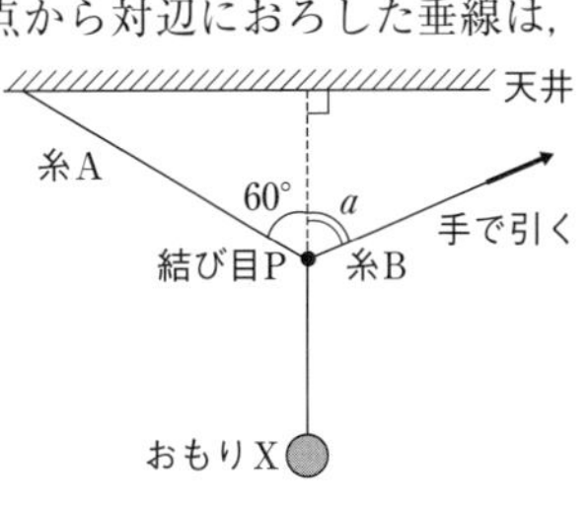

操作　２本の糸 A，糸 B の結び目を P とする。糸 A の端は天井に固定し，結び目 P にはおもり X（重さ 1.2N）をつり下げた。次に，糸 B の端を手で引き，糸 A と鉛直線のなす角が 60° となるように調整をした（右の図）。
操作において，糸 B と鉛直線のなす角 *a* の値が次の①～③の場合，糸 A が結び目 P を引く力の大きさはそれぞれ何 N になるか求めよ。

① 30°　② 60°　③ 90°　（筑波大附駒場高改）

塾技 33 力のはたらき② 運動とエネルギー

▶ さまざまな力

1 斜面上の物体にはたらく力

(1) **重力の分解**

なめらかな斜面上に物体を置くと，**物体にはたらく重力を分解**したときに生じる**斜面に平行な分力**※により物体は**斜面に沿ってすべる**。

※重力と斜面による垂直抗力の合力と考えてもよい

斜面の角度小さい：斜面に平行な分力は小さい
斜面の角度大きい：斜面に平行な分力は大きい

●斜面の角度と斜面に平行な分力の変化

斜面に平行な分力　斜面に垂直な分力※　重力　斜面の角度を大きくする　斜面に平行な分力　重力　斜面に垂直な分力

※斜面に垂直な分力は，物体が斜面から受ける垂直抗力とつり合っている。

(2) **分力の大きさ**

斜面上の物体にはたらく分力は，**相似を利用**して次の式で求めることができる。

$$\text{斜面に平行な分力} = \text{重力} \times \frac{\text{高さ}}{\text{斜辺}}$$

$$\text{斜面に垂直な分力} = \text{重力} \times \frac{\text{底辺}}{\text{斜辺}}$$

斜面の三角形とかげをつけた三角形は相似になる。
F_1：重力 ＝ 高さ：斜辺
が成り立つので，

$$F_1 = \text{重力} \times \frac{\text{高さ}}{\text{斜辺}}$$

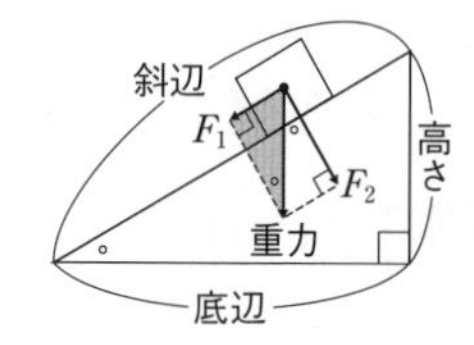

2 水平面上での力のつり合い

① 水平面上に置かれた物体が静止
⇨**重力と垂直抗力がつり合う**

② 力を受けて物体が水平面上で静止
⇨**引く力と(静止)摩擦(まさつ)力がつり合う**

③ 力を受けて物体が水平面上で等速で動く
⇨**引く力と(動)摩擦力がつり合う**

① 垂直抗力　重力　〈物体は静止〉
② 垂直抗力　引く力　(静止)摩擦力　重力　〈物体は静止〉
③ 垂直抗力　引く力　(動)摩擦力　重力　〈等速で動く〉

3 作用・反作用

力はいつでも**同じ大きさで反対向きの2力が1組となってはたらく**。この2力のうちの一方を作用，他方を反作用という。

<作用・反作用の法則>

① 作用と反作用は**力の大きさが等しい**
② 作用と反作用は**力の向きが反対**
③ 作用と反作用は**一直線上**ではたらく
（作用点が同じである場合が多い）

例 作用：人が壁(かべ)を押す力
反作用：壁が人を押し返す力

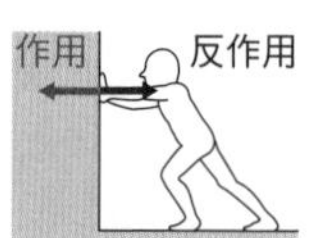

例題 天井から球を糸でつり下げると右の図のような力がはたらく。
(1) 作用・反作用の関係にある2力をすべてあげよ。
(2) 重力eとつり合う力はどれか。

解 (1) aとb，cとd　(2) c

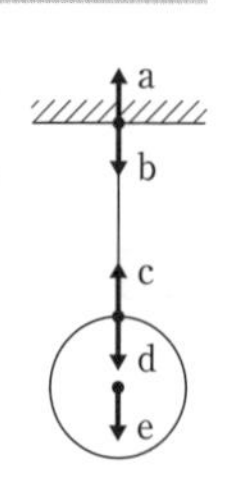

2力のつり合いは**1つの物体にはたらく力**。これに対して**作用・反作用の2力**は，はたらく**相手が異なる**ため決して**つり合わない**。**力のつり合いと作用・反作用の違い**をここでしっかりと理解しよう。

用語チェック 1. 垂直抗力　2. 摩擦力 ➡ p.184

塾技チェック！問題

問題 右の図のように，A君と先生が，水平でなめらかな床の上にあるそれぞれの台車に乗っている。2人が乗った台車を静止させてから，A君が先生の乗った台車を後ろから前方に押した。押した後の2人の動きについて，正しいものを次のア～エの中から1つ選び，その記号を書け。

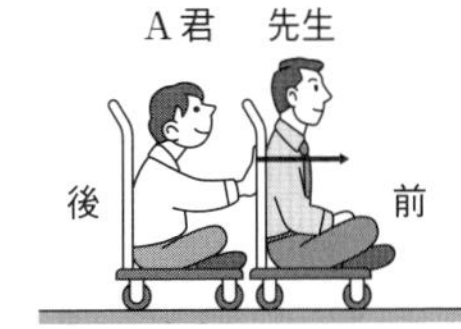

ア　A君は後方へ動き，先生は前方へ動く
イ　先生は前方へ動き，A君は動かない
ウ　A君は後方へ動き，先生は動かない
エ　A君も先生も動かない

解説と解答
作用・反作用の法則より，A君が先生の台車を押すと，同時にA君は先生の台車に押し返される。その結果，先生はA君に押されたことで前方へ動き，押し返されたA君は後方へ動く。　**答** ア

チャレンジ！入試問題

解答は，別冊 *p.33*

Q 問題 1 次の実験に関して，あとの(1)，(2)の問いに答えよ。ただし，質量100gの物体にはたらく重力を1Nとし，斜面と物体の間には，摩擦力(まさつりょく)ははたらかないものとする。

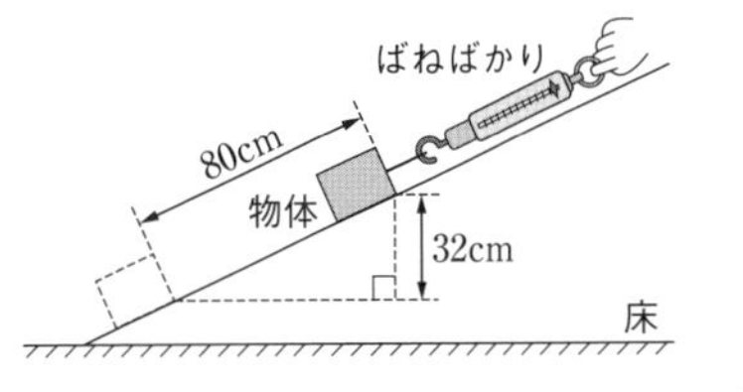

実験　右の図のように，斜面の上で質量200gの物体にばねばかりをつなぎ，斜面に沿ってゆっくりと80cm引き上げた。このとき，物体はもとの位置より32cm高い位置にあった。

(1) 物体をゆっくりと引き上げているとき，物体にはたらく重力の向きを表した矢印として，最も適当なものを，右のア～エから1つ選び，その符号を書け。

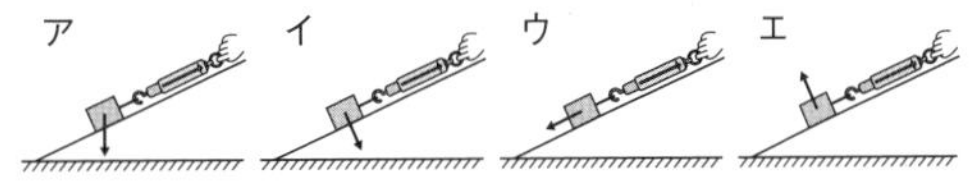

(2) 物体をゆっくりと引き上げているとき，ばねばかりが示す値は何Nか，求めよ。

(新潟改)

Q 問題 2 摩擦のある金属板と小さな木片を用いて次のような実験を行った。これについてあとの問いに答えよ。

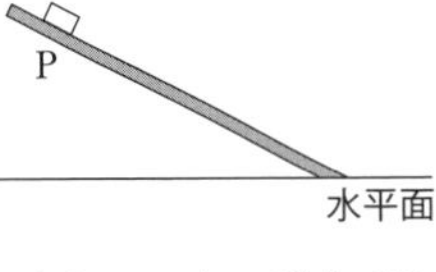

実験　金属板上の点Pに木片をのせて金属板をゆっくりと傾けていったところ，やがて木片はすべりはじめて最下点まで降りた。

図は，木片が金属板上の点Pに静止しているときを示している。静止している木片には3つの力，重力 W，垂直抗力 N，摩擦力 F がはたらいている。次の①～③にあてはまる力は，W，N，F のどれか。記号で答えよ。

① 傾けていくと，しだいに大きくなる力
② 傾けていっても，大きさは変わらない力
③ 傾けていくと，しだいに小さくなる力

(函館ラ・サール高改)

Q 問題 3 以下の問いに答えよ。

図のように，斜面AB上の物体Pと，斜面AC上の物体Qは，Aに取り付けた滑車を介して，質量の無視できるロープでつながれて静止している。斜面ABと斜面ACは直交していて，AB = 2.0m，AC = 1.5m，BC = 2.5mである。斜面に摩擦はなく，滑車はなめらかに動くものとする。

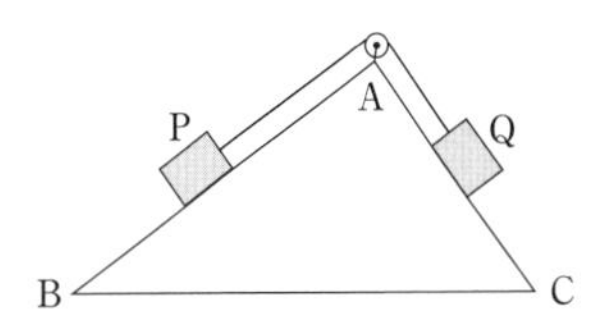

(1) Pの質量が4kgのとき，Qの質量は何kgか。
(2) ロープが，Pを引く力は何Nか。ただし，1Nは100gの物体にはたらく重力の大きさとする。

(愛光高改)

塾技34 浮力 運動とエネルギー

▶ 浮力

1 浮力が生じる理由

物体の重さを**水中ではかる**と，物体は**水から**鉛直上向きの力を受け，**空気中ではかるよりも軽くなる**。この力を浮力という。浮力は，物体の**上面と下面の圧力（水圧）の差**によって生じる。

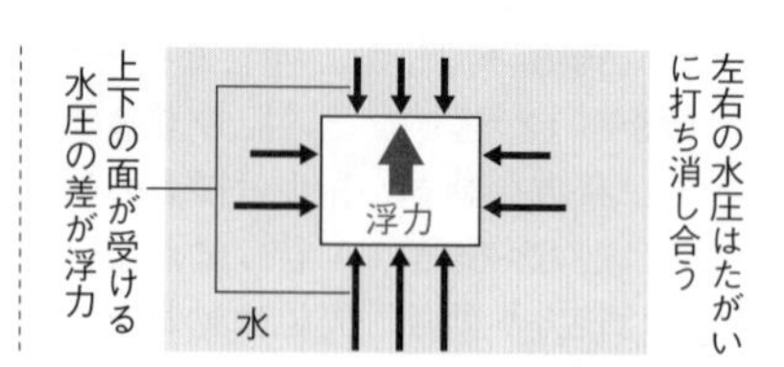

2 浮力の大きさ

(1) **アルキメデスの原理**

流体（液体や気体）の中にある物体は，流体から**浮力**を受け，その大きさは**物体が押しのけた流体の重さに等しい**。これを，アルキメデスの原理という。

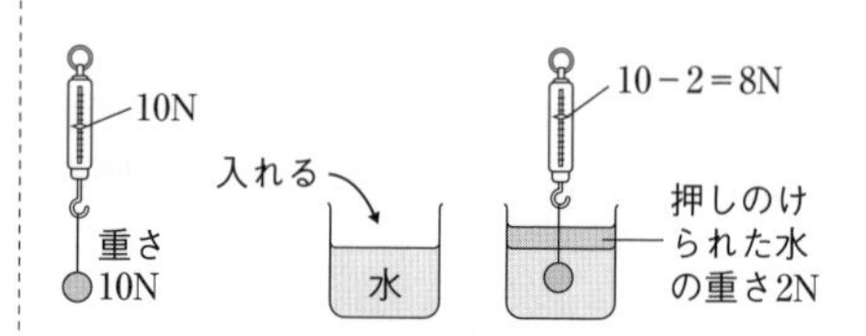

(2) **液体に浮いている物体にはたらく浮力**

物体にはたらく**重力と浮力がつり合う**ので，

浮力＝物体の重さ＝液面下の物体の体積と同じ体積分の液体の重さ

が成り立つ。

●液体に浮いている物体

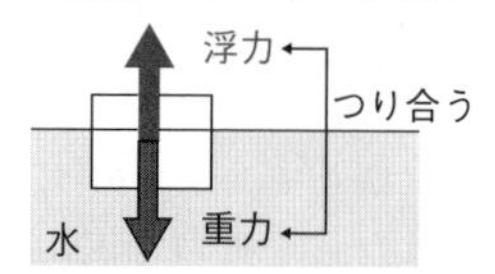

浮力 押しのけられた液体の体積が同じでも，**液体の種類（密度）が異なると浮力も異なる**。例えば，密度 $1.0g/cm^3$ の水と，密度 $1.2g/cm^3$ の食塩水に同じ物体がすべて沈んでいる場合，物体にはたらく浮力は水中より食塩水中の方が1.2倍に大きくなる。また，濃度が高い食塩水ほど密度が大きくなるので，物体にはたらく浮力も大きくなる。**浮力は流体中の物体の体積および流体の密度によって決まり，重さが異なる物体でも流体中の体積が同じなら，浮力は変わらない。**

例題 800gの物体が水に浮かんでいる。水の密度が $1.0g/cm^3$ のとき，物体にはたらく浮力および水面下にある物体の体積を求めよ。

解 物体の重さは8Nなので，物体にはたらく浮力は**8N**となる。重さ8Nの水を押しのけた水面下の物体の体積は，水の質量800gにあたる水の体積 **$800cm^3$** と等しくなる。

3 ばねばかりと台ばかりにかかる力

台ばかりに水の入った容器をのせ，ばねにつるした物体を容器に入れていくとき，**ばねばかりの値および台ばかりの値**は次のようになる。

① **ばねばかりの値**：物体の重さ－浮力

② **台ばかりの値**

容器と水の重さ＋物体の重さ－ばねばかりの値
＝容器と水の重さ＋浮力 ◀ 底についていないとき

●ばねばかりにかかる力と浮力の関係

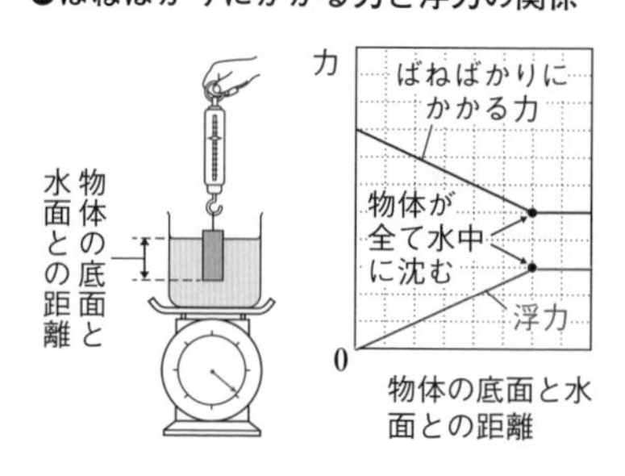

塾技解説

浮力は**水の中だけではたらく力と思いがち**だけど，**空気中でもはたらく**！例えば，ヘリウムガスをつめた風船は浮く。これは，風船をふくらませることで**押しのけられた空気の重さが生んだ浮力**のためだ。

用語チェック 1. 鉛直上向き ➡ p.184

塾技チェック！問題

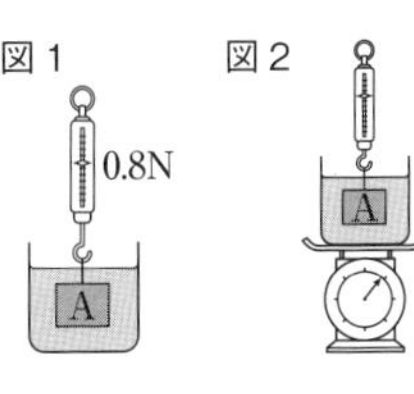

(問題) 重さ 1.0N の物体 A をばねばかりにつるし，図 1 のように水を入れた水槽に入れたところ，はかりの示す値は 0.8N であった。次に水を入れた水槽を台ばかりの上にのせ，図 2 のように糸でつるした物体 A を底につかないように水の中に入れた。

(1) 図 1 で，物体 A にはたらく重力と浮力(ふりょく)はそれぞれ何 N か。

(2) 図 2 で，物体 A を水中につるす前と後では，台ばかりの示す値は何 N 増加または減少するか。

(解説と解答)

(1) 水中でも重力の大きさは変わらない。浮力 = 1.0 − 0.8 = 0.2〔N〕　**答 重力：1.0N，浮力：0.2N**

(2)「**塾技 34 3**」②より，浮力の分だけ台ばかりの示す値は増加する。　**答 0.2N 増加する**

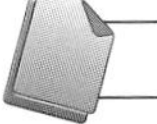

チャレンジ！入試問題

解答は，別冊 *p.34*

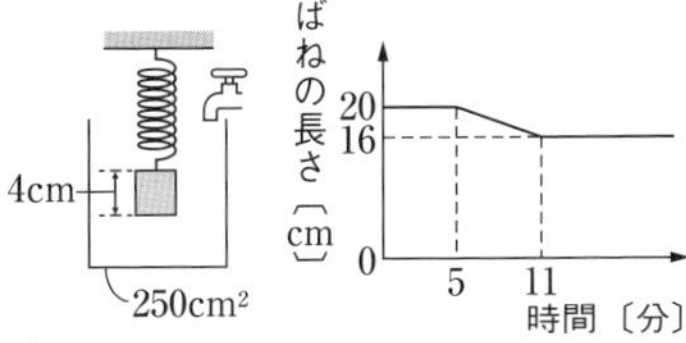

Q問題 1 右の図のように，高さ 4cm の直方体のおもりを，底面積が $250cm^2$ の容器の中に，自然長が 10cm で，0.5N の力で 1cm のびるばねでつるす。容器に毎分 $300cm^3$ で水を入れていくとき，水を入れ始めてからの時間とばねの長さの関係はグラフのようになった。

(1) 物体の重さは何 N か。

(2) 水を入れる前の，容器の底面から直方体の下の面までの距離は何 cm か。

(3) おもりが完全に水につかっているときの，おもりにはたらく浮力は何 N か。

(4) おもりの底面積は何 cm^2 か。

（愛光高）

Q問題 2 次の文を読み，以下の各問いに答えよ。ただし，水の密度を $1g/cm^3$ とし 100g の物体にはたらく重力の大きさを 1N とする。

〔Ⅰ〕水中にある物体には浮力がはたらく。いま，図 1 のように水中にある直方体（底面積 $20cm^2$，高さ 10cm）にはたらく浮力を考える。浮力は，深さによって水が物体を押す（ ア ）に違いがあることによって生じる。直方体の側面にはたらく（ ア ）は，同じ深さのとき，向かい合う側面に同じ大きさで反対向きにはたらくためたがいに打ち消し合う。しかし，底面にはたらく（ ア ）は，上面にはたらく（ ア ）より大きいので，この差が上向きの浮力の原因となる。

(1) 文中の空欄（ ア ）にあてはまる語句を漢字 2 文字で答えよ。

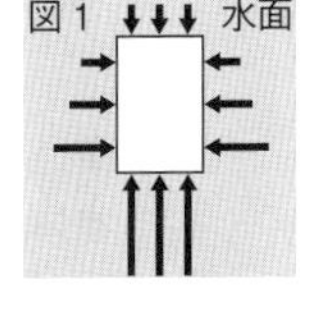

(2) 直方体の上面が水面から 5cm の深さにあり，直方体がまっすぐに立って水中に静止しているとき，直方体にはたらく浮力の大きさは何 N か。

〔Ⅱ〕台ばかりの上に水の入ったビーカーをのせ，その水の中に質量 50g の物体を入れたところ，図 2 のように浮(う)かんで静止した。次に，0.1N の力を加えると長さが 1cm 変わるばねを物体にとりつけ，図 3 のようにばねの上端を鉛直に押し下げて，物体が完全に水中に入るようにして静止させた。このとき，ばねは自然の長さから 2cm 縮んだ状態であった。ばねの体積は無視できるものとし，ビーカーと水を合わせた質量は 550g である。

(3) 図 2 のとき，物体にはたらく浮力の大きさは何 N か。

(4) 図 2 のとき，台ばかりの目盛りは何 N を示すか。

(5) 図 3 のとき，物体にはたらく浮力の大きさは何 N か。

(6) 図 3 のとき，台ばかりの目盛りは何 N を示すか。

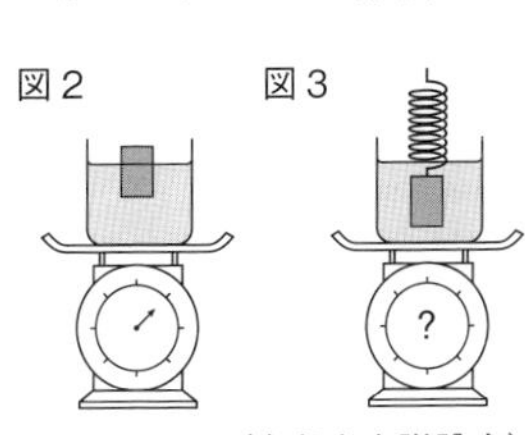

（久留米大附設高）

塾技35 運動と力① 運動とエネルギー

▶ 運動

1 運動の種類

運動
- 速さが変化しない運動
  - 静止
  - 等速で運動
- 速さが変化する運動 例 等加速度運動

・静止：**運動の一形態**と考える。
・等速で運動の例
等速直線運動：動く方向と速さが変化しない運動

2 速さの種類

(1) 平均の速さ
ある区間を一定の速さで移動したものとして距離を時間で割って求める速さを**平均の速さ**という。

(2) 瞬間の速さ
非常に短い時間に進んだ距離から求める速さを**瞬間の速さ**という。

例 A市から100km離れたB市まで車で2時間かかったとき，車の平均の速さは，50km/hとなる。

例 車で運転中，スピードメーターを見たところ時速60kmだったとき，その瞬間の速さは60km/hである。

3 運動の記録

運動の様子は**ストロボ写真**や**記録タイマー**を利用して記録する。

<記録タイマーの打点と速さの関係>

打点間隔が**せまくなる** ⇨ 速さが**遅くなる**
打点間隔が**広くなる** ⇨ 速さが**速くなる**
打点間隔が**一定になる** ⇨ 速さは**変わらない**

●記録タイマーの打点間隔
東日本（周波数50Hz）では振動板が
1秒で50回振動 ⇨ $\frac{1}{50}$秒ごとに打点
西日本（周波数60Hz）では振動板が
1秒で60回振動 ⇨ $\frac{1}{60}$秒ごとに打点

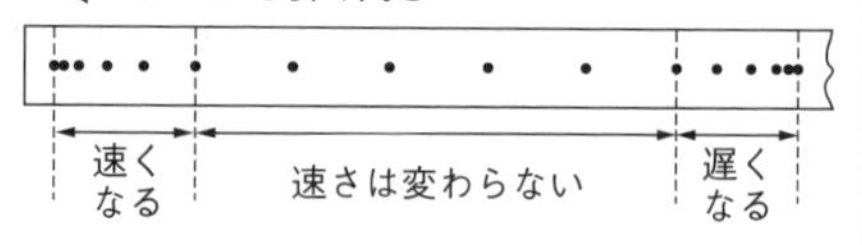

4 等速直線運動

(1) 等速直線運動
動いている物体にはたらいている力がつり合って**合力0の状態**になると，物体はその状態を保ち**等速直線運動をし続ける。**

摩擦のない水平面：垂直抗力と重力がつり合う
摩擦のある水平面：垂直抗力と重力および摩擦力と引く力がつり合う

(2) 慣性の法則
物体に力がはたらいていないか，合力が0のとき，

静止している物体：静止状態を続ける
運動している物体：等速直線運動をする

という法則を慣性の法則という。

●摩擦のない水平面上での運動
摩擦のない水平面上で球を初めに軽く押すと，押した球はそのまま等速で動く。

●摩擦のある水平面上での運動
引く力と（動）摩擦力がつり合うとき，物体は等速直線運動を続ける。

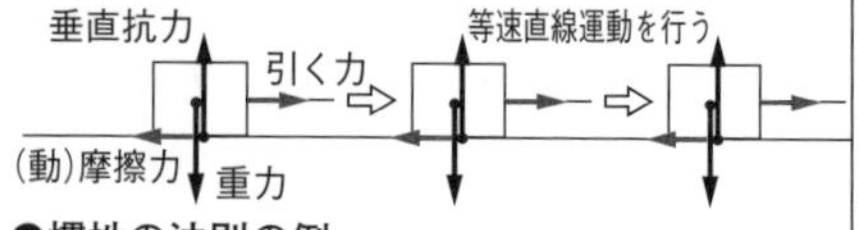

●慣性の法則の例
一定の速さで走行中の電車でボールを落とすと，慣性の法則によって横向きにはボールも電車と同じ速さで進み，電車内ではボールは真下に落ちるように見える。

慣性の法則は，**ニュートンがまとめた3つの運動の法則のうちの1つ。**「**慣性**」という言葉は，用語チェックで確認しよう。

用語チェック 1. 慣性 ➡ p.184

塾技チェック！問題

問題 右の図のような装置で，なめらかな斜面を下る台車の運動を記録した。記録タイマーは$\frac{1}{50}$秒ごとに打点する。下図は記録テープの一部である。打点のはっきり見えるところに5打点ごとに，A，B，C，…の記号をつけ，5打点ごとの長さをはかった。

記録タイマー
テープ

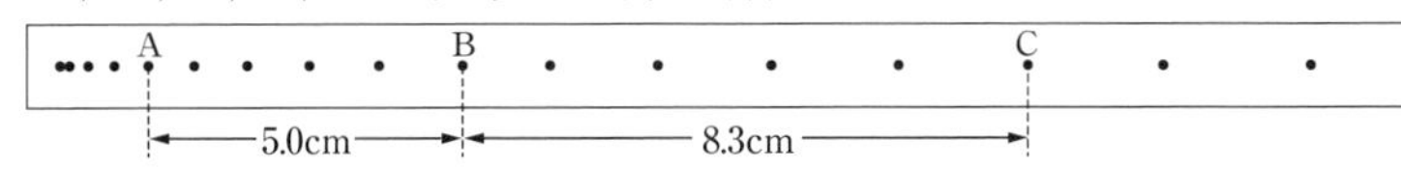

(1) AB間の平均の速さを求めよ。

(2) 点Bを打った瞬間の速さを求めよ。

解説と解答

(1) この記録タイマーは$\frac{1}{50}$秒ごとに打点するので，5打点には，$\frac{1}{50} \times 5 = 0.1$〔s〕かかる。よって，AB間の平均の速さは，$\frac{5.0}{0.1} = 50.0$〔cm/s〕と求められる。

答 50.0cm/s

(2) (1)と同様に，BC間の平均の速さは，$\frac{8.3}{0.1} = 83.0$〔cm/s〕となる。点Bを打った瞬間の速さは，AB間の平均の速さとBC間の平均の速さの平均となるので，$(50.0 + 83.0) \div 2 = 66.5$〔cm/s〕

答 66.5cm/s

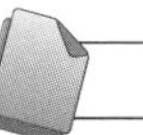

チャレンジ！入試問題

解答は，別冊 *p.35*

Q 問題 1秒間に60打点する記録タイマーを用いて，台車の運動を調べる実験を行った。あとの問いに答えよ。

図1 記録タイマー 台車 糸 机 床 おもり

実験

① 図1のように，水平な机の上でおもりのついた糸を台車に結びつけ，静かに台車から手をはなした。台車が動き始めてからしばらくすると，おもりは床について静止したが，台車はその後も運動を続けた。このときの記録テープを，台車が動き始めた点から6打点ごとに切り，方眼紙に左から順にはり付けた。図2は，その結果である。ただし，はり付けた記録テープの打点は省略してある。

図2 テープの長さ〔cm〕 時間

② おもりの質量と落下距離をかえて①と同じ実験を行った。図3は，その結果である。

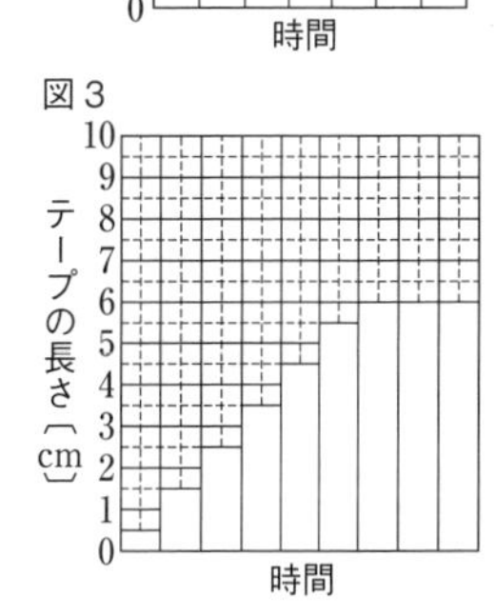

(1) 記録テープの6打点間隔の時間は何秒か。

(2) 実験①で，おもりが動き始めてから床につくまでの落下距離は何cmか。

(3) 実験①で，おもりが床について静止した後，台車はどのような運動をしたか。その名前を書け。また，この運動をしているとき，台車にはたらく力を表しているものはどれか。最も適当なものを次のア～オから選んで，その記号を書け。

ア　重力だけがはたらいている
イ　運動している方向への力だけがはたらいている
ウ　運動している方向への力と重力がはたらいてつり合っている
エ　重力と垂直抗力がはたらいてつり合っている
オ　運動している方向への力と垂直抗力がはたらいてつり合っている

(4) 実験②で，台車が動きはじめて0.2秒後から0.6秒後までの平均の速さは何cm/sか。

(5) 実験①と②のおもりの質量はどちらが大きいか。理由とともに簡潔に書け。

（福井）

塾技36 運動と力② 運動とエネルギー

▶ 斜面上の物体の運動

1 斜面を下る物体の運動

(1) 運動の種類

なめらかな斜面を物体がすべり落ちるとき，物体には**斜面に平行な力**（物体にはたらく重力の**斜面に平行な分力**）**がはたらき続ける**ため，物体は斜面上で**等加速度運動**をする。

(2) 斜面の傾きが大きくなるときの変化

① **物体にはたらく重力の大きさは変わらない**
② **斜面に平行な力が大きくなる**
（塾技 33 1(1)参照）
③ **速さの増え方が大きくなる**
④ **すべり出す高さが同じなら斜面下端の速さは等しい**

●なめらかな斜面を物体がすべり落ちる

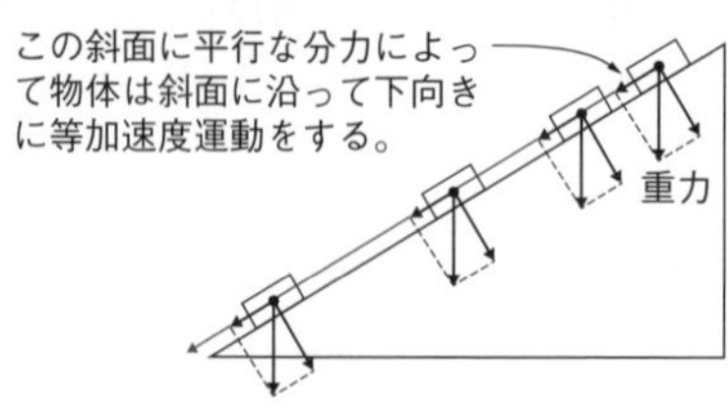

●斜面を下る台車の運動の記録

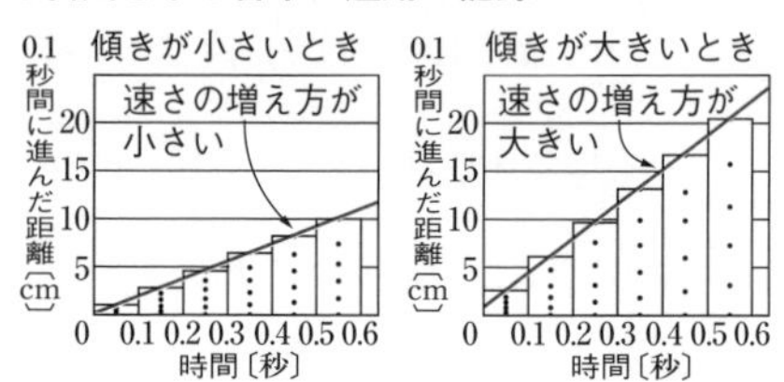

物体の質量が2倍になると，重力と斜面に平行な分力は2倍になる。ところがニュートンの運動の法則の第2法則より，加速度 $a = \frac{F}{m}$ となり，分力 F と質量 m がともに2倍となっているため加速度は変化せず，速さの増え方も変わらない。

(3) 物体の質量と速さの増え方

なめらかな斜面を物体がすべり落ちるとき，物体の速さは時間とともに速くなるが，同じ斜面上では，**物体の質量が変わっても速さの増え方は変わらない。速さの増え方**は**斜面の傾き**で決まる。

2 斜面を上る物体の運動

なめらかな斜面を物体が上る運動では，**物体の進行方向と物体にはたらく斜面に平行な力が反対向き**のため物体は**減速**していく（図1）。斜面の傾きが大きくなると，進行方向と反対向きの力が大きくなり，速さの減り方も大きくなる。（図2）

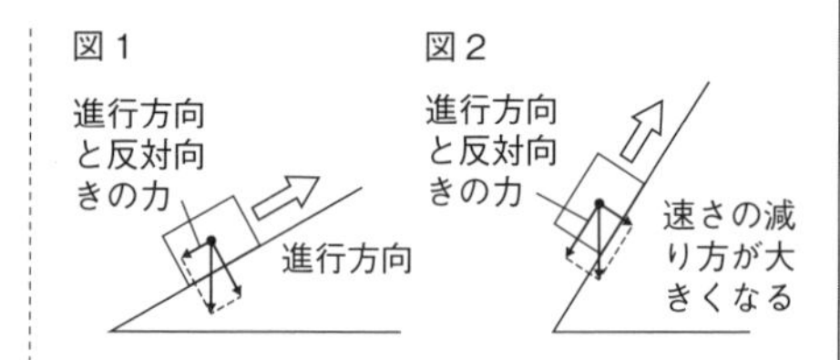

▶ 物体の運動とグラフ化

3 等速直線運動

① **速さ**は**時間にかかわらず一定になる。**
② **移動距離**は**時間に比例する。**

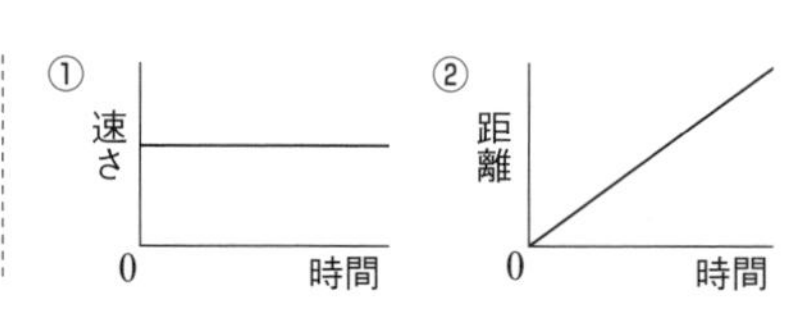

4 等加速度運動

① **速さは時間に比例して速くなる。**
② **時間と速さのグラフの三角形の面積 = 移動距離**
移動距離$=\frac{1}{2}\times$時間$\times$速さ
③ **移動距離は，時間の2乗に比例する。**

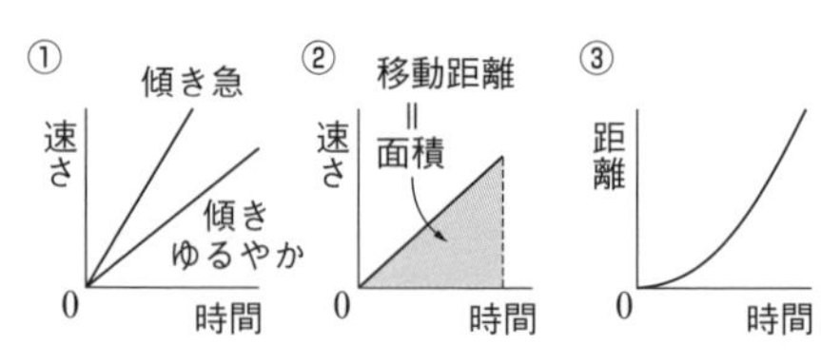

なめらかな斜面を物体が下る運動では，**斜面の角度と速さの関係**をしっかり押さえよう。

用語チェック　1. 等加速度運動
➡ p.185

塾技チェック！問題

問題 図１のようになめらかな斜面上に台車を置き，静かに手をはなして台車の運動を観察した（実験Ⅰ）。

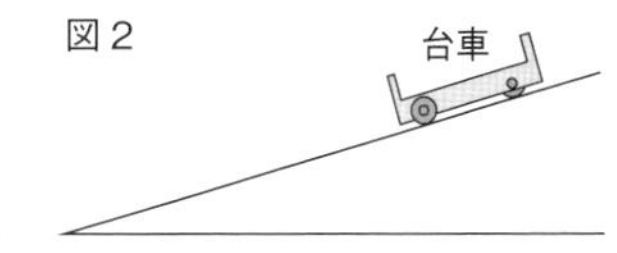

次に，図２のように斜面の傾きを大きくし実験Ⅰと同様の実験Ⅱを行った。

⑴ 図１と図２では，台車にはたらく重力の大きさはどちらが大きいか。

⑵ 図１と図２では斜面に沿った重力の分力の大きさはどちらが大きいか。

⑶ 図３は，台車の速さと時間の関係である。実験Ⅰおよび実験Ⅱに適するグラフをそれぞれ答えよ。

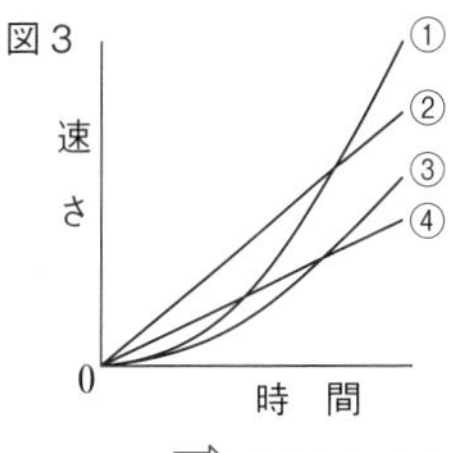

解説と解答

⑴ 台車の質量が同じなら，台車にはたらく重力の大きさは変わらない。 **答 同じ大きさ**

⑵ 「**塾技 33 1**」⑴より，図２とわかる。 **答 図２**

⑶ 「**塾技 36 4**」①より，実験Ⅰが④，実験Ⅱが②とわかる。 **答 実験Ⅰ：④，実験Ⅱ：②**

チャレンジ！入試問題

解答は，別冊 *p.36*

Q問題 図の斜面Ａ～Ｃは，同じ高さ H〔m〕でそれぞれ傾きの違うなめらかな斜面である。傾きの大小関係は，斜面Ｂ＞斜面Ａ＞斜面Ｃのようになっている。斜面Ａの上端から大きさを考えない物体Ｐを静かにすべらせると，下端につくまで４秒かかった。グラフ１は，物体Ｐが斜面Ａをすべり始めて下端につくまでの，物体の移動時間と速さの関係を示したものである。グラフ１でぬりつぶした部分の面積は，斜面Ａの長さ L〔m〕を表している。

H〔m〕 L〔m〕
斜面Ａ　斜面Ｂ　斜面Ｃ

グラフ１（物体の速さ〔m/s〕：20，物体の移動時間〔s〕：0，4）

⑴ 斜面Ａの長さ L〔m〕を数値で答えよ。

⑵ 斜面Ｂ, Ｃで物体Ｐを上端から下端まですべらせたとき，物体Ｐの移動時間と速さの関係はどうなるか。グラフ２のア～ウからそれぞれ１つずつ選び，記号で答えよ。

グラフ２（物体の速さ〔m/s〕：20，ア　イ　ウ，物体の移動時間〔s〕：0，4）

これらのグラフから，同じ高さからすべらせた場合，斜面の傾きに関係なく下端での物体Ｐの速さは等しいことがわかる。

⑶ 物体にはたらく重力を，斜面に平行な分力と垂直な分力に分解した場合，斜面に平行な分力が一番大きいのは，斜面Ａ～Ｃのうちどれか。また，斜面に垂直な分力が一番大きいのは斜面Ａ～Ｃのどれか。それぞれ記号で答えよ。

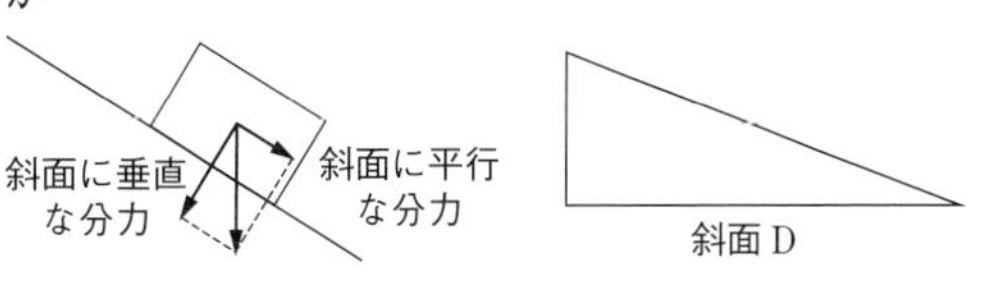

斜面Ｄは斜面Ａと同じ傾きだが，高さの違うなめらかな斜面である。物体Ｐを上端から静かにすべらせると，下端につくまで３秒かかった。

⑷ 物体Ｐが動き出してから，３秒後の速さを答えよ。

⑸ 斜面Ｄの高さは，斜面Ａの高さの何倍か。分数で答えよ。

（清風南海高）

塾技37 仕事とエネルギー① 運動とエネルギー

▶ 仕事

1 いろいろな方向の仕事

(1) 鉛直(えんちょく)方向の仕事

物体を**鉛直上向きに持ち上げるときの仕事**は次の式で求める。

仕事〔J〕＝物体の重さ〔N〕×持ち上げた高さ〔m〕

・物体を持ち上げる仕事では，物体は等速直線運動をしながら引き上げられる（重力と引き上げる力がつり合う）ものとして考える。

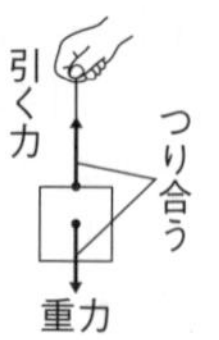

(2) 水平方向の仕事

物体を水平方向に引っぱる場合，**引く力**は**(動)摩擦力とつり合う**ので，仕事は次の式で求める。

仕事〔J〕＝摩擦力の大きさ〔N〕×移動距離〔m〕

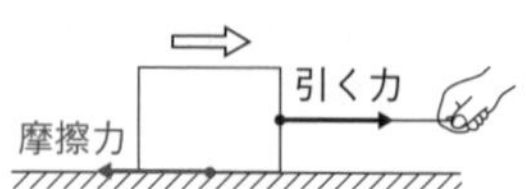

・引く力と摩擦力がつり合う（作用線がずれているがここでは無視して考える）。

(3) 斜面台を使った仕事

なめらかな斜面上で物体を引き上げる場合，**引く力**は物体にはたらく**重力の斜面に平行な分力とつり合う**ので，仕事は次の式で求める。

仕事〔J〕＝斜面に平行な分力〔N〕×移動距離〔m〕

$$= \text{重力} \times \frac{\text{高さ}}{\text{斜辺}} \times \text{移動距離}$$

例題 重さ50Nの物体を，右の図のなめらかな斜面台で5m引き上げるときの仕事は何Jか。

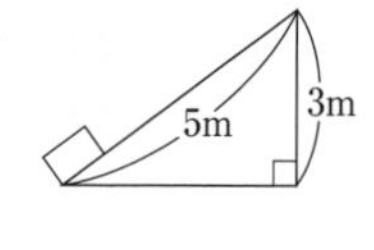

解 重力の斜面に平行な分力 $= 50 \times \frac{3}{5}$

$= 30$〔N〕

よって，仕事は，$30 \times 5 =$ **150**〔J〕

別解 仕事の原理より，$50 \times 3 =$ **150**〔J〕

2 仕事率

1秒間あたりにした仕事の量を**仕事率**という。

$$\text{仕事率〔W〕} = \frac{\text{仕事〔J〕}}{\text{仕事にかかった時間〔s〕}}$$

・1秒あたり1Jの仕事をするときの仕事率を1Wとする。
・電力の単位も〔W〕である。電力は電流のする仕事率のことである。

3 仕事の原理

(1) 滑車を使った仕事

定滑車：力の**向きは変えられる**が，**力の大きさは変えられない**。また，ひもを引く長さだけ物体が移動する。

動滑車：**力の大きさは半分**ですむが，**ひもを引く長さは物体の移動距離の2倍必要**。

(2) 滑車と仕事率

定滑車と動滑車で同じ物体を同じ高さまで同じ速さで引き上げると，**仕事率は定滑車が動滑車の2倍**になる。

●定滑車　●動滑車

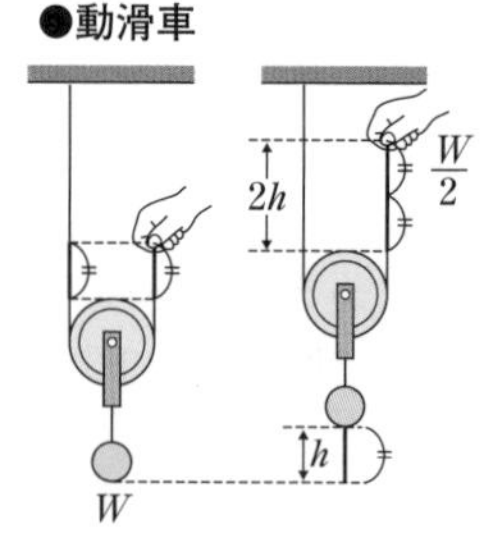

・動滑車と定滑車で同じ仕事をすると，動滑車は定滑車の2倍の長さのひもを引く必要があるため，ひもを引く速さが同じ場合，動滑車は定滑車の2倍の時間がかかる。

仕事の道具として，斜面台や定滑車，動滑車の他にも，**組み合わせ滑車**，**てこ**，**輪軸**(りんじく)などもチェック！

用語チェック　1. 仕事　2. 仕事の原理　3. 組み合わせ滑車　4. てこ　5. 輪軸　➡ p.185

塾技チェック！問題

問題 右の図のようななめらかな斜面に沿って，重さ 39N の物体を下から上まで引き上げる。このとき，引き上げる力〔N〕および仕事の大きさ〔J〕を求めよ。

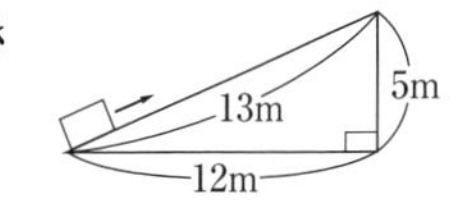

解説と解答

物体にはたらく重力の斜面に平行な分力は，「**塾技 37 1**」(3)より，$39 \times \frac{5}{13} = 15$〔N〕とわかるので，引き上げる力は，15N となる。よって，仕事は，$15 \times 13 = 195$〔J〕

答 引き上げる力：15N，仕事：195J

別解

仕事の原理より，仕事の大きさは，$39 \times 5 = 195$〔J〕，引き上げる力は，$195 \div 13 = 15$〔N〕とそれぞれ求められる。

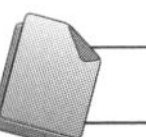

チャレンジ！入試問題

解答は，別冊 *p.37*

Q問題 1 右の図のように，なめらかな斜面に 5kg の台車を置き，台車にひもをつけ，滑車を通して，おもりをつるした。1kg の物体にはたらく重力の大きさを 9.8N として，次の問いに答えよ。

(1) おもりをある質量のものにして，静かにはなすと，おもりは動き出さなかった。このとき，おもりの質量はいくらか。

(2) おもりを 2kg のものにして静かにはなすと，台車とおもりはともに動き出した。台車が斜面に沿って 40cm 走り下りるまでに，台車にはたらく重力が台車にする仕事はいくらか。小数第 2 位を四捨五入し，小数第 1 位までの値で答えよ。（開成高改）

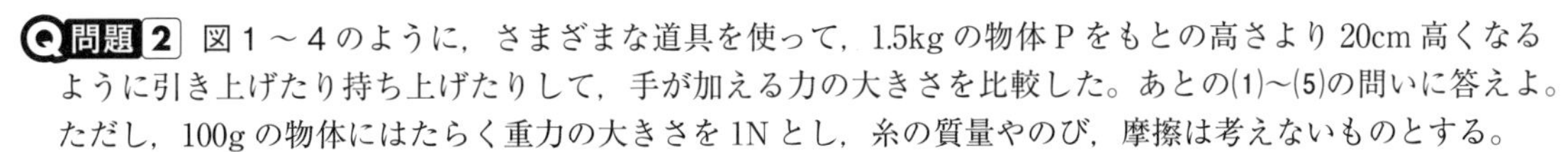

Q問題 2 図 1 ～ 4 のように，さまざまな道具を使って，1.5kg の物体 P をもとの高さより 20cm 高くなるように引き上げたり持ち上げたりして，手が加える力の大きさを比較した。あとの(1)～(5)の問いに答えよ。ただし，100g の物体にはたらく重力の大きさを 1N とし，糸の質量やのび，摩擦は考えないものとする。

・図 1 のように，物体 P に取り付けた糸を手でゆっくりと引き上げた。このときの力の大きさは 15N であった。

・図 2 のように，てこを使って，固定された物体 P をゆっくりと持ち上げた。このときの力の大きさは 7.5N であった。

・図 3 のように，斜面と定滑車を使って物体 P をゆっくりと引き上げた。このときの力の大きさは 5N であった。

・図 4 のように，動滑車を使って物体 P をゆっくりと引き上げた。このときの力の大きさは 8N であった。

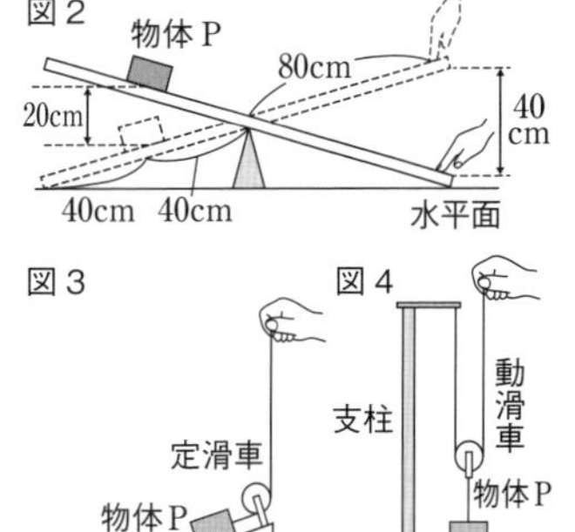

(1) 図 1 で，糸が物体 P を引く力が A 点にはたらく。この A 点を何というか書け。

(2) 次の文が正しくなるように，X，Y にあてはまる数値や語句を書け。
図 1 と図 2 の場合，手が物体 P にした仕事の大きさはいずれも（ X ）J になる。このように，道具の質量や摩擦を考えなければ，手で直接仕事をしても，道具を使っても仕事の大きさは変わらない。このことを（ Y ）という。

(3) 図 3 で，物体 P が斜面上を移動した距離は何 cm か求めよ。

(4) 図 4 で，動滑車の質量は何 g か求めよ。

(5) 図 4 で，手が糸を引き上げた速さは 5cm/s であった。このときの仕事率は何 W か求めよ。（秋田）

▶ 運動とエネルギー

1 位置エネルギー

高い位置にある物体がもつエネルギーを位置エネルギーという。位置エネルギーは**物体の質量と基準面からの高さに比例**する。

位置エネルギー〔J〕
＝物体にはたらく重力〔N〕×基準面からの高さ〔m〕

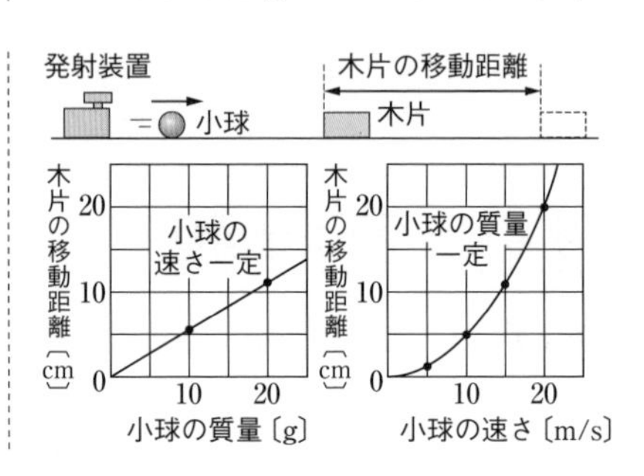

2 運動エネルギー

運動している物体のもつエネルギーを運動エネルギーという。運動エネルギーは**物体の質量と速さの2乗に比例**する。

運動エネルギー〔J〕
$=\frac{1}{2}$×質量〔kg〕×速さ〔m/s〕×速さ〔m/s〕

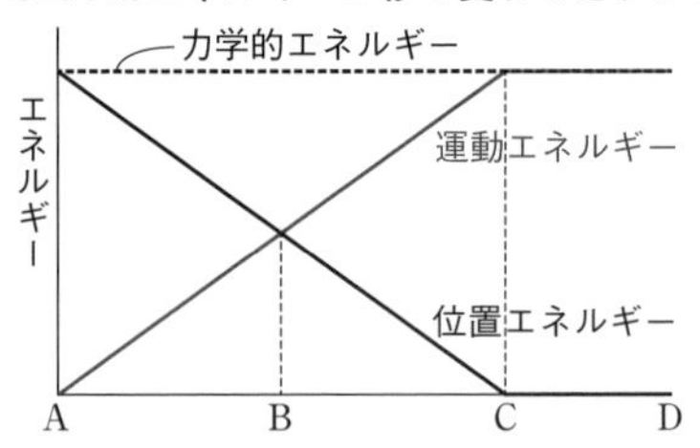

3 斜面の運動と力学的エネルギー保存の法則

(1) なめらかな斜面を下る小球の力学的エネルギー

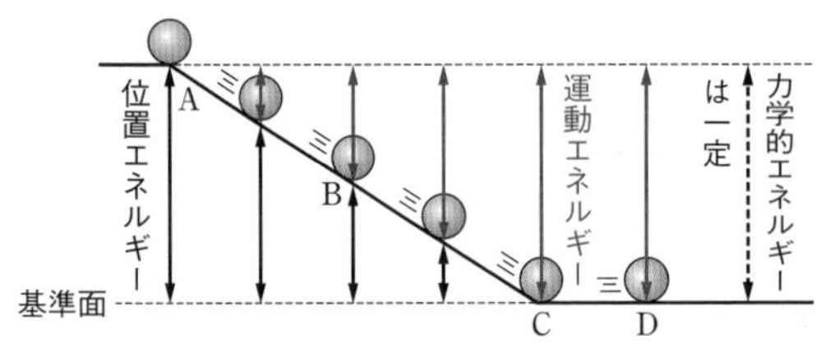

●力学的エネルギーの移り変わりとグラフ

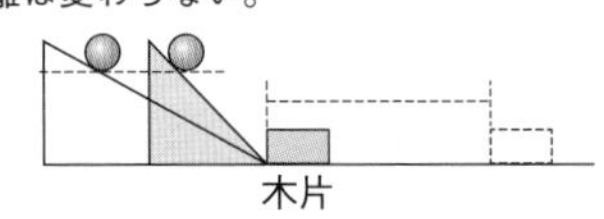

(2) 斜面の角度と運動

(1)の図で**斜面の角度を大きくして小球を運動**させても，小球の**基準面からの高さが同じ**なら，C地点（D地点）での小球の速さは変わらない。

高さが変わらなければ角度を急にしても移動距離は変わらない。

木片

4 ふりこの運動と力学的エネルギー保存の法則

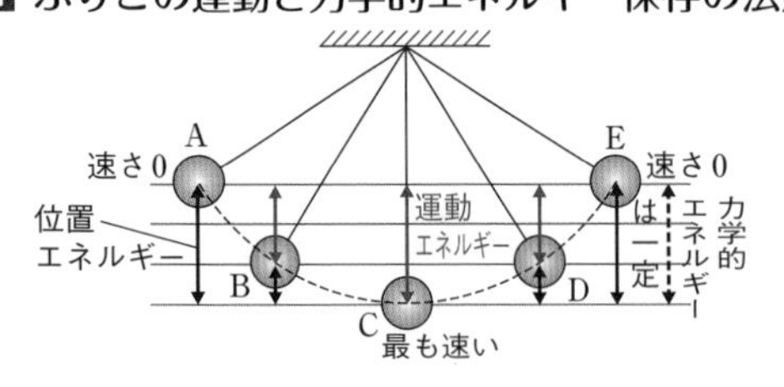

●力学的エネルギーの移り変わりのグラフ

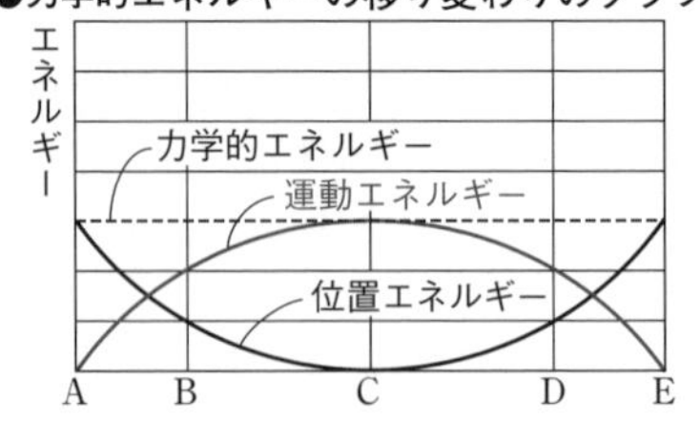

エネルギーは移り変わる。ボールを高く投げるためには，勢いをつけて投げる必要があるよね。**ボールが高くのぼっていくと，それだけ位置エネルギーが増加し，運動エネルギーが減少する。**だから，はじめの運動エネルギーを大きくすればいいわけだ。

用語チェック 1. エネルギー 2. 力学的エネルギー保存の法則 3. ふりこの運動 ➡ p.186

塾技チェック！問題

問題 点Oの真下で，基準面より15cm高い位置にくぎを固定し，点Oに固定した糸に鉄球をとりつけた。空気抵抗はないものとし，次の問いに答えよ。

(1) 鉄球を10cmの位置からはなすと，鉄球は何cmの高さまでふれるか。

(2) 鉄球の質量を大きいものにして10cmの位置からはなすと，鉄球が基準面を通過するときの運動エネルギーの大きさは(1)のときと比べどうなるか。

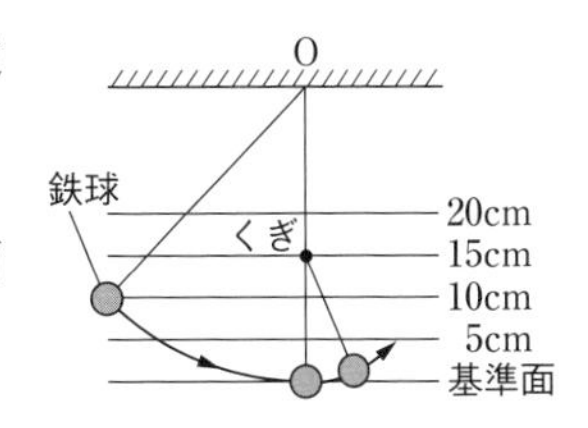

解説と解答

(1) 力学的エネルギー保存の法則より，はじめの高さまでふれる。　　**答 10cm**

(2) 鉄球の重さが重くなると，基準面から10cmの位置にあるときの位置エネルギーは大きくなるので，基準面を通過するときの運動エネルギーも大きくなる。　　**答 大きくなる**

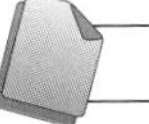

チャレンジ！入試問題

解答は，別冊 *p.38*

Q 問題 1 次の実験についてあとの(1)，(2)に答えよ。ただし，質量100gの物体にはたらく重力の大きさを1Nとする。また，エネルギーの単位はJとする。

実験

① 右の図のように，質量2kgの物体を，基準面から，20cmのP点の高さまで垂直に持ち上げた。

② P点から物体を静かにはなして，摩擦のある斜面に沿って下向きにすべらせ，基準面上のQ点から，物体が止まったR点までの移動距離をはかった。

結果　移動距離は10cmだった。

(1) P点の高さにある物体がもっていた位置エネルギーは何Jか。答えよ。

(2) 結果から，Q点で物体がもっていた運動エネルギーを求める式として，正しいものはどれか。次のア～エから1つ選び，記号で答えよ。ただし，物体と基準面の間の摩擦力を F〔N〕とする。

ア　$F \times 0.1$　　イ　$F \times 0.2$　　ウ　$F \times 10$　　エ　$F \times 20$　　(宮崎改)

Q 問題 2 小球の運動を調べるため，レールを使って図1のようなコースを水平な床面上に作り，実験を行った。A点で静かに小球から手をはなしたところ，小球はB点，C点を通過し，D点から飛び出した。これをもとに，以下の各問いに答えよ。ただし，空気の抵抗や摩擦は考えないものとし，小球はB点，C点をなめらかに通過するものとする。

(1) 図2は，BD間の小球の位置と小球の運動エネルギーの関係を表したグラフである。これをもとに，A点における小球の位置エネルギーとD点における小球の位置エネルギーの大きさの比を書け。ただし，B点における小球の位置エネルギーを0とする。

(2) D点から飛び出した後の小球の運動の様子について，右の図のア～ウから適切なものを1つ選び，その符号を書け。また，そう判断した理由を，エネルギーの移り変わりに着目して書け。ただし，「速さ」という語句を用いること。　　(石川)

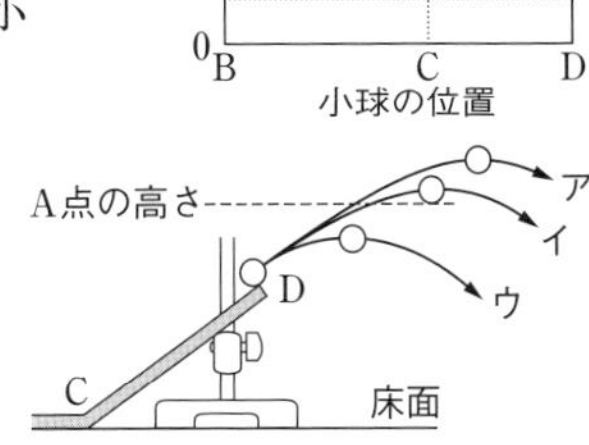

塾技（ワザ）39 科学技術と人間

▶ さまざまなエネルギー

1 エネルギーの移り変わり

エネルギーにはさまざまな種類があり，たがいに移り変わることができる。エネルギーが移り変わるとき，**エネルギーの種類が変わってもその総量は一定**に保たれ，これを**エネルギー保存の法則(エネルギーの保存)**という。

例 モーターでおもりを引き上げるときのエネルギーの移り変わり。

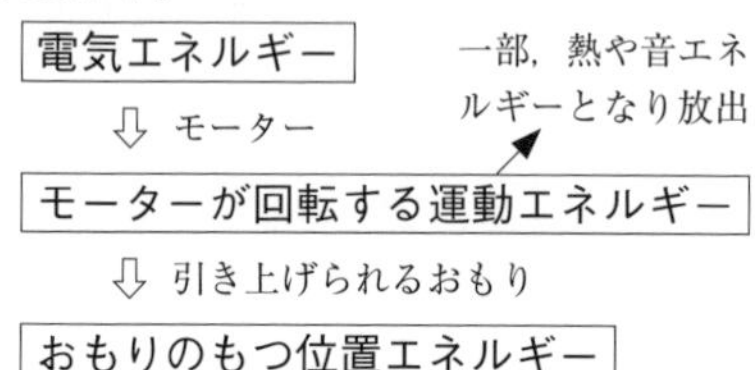

●さまざまなエネルギーの移り変わり

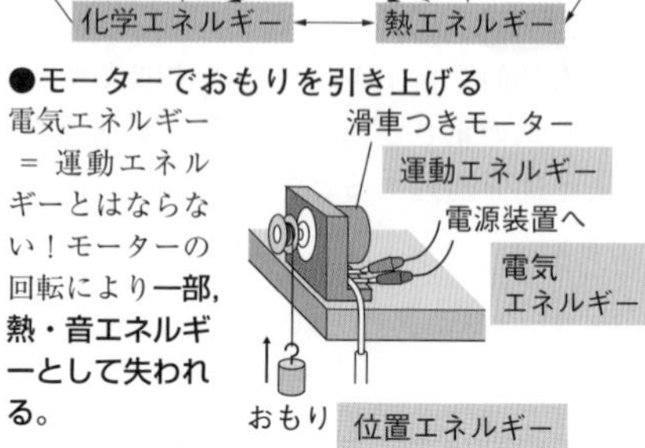

●モーターでおもりを引き上げる

電気エネルギー＝運動エネルギーとはならない！モーターの回転により**一部，熱・音エネルギーとして失われる。**

滑車つきモーター
運動エネルギー
電源装置へ
電気エネルギー
おもり
位置エネルギー

2 発電方法とエネルギーの移り変わり

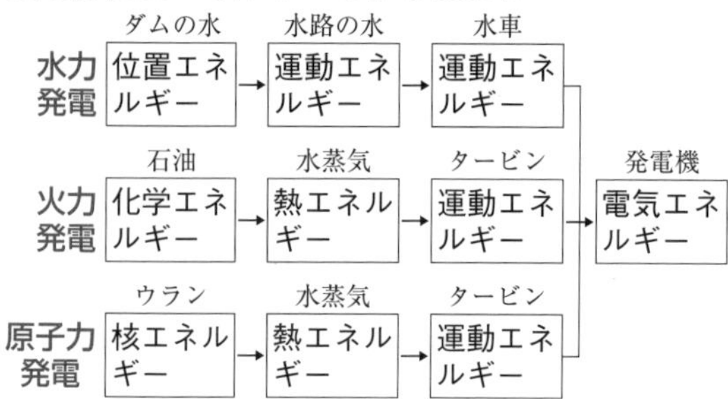

●発電方法と問題点

- **水力発電**：高い位置にためた水を落下させて水車を回し発電
  → ダム建設による自然環境破壊
- **火力発電**：化石燃料の燃焼による熱で水蒸気をつくりタービンを回して発電
  → 大気汚染，石油など化石燃料の枯渇（こかつ）
- **原子力発電**：核燃料の核分裂で発生する熱で水蒸気をつくりタービンを回して発電
  → 放射性廃棄（はいき）物が発生

3 再生可能エネルギー

いつまでも**繰り返し使用できるエネルギー**を**再生可能エネルギー**という。再生可能エネルギーを使用した発電には次のようなものがある。

① **風力発電** ② **波力発電** ③ **地熱発電**
④ **太陽光発電** ⑤ **バイオマス発電**

●カーボンニュートラル

バイオエタノールなどの生物由来のエネルギー資源を**バイオマスエネルギー**という。その燃焼により放出される二酸化炭素は，植物が大気中から吸収したものなので，大気中の二酸化炭素の量が増えないとされている。この性質を，**カーボンニュートラル**という。

4 コージェネレーションシステム

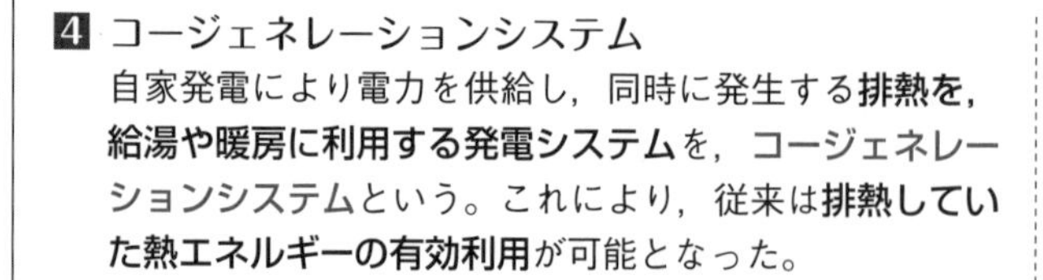

自家発電により電力を供給し，同時に発生する**排熱を，給湯や暖房に利用する発電システム**を，**コージェネレーションシステム**という。これにより，従来は**排熱していた熱エネルギーの有効利用**が可能となった。

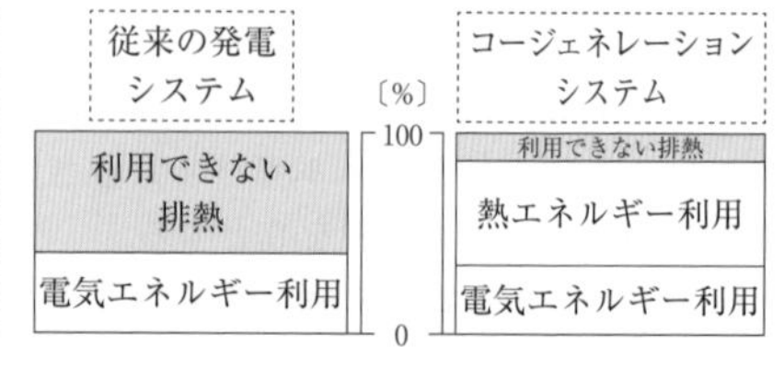

エネルギー生産法としては，上記以外，「塾技 29 2 」の**燃料電池も環境にやさしく，よく出題**されるぞ。

用語チェック 1. 風力発電 2. 波力発電 3. 地熱発電 4. 太陽光発電 5. バイオマス発電 ➡ p.186

塾技チェック！問題

問題 右の図は，エネルギーの移り変わりを示したものである。次の①～③を読んで，A，C，Eにあてはまるエネルギーをそれぞれ答えよ。

① モーターでおもりを引き上げると，おもりのもつエネルギーはBからDに変わり，一部，A，Eとして失われる。

② 太陽電池でモーターを回すと，CからBを経てDに変わる。

③ 音さをたたいて鳴らすと，DからEに変わる。

A
B 電気エネルギー
E
C
D 位置エネルギーや運動エネルギー

解説と解答

①より，A，Eは熱エネルギーまたは音エネルギーとわかり，③より，Eが音エネルギーとわかる。一方，②より，Cは光エネルギーとわかる。

答 A：熱エネルギー，C：光エネルギー，E：音エネルギー

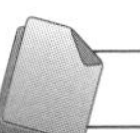

チャレンジ！入試問題

解答は，別冊 *p.39*

Q 問題 1 右の図は火力発電の過程と，エネルギーの移り変わりを表している。(1)，(2)の問いに答えよ。

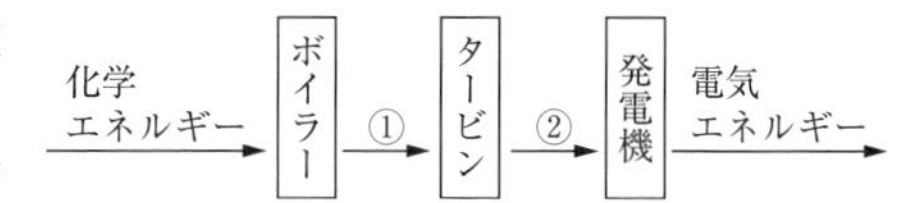

(1) 図の①，②にあてはまるエネルギーとして適当なものを書け。

(2) 図の発電機でのエネルギーの移り変わりとは逆に，電気エネルギーを②のエネルギーに変えるものとして最も適当なものを，次のア～エの中から1つ選び，記号を書け。

ア　モーター　　イ　豆電球　　ウ　太陽電池　　エ　電熱線　　（佐賀改）

Q 問題 2 ふりこのおもりのエネルギーは，おもりの位置エネルギーと運動エネルギーとが常に移り変わっている。次のうち，物体の位置エネルギーを運動エネルギーに変えることで発電を行っているものはどれか。1つ選び，記号を書け。

ア　火力発電　　イ　原子力発電　　ウ　水力発電　　エ　太陽光発電　　（大阪）

Q 問題 3 燃料電池で走る車の排出物の物質名を答えよ。また燃料電池で走る車は，ガソリンで走る車と比べ環境への影響が少ないといわれている。その理由を簡潔に書け。ただし，ここでの燃料電池は水素を燃料とするものとする。　　（清風南海高）

Q 問題 4 火力発電では，天然ガスや石油などの化石燃料を用いることが多い。一方，家畜の排泄物(はいせつぶつ)や作物などを用いて，ガスやアルコールを発生させて，それらを燃料として用いることもある。

(1) このような燃料を何というか。カタカナで記せ。

(2) このような燃料は，植物が吸収した二酸化炭素を最終的には燃料により二酸化炭素として放出するので大気中の二酸化炭素量が増えないとされている。この性質を何というか。　　（東大寺学園高）

Q 問題 5 次の問いに答えよ。

(1) エネルギー資源のうち，石油や石炭，天然ガスは，生物の遺骸(いがい)が変化してできた燃料である。このような燃料を何というか，書け。

(2) 電気エネルギーは，いろいろなエネルギーが移り変わってうみ出される。その移り変わりをさかのぼっても，太陽のエネルギーと関係していない発電方法はどれか。最も適当なものを次のア～エの中から1つ選び，記号で書け。

ア　火力発電　　イ　水力発電　　ウ　風力発電　　エ　原子力発電　　（佐賀改）

塾技(ワザ) 40 身近な生物の観察 生物の特徴と分類

▶ 身近な生物

1 日当たりと植物

(1) **陽生植物**

日当たりの良い所で生育する**陽生植物**の種類は，人がよく通る場所と通らない場所で異なる。

① **人がよく通る場所**
土がふまれてかたくなるため，**背が低く，葉が横に広がり，根が発達している植物**がはえる。

② **人が通らない場所**
土がやわらかく，**背の高い植物**がはえる。

(2) **陰生植物**

校舎のかげなど**日光の当たらない場所**は，湿ったところを好む**陰生植物**がはえる。

・人がよく通る場所の陽生植物
例 タンポポ，オオバコ
・人が通らない場所の陽生植物
例 ススキ，ブタクサ，ハルジオン

・陰生植物
例 ゼニゴケ（スギゴケは日当たりを好む），ドクダミ，イヌワラビ

2 森林の植物

(1) **森林の植物の構成**

森林は，背の高い高木(こうぼく)（**ブナ，シイ，カシ**など），背の低い低木(ていぼく)（**アオキ，ヤツデ**など），地表付近の草本(そうほん)（**コケ，シダ**など）で構成される。

(2) **極相林(きょくそうりん)**

森林の様子は時間とともに移り変わるが，長い年月が経過すると**構成に変化が見られなくなる**。このような森林を極相林という。日本の森林は，暗い環境でも生育可能な**陰樹で構成**されるようになる。

●**極相**
生物群集の移り変わりの最終段階で見られる**平衡(へいこう)状態**のことを**極相**という。
●**森林の移り変わり**
荒れ地 ⇨ **コケ植物** ⇨ **草原** ⇨ **低木林** ⇨ **陽樹林** ⇨ **混交林** ⇨ **陰樹林（極相林）**

3 水中の極小な生物

水中で浮遊する微小な生物を**プランクトン**という。プランクトンは，次のようなものがある。

① **光合成をする単細胞生物**（植物プランクトン）
② **光合成をする多細胞生物**（植物プランクトン）
③ **光合成をしない単細胞生物**（動物プランクトン）
④ **光合成をしない多細胞生物**（動物プランクトン）
⑤ **植物と動物の両方の特徴をもつ生物**

①例 ミカヅキモ

②例 アオミドロ

③例 ゾウリムシ

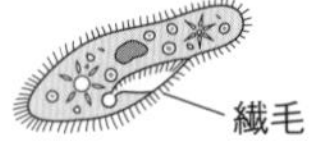
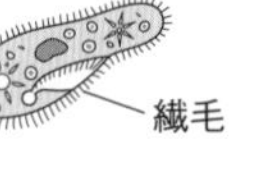

④例 ミジンコ

⑤例 ミドリムシ

プランクトン（ギリシア語の planktos：漂(ただよ)うものが由来）には，**光合成をする「植物プランクトン」**と，**光合成をしない「動物プランクトン」**がいるが，**植物プランクトン**の多くは原生生物で**植物ではないぞ。**

用語チェック 1. 陽生植物 2. 陰生植物 3. 陽樹・陰樹 4. 草本 5. プランクトン 6. 原生生物 ➡ p.187

塾技チェック！問題

問題 池や川などの水を採取して顕微鏡（けんびきょう）で観察した。右の図は採取した水の中にみられた生物のスケッチで，（　）内はスケッチしたときの顕微鏡の倍率である。次の問いに記号で，すべて答えよ。

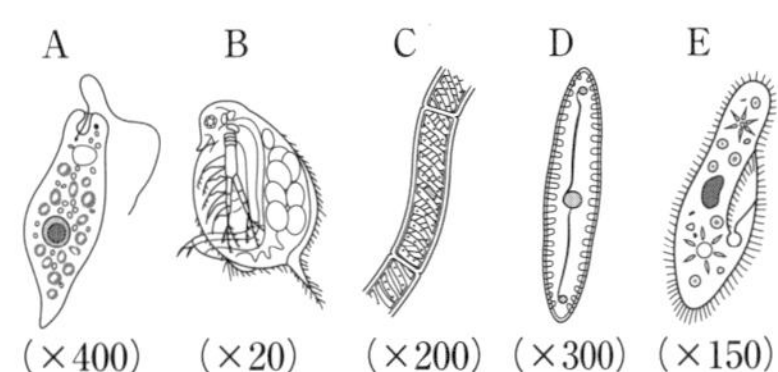

(1) 図のうち，実物が最も大きいものはどれか。
(2) からだが多くの細胞からできているものはどれか。
(3) 葉緑体をもち，光合成をしているもののうち，水中で自由に動き回るものはどれか。

解説と解答

(1) 顕微鏡で同じ大きさに見えるとき観察倍率が最も小さいものが，実物は最も大きい。  B
(2) Bのミジンコ，Cのアオミドロは多細胞生物である。  B，C
(3) Aのミドリムシは，植物プランクトンでもあり動物プランクトンでもある。  A

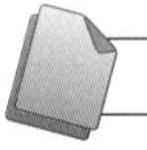

チャレンジ！入試問題

解答は，別冊 *p.40*

Q 問題 1 次の問いに答えよ。

(1) 陽生植物を次のア～キからすべて選び，記号で答えよ。
ア　トマト　　イ　フキ　　ウ　ドクダミ　　エ　ススキ　　オ　アカマツ　　カ　ブナ　　キ　スギ
(2) 荒れ地を放置していると草が生えだし，やがて森林が形成される。はじめの頃は森林を構成する種は変化していくが，最終的には一定の種で構成されるようになる。このような森林を極相林（きょくそうりん）という。極相林で最も主となっているのは陽生植物か陰生植物のどちらであるか。また，その植物が極相林を構成する理由となる性質を次のア～オから１つ選び，記号で答えよ。
ア　種子の散布範囲が広い。　　イ　日陰でも発芽する。
ウ　発芽したあと成長速度が速い。　　エ　発芽したあと日陰でも育つ。
オ　寿命が長い。

（東大寺学園高改）

Q 問題 2 顕微鏡を使って池の微生物などの観察を行った。下の各問いに答えよ。

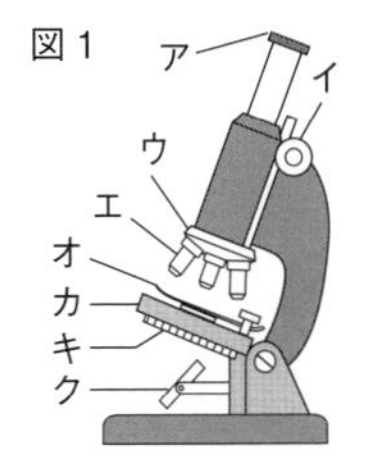

(1) 図１は，顕微鏡の模式図である。図のア・ウ・キ・クの部分の名称を答えよ。
(2) 小さな文字で「アメーバ」と書かれた紙片を文字が読める向きでスライドガラスの上に置き顕微鏡で観察したところ，図２の●の位置にぼんやりと文字が１つ見えた。
① ピントを合わせたら，文字はどのように見えたか。右下のａ～ｈより選び，記号で答えよ。
② この文字が視野の中央にくるようにしたい。紙片がのったスライドガラスをどの方向に動かせばよいか。次より選び，記号で答えよ。
ａ　右上　　ｂ　右下　　ｃ　左上　　ｄ　左下

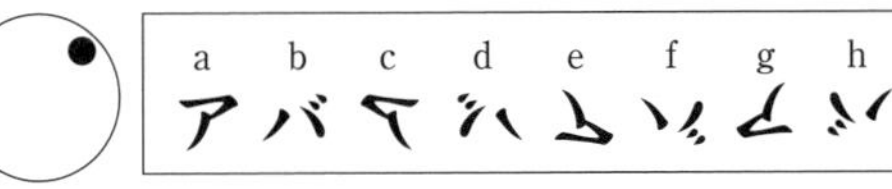

(3) 池の水をすくい取ってスライドガラスの上に置き，様々な倍率で観察したところ，図３のような微生物が観察できた。
① 図の中で，単細胞生物であるものを選び，記号で答えよ。
② 図の中で，細胞内に葉緑体をもつものを選び，記号で答えよ。
③ 図の中で，生きているときに自らはほとんど動かないものを選び，記号で答えよ。

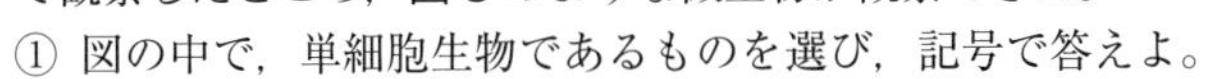

図３　ア　イ　ウ　エ　オ

（大阪教育大附高平野改）

塾技(ワザ) 41 花のつくりとはたらき① 生物の特徴と分類

▶ 花のつくり

1 被子植物の花のつくり

(1) **花の4要素**

花の基本的な構造は，**外側から順**に，がく，花弁，おしべ，めしべの**4要素**から成る。

例 アブラナの花の4要素

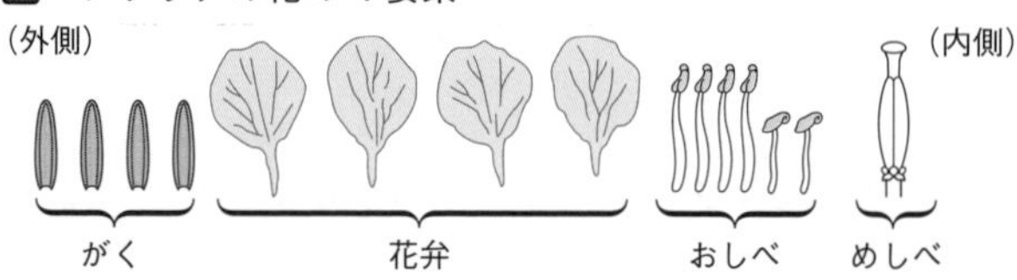

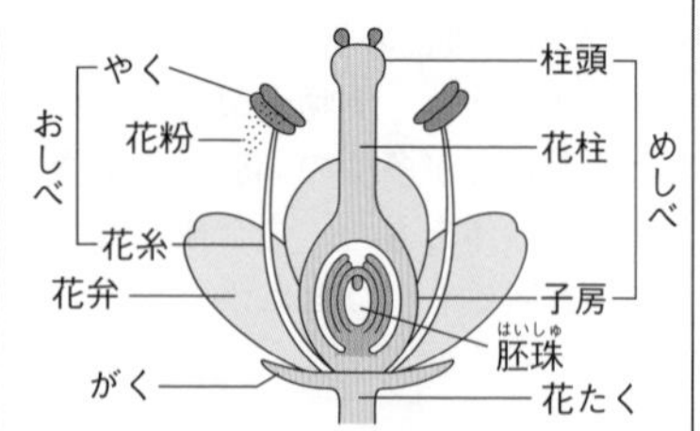

・**がくと花弁はおしべとめしべを保護し，虫などを引きよせる。**

(2) **花弁の種類**

花弁の枚数や形は花によって異なり，ない花もある。

合弁花：花弁が根元でくっついている
離弁花：花弁が1枚ずつ分かれている

・合弁花
例 アサガオ（ヒルガオ科），タンポポ（キク科），ヘチマ（ウリ科），ツツジ（ツツジ科）
・離弁花
例 アブラナ（アブラナ科），サクラ（バラ科），エンドウ（マメ科）

(3) **花のつくりによる分類**

完全花：1つの花に4要素がすべてそろっている
不完全花：4要素のうちどれか1つでも欠けている
単性花：1つの花におしべまたはめしべしかない
両性花：1つの花におしべとめしべの両方がある

・完全花 例 アブラナ，タンポポ
・不完全花 例 イネ，ヘチマ，マツ
・単性花 例 トウモロコシ，マツ
・両性花 例 アブラナ，タンポポ

2 種子のでき方

(1) **被子植物**

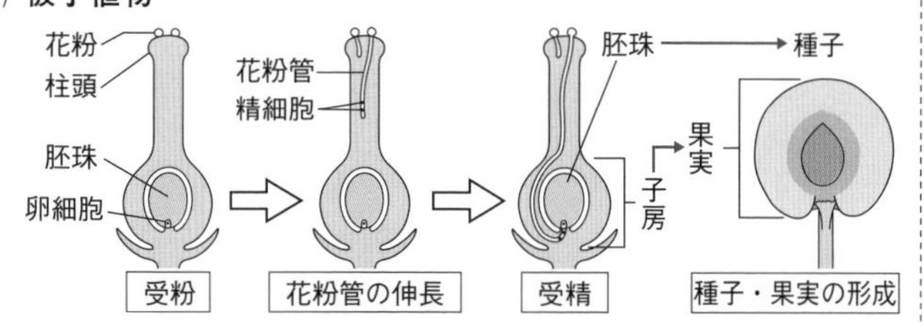

●**種子ができる流れ**
① **受粉**が起こる。
② 花粉管が胚珠へ伸び，精細胞が花粉管の中を移動する。
③ **精細胞の核**と胚珠の中の**卵細胞の核が受精**。
④ 受精後，**胚珠は種子**に，**子房は果実**に，**受精卵は胚**に育つ。

(2) **裸子植物（マツの種子のでき方）**

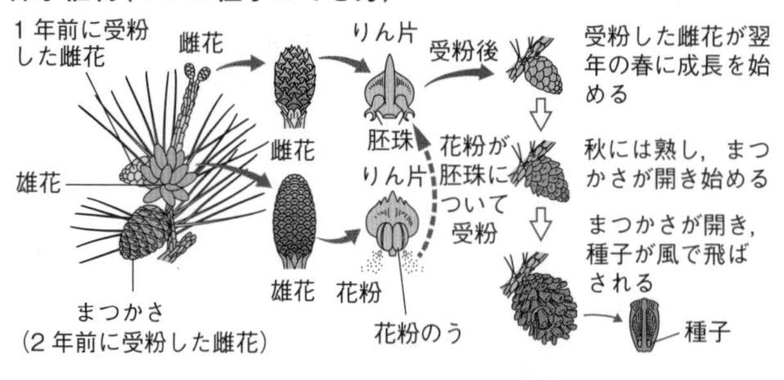

●**種子ができる流れ**
① 雄花の**花粉のうから出た花粉**が風で飛び，**雌花の胚珠につく（受粉）**。
② 受粉後，すぐに受精が起こらず，雌花は翌年の春まで花粉を守る。
③ **翌年の春から夏にかけ受精**する。
④ 受精後，**胚珠は種子**に，**雌花はまつかさ**に成長する。

受粉と受精の違いに注意！受粉しただけでは果実や種子はできない。受粉後，受精して初めてできるぞ。

用語チェック 1. 花弁の枚数 2. 被子植物 3. 裸子植物 4. 胚 ➡ p.187

塾技チェック！問題

問題 図１はマツの花，図２はアブラナの子房を縦に切ったものである。次の問いに答えよ。

(1) 花粉が入っている部分はどこか，記号で答えよ。

(2) 種子になる部分はどこか，記号で答えよ。

図１　図２

解説と解答

(1) 花粉は，マツでは雄花の花粉のうに，アブラナではおしべのやくに入っている。 答 b

(2) 受精後，胚珠(はいしゅ)が種子になる。マツの胚珠は a，アブラナの胚珠は c である。 答 a，c

チャレンジ！入試問題

解答は，別冊 *p.41*

Q 問題 1 双子葉類を，花弁のつき方で，合弁花類と離弁花類に分けるとき，エンドウと同じなかまに分けられるものを，右のア～エから１つ選び，その記号を書け。 （愛媛）

ア 
アサガオ

イ 
タンポポ

ウ 
ツツジ

エ 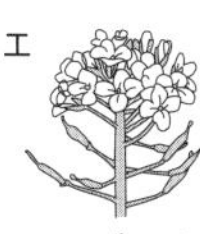
アブラナ

Q 問題 2 次の各問いに答えよ。

(1) 図１は，マツの枝と花を示したものである。「花粉のう」がある花を，図１のＡ～Ｄから１つ選び，記号で答えよ。

(2) 図２は，図１のＡの一部をルーペで観察したものである。また，図３は，アブラナの花のつくりを示したものである。次の問いに答えよ。

① 図２のＥの部分の名称を答えよ。

② アブラナの花のつくりの中で，図２のＥにあたる部分を，図３のア～オから１つ選び，記号で答えよ。

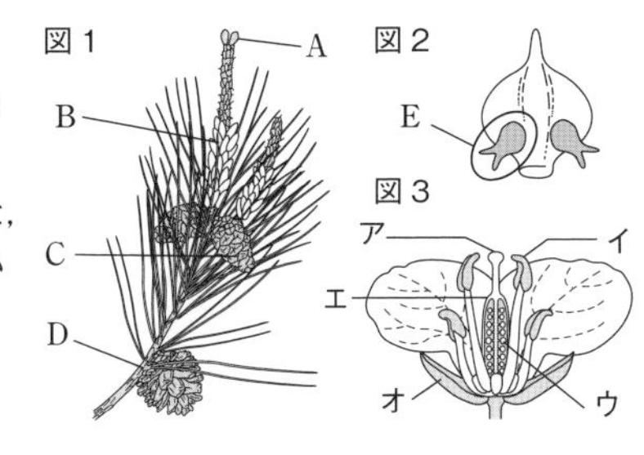

（鳥取）

Q 問題 3 森林に関する次の問いに答えよ。

(1) 図１はマツの若い枝の先のスケッチで，図２は，図１のＸ，Ｙのりん片を双眼実体顕微鏡で観察したスケッチである。図２のＰ，Ｑの説明として適切なものを，次のア～エから１つ選んで，その符号を書け。

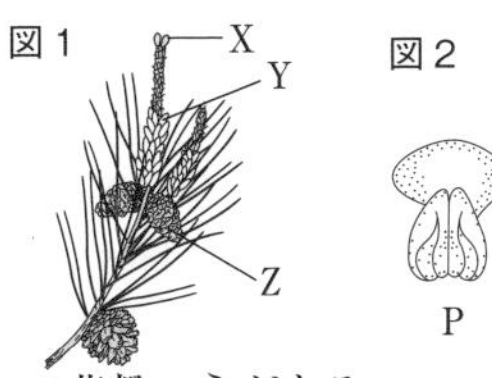

ア　ＰはＸからはがしたもので胚珠があり，ＱはＹからはがしたもので花粉のうがある。
イ　ＱはＸからはがしたもので胚珠があり，ＰはＹからはがしたもので花粉のうがある。
ウ　ＰはＸからはがしたもので花粉のうがあり，ＱはＹからはがしたもので胚珠がある。
エ　ＱはＸからはがしたもので花粉のうがあり，ＰはＹからはがしたもので胚珠がある。

(2) 図１のＺは受粉した雌花である。何か月前に受粉したものか，適切なものを，次のア～エから１つ選んで，その符号を書け。

ア　約１か月　　イ　約３か月　　ウ　約６か月　　エ　約 12 カ月

(3) 受粉や受精に関する次の文の［①］，［②］に入る適切な語句を書け。

マツは，花粉が雌花の胚珠に直接ついて受粉するが，ツツジは，めしべの先の［①］についた花粉から［②］がのびて，子房の中の胚珠に到達して受精が行われる。 （兵庫）

塾技 42 花のつくりとはたらき② 生物の特徴と分類

▶ いろいろな花

1 代表的な花のつくり

(1) アブラナ（アブラナ科）

花弁４枚の離弁花で，**おしべは６本のうち４本が長く，２本は短い**。おしべのつけねに４つのみつせんをもち，花は下の方から咲く。

(2) エンドウ（マメ科）

花弁５枚の離弁花で，**おしべは 10 本のうち９本はもとがくっつき**めしべを包み，**１本だけ離れている**。種子には丸形のものとしわ形のものがあり，遺伝の実験でよく使われる。

(3) タンポポ（キク科）

花弁５枚の合弁花で，たくさんの花が集まり１つの花のように見える**頭状花**である。タンポポには，**在来種（在来生物）であるものと外来種（外来生物）であるもの**があり，総ほうの形や繁殖の仕方など異なる。

(4) トウモロコシ・イネ（イネ科）

イネ科の植物は，デンプンなどの**花弁とがくをもたない不完全花**である。**トウモロコシ**は雄花と雌花を咲かせる**単性花**，**イネ**は**両性花**である。トウモロコシは，雌花からのびた**絹糸**に雄花から出た**花粉がつき受粉**する。

(5) ジャガイモ（ナス科）

花弁５枚の合弁花で，**デンプンなどの養分を地下茎に蓄える**（**サツマイモは根**）。ジャガイモは通常，種子を育てることはせず，**種いもから新しい個体**をつくる**無性生殖**によって個体をふやす。

●アブラナの花

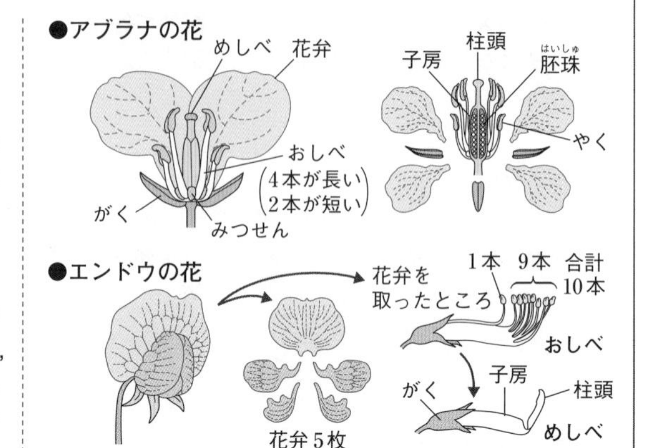

●タンポポの花

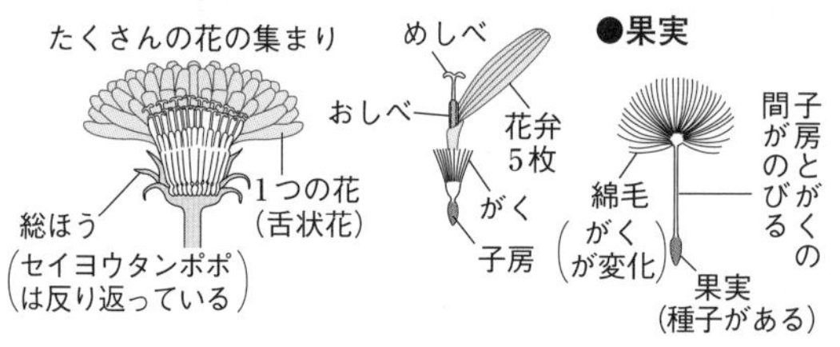

●トウモロコシの花

雄花の集まり　えい　おしべ　めしべ　雌花の集まり　子房

●イネの花

●ジャガイモ

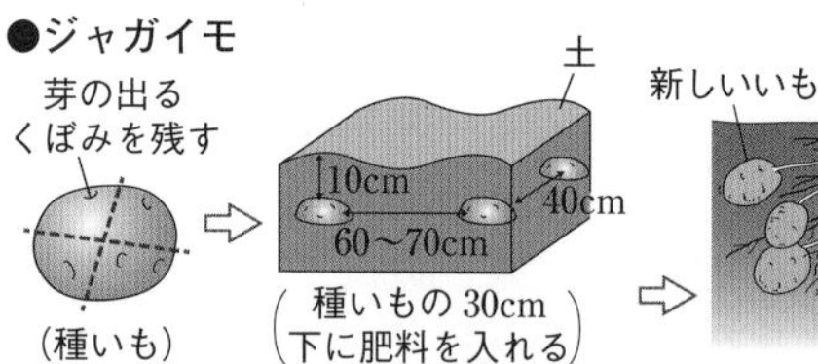

2 受粉の仕方

受粉の方法には，自家受粉，他家受粉，**人工授粉**などがあり，**他家受粉**の場合，**虫や風**，水や鳥などが**花粉を運ぶ役目**をする。

・**虫媒花**：**花粉が昆虫に運ばれる花**で，虫を引きつけるための**美しい花弁**をもち，花粉にはとげや毛がはえている。
・**風媒花**：**花粉が風で運ばれる花**で，花弁の欠けた不完全花が多い。

入試でよく出題される花は決まっている。ここに挙げたそれぞれの花の特徴はしっかりと押さえよう！

用語チェック　1. 頭状花　2. 在来種・外来種　3. 無性生殖　4. 受粉　➡ p.188

塾技チェック！問題

問題 図１はタンポポの花のつくりを，図２はエンドウの花のつくりを表したものである。次の問いに答えよ

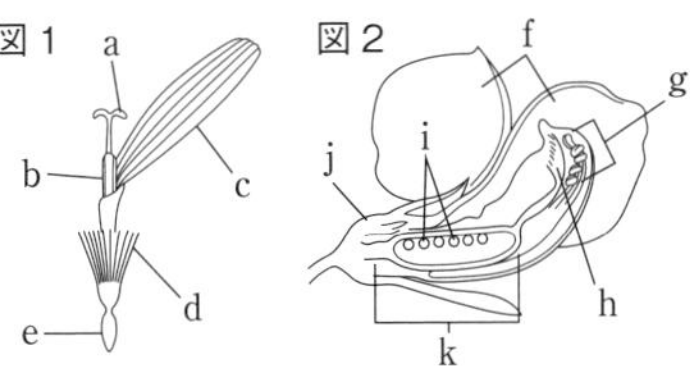

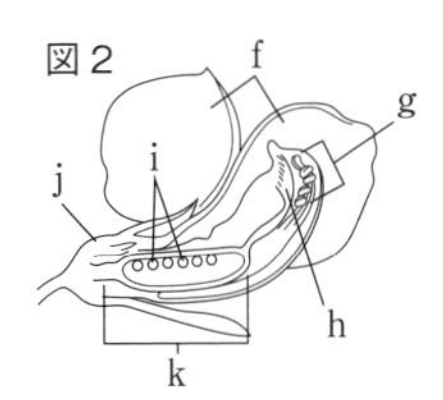

⑴ 花粉がつくられる部分を図１，図２からそれぞれ選び，記号で答えよ。

⑵ 受精後，種子となる部分を図１，図２からそれぞれ選び，記号で答えよ。

解説と解答

⑴ 花粉はおしべのやくでつくられる。タンポポの花にはおしべが５本あり，めしべをとり囲むようにおしべの先のやくが５つくっついている。 **答 図１：b，図２：g**

⑵ 受精後，胚珠(はいしゅ)は種子になる。被子植物では胚珠が子房の中にある。 **答 図１：e，図２：i**

チャレンジ！入試問題

解答は，別冊 *p.42*

Q問題 1 エンドウの花を，外側から順に１つずつ取り外し，図１のア～エのように並べた。ただし，図１は取り外した順に並んでいるとは限らない。

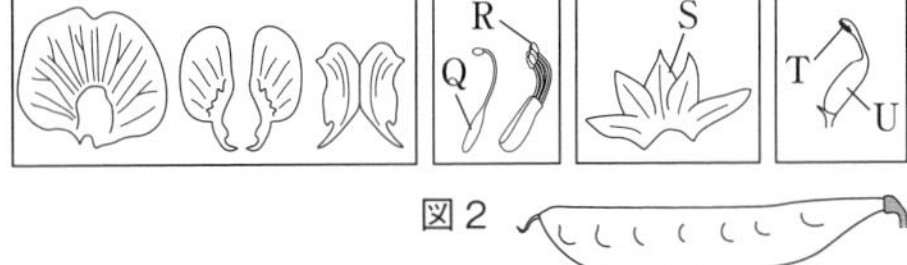

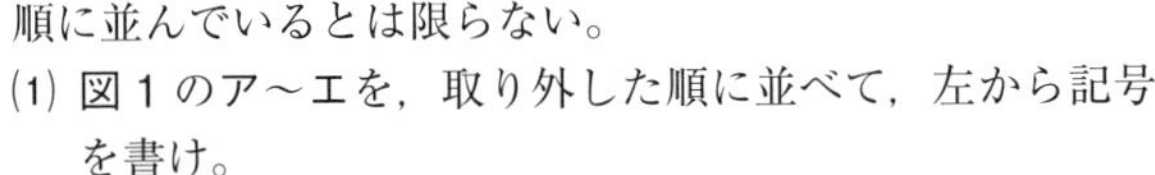

⑴ 図１のア～エを，取り外した順に並べて，左から記号を書け。

⑵ 図２の果実は，どこが成長したものか，図１のＱ～Ｕから最も適切なものを１つ選び，記号を書け。また，その名称を書け。

（長野改）

Q問題 2 被子植物の花は４つの要素から構成されている。４つの要素とは，外側から順に，（ ア ），（ イ ），（ ウ ），（ エ ）である。１つの花にこれら４つの要素がすべてそろっているものを，完全花という。４つの要素のうち１つ以上が欠けているものを不完全花という。花粉が（ オ ）によって運ばれる（ オ ）媒(ばい)花(か)は，花粉媒介生物を引きつける必要がないため，（ イ ）の欠けた不完全花であることが多い。

⑴ 文中の空欄（ ア ）～（ オ ）にあてはまる語句を答えよ。

⑵ 次のＡ～Ｅの植物のうち，完全花をつけるものをすべて選び，記号で答えよ。

Ａ　アサガオ　　Ｂ　アブラナ　　Ｃ　ヘチマ　　Ｄ　イネ　　Ｅ　サクラ

（開成高）

Q問題 3 次の文を読み，以下の問いに答えよ。図１はエンドウの花の断面を，図２はタンポポの花の一部を，図３はアブラナの花の断面をあらわしたものである。

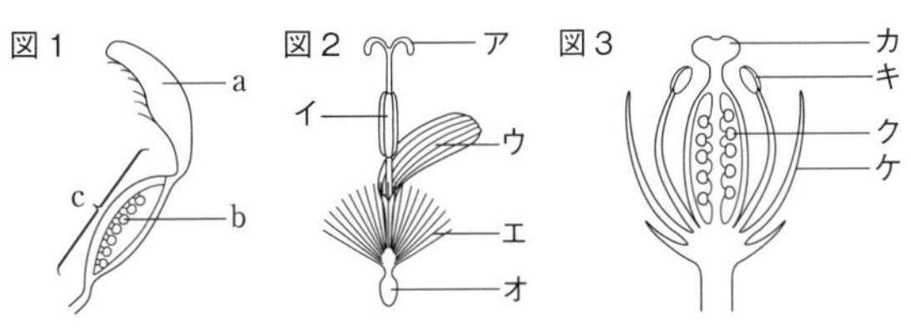

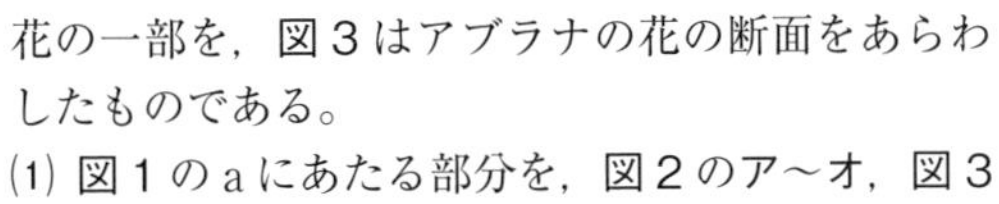

⑴ 図１のａにあたる部分を，図２のア～オ，図３のカ～ケよりそれぞれ選び，記号で答えよ。

⑵ 図１のｂは何というか。また，図３ではどれにあたるか。カ～ケより１つ選び，記号で答えよ。

⑶ 図１のｂ，ｃは，受精後それぞれ何に成長するか。

⑷ 図２の花が受精して成長したとき，枯れて落ちてしまうものはどれか。図２のア～オからすべて選び，記号で答えよ。

⑸ 図２のエは，受精後どのようなはたらきをするか。

（滝高）

塾技43 種子をつくらない植物 生物の特徴と分類

▶ シダ植物・コケ植物

1 シダ植物

(1) からだのつくり

シダ植物は，根・茎・葉の区別がある。

① 根：種子植物ほどは発達していない**ひげ根**

② 茎：地中を横に走る**地下茎**

③ 葉：地上に出ている部分**全体が1枚の葉**（複葉という）

(2) 生殖

シダ植物は，**胞子をつくる**無性生殖と，**精子と卵をつくり受精卵をつくる**有性生殖を**交互に行う**ことでふえる。

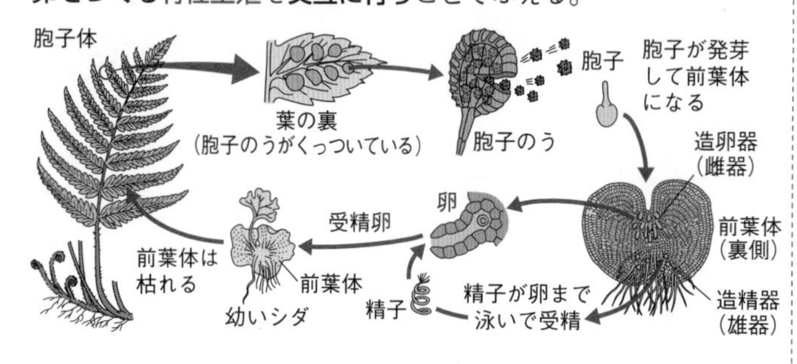

●イヌワラビのからだのつくり

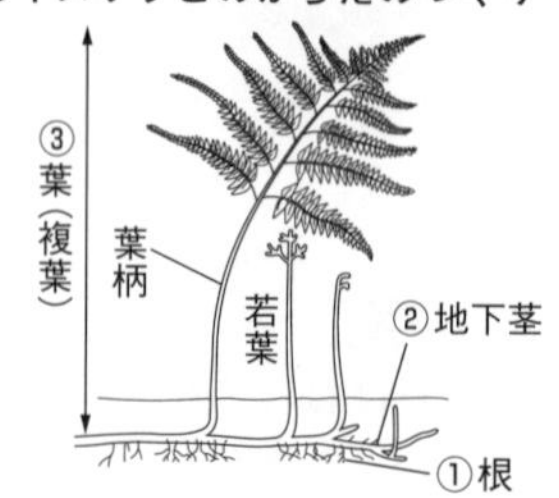

無性生殖

過程① 葉の裏側の胞子のうで胞子がつくられる。

過程② 胞子のうが乾いてさけ，胞子が飛び出す。

過程③ 胞子が発芽し前葉体に。

有性生殖

過程④ 前葉体で精子と卵がつくられる。

過程⑤ 精子が雨の日などに水中を卵まで動き受精する。

→ 受精卵が成長し，若いシダに。

2 コケ植物

コケ植物のからだには，**根・茎・葉のはっきりした区別がない**。仮根は水を吸収する力は弱く，主に**からだを地面に固定するはたらき**をする。水は**からだの表面から吸収**するので，シダ植物よりも湿った場所に生育する。コケ植物には，**雄株と雌株の区別がある**ものが多い。

〈ゼニゴケ〉

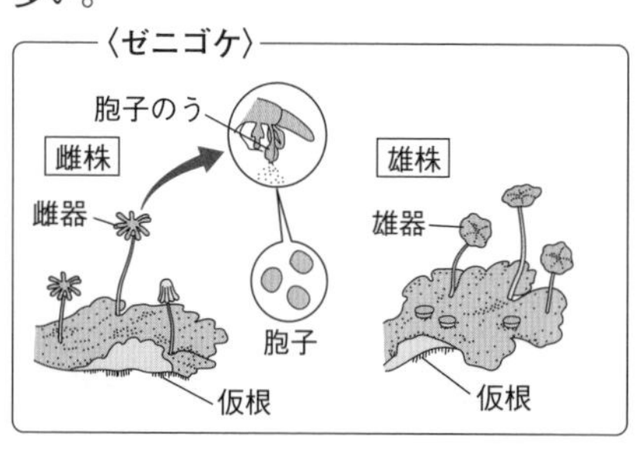

〈スギゴケ〉

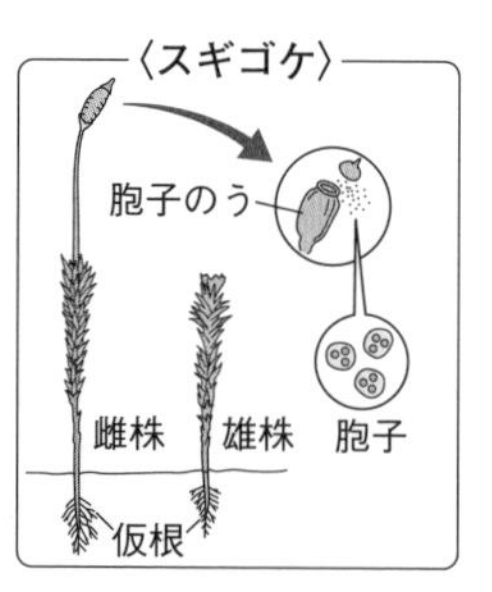

●コケ植物の生殖

シダ植物と同様に，有性生殖と無性生殖を交互に繰り返す。

有性生殖

過程① 雄株の雄器で精子が，雌株の雌器で卵がつくられる。

過程② 雨の日などに精子が雌器の卵まで泳いで受精する。

無性生殖

過程③ 受精卵が育つと雌器に胞子のうができ，胞子がつくられる。

過程④ 胞子のうが破れて，胞子が飛び散り，発芽・成長して雄株・雌株となる。

3 シダ植物とコケ植物の相違

シダ植物：根・茎・葉の区別があり根で水を吸収

コケ植物：① 根・茎・葉の区別がなくからだの表面で水を吸収

② 雄株と雌株に分かれているものが多い

●シダ植物とコケ植物の類似点

①種子ではなく胞子でふえる

②湿ったところで生育する

③葉緑体をもち光合成を行う

④受精には水が必要(精子が泳ぐ)

塾技解説 シダ植物には，イヌワラビの他に**スギナ**，**ゼンマイ**などがある。**スギナの胞子茎**が食用の**つくし**なんだ。

用語チェック 1. 複葉 2. 葉柄（ようへい） 3. スギナ・ゼンマイ ➡ p.188

塾技チェック！問題

問題 図１はイヌワラビ，図２はゼニゴケの図である。
次の問いに，ア～キの記号で答えよ。

(1) 図１で，生活に必要な水を吸収する部分はどこか。

(2) 胞子がつくられるのはどこか。

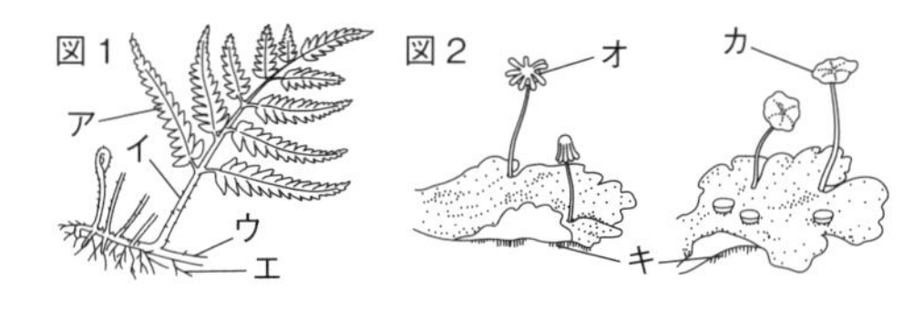

解説と解答

(1) ア・イは葉，ウは地下茎，エは根であり，エの根から水を吸収する。　**答** エ

(2) イヌワラビでは葉の裏，ゼニゴケでは雌株の雌器でつくられる。　**答** ア，オ

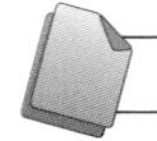

チャレンジ！入試問題

解答は，別冊 *p.43*

Q問題 1 明さんは，シダ植物の特徴を調べるために，イヌワラビの観察を行った。下の［　　］内は，観察中の明さんと先生の会話の一部であり，図は先生が説明に用いたイヌワラビの図である。

> 先生「図の各部分は，①根，茎，葉のどれにあたるか確認できましたね。それでは，イヌワラビの特徴を調べるために，葉の裏を観察してみましょう。」
>
> 【観察する】
>
> 明　「先生，袋のようなものがいくつもあります。これは何ですか。」
>
> 先生「袋のようなものは，胞子のうといいます。イヌワラビは，その胞子のうの中の②胞子でふえる植物です。では，胞子のうを白熱電球であたためて③乾燥させてみましょう。」

(1) 下線部①のそれぞれにあてはまるものを，図のア～エからすべて選び，記号で答えよ。

(2) 下線部②にあてはまる植物を，次の１～４から２つ選び，番号で答えよ。

　１　ゼニゴケ　　２　アブラナ　　３　ゼンマイ　　４　マツ

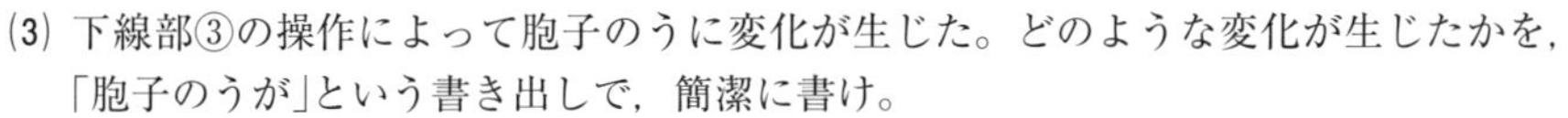

(3) 下線部③の操作によって胞子のうに変化が生じた。どのような変化が生じたかを，「胞子のうが」という書き出しで，簡潔に書け。

（福岡）

Q問題 2 まさみさんは，スギゴケとイヌワラビを観察し，それぞれ図１と図２のようにまとめた。このことについて，次の問いに答えよ。

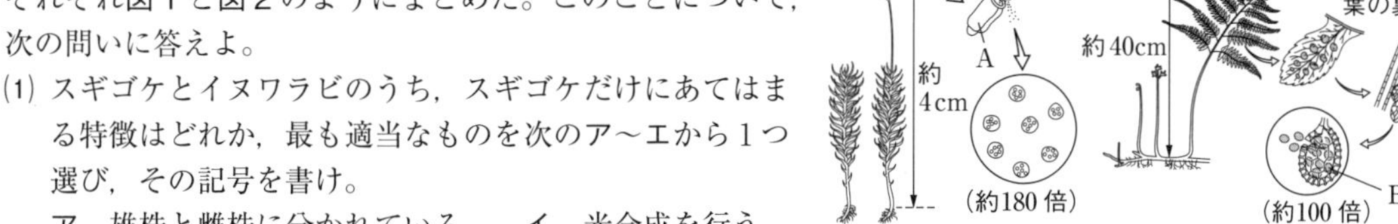

(1) スギゴケとイヌワラビのうち，スギゴケだけにあてはまる特徴はどれか，最も適当なものを次のア～エから１つ選び，その記号を書け。

　ア　雄株と雌株に分かれている　　イ　光合成を行う

　ウ　根・茎・葉の区別がある　　エ　種子をつくる

(2) 図１に示したＡと図２に示したＢは，同じ名称で呼ばれている。これらの部分を何というか，その名称を書け。

(3) スギゴケとイヌワラビは，水や養分をからだのどこから取り入れているか，それぞれの植物について，簡単に書け。

（三重改）

Q問題 3 シダ植物とコケ植物の共通点を次のア～オからすべて選び，記号で答えよ。

ア　胞子をつくる　　イ　精子は泳ぐことができる

ウ　卵をつくる部分は光合成をすることができる　　エ　雄株と雌株に分かれている

オ　水を吸収する部分は根である

（東大寺学園高）

▶ 植物の分類

1 単子葉類と双子葉類の相違

	子葉	葉脈	根の様子	植物の例
単子葉類	子葉1枚	平行脈	ひげ根	イネ科（イネ，トウモロコシ，スズメノカタビラ） ユリ科（ユリ，チューリップ） アヤメ，ツユクサ，タマネギ
双子葉類	子葉2枚	網状脈	主根　側根	キク科（キク，タンポポ） アブラナ科（アブラナ） マメ科（エンドウ） アサガオ，ツツジ

・子葉：発芽後，最初に出る葉
・葉脈：**葉に通るすじ**で，**師管と道管の２つの管**が束のように集まっており，これらの束を**維管束**という。
・師管：葉でつくられた**栄養分（有機養分）が通る管**。
・道管：**水や養分（無機養分）が通る管**で，**茎では維管束の内側**にある。
・形成層：双子葉類にある。形成層のはたらきで，茎が太る。

2 植物の分類

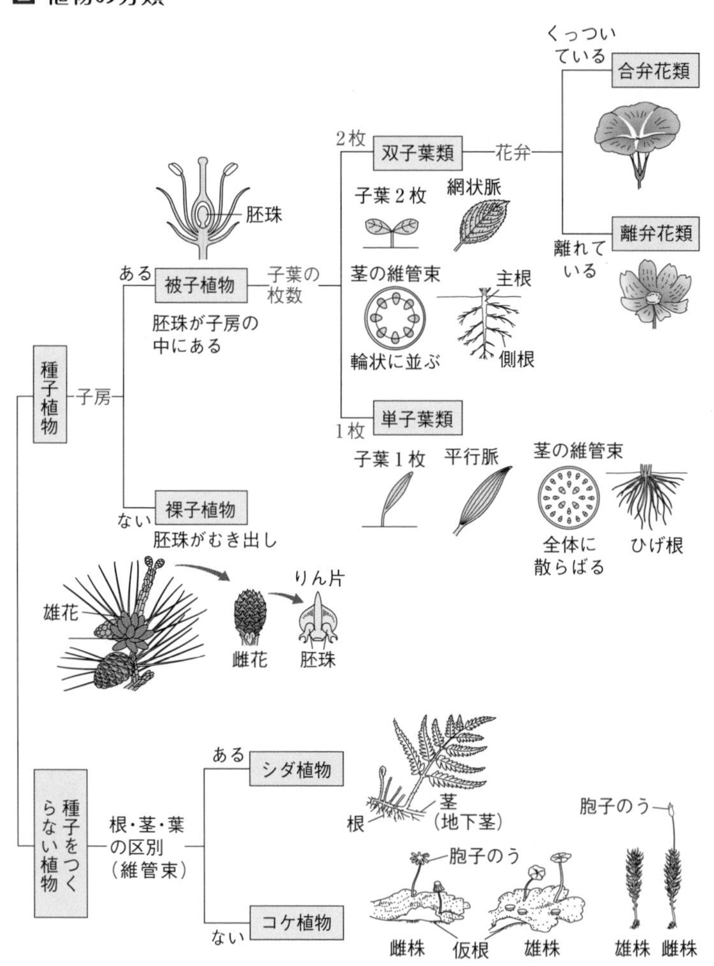

●双子葉類の分類
双子葉類は花弁のつくりによって**合弁花類と離弁花類に分類**できる。単子葉類にも合弁花と離弁花はあるが，双子葉類のように「科」によって区分できないため，単子葉類では分類をしない。

・裸子植物 例 マツ，スギ，ヒノキ，イチョウ，ソテツなど
・単子葉類 例 イネ科，ユリ科，アヤメ，ツユクサなど
・双子葉類 例 キク科，マメ科，アブラナ科，ユウガオ科など
・離弁花類 例 バラ科，マメ科，アブラナ科，ドクダミなど
・合弁花類 例 キク科，ウリ科，ヒルガオ科，ツツジなど
・シダ植物 例 イヌワラビ，スギナ，ゼンマイなど
・コケ植物 例 ゼニゴケ，スギゴケ，ヒカリゴケなど

●主な科の植物
アブラナ科：アブラナ，ダイコン
バラ科：バラ，サクラ，リンゴ
マメ科：エンドウ，ダイズ，アズキ
ユリ科：ユリ，チューリップ，ネギ
キク科：キク，タンポポ，ヒマワリ，アザミ，コスモス，ヒメジョオン
ウリ科：カボチャ，ヘチマ，キュウリ
ナス科：ナス，トマト，ジャガイモ
ヒルガオ科：アサガオ，サツマイモ
イネ科：イネ，ススキ，トウモロコシ

植物の例を覚えるときは**少ない方**を覚える。被子植物と裸子植物なら**裸子植物**，双子葉類と単子葉類なら**単子葉類**，合弁花類と離弁花類なら**合弁花類**。あと，**藻類**（そう）は**植物に含まれない**ことも要チェック！

用語チェック　1. 維管束　2. 科　3. 藻類　➡ p.189

塾技チェック！問題

問題 植物を，右の図のように観点1～4によって分類した。観点1は種子をつくるか，つくらないかである。この図について，次の問いに答えよ。

(1) 観点2と観点4にあてはまる適当なことばを書け。

(2) イヌワラビ，マツ，ツユクサをA～Cに分類せよ。

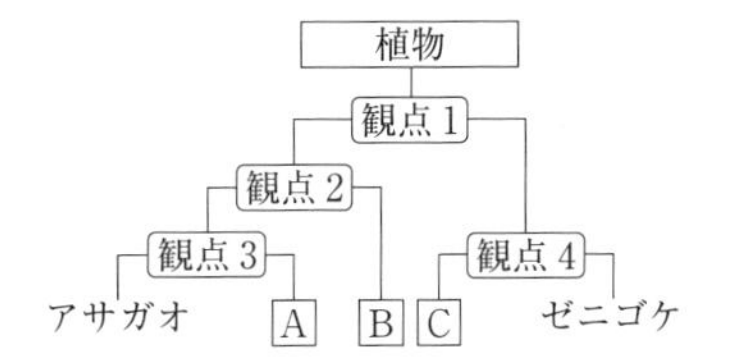

解説と解答

(1) 種子植物は，観点2の子房の有無により被子植物と裸子植物に分類でき，被子植物はさらに観点3で双子葉類(アサガオなど)と単子葉類(ツユクサなど)に分類できる。

答 **観点2：胚珠(はいしゅ)が子房の中にあるか，ないか。**

観点4：根・茎・葉の区別があるか，ないか。(維管束(いかんそく)があるか，ないか)

(2) **答** **イヌワラビ：C，マツ：B，ツユクサ：A**

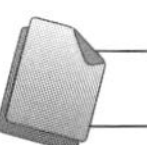

チャレンジ！入試問題

解答は，別冊 *p.44*

Q問題1 右の図は，植物をその特徴により分類したものである。マツ，ツユクサ，ワラビを観察して，その特徴を調べた。これらの植物は，図の①から⑤までのどれに分類されるか，それぞれ答えよ。 (愛知改)

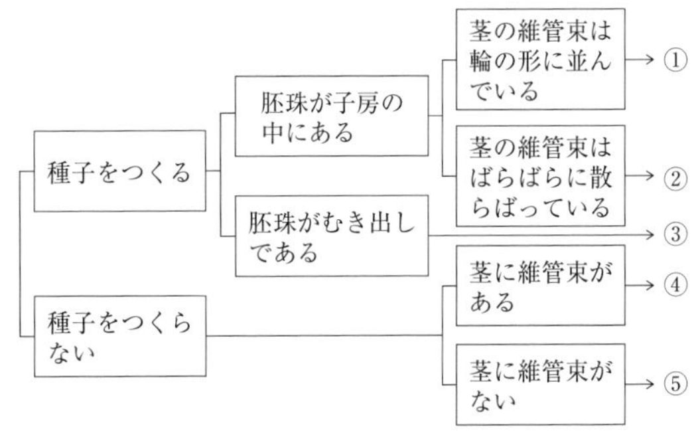

Q問題2 植物の分類に関する下の各問いに答えよ。ただし，あとの〔**生物名**〕より，Aは3種，Eは1種，残りはすべて2種ずつあてはまるとする。

(1) 右の図は，次に挙げた仲間を分類したものである。1～10にあてはまる項目を，あとのア～ツから1つずつ選び，記号で答えよ。

植物
- 1
  - 3 ……… A
  - 4 ……… B
- 2
  - 5 O ……… C
  - 6
    - 7 P
      - 9 Q ……… D
      - 10 ……… E
    - 8 ……… F

〔**生物名**〕 a スギゴケ　b イチョウ　c イヌワラビ　d トウモロコシ　e キク　f アブラナ　g ゼニゴケ　h アカマツ　i スギナ　j オニユリ　k アサガオ　l ゼンマイ

〔**項目**〕

ア 光合成をする	イ 光合成をしない	ウ おもに水中生活
エ おもに陸上生活	オ 維管束がある	カ 維管束がない
キ 子葉が1枚	ク 子葉が2枚	ケ 子葉が3枚以上
コ 花弁が合わさっている	サ 花弁がばらばら	シ 花弁がない
ス 種子をつくらない	セ 種子をつくる	ソ 胚珠がむき出し
タ 胚珠が子房の中にある	チ 花粉は風で運ばれる	ツ 花粉は虫で運ばれる

(2) 上の図のA～Fにあてはまる生物を，a～lよりすべて選び，記号で答えよ。

(3) 上の図のO～Qのグループの名称をそれぞれ漢字4文字で答えよ。(～類という表現でもよい)

(開成高改)

▶ 動物の分類

1 動物の分類

動物は，**背骨のある**セキツイ動物と，**背骨のない**無セキツイ動物に分類できる。

(1) セキツイ動物の分類

特徴＼種類	魚類	両生類	ハチュウ類	鳥類	ホニュウ類
体温	変温			恒温	
呼吸のしかた	えら	子:えら，皮膚（ひふ） 親:肺，皮膚	肺		
子の産まれ方	卵生 （水中に殻（から）のない卵）		卵生 （陸上に殻のある卵）		胎生（たいせい）
からだの表面	うろこ	湿った皮膚	うろこ 甲ら	羽毛	毛
具体例	メダカ フナ	カエル イモリ	トカゲ ヤモリ	ハト ペンギン	クジラ コウモリ

●セキツイ動物の分類の例外

① **卵胎生**
受精卵が母体内でふ化し，ある程度成長したあと，体外へ出ることを卵胎生という。マムシやグッピーなどは卵胎生である。

② **ホニュウ類における例外**
ホニュウ類のうち，カモノハシは胎生ではなく卵生である。また，クジラ・イルカの体表に毛はないが，ホニュウ類である。

③ **ホニュウ類の冬眠**
ホニュウ類のうち，クマは冬眠しても体温はあまり下がらないが，ヤマネ・コウモリ・リスは一定温度までは気温とともに体温が下がる。

(2) 無セキツイ動物の分類

無セキツイ動物は，**外骨格の有無**で分類でき，外骨格がないものは，さらに**外とう膜の有無**で分類できる。

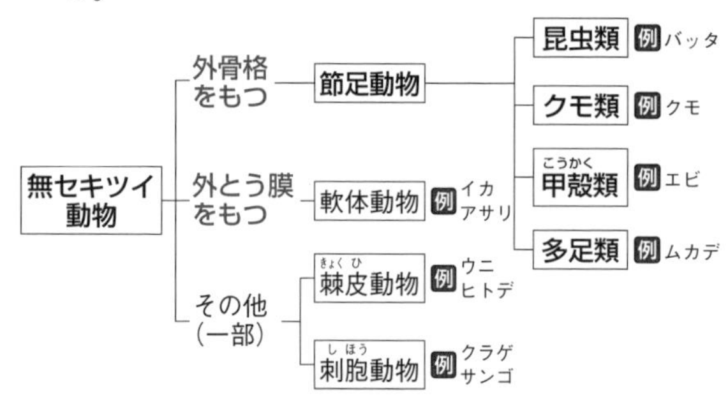

●イカのからだのつくり

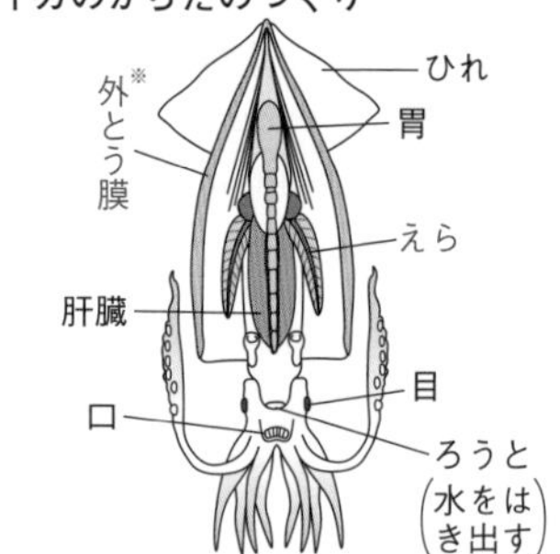

※外とう膜によって内臓を守っている。筋組織をもつ外とう膜は収縮し，ろうとからの噴水と，ひれ，外とう膜の収縮によって前後に自在に泳ぐ。

2 草食動物と肉食動物の違い

	草食動物	肉食動物
目のつき方	側面につき視野が広い →敵（てき）を見つけ逃げやすい	前面につき立体的な視野が広い→距離感がつかめる
歯	門歯：植物をかみ切る 臼歯（きゅうし）：植物をすりつぶす	犬歯：獲物をしとめる 臼歯：肉をひきちぎる
消化管	長い	短い
あし	ひづめがあるものが多く長距離を走るのに適する	するどいつめをもち獲物をとらえるのに役立つ

●草食動物のシマウマ

門歯と臼歯が発達

門歯　犬歯　臼歯

●肉食動物のライオン

犬歯と臼歯が発達

犬歯　門歯　臼歯

セキツイ動物の受精のしかたは，**魚類**（サメなどを除く）・**両生類は体外受精**で，**その他は体内受精**だぞ。

用語チェック　1. 変温・恒温　2. 外骨格　3. 節足動物　➡ p.189

塾技チェック！問題

問題 下の動物を右の図のように分類した。

コウモリ，イモリ，サメ，カメ，バッタ
ヤモリ，メダカ，クジラ，ペンギン，イカ

②，④，⑥に適する動物を，それぞれ答えよ。

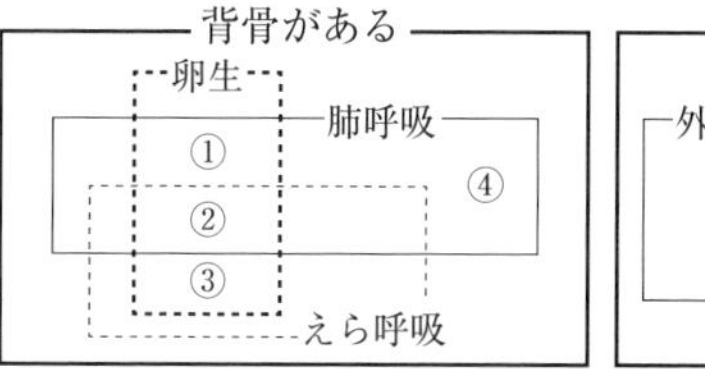

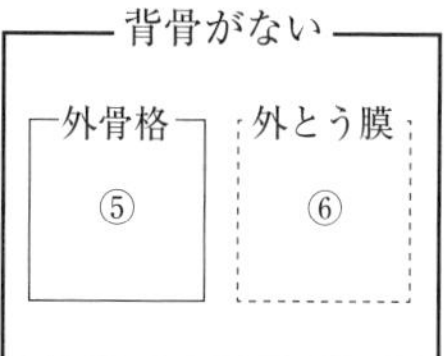

解説と解答

①は卵生・肺呼吸より，ハチュウ類または鳥類，②は卵生・肺とえら呼吸より両生類，③は卵生・えら呼吸より魚類，④は卵生でない・肺呼吸よりホニュウ類である。一方，⑤は節足動物，⑥は軟体動物である。

答 ②：イモリ，④：コウモリ・クジラ，⑥：イカ

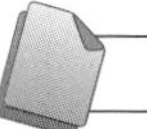

チャレンジ！入試問題

解答は，別冊 *p.45*

Q問題1 右の表は，セキツイ動物の５つのなかまの特徴を示したものであり，表中のＡ～Ｅは魚類，両生類，ハチュウ類，鳥類，ホニュウ類のいずれかを示している。

(1) 表のＡ～Ｅのうち，魚類とホニュウ類にあてはまるものをそれぞれ１つずつ選び，記号で答えよ。

(2) 表のＡ～Ｄはすべて「卵生である」が，このうち，殻(から)のある卵を産むものをすべて選び，記号で答えよ。

特　徴	A	B	C	D	E
背骨をもっている。	○	○	○	○	○
えらで呼吸する時期がある。	○		○		
肺で呼吸する時期がある。	○	○		○	○
卵生である。	○	○	○	○	
胎生である。					○
変温動物である。	○		○	○	
恒温動物である。		○			○

あてはまるものには○がつけてある。

（広島大附高）

Q問題2 水族館に出かけ，イワシ，イカ，エビ，クラゲ，ウミガメ，ペンギン，イルカ，カエルなど，さまざまな動物を観察した。次に観察した動物の特徴を調べ，図のように分類した。図の①から⑤までに分類した動物は，それぞれ魚類，両生類，ハチュウ類，ホニュウ類，鳥類のいずれかであり，ペンギンは④，エビは⑥，イカは⑦，クラゲは⑧の仲間に分類した。

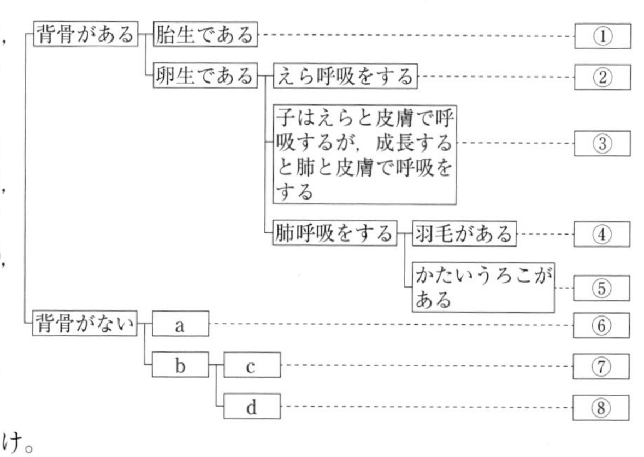

次の(1)～(3)までの問いに答えよ。

(1) 水族館で観察した動物のうち，③の仲間として分類した動物は何か。最も適当なものを，次のア～エまでの中から選び，その符号を書け。

ア　カエル　　イ　イワシ　　ウ　イルカ　　エ　ウミガメ

(2) 動物の体温と外界の温度の関係に注目すると，図の①から⑤までは，①，④のグループＸと，②，③，⑤のグループＹの２つに分類することができる。このグループＸの動物とグループＹの動物を比較したときの，グループＸの動物の体温の特徴を40字以内で述べよ。ただし，「グループＸの動物は，…」という書き出しで始め，「外界の温度」，「体温」という語を用いること。

(3) 図のａ，ｂ，ｃ，ｄには，それぞれ「外とう膜がある」，「外骨格がある」，「外とう膜がない」，「外骨格がない」のいずれかがあてはまる。図のａとｃにあてはまる語句をそれぞれ答えよ。

（愛知改）

塾技46 火山 大地の変化

▶ マグマと噴火

1 マグマの発生と噴火の仕組み

発生場所：マントル上部（地下 50km ～ 200km 位）

発生原因：プレートどうしの摩擦や圧力で，**岩石の一部がとけて発生**する。

<噴火の起こる仕組み>

① とけて**密度が小さくなったマグマが上昇**する。

② 地殻に**マグマだまりを形成**する。

③ マグマだまりが徐々に冷え，**鉱物とガスに分離**し，**地殻内部の圧力が強くなる**。

④ 地殻の弱い部分を破り噴火が起こる。

●マグマの発生と噴火

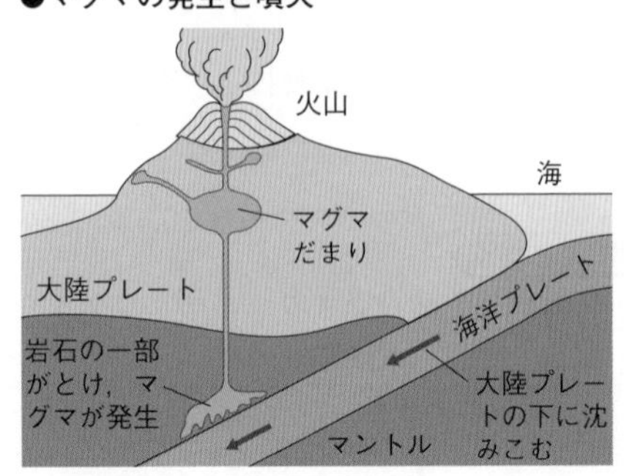

2 火山噴出物

火山噴出物は大きく３つに分けられる。

① **火山砕せつ物**（形・大きさ・状態で分類）

ふき出したときの状態	すでに固まっている	まだ固まっていない	
大きさ ＼ 形	特別の形がない	特別の形がある	小孔が多い
直径 64mm 以上	火山岩塊	火山弾	軽石
直径 64 ～ 2mm	火山れき		
直径 2mm 以下	火 山 灰		

② **溶岩**（地表に流れ出たマグマ）

③ **火山ガス**（**主成分は水蒸気** ＋ 二酸化炭素など）

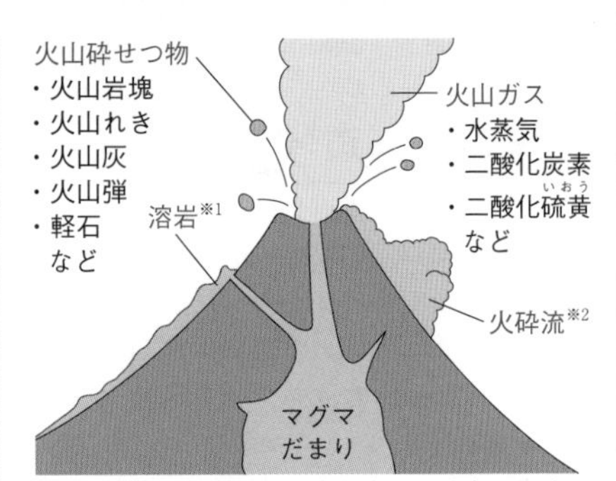

※1 マグマが地表に流れ出たもので冷えて固まっても溶岩という

※2 高温の火山ガスが火山灰などとともに高速で山の斜面を流れ下る現象

3 マグマの粘性（粘り気）と火山の形

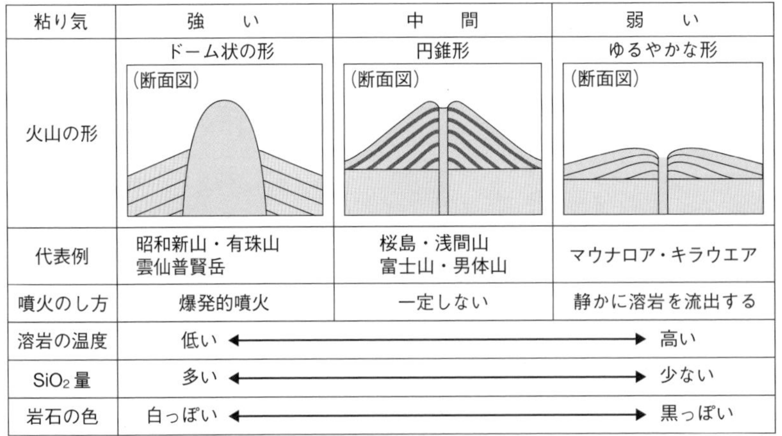

粘り気	強　い	中　間	弱　い
火山の形	ドーム状の形（断面図）	円錐形（断面図）	ゆるやかな形（断面図）
代表例	昭和新山・有珠山 雲仙普賢岳	桜島・浅間山 富士山・男体山	マウナロア・キラウエア
噴火のし方	爆発的噴火	一定しない	静かに溶岩を流出する
溶岩の温度	低い ←→ 高い		
SiO_2 量	多い ←→ 少ない		
岩石の色	白っぽい ←→ 黒っぽい		

（注意）三原山は粘り気が弱いマグマでできた，ゆるやかな形をした火山だが，円錐形の火山に分類されている。

●マグマの性質

マグマの性質はマグマに含まれる**二酸化ケイ素**（SiO_2）**の割合**と，**温度**で決まる。高温で，**二酸化ケイ素が少ない**ほど**粘性は小さく流れやすい**ため，溶岩は広範囲に広がり，**ゆるやかな形の火山**となる。一方，低温で**二酸化ケイ素が多い**ほど**粘性は大きく流れにくい**ため，ドーム状の形の火山になる。また，二酸化ケイ素が少ないほど黒く，多いほど白い岩石になる。

塾技解説 粘性が小さなマグマはガスが抜けやすくおだやかな噴火，粘性が大きなマグマはその逆で爆発的噴火だ。

用語チェック 1. マントル 2. プレート ➡ *p.190*

塾技チェック！問題

問題 次の文の ア ～ カ にあてはまる言葉を書け。

火山噴出物は，気体である ア ，液体である溶岩，固体である イ に大別される。 ア の主成分は ウ で， イ はさらに大きい順に火山岩塊， エ ， オ に分けられる。また， イ には特殊な形態を示す火山弾や小孔が多い軽石などがある。

火山の形はマグマに含まれる カ の割合や，マグマの温度で決まる。 カ の割合が少ないほど粘り気は弱く，岩石は黒っぽく，火山の形はゆるやかな形の火山となる。

解説と解答

火山噴出物は，固体，液体，気体に分かれ，固体の噴出物は，大きさ・形などで分類される。

答 ア：火山ガス，イ：火山砕せつ物，ウ：水蒸気，エ：火山れき，オ：火山灰，カ：二酸化ケイ素

チャレンジ！入試問題

解答は，別冊 *p.46*

Q 問題 1 次の(1)～(4)の火山の形を右のア～ウの中からそれぞれ1つ選んで，記号で答えよ。

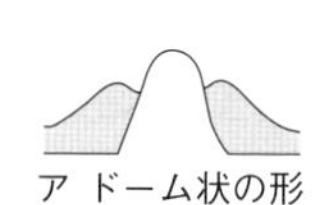
ア ドーム状の形

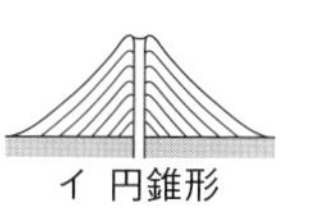
イ 円錐形

ウ ゆるやかな形

(1) 富士山　(2) 桜島　(3) 雲仙普賢岳　(4) マウナロア

(洛南高)

Q 問題 2 火山に関する文章を読み，以下の問いに答えよ。

火山の噴火のしかたは様々である。激しい爆発的な噴火をする火山もあれば，比較的おだやかに噴出物が流れ出す火山もある。このような噴火のしかたの違いは①マグマの粘性の違いが原因で生じている。粘性の大きなマグマは爆発的な噴火を引き起こす。マグマの粘性はマグマに含まれる二酸化ケイ素 SiO_2 の割合によって決まる。また，マグマに含まれる二酸化ケイ素の割合（質量％）によって，冷えた後の色にも違いが生じ，二酸化ケイ素が含まれる割合が多いほど岩石は白っぽくなる。火山の噴火によって地表に運び出された物質を②火山噴出物という。

(1) 下線部①に関して，二酸化ケイ素を多く含むマグマの粘性は大きいか，小さいか。

(2) 下線部②に関して，マグマが地表に流れ出したものを何というか。漢字で答えよ。

(3) 下線部②に関して，火山噴出物のうち，火山ガスの主成分は何か。漢字で答えよ。

(4) 下線部②に関して，高温の火山ガスと火山灰や火山弾などが高速で山腹を流れ下る現象を何というか。漢字で答えよ。

(西大和学園高)

Q 問題 3 ハワイのマウナロアおよび雲仙普賢岳について調べた結果を，表1のようにまとめた。

(1) 表1のⅰ～ⅳにあてはまる言葉として，最も適当な組み合わせを，表2の①～④より1つ選べ。

表1

火山の名前	火山の形	噴火の様子	岩石の色
マウナロア	うすく広がった平らな形	ⅰ	ⅲ
雲仙普賢岳	おわんをふせたようなドーム状の形	ⅱ	ⅳ

表2

	ⅰ	ⅱ	ⅲ	ⅳ
①	激しい(爆発的)	比較的おだやか	白っぽい色	黒っぽい色
②	激しい(爆発的)	比較的おだやか	黒っぽい色	白っぽい色
③	比較的おだやか	激しい(爆発的)	白っぽい色	黒っぽい色
④	比較的おだやか	激しい(爆発的)	黒っぽい色	白っぽい色

(2) 火山の形は噴火口から噴出するマグマのある性質に影響を受ける。マグマのどの性質が火山の形に最も影響を与えるか。また，その性質によりどのような形になるか，簡潔に書け。

(大阪教育大附高平野改)

▶ 火成岩とそのつくり

1 火成岩の組織(つくり)

マグマが冷えて固まってできた岩石を**火成岩**という。

火成岩 { 火山岩：マグマが地表や地表付近で急に冷え固まったもの
深成岩：マグマが地下深くでゆっくり冷え固まったもの }

〈火山岩のつくり〉
石基：非常に細かい結晶やガラスからなる
斑晶：石基の中に散らばって見える大きな結晶
斑状組織

〈深成岩のつくり〉
マグマが地下深い所でゆっくり冷やされるため結晶が大きく成長してできる
等粒状組織

火山岩（地表や地表付近で急に固まる）
マグマ
岩床（地層面に平行に固まったもの）
深成岩（地下深くでゆっくり固まる）

●ミョウバン水溶液実験
60℃におけるミョウバンの飽和水溶液A，Bをつくり，Aはぬるま湯で，Bは氷水で冷やすと，Aは大きな結晶，Bは細かい結晶ができる。

2 鉱物

火成岩は何種類かの鉱物が集まってできている。火成岩などの**岩石をつくっている鉱物**を**造岩鉱物**といい，**白または透明の無色鉱物**と，**有色鉱物**に分けられる。

	無色鉱物		有色鉱物				
	セキエイ	チョウ石	クロウンモ	カクセン石	キ石	カンラン石	磁鉄鉱
鉱物							
特徴	無色か白色で不規則に割れる	白色か薄桃色で決まった方向に割れる	黒色で決まった方向にうすくはがれる	暗緑色または緑黒色で長い柱状	暗緑色で短い柱状	うすい緑色で不規則に割れる	黒色で表面は光沢があり磁石につく

●鉱物を見分けるポイント
ポイント① 無色鉱物の見分け方
→ セキエイは不規則に，チョウ石は規則的に割れる。
ポイント② 有色鉱物の見分け方
→ クロウンモは規則的に割れ，磁鉄鉱は磁石につく。

●火成岩の色と鉱物
無色鉱物の割合が多いほど，二酸化ケイ素の量も多く，岩石は白っぽくなる。

3 火成岩の種類

火成岩は，**1**の**組織**と**2**の**鉱物の組み合わせ**で，下の図のように分類できる。

深成岩	花こう岩	せん緑岩	斑れい岩
火山岩	流紋岩	安山岩	玄武岩
二酸化ケイ素の量	多い ←	中間	→ 少ない
全体の色	白っぽい ←	中間	→ 黒っぽい

造岩鉱物の割合〔%〕（100, 50, 0）
セキエイ　チョウ石　カンラン石　キ石　カクセン石　クロウンモ

●火成岩の覚え方
シン(深成岩)・**カン**(花こう岩)・**セン**(せん緑岩)・**ハ**(斑れい岩)・**カ**(火山岩)・**リ**(流紋岩)・**ア**(安山岩)・**ゲ**(玄武岩)

●鉱物の覚え方
「**A席**(セキエイ)**ちょう**だい(チョウ石)」「**う〜んも**う(クロウンモ)**隠せん**(カクセン石)**奇跡**(キ石)の**観覧席**(カンラン石)」

1の組織と**2**の表は**非常に大切**！とくに**3**の表はごろ合わせを利用し**造岩鉱物もしっかり覚えよう。**

用語チェック 1. 鉱物 ➡ p.190

塾技チェック！問題

問題 右の図は火成岩をルーペで観察し，スケッチしたものである。

⑴ 図１のＡの部分と，図２のような岩石のつくりをそれぞれ何というか。

⑵ 図２のＢは白色で，決まった方向に割れた。この鉱物を何というか。

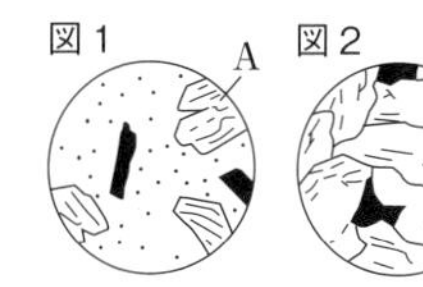

解説と解答

⑴ 図１は火山岩で，小さな粒の石基と大きな粒の斑晶(はんしょう)からなる。 **答 A：斑晶，つくり：等粒状組織**

⑵ 白色の造岩鉱物で，決まった方向に割れることより，Ｂはチョウ石とわかる。 **答 チョウ石**

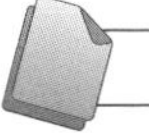

チャレンジ！入試問題

解答は，別冊 *p.47*

Q問題 1 ある火山Ｘと火山Ｙの火山灰を観察したところ，火山Ｘの火山灰中にはカンラン石やキ石が多く，火山Ｙの火山灰中にはセキエイやチョウ石が多く含まれていた。次の文は，このちがいをまとめたものである。文中の(　)に適する語句をそれぞれ選ぶと，下のア～カのどの組み合わせになるか。

> 観察の結果より，火山Ｘの噴出物(ふんしゅつ)の色は火山Ｙより([a]白っぽい，[b]黒っぽい)ことがわかる。したがって，火山Ｘは火山Ｙよりマグマの粘(ねば)り気が([c]大きく，[d]小さく)，火山の形は([e]傾斜がゆるやかな形，[f]ドーム状の形)をしていると推測される。

ア ａとｃとｅ　イ ａとｃとｆ　ウ ａとｄとｅ　エ ｂとｃとｆ　オ ｂとｄとｅ　カ ｂとｄとｆ　(高田高)

Q問題 2 次の文は，太郎さんと花子さんが，理科室にあった３種類の火成岩Ａ，火成岩Ｂ，火成岩Ｃを観察したときの会話の一部である。⑴～⑷の各問いに答えよ。

> 〔太郎〕ＡはＢに比べて黒っぽいね。
> 〔花子〕ＡやＢでは，同じくらいの大きさの鉱物がきっちりと組み合わさっているわ。
> 〔太郎〕そうだね。Ｃでは，<u>大きな鉱物</u>が，ごく小さな鉱物の集まりやガラス質の部分の中に散らばっているよ。
> 〔花子〕Ｃに含まれている鉱物の種類は，Ａに含まれている鉱物の種類とよく似ているけど，つくりがちがうね。

⑴ 文中の下線部のような，大きな鉱物の結晶を何というか，書け。

⑵ 火成岩Ｃのようなつくりは，地下の深いところよりも，地表付近の浅いところでできやすい。その理由を書け。

⑶ 火成岩Ａ，火成岩Ｂ，火成岩Ｃの組み合わせとして最も適当なものを，右のア～エの中から１つ選び，記号を書け。

	火成岩Ａ	火成岩Ｂ	火成岩Ｃ
ア	玄武岩	流紋岩	斑れい岩
イ	斑れい岩	花こう岩	玄武岩
ウ	流紋岩	玄武岩	花こう岩
エ	花こう岩	斑れい岩	流紋岩

⑷ 火成岩を調べることで，それらがつくられた火山の形や噴火の様子を推測することができる。表は，火成岩と，各火成岩がつくられた火山におけるマグマの粘り気との関係を表したものである。流紋岩がつくられた火山の形と噴火の様子はどうだったと考えられるか。その組み合わせとして最も適当なものを，次のア～エの中から１つ選び，記号を書け。　(佐賀改)

表

	マグマの粘り気
玄武岩，斑れい岩	弱い
安山岩，せん緑岩	↕
流紋岩，花こう岩	強い

	火山の形	噴火の様子
ア	傾斜のゆるやかな形	激しい爆発をともなう噴火
イ	傾斜のゆるやかな形	おだやかに溶岩を流しだす噴火
ウ	ドーム状の形	激しい爆発をともなう噴火
エ	ドーム状の形	おだやかに溶岩を流しだす噴火

塾技 48 地震 大地の変化

▶ 地震

1 地震発生の原因と地震の型

原因：**海洋プレート**が**大陸プレート**へ**沈みこむ**ため

型：① **海溝型地震**（プレート境界地震）

② **内陸型地震**（大陸プレート内地震）

●海溝型地震

大陸プレートの反発によって起こる。

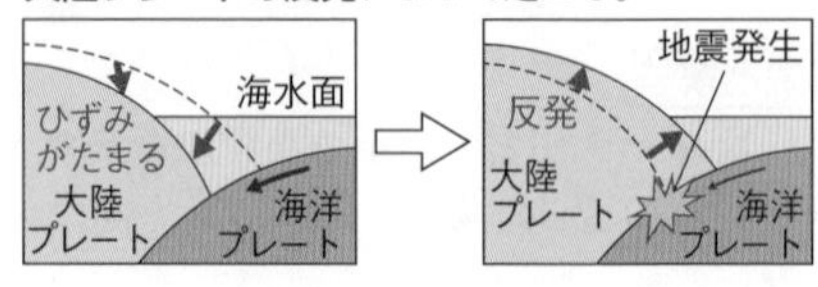

2 震源と震央

震源：地震が**発生した場所**。震源から震動が**波**となり，**四方八方へ同心円状**に伝わる。

震央：**震源の真上**の地表の地点。**地表面のゆれ**は，**震央を中心に同心円状**に拡がる。

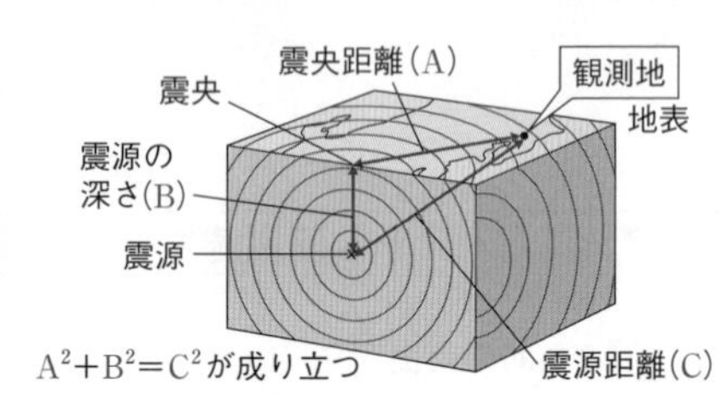

$A^2+B^2=C^2$が成り立つ

3 地震の伝わり方

震源で速さの異なる**P波とS波が同時に発生**

⇩ （同心円状に周囲に伝わる）

P波到着で小さなゆれ（**初期微動**）が始まる。

⇩ （この間の時間を**初期微動継続時間**という）

S波到着で大きなゆれ（**主要動**）が始まる

⇩

しだいにゆれが小さくなって消える

P波：Primary wave（最初の波）の頭文字。6～8km/sの縦波。

S波：Secondary wave（二番目の波）の頭文字。3～5km/sの横波。

●地震計の記録

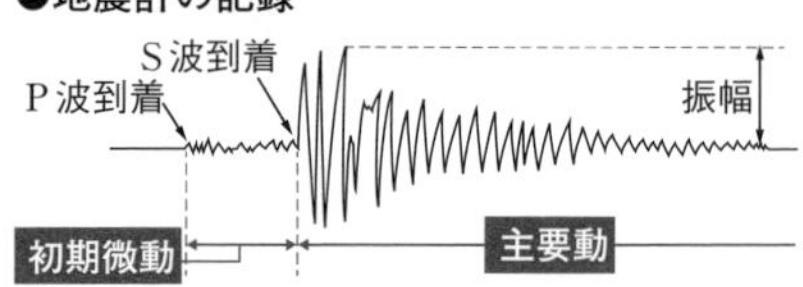

4 初期微動継続時間（P-S時間）

初期微動継続時間は**震源距離に比例**する。右の図で，

a：b：c＝d：e：f

が成り立つ。

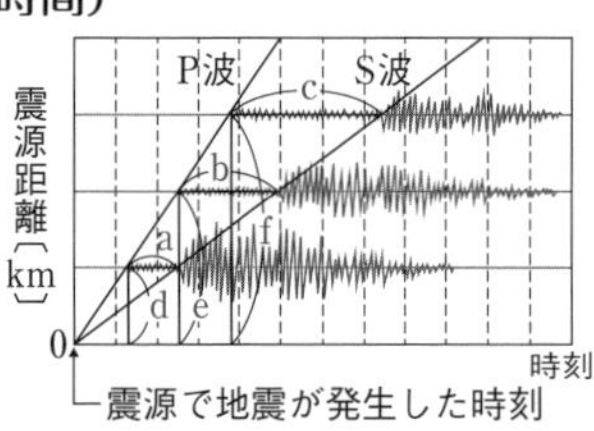

例題 右の図で，P－S時間が20秒の地点の震源距離を求めよ。

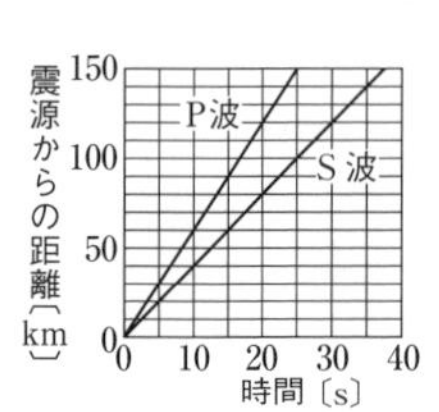

解 P－S時間が5秒の地点は60kmなので，$60 \times 4 =$ **240〔km〕**

5 震央の特定

① 震源の深さが**ごく浅い地震**では，**震源距離の比 ＝ 震央距離の比**と考えて特定。

② P波到達時刻や**P－S時間が等しい地点**の**垂直二等分線の交点**を作図することで特定。

③ 震源距離の異なる3地点を中心にそれぞれ**震源距離を半径とする円**をかき，**3円の共通弦の交点**を作図することで特定。

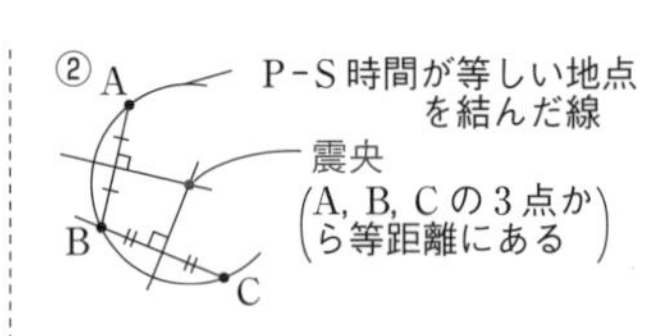

③ 震源は，A，B，Cをそれぞれ中心とし，震源距離を半径とした3つの半球の表面が交わった場所にある。

この分野は用語もよく問われる。「**震源**」と「**震央**」，「**震度**」と「**マグニチュード**」の違いには要注意！

用語チェック 1. 内陸型地震 2. 縦波・横波 3. 地震計 4. 震度・マグニチュード ➡ p.191

塾技チェック！問題

問題 右の表は，地表付近を震源とする地震についての地点A～Cのデータ，図は，地表に置かれた地震計A，B，Cを上から見下ろしたものである。xの値を求め，震央として最も適当な地点を図のア～オから1つ選べ。

地点	初期微動の始まりの時刻	主要動の始まりの時刻	震源距離
A	午前9時26分01秒	午前9時26分05秒	$x$km
B	午前9時25分58秒	午前9時26分00秒	20km
C	午前9時26分07秒	午前9時26分15秒	80km

A ×ア
×イ ×ウ
B
×エ C
×オ

解説と解答

表より，地点A～Cの初期微動継続時間はそれぞれ，4秒，2秒，8秒とわかる。「**塾技48 4**」より，xは，地点Bの震源距離の2倍の40kmとわかり，「**塾技48 5**」①より，震央は地点A，B，Cからそれぞれ，40：20：80＝2：1：4付近にある地点イとわかる。

答 x：40，震央：イ

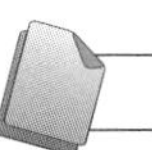

チャレンジ！入試問題

解答は，別冊 *p.48*

問題1 図1は，栃木県北部で起こったある地震のゆれを新潟県の観測地点Aの地震計で記録したものである。また，図2は，この地震が発生してからP波およびS波が届くまでの時間と震源からの距離との関係を示したものである。あとの問いに答えよ。

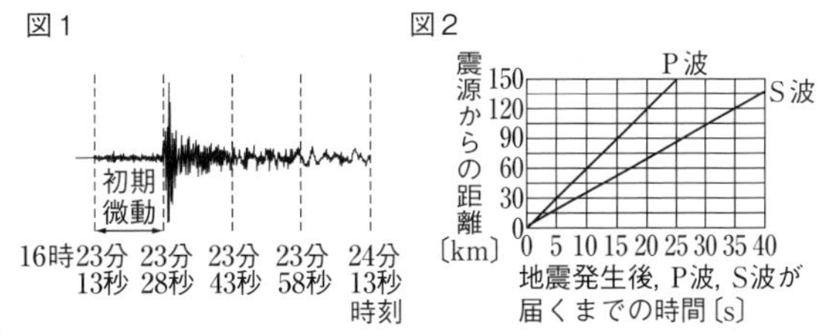

(1) 初期微動に続く大きなゆれを何というか，書け。

(2) 過去にくり返し地震を起こし今後も地震を起こす可能性がある断層を何というか，書け。

(3) 図1と図2から，

① この地震の震源から観測地点Aまでの距離はいくらと考えられるか，書け。

② 地震が発生した時刻は何時何分何秒と考えられるか，書け。

(4) 右の図3は，地震発生から緊急地震速報が受信されるまでの流れを表している。この地震で，震源からの距離が30kmの地点に設置されている地震計がP波をとらえ，緊急地震速報が発信されたとき，震源からの距離が60kmの地点で，緊急地震速報を受信してからS波が届くまで何秒かかると考えられるか，図2，図3をもとに書け。ただし，震源から30kmの地点の地震計が最初にP波を観測してから，震源から60kmの地点で緊急地震速報を受信するまでに5秒かかったとする。（群馬）

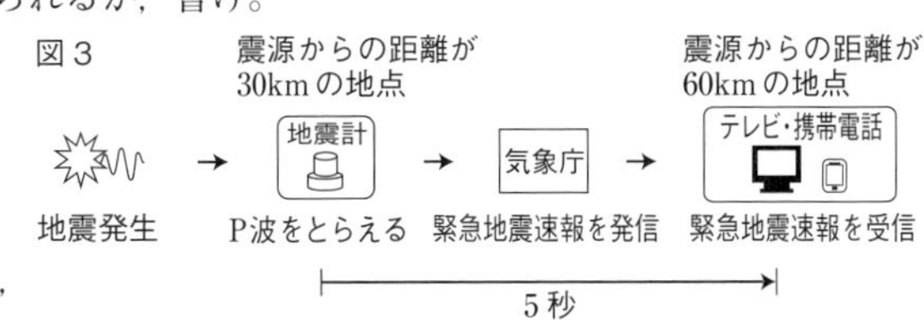

問題2 ある地震波の到達時刻を，震源から離れたX～Zの3地点で観測した結果をまとめると右の表のようになった。表中の“—”は，測定機器の不具合により，データが得られなかったことを表している。地震波は地形や地質に関係なく一定の速度で伝わるものとして，下の(1)～(4)に答えよ。

地点	P波の到達時刻	S波の到達時刻	震源からの距離
X	8時15分23秒	—	63km
Y	8時15分29秒	—	105km
Z	8時15分32秒	8時15分50秒	

(1) P波の速度は何km/sか。

(2) 地震発生時刻は何時何分何秒か。

(3) 震源からZ地点までの距離は何kmか。

(4) S波の速度は何km/sか。

（清風高）

塾技49 地層① 大地の変化

▶ 地層と堆積岩

1 地層

風化によりもろくなった岩石が，**流水の３作用**などで，れき・砂・泥として**河口に運ばれ堆積**(たいせき)し，**層状に積み重なったもの**を地層という。地層をつくる堆積物の粒の大きさは，大地や海面の変動で変わる。

土地の隆起または海面の下降
⇨ 上の層へいくほど堆積物が大きくなる
土地の沈降または海面の上昇
⇨ 上の層へいくほど堆積物が小さくなる

2 堆積岩(たいせきがん)

地層をつくる押し固められた岩石を堆積岩という。堆積岩は，① 粒の大きさ　② 成分で分類できる。

① 粒の大きさによる分類

	れき岩	砂岩	泥岩
表面の拡大図	2mm	2mm	2mm
粒の直径	2mm 以上	$2 \sim \frac{1}{16}$ mm	$\frac{1}{16}$ mm 以下
でき方	小石（れき）が砂などといっしょに固まる	おもに砂が固まる	泥が固まる

② 成分による分類

石灰岩：**貝・サンゴ・フズリナ**の遺がいなど石灰質（**炭酸カルシウム**）の堆積物

チャート：**ホウサンチュウ・ケイソウ**の遺がいなどケイ酸質（**二酸化ケイ素**）の堆積物

凝灰岩(ぎょうかいがん)：**火山灰**や軽石などが堆積したもの

●**堆積岩と火成岩の相違**
・**堆積岩**は流水の働きなどで削られるため**粒が丸いが**，**火成岩の粒は角ばっている。**
・**堆積岩**は**化石を含むことがある**が，**火成岩**は元がマグマなので生物がおらず，混じった死がいも熱でなくなってしまうため，**化石を含まない。**

●**①における留意点**
・れき岩は，れきのみでできるのではなく，れきが泥や砂で固められた岩石である。
・泥岩は，さらに粒の大きさで２つに分類でき，$\frac{1}{16} \sim \frac{1}{256}$ mm のものをシルト岩，$\frac{1}{256}$ mm 以下のものを粘土岩という。
・$\frac{1}{16}$ mm は 0.06mm とされることもある。

●**②における留意点**
・**石灰岩**は炭酸カルシウムが主成分のため，**塩酸と反応し二酸化炭素が発生**するが，**チャートは塩酸と反応しない。**
・チャートは深海ででき，二酸化ケイ素でできた鉱物のセキエイと同様，非常にかたい。
・凝灰岩の粒は他の堆積岩と違い角ばっている。

3 化石

(1) **示相化石**
地層が堆積した当時の**自然環境を知る手がかり**となる化石を示相化石という。

(2) **示準化石**
地層が堆積した**年代を知る手がかり**となる化石を示準化石という。

●**示相化石**
サンゴ：あたたかくて浅い海
アサリ・ハマグリ：浅い海
ホタテガイ：冷たい海
シジミ：河口や湖
ブナ：温帯でやや寒冷

●**示準化石**
三葉虫・フズリナ：古生代
アンモナイト・恐竜：中生代
ビカリア・ナウマンゾウ：新生代

岩石は，マグマが冷えて固まった火成岩・積もって固まった堆積岩・変成岩の３つに分類されるぞ。

用語チェック　1. 風化　2. 流水の３作用　3. 示相化石・示準化石　4. 変成岩　➡ p.191

塾技チェック！問題

問題 堆積岩(たいせきがん)に関して，次の問いに答えよ。

(1) れき岩，砂岩，泥岩は，それらを構成する粒の大きさによって区別される。砂岩と泥岩を区別するとき，境界となる粒の直径は何 mm か。分数で答えよ。

(2) チャートの主な成分になる微生物の死がいが堆積する場所はどこか。次のア～エの中から最も適当なものを１つ選べ。

ア　扇状地　　イ　三角州　　ウ　陸地近くの浅い海底　　エ　陸地から遠くはなれた深い海底

解説と解答

(1) 答 $\frac{1}{16}$mm

(2) チャートは深い海底で堆積し，成分がセキエイに近いため非常にかたい。

答 エ

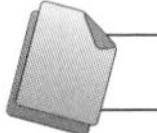

チャレンジ！入試問題

解答は，別冊 *p.49*

Q問題 1 右の図は，ある地点で見られる地層の重なりや，それらの地層をつくっている堆積岩や化石についてまとめたものである。このことについて，次の各問いに答えよ。

層A：岩石に含まれる主な粒の大きさが直径2mmより小さい。
層B：岩石に含まれる主な粒の大きさが直径2mm以上である。
層C：凝灰岩でできている。
層D：岩石に含まれる主な粒の大きさが直径2mmより小さい。アンモナイトの化石が見られる。
層E：石灰岩でできている。

(1) 層Ｂで見られる堆積岩は何と考えられるか，最も適当なものを次の**ア～エ**から１つ選び，その記号を書け。

ア　泥岩　　**イ**　砂岩
ウ　れき岩　　**エ**　花こう岩

(2) 層Ｄで見られるアンモナイトの化石のように，地層ができた時代を推定することができる化石を何というか，その名称を書け。また，層Ｄが堆積したのはいつの時代だと考えられるか，最も適当なものを次の**ア～ウ**から１つ選び，その記号を書け。

ア　古生代　　**イ**　中生代　　**ウ**　新生代

(3) 図の地層をつくっている堆積岩から，かつて火山活動があったことがわかる。かつて火山活動があったことがわかるのはなぜか，その理由を「火山灰」という言葉を使って，簡単に書け。　　(三重改)

Q問題 2 日本の各地から４種類の岩石を集め，観察を行った。そのスケッチが図のア～エである。以下の問いに答えよ。

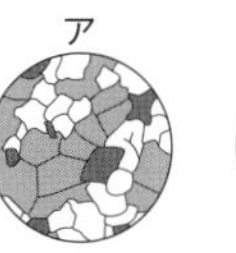

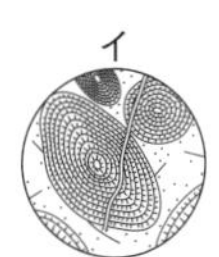

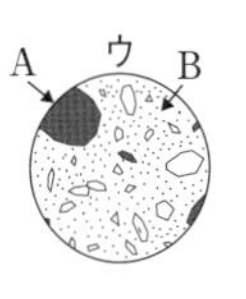

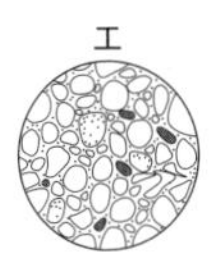

(1) ア～エのうち，うすい塩酸をかけると気体が発生するのはどれか。記号で１つ答えよ。また，その気体の名称を答えよ。

(2) ア～エのうち，岩石の作られた年代がわかる化石が含まれているのはどれか。記号で答えよ。

(3) (2)のような，岩石の作られた年代を知る手がかりとなる化石を一般に何化石というか。

(4) ウのA，Bの部分をそれぞれ何というか。また，このような組織を何というか。

(5) ア～エのうち，マグマが冷えて固まった岩石はどれか。記号で２つ答えよ。また，それぞれの岩石のできた場所やでき方を説明せよ。

(6) ア～エの岩石の名称として適当なものを次からそれぞれ１つずつ選び，番号で答えよ。

① セキエイ　　② カコウ岩　　③ チャート　　④ 石灰岩
⑤ ゲンブ岩　　⑥ 砂岩　　⑦ ウンモ

(高知学芸高)

塾技（ワザ） 50 地層② 大地の変化

▶ 大地の変動と地層

1 しゅう曲

地層が左右から圧縮され，**波を打ったように変形**した状態のものを**しゅう曲**という。ヒマラヤ山脈やアルプス山脈はしゅう曲によってできた山脈である。

●しゅう曲

右のしゅう曲の図で，谷にあたる部分を向斜，山にあたる部分を背斜という。

背斜　向斜

2 断層

プレートの衝突で地下の岩石に大きな力がはたらき，岩石が破壊されると地震が起こるが，大規模な破壊では**大地にずれ**が生じる。この大地のずれを**断層**という。断層はずれ方により，① 正断層　② 逆断層　③ **横ずれ断層**がある。

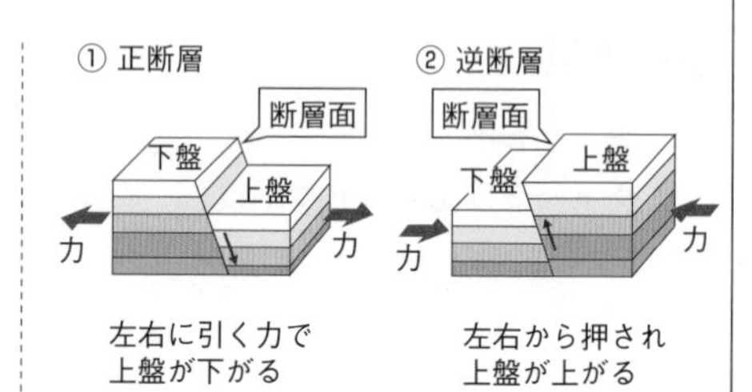

左右に引く力で上盤が下がる　　左右から押され上盤が上がる

3 整合と不整合

整合：**地層の堆積が連続**してつくられる重なり方。

不整合：**地層の堆積に中断**がある重なり方で，
隆起 → 侵食 → 沈降 → 堆積によって形成。

●整合　**●不整合**

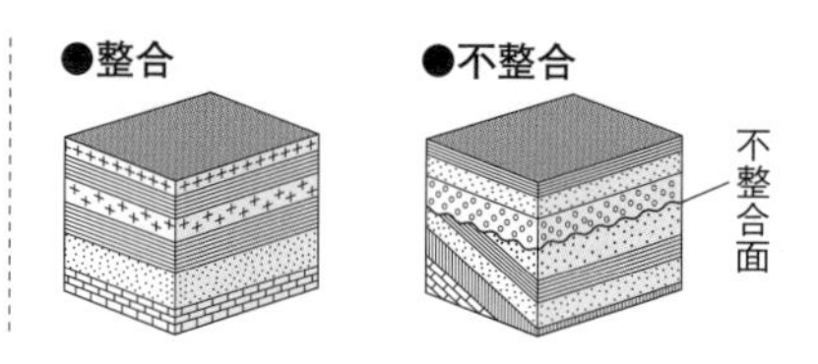

4 地層の読み方

① 層の重なる順で読む

堆積がひと続きに連続した地層は，**上にある地層ほど新しい**。（**地層累重の法則**）

② 粒の大きさで読む

粒の大きさが**上にいくほど大きくなる**

⇨ **海水面の低下**（**海底の隆起**）で，河口との距離がしだいに短くなった。

粒の大きさが**上にいくほど小さくなる**

⇨ **海水面の上昇**（**海底の沈降**）で，河口との距離がしだいに長くなった。

③ しゅう曲・断層・不整合面から読む

とくに，**断層がどの層まで切っているか**に着目する。

④ 柱状図から読む

同じ**鍵層の上面**（**下面**）**の標高**を求める。鍵層としては**凝灰岩の層**がよく利用される。

●断層の切り方から読む

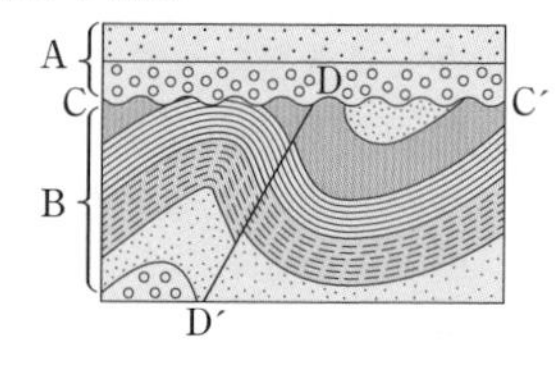

右の図で，断層D－D´は不整合面C－C´を切っていないことから，地層B→しゅう曲→断層D－D´→不整合面C－C´（風化・侵食）→沈降後，地層Aの順にできたことがわかる。

●柱状図から土地の傾きを読む

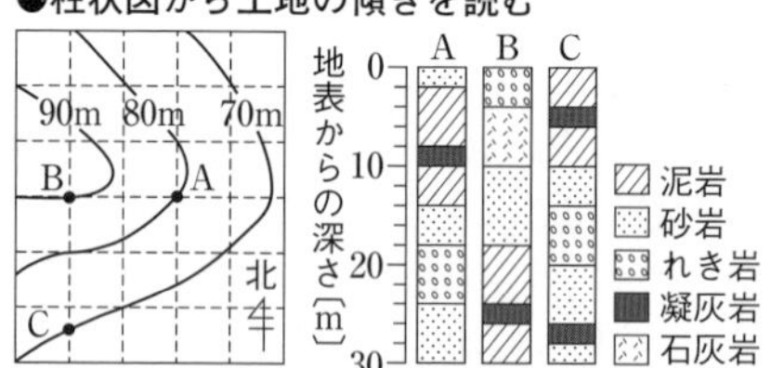

凝灰岩上面の標高は，A：80 － 8 ＝ 72〔m〕，B：90 － 24 ＝ 66〔m〕，C：70 － 4 ＝ 66〔m〕となるので，B－C（南北）方向は水平だが，A－B（東西）方向に傾いていることがわかる。

しゅう曲も**逆断層**もともに**左右から押される力**でできるが，その差は**地盤のかたさの違い**で決まるぞ！

用語チェック　1. 横ずれ断層　2. 不整合　3. 柱状図　4. 鍵層 ➡ p.192

塾技チェック！問題

問題 右の図は，ある場所で地層の重なりが見られる露頭（ろとう）を観察したときのスケッチである。次の問いに答えよ。

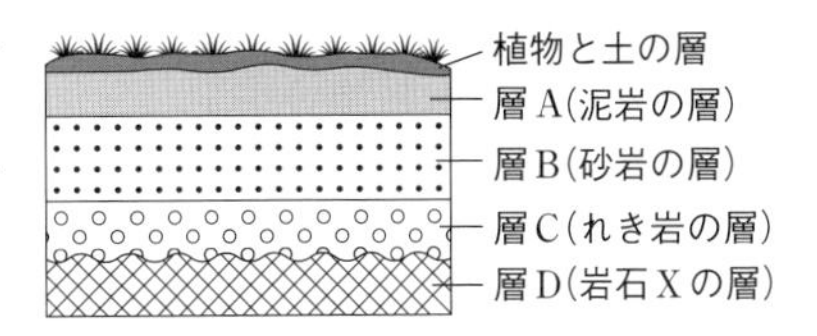

(1) 岩石Xのかけらにうすい塩酸をかけたところ，気体を発生しながらとけた。岩石Xの名称を答えよ。

(2) 層Dができた後，層Cができるまでの大地の動きに適するものを，起こった順に記号で並べよ。

ア　層Cの形成　　イ　風化や侵食　　ウ　海底の隆起　　エ　海底の沈降

解説と解答

(1) 石灰岩の主成分は炭酸カルシウムで，塩酸をかけると二酸化炭素が発生する。　**答 石灰岩**

(2) 層Dと層Cの間の不整合面より，層Dの形成後に一度隆起し，風化や侵食後，再び沈降し，層Cが形成されたことがわかる。　**答 ウ→イ→エ→ア**

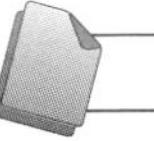

チャレンジ！入試問題

解答は，別冊 *p.50*

Q問題 1 ある地域において，ボーリングによる地質調査が行われた。図1は，この地域の地形を表したもので，A～Eは調査が行われた地点を示している。なお，実線は等高線，数字は標高〔m〕である。図2は，この調査により作成したA～D地点の地層の柱状図である。図1のE地点で行われた調査において，地表からの深さが12mのところで得られた岩石は何か。ただし，この地域の地層は，ずれたりせず，同じ厚さ，同じ角度で，ある一定方向に傾いているものとする。（福島改）

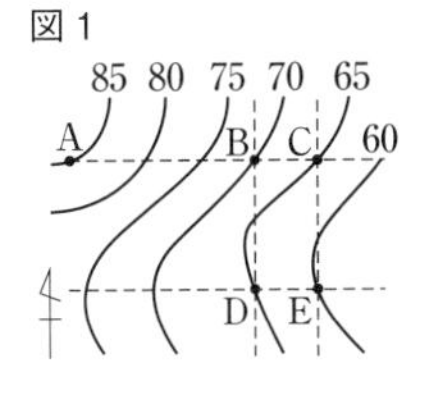

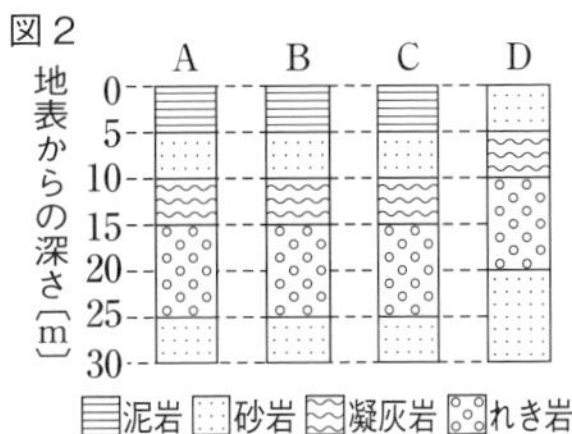

Q問題 2 次の文章を読んであとの問いに答えよ。

地層や岩石を調べると，その土地の歴史を知ることができる。

S君の町には切り立ったがけがあり，地層が見えている。右の図はその地層を模式的に示したものである。<u>図のX－X′は，風化，侵食を受けた不規則な凹凸であり，その上にはれき岩が見られる。</u>

(1) 次のア～エはどの順に起こったと言えるか。古いものから順に記号で答えよ。

ア　地層M層の堆積（たいせき）　　イ　地層N層の堆積

ウ　X－X′の形成　　エ　地層N層の傾きとY－Y′の形成

(2) 下線部のことから，この土地の隆起・沈降が見てとれる。この地層から判断すると，この土地は少なくとも何回隆起したと考えられるか。その回数を答えよ。

(3) M層の地層の一部を見てみると，下から「泥岩」→「砂岩」→「れき岩」の順になっている部分があった。このことから，この部分が堆積した期間の大地の動きについて推測できることを次のア～オから選び記号で答えよ。なお，大地の隆起・沈降は，ゆっくりと行われたものとする。

ア　地球の温暖化により，海水面が上昇した。

イ　浅い海の海底が沈降した後，元の深さまで隆起した。

ウ　深い海の海底が隆起した後，元の深さまで沈降した。

エ　深い海の海底が隆起して浅い海になった。

オ　浅い海の海底が沈降して深い海になった。

（青雲高改）

塾技 51 生物と細胞 生物のつくりとはたらき

▶ 植物細胞と動物細胞

1 植物細胞と動物細胞のつくりとはたらき

細胞（cell：**小さな部屋**という意味をもつ）は**生命の基本単位**で，核と細胞質（細胞膜は細胞質の一部）からなる。植物細胞ではさらに，細胞膜の外側に細胞壁がある。

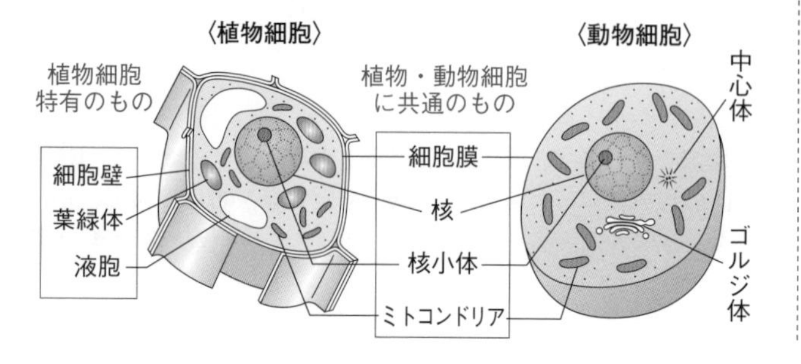

●細胞の各部分とはたらき
- **核**：中に遺伝子をのせた**染色体をもつ**。
- **細胞膜**：細胞内外を区切るとともに**物質の出入りを調節**する。
- **葉緑体**：葉緑素（クロロフィル）を含み**光合成を行う**。
- **液胞**：細胞中の水分量の調節や**糖・無機塩類・不要物などを蓄積**する。
細胞膜と，その内側で核を含まない部分をまとめて細胞質という。細胞質にはその他，ミトコンドリア，ゴルジ体，中心体などがある。
- **細胞壁**：細胞内の保護と**形の保持**

2 植物の細胞と動物の細胞の観察

核を染めるための**染色液を用いて観察**する。

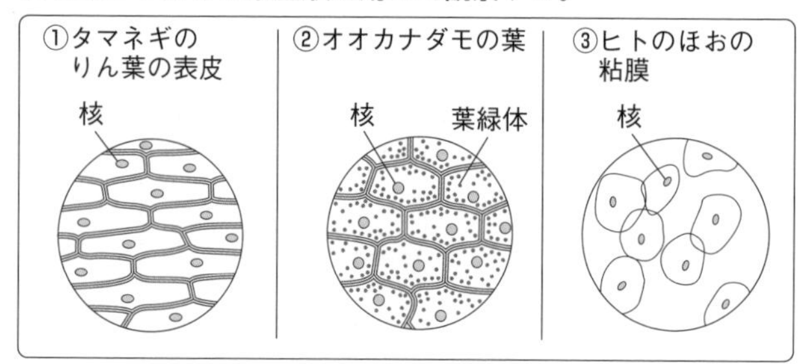

●染色液
- **酢酸カーミン溶液**：赤色に染まる
- **酢酸オルセイン溶液**：赤紫色に染まる

●よく問われる①～③の細胞の特徴
- ①～③すべての細胞に核がある
- ②の細胞のみ葉緑体をもつ
- ③の細胞のみ細胞壁をもたない

この他，葉の裏の細胞（気孔が多い）や根の先端付近の細胞（細胞分裂がさかん）などもよく出題される。

3 単細胞生物と多細胞生物

(1) **単細胞生物**

ゾウリムシなどのように，**からだが1つの細胞からできている生物**を**単細胞生物**という。単細胞生物は，呼吸・消化・排泄・運動などの**すべてのはたらきを1つの細胞**で行う。

(2) **多細胞生物**

多くの細胞が集まり1つのからだをつくっている生物を多細胞生物という。多細胞生物では，**形やはたらきが同じ細胞**が集まり組織を，**組織が集まり**器官を，**器官が集まり**個体をつくる。

●ゾウリムシのからだ

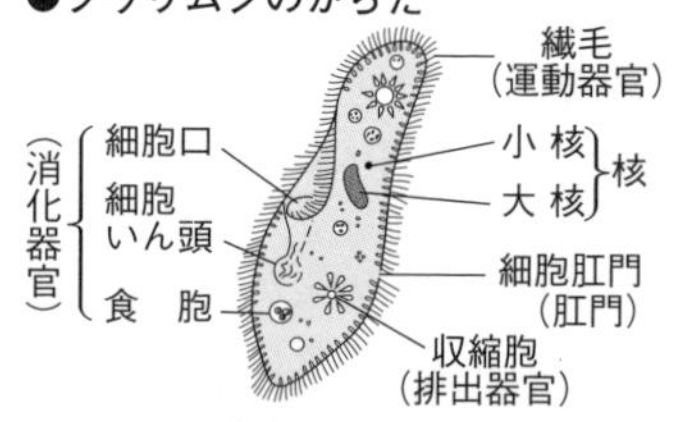

●植物や動物の組織と器官

植物の組織の例	道管，師管
植物の器官の例	根，茎，葉，花
動物の組織の例	上皮組織，神経組織，筋組織
動物の器官の例	皮膚，目，心臓，胃

生物の大きさは細胞の大きさで決まると思われがちだけど，実際はからだをつくる**細胞が多いか少ないかできまる。**例えば，ヒトもゾウもからだの**細胞の大きさ**は平均約**0.017mmであまり変わらない。**ところが，**ヒトの細胞の数は約37兆個**，ヒトより約100倍重いゾウの細胞の数は3700兆個にもなる！

用語チェック 1. ミトコンドリア 2. ゴルジ体 3. 中心体 4. 染色液 5. りん葉 ➡ p.192

塾技チェック！問題

問題 右の図のア～エは，オオカナダモの葉，ムラサキツユクサの葉の裏，ヒトのほおの粘膜，タマネギの表皮のいずれかの細胞である。
ア，イ，ウ，エはそれぞれどの細胞か答えよ。

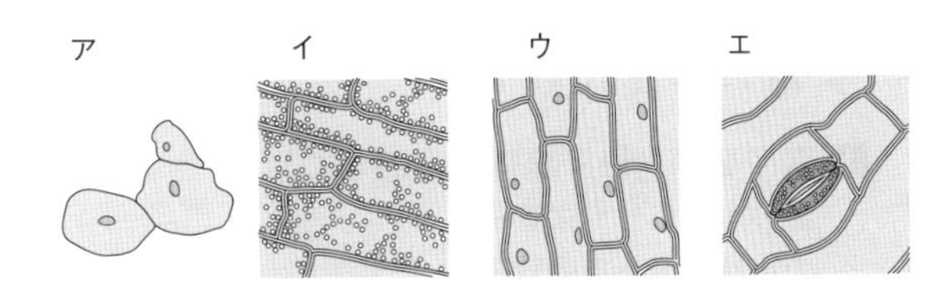

解説と解答
アは細胞壁がないためヒトのほおの粘膜とわかる。イは全体に葉緑体をもつためオオカナダモの葉，ウは葉緑体をもたないので，タマネギの表皮とわかる。エは葉の裏に多い孔辺細胞をもつので，ムラサキツユクサの葉の裏とわかる（孔辺細胞は葉緑体をもつ）。

答 ア：ヒトのほおの粘膜，イ：オオカナダモの葉，ウ：タマネギの表皮，エ：ムラサキツユクサの葉の裏

チャレンジ！入試問題

解答は，別冊 *p.51*

Q問題 1 花子さんは，オオカナダモの葉の細胞とヒトのほおの内側の細胞を観察した。図は，オオカナダモの葉の細胞のつくりを模式的に表したものであり，図のa～dは，それぞれ細胞壁，細胞膜，葉緑体，核のいずれかにあたる。次の①，②の文は，それぞれa～dのいずれかを説明したものである。①，②が説明している細胞のつくりとして適当なものをそれぞれa～dから１つずつ選び，その記号を書け。また，その名称を，細胞壁，細胞膜，葉緑体，核から１つずつ選んで書け。

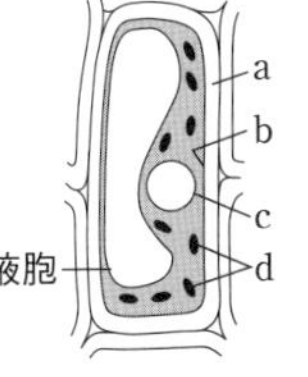

① オオカナダモの葉の細胞とヒトのほおの内側の細胞に共通して見られるつくりで，遺伝子を含んでおり，酢酸オルセイン溶液によく染まる。
② ヒトのほおの内側の細胞には見られないが，オオカナダモの葉の細胞には見られるつくりで，細胞質の一部である。（愛媛）

Q問題 2 以下の問いに答えよ。

(1) 生物のからだは，たくさんの細胞が集まってできている。細胞内には，様々な構造物が存在する。以下の構造物①～⑤の説明として正しいものをア～カより１つずつ選び，記号で答えよ。
① 細胞壁　② ゴルジ体　③ 葉緑体　④ ミトコンドリア　⑤ 核
ア 光合成を行う
イ 染色体を含み，染色液でよく染まる
ウ 酸素を使って，炭水化物などからエネルギーを取り出す
エ 物質の分泌を行う
オ 細胞の形を維持する
カ 物質の輸送を行う

(2) 細胞内において，特に植物細胞で発達し，物質の貯蔵を行う構造物の名称を答えよ。

(3) 次にあげる動物細胞のうち，そのはたらきから，ゴルジ体がとくに発達していると考えられるものをア～オより１つ選び，記号で答えよ。
ア だ液腺の細胞　イ 食道の内壁の細胞　ウ 筋肉の細胞
エ 皮膚の細胞　オ 真皮の細胞

(4) 動物では胃や小腸，目や耳などが器官である。では，植物の場合，何が器官であるか。次のア～キより植物の器官を２つ選び，記号で答えよ。
ア 道管　イ 師管　ウ 茎　エ 葉　オ 気孔　カ 根毛　キ 葉脈（灘高改）

塾技52 根・茎・葉① 生物のつくりとはたらき

▶ 根・茎・葉のつくり

1 双子葉類と単子葉類の茎のつくり

茎の内部には，栄養分の通り道である師管の束と，水や養分の通り道である道管の束が並んでいる。(茎の内側に道管が，外側に師管がある。)

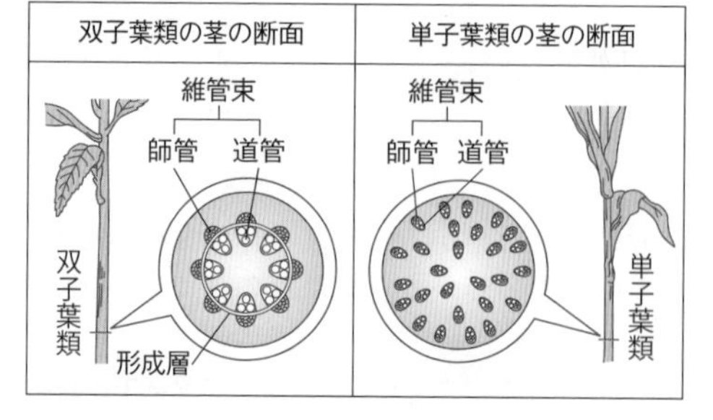

●形成層

双子葉類や裸子植物の茎や根において，維管束の師管(師部)と道管(木部)の間に存在する管状の層を形成層という。形成層は分裂組織であり，そこから内部へ木部を形成しつつ太くなっていく肥大成長(二次肥大成長)をもたらし，樹木では年輪をつくる原因となる。

2 根のつくり

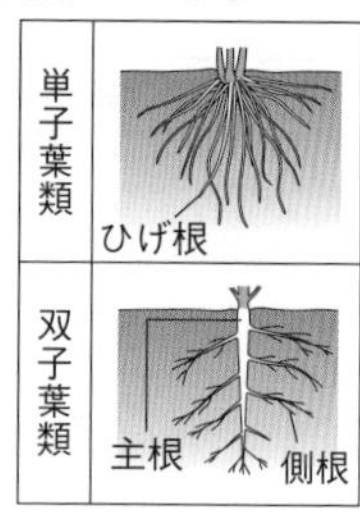

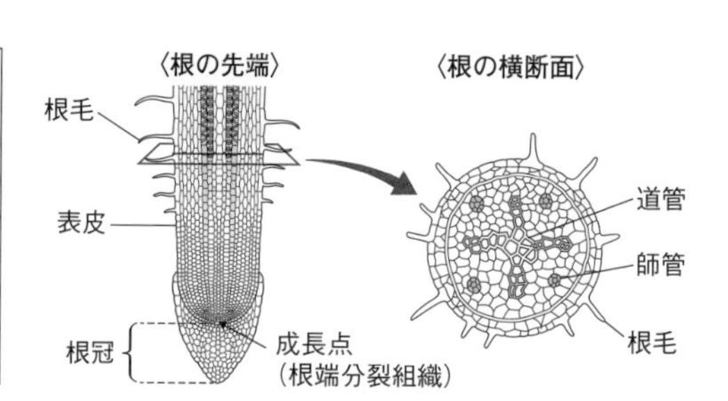

・根毛：根の先端に近い表皮細胞が変形したもので，**綿毛のような突起**になっている。土の粒と粒の間に入り込み，根を土から抜けにくくし，**根の表面積を大きくする**ことで，より多くの水や養分を吸収できるようにする。

3 根・茎の立体的断面図

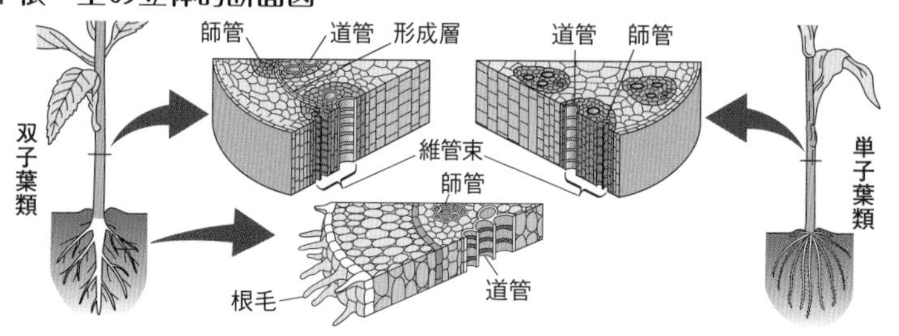

●根・茎のつくりの特徴

① **根の断面**には**根毛**がある。
② 双子葉類の茎には形成層があるが，単子葉類の茎には形成層がない。
③ 維管束は，**双子葉類の茎**では**輪状に配列**，**単子葉類の茎**では**全体に散在**，根では中心近くに交互に並ぶ。

4 茎の道管・師管の場所

(1) 茎の道管の確認法

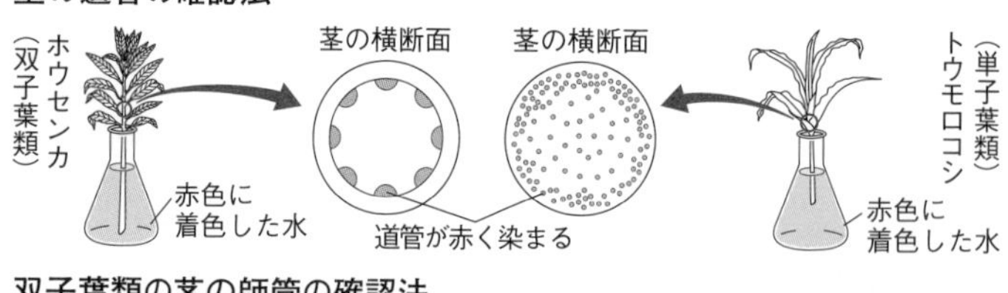

●茎の縦断面の着色

茎の縦断面は，ホウセンカでは図1，トウモロコシでは図2のようになる。

図1　図2

(2) 双子葉類の茎の師管の確認法

双子葉類の茎の表面だけはがすと，その部分の**師管だけ除かれ，栄養分が上にたまる**。

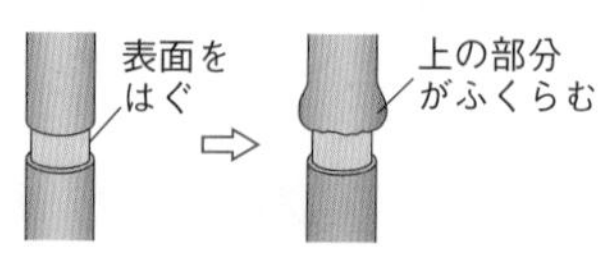

・栄養分が流れずふくらむ。

師管は**表皮に近く，栄養分の通り道**であることがわかる。

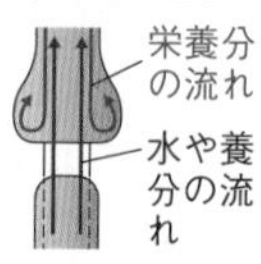

塾技解説　**単子葉類の例**はしっかり覚える！**道管の集まり**を**木部**，**師管の集まり**を**師部**ということもチェックだ。

用語チェック　1. 成長点　2. 根冠　3. 木部・師部　➡ p.193

塾技チェック！問題

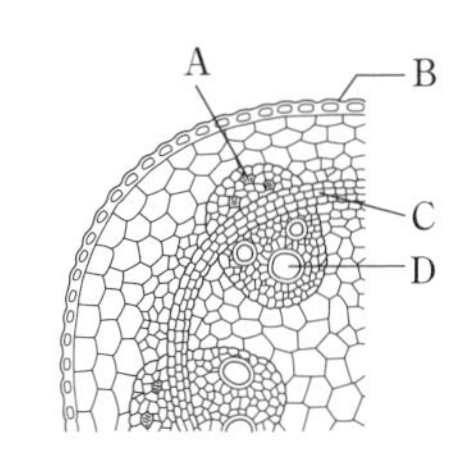

問題 右の図は，ある植物の茎の断面を模式的に表したものである。これについて，次の問いに答えよ。

(1) AとDの管が集まっている部分を何というか。

(2) 養分が通る管を記号で答えよ。

(3) 図のような茎をもつ植物を，次のア～エから1つ選び記号で答えよ。

ア トウモロコシ　イ イネ　ウ スズメノカタビラ　エ ホウセンカ

解説と解答

(1) Aは師管，Dは道管で，その集まりの束を維管束(いかんそく)という。 **答 維管束**

(2) 養分は水とともに道管によって運ばれる。 **答 D**

(3) 図は形成層Cをもつ双子葉類の植物である。 **答 エ**

チャレンジ！入試問題

解答は，別冊 *p.52*

Q問題 1 図1はある植物の茎のつくりを，図2は根のつくりを模式的に示したものである。次の(1)，(2)に答えよ。

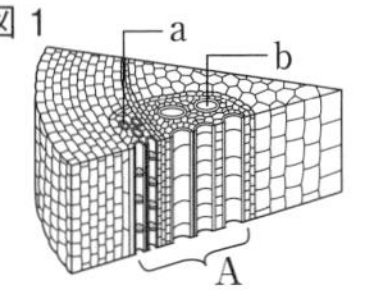

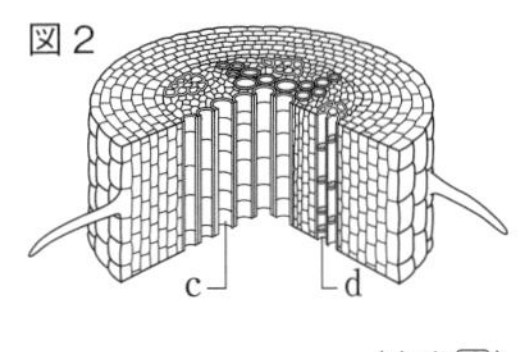

(1) 図1のAの部分を何というか，その名称を書け。

(2) 葉でつくられたデンプンが，水にとけやすい物質にかえられて運ばれるのはどの管か。図1，図2のa～dの中から2つ選び，その記号を書け。

（青森改）

Q問題 2 (1)トウモロコシと(2)ヒマワリの葉のついた状態でそれぞれ茎の途中から切断し，茎の断面から赤インクをとかした水を2～3時間吸わせた。その後，茎の一部を2cmほど切りとり，茎の中心を通るように縦に切断して断面を観察した。それぞれの断面には赤く染まった部分があった。どのように染まっていたか，右のA～Dの中から最も適当なものを1つずつ選び，記号で答えよ。

（開成高）

A　B　C　D

Q問題 3 植物の茎や根および葉のつくりとはたらきを調べるために，次の観察を行った。あとの各問いに答えよ。

観察 根から吸収した水が，茎のどの部分を通っているのかを調べるために，図1のように食紅(しょくべに)で着色した水に，根のついたホウセンカを数時間つけた。その後，図1の点線Aの部分で茎をうすく輪切りにし，断面を顕微鏡(けんびきょう)で観察した。図2は，観察した茎の断面の模式図である。

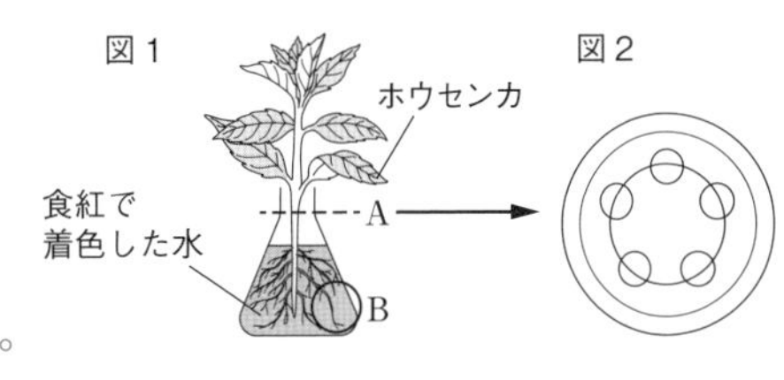

(1) 図2で，食紅で着色した水によって赤く染まった部分を，すべてぬりつぶせ。

(2) 図2のように，茎の維管束が輪のように並んでいる特徴をもつ植物はどれか。最も適切なものを，次のア～エから1つ選び，記号で答えよ。

ア アヤメ　イ ユリ　ウ トウモロコシ　エ エンドウ

(3) 図1の根のBの部分をルーペで観察すると，細い毛のようなものが無数にはえているのが見えた。このつくりが，水を吸収する上でつごうがよい理由を説明せよ。

（鳥取）

▶ 葉のつくりとはたらき

1 葉のつくり

(1) 葉の断面の模式図

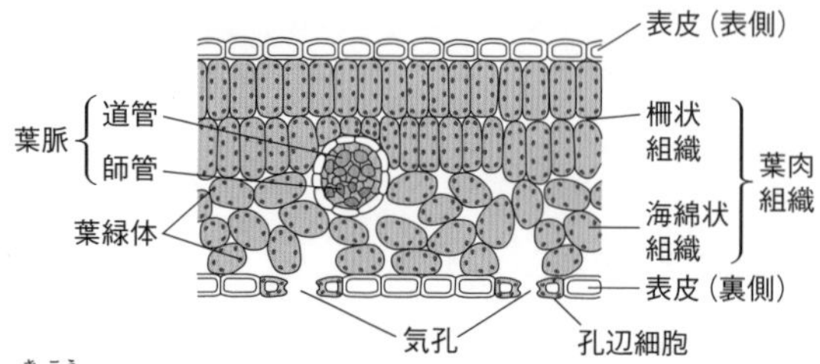

●葉の表側と裏側の相違
表は光を受けやすく，光合成がさかんなため，柵状（さくじょう）組織がぎっしり並ぶ。裏は気孔が多く，気体が出入りしやすいよう海綿状（かいめんじょう）組織がまばらに並ぶ。

●葉緑体をもつ細胞
葉肉組織（柵状組織，海綿状組織），孔辺（こうへん）細胞が葉緑体をもつ。（表皮は葉緑体をもたない）

(2) 気孔（きこう）

気孔はふつう，葉の表側より裏側に多く，**孔辺細胞の形の変化**で開閉して気体を出し入れする。

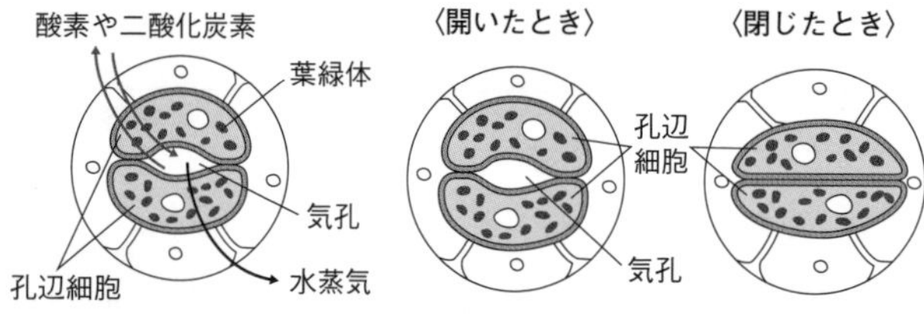

●気孔から出入りする気体
呼吸：酸素が入り二酸化炭素が出る
光合成：二酸化炭素が入り酸素が出る
蒸散（じょうさん）：水蒸気が出る（入る気体はなし）
※出入りする**酸素と二酸化炭素の総量**は，**呼吸と光合成のどちらのはたらきが強いか**で決まる。
※気孔は**陸上植物**では**葉の裏に多い**が，スイレンなどは葉の裏に気孔がない。

(3) 葉と茎の道管・師管の位置関係

茎では道管が内側で師管が外側になるが，**葉**では**道管が上**（表側）で**師管が下**（裏側）になる。

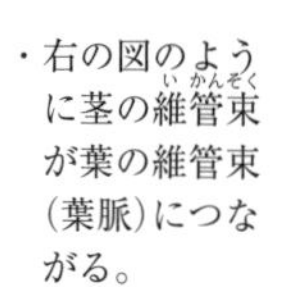

・右の図のように茎の維管束（いかんそく）が葉の維管束（葉脈）につながる。

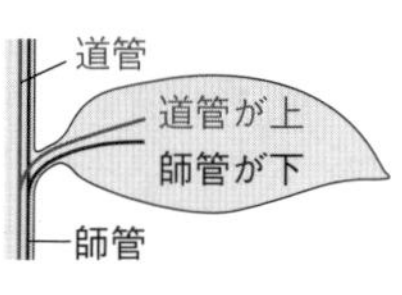

2 蒸散

植物体内の水が，**気孔**から**水蒸気となって体外へ放出**される現象を蒸散という。蒸散量を調べる実験では，ワセリンがよく用いられる。

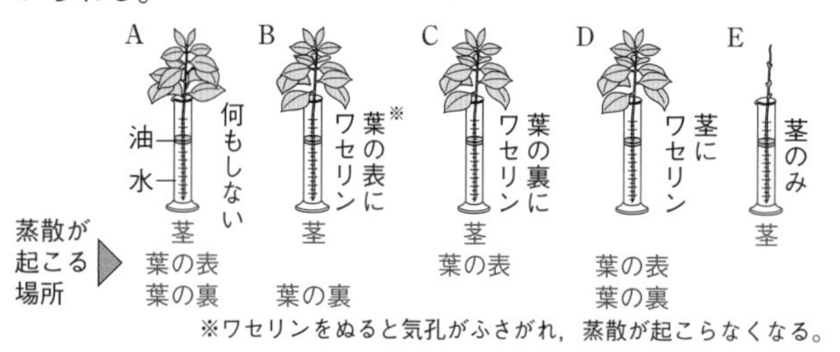

※ワセリンをぬると気孔がふさがれ，蒸散が起こらなくなる。

●蒸散がもつ3つのはたらき
① 体内の**水分量の調節**
② 植物体の**温度調節**
③ **水分移動の促進**

●蒸散量を調べる実験
蒸散が起こる場所を書き出して考える。
A－B＝(茎・表・裏)－(茎・裏)
＝葉の表からの蒸散量
＝C－E
A－C＝(茎・表・裏)－(茎・表)
＝葉の裏からの蒸散量
＝B－E
※油：水面からの水の蒸発を防ぐ

3 葉序

葉のつき方は**日光を受けやすいように茎につく順序**（**葉序**）があり，植物によって決まっている。

●3つの葉序
・互生：葉が互い違いにつく
・対生：葉が対になってつく
・輪生：3枚以上の葉が輪状につく

塾技解説 **気孔は茎にも存在**するため，蒸散実験では葉からの蒸散量だけでなく**茎からの蒸散量も意識**することを！

用語チェック 1. 柵状組織・海綿状組織 2. 気孔 3. 蒸散 ➡ p.193

塾技チェック！問題

問題 ホウセンカの茎と葉のつくりについて調べた。
図１は茎，図２は葉の断面図である。食紅（しょくべに）で着色した水を入れた三角フラスコにホウセンカをさしたとき，強く染まる部分を記号で答えよ。

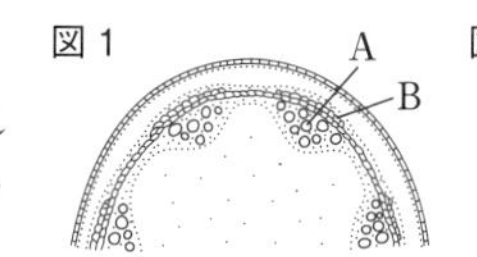

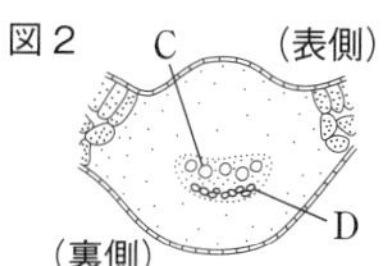

解説と解答
水の通る管である道管が強く赤く染まる。「**塾技 53 1**」(3)より，道管は茎では内側にあり，葉では上（表側）にあるので，茎はA，葉はCが染まる。

答 A，C

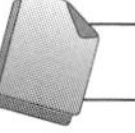

チャレンジ！入試問題

解答は，別冊 *p.53*

Q 問題 1 右の図は，ある種子植物の葉の断面の様子を示したものである。①〜⑤の細胞のうち，葉緑体が含まれるものをすべて選び，番号で答えよ。（広島大附高改）

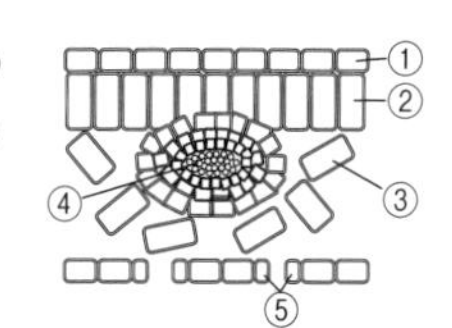

Q 問題 2 植物のからだのつくりやはたらきについて，次の(1)〜(4)の問いに答えよ。

(1) 花弁のつき方によって，双子葉類の花を２つに分けたとき，アブラナの花と同じなかまに入るのは次のどの植物の花か，すべて選んで記号を書け。
ア アサガオ　イ エンドウ　ウ サクラ　エ タンポポ　オ ツツジ

(2) 図１，図２は，それぞれ双子葉類の茎と葉の断面の模式図である。赤く着色した水を入れた容器に，葉のついた茎をさしておくと，水の通る部分が赤く染まる。その部分はア〜オのどれか，茎と葉から１つずつ選んで記号を書け。

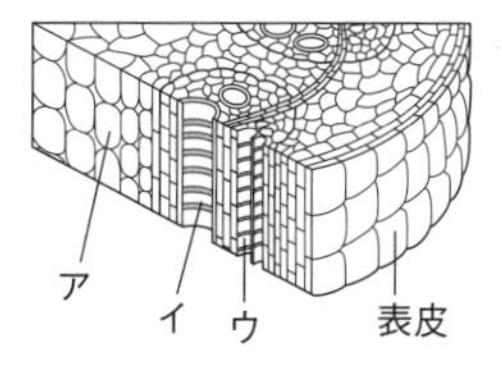

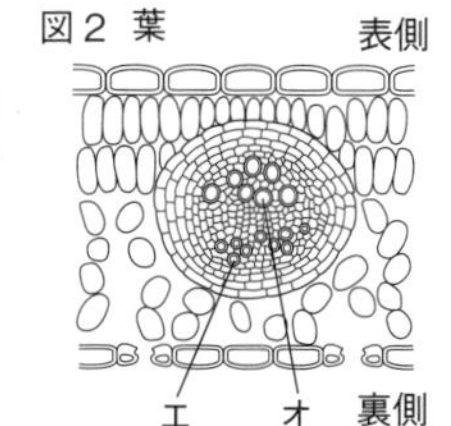

(3) ツユクサの葉の裏側の表皮を，顕微鏡（けんびきょう）で観察すると図３のように見えた。
① 気孔（きこう）のまわりの細胞Xを何というか，名称を書け。
② 植物は，気孔から気体を出入りさせている。光が当たっているとき，植物は光合成と呼吸を同時に行っているが，気体の出入り全体としては二酸化炭素を取り入れて酸素を出しているように見える。それはなぜか，「気体の量」という語句を用いて書け。

図３ X

(4) 表のようにツバキの枝ア〜エを用意した。水を入れた４本のメスシリンダーに，それぞれの枝を図４のようにさして，水面に油を数滴たらした。数時間後の水の量は，４本とも減少していた。このうち２本のメスシリンダーの減少した水の量を用いると，葉の裏側から蒸散した量を求めることができる。どの枝をさしたものを用いればよいか，ア〜エの記号で組み合わせを２通り書け。ただし，ツバキの枝についている葉の枚数と大きさは，すべて同じものとする。（秋田改）

枝	ワセリンのぬり方
ア	すべての葉の表側だけにぬる
イ	すべての葉の裏側だけにぬる
ウ	すべての葉の両面にぬらない
エ	すべての葉の両面にぬる

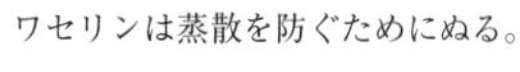
ワセリンは蒸散を防ぐためにぬる。

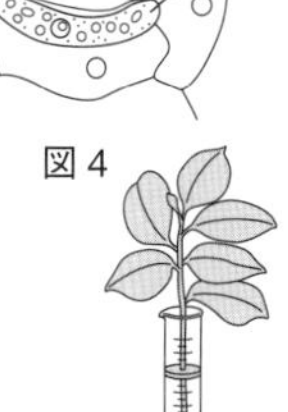
図４

塾技(ワザ) 54 光合成と呼吸 生物のつくりとはたらき

▶ 光合成と呼吸

1 光合成

(1) **光合成**

植物が光のエネルギーを利用して，**葉緑体**で**水**と**二酸化炭素**から**デンプンなどの栄養分**をつくるはたらきを**光合成**という。

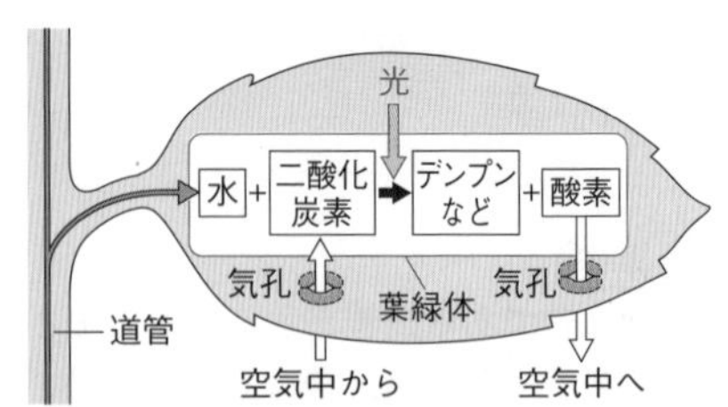

(2) 「ふ」入りの葉を使った実験

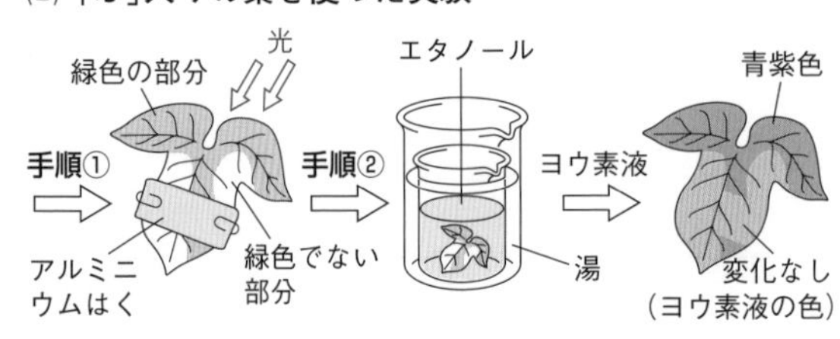

手順① ふ入りの葉の一部をアルミニウムはくでおおい，**1日暗室に置いて葉のデンプンを無くし**，翌日，日光に当てる。

手順② 葉を熱湯につけた後，**あたためたエタノールにつけて脱色**する。

結果：アルミニウムはくでおおった部分と緑色でない部分は色が変化しないことから，光合成には**光と葉緑体が必要**とわかる。

2 呼吸

細胞内の**ミトコンドリア**で，**酸素を取り入れて栄養分を分解**し，**エネルギーを取り出す**はたらきを**呼吸**（細胞呼吸）という。**呼吸は光合成と逆の関係**にあるといえる。

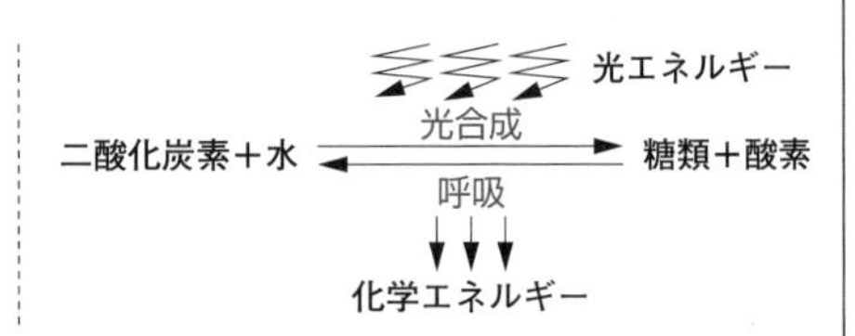

3 呼吸と光合成

(1) **オオカナダモを使った実験**

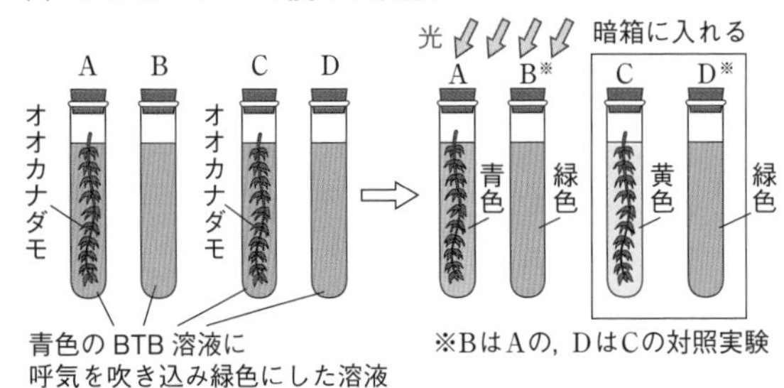

・Aが緑色 → 青色に変化した理由

Aではオオカナダモが**呼吸および光合成を行う**。呼吸でCO_2が発生し，光合成でCO_2が消費されるが，**消費されるCO_2の方が多くなる**と**BTB溶液中のCO_2が減り，BTB溶液が青色にもどる**。

・Cが緑色 → 黄色に変化した理由

Cではオオカナダモが**呼吸のみ行い**，溶液中の**CO_2が増え酸性になり黄色くなる**。

(2) **光の強さと光合成速度※・呼吸速度※**

※一定時間あたりに吸収・放出した二酸化炭素の量

光の強さは光合成速度に影響する。(**呼吸速度は一定**)

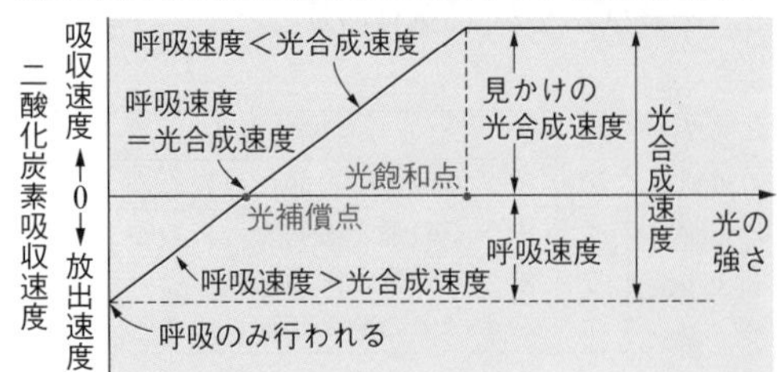

●見かけの光合成速度

日中，光合成による酸素の放出速度を測定してもその値は**呼吸による酸素の消費量を差し引いたもの**であり，光合成速度を表すものではない。この外見上の光合成速度を見かけの光合成速度という。

光合成速度と呼吸速度が等しくなると，**見かけの光合成速度は0**となる。このときの光の強さを**光補償点**という。光補償点は植物が生きる最低限度の光の強さを表す。

塾技解説 **デンプンは光合成で直接つくられるわけではない。**光合成の詳しい仕組みを用語チェックで確認だ！

用語チェック 1. 光合成・糖類 2. 対照実験 3. 光補償点 4. 光飽和点 ➡ *p.194*

塾技チェック！問題

問題 ふ入りのコリウスの葉を用いて次の操作を行った。あとの問いに答えよ。

操作１　葉の一部をアルミニウムはくでおおって一晩暗室に入れ，翌日，十分な光を当てた。

操作２　葉を熱湯につけた後，あたためたエタノールにひたした。

操作３　葉を水で洗い，ヨウ素液にひたした。

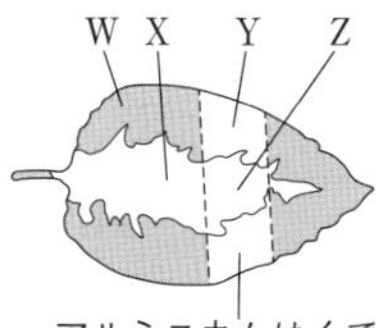

(1) 操作２で，下線部を行う理由を書け。

(2) 操作３で青紫色に変化した部分はどこか。また，光合成が葉緑体で行われることは，図のどの部分とどの部分を比べればよいか，記号で答えよ。

解説と解答

(1) 答 **葉の緑色を脱色し，ヨウ素液の色の変化を見やすくするため。**

(2) 光合成が葉緑体で行われることは，ほかの条件は同じで葉緑体をもつWと葉緑体をもたないXを比べればよい。なお，Zも葉緑体をもたないが，Zはアルミニウムはくでおおわれているため日光の有無も関係してきてしまう。　答 **青紫色に変化した部分：W，光合成が葉緑体で行われること：WとX**

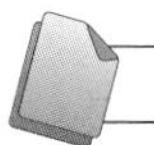

チャレンジ！入試問題

解答は，別冊 *p.54*

Q問題 1 4本の試験管A～Dを用意し，そのうちの2本の試験管CとDに同じ長さに切った水草を入れた。次に，BTB溶液を加えて緑色にした水道水をすべての試験管に満たしてゴム栓をした。さらに，水草を入れた試験管Dと水草を入れていない試験管Bの外側をアルミニウムはくで完全に包み，光が入らないようにした。そして，4本の試験管の外側から同じように光を当てたところ，1本の試験管の中の水草の茎からさかんに気泡が発生しはじめた。6時間光を当て続けたところ，4本の試験管のうち2本だけBTB溶液の色が変化していた。次の各問いに答えよ。

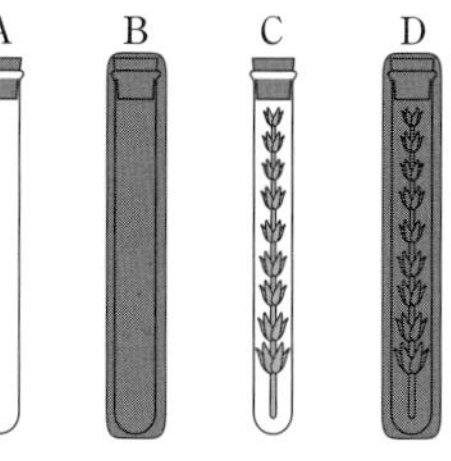

(1) 色が変化した試験管はどれとどれか。また，その変化後の色をそれぞれ答えよ。

(2) 色が変化した試験管のうちの1本は，うすい塩酸をごく少量加えたところ，BTB溶液をもとの緑色に近い色にもどすことができた。このBTB溶液を使って，もう一度この試験管だけで同じ実験操作を行ったところ，試験管中のBTB溶液の色は，ほとんど変化しなかった。なぜ変化しなかったのか，初めの実験のときと比べて，その理由を簡単に答えよ。　（筑波大附駒場高）

Q問題 2 ある植物の「日なたの葉」と「日かげの葉」を1枚ずつとり，光合成と呼吸について調べた。表は，温度を一定にして，0ルクス（暗黒），2000ルクス，14000ルクスの3種類の光の強さのもとに各1時間置いたときの，葉の二酸化炭素吸収量または放出量を測定したものである。このことに関して，あとの各問いに答えよ。ただし，呼吸の速さは光の強さに関係なく，つねに一定であるものとし，測定に用いた葉の面積は，どちらも100cm^{2}とする。

葉１枚の１時間の二酸化炭素吸収量（－の値は放出量を表す）

光の強さ（ルクス）	0ルクス	2000ルクス	14000ルクス
日なたの葉	－4.8mg	0mg	24.0mg
日かげの葉	－1.6mg	8.0mg	12.8mg

(1) 2000ルクスの光の強さのもとに1時間置いたとき，日なたの葉の二酸化炭素吸収量が0mgであるのはなぜか。その理由を簡潔に答えよ。

(2) 葉の面積100cm^{2}あたりの呼吸の速さは，日なたの葉は日かげの葉の何倍になるか求めよ。

(3) 2000ルクスの光の強さのもとに1時間置いたときの葉の面積100cm^{2}あたりの光合成の速さは，日なたの葉は日かげの葉の何倍になるか求めよ。　（麗澤高改）

▶ 消化

1 消化器官

消化管：**口から肛門**までの**食物の通る管**のこと。

口 → 食道 → 胃 → 十二指腸 → 小腸 → 大腸 → 肛門

消化液：**消化腺から分泌**され，**消化酵素を含むものと含まないもの**がある。消化液は，**決まった相手**にはたらく。

〈消化液や消化酵素がはたらく栄養素〉

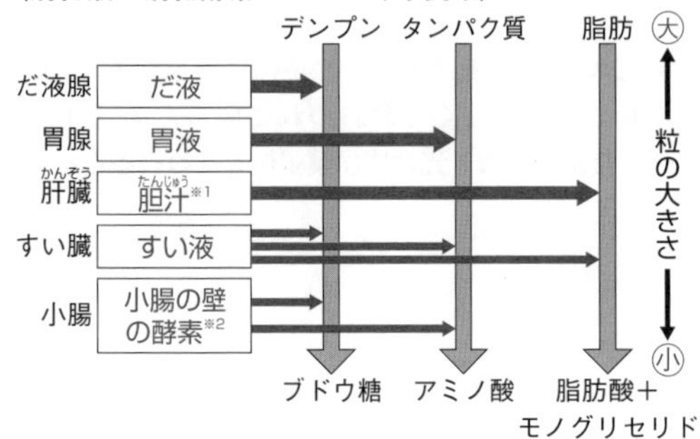

※1 胆汁は肝臓でつくられて胆のうに蓄えられる。胆のうはあくまで胆汁を蓄えるだけであることに注意する（胆のうの「のう」は「嚢」と書き，訓読みでふくろと読む）。

※2 小腸腺から分泌される腸液はアルカリ性で，消化酵素は含まれておらず，胃からの消化物などを中和する。以前，腸液に含まれているとされていた酵素は，実際には小腸の壁に存在し，それらが腸液にはがれ落ちたものである。

だ液腺
気管
心臓
胆のう
肝臓
すい臓
じん臓
ぼうこう
口
食道
肺
胃
小腸
大腸
肛門

□：消化管　□：消化液を出す

●胆汁のはたらき

胆汁は**消化酵素をもたないが**，**脂肪を乳化**し，すい液で消化されやすくする。

●肝臓の主なはたらき

① 古い赤血球を分解し，**胆汁をつくる**。
② ブドウ糖を**グリコーゲンに変えて蓄え**，必要に応じて送り出す。
③ 有毒物質を無毒にする。（**解毒作用**）
④ 有毒な**アンモニア**を無毒の**尿素にかえる**。

2 消化酵素

〈消化酵素の特徴〉

① 決まった物質にのみはたらく（基質特異性）

② 酵素は反応の前後で変化しない（触媒作用）

③ **はたらく温度が決まっている**
最もよくはたらく温度：ヒトの体温付近
はたらきを失う（失活という）温度：70℃くらい

④ **はたらく pH が決まっている**

例 だ液中のアミラーゼ：中性付近
胃液中のペプシン：酸性
すい液中の消化酵素：中性～弱アルカリ性

●基質特異性

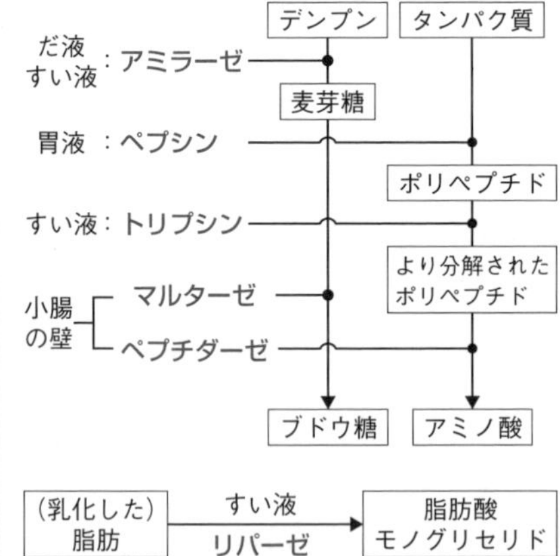

（乳化した）脂肪 —すい液 リパーゼ→ 脂肪酸 モノグリセリド

胃液は塩酸を含み，pH は 1.0 ～ 1.5 という**強酸性**。ところが，すい液中の消化酵素は**中性～弱アルカリ性のもとでないとはたらかない**ため，**アルカリ性のすい液と胆汁**によって胃から送り出される消化物は**中和**されるんだ。**すい液**は，**三大栄養素のすべてにはたらく**ことも要チェック！

用語チェック　1. 消化器官　2. 乳化　3. 基質特異性　4. 三大栄養素　➡ p.194

塾技チェック！問題

(問題) 右の図について，次の問いに答えよ。

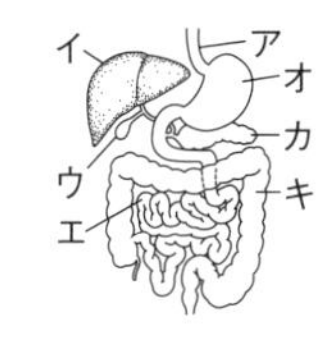

(1) 消化液をつくらない器官をすべて選び，記号で答えよ。
(2) タンパク質を消化する消化酵素(こうそ)をつくる器官をすべて選び，記号で答えよ。
(3) からだに入った水分の多くが吸収される器官を選び，記号で答えよ。

(解説と解答)
(1) アの食道，ウの胆(たん)のう，キの大腸は消化液をつくらない。 答 ア，ウ，キ
(2) タンパク質は胃液，すい液，小腸の壁の消化酵素によりアミノ酸に分解される。 答 エ，オ，カ
(3) 水分の多くはエの小腸で栄養分とともに吸収され，残った水分をキの大腸が吸収する。 答 エ

チャレンジ！入試問題

解答は，別冊 *p.55*

Q問題 1 右の図は，食物の通り道である消化管から分泌(ぶんぴつ)される消化液や消化酵素などによって炭水化物，脂肪(しぼう)，タンパク質が分解されていく様子を表したものである。A～Eは消化管の各部位とそこから分泌される消化液や消化酵素などを表している。

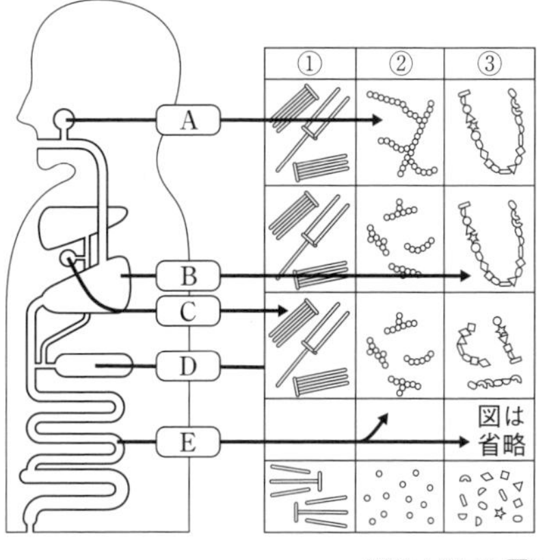

(1) 図中の①～③は，炭水化物，タンパク質，脂肪のうちそれぞれ何を示しているか。
(2) Cは消化酵素を含まないが①を小さな粒にするはたらきがある。この消化液の名称を答えよ。
(3) 図中にはDからの矢印が描かれていない。矢印を描くとすると，①～③のどれにむけて描くのがふさわしいか。次のア～キから正しいものを1つ選び，記号で答えよ。
ア ①　イ ②　ウ ③　エ ①と②
オ ①と③　カ ②と③　キ ①と②と③

(筑波大附属高改)

Q問題 2 ヒトの消化器官と吸収について，以下の問いに答えよ。
(1) 右の図はヒトの消化器官を表したものである。図中の①，⑤，⑥，⑦の名称を書け。
(2) 消化器官は，次の4通りに大別される。
A：食物の通り道となっていて，消化酵素の合成や分泌がさかんなもの。
B：食物の通り道となっているが，消化酵素の合成や分泌がないかほとんどないもの。
C：食物は通らないが，消化酵素の合成や分泌がさかんなもの。
D：食物は通らず，消化酵素の合成や分泌もないかほとんどないもの。
A～Dにあてはまるものを図中①～⑧から選んだ。正しい組み合わせのものを次のア～エから1つ選び，記号で答えよ。
ア A－②，④　イ B－②，⑧　ウ C－①，⑥　エ D－③，⑥
(3) 脂肪は重要な栄養素の1つである。脂肪の消化に関係の深い消化液を次のア～エから2つ選び，記号で答えよ。
ア だ液　イ 胃液　ウ すい液　エ 胆汁(たんじゅう)

(大阪星光学院高)

塾技(ワザ) 56 消化と吸収② 生物のつくりとはたらき

▶ 吸収

1 栄養分の吸収

消化された栄養分は，**小腸の内壁の表面**にある**柔毛**(じゅうもう)($1cm^3$ あたり約 2500 個ある)から**吸収**される。

ブドウ糖・アミノ酸：柔毛で吸収され毛細血管に入る
脂肪(しぼう)**酸・モノグリセリド：柔毛内部に吸収されると同時に脂肪に再合成され，リンパ管に入る**

●柔毛のつくり

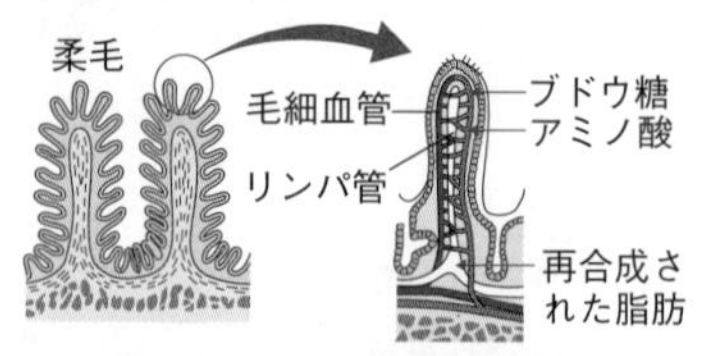

・柔毛があることで**表面積が非常に大きく**なり，**栄養分を効率よく吸収**できる。

2 吸収後の栄養分の移動

① ブドウ糖とアミノ酸

② 脂肪酸とモノグリセリド

●栄養分の移動経路

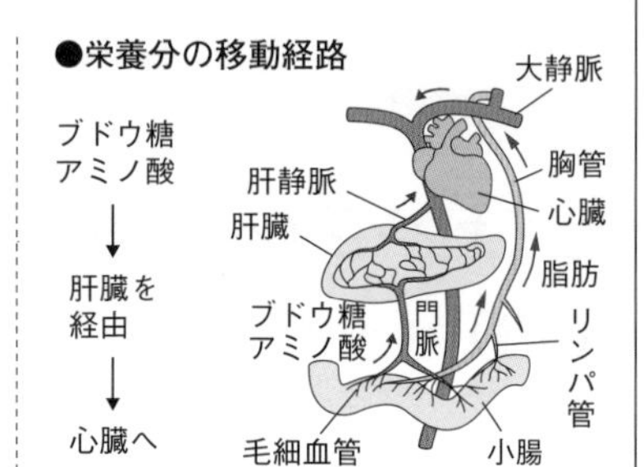

▶ 消化・吸収のモデル実験

3 デンプンの消化モデル実験

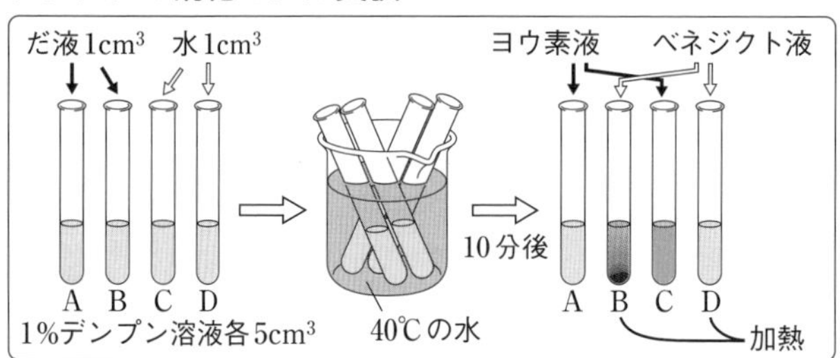

●ヨウ素液・ベネジクト液との反応
A：変化なし　B：赤褐色の沈殿
C：青紫色に変化　D：変化なし

●対照実験の結果からわかること
(A と C の比較) だ液のはたらきで**デンプン**がなくなった。
(B と D の比較) だ液のはたらきでデンプンが分解し，**ブドウ糖がいくつか結びついたもの**ができた。

4 消化管による吸収のモデル実験

消化管の壁には，**セロハン膜**(まく)のような**目に見えない**小さい無数の穴があいている。消化管の壁では**小さい粒しか吸収されない**ことは次の実験でわかる。

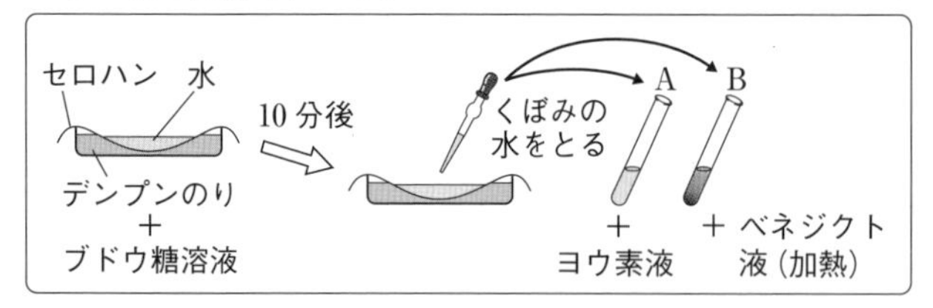

●ヨウ素液・ベネジクト液との反応
A：変化なし　B：赤褐色の沈殿
→ **デンプン**はセロハン膜を**通り抜けられない**が，**ブドウ糖**はセロハン膜の穴より小さく，**通り抜ける**ことができる。

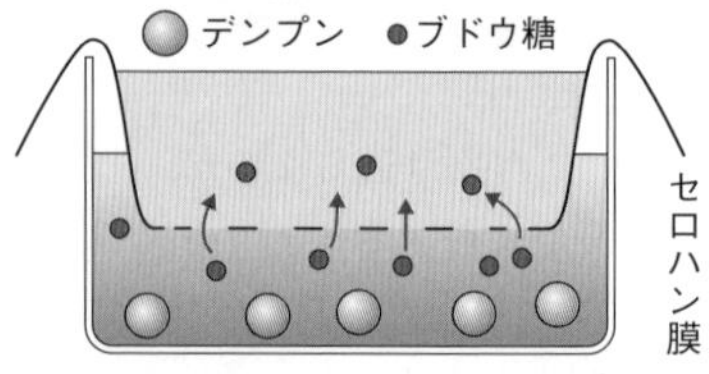

消化モデルは，3 以外に，**かつおの削り節とペプシン**を使った**タンパク質消化モデル**もチェックだ！

用語チェック　1. 門脈　2. タンパク質消化モデル　➡ p.195

塾技チェック！問題

問題 6本の試験管a～fを用意し，デンプンのりを5cm³ずつ入れた。そのうちa～cには水を1cm³ずつ，残りのd～fにはうすめただ液を1cm³ずつ加え，a～fの温度をすべて0℃にした。aとdは0℃のまま，bとeは40℃まであたためた。一方，cとfは80℃まであたためた後，40℃まで下げた。30分後，すべての試験管にヨウ素液を入れて色の変化を観察すると，1本だけ変化しなかったものがあった。a～fのうち，どの試験管が変化しなかったと考えられるか，記号で答えよ。

解説と解答
デンプンはだ液中の消化酵素(こうそ)によって分子の小さい糖に分解される。dは低温のため酵素がはたらかず，fは高温のため酵素が失活する。一方，eは酵素のはたらきでデンプンが分解される。 **答** e

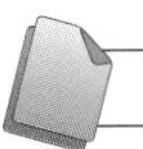

チャレンジ！入試問題

解答は，別冊 *p.56*

Q問題 デンプンのりとだ液を使って，消化についての実験①～③を行った。あとの問いに答えよ。

① 右の図1のように，試験管X・Yを準備し，それぞれの試験管に1%のデンプンのり10cm³を入れた。さらに，試験管Xには水2cm³を，試験管Yにはうすめただ液2cm³をそれぞれ入れ，よくふって混ぜた。そして，これらの試験管を40℃の湯の中に10分間入れた。

図1

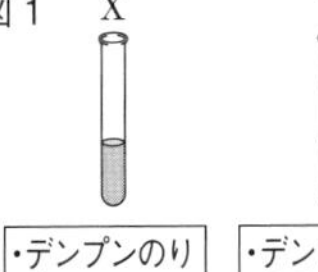

② 試験管X・Yの液をそれぞれ2つの試験管に分け，試験管Xから取り出した液をA液，B液，試験管Yから取り出した液をC液，D液とする。そして，A液，C液にヨウ素液を2，3滴加えた。また，B液，D液にはベネジクト液を少量加え，沸騰石を入れて，軽くふりながら加熱した。表1は，その結果をまとめたものである。

表1

液	A液	B液	C液	D液
加えた試薬	ヨウ素液	ベネジクト液	ヨウ素液	ベネジクト液
液の色の変化	青紫色	変化なし	変化なし	赤褐色

③ 新たに試験管X・Yを準備し，実験①の操作を行った後，図2のように試験管の中の液をセロハンでできた袋(ふくろ)にそれぞれ入れ，水の入ったビーカーにつけた。10分間置いた後，袋の外側の液をE液，F液としてそれぞれ別々に試験管にとった。そして，E液にヨウ素液を2，3滴加えた。また，F液にはベネジクト液を少量加え，沸騰石を入れて，軽くふりながら加熱した。表2は，その結果をまとめたものである。

図2

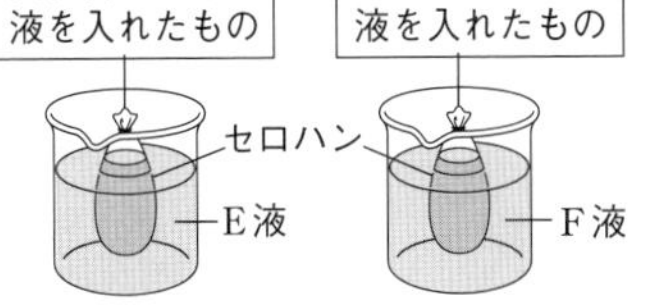

表2

液	E液	F液
加えた試薬	ヨウ素液	ベネジクト液
液の色の変化	変化なし	黄色

(1) 下線部のように，沸騰石を入れるのはなぜか。その理由を書け。

(2) 実験②の結果からわかるだ液に含まれている消化酵素は何か，名称を書け。

(3) 次の文は，上の実験②の結果を考察したものである。文中の（あ）・（い）にあてはまる言葉として正しいものはどれか。ア～エからそれぞれ1つずつ選べ。

> A液とC液の結果を比較すると，だ液のはたらきによって（あ）ことがわかる。また，B液とD液の結果を比較すると，だ液のはたらきによって（い）ことがわかる。

ア　デンプンができた
イ　デンプンがなくなった
ウ　ブドウ糖がいくつか結びついたものができた
エ　ブドウ糖がいくつか結びついたものがなくなった

(4) セロハンの穴の大きさをa，デンプンの大きさをb，F液でベネジクト液と反応した物質の大きさをcとするとき，a～cを大きいものから順に並べよ。 （徳島改）

塾技57 血液・心臓 生物のつくりとはたらき

▶ 血液

1 血液成分とはたらき

血液は，**固形成分**の**血球**（赤血球・白血球・血小板）と，**液体成分**の血しょうからできている。

赤血球：中央がくぼんだ円盤状の形

白血球：アメーバ状の不定形で核をもつ

血小板：細胞の破片で形は不定

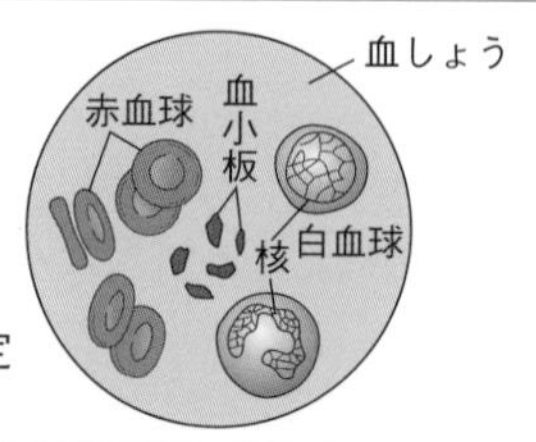

●血液成分のはたらき

赤血球：**酸素を運搬**する。これは赤血球中の赤い色素**ヘモグロビン**が，**酸素の多い所**では**酸素と結びつき**，**酸素の少ない所**では**酸素を放出する**性質をもつためである。

白血球：体内の細菌（さいきん）や異物をとらえて消化する。（**食菌作用**）

血小板：出血したとき**血液を凝固**する。

血しょう：**栄養分・二酸化炭素・不要物**（尿素（にょうそ）など）を**運搬**する。

2 組織液とリンパ液

① 組織液

血液中の**血しょう**が**毛細血管の外**にしみ出て，**細胞間を満たしている液**を組織液という。

② リンパ液

組織液の多くは毛細血管にもどるが，**一部はリンパ管に入ってリンパ液**となる。リンパ液は静脈とつながっており，血液と混ざる。

●組織液のはたらき

・細胞に**酸素**や**栄養分**を与える。

・細胞で生じた**不要物**や**二酸化炭素**をとかし，血管やリンパ管に運ぶ。

●リンパ液のはたらき

・小腸から吸収された**脂肪**（しぼう）**を運搬**。

・リンパ液中のリンパ球（白血球の一種）による**免疫**（めんえき）**作用**。

▶ 心臓のつくりとはたらき

3 心臓のつくりと血液の流れ

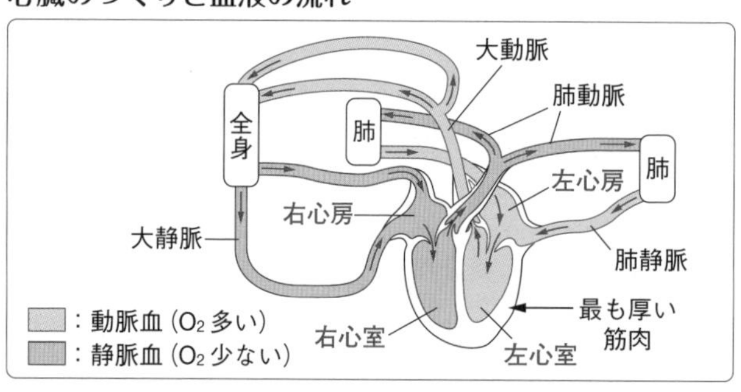

●動脈・静脈・毛細血管

動脈：**心臓から送られる**血液が流れる血管で，壁が厚く，弁はない。

静脈：**心臓にもどる**血液が流れる血管で，壁がうすく，**逆流を防ぐ弁**がある。

毛細血管：動脈の末端と静脈の末端をつなぐ細い血管。

●血管と流れる血液の組み合わせ

大動脈と**肺静脈**：**動脈血**が流れる

大静脈と**肺動脈**：**静脈血**が流れる

4 心臓の拍動

心臓は，**心房と心室**の収縮・拡張を交互にくり返すことで血液を循環させる，**ポンプのはたらき**をしている。この心臓の活動を，**拍動**（はくどう）という。

●心臓の拍動の流れ

心房の拡張 → 心房の収縮と心室の拡張 → 心室の収縮 → 心房の拡張

心臓のつくりで，**心房**は血液が**もどり**，**心室**は血液を**送り出す**部屋。血管の名称は，「**大**～」という血管は**心臓**と**からだ**が，「**肺**～」という血管は**心臓**と**肺**がつながっている血管。例えば，「大動脈」は，心臓からからだに送り出される血液が流れている血管だ。**セキツイ動物の心臓のつくりの相違**もチェック。

用語チェック　1. ヘモグロビン　2. 動脈血・静脈血　3. 弁　4. 心臓の拍動　5. セキツイ動物の心臓　➡ p.195

塾技チェック！問題

問題 右の図は，正面から見たヒトの心臓の断面のつくりを簡単に示したものである。次の問いに答えよ。

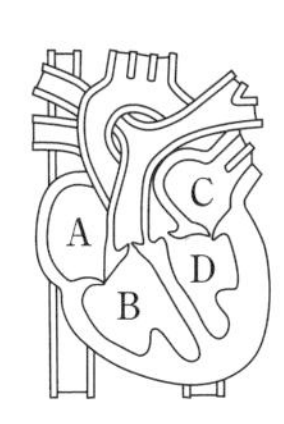

(1) 血液を送り出す力が最も強いのは，図のＡ～Ｄのどの部屋か。
(2) 動脈血が流れこむ部屋は，図のＡ～Ｄのどの部屋か。
(3) ヒトと両生類の心臓のつくりの違いを簡単に説明せよ。

解説と解答

(1) 全身に血液を送り出すため，左心室の壁の筋肉は最も厚い。　**答 D**
(2) 肺でガス交換したあとの酸素を多く含む動脈血は，肺→左心房→左心室へと流れこむ。　**答 C，D**
(3) **答 ヒトの心臓は２心房２心室だが，両生類の心臓は２心房１心室である。**

チャレンジ！入試問題

解答は，別冊 *p.57*

Q問題 1 ヒメダカを用いて次の観察を行った。

観察　ポリエチレンの袋(ふくろ)に少量の水とヒメダカを入れた。この袋を顕微鏡(けんびきょう)のステージの上に置き，ヒメダカの尾びれを観察したところ，図のように，血管の中を流れるたくさんの円盤形の粒が見られた。

血管　円盤状の粒　骨

観察について，次の文の［ ① ］にあてはまる語句を書け。また，②，③の｛　｝にあてはまるものを，それぞれア，イから選べ。

下線部の多くは赤血球であり，赤血球は［ ① ］と呼ばれる物質を含んでいる。

［ ① ］は，酸素の多い所では②｛ア　酸素と結びつき　　イ　酸素を離し｝，酸素の少ない所では③｛ア　酸素と結びつく　　イ　酸素を離す｝性質をもっている。

（北海道改）

Q問題 2 図は，ヒトの心臓と血管を模式的に表したもので，矢印は血液の流れる向きを示している。次の(1)，(2)に答えよ。ただし，図は，からだの前面から見たものである。

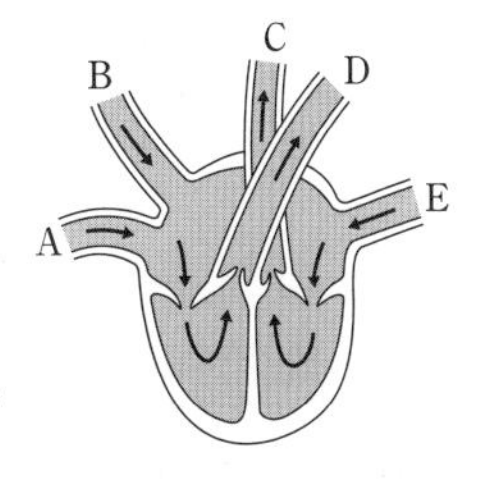

(1) 酸素を多く含む血液が流れる血管を，図のＡ～Ｅの中から２つ選び，その記号を書け。
(2) 血液の逆流を防ぐための弁が，ところどころにあるのは，動脈，静脈のどちらか，書け。また，その血管を図のＡ～Ｅの中からすべて選び，その記号を書け。

（青森）

Q問題 3 心臓は血液の循環の中心となっている。ヒトの心臓は，拍動(はくどう)することで，全身や肺に血液を送り出している。心臓から出た血液は，動脈を通って毛細血管に達し，静脈を通って心臓にもどる。このように血液が循環することによって，酸素や養分などの必要な物質や，二酸化炭素やアンモニアなどの不要な物質を運んでいる。図は正面から見たヒトの心臓の断面の様子を表したものであり，ア，イ，ウ，エは血管を，A，B，C，Dは心臓の各部屋を表している。このことについて，次の(1)，(2)，(3)の問いに答えよ。

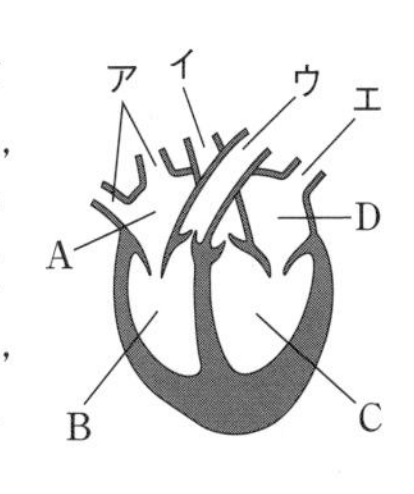

(1) 心臓から血液を送り出すときに収縮する心臓の部屋はどれか。図中のA，B，C，Dのうちからすべて選び，記号で書け。
(2) 図中のア，イ，ウ，エのうち，動脈血が流れている静脈はどれか。
(3) 酸素は血液中の赤血球によって運ばれる。赤血球に含まれ，酸素と結びつく物質を何というか。　（栃木）

ワザ
塾技58 呼吸 生物のつくりとはたらき

▶ 肺呼吸

1 呼吸器官のつくり

ヒトの**呼吸器官**は，**気管・気管支・肺**から成る。肺は，枝分かれした気管支と肺胞(はいほう)から成り，**肺胞の表面**には**毛細血管**がはりめぐらされ，**酸素と二酸化炭素の交換**（**ガス交換**）が行われている。

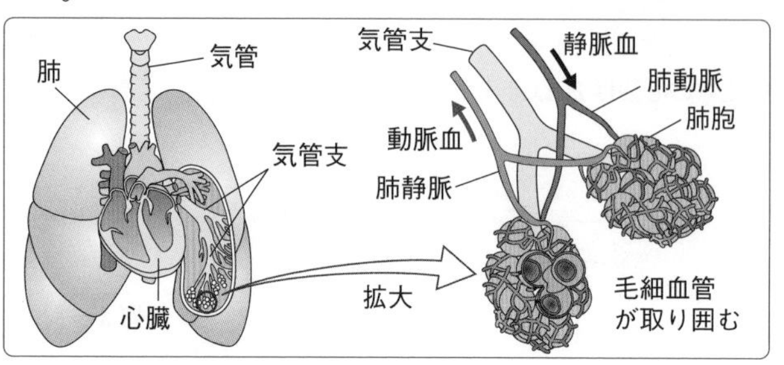

●肺胞でのガス交換のしくみ

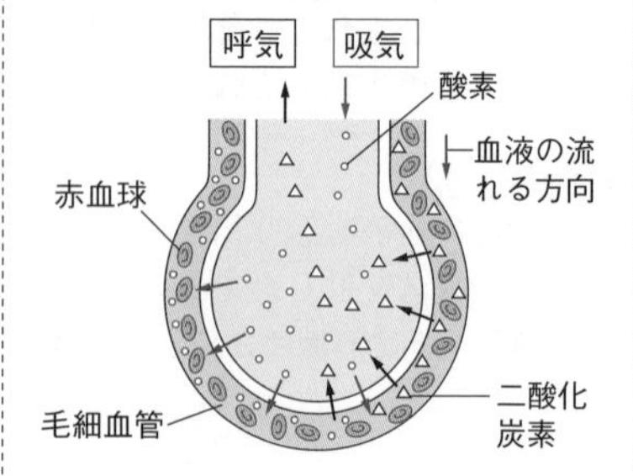

●肺胞の大きさとつくりの利点

直径：約 0.2mm　　個数：約 3 億個

表面積：約 $60m^2$（教室の広さくらい）

利点：空気とふれる**表面積が大きく，効率よくガス交換**を行える。

2 ヒトの呼吸とモデル

肺には筋肉がないため，**横隔膜**(おうかくまく)や**ろっ骨**を**上下**させることで**胸腔**(きょうこう)**の容積を変化**させ，呼吸を行う。

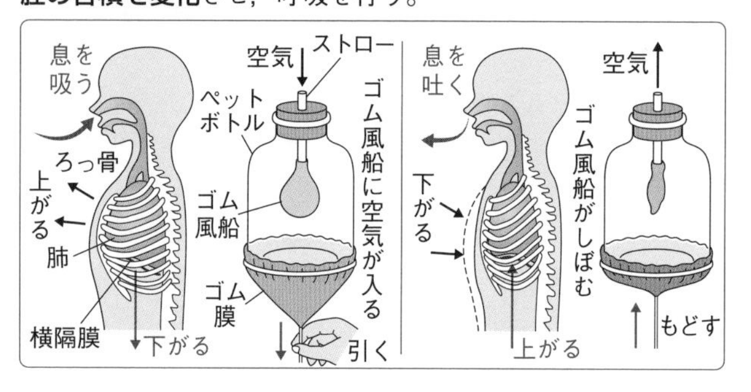

●モデル実験の変化と呼吸運動

呼吸運動のモデルでは，ストローが気管，ゴム風船が肺，ゴム膜が横隔膜，ペットボトル内の空間が胸腔（肺が入った部屋）を表している。

・**ゴム膜を引くときの変化**（**息を吸うとき**）

ゴム膜が下がる（横隔膜が下がる）

↓

ボトル内（胸腔）の気圧が下がる

↓

風船がふくらむ（肺がふくらむ）

・ゴム膜をもどす（息をはく）ときの変化は，それぞれ上記と反対に考える。

▶ 細胞呼吸

3 細胞呼吸

消化管で吸収された栄養分は，血液にとけて全身の細胞に運ばれる。各細胞は，肺呼吸により取り入れた酸素を使い，**栄養分を水と二酸化炭素に分解**し，**生活に必要なエネルギー**をとり出している。このはたらきを**細胞呼吸**※という。細胞呼吸は，細胞内にある**ミトコンドリア**で行われている。

※肺呼吸のことを**外呼吸**，細胞呼吸のことを**内呼吸**という。

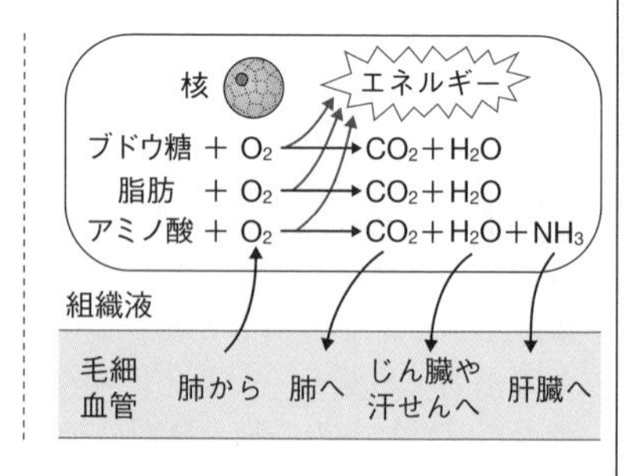

塾技解説

生物の呼吸には，**肺呼吸**の他にも**えら呼吸**，**気管呼吸**，**皮膚**(ひふ)**呼吸**があり，例えばヒトは，割合は低いけど皮膚呼吸もしている。**それぞれのしくみ**を用語チェックでしっかりとチェックしよう。

用語チェック　1. 呼吸器官　2. えら呼吸　3. 気管呼吸　4. 皮膚呼吸　➡ p.196

塾技チェック！問題

問題 右の図は，肺の一部の拡大図である。次の問いに答えよ。

(1) 図の a ～ c の名称をそれぞれ書け。

(2) a から b に受け渡される物質を書け。

(3) ヒトが息を吸うとき，ろっ骨と横隔膜（おうかくまく）はそれぞれどのように動くか。

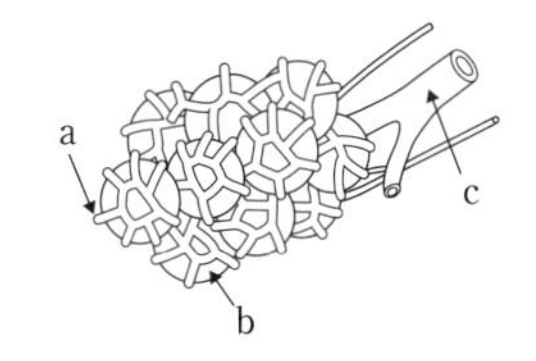

解説と解答

(1) 気管支の先には毛細血管で包まれた肺胞（はいほう）がある。 **答 a：毛細血管，b：肺胞，c：気管支**

(2) a から b には細胞呼吸で生じた二酸化炭素が受け渡され，体外へ放出される。 **答 二酸化炭素**

(3) **答 ろっ骨：上がる，横隔膜：下がる**

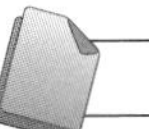

チャレンジ！入試問題

解答は，別冊 *p.58*

Q 問題 1 右の図は肺の一部を拡大し，酸素と二酸化炭素の出し入れを模式的に示したものである。次の各問いに答えよ。

(1) 次の文の｛　｝の中から適切なものを１つずつ選べ。

横隔膜が①｛ア　上がる　　イ　下がる｝と肺胞は

②｛ア　ふくらみ　　イ　縮まり｝，肺に空気が入る。

(2) 次の文の下線部①～③について，誤っているものを１つ選び，その番号を訂正した語を書け。

図の B を通る①<u>酸素</u>を多く含む血液は，②<u>肺静脈</u>を通って心臓にある４つの部屋のうち，③<u>右心房</u>へ流れる。

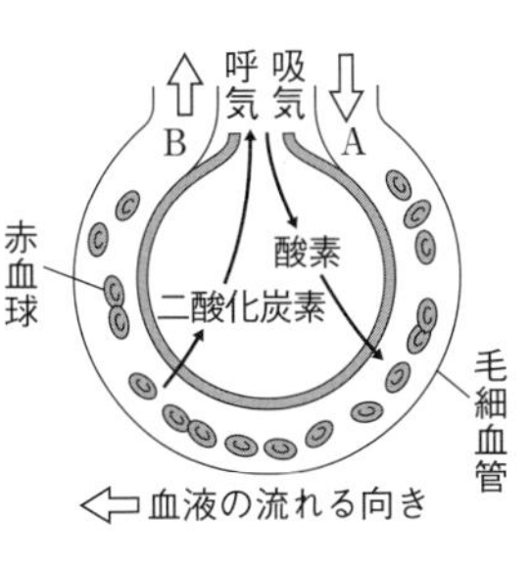

（青森改）

Q 問題 2 肺への空気の出入りを調べるために，次の実験を行った。あとの各問いに答えよ。

実験　図１はヒトのろっ骨や肺などを模式的に表したものである。肺への空気の出入りを調べるために，図１を参考にして，図２のように，下部を切りとったペットボトルにゴム膜をつけ，ゴム風船をつけたガラス管をとりつけて模型を組み立てた。この模型で，ゴム風船は肺に，ガラス管は気管に，ゴム膜は図１の A に相当する。図２のゴム膜を指でつまんで下に引くと，ゴム風船がふくらんだ。

図１　（気管，肺，A，ろっ骨）
図２　（ガラス管，ゴム風船，ゴム膜）

(1) 図１の A は何か，その名称を書け。

(2) この実験の結果から考えて，肺に空気が入るしくみの説明として正しいものを，次のア～エから１つ選び，記号で答えよ。ただし，胸腔（きょうこう）は図１のろっ骨と A とにとり囲まれた部屋である。

ア　A が上がり，胸腔がせまくなる。　　イ　A が上がり，胸腔が広くなる。

ウ　A が下がり，胸腔がせまくなる。　　エ　A が下がり，胸腔が広くなる。

(3) 肺に吸いこまれた空気は，図３のような多数の小さな袋（ふくろ）に入る。この小さい袋を何というか。

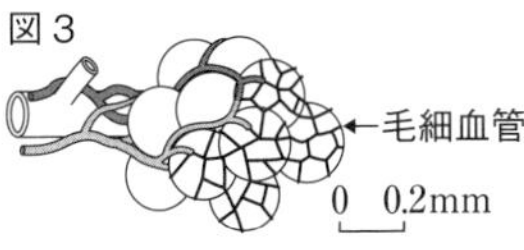

(4) 肺が(3)で答えた小さい袋に分かれていることの利点を，肺の役割にふれながら，「表面積」という語句を用いて簡潔に説明せよ。　（宮城改）

▶ 血液の循環

1 肺循環(じゅんかん)と体循環

(1) 肺循環
心臓から出た血液が**肺を通り心臓へもどる経路**を肺循環といい，**右心室 → 肺動脈 → 肺の毛細血管 → 肺静脈 → 左心房**と循環する。

(2) 体循環
心臓から出た血液が**全身の細胞をめぐって心臓に戻る経路**を体循環といい，**左心室 → 大動脈 → 全身の毛細血管 → 大静脈 → 右心房**と循環する。

(3) 循環する血液の特徴
<右の図の①〜⑤の血管を流れる血液の特徴>

① ブドウ糖・アミノ酸など栄養分を最も多く含む
② 尿素(にょうそ)などの不要物が最も少ない
③ 酸素を最も多く含む
④ 二酸化炭素を最も多く含む
⑤ 空腹時，最も多くの栄養分を含む
　→ 肝臓にグリコーゲンとして蓄えられていたブドウ糖が運ばれる。

●肺循環と体循環

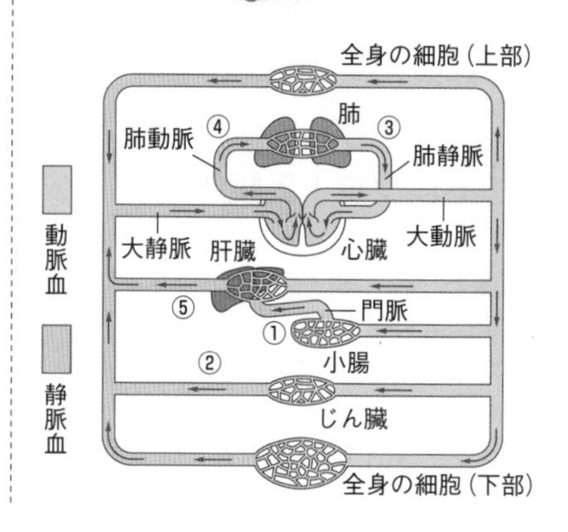

2 不要物の排出

細胞呼吸などの生命活動で生じる**不要物**は，**肺やじん臓，汗腺(かんせん)**を通して体外に排出(はいしゅつ)される。

① 二酸化炭素
血しょうにとけて**肺まで運ばれ，ガス交換によって排出**される。

② 水・アンモニア・無機塩類
じん臓や汗腺などの排出器官を通して排出。ただし，**アミノ酸の分解**により生じる**アンモニア**は非常に毒性が強いため，そのままでは排出されず，**肝臓**で無毒の**尿素につくりかえられて**から**じん臓でこしとられ，尿として排出**される。

●じん臓のつくりとはたらき
血しょう成分のうち，分子の大きいタンパク質以外をろ過して原尿をつくり，ブドウ糖などを再吸収後，尿として排出する。

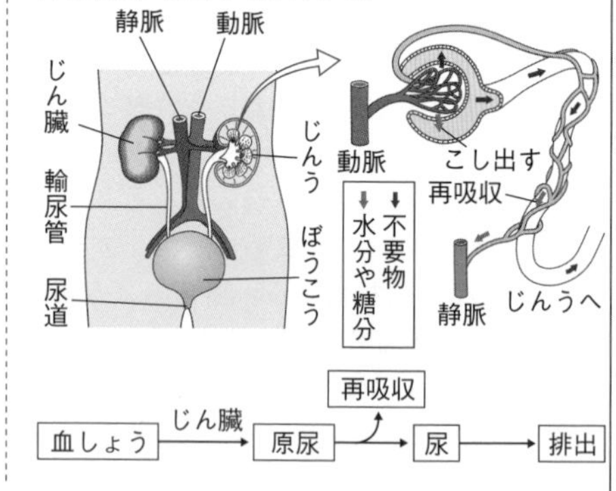

健康な人の場合，1日で1.0〜1.5Lの**尿**が排出されるが，これは**原尿が濃縮したもの**で，原尿は1日で120〜180Lもつくられている。**原尿の濃縮率**は，ヒトが分解できない**イヌリンという物質を用いた実験**により調べることができる。難関校では出題が見られるので，用語チェックで確認しよう！

用語チェック 1. 汗腺 2. 血しょう成分 3. イヌリン ➡ p.196

塾技チェック！問題

問題 右の図は，ヒトのじん臓と，じん臓につながる管の様子を，表は，血液中のいくつかの成分について，管A，管B，輸尿管（ゆにょうかん）を流れるそれぞれの液体中の割合を示している。物質a，b，cは，尿素（にょうそ），タンパク質，ブドウ糖のうちのいずれかである。物質aの名称を答えよ。

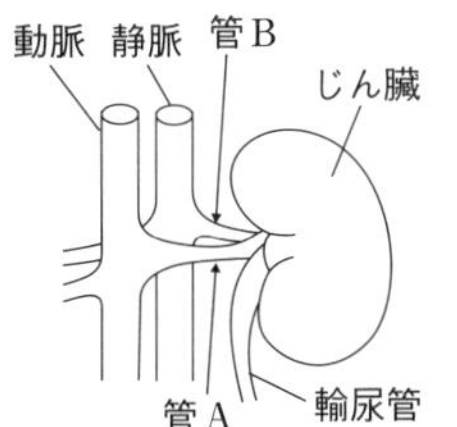

成分	管A	管B	輸尿管
物質a	0.1	0.1	0
物質b	0.03	0.01	2.0
物質c	8	8	0

表．各管を流れる液体中の成分の割合〔%〕

解説と解答

管Aはじん動脈で，じん臓に入る前の血液が流れ，管Bはじん静脈で，じん臓を通過後の血液が流れる。血しょうの約8%を占めるタンパク質は，分子が大きいためじん臓でろ過されない。一方，ブドウ糖は，一度ろ過されるが原尿からすべて再吸収される（尿素は一部再吸収される）。以上より，物質a，b，cはそれぞれ，ブドウ糖，尿素，タンパク質とわかる。

答 ブドウ糖

チャレンジ！入試問題

解答は，別冊 *p.59*

Q問題 図１はヒトのからだの循環系（じゅんかんけい）を示したものであり，図２は，その中の心臓の断面を拡大したものである。以下の問いに答えよ。

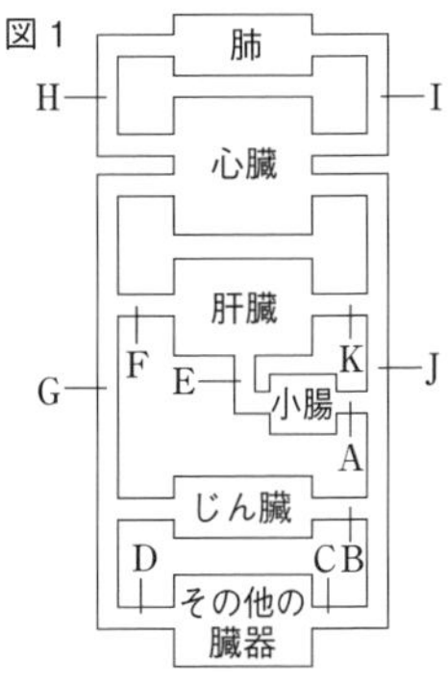

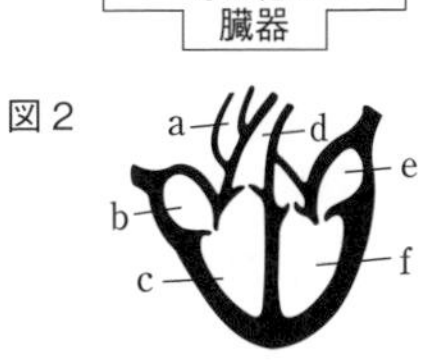

(1) 血液の流れを図２のa～fを用いて以下の（　）に示せ。ただし，循環はGで始まり，心臓を通過してJで終わるものとする。

G→（　　）→（　　）→（　　）→H→I→（　　）→（　　）→（　　）→J

(2) 下記の血液が流れている血管，または特徴をもつ血管を記号A～Kで答えよ。

ア　逆流を防ぐ弁がある　　イ　酸素を最も多く含む血液

ウ　二酸化炭素を最も多く含む血液　　エ　栄養分を最も多く含む血液

オ　尿素が最も少ない血液　　カ　最も厚い血管壁をもつ

(3) アンモニアは，からだのもとになっているある成分の１つが分解してつくられる。その成分を答えよ。

(4) アンモニアは，からだのある場所で別の物質になる。その臓器の名称と，物質名を答えよ。

(5) 血管Eを流れる血液に多量に含まれている栄養分を２つ書け。

(6) 右の表はブドウ糖と尿素について，ヒトの血しょうと尿に含まれる濃度〔g/L〕を示したものである。ただし，〔g/L〕は溶液1L中に含まれている溶質の質量〔g〕を示している。

成分	血しょう	尿
ブドウ糖〔g/L〕	1.0	0
尿素　〔g/L〕	0.3	20.0

ヒトの成人の場合，心臓は１分間に70回収縮し，１回につき50mLの血液を送りだしている。そのうち，じん臓に流入する血液は30分の１である。また，１日に排出される尿の量は1.5Lである。次のア～オに答えよ。

ア　１日にじん臓に流入する血液は何Lか。　　イ　１日にじん臓に流入する尿素量は何gか。

ウ　１日に尿として排出される尿素量は何gか。

エ　ろ過された尿素の何%が排出されたか，小数第一位まで求めよ。

オ　１日にろ過されたブドウ糖量は何gか。

(7) 肺の内部は多数の肺胞（はいほう）からできている。このようなつくりになっているのはなぜか。20字以内で書け。

（大阪教育大附高池田）

刺激と反応① 生物のつくりとはたらき

▶ 刺激を受け取るしくみ

1 感覚器官

生物が**刺激を受け取るための器官**を感覚器官（目・耳・鼻・舌・皮膚など）という。それぞれの器官は，**受け取る刺激が決まっている**。

●感覚と刺激

外界から刺激がくると**決まった感覚器官が受け取り**，神経を通して脳にとどき，**脳が感知**してはじめて**感覚**となる。

2 ヒトの目のつくりとはたらき

(1) **虹彩とひとみの大きさ**

明るい場所：**虹彩が広がり**ひとみが小さくなる

暗い場所：**虹彩が縮み**ひとみが大きくなる

※この反応は，大脳とは無関係に行われ，**反射**という。

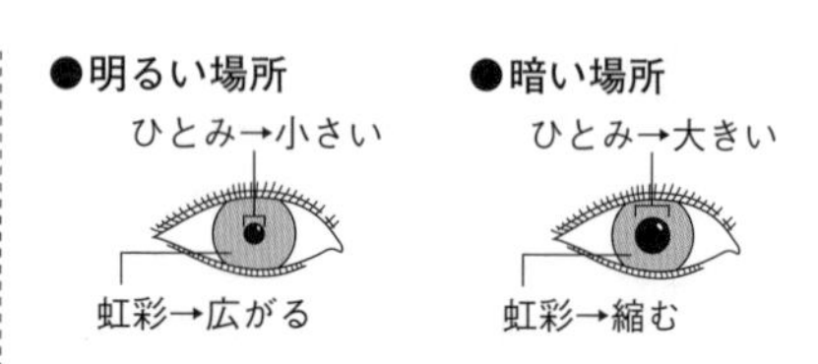

(2) **物が見える仕組み**

物は，**光の刺激**が次のように伝わって見える。

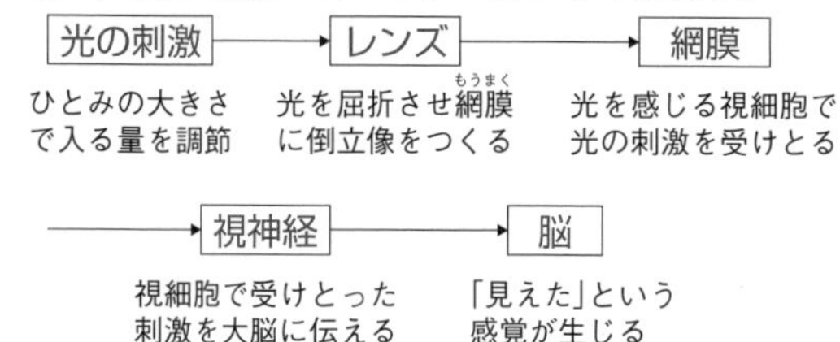

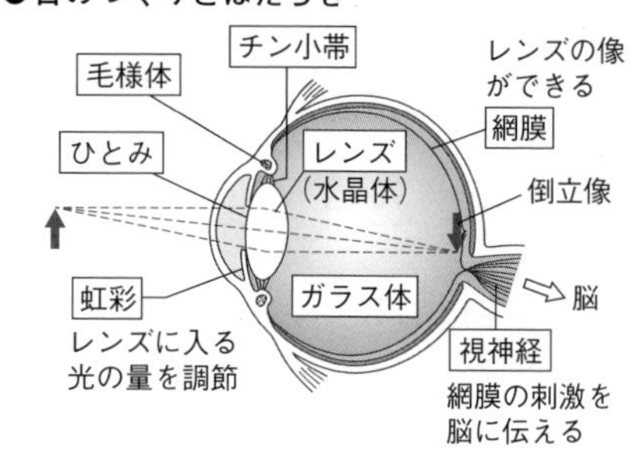

(3) **動物の目のつき方**

肉食動物：目は顔の**前面**についている。

⇨ **立体的に見え，距離感がつかみやすい。**

草食動物：目は顔の**側面**についている。

⇨ **視野が広く，敵を見つけやすい。**

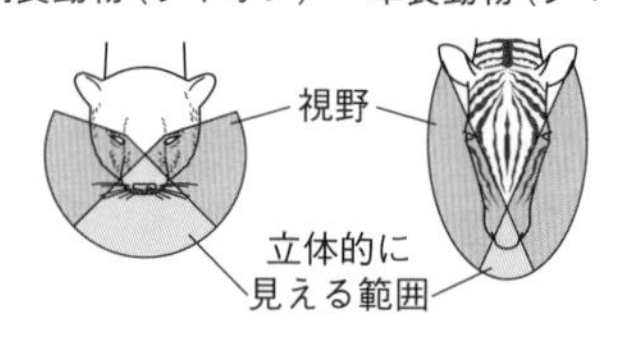

3 ヒトの耳のつくりとはたらき

音は，**音の刺激**が次のように伝わって聞こえる。

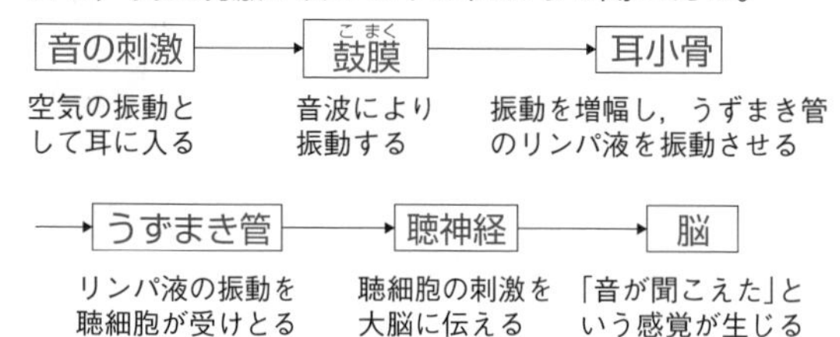

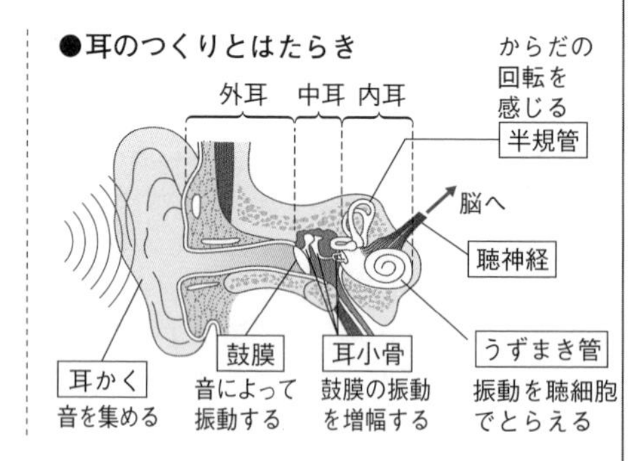

入試でよく出題されるヒトの感覚器官は，**目と耳**。これ以外の**鼻・舌・皮膚**は**用語チェックを確認**。さらに入試では，ヒトの感覚器官以外にも，**メダカの感覚器官**についての実験の出題も見られるぞ。

用語チェック　1. 毛様体・チン小帯　2. 鼻・舌・皮膚　3. メダカの感覚器官 ➡ *p.196*

塾技チェック！問題

問題 右の図は，ライオンとシマウマの頭部の様子を示している。なお，図中の点線で囲まれた部分は，それぞれの動物の視野を示している。

(1) ライオンの視野において，物を立体的に見ることのできる範囲を図に示せ。解答は範囲をぬりつぶして示すこと。

(2) シマウマの目が顔の側面にあることの利点を書け。

解説と解答

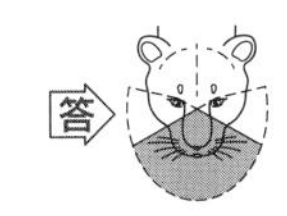
答

(1) 両目の視野が重なる範囲が立体的に見える範囲となる。

(2) 答 **広い範囲を見渡せるため，敵(てき)を見つけやすい。**

チャレンジ！入試問題

解答は，別冊 *p.60*

Q 問題 1 ヒトの目(図)では，[1]が光を屈折させて[2]の上に像を結ぶ。光刺激(しげき)が信号となって[3]を通じて脳へ伝えられる。[3]は，約100万個の繊維(せんい)の集まりである。また，目に入る光の量を調節する[4]がある。

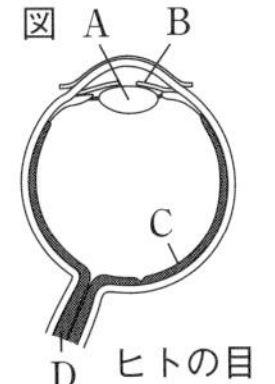

ヒトの目

表

	名称	図に示した部位		名称	図に示した部位
①	レンズ(水晶体)	A	⑤	視神経	C
②	レンズ(水晶体)	B	⑥	視神経	D
③	虹彩	B	⑦	網膜	C
④	虹彩	C	⑧	網膜	D

文中の[1]～[4]にあてはまる名称と図に示した部位の組み合わせとして，それぞれ正しいものはどれか。表の①～⑧より1つずつ選べ。

(東京学芸大附高改)

Q 問題 2 耳の役割について，次の文を読んであとの問いに答えよ。ただし，図中の記号と文中の記号は一致している。

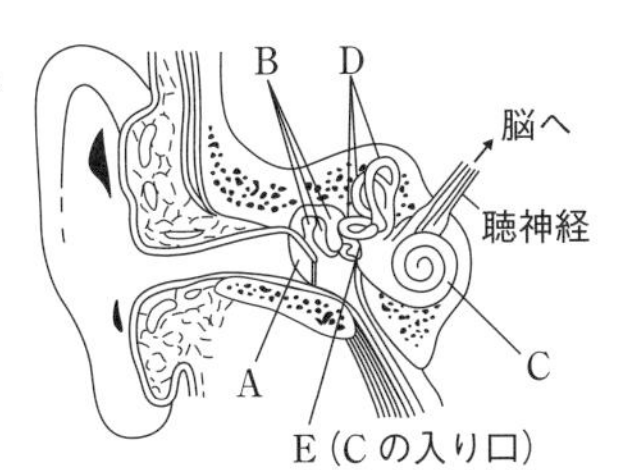

音は耳かくで集められて，外耳道を通って[A]でとらえられて[B]を伝わり，[C]の中のリンパ液を振動させることにより音の刺激として受け取られている。リンパ液が振動することにより[C]の中にある細胞(聴細胞)が上下に動き，その細胞の毛が[C]の中にある膜に接触する。これにより聴神経が刺激され，その刺激は電気信号として脳に伝えられ，「音」と認識される。これを聴覚という。また，[D]の中にもリンパ液が入っており，からだが回転するときにその液体に流れが生じる。このとき[D]の中にある細胞の毛がなびき，その毛が引っ張られることによりその刺激を神経が脳に伝え，回転の感覚が生じる。このように，耳は聴覚以外にも回転の感覚もつかさどっている。

(1) 文中の空欄[A]～[D]に適語を入れよ。

(2) Bは1つではなく，3つの部分でできている。また，Aの面積はEの面積よりかなり大きい。これらの構造による共通の利点を答えよ。

(3) 耳が受容する刺激は前の文に示すように次々に変換されて脳に伝えられている。これについて説明した次の文について，[a]～[c]に固体，液体，気体のいずれかを入れよ。
Aの部分で[a]の振動は[b]の振動に変換される。Eの部分では[b]の振動が[c]の振動に変換される。

(4) Dは3つの管から成り立っている。3つの位置関係はどのようになっているか，簡単に答えよ。

(東大寺学園高)

ワザ
塾技 61 刺激と反応② 生物のつくりとはたらき

▶ 刺激の伝わり方と運動

1 神経系の種類

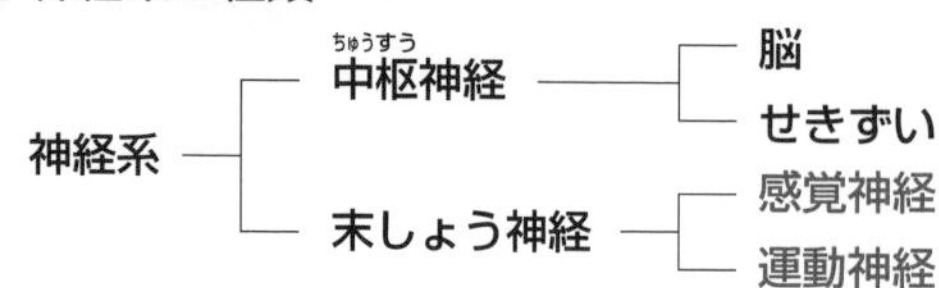

●神経系のはたらき
- 中枢神経：刺激の判断と処理
- 脳：感覚の信号の認識・判断・命令
- せきずい：脳と末しょう神経の中継・反射の命令
- 末しょう神経：刺激や命令の伝達
- 感覚神経：感覚器官→中枢への伝達
- 運動神経：中枢→筋肉への伝達

2 刺激と反応

(1) **意識して起こす反応**

外界の刺激に対し，**意識して起こす反応**（**随意運動**）では，**刺激の電気信号**が**脳を必ず通る**。感覚神経からの信号が**せきずいを通るか通らないか**は，感覚器官が**首（せきずい）より上にあるか下にあるか**で決まる。

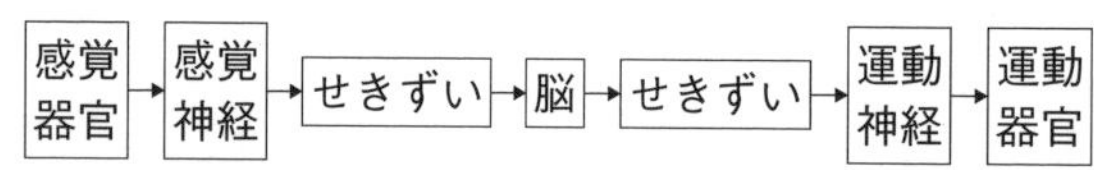

刺激 ⇨ 感覚器官 →B→ せきずい →F→ 運動器官 ⇨ 反応
感覚器官 →A→ 脳，せきずい →C→ 脳，脳 →D→ せきずい，脳 →E→ 運動器官

例 背中がかゆいので手で背中をかく。
（背中の皮膚→）B → C → D → F

例 落下するボールを手でつかむ。
（目→）A → D → F

(2) **無意識に起こす反応**

刺激に対して**無意識に起こる反応**を反射という。
反射は**刺激の信号**が脳（大脳）を**通らない**。

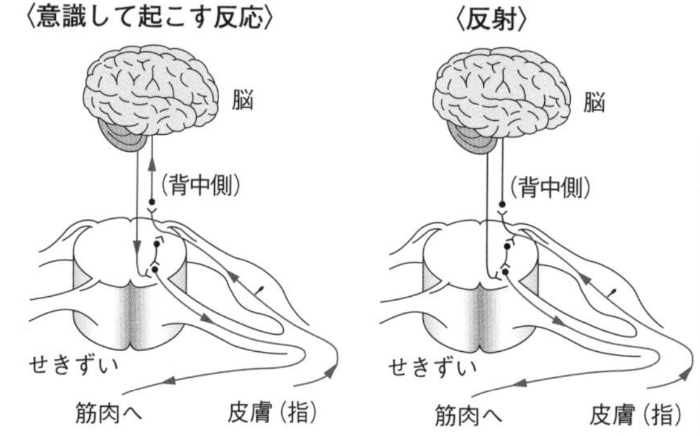

●**反射が備わっている理由**

反射は信号が大脳を経由しないため，刺激を受け取ってから**反応を起こすまでの時間が短く，危険回避に役立っている**。

●**反射の具体例**
- 熱いものに触れ思わず手を引っこめる
- 明るい所に入るとひとみが小さくなる
- 目の前に急に物が飛んできて目を閉じる
- ひざの下をたたくと足がはね上がる
- 食べ物を口に入れるとだ液が出る
  → **梅干を見るとだ液が出る**のは反射ではなく**条件反射！**

3 骨格と筋肉

中枢神経から命令を受けた筋肉（骨格筋）は，**縮んだりゆるんだりすることで付着した骨格を動かす**。骨格筋の両はしには「けん」がある。骨格筋は，けんによって，**関節をへだてたとなりの骨と付着**し，**てこの原理**によりその部分に応じた運動をする。

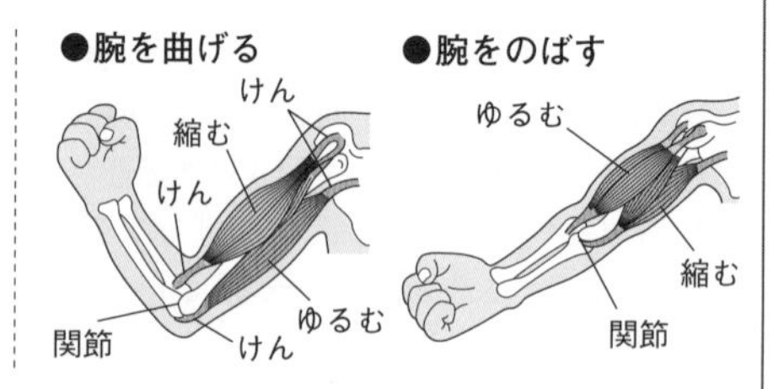

刺激と反応では，**感覚神経**は**せきずいに背中側から入り**，**運動神経**は**せきずいの腹側から出る**ことも確認を。骨格と筋肉では，**関節**が**支点**，**けん**が**力点**となるぞ。

用語チェック 1. 神経系 2. 脳 3. せきずい 4. 条件反射 5. 骨格筋 ➡ p.197

塾技チェック！問題

問題 右の図はヒトの神経系の模式図である。次の問いに答えよ。

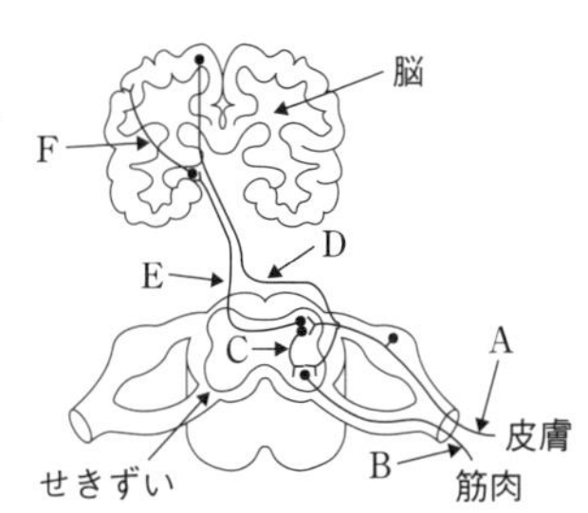

(1) (a)うっかり熱いやかんに手がふれると，思わず手を引っこめるのとほぼ同時に，(b)熱さを感じる。

① 下線部(a)で信号が伝えられる経路を，A～Fの記号を用いて伝わる順に左から並べて書け。

② 下線部(b)で信号が伝えられる経路を，A～Fの記号を用いて伝わる順に左から並べて書け。

(2) (1)の下線部(a)のように，刺激(しげき)に対して意識とは関係なく起こる反応を何というか。

解説と解答

(1) ① 信号は皮膚(ひふ)→感覚神経A→せきずいC→運動神経B→筋肉と伝わる。 **答** A，C，B

② (a)でせきずいに伝わった刺激は，大脳にも伝えられ「感覚」が生じる。 **答** A，E，F

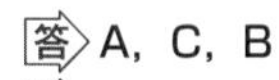

(2) **答** **反射**

チャレンジ！入試問題

解答は，別冊 *p.61*

Q問題 1 右の図は，腕の内部の骨と，腕の曲げのばしに関わる2種類の筋肉a，bの一部を示したものである。ただし，筋肉aの端が骨についている部分は省略している。(1)，(2)の問いに答えよ。

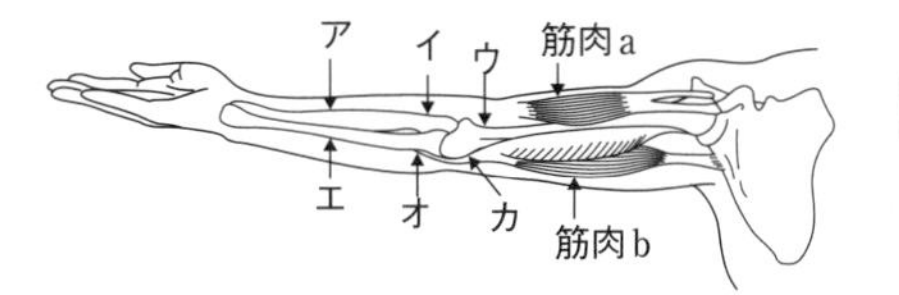

(1) 筋肉aの端は骨のどこについているか。最も適当なものを，図のア～カの中から1つ選び，記号を書け。

(2) 腕を曲げたとき，図の筋肉aと筋肉bはそれぞれどうなっているか。最も適当なものを，次のア～エの中から1つ選び，記号を書け。

ア 筋肉aも筋肉bもゆるんでいる。

イ 筋肉aも筋肉bも縮んでいる。

ウ 筋肉aはゆるんでいるが，筋肉bは縮んでいる。

エ 筋肉aは縮んでいるが，筋肉bはゆるんでいる。

（佐賀）

Q問題 2 動物は外界から刺激を受け，さまざまな反応をする。図は刺激を受け反応するまでの経路を示した模式図であり，AからFの矢印は神経を通る信号の伝わる向きを示している。このことについて，次の問いに答えよ。

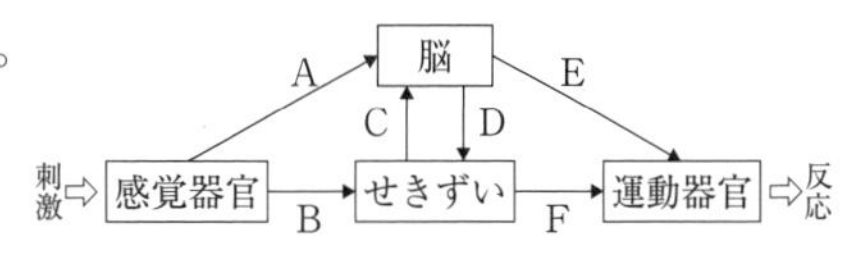

(1) 図のBの向きに信号を伝える神経を何というか。

(2) 次の①，②，③はヒトの反応の例を示している。これらの反応が起きたとき，図のどのような経路で信号が伝わったか。信号が伝わった向きの組み合わせとして，最も適切なものをそれぞれ下のア，イ，ウ，エのうちから1つずつ選び，記号で書け。

① 熱いものに手がふれたとき，無意識に手を引っ込めた。

② 靴(くつ)の中に砂が入ったのを感じて，靴を脱(ぬ)いだ。

③ 黒板に書かれた文字を見て，ノートに書いた。

ア B－C－D－F　　イ A－D－F　　ウ A－E　　エ B－F

（栃木）

塾技(ワザ) 62 大気圧と気象の観測 天気とその変化

▶ 圧力と大気圧

1 圧力(あつりょく)の大きさ

(1) **圧力の求め方**

ふれあう面の**単位面積〔1m²〕あたりに加わる垂直方向の力〔N〕**を**圧力**という。**圧力の単位**は **Pa**（パスカル），**N/m²** などを用いる。

$$圧力〔Pa〕= \frac{面を垂直に押す力〔N〕}{力がはたらく面積〔m^2〕}$$

(2) **力がはたらく面の面積と圧力の関係**

面にはたらく力の大きさが同じとき，**力がはたらく面積と圧力**は**反比例**する。（面積比と圧力比は逆比）

●圧力の問題での注意点

① **圧力と垂直抗力(こうりょく)を混同しないこと**
（垂直抗力の大きさははたらく面積にかかわらず物体にはたらく重力の大きさと等しい）

② **同体積でも物体により圧力は異なる**
（体積とはたらく面積が同じでも，密度が異なると重さが異なるので，圧力は異なる）

例　物体の重さ：200N

スポンジ　4m 2m　4m 1m　2m 1m

底面積	8m²	4m²	2m²
圧力	25Pa	50Pa	100Pa

2 大気圧

地球をとりまく空気の層**（大気）による圧力**を**大気圧**（気圧）といい，通常，単位は **hPa**（ヘクトパスカル）が使われる。気圧は，**ある地点よりも上にある空気の重さ**で決まり，**高い所**ほど上にある空気がへるため，**気圧が低く**なり，**低い所**ほど上にある空気が増えるため，**気圧が高く**なる。

例　海水面上と富士山山頂の大気圧

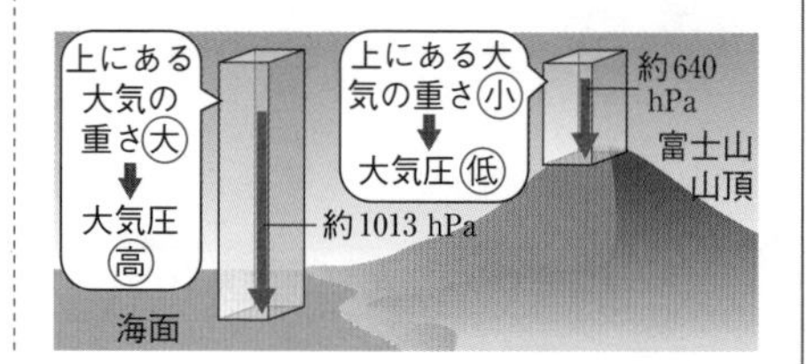

3 気象要素と気象観測

(1) **気象要素**

気象の情報には，**気温**や**湿度**，**風向**，**風速**，**雲量**，**気圧**などがあり，これらそれぞれを**気象要素**という。例えば，**風向**は**風がふいてくる向き**を矢の向きで，風力は矢ばねの数で表す。

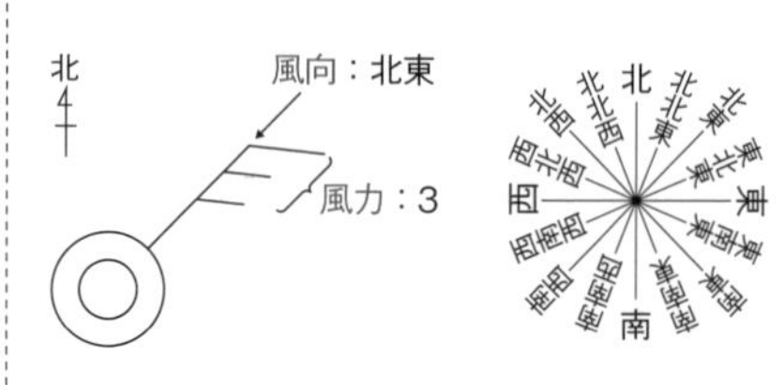

(2) **気象観測と天気**

気温：気温は地上から 1.5m の高さのところで，温度計の球部に**直射日光を当てないように測る**。

湿度：**空気の湿りけの度合い**を百分率〔%〕で表したもの。

雲量：**空全体を 10 としたときの雲の割合**を**雲量**という。雲量が **0〜1** のとき**快晴**，**2〜8** のとき**晴れ**，**9〜10** のとき**くもり**となる。

天気図記号：晴れや雨など天気を表す天気記号と，風力を表す風力記号を組み合わせ天気を表したもの。

●気温と湿度の関係

気温が上がると湿度が下がり，気温が下がると湿度が上がる。晴れの日は気温も湿度も変化しやすいが，雨の日は変化しにくい。

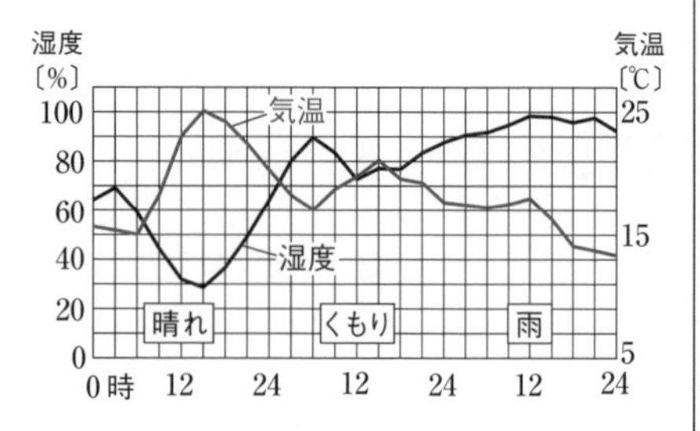

塾技解説　空全体の８割を雲が占めたときの天気は？答えは「**晴れ**」。用語チェックで**天気図記号の確認**もしよう。

用語チェック　1. 気圧　2. 天気図記号　➡ p.198

塾技チェック！問題

問題 右の図は，ある地点の気象観測の結果を天気図記号で表したものである。次の問いに答えよ。

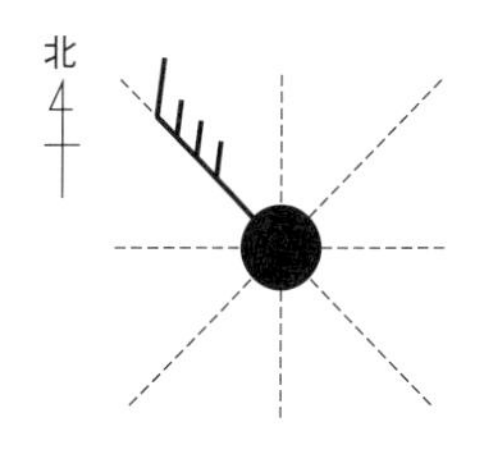

(1) この地点の風向および風力を答えよ。

(2) この地点の大気圧の大きさが 1013hPa だったとき，大気圧によってはたらく力はこの地点 $1m^2$ あたり何 N になるか。

解説と解答

(1) 風向は風が吹いてくる方向の北西，風力は矢ばねの数の 4 となる。 **答 風向：北西，風力：4**

(2) ヘクトは 100 倍の意味を表すので，1013hPa = 101300Pa となる。$1Pa = 1N/m^2$ より，$101300Pa = 101300N/m^2$ となり，$1m^2$ あたりにはたらく力は 101300N とわかる。 **答 101300N**

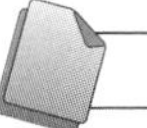

チャレンジ！入試問題

解答は，別冊 *p.62*

Q 問題 1 縦 10cm, 横 20cm, 高さ 5cm の図のような同じ重さのレンガが何個かある。A 面を下にして 2 個積んだときの床に及ぼす圧力と等しくするには，B 面，C 面を下にして積む場合，それぞれ何個ずつ積む必要があるか。次のア～オの中から適当なものを 1 つ選べ。

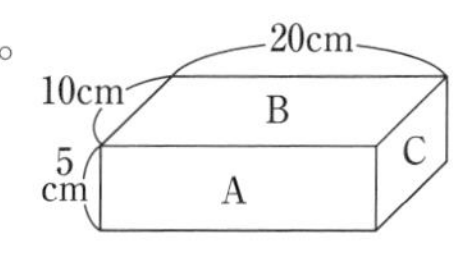

ア　B 面では 1 個，C 面では 4 個　　イ　B 面では 4 個，C 面では 2 個
ウ　B 面では 1 個，C 面では 2 個　　エ　B 面では 2 個，C 面では 1 個
オ　B 面では 4 個，C 面では 1 個

（青雲高）

Q 問題 2 直方体 P，Q があり，面 A ～ E を右の図のように決める。P，Q の密度はそれぞれ $6g/cm^3$，$3g/cm^3$ であった。質量 100g の物体にはたらく重力を 1N として，次の問いに答えよ。

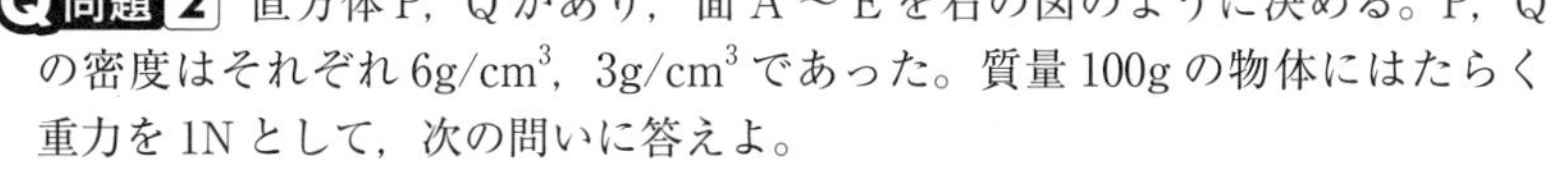

(1) 直方体 P の質量は何 g か。次の①～⑥の中から 1 つ選び，番号を書け。

① 120g　② 180g　③ 240g　④ 360g　⑤ 400g　⑥ 460g

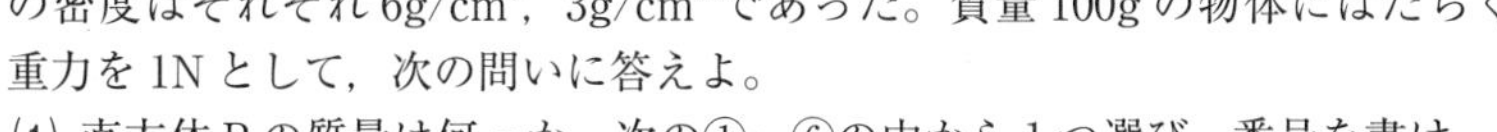

(2) 面 A ～ E の各面を下にして床に置いたとき，床が受ける圧力の大きさの関係として正しいものはどれか。

①　A = D > B > C > E　　②　C = E > B > A > D　　③　A > B > C = E > D
④　C > B > A = D > E　　⑤　E > A = D > B > C　　⑥　C = E > D > B > A

（東京学芸大附高）

Q 問題 3 右の図 1 は，4 月 3 日の 0 時から 4 月 5 日の 0 時までの気温，湿度，気圧を測定し，4 月 4 日の 12 時の天気をかきこんだものである。

(1) 図 1 より，4 月 4 日の気温が最高になる時刻を 24 時間制で答えよ。

(2) 4 月 3 日の 18 時の観測地点における天気はくもり，風向は北東，風力は 3 だった。この地点の天気図記号を図 2 に表せ。

図 2

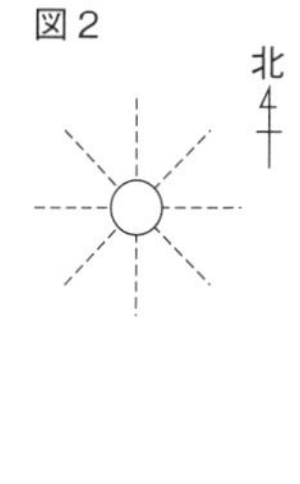

（オリジナル問題）

塾技 63 大気とその動き 天気とその変化

▶ 風

1 風の発生

(1) **風**

大気のうち，**地上約 10km くらい**までを対流圏といい，対流がさかんに起こっている。対流のうち，**水平方向の動き**を風，**上下方向の動き**を気流という。

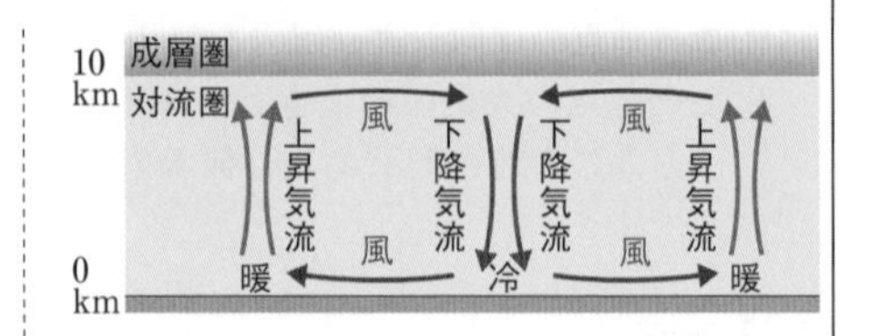

(2) **風が吹く方向(風向)と仕組み**

風向 気圧が高い所(低温部) → 低い所(高温部)

仕組み 地表に**温度差**ができると，高温部は**上昇気流で地表の気圧（密度）が低くなり**，低温部は**下降気流で地表の気圧（密度）が高くなる**。その結果，重い方から軽い方へ空気が流れこみ，風が吹く。

●風のモデル実験
砂は水よりあたたまりやすいので，水面付近の空気が砂の表面付近に向かって移動する。

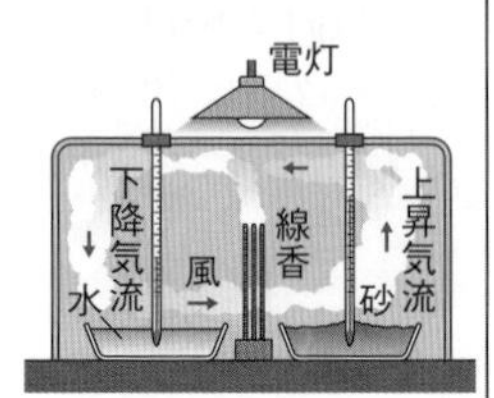

2 風の種類

(1) **海陸風**

昼は**海より陸の方があたたまりやすく**，夜は**海より陸の方が冷えやすい**ため，海に面した地域では風向が昼と夜で反対になる（変化の前後で**風が止む**ときを「凪(なぎ)」といい，朝と夕の２回ある）。**昼に吹く風**を海風，**夜に吹く風**を陸風，海風と陸風をまとめて海陸風という。

海風：昼，冷たい海上から暖かい陸上へと吹く風
陸風：夜，冷たい陸上から暖かい海上へと吹く風

●海風と陸風

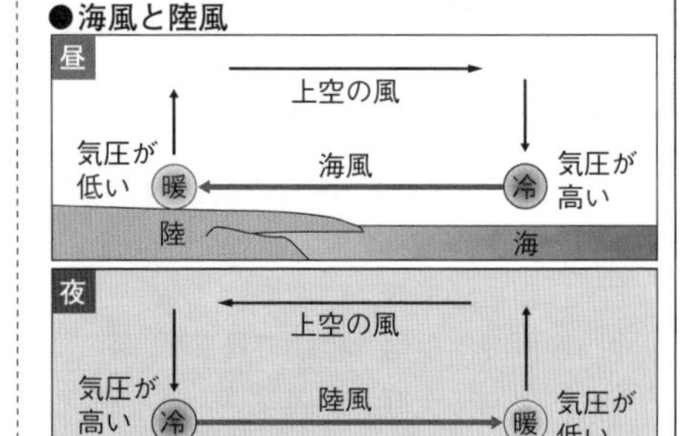

(2) **季節風**

大陸と海洋でのあたたまりやすさの違いにより，1 年周期で**風向・風速が変化**する風を季節風という。

夏の季節風：太平洋からユーラシア大陸へ（南東の風）
冬の季節風：ユーラシア大陸から太平洋へ（北西の風）

●夏の季節風

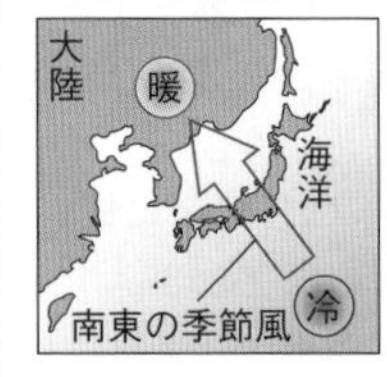

●冬の季節風

(3) **地球規模での大気の動き（北半球）**

地球の大気は，赤道付近で暖かく，極付近で冷たい。

貿易風：北緯 30 度付近から赤道へ向かって吹く風
偏西風(へんせいふう)：**北緯 30 ～ 60 度付近で吹く西よりの風**
極偏東風：北極付近から北緯 60 度付近へ吹く風

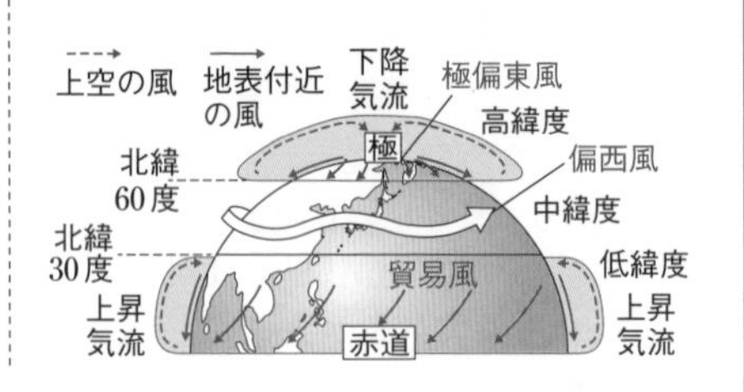

冬の季節風は，**大陸では乾燥**しているが，日本海を渡るときに**水蒸気と熱を補給**するため**湿度が高くなる**。**日本海側**では雪や雨，**太平洋側**では**乾燥した晴れの日**が続く理由を用語チェックで確認だ。

用語チェック 1. 大気 2. 対流 3. 冬の季節風 ➡ p.198

塾技チェック！問題

問題 右の図は大陸から太平洋に向けて吹く冬の季節風を表した断面図である。湿った空気となっているところを，矢印ア～エからすべて選んで記号で答えよ。

解説と解答
大陸の乾燥した風は日本海を渡るとき水蒸気を多く含み，発達した雲が発生する。この雲が列島の日本海側に雪を降らせ，その後，水蒸気を失い乾燥した冷たい空気が太平洋側に吹き下りる(*p.198*)。 **答 イ，ウ**

チャレンジ！入試問題

解答は，別冊 *p.63*

Q問題 1 地球を取り巻く大気の動きについて，次の(1)，(2)に答えよ。

(1) 上空で吹く偏西風（へんせいふう）の様子を模式的に表したものとして，最も適当なものを，ア～エから選べ。なお，矢印は風の吹く向きを表す。

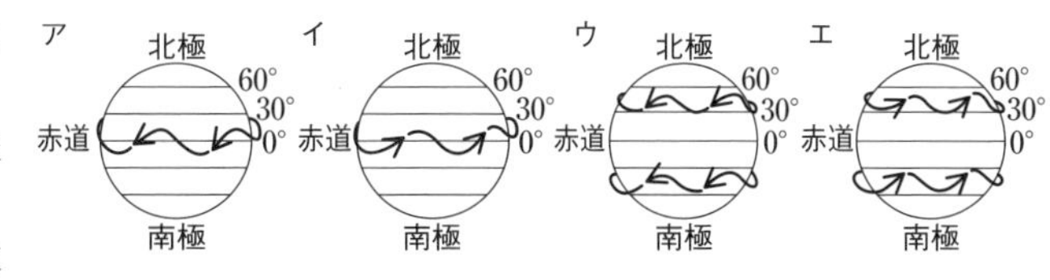

(2) 次の文の①，②の｛　｝にあてはまるものを，それぞれア，イから選べ。
天気の変化が起こっている大気の層の厚さは，①｛ア　約 10km　　イ　約 1000km｝であり，地球の半径の②｛ア　約 60 分の 1　　イ　約 600 分の 1｝である。　（北海道改）

Q問題 2 海陸風について調べるため，次の実験を行った。これに関して，(1)，(2)の問いに答えよ。

線香の煙　しきり板　ふた　A　B　保冷剤　A側と高さをそろえる台

実験　図のように水槽をしきり板で2つに分け，Aには冷えた保冷剤を入れ，線香の煙を満たした。Bには木の台を入れ，Aの保冷剤と高さをそろえた。しばらく放置した後，しきり板を静かに上に引きぬき，空気の様子を観察した。

(1) 実験で，しきり板を静かに上に引きぬいたときの水槽の中の様子をX群のア～ウのうちから，また，暖かい空気と冷たい空気の密度の大きさの関係をY群のア～ウのうちから，最も適当なものをそれぞれ1つずつ選び，その記号を書け。

X群　ア　Aの空気は水槽の下部でB側に移動し，Bの空気は水槽の上部でA側に移動した。
　　　イ　Aの空気は水槽の上部でB側に移動し，Bの空気は水槽の下部でA側に移動した。
　　　ウ　A，Bの空気は不規則に混じり合った。

Y群　ア　暖かい空気は冷たい空気より密度が大きい。
　　　イ　暖かい空気は冷たい空気より密度が小さい。
　　　ウ　暖かい空気と冷たい空気の密度は同じ。

(2) 実験のAを陸上の空気，Bを海上の空気とすると，水槽の下部での空気の動きは，昼夜のどちらの時間帯に吹く，どのような向きの海陸風を表しているか。その様子を示す模式図として最も適当なものを，右のア～エのうちから1つ選び，その記号を書け。

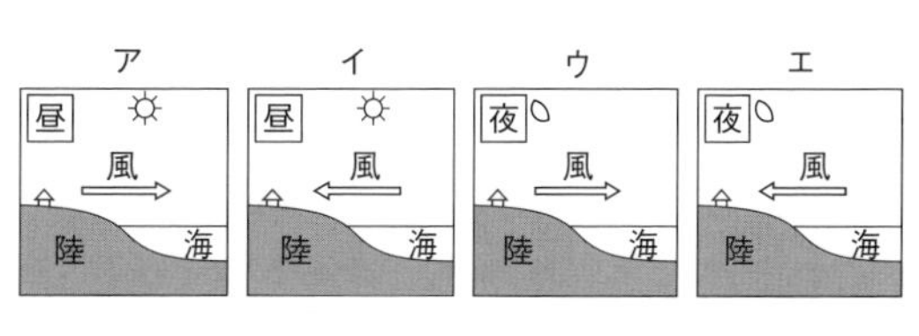

（千葉）

塾技（ワザ）64 低気圧と高気圧

▶ 低気圧・高気圧

1 低気圧・高気圧の決め方

高気圧：等圧線が丸く閉じている部分で，**中心にいくほど気圧が高くなっている**もの。

低気圧：等圧線が丸く閉じている部分で，**中心にいくほど気圧が低くなっている**もの。

見分け方 上の他に，低気圧は**中心から前線がのびている**ことが多いことや，**等圧線の間隔が狭く風が強い**ことが多いことなどからも見分けられる。

例題 右の図で，Aは低気圧，高気圧のうちどちらか答えよ。

1020 A 996 低 1000 1012

解 Aの中心にいくほど，まわりより気圧が高くなっているので，Aは**高気圧**とわかる。

2 等圧線と風向

風は，気圧の高い所（高圧部）から低い所（低圧部）に向かって吹くが，**北半球での風の進行方向**は，**等圧線に対して垂直の方向よりも右にそれて吹く**。

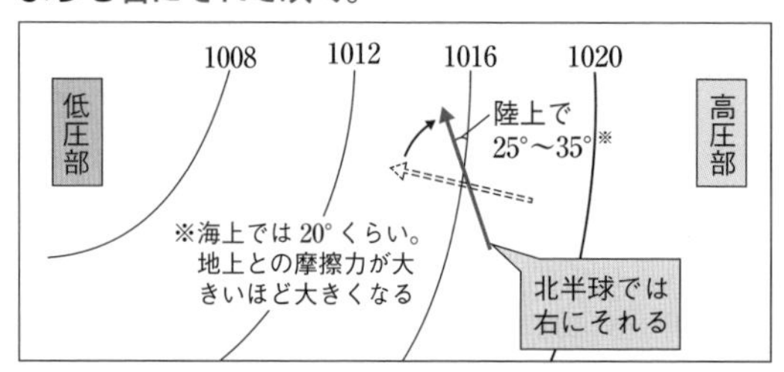

●風の進行方向が右にそれる理由

風は，地球の**自転によって生じる転向力（コリオリの力）**で**右にそれる**。

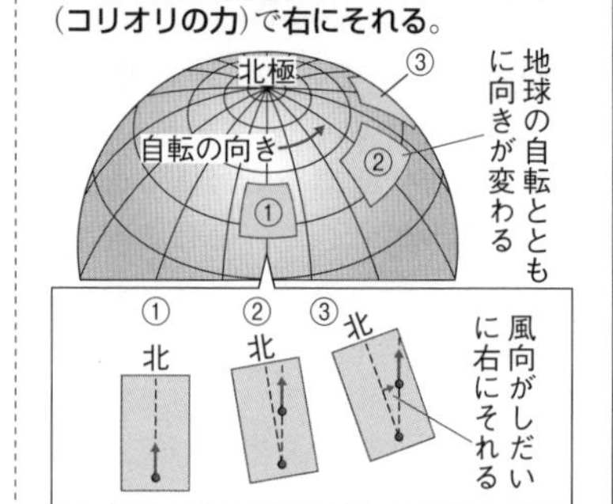

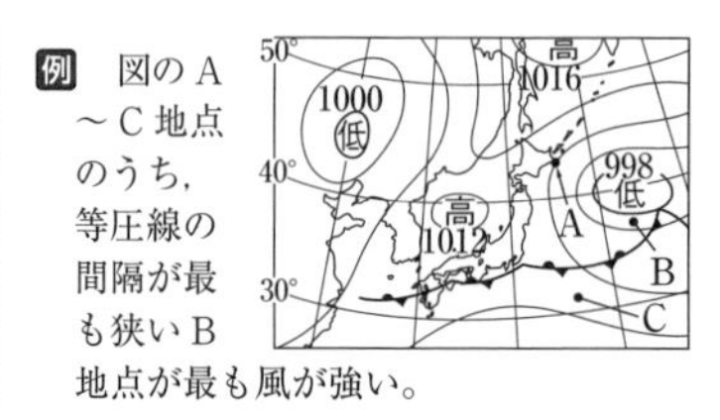

3 等圧線と風力

風は，気圧の差が大きいほど強く吹くため，**等圧線の間隔が狭い（気圧傾度が大きい）ほど風は強く吹く**。一般に**等圧線の間隔**は，**高気圧では広く**なり，**低気圧では狭く**なる。

例 図のA～C地点のうち，等圧線の間隔が最も狭いB地点が最も風が強い。

50° 40° 30° 1000 低 高 1016 998 低 高 1012 A B C

4 低気圧・高気圧と大気の動き

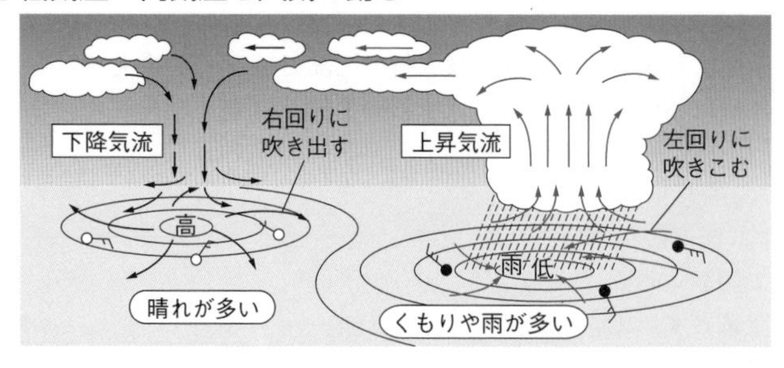

●高気圧と大気の動き（北半球）

① 風向：地上付近は転向力のため中心から**時計（右）回りに吹き出す**。

② 天気：中心付近は**下降気流**となるため雲ができにくく，**晴れが多い**。

●低気圧と大気の動き（北半球）

① 風向：地上付近は転向力のため中心へと**反時計（左）回りに吹きこむ**。

② 天気：中心付近は**上昇気流**となるため雲ができやすく，**くもりや雨が多い**。

南半球では，風が高気圧の中心から反時計回りに吹き出し，低気圧の中心からは時計回りに吹き込むぞ。

用語チェック 1. 低気圧・高気圧 2. 等圧線 3. 転向力（コリオリの力） 4. 気圧傾度 ➡ p.199

塾技チェック！問題

問題 右の図はある日の天気図の一部を示している。
これについて次の問いに答えよ。

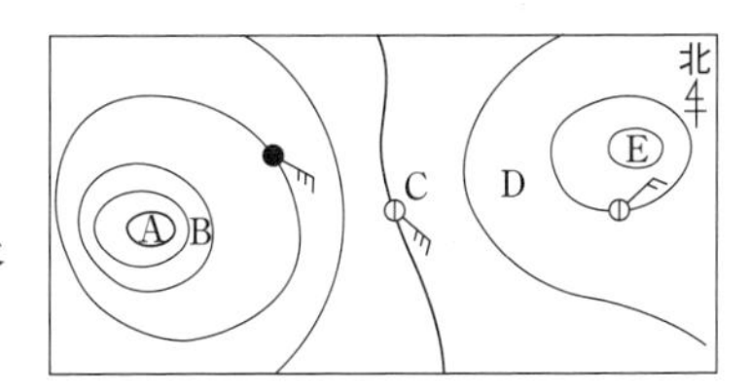

(1) 高気圧は図のA，Eのうちのどちらか，記号で答えよ。
(2) 図のB地点とD地点で吹く風の風力はどちらが強いか，記号で答えよ。また，そのように判断した理由を書け。

解説と解答
(1) 風は高気圧から低気圧へ向かって吹く。E付近の天気図記号で，Eからは風が吹き出していることおよび，天気が晴れのことから，Eが高気圧とわかる。　**答 E**
(2) **答 B，理由：風は，等圧線の間隔が狭いほど強く吹くから。**

チャレンジ！入試問題

解答は，別冊 *p.64*

Q問題 千葉県に住むSさんは，自宅で3日間続けて天気の観察を行った。さらに，アメダスなどの気象情報を集めて天気の変化について調べた。
図1は2日目9時と3日目9時の天気図である。これに関して，あとの(1)〜(3)の問いに答えよ。

図1

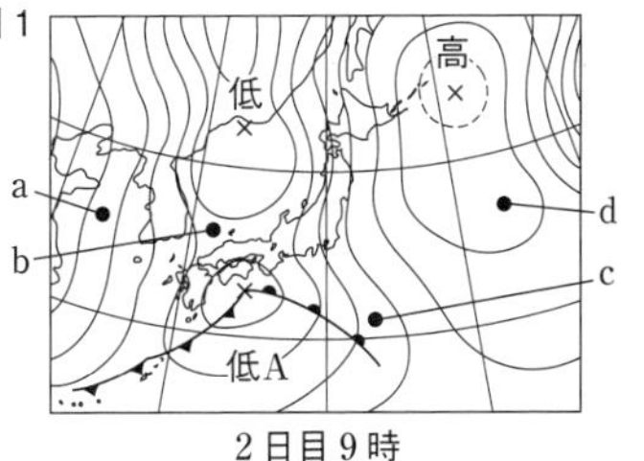

2日目9時

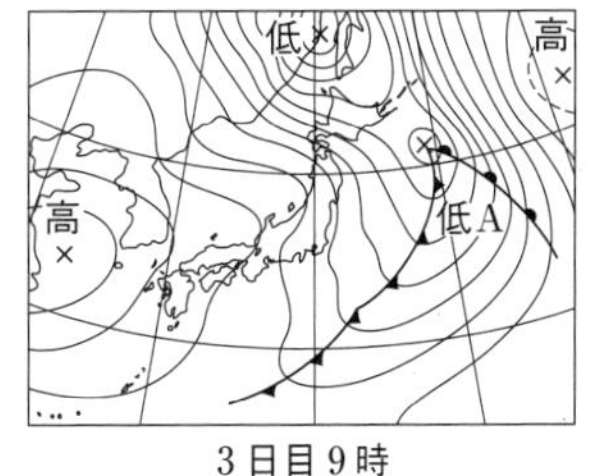

3日目9時

観察
【1日目】9時：高気圧におおわれて青空が広がっていた。
　　14時：上空に巻雲が見えた。
　　16時：高積雲が動いているのが見え，雲量は7だった。旗が北西の方角に，はためいていた。木の小枝が動く様子から，風力は4であることがわかった。
【2日目】9時：雲が空いっぱいに広がっていた。
　　15時〜17時：雨が降り続いた。
【3日目】9時：青空が広がっていた。

(1) 1日目16時に観察した「天気・風向・風力」について，記号で右に表せ。
(2) 図1の2日目9時の天気図に示された地点a，b，c，dにおける気圧を比べ，低い方から高い方へ左から順に並べて，記号を書け。

(3) 図2は低気圧を模式的に表したものである。低気圧が①，②，③と移動するとき，地点P，Qでの風の向きは，それぞれどのように変化するか。あとのX群のア〜エのうちから最も適当なものを1つ選び，その記号を書け。ただし，風の向きの変化は，図3にある「時計回り」「反時計回り」を用いるものとする。

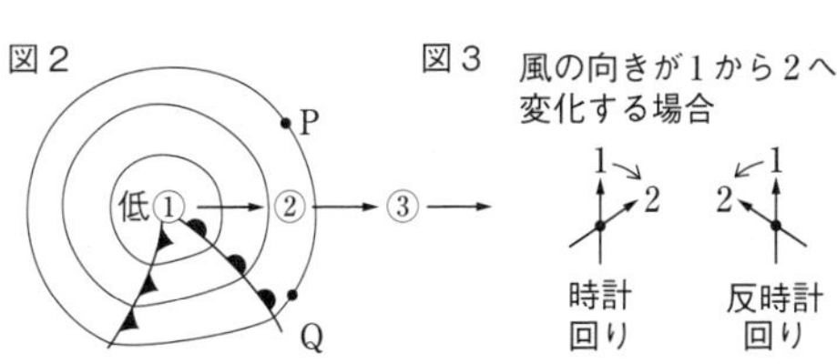

X群
ア　地点P：時計回り　　地点Q：時計回り
イ　地点P：時計回り　　地点Q：反時計回り
ウ　地点P：反時計回り　地点Q：時計回り
エ　地点P：反時計回り　地点Q：反時計回り

（千葉）

塾技 65 大気中の水の変化① 天気とその変化

▶ 水蒸気とその変化

1 飽和水蒸気量

(1) **飽和水蒸気量**

空気に含まれる水蒸気が最大になっている状態を，**水蒸気で飽和**しているといい，**空気 $1m^3$ が含むことのできる最大の水蒸気量**を，**飽和水蒸気量**という。

(2) **凝結と露点**

水蒸気（気体）が水滴（液体）になることを**凝結**という。ある量の水蒸気を含む空気の温度を下げていくと，含みきれなくなった**水蒸気が凝結して水滴となり現れる**。このときの温度を**露点**という。

(3) **露点の求め方**

くみ置きの水と温度計を入れた**金属製のコップ**に，氷を入れた試験管を入れ，コップ表面付近の空気の温度を下げると，**コップ表面に水滴がつき始める**。このとき，コップの中の水の温度とコップ表面付近の空気の温度は**露点に達した**ことになる。

(4) **霧の発生と蒸発**

発生：夜間の**放射冷却**で，地面付近の空気が**露点に達し**，**水蒸気の一部が凝結**して発生する。

蒸発：早朝発生した霧は**日中気温が露点より高くなると蒸発**し，水蒸気となって空気中にもどる。

●温度変化と露点

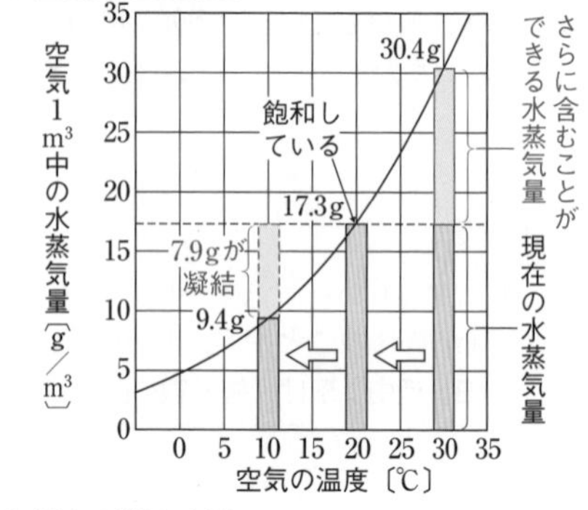

●露点の測定実験

※セロハンテープをはり境目を観察するとくもり始めが見やすくなる

●霧・雲・露・霜

霧：水滴が地面に接して浮いているもの
雲：水滴が地面に接しないで浮いているもの
露：水滴が物体の表面についたもの
霜：水蒸気が氷の結晶になったもの

2 湿度

湿度は次の式で求められる。

$$湿度〔\%〕= \frac{空気\ 1m^3\ 中に含まれる水蒸気量}{その温度での飽和水蒸気量} \times 100$$

〈湿度の求め方〉

方法① **乾湿計**や**湿度計**を使って測定

⇨ **乾球の示度**と**乾球・湿球の示度の差**から求める。
湿球は**気化熱**で乾球以下の示度となる。

方法② 露点と気温から求める

⇨ 塾技解説を参照

●湿度

ある温度の空気 $1m^3$ に含まれる水蒸気の量が，その温度における飽和水蒸気量の**何％にあたるかを表したものを湿度**という。

●乾球と湿球の温度差と湿度

温度差が大きい：湿度が低い
温度差が小さい：湿度が高い
温度差がない：湿度 100%

塾技解説

湿度の２つの求め方のうち，**方法②**は，**（ある空気が含む水蒸気量）＝（その空気の露点における飽和水蒸気量）**となることより，

$$湿度〔\%〕= \frac{空気\ 1m^3\ 中に含まれる水蒸気量}{その温度での飽和水蒸気量} \times 100 = \frac{露点での飽和水蒸気量}{その温度での飽和水蒸気量} \times 100$$

となることを利用して求める。**気温が一定なら，露点が高いほど湿度は高くなるぞ！**

用語チェック 1. 放射冷却 2. 気化熱 3. 乾湿計 ➡ p.200

塾技チェック！問題

問題 気温25℃の部屋で，図1のように金属製のコップにくみ置きの水を入れて冷やしたところ，水温15℃でコップの表面がくもり始めた。この部屋の空気の湿度を，図2を利用して求めよ。ただし，答えは小数第一位を四捨五入し，整数で答えること。

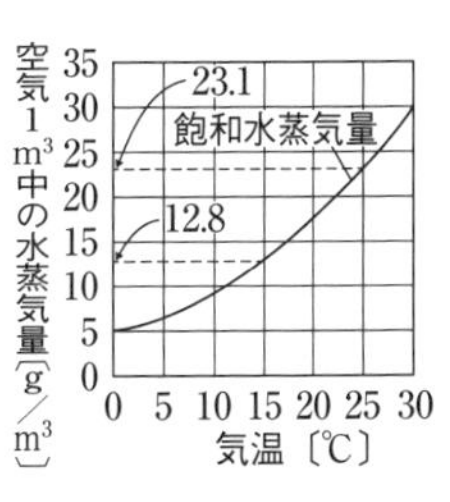

解説と解答
この空気の露点(ろてん)は15℃とわかるので，「**塾技解説**」より，この空気には1m³あたり12.8gの水蒸気が含まれることがわかる。よって，湿度は，$\frac{12.8}{23.1} \times 100 = 55.4 \cdots \rightarrow 55$〔%〕

答 55%

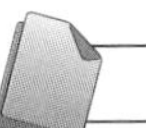

チャレンジ！入試問題

解答は，別冊 *p.65*

Q問題1 空気中の湿度を調べるために，次の実験を行った。各問いに答えよ。

実験 室温20℃の理科室で，金属製のコップに水を半分ぐらい入れ，その水の温度が室温とほぼ同じになったことを確かめた後，図のように，金属製のコップの中の水をガラス棒でよくかき混ぜながら，氷水を少しずつ入れた。金属製のコップの表面がくもり始めたときの水温をはかると，10℃であった。表は，気温と飽和水蒸気量の関係を示したものである。

気温〔℃〕	5	10	15	20	25
飽和水蒸気量〔g/m³〕	6.8	9.4	12.8	17.3	23.1

(1) 身のまわりに起こる現象について述べた次のア～エのうちから，水が水蒸気に変わる現象を述べたものを1つ選び，その記号を書け。

ア 寒いところで，はく息が白くなる。 イ 家の外から暖かい部屋に入ると，めがねがくもる。

ウ 葉の上に露がつく。 エ 湿っていた洗濯物が乾く。

(2) **実験**で，コップの表面がくもり始めたときの温度を何というか。その用語を書け。

(3) **実験**を行ったときの理科室の湿度は何%か。小数第一位を四捨五入して整数で書け。

(4) 昔から，「朝に霧(きり)が出ると晴れる」と言われている。これは，深夜から早朝にかけて晴れた日の朝に霧が発生しやすく，昼になるとその霧が消えるということである。深夜から早朝にかけて晴れた日の朝に霧が発生する理由を，「熱」，「飽和水蒸気量」の語を用いて簡潔に書け。

（奈良）

Q問題2 右の図は温度〔℃〕と空気中の水蒸気量〔g/m³〕の関係を示しており，図中の曲線は飽和水蒸気量を示したグラフである。図中の黒丸（•）A～Eは，温度や含まれる水蒸気量の異なる5種類の空気の状態を示している。次の①～③の文はA～Eのどれについて述べたものか。あてはまるものをA～Eよりそれぞれ1つずつ選び，記号で答えよ。

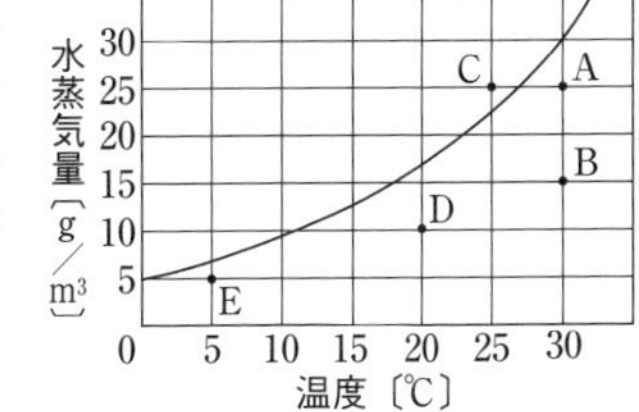

① 露点が最も低い

② 湿度が最も低い

③ 温度が5℃下がったときに空気1m³あたり2.5gの水滴を生じる

（筑波大附高改）

塾技（ワザ） 66 大気中の水の変化② 天気とその変化

▶ 雲の発生

1 雲のでき方

雲は，**小さな水滴や氷の結晶が集まってできた**ものである。**上昇気流**で支えられるため**粒は落下しない**が，粒どうしが衝突し合うなどして大きく成長すると落下し，雨や雪が降る。

<雲が発生する過程>

過程① 上昇気流によって**空気が上昇**

過程② 上昇により気圧（*p.198*）が低くなり，**空気が膨張**して**温度が下がる**（断熱膨張）。

過程③ 気温が露点に達すると，**水蒸気が水滴に変わり**雲が生じる。その際，空気中の**ちり**や**ほこり**が**核の役目**をする。

過程④ 空気がさらに上昇して**氷の結晶**ができ，雲が成長していく。

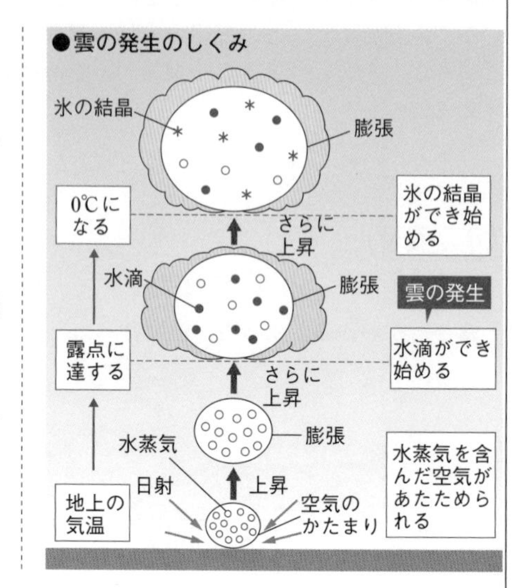

2 雲の発生実験

<雲をつくる実験手順>

右の図の装置で**ピストンをすばやく**引く

⇩ 気圧が下がり，空気が膨張

フラスコ内の**気温が下がる**

⇩ 露点以下になる

フラスコ内が**白くくもる**（雲の発生）

サーミスタ温度計
ピストン
注射器
すばやく引くと白くくもり，押すとくもりが消える
線香の煙※1
ぬるま湯※2
※1 水滴をつくる核　※2 水蒸気量を増やす

3 フェーン現象

水蒸気を多く含んだ湿った空気のかたまり（空気塊）が山を越えて吹くと，山の**風上側**では**雨を降らし**，**風下側**では**乾燥して気温が高くなる**。この現象を，フェーン現象という。フェーン現象は，空気塊が山を**上昇するときと下降するときの気温の変化率の違い**※によって起こる。

> **※の説明** 空気が飽和し**雲ができるまでは 100m 上昇**するごとに温度が **1℃下がる**が，**飽和後は 0.5℃ずつしか下がらない**。一方，雨で水蒸気を失い乾燥した空気塊は，**100m 下降**するごとに温度が **1℃上がる**。

●フェーン現象の温度変化

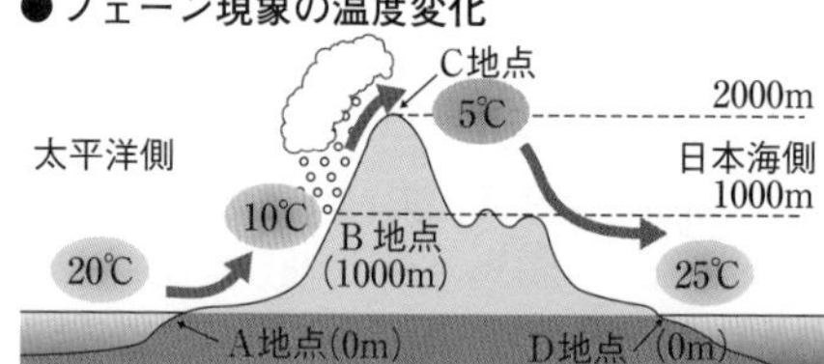

空気が飽和するまでは 100m ごとに 1℃変化し，飽和後は 100m ごとに 0.5℃変化する。

例 A地点で 20℃の空気塊の温度変化

B地点：20 − 1 × (1000 ÷ 100) = 10〔℃〕

C地点：10 − 0.5 × (1000 ÷ 100) = 5〔℃〕

D地点：5 + 1 × (2000 ÷ 100) = 25〔℃〕

塾技解説 **雲の種類**は全部で **10 種類**。**形**や**できる高度**などによって分類されるんだ。用語チェックで確認しよう。**フェーン現象による温度変化の計算**は，国私立高校を中心によく出題されている。志望者は要注意！

用語チェック　1. 上昇気流　2. 断熱膨張　3. 雲の種類 ➡ *p.200*

塾技チェック！問題

問題 右の図は，ふもとの空気が山の斜面に沿(そ)って上昇(じょうしょう)し，雲になる様子を示したものである。図で，ふもとからの高さが0m地点にあり，気温16℃，$1m^3$中の水蒸気量が9.4gの空気の「かたまり」が上昇した場合，ふもとから何mの地点で雲ができ始めると考えられるか。下の表を利用して求めよ。なお，雲が発生していないときの空気の上昇による温度変化は，100mにつき1℃とする。

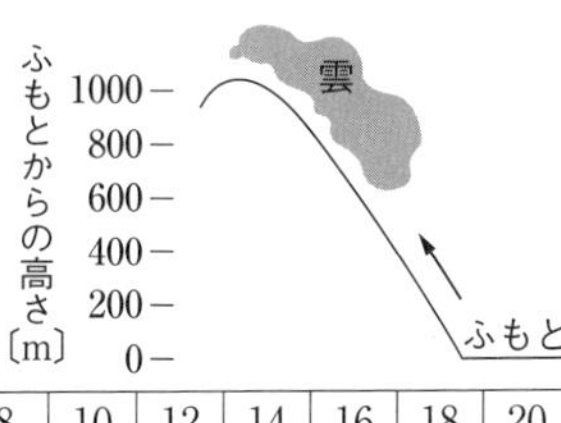

気温〔℃〕	6	8	10	12	14	16	18	20
飽和水蒸気量〔g/cm^3〕	7.3	8.3	9.4	10.7	12.1	13.6	15.4	17.3

解説と解答

雲は，水蒸気を含んだ空気のかたまりが上昇し，気圧が下がって断熱膨張することで温度が下がり，やがて露点(ろてん)に達すると，ちりなどを核としてできる。ふもとからの高さ0mの空気が露点に達するのは，表より10℃とわかる。よって，高さは，(16 − 10) × 100 = 600〔m〕と求められる。

答 600m

チャレンジ！入試問題

解答は，別冊 *p.66*

Q 問題 次の文章を読んで，あとの(1)〜(5)に答えよ。

大気の成分は（ a ）が78%，（ b ）が21%，3番目に多いのはアルゴン，4番目に多いのは（ c ）である。ここでいう大気の成分には，水蒸気は含まれていない。なぜなら，水蒸気の量は，大気の状態によって大きく変化するからだ。大気中の水蒸気量の変化が，さまざまな気象現象を引き起こすもとになる。例えば，水蒸気を含んだ空気が山を越えて風下側に吹いたとき，風下側の地域では，風上側に比べて気温が高く空気が乾燥する。これを（ d ）現象という。図のように，風上側の山のふもと（標高0m）に，温度20℃の空気のかたまりがあるとする。この空気のかたまりが上昇気流となって山の斜面を上ると，高度100mにつき1℃の割合で<u>気温が下がる</u>。したがって，ふもとにあった空気のかたまりが標高1000mまで雲をつくらずに上昇すると，温度は（ A ）℃になる。いま，ここで気温が（ e ）に達し雲ができ始めたとすると，ここから先，空気のかたまりは水蒸気で飽和し，雲をつくり雨を降らせながら上昇する。含まれている［　　］ので，水蒸気で飽和している空気の温度が下がる割合は，100mにつき0.5℃になる。標高1000mで（ A ）℃だった空気のかたまりは，標高2000mの山頂に達すると気温が（ B ）℃になる。この空気のかたまりが斜面を下るときは，温度が上がり続けるので，雲をつくることはない。山頂でちょうど雲が消えたとすると，風下側のふもと（標高0m）で温度は（ C ）℃になり，湿度は（ D ）%になる。

20℃　−1℃/100m　−0.5℃/100m　雲　1000m　2000m

(1) （ a ）〜（ e ）にあてはまる語を答えよ。
(2) （ A ）〜（ C ）にあてはまる数値を答えよ。
(3) 文章中の下線部の理由を，簡潔に答えよ。
(4) ［　　］にあてはまるものを，次の中から記号で答えよ。
　ア　水蒸気が水滴になるとき熱が放出される　　イ　水滴が水蒸気になるとき熱が放出される
　ウ　水蒸気が水滴になるとき熱が吸収される　　エ　水滴が水蒸気になるとき熱が吸収される
(5) （ D ）にあてはまる数値はいくらか。右の表を参考に，四捨五入して整数で答えよ。

気温〔℃〕	0	5	10	15	20	25	30
飽和水蒸気量〔g/m^3〕	4.8	6.8	9.4	12.8	17.3	23.0	30.3

（洛南高改）

塾技67 前線と天気の変化 天気とその変化

▶ 前線と温帯低気圧

1 温暖前線の構造

密度が小さく軽い**暖気**が，密度が大きく重い**寒気の上にはい上がり**，寒気を後退させながら進む。**ゆるやかな上昇気流**が生じるため乱層雲・**高層雲・巻層雲・巻雲**などの層状の雲が生じ，**広範囲に長い時間**，弱い雨を降らせる。

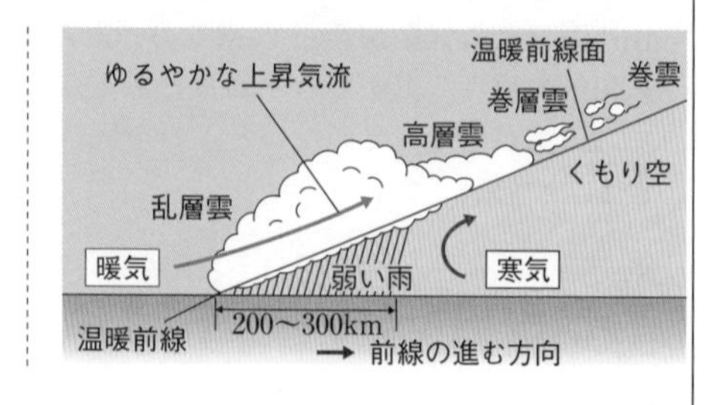

2 寒冷前線の構造

密度が大きく重い**寒気**が，密度が小さく軽い**暖気の下にもぐり込み**，暖気を**垂直方向に押し上げ**ながら進む。**激しい上昇気流**が生じるため積乱雲や**積雲**などが生じ，**狭い範囲に短時間で**強い雨を降らせる。

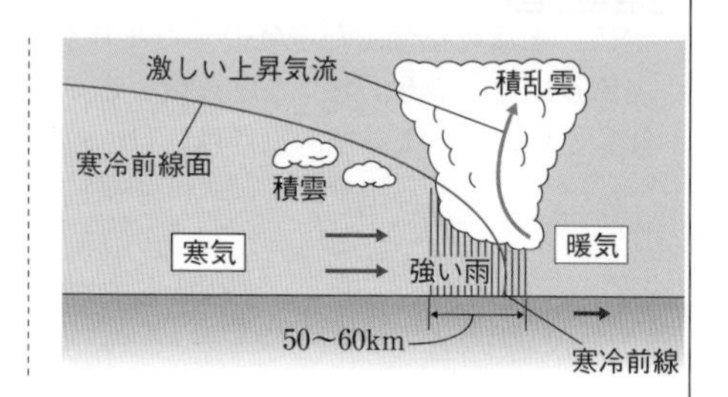

3 温帯低気圧

(1) 温帯低気圧の構造

[前線] 中心から**南西方向**に寒冷前線がのび，**南東方向**に温暖前線がのびる。

[暖気と寒気] **寒冷前線と温暖前線にはさまれた部分**に暖気が，**それ以外**は寒気が分布。

[雨域] 温暖前線の前方200〜300kmと，寒冷前線の後方50〜60kmの範囲。

(2) 温帯低気圧の移動と天気の変化

① **温暖前線の通過**

通過中：乱層雲によって弱い雨が続く

通過後：雨があがり気温が上がる

② **寒冷前線の通過**

通過中：積乱雲によって激しい雨が降る

通過後：(i) 気温が急速に下がる

(ii) **風向が南寄りから北寄りに変化**

(3) 温帯低気圧の消滅

閉そく前線ができ，低気圧の中心の気圧が上がり始め，次第に衰（おとろ）え，やがて消滅する。

●温帯低気圧の構造と断面図

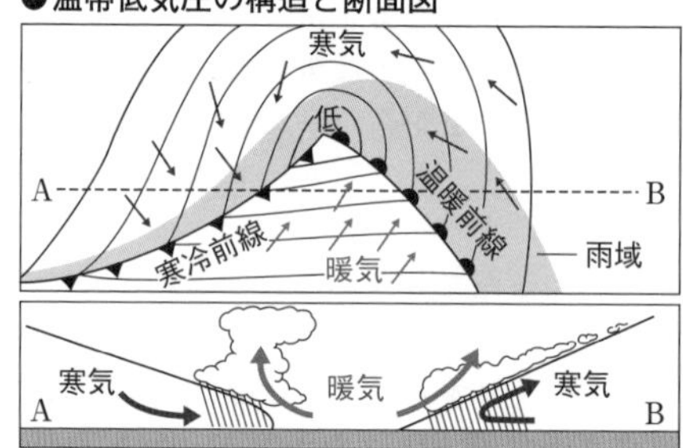

●寒冷前線の通過と気温・温度の変化

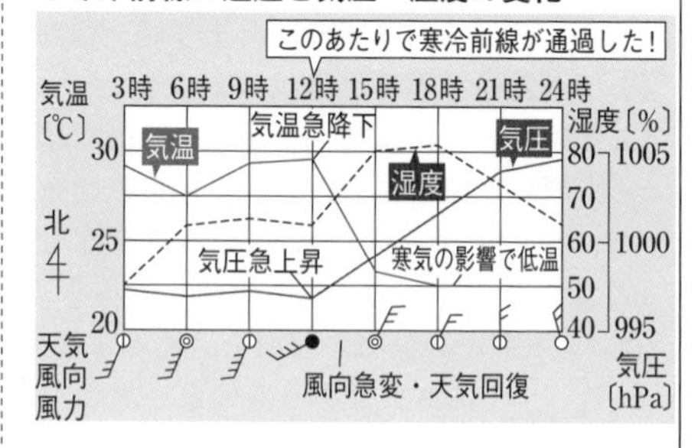

前線の中でも**寒冷前線は入試頻出！寒冷前線のでき方のモデル実験**についても用語チェックで確認を。

用語チェック 1. 前線 2. 寒冷前線 3. 閉そく前線 ➡ p.201

塾技チェック！問題

問題 日本付近を右の図１に示すような前線A，前線Bをともなった低気圧が東へ進んでいる。次の問いに答えよ。

⑴ a～cのうち，最も強い雨が降る地点を，記号で答えよ。

⑵ 前線Aのでき方を調べるために，図２のように水槽の左側の空気を氷で冷やして線香の煙で満たしたあと，仕切りを上げて空気の動きを観察した。冷たい空気の動きを模式的に表した図として最も適当なものをア～エの中から１つ選び，記号で答えよ。

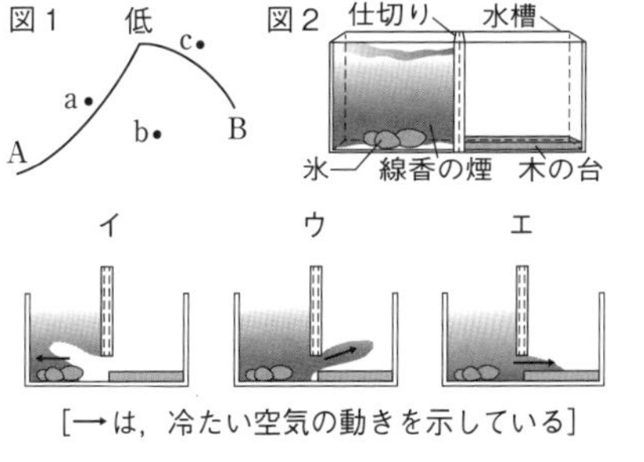

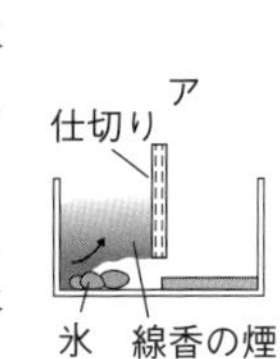

解説と解答

⑴ Aは寒冷前線，Bは温暖前線で，寒冷前線の後方50～60kmでは激しい雨が降る。 **答** a

⑵ Aの寒冷前線は，冷たい空気が暖かい空気の下にもぐりこむようにしてできる。 **答** エ

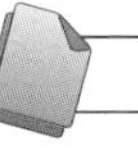

チャレンジ！入試問題

解答は，別冊 *p.67*

問題 1 沖縄県のある場所で２日間気象観測を行い，その間に前線が通過した。図１はその結果の一部をグラフにしたものである。図２のAB，ACは低気圧と前線付近の模式図である。

図１ 気圧〔hPa〕（1005～1015） 気温〔℃〕（15～25） ■ 気圧 ●--- 気温 1日目 2日目 3 6 9 12 15 18 21 24 3 6 9 12 15 18 21 24〔時〕 北 風向 風力 天気

⑴ 次の文は，観測を行った２日間の天気の変化を説明したものである。①～⑥の（　）に適する語句を答えよ。

１日目：（ ① ）よりの風で天気は（ ② ）だった。

２日目：明け方前から（ ③ ）におおわれ，６時頃から雨となった。その後，（ ④ ）よりの風となり，気温は（ ⑤ ）した。夕方には天気は（ ⑥ ）となった。

⑵ 上の観測期間中に通過したと考えられる前線は，図２のAB，ACのどちらか記号で答えよ。また，その前線名を漢字で書け。

図２ 北 A X Y B C

⑶ 図２のX－Y断面（太線）を南から見たときの寒気と暖気の動き，雲の分布として正しいものを，次のア～エから１つ選び，記号で答えよ。

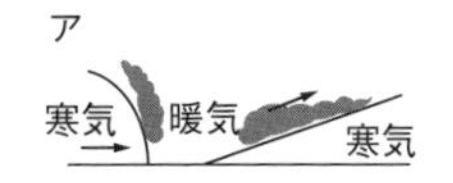

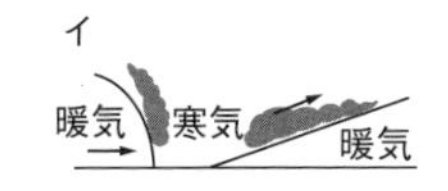

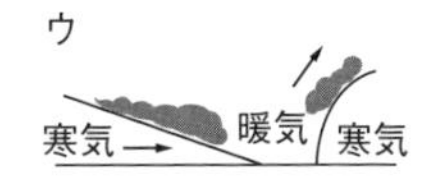

（沖縄改）

問題 2 温帯低気圧の移動にともない，図１のように，寒冷前線が温暖前線に追いつき，閉そく前線ができる。寒冷前線側の寒気aの温度が温暖前線側の寒気bより低い場合，C－D間の断面はどのようになるか，例のA－B間の断面にならって，寒気a，寒気b，暖気と閉そく前線の位置がわかるように図２にかき入れよ。

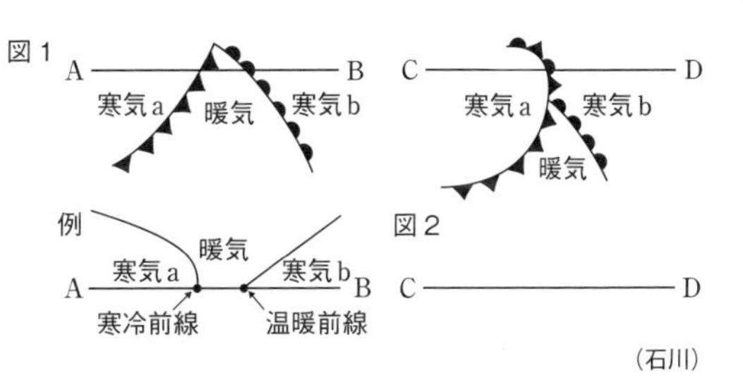

（石川）

塾技 68 日本の天気 天気とその変化

▶ 気団と日本の天気の特徴

1 気団

気温や湿度がほぼ一様になった**大きな空気のかたまり**を**気団**という。日本をおとずれる気団には，**シベリア気団，小笠原気団，オホーツク海気団**の3つがあり，それぞれの気団が**日本をおとずれる季節は決まっている**。

●日本をおとずれる3つの気団

2 日本の天気の特徴

(1) **夏の天気の特徴**

＜気象衛星画像の特徴＞

日本の北の方に雲がかかることがある。

＜気団・天気図・天気の特徴＞

小笠原気団（太平洋高気圧）が発達し，「**南高北低**」の気圧配置となる。**南東の湿った季節風**によりむし暑い日が続く。

●夏の時期の衛星画像と天気図

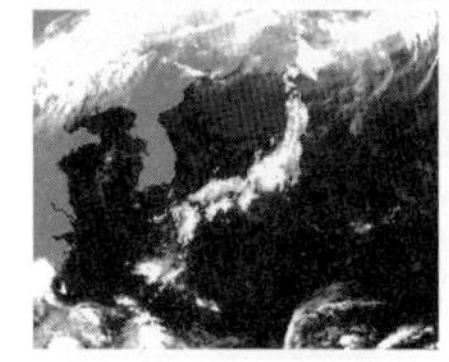
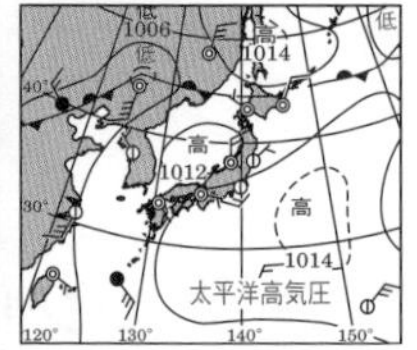

(2) **冬の天気の特徴**

＜気象衛星画像の特徴＞

大陸から日本列島へ**すじ状の雲が吹き出す**。

＜気団・天気図・天気の特徴＞

シベリア気団が発達し，「**西高東低**」の気圧配置となり，**等圧線が縦縞**となる。**北西の季節風**が吹く。

●冬の時期の衛星画像と天気図

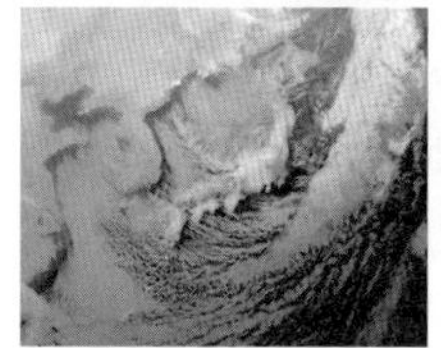
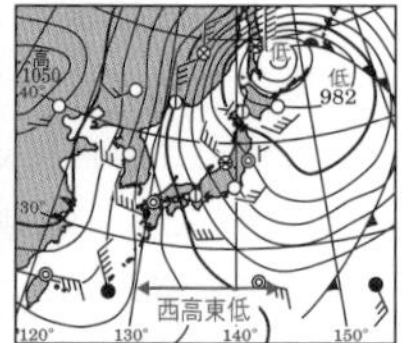

(3) **春・秋の天気の特徴**

＜気象衛星画像の特徴＞

大きな特徴は見られない。

＜気団・天気図・天気の特徴＞

シベリア気団が温暖化してできた移動性高気圧と，東シナ海で発生した温帯低気圧が**交互に移動**し，**天気が周期的に変化**する。

●春や秋の時期の衛星画像と天気図

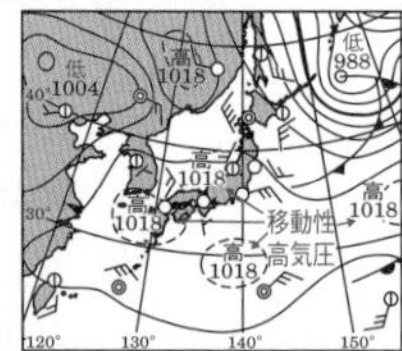

(4) **つゆ（梅雨）の天気の特徴**

＜気象衛星画像の特徴＞

つゆのない北海道以外，雲におおわれる。

＜気団・天気図・天気の特徴＞

オホーツク海気団と小笠原気団がほぼつり合い，両者の境に停滞前線である**梅雨前線**ができる。

●つゆの時期の衛星画像と天気図

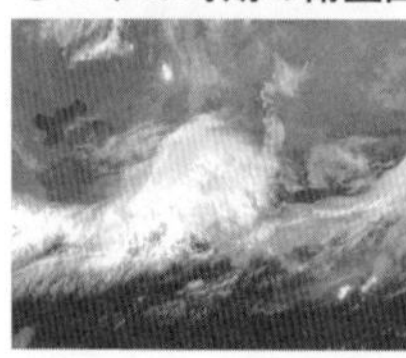
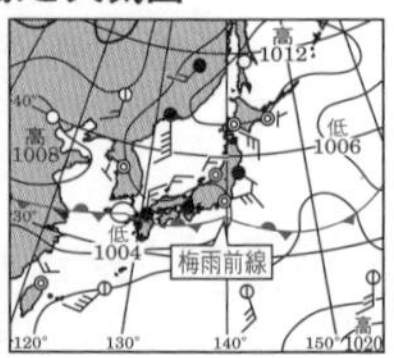

塾技解説 **小笠原気団**は**太平洋高気圧の西部を構成**している。入試では，両者は**とくに区別なく使われているぞ**。

用語チェック 1. 気象衛星画像 ➡ p.201

塾技チェック！問題

問題 次の問いに答えよ。

(1) 図はある季節の特徴的な天気図である。この季節の雲の写真を，ア～ウの中から選び，記号で答えよ。

(2) 図の季節に勢力を強める気団の名称および，日本に吹く風の風向をそれぞれ答えよ。

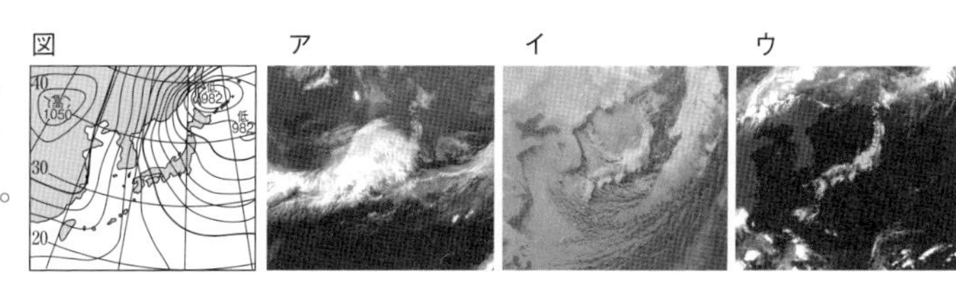

解説と解答

(1) 図の気圧配置は西高東低の冬型。冬の雲の衛星写真は，大陸からすじ状の雲が吹き出す。 **答 イ**

(2) 冬はユーラシア大陸の広い範囲でシベリア気団が発達する。太平洋よりもユーラシア大陸の方が冷えやすいため，大陸から太平洋に向かって北西の季節風が吹く。 **答 シベリア気団，北西**

チャレンジ！入試問題

解答は，別冊 *p.68*

Q問題 1 日本の四季の天気は，それぞれの季節に現れる気団の影響を受ける。右の図は，日本付近で発達する気団を示したものである。次の(1)，(2)の問いに答えよ。

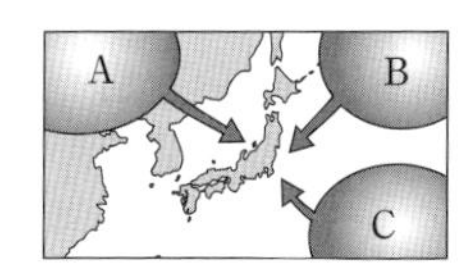

(1) つゆ(梅雨(ばいう))の時期は，勢力のほぼ同じ２つの気団が日本付近でぶつかり合い，停滞前線ができるため，雨の多いぐずついた天気が続く。この２つの気団を，図のＡ～Ｃから選び，記号で答えよ。

(2) 夏から秋にかけて発生した台風の進路に，最も影響を与える気団はどれか。図のＡ～Ｃから１つ選び，記号で答えよ。 (宮崎)

Q問題 2 図１～３は，日本のそれぞれ異なる季節の特徴的な天気図である。次の問いに答えよ。

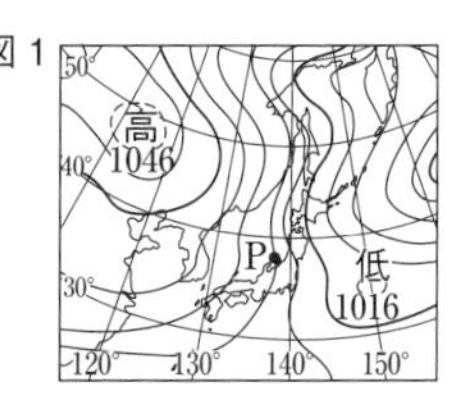

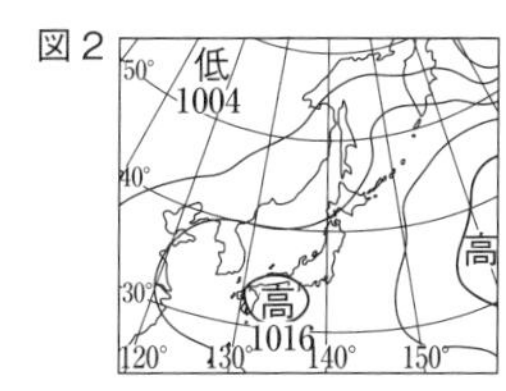

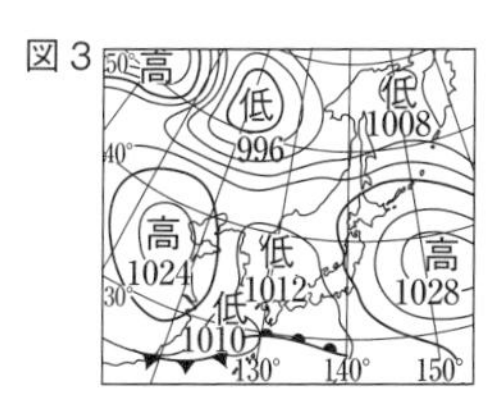

(1) 図１の地点Ｐを通る等圧線が表す気圧は何 hPa か。

(2) 次のア～エのうち，図２において日本列島を広くおおっている気団の特徴として最も適当なものを１つ選び，その記号を書け。

ア　暖かく湿っている　　イ　暖かく乾燥している

ウ　冷たく湿っている　　エ　冷たく乾燥している

(3) 図３の天気図のような気圧配置が見られる季節の日本列島において，同じ天気が長く続かず，晴れの日とくもりや雨の日とがくり返される理由を，図３の天気図に着目して，「交互に」という言葉を用いて簡単に書け。 (愛媛改)

Q問題 3 次の天気図は，ある季節に典型的なものである。次の問いに答えよ。

(a) 地点Ａにおけるこの季節に特徴的な天気を天気記号で表せ。

(b) (a)の天気になる理由について，関係のある気団名とその特徴，季節風の向きを明らかにして説明せよ。 (お茶の水女子大附高)

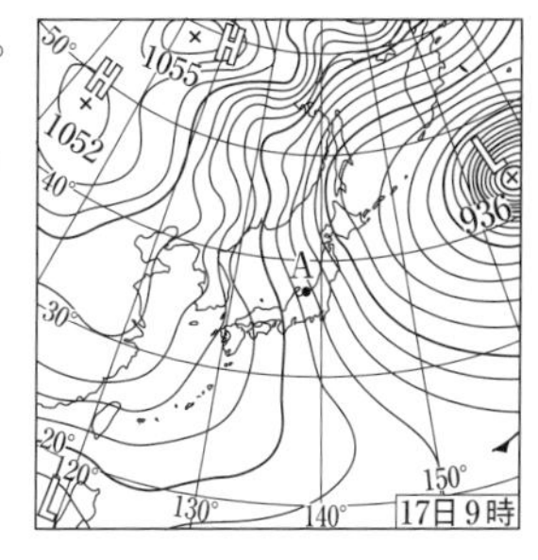

塾技（ワザ） 69 台風 天気とその変化

▶ 台風

1 台風の発生

熱帯地域で発生した低気圧のうち，**激しい上昇気流**によって**中心が渦（うず）状の積乱雲**となるものを熱帯低気圧という。台風とは，熱帯低気圧が海面の**水蒸気や潜熱（せんねつ）によって発達**し，**中心付近の最大風速**が **17.2m/s 以上**になったものをいう。

●熱帯低気圧と温帯低気圧の違い

・熱帯低気圧は**暖気のみで構成**されるため**前線をともなわない**。
・温帯低気圧は温度差が，熱帯低気圧は**水蒸気**と**潜熱**が発達の原動力。
・熱帯低気圧は，天気図上で**等圧線が同心円状に分布**する。

2 台風の構造

台風は**巨大な空気の渦巻き**で，地上付近では通常の低気圧と同様，**反時計（左）回りに強い風が吹き込む**。**台風の中心**は「目」と呼ばれ，回転による強い遠心力で風が吹き込めず，**弱い下降気流**を生じて**雲がほとんどない**。

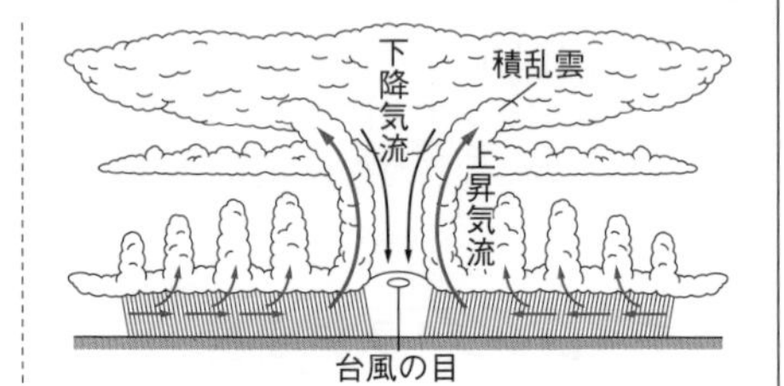

3 台風の進路

① **太平洋高気圧（小笠原気団）の縁をまわりこむ**ように進む。
② 列島付近まで北上したあとは，上空の偏西風によって**東寄りに進路を変える**。

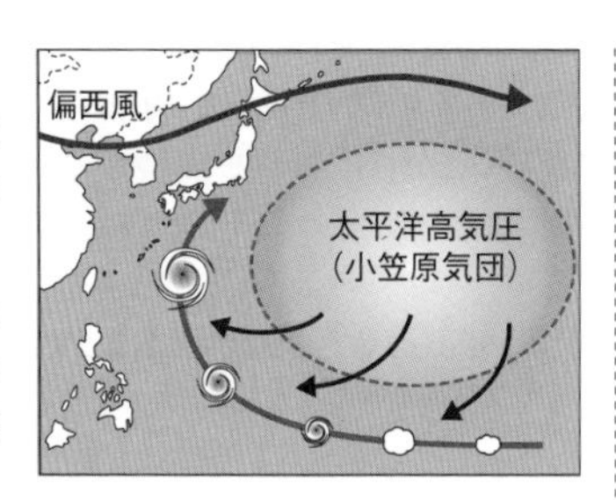

●台風の月ごとの主な進路

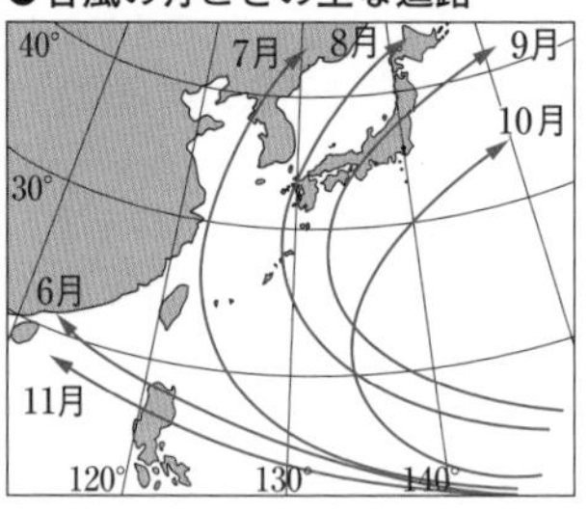

4 台風の進路と風向の変化

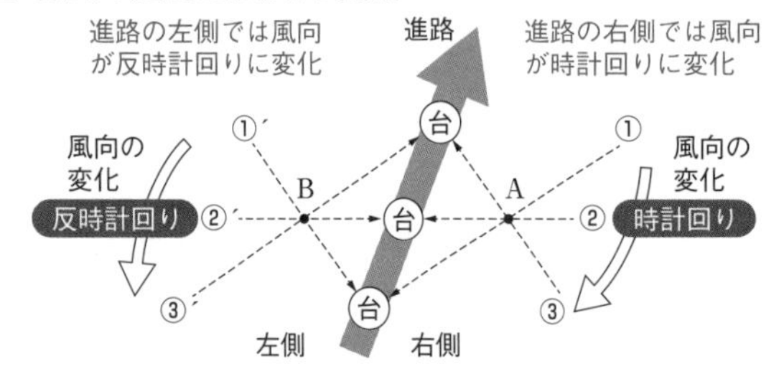

●台風の進路と風向の関係

台風は低気圧の一種なので，台風のまわりでは，風が台風の中心に向かって反時計回りに吹き込む。そのため風向は，**台風の進路の左側の地点**（左図 B）では**反時計回り**（①′→②′→③′の順）に，**右側の地点**（左図 A）では**時計回り**（①→②→③の順）に変化することになる。

5 台風の進路と風力の変化

進路の**右側**では，**風の向き**が台風の**進行方向と一致**するため強い風が吹き，進路の**左側**では，**風の向き**が**進行方向と逆向き**になるため風が弱まる。

塾技解説　台風の一生（発生期・発達期・最盛期・衰弱（すいじゃく）期）のうちの「**衰弱期**」に**寒気の影響**が加わると，台風**は前線をともなった温帯低気圧に変わる**。熱帯低気圧と温帯低気圧の違いは要注意！

用語チェック　1. 潜熱　2. 台風の一生　➡ *p.201*

塾技チェック！問題

問題 台風に関する次の問いに答えよ。

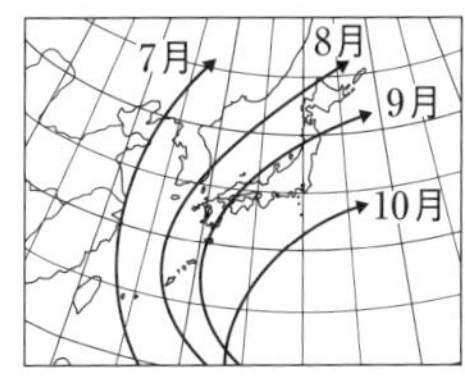

(1) 右の図は，ある年の7月から10月までの台風の主な進路である。台風の進路が図のように変わる理由を「偏西風」という言葉を用いて書け。

(2) 台風は次第に勢力を弱め，温帯低気圧や熱帯低気圧に変わる。台風が温帯低気圧に変わる過程で前線が生じる理由を書け。

解説と解答

(1) 答 **太平洋高気圧（小笠原気団）の縁をまわって北上し，偏西風により東へ進路を変えるから。**

(2) 答 **台風が北上することで，台風の暖かい空気が寒気に接するようになるから。**

チャレンジ！入試問題

解答は，別冊 *p.69*

Q問題 1 右の図は，ある年の9月16日に日本の上空を通過した台風の進路を模式的に示したものである。次の(1)～(3)の問いに答えよ。

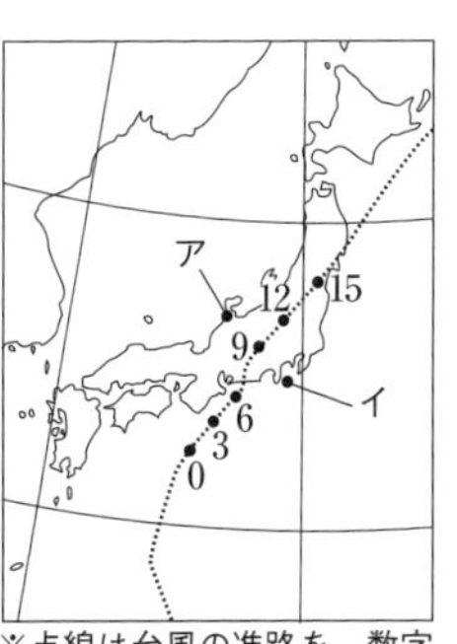

※点線は台風の進路を，数字は台風が通過した時刻〔時〕を，それぞれ表す。

(1) 台風は，日本の南方海上で発生した低気圧が発達したものである。台風に発達する前の低気圧を何というか。

(2) 右の図の台風のように，日本付近で台風が東寄りに進路を変えるのは，ある風の影響によるものだと考えられる。台風の進路に影響を与えるこの風を何というか。

(3) 下の表は，上の図中の観測地点ア，イのどちらかの地点で，16日の3時間ごとの風向を観測した結果をまとめたものである。この表は，ア，イのどちらの地点の観測結果だと考えられるか。また，そのように判断した理由を，台風の風の吹き方に着目して，簡潔に書け。

時刻〔時〕	0	3	6	9	12	15
風向	南東	南東	南南東	南	南南西	西南西

（群馬改）

Q問題 2 台風について，次の問いに答えよ。

(1) 台風について述べた次のア～オの文から，正しいものを2つ選び，記号で答えよ。

ア　等圧線の間隔は一定である。

イ　台風の目で雲が発生しないのは，中心部で下降気流が発生しているためである。

ウ　台風は低気圧なので，寒冷前線をともない，前線付近では激しい雨が降りやすい。

エ　北上している台風の進路の東側と西側では，東側の方が風が強い。

オ　台風が南側を通過した地点では，10月でも思いもかけず気温が上昇することがある。

(2) 北半球のある観測地点で台風接近の前後の風を観測したところ，東風 → 北風 → 西風と変化した。観測地点に対して台風はどのように通過したか。右のア～エから最も適切な図を1つ選び，記号で答えよ。ただし，・は観測地点を，⟶は台風の進路を示す。

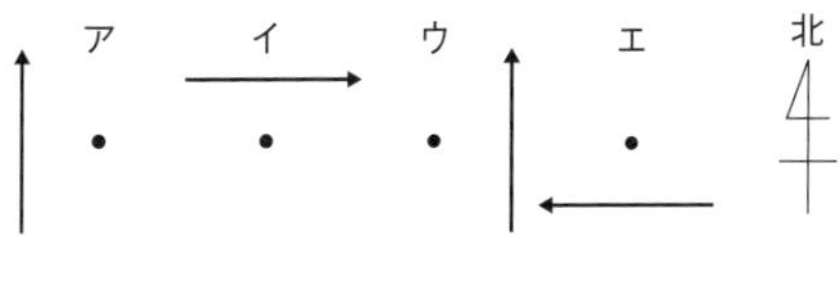

(3) 南半球で台風（南半球ではサイクロン等と呼ばれる）が発生した場合，風はどのように吹くか。右の**ア**～**カ**から最も適切な図を1つ選び，記号で答えよ。

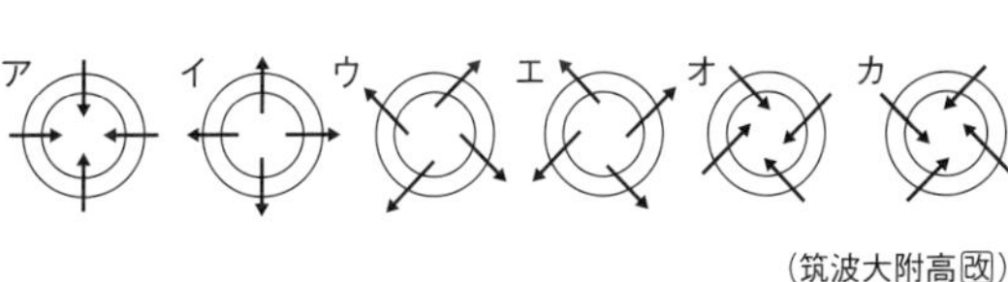

（筑波大附高改）

塾技(ワザ) 70 細胞分裂と生物の成長 生命の連続性と進化

▶ 生物の成長

1 植物の根の成長

植物の根の成長は次の２段階で進む。

第１段階：根端分裂組織(こんたんぶんれつそしき)(根の成長点)でさかんに**細胞分裂**が起こり，細胞の数を増やす。

第２段階：分裂した細胞が**もとの大きさくらいまで成長**する。

●根ののび方

細胞分裂がさかん　さかんにのびる

2 体細胞分裂

(1) 体細胞分裂の観察実験

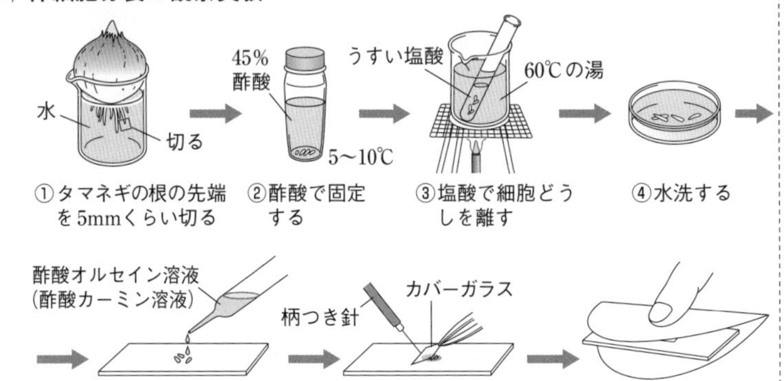

●左の実験手順の留意点

① 体細胞分裂は根の先端付近でさかんに行われる。
② 細胞を生きていた状態に近いまま殺し，細胞内の構造・物質の分解を防ぐ(**固定**という)。
③ 細胞壁間の接着物質をとかし，**細胞どうしを離れやすく**する(解離という)。
⑤ 核や染色体を観察しやすくする(溶液中の酢酸で，⑤のみでも固定が可能)。
⑥ 気泡が入らないようにする。
⑦ 細胞の重なりをなくす。

(2) 体細胞分裂の様子

まず**核(かく)分裂**が起き，続いて**細胞質分裂**が起こる。

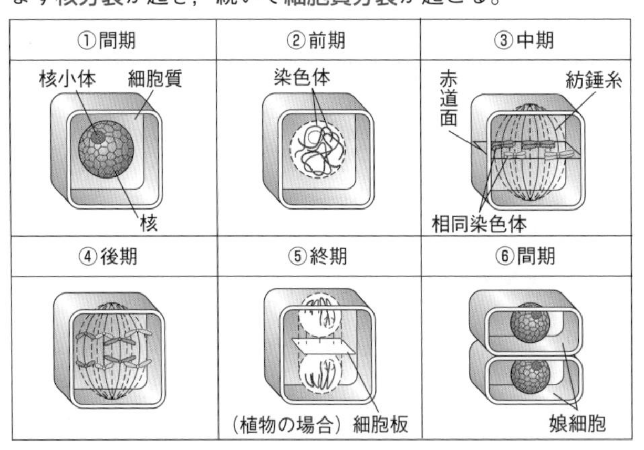

●体細胞分裂の過程

核分裂の準備期である間期の後，分裂期で**核分裂**および**細胞質分裂**が起こる。

① 核１個あたりのDNA量が２倍になり，染色体が複製される。
② 核膜と核小体が消失し，染色体が短く太く凝縮して縦裂(じゅうれつ)する。
③ 染色体が赤道面に並び，両極からのび染色体と結合した紡錘糸(ぼうすいし)が紡錘形の構造をつくる。
④ 縦裂面で分裂し，両極に移動。
⑤ **植物細胞**では，**細胞板(さいぼうばん)が中央から細胞質を２つに分け，動物細胞**では**外側から細胞膜がくびれて細胞質が分裂**する。
⑥ 次の細胞分裂の準備期。

(3) 細胞周期

細胞が**分裂を終えてから次の分裂を終えるまでの一つの周期**を，細胞周期という。ある視野で観察される各期の細胞数と細胞周期の時間から，各期にかかる所要時間がわかる。

●各期の所要時間

$$細胞周期の時間 \times \frac{調べる期の細胞数}{観察下の全細胞数}$$

塾技解説

体細胞分裂では１つの細胞から２つの娘細胞ができるけど，**細胞１個あたりの染色体数は変化しない。**

用語チェック　1. 体細胞分裂　2. 染色体　3.DNA　4. 相同染色体　➡ p.202

塾技チェック！問題

問題 植物の根の成長について，次の問いに答えよ。

(1) 図１は，エンドウの根の細胞分裂を観察したスケッチである。細胞 a から f を細胞分裂の過程を表す順に並べよ。ただし，a を最初とする。

(2) 図２は，図１の細胞 e の染色体の状態を模式的に表したものである。図１の細胞 d の染色体の様子を正しく表しているものはどれか。ア～エの中から１つ選び，記号で答えよ。

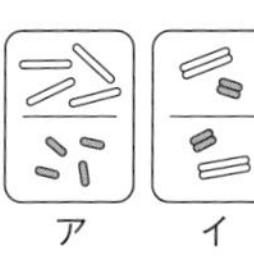

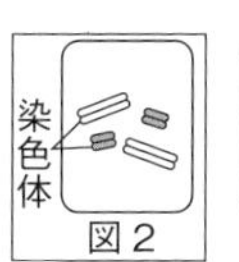

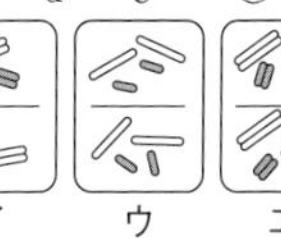

解説と解答

(1) 答 (a) → e → c → b → d → f

(2) 体細胞分裂では，分裂前に染色体にある DNA が複製されて２倍になる（図２)。その後，細胞分裂の終期には中央に内側から外側に向けしきりができ，２倍の本数になっていた染色体がそれぞれの細胞に１:１の割合で入り，染色体数は分裂前の母細胞の染色体の数と等しくなる。 答 ウ

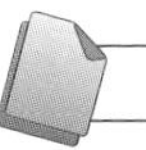

チャレンジ！入試問題

解答は，別冊 *p.70*

Q問題 次の文章を読んで，下の各問いに答えよ。

タマネギの根を使って，次のような手順で，細胞分裂の様子を観察した。図１のように発根させたタマネギから根を切り取り，その一部をスライドガラスの上に置き，①（い）を１滴落として，数分間放置した。その後ろ紙でこの液を吸い取り，次に②（ろ）を１滴落として，さらに数分間放置した。カバーガラスをかけて，その上をろ紙でおおい，上から指でゆっくりと③根を押しつぶした。これを顕微鏡で観察した際，特に細胞分裂がさかんであった部分をスケッチしたものが図２である。

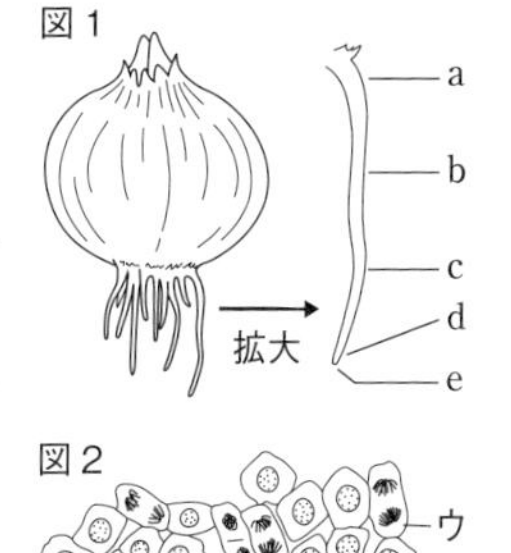

(1) 図１のタマネギの根で，最も分裂像がよく観察される部分は，a ～ e のうちどの部分か，記号で答えよ。

(2) 文中の(い)・(ろ)に入る薬品の名称を答えよ。

(3) 文中の下線部①の操作は，どのような目的で行ったか。簡単に説明せよ。

(4) 文中の下線部②の操作は，どのような目的で行ったか。簡単に説明せよ。

(5) 文中の下線部③の操作は，どのような目的で行ったか。簡単に説明せよ。

(6) 図２の顕微鏡像のうち，ア～エは分裂中の細胞の様子を示している。これらを，細胞分裂の初期の段階のものから順に並べ，記号で答えよ。

(7) 図２の顕微鏡像のうち，ア～エの分裂中の細胞ではひものように見える構造が観察できる。これを何というか。

(8) 図２の顕微鏡像がえられた周辺で，分裂中の細胞ア～エと，細胞分裂していない時期の細胞オの数を数えたところ，表のようになった。観察した部位のタマネギの細胞は24時間に１回細胞分裂を行っているとして，分裂から次の分裂までの時間（つまり24時間）のうち，図２のエおよびオの時期に相当する時間は，おおよそ何時間（あるいは何分）になるか。ただし，細胞が分裂してから次に分裂するまでの時間の中で，各時期の細胞数の割合は，その時期がしめる時間の割合と比例関係にあるものとする。

時期	細胞数
ア	2
イ	15
ウ	2
エ	1
オ	100

（大阪教育大附高平野）

塾技71 生物のふえ方 生命の連続性と進化

▶ 無性生殖と有性生殖

1 無性生殖

雌雄に関係なく，**受精せずに仲間(子)をふやすふやし方**を**無性生殖**といい，次のようなものがある。

① **分裂**：1個体が2個体以上に分かれてふえるふえ方。
② **出芽**：親のからだの一部に突起ができ，それが大きくなって親から分かれてふえるふえ方。
③ **栄養生殖**：植物の根や茎や葉の一部から新しい個体が生じてふえるふえ方。

●無性生殖の特徴
親と子の遺伝子が同じため，**子の形質は親とまったく同じ**になる。

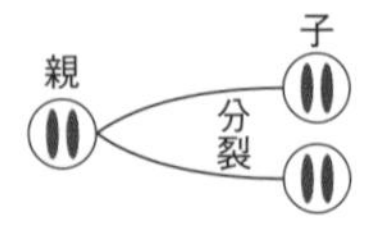

①の例　アメーバ，ゾウリムシ
②の例　酵母，ヒドラ，サンゴ
③の例　ジャガイモ，サツマイモ，ヤマノイモ，オランダイチゴ

2 有性生殖

減数分裂で生じる2つの生殖細胞が合体して新個体(子)をふやすふやし方を，**有性生殖**という。

(1) 有性生殖における減数分裂

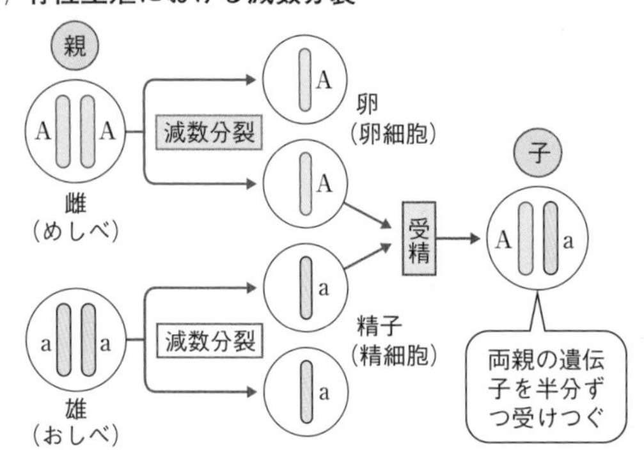

●有性生殖の染色体数の変化
生殖細胞（精子や精細胞，卵や卵細胞）がつくられるとき，**減数分裂によって染色体の数は半分になる**※が，受精するともとの数にもどる。有性生殖では無性生殖と異なり，子は両親から遺伝子を受け継ぐため，その組み合わせによっては**親と異なる形質が子に現れることがある。**
（※の理由）
減数分裂も体細胞分裂と同様，核分裂前に染色体が複製されて2倍になるが，減数分裂では第一分裂に続き第二分裂という2度の分裂が続いて起こり，第二分裂前に染色体の複製が起こらないため染色体数が半減する。

(2) 被子植物の有性生殖(*p.88*)
おしべの**やく**の中の花粉母細胞から**成熟花粉**がつくられ，放出されて**受粉**が起こる。受粉後，**花粉管の伸長**により**精細胞**が胚珠の中の**卵細胞と受精**し**受精卵**ができる。

精細胞は花粉管中に2個でき，花粉管によって卵細胞まで運ばれ，受精する。

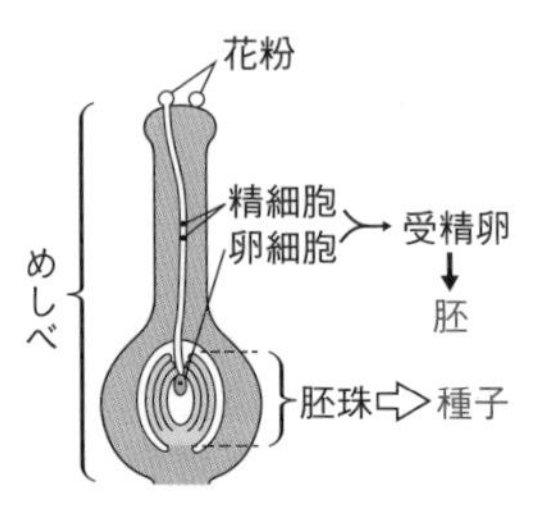

(3) カエルの有性生殖

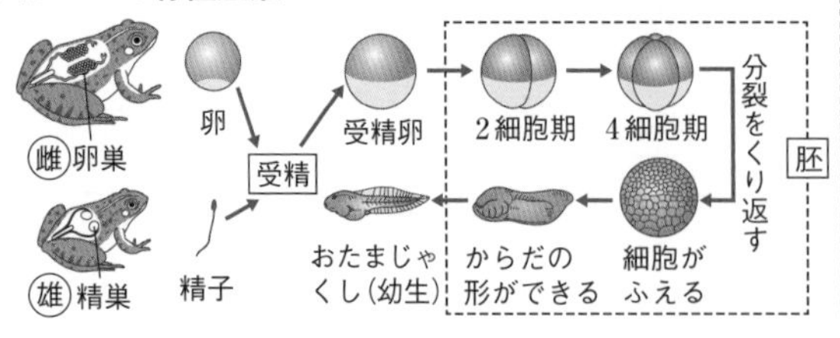

●動物の発生と胚
受精卵が細胞分裂をくり返して**胚**(動物では，**自分で食物をとることができる個体となる前のもの**をいう)になり，さらに細胞分裂をくり返して個体へと変化していくことを**発生**という。

生殖細胞は，**動物**では**精子と卵**，**被子植物**では**精細胞と卵細胞**と呼ぶ。呼び方が違うので注意しよう。

用語チェック　1. 形質　2. 減数分裂　➡ *p.202*

塾技チェック！問題

問題 植物の生殖に関して次の問いに答えよ。

(1) ホウセンカの受粉から新しい個体ができるまでを述べた次の文のア～カに適する言葉を入れよ。
柱頭に花粉がつくと，花粉から（ ア ）をのばす。（ ア ）が（ イ ）の中の卵細胞に達すると，（ ア ）の中を移動してきた（ ウ ）の核と合体して（ エ ）となる。（ エ ）は細胞分裂を繰り返して（ オ ）になり，（ イ ）は（ カ ）になる。

(2) 生殖には有性生殖と無性生殖がある。無性生殖の利点を「形質」という語を用いて説明せよ。

解説と解答

(1) **答 ア：花粉管，イ：胚珠（はいしゅ），ウ：精細胞，エ：受精卵，オ：胚，カ：種子**

(2) **答 親とまったく同じ形質を受けつぐことができる。**

チャレンジ！入試問題

解答は，別冊 *p.71*

Q問題1 ジャガイモＡのめしべの柱頭に，ジャガイモＡとは異なる形質をもつジャガイモＢの花粉が受粉して種子ができた。この種子をまいて育て，ジャガイモＣをつくった。また，ジャガイモＡの地下にできた「いも」を土に植えて育て，ジャガイモＤをつくった。

(1) ジャガイモＡ，Ｂにおけるからだの細胞の染色体（せんしょくたい）の一部が，右上のような模式図に示されるとき，次の細胞①，②に見られる染色体はどのように表されるか。模式図にならって右の図に記入せよ。
① ジャガイモＡにできる生殖（せいしょく）細胞　② ジャガイモＣのからだの細胞

(2) ジャガイモＤの形質について，ジャガイモＡと比べたときどのようなことがいえるか。理由を含めて説明せよ。

ジャガイモAのからだの細胞

ジャガイモBのからだの細胞

①ジャガイモAにできる生殖細胞

②ジャガイモCのからだの細胞

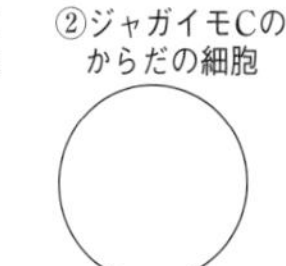

（長崎）

Q問題2 カエルの成長のしかたとふえ方について調べた。図１は，カエルの卵が受精し，成体になるまでを表した模式図であり，Ａは精子，Ｂは卵，Ｃは受精卵，Ｄは受精卵が細胞分裂を１回した状態，Ｅは成体を示している。

図１

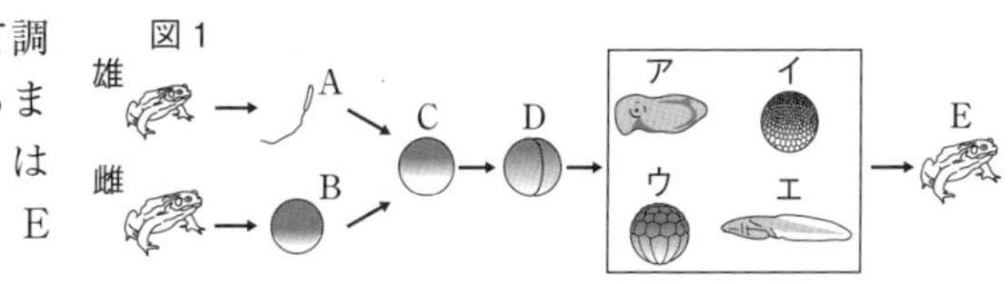

(1) Ｄは細胞分裂をくり返しながら成長してＥになる。図１の□の中のア～エを成長していく順に並べ，記号で答えよ。

(2) 動物の場合，受精卵が細胞分裂を始めてから，自分で食物をとることのできる個体となる前までは何と呼ばれるか。その名称を書け。

(3) 図２は，雄と雌のカエルの体細胞の核内の染色体をそれぞれ表した模式図である。図１のＢとＤの染色体はどのように表されるか。図２をもとにして，右のＢとＤの図に染色体の模式図をそれぞれ完成させなさい。

図２

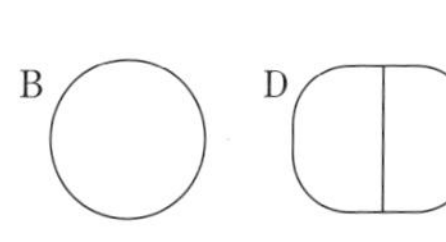

(4) 次の文が，核の中の染色体について適切に述べたものとなるように，文中の（ ア ），（ イ ）のそれぞれに言葉を補いなさい。
核の中の染色体には，形質を伝える（ ア ）が存在し，（ ア ）の本体は（ イ ）という物質である。　（静岡）

塾技（ワザ）72 遺伝の規則性 生命の連続性と進化

▶ メンデルの遺伝の法則

1 メンデルの３法則

メンデルはエンドウの７種類の**対立形質に注目**し，２個体間で受精を行う**交配（かけ合わせ）**を繰り返すことで，**遺伝に関する３つの法則**を発見した。

① 顕性の法則
対立形質をもつ純系の親どうしを交配させてえられる子（**雑種第一代**といい F_1 で表す）は，**すべて顕性形質のみが現れる**という法則。このとき現れなかった形質を**潜性形質**という。例えばエンドウの種子の形では，「丸」が顕性形質，「しわ」が潜性形質で，F_1 はすべて丸となる。

② 分離の法則
減数分裂で生殖（せいしょく）細胞をつくるとき，**対立遺伝子は別々の生殖細胞に入る**という法則。

③ 独立の法則
２組以上の対立形質に関する遺伝では，それぞれの**対立遺伝子は互いに関係なく独立に遺伝**するという法則。例えば種子の形が丸で子葉の色が黄色（顕性形質）の純系と，種子の形がしわで子葉の色が緑色（潜性形質）の親から F_1 をつくり，F_1 を自家受粉させ F_2 をつくっても，F_2 の丸としわの出現比は右と同様３：１となる。

・エンドウの「種子の形」という形質には，「丸」か「しわ」の２種類があるが，１つの種子には丸かしわのどちらかしか現れない。このように，**同時に現れることのない形質**を**対立形質**という。

・**何代にもわたり同じ形質を現しているもの**を**純系**，対立形質をもつ純系どうしの親から得られる子を雑種という。

●エンドウの純系の親どうしの交配
純系の丸い種子 P_1 の遺伝子型を AA，純系のしわの種子 P_2 の遺伝子型を aa とすると，**分離の法則**より，P_1 の生殖細胞には AA が分かれ，P_2 の生殖細胞には aa が分かれて入る。

交配表より，F_1 の遺伝子型はすべて Aa となることから，雑種第一代はすべて丸い種子となる。

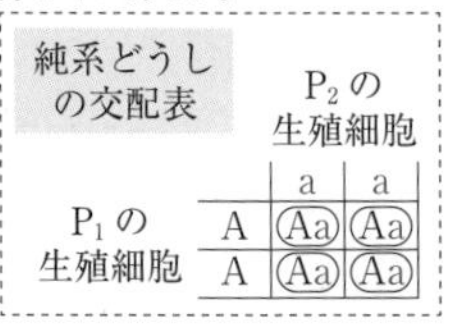
純系どうしの交配表

P_1 の生殖細胞 ＼ P_2 の生殖細胞	a	a
A	Aa	Aa
A	Aa	Aa

● F_1 の自家受粉による雑種第二代 F_2
F_1 の遺伝子型は Aa で，Aa どうしを自家受粉させると，交配表は下のようになる。

AA と Aa は「丸」，aa は「しわ」なので，F_2 は，丸：しわ＝３：１で現れ，AA：Aa：aa は，１：２：１となる。

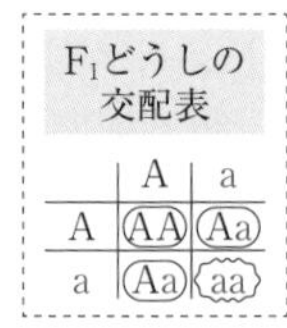
F_1どうしの交配表

	A	a
A	AA	Aa
a	Aa	aa

2 エンドウの子の形質と親の交配パターン

パターン①：子の形質がすべて丸
（親）AA × AA →（子）AA
（親）AA × aa →（子）Aa
（親）AA × Aa →（子）AA：Aa ＝ １：１

パターン②：子の形質が丸としわ
（親）Aa × Aa →（子）AA：Aa：aa ＝１：２：１
（親）Aa × aa →（子）Aa：aa ＝ １：１

パターン③：子の形質がすべてしわ
（親）aa × aa →（子）aa

●親の交配パターンと交配表

パターン①
（親）AA×Aa
→ AA：Aa＝1：1

	A	a
A	AA	Aa
A	AA	Aa

パターン②
（親）Aa×aa
→ Aa：aa＝1：1

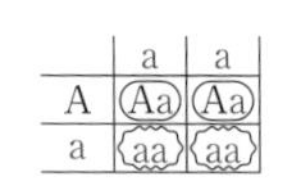

	a	a
A	Aa	Aa
a	aa	aa

丸形の親としわ形の親を交配させたとき，子に丸としわの両方が現れる場合，丸形の親の遺伝子型は Aa となる。

遺伝子の組み合わせを考える問題は入試頻出。**交配表を書いて考える**習慣をつけよう。さらに入試では，エンドウのさやに関することも問われることがあり，**①さやの色は一代ずれる**，**② １つのさやに丸・しわの種子が混在することがある**　はチェック！難関校では**顕性の法則の例外**も出題されるぞ。

用語チェック　1. 遺伝　2. メンデル　3. 顕性形質・潜性形質　4. 対立遺伝子　5. 独立の法則　6. 顕性の法則の例外 ➡ p.203

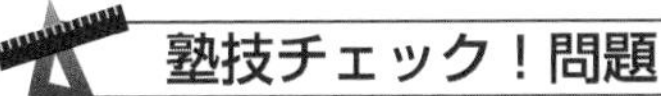

塾技チェック！問題

問題 エンドウの遺伝子の伝わり方を調べた。右の図は，親Xと親Yの細胞の染色体の数をそれぞれ2本として模式図に示したもので，図中のAはエンドウの種子を丸くする遺伝子を，aはしわにする遺伝子をそれぞれ示している。親Xと親Yのかけ合わせによりできた種子は，丸の種子としわの種子の数の比がおよそいくらになると考えられるか。最も簡単な整数比で答えよ。ただし，Aはaに対して顕性とする。

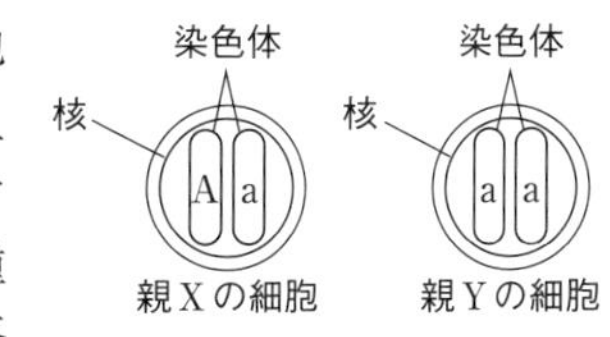

解説と解答

親Xの生殖細胞の遺伝子型はAまたはa，親Yの生殖細胞の遺伝子型はaまたはaとなる。右の交配表で，Aaは丸，aaはしわより，丸の種子としわの種子の数の比は，2：2＝1：1とわかる。

答 1：1

		親Yの生殖細胞	
		a	a
親Xの生殖細胞	A	Aa	Aa
	a	aa	aa

チャレンジ！入試問題

解答は，別冊 *p.72*

Q問題 1 エンドウの種子の形には丸形としわ形があり，丸形が顕性の形質である。ある丸形の種子から育った個体Xの花粉を，あるしわ形の種子から育った個体Yのめしべに受粉させたところ，多くの種子ができ，その中には丸形としわ形の両方の種子があった。このとき，個体Xの遺伝子の組み合わせはどのように表されるか。また，得られた丸形としわ形の種子の数の比はどうなるか。最も適当なものを，表のアからエまでの中から選んで，そのかな符号を書け。ただし，エンドウの種子を丸形にする遺伝子をA，しわ形にする遺伝子をaとする。

	個体Xの遺伝子の組み合わせ	丸形としわ形の種子の数の比
ア	AA	丸形：しわ形＝1：1
イ	AA	丸形：しわ形＝3：1
ウ	Aa	丸形：しわ形＝1：1
エ	Aa	丸形：しわ形＝3：1

（愛知）

Q問題 2 メンデルの遺伝の実験とエンドウの遺伝現象について，次の問いに答えよ。

(1) エンドウはマメ科植物で，自然の状態で1つの花の中で受粉が起こる。このことを何というか。

(2) メンデルは，数年間にわたり何代と育てても，種子の形が同じになるものを実験に用いた。このように，代を重ねてもその形質がすべて親と同じもののことを何というか。

(3) メンデルが発見した分離の法則の遺伝子（遺伝の要素）の分配の動きは，現在わかっているある生命現象の染色体の動きと一致する。その生命現象とは何か。

(4) 遺伝子は何という物質でできているか。物質名を答えよ。

(5) エンドウの体細胞の中の染色体数は14本である。同じ形をした染色体は何本ずつあるか。

(6) エンドウの種子には丸いものとしわのものがあり，丸が顕性形質でしわが潜性形質である。いま，右の図のように親として丸の個体①と別の株のある個体②をかけ合わせると，子の代の100個体の種子の形はすべて丸となった。その丸のうち，1つの個体③と別の株のある個体④をかけ合わせると，次の代には丸の個体⑤と，しわの個体⑥ができ，100個体のうちの丸としわの比は，1：1となった。図中の①～⑥にあてはまる遺伝子型（遺伝子の構成）を次から選び，それぞれア～ウの記号で答えよ。ただし，遺伝子記号は丸の遺伝子をA，しわの遺伝子をaとする。また，複数の可能性がある場合は，そのすべての記号を答えよ。

ア AA　　イ Aa　　ウ aa

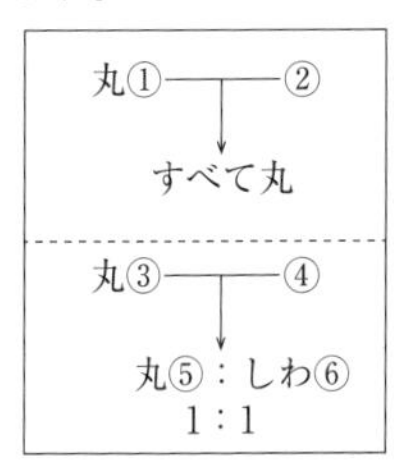

（広島大附高）

生命・地球
中3で習う分野
生命の連続性と進化

塾技(ワザ) 73 生物の変遷と進化 生命の連続性と進化

▶ 生物の変遷

1 動物どうしの類縁関係

セキツイ動物の特徴を比較すると，５つのグループに段階的な共通性があることがわかる。

特徴＼種類	魚類	両生類	ハチュウ類	鳥類	ホニュウ類
背骨あり	○	○	○	○	○
肺で呼吸	×	△※	○	○	○
恒温動物	×	×	×	○	○
胎生	×	×	×	×	○

境界

※△は，幼生(子)がえら呼吸と皮膚(ひふ)呼吸，成体(親)が肺呼吸と皮膚呼吸

●類縁関係

「魚類・両生類・ハチュウ類・鳥類・ホニュウ類」の順に並べると，**となり合う仲間**ほど**同じ特徴が多い**。(**類縁関係が近い**という)

●共通している特徴の数

	魚類	両生類	ハチュウ類	鳥類
ホニュウ類	1	1.5	2	3
鳥類	2	2.5	3	
ハチュウ類	3	3.5		
両生類	3.5			

例えば魚類は両生類と最も類縁関係が近いことがわかる。

2 化石と地質時代

(1) **セキツイ動物の出現**

化石が発見された**地層の地質年代**から，

魚類 → 両生類 → ハチュウ類 → ホニュウ類 → 鳥類

の順に出現したと考えられる。

(2) **植物の出現**

化石が発見された**地層の地質年代**から

コケ植物 → シダ植物 → 裸子植物 → 被子植物

の順に出現したと考えられる。

●セキツイ動物の化石の出現

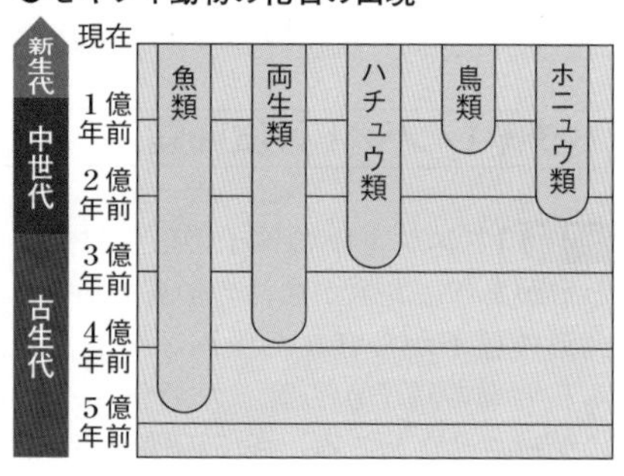

3 進化

(1) **セキツイ動物の進化の道すじ**

魚類 → 両生類 → ハチュウ類 → 鳥類 / → ホニュウ類

(2) **セキツイ動物の相同器官**

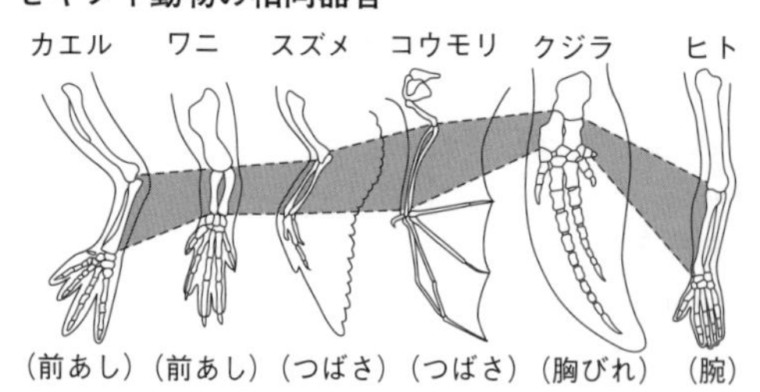

(前あし)(前あし)(つばさ)(つばさ)(胸びれ)(腕)

●進化の系統樹

共通の祖先　共通の祖先

魚類　両生類　ハチュウ類　鳥類　ホニュウ類　コケ植物　シダ植物　裸子植物　被子植物

●相同器官・痕跡(こんせき)器官

現在は形やはたらきが異なるが，基本的な骨格が同じため，**もとは同じものが変化してできたと考えられる器官**を**相同器官**という。相同器官の中には，ヘビやクジラの後ろ足のように，現在ははたらきを失い，形だけわずかに残る痕跡器官もある。

塾技解説

よく出題される**進化の証拠**には，**相同器官**の他に，**ハチュウ類と鳥類の中間**と考えられる**始祖鳥**がある。現在も生存しているシーラカンス・カモノハシ・ハイギョなども進化の証拠となるのでチェックを。
セキツイ動物の出現や進化は，ハチュウ類→**鳥類**→**ホニュウ類の順ではない**ことも注意だ！

用語チェック　1. 進化　2. 始祖鳥　3. シーラカンス　4. カモノハシ　5. ハイギョ　➡ *p.204*

塾技チェック！問題

問題 セキツイ動物の仲間について，次の問いに答えよ。

(1) 次のア～オについて，発見された化石の最も古い地質年代から考えられる地球上に現れた順に記号で答えよ。

ア ハチュウ類　イ 鳥類　ウ 魚類　エ ホニュウ類　オ 両生類

(2) コウモリとクジラにおいて，ヒトの腕と相同器官となる部分をそれぞれ答えよ。

解説と解答

(1) 鳥類はホニュウ類よりあとに現れたと考えられている。　**答** ウ，オ，ア，エ，イ

(2) 相同器官は，生物の進化の証拠を表す１つである。　**答** コウモリ：つばさ，クジラ：胸びれ

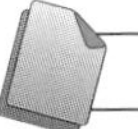

チャレンジ！入試問題

解答は，別冊 *p.73*

Q問題 1 セキツイ動物の進化の過程を正しく表しているものを１つ選び，記号で答えよ。（愛光高改）

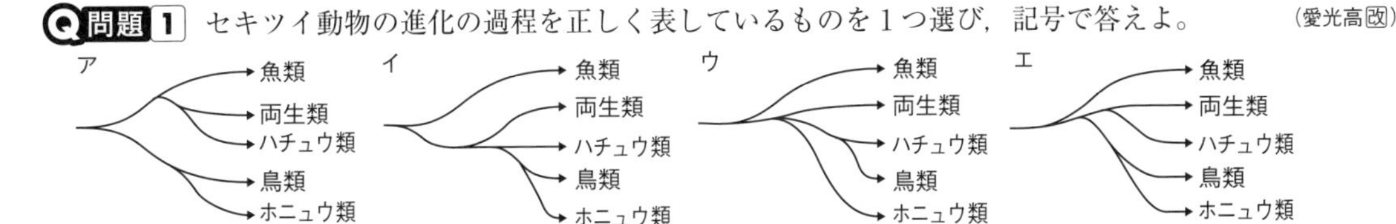

Q問題 2 次の問いに答えよ。

(1) 図１に示す４種類のセキツイ動物の前あしやつばさは，形もはたらきも大きく異なるが，骨格の基本的なつくりが似ており，その起源が同じ器官であると考えられている。

① このような器官を何というか。

② ①の器官をもつ現在のセキツイ動物について，過去から現在に至るまで動物ごとにその器官の形やはたらきが大きく変化したのはなぜか。35字以内で説明せよ。

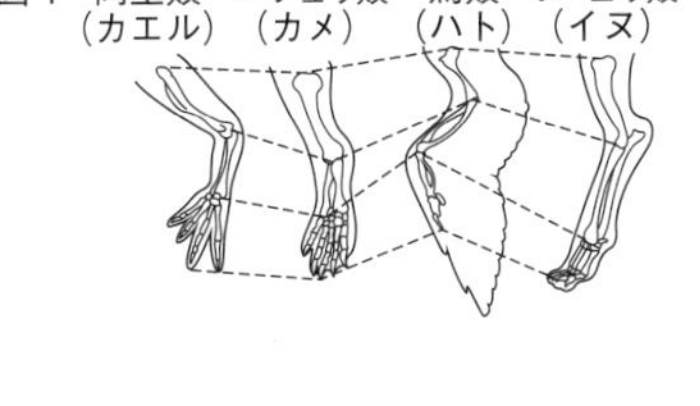

図１

(2) 次の文中の空欄（ア）と（イ）にあてはまるセキツイ動物の種類を答えよ。

図２に示す始祖鳥（しそちょう）は，口に歯があること，つばさの先に爪があること，長い尾（尾骨）をもつことなど，現在の（ア）に似た特徴をもっている。また，からだが羽毛でおおわれていること，前あしがつばさになっていることなど，現在の（イ）に似た特徴ももっている。これらのことから，始祖鳥は（ア）と（イ）の中間形の生物と考えられており，セキツイ動物の進化を示す証拠とされている。（広島大附高改）

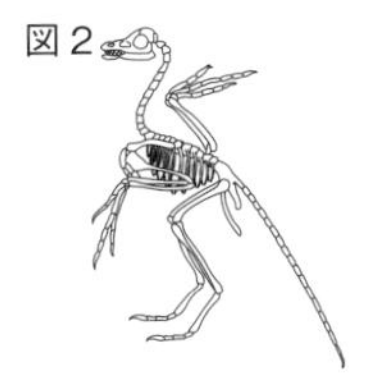
図２

Q問題 3 表１は，セキツイ動物の５つのグループについて，生活のしかたやからだのつくりの５つの特徴をまとめたもので，グループ内の多くの動物がその特徴をもつ場合は○，もたない場合は×，特徴をもつがあてはまらない時期がある場合は△を途中まで記入したものである。表２は，表１の結果を比べて，グループの特徴が同じだった数を途中まで記入したものである。どちらかが△の場合は0.5として記入している。表２の数が大きいほど共通する特徴を多くもつのである。魚類およびホニュウ類と共通する特徴を最も多くもつグループ名をそれぞれ書け。

表１

特徴＼グループ	魚類	両生類	ハチュウ類	鳥類	ホニュウ類
背骨がある	○	○	○	○	○
肺で呼吸する	×	△		○	○
子は陸上で生まれる	×			○	○
恒温動物である	×				○
胎生である	×	×	×		○

表２

	魚類	両生類	ハチュウ類	鳥類
ホニュウ類	1	1.5		
鳥類	2			
ハチュウ類				
両生類				

（茨城改）

塾技 74 生物どうしのつながり 生命の連続性と進化

▶ 食物連鎖

1 生態系と食物連鎖

生態系：ある場所に生活する生物と，そのまわりの環境をひとまとまりとしてとらえたもの。

食物連鎖：生態系の中の「食べる」「食べられる」という，鎖のようにつながった一連の関係。

例 水中の食物連鎖

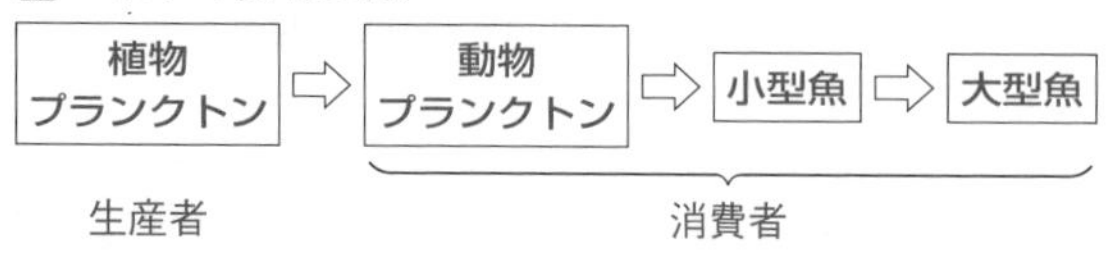

●生態ピラミッド

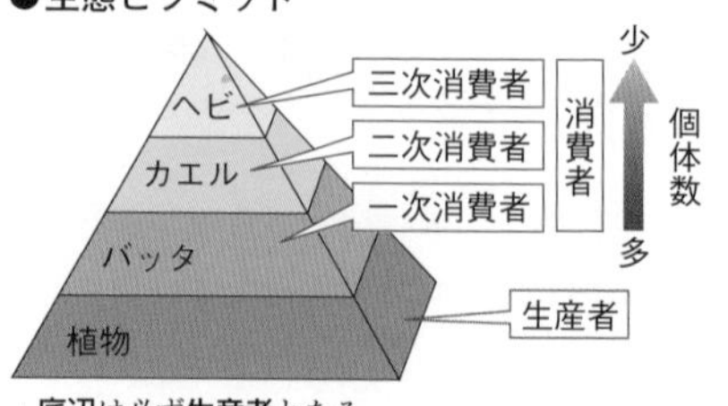

・**底辺**は必ず**生産者**となる。
・一次消費者は草食動物，二次以上の高次の消費者は肉食動物。

2 個体数の変動

1つの生態系において，**食べる生物の数**は食べられる生物の数の変化より**少し遅れて変化**する。生物の種類や数のつり合いは，短期的にくずれても，長期的には**つり合った状態にもどる。**

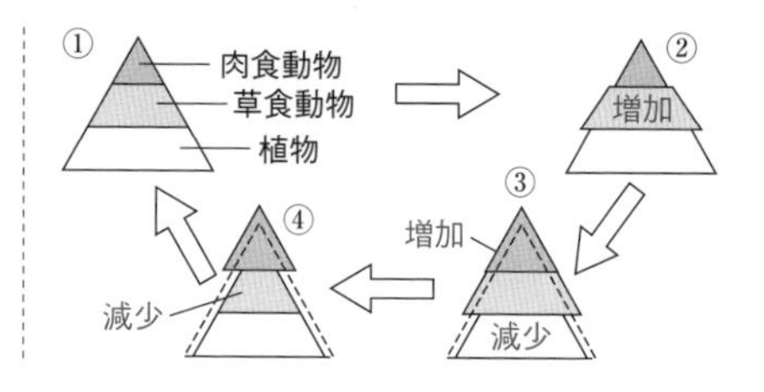

▶ 物質の循環

3 分解者のはたらきと物質の循環

(1) **分解者**

呼吸により生物の死がいや排出物などの**有機物**を，**二酸化炭素**や**窒素化合物**といった**無機物に分解**する生物を**分解者**という。分解者には，**菌類**や**細菌類**，**土の中の小動物**※などがいる。

※土の中の小動物のうち，落ち葉や動物の死がいなどを食べるものに限る。 例 トビムシ，ミミズ，ダンゴムシ

(2) **炭素の循環**

炭素は自然界の中で，**無機物**（**二酸化炭素**など）や**有機物**の形で**循環**している。下の図で，生産者である**植物のみ大気中の二酸化炭素に対して両方向の矢印**をもつ。

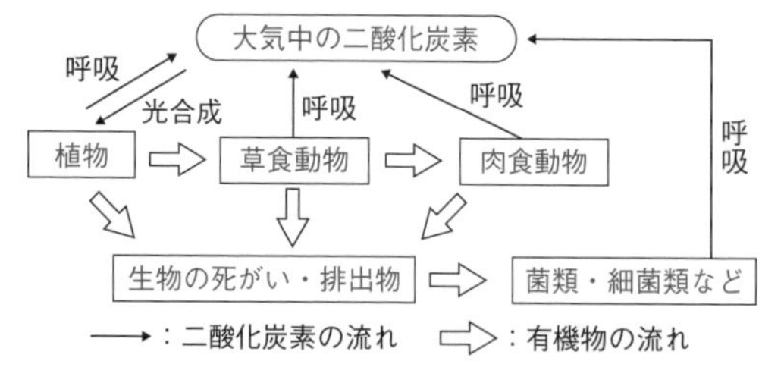

●ツルグレン装置

土壌動物が**光や乾燥を嫌う性質**を利用して，肉眼で見えないような小さな土壌動物を集める装置。

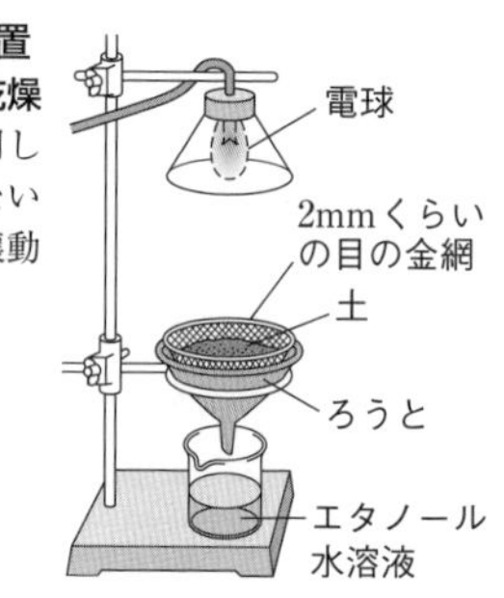

●窒素の循環

大気中などの窒素は根粒菌などにより無機窒素化合物に変えられ，その後，生産者によりタンパク質などに形を変えて循環。

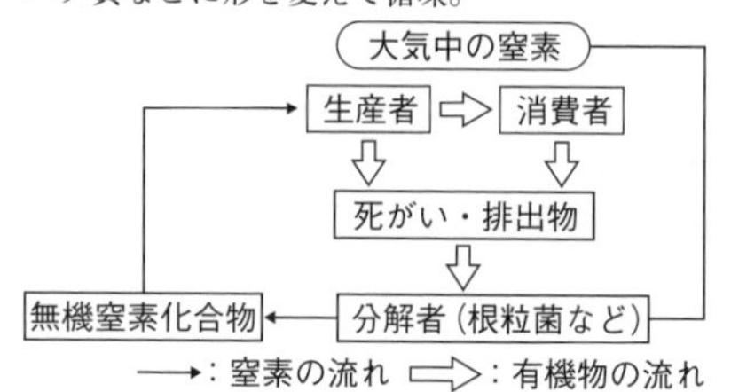

塾技解説 実際の生態系の「食べる・食べられる」の関係は，**直線的な連鎖ではなくもっと複雑**で，**食物網**という。**炭素の循環**では，化石燃料やプラスチックの燃焼などによる**地球温暖化**の問題もあわせてチェックを。

用語チェック 1. 生産者・消費者 2. 菌類・細菌類 3. 根粒菌 4. プラスチック 5. 地球温暖化 ➡ p.204

塾技チェック！問題

問題 右の図は，自然界の物質の循環(じゅんかん)を模式的に表したものであり，A～Cは分解者，消費者，生産者のいずれか，D，Eは気体を示している。次の問いに答えよ。

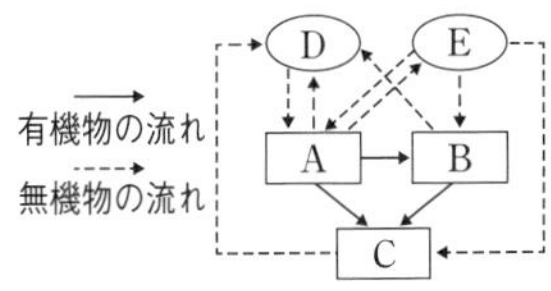

(1) D，Eにあてはまる気体の名称をそれぞれ答えよ。

(2) Cにあてはまる生物として適切なものを，ア～カから選び，記号で答えよ。

ア　ミミズ　　イ　ケイソウ　　ウ　乳酸菌　　エ　リス　　オ　コナラ　　カ　ミジンコ

解説と解答

(1) Eは，A～Cのすべてにとり入れられている気体なので，酸素とわかる。一方，DはAのみに取り入れられており，光合成に使われる二酸化炭素とわかる。

答 D：二酸化炭素，E：酸素

(2) Cは分解者で，菌(きん)類や細菌(さいきん)類，土の中の小動物などがあてはまる。

答 ア，ウ

チャレンジ！入試問題

解答は，別冊 *p.74*

Q問題1 右の図は，一般的な生態系における炭素の循環と生物どうしのつながりなどを模式的に示したものである。例えば，①の矢印は大気から(A)に炭素が移動したことを示している。

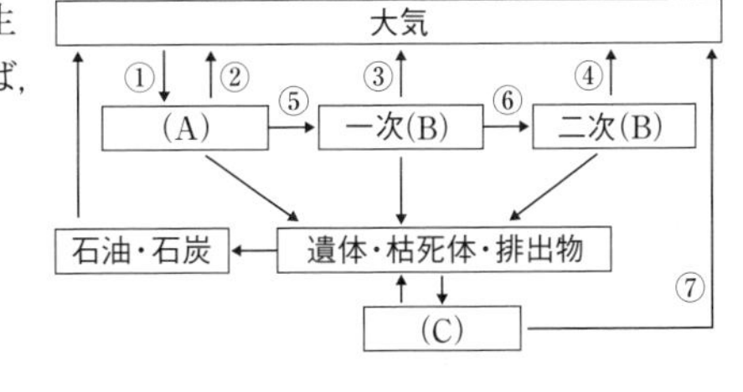

(1) (C)に属する生物を下から3つ選べ。

ア　クロモ　　イ　アオカビ　　ウ　ケイソウ
エ　ミミズ　　オ　アオミドロ　　カ　ボルボックス
キ　納豆菌　　ク　オオカナダモ

(2) ①の矢印による炭素の移動は，生物の何というはたらきによるものか。

(3) (2)の材料となる物質を化学式で2つ答えよ。

(4) 炭素が有機物(タンパク質・脂肪(しぼう)・炭水化物)として移動している矢印を②～⑦からすべて選べ。

(5) 図の生態系において，a. 一次(B)の数が急激に増加した場合，またはb. 一次(B)の数が急激に減少した場合，被食者である(A)と捕食者である二次(B)の数の関係は，その直後にどうなるか。下線部a，bについて，正しいものをそれぞれ選べ。

ア　(A)は増加，二次(B)は増加　　イ　(A)は増加，二次(B)は減少
ウ　(A)は減少，二次(B)は増加　　エ　(A)は減少，二次(B)は減少

（ラ・サール高改）

Q問題2 分解者のはたらきを調べるために次の実験を行った。あとの(1)，(2)の問いに答えよ。

実験1　デンプンを入れた寒天培地(ばいち)をペトリ皿につくる。

実験2　右の図のように，林から取ってきたそのままの土(A)と焼いた土(B)をそれぞれ別の培地の中央に少量入れ，ふたをする。

(A) そのままの土

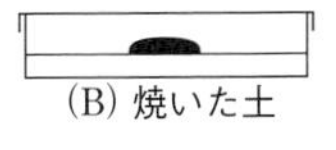
(B) 焼いた土

実験3　2～3日後，A，Bのペトリ皿の土を除き，それぞれ全体にヨウ素液を加える。

(1) A，Bのヨウ素液による反応はどのようになったか。右のア～エから1つずつ選び，記号で答えよ。
なお，ぬりつぶしたところが青紫になった部分である。

ア　イ　ウ　エ

(2) そのままの土(A)について，(1)のような実験結果になった理由を説明せよ。

（高知学芸高）

▶ 自転

1 地球の自転

(1) **日周運動**

地球は地軸を中心に**1日**（より正確には，23時間56分4秒）に**1回，西から東へ**（北極側から見て**反時計回り**）自転している。地球の自転により，**天体が1日1回地球のまわりを回る**ように見える見かけの動きを，**日周運動**という。

●天球上の太陽の日周運動

・**天頂**
観測者の真上の点。

・**天の子午線**（しごせん）
天頂を通って南北を結んだ天球上の線。

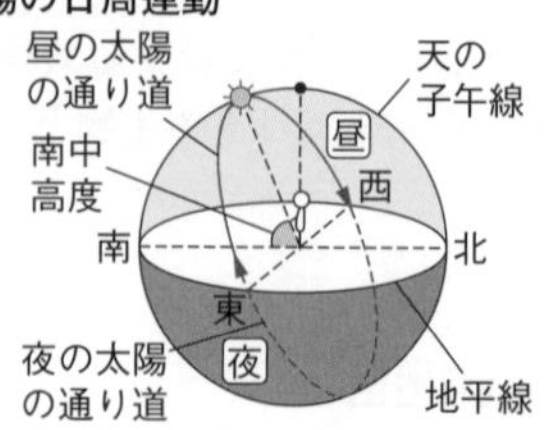

(2) **太陽の南中**

① **南中時刻と緯度**の関係

太陽は見かけ上，東 → 南 → 西へと動くので，**南中時刻**は**東の地点ほど早く，経度1度**につき**4分**ずれる🔍。

> 🔍**理由** 太陽は見かけ上，1日（1440分）で360度動くので，1度あたり，1440 ÷ 360 = 4〔分〕かかる。

② **南中高度と緯度**の関係

南中高度は**緯度が高くなる**ほど**低くなる**。

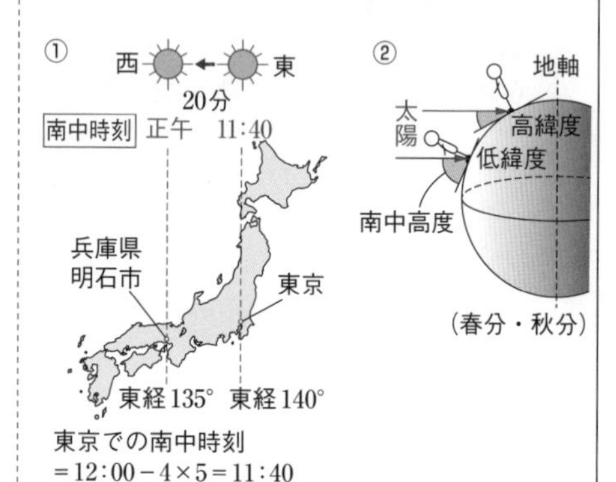

2 太陽の自転

(1) **太陽の様子**

直径	約140万kmで，地球の約109倍
成分	**水素**や**ヘリウム**など**高温の気体**
温度	**表面：約6000℃**，**黒点**：約4000℃
種類	自ら光を放つ恒星（こうせい）

・**コロナ**
太陽の外側に広がるうすいガス層

・**プロミネンス**
炎のような高温のガスの動き（紅炎ともいう）

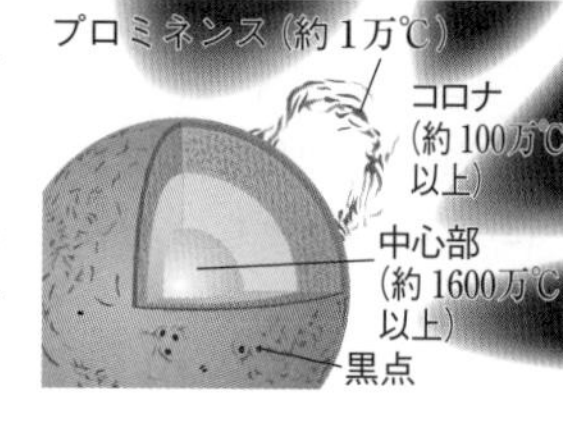

(2) **黒点の観察**

天体望遠鏡に太陽投影板をとりつけ，黒点の観察をすると，次のことがわかる。

① 毎日少しずつ**東から西へ移動**する。
→ **太陽が自転**していることがわかる。

② 太陽の**端の方**では**ゆがんで見える**。
→ **太陽が球形**であることがわかる。

③ 観察した黒点の大きさから，実際の黒点の大きさが**地球の直径の何倍**かわかる。

●**天体望遠鏡による黒点観測**

・ファインダーは絶対に直接のぞかず，ふたをしておく。
・像を大きくするには投影板を接眼レンズから遠ざける。

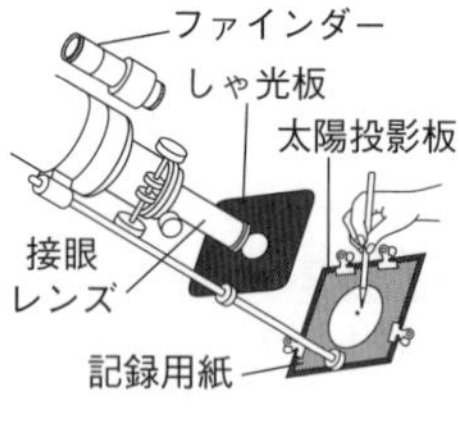

③ 地球の直径：太陽の直径 ＝ 1：109とすると，黒点の直径は地球の直径の，

$$109 \times \frac{\text{黒点の像の直径}}{\text{太陽の像の直径}}\ 〔倍〕$$

太陽の**日周運動の観測**には**透明半球**を用いる。透明半球では，①北半球では**太陽の動いた曲線が傾いている側が南**，②**半球の中心**（サインペンの先端の影の位置）が**観測者の位置**を表すことを押さえよう。

✓ 用語チェック　1. 天球　2. 太陽の南中　3. 太陽の自転　4. 黒点　5. 透明半球　➡ p.205

塾技チェック！問題

問題 春分の日，日本のある地点で透明半球を用いて太陽の動きを観察した。透明半球上には，太陽の位置を２時間毎にサインペンで記録した。右の図は，透明半球を上から見たときの一部を拡大したものである。観測地点は兵庫県明石市と比べ東または西のどちらに位置するか。

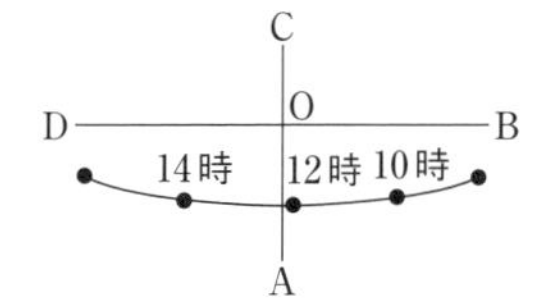

解説と解答

サインペンの動きが，10時にはＢ側で14時にはＤ側になっていることから，Ｂが東，Ａが南，Ｄが西，Ｃが北とわかる。一方，12時で太陽はまだ南中していないので，「**塾技 75 1**」⑵①より，観測地点は明石市より西に位置することがわかる。

答 西

チャレンジ！入試問題

解答は，別冊 *p.75*

Q問題 1 日本国内の地点Ｈで，ある日の太陽の動きを，右の図のように透明半球を用いて調べた。透明半球上に太陽の位置を１時間ごとに記録し，記録した各点をなめらかな曲線で結び，その曲線の延長線が透明半球の底面と交わる点をＸ，Ｙとした。Ｏは透明半球の中心を，Ａは８時00分，Ｂは15時00分の太陽の位置を示している。また，Ｐ，Ｑ，Ｒ，Ｓは東西南北のいずれかを示している。

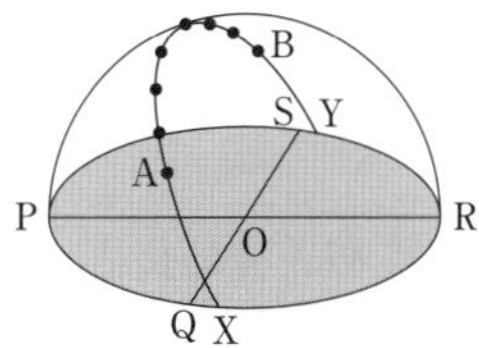

⑴ 透明半球上にかいた曲線の長さをはかったところ，ＸからＡまでが6cm，ＡからＢまでが14cm，ＢからＹまでが7cmであった。この日の，日の出と日の入りの時刻をそれぞれ答えよ。

⑵ 次の文は，同じ日に，地点Ｈより低緯度で西の位置にある日本国内の地点Ｉで同様の観測を行った結果を述べたものである。a，bにあてはまる語句をそれぞれ漢字１字で答えよ。

> 地点Ｈと比べて地点Ｉでは，南中時刻は（ a ）くなり，南中高度は（ b ）くなる。

（高田高改）

Q問題 2 図１のような天体望遠鏡を太陽の方向に合わせ，太陽投影板に太陽の像がはっきりうつるようにして，太陽の表面の様子を観察した。

図１

⑴ 天体望遠鏡の鏡筒を固定しておくと，太陽投影板にうつる太陽の像は，数分で太陽投影板から外れていった。その理由として最も適当なものを，次のア～エから１つ選び，その記号を書け。

ア　太陽が自転しているから　　イ　地球が公転しているから

ウ　地球が自転しているから　　エ　地軸が傾いているから

⑵ 図２に示すように，太陽投影板にうつる太陽の像の直径が10cmのとき，黒点の像の直径は2mmであった。この黒点の実際の直径は，地球の直径のおよそ［　　］倍である。次のア～エのうち，［　　］にあてはまる数値として最も適当なものを１つ選び，その記号を書け。ただし，太陽の直径は，地球の直径の109倍とする。

ア　0.2　　イ　0.5　　ウ　2　　エ　5

図２　太陽　黒点　2mm　10cm

⑶ 水星が太陽の手前にあるとき，太陽を観察すると，図３のように斑点Ａと斑点Ｂがあり，２つとも円形に見えた。斑点Ａと斑点Ｂのうち，一方は水星で，もう一方は実際の形も円形の黒点であった。黒点は，斑点Ａと斑点Ｂのどちらか。Ａ，Ｂの記号で書け。また，そのように判断した理由を，「実際の形が円形の黒点は，」という書き出しに続けて簡単に書け。

（愛媛）

図３

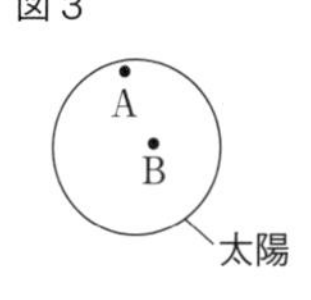

ワザ
塾技 76 太陽の動き② 地球と宇宙

▶ 地球の公転

1 地球の公転と季節の変化

季節の変化が生じる理由は，地球が公転面に垂直な線に対して**地軸を23.4°傾けたまま，1年に1回太陽のまわりを反時計回りに公転しているため**である。

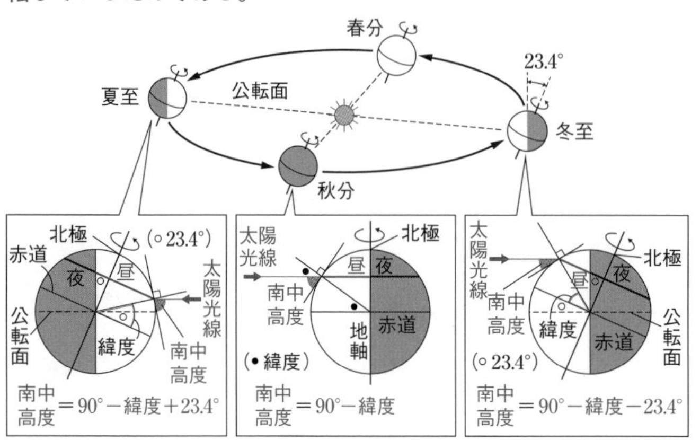

北極 (○23.4°) 赤道 夜 昼 太陽光線 公転面 緯度 南中高度

南中高度＝90°－緯度＋23.4°

太陽光線 北極 昼 夜 南中高度 赤道 地軸 (●緯度)

南中高度＝90°－緯度

太陽光線 北極 南中高度 昼 夜 緯度 赤道 公転面 (○23.4°)

南中高度＝90°－緯度－23.4°

●季節と南中高度の変化

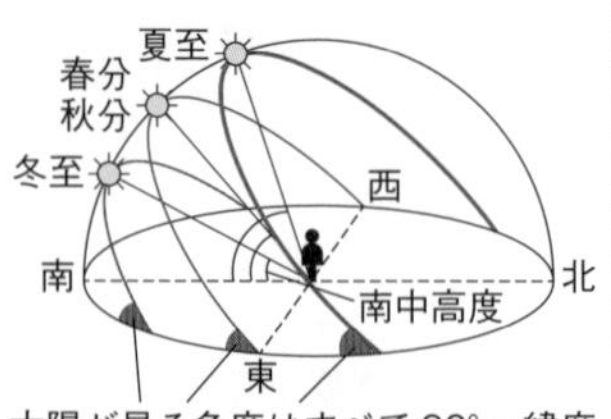

太陽が昇る角度はすべて90°－緯度

・上の図を真横から見た図

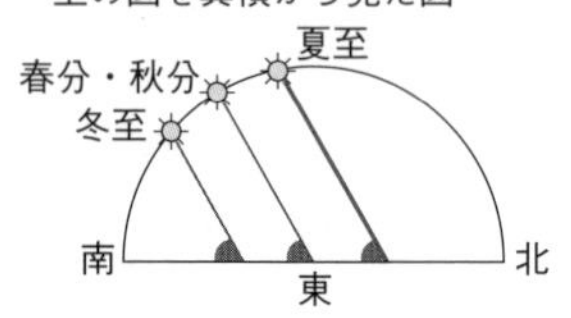

●地軸の傾きと季節

地軸の傾きが大きくなると，夏至では現在より昼が長くなり，冬至では現在より昼が短くなる。

2 昼と夜の長さ

春分・秋分 太陽は真東から昇り真西に沈む

夏至 北半球では太陽が真東より**北寄りから昇り**，真西より**北寄りに沈む**ため，**昼が夜より長い**(南半球では反対に夜が長い)

冬至 北半球では太陽が真東より**南寄りから昇り**，真西より**南寄りに沈む**ため，**夜が昼より長い**(南半球では反対に昼が長い)

●季節と日の出の時刻

夏至のとき，経度が等しい地点では**北へ行くほど日の出が早く，昼が長い**。(冬至はその反対)

A地点の方がB地点より日の出が早い。

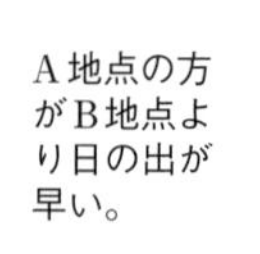

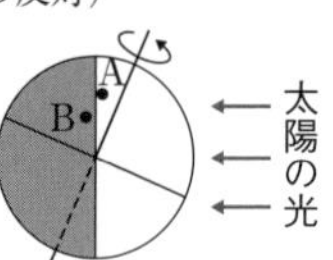

3 平均太陽日(1日)と自転周期のずれ

1日とは**太陽が南中してから次に南中するまでの時間**で，**24時間**と決めている。一方，地球は自転しながら公転しているため，**地球の自転周期**は**約23時間56分**となる。

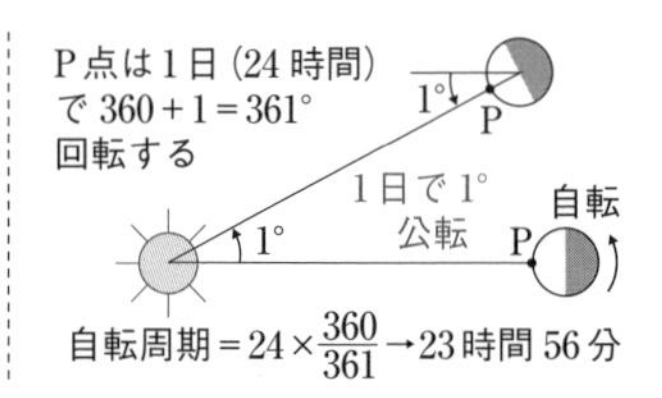

$$\text{自転周期}=24\times\frac{360}{361}\rightarrow 23\text{時間}56\text{分}$$

4 世界各地の太陽の動き

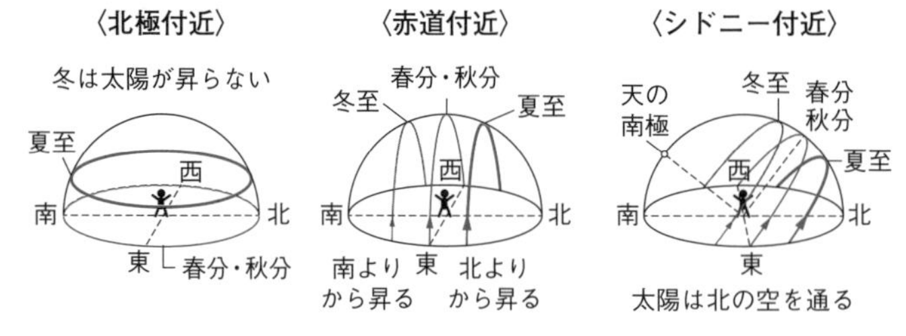

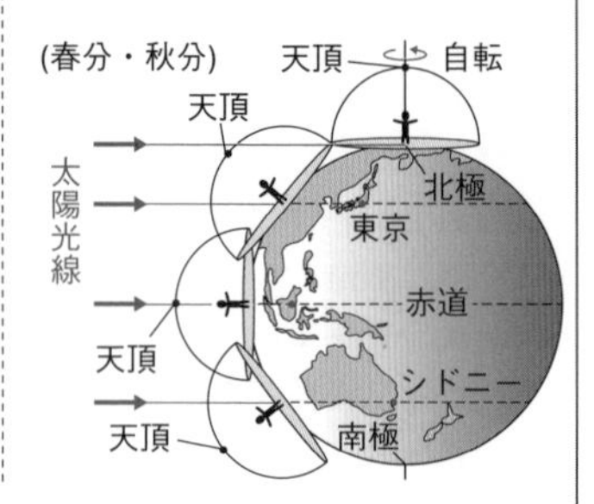

塾技解説 **季節により太陽の動きが変わる**ため，その**影の動きも変わる**。季節の変化と**日影曲線**もチェックしよう。

用語チェック 1. 公転 2. 平均太陽日 3. 日影曲線 ➡ p.205

塾技チェック！問題

問題 右の図は，太陽のまわりを公転している地球の様子を模式的に表したものである。同じ日における日の出から日の入りまでの時間を札幌と那覇で比べると，およそ半年間は札幌の方が長くなる。地球がA～Dのどこにあるときからの半年間か答えよ。

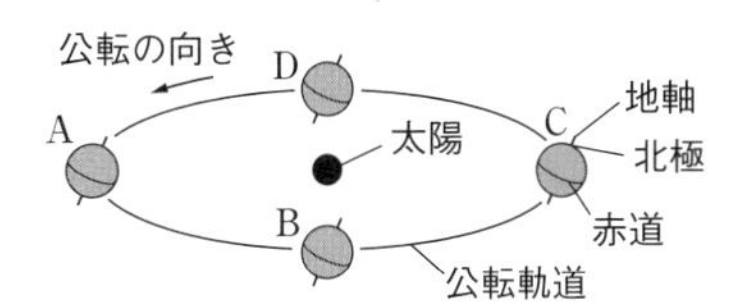

解説と解答

図で地軸の北極側が太陽に傾いているAが夏至で，反時計回りに，Bが秋分，Cが冬至，Dが春分となる。春分から秋分までの半年間は，地軸の北極側が太陽方向に傾くため，北の地点ほど日の出が早く，昼が長くなる。

答 D

チャレンジ！入試問題

解答は，別冊 *p.76*

 **問題1** 図は，冬至の日に地点Xで太陽が南中したときの地球を模式的に表したものである。地点Xでの太陽の南中高度と地点Xの緯度を表すのはどれか，ア～オからそれぞれ1つずつ選び，記号で書け。（大分）

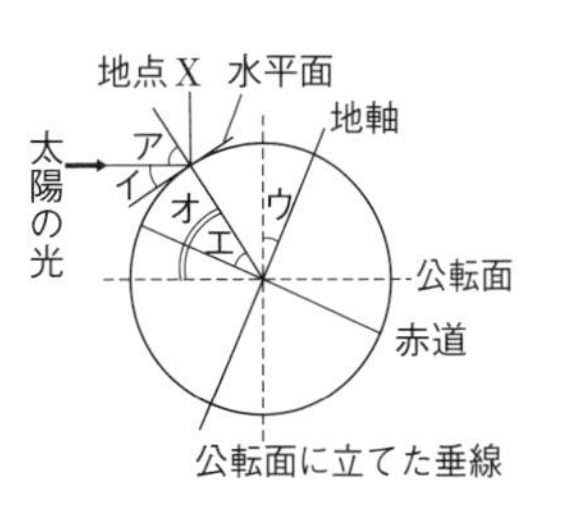

問題2 地球の地軸は，公転面に対して垂直な方向から現在23.4°傾いている。地軸の傾きが公転面に対して垂直な方向から25.0°になったとすると，北緯38.0°にあるX地点における，夏至と冬至の昼の長さは，現在と比べて，どのようになるか，簡潔に書け。（山形改）

問題3 夏至の日に赤道上で透明半球に太陽の1日の動きを記録すると，太陽の動いた道すじはどのように記録されると考えられるか。次のア～エから最も適当なものを1つ選び，その記号を書け。

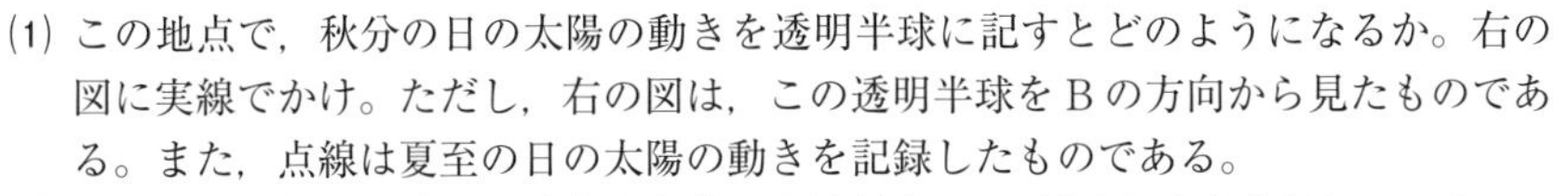
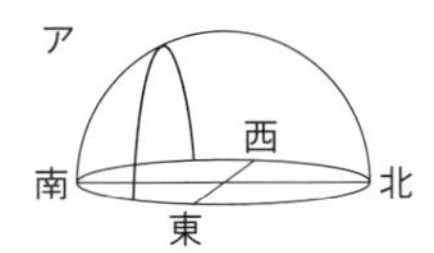

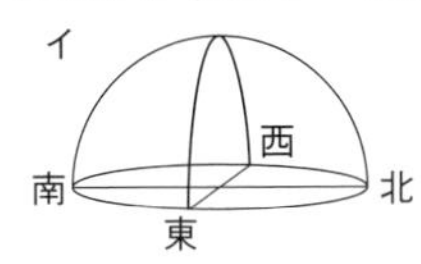

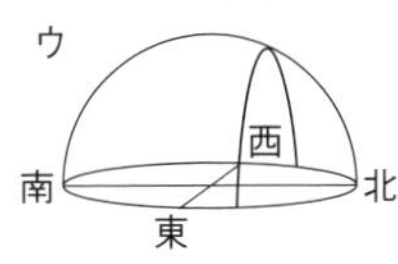

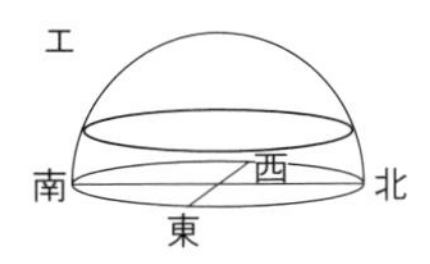

（山梨）

問題4 夏至の日，北緯32.0°のある地点で透明半球を使って太陽の動きを調べた。右の図のCは透明半球の中心であり，曲線EIGはこの日の太陽の動きを記録したものである。ただし，Iは太陽が南中したときの位置である。次の各問いに答えよ。答えを選ぶ問いについては記号で答えよ。

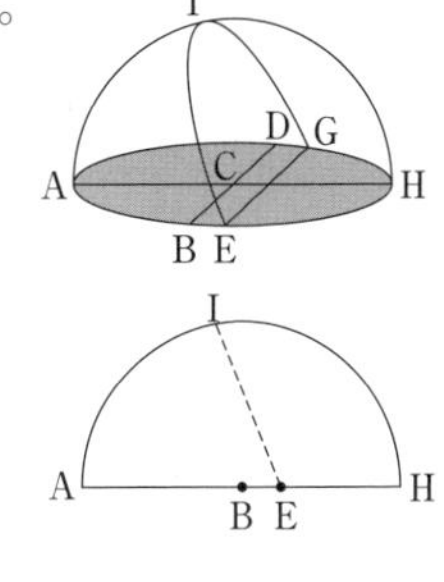

(1) この地点で，秋分の日の太陽の動きを透明半球に記すとどのようになるか。右の図に実線でかけ。ただし，右の図は，この透明半球をBの方向から見たものである。また，点線は夏至の日の太陽の動きを記録したものである。

(2) 地球は，公転面に対して垂直な方向から地軸を23.4°傾けたまま公転している。地軸の傾きが0°であると仮定すると，この地点での太陽の南中高度はどのようになるか。

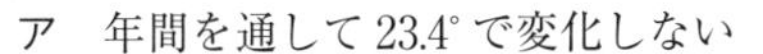

ア 年間を通して23.4°で変化しない　　イ 年間を通して58.0°で変化しない

ウ 1年の間に23.4°～32.0°の範囲で変化する　　エ 1年の間に32.0°～58.0°の範囲で変化する

（鹿児島改）

塾技 77 星の動き 地球と宇宙

▶ 星の動き

1 星の日周運動

地球の自転により，星は１日かけて天球上を**東から西へ動いて見える**。この見かけの星の動きを，**星の日周運動**という。日周運動によって，星は**1時間に15°**(360° ÷ 24時間)動く。

北の空 **北極星を中心**に**反時計回り**に回転

東・南・西の空 **太陽と同じ**ような動き

2 星の年周運動

地球の公転により，毎日同じ時刻に見える星の位置は，**1日に約1°**(360° ÷ 365日)，**1か月で30°日周運動の向きにずれ**，1年でもとの位置に見えるようになる。この動きを**星の年周運動**という。**星の位置の移動計算**は，1時間で15°と1日1°（1か月30°）を組み合わせてする。

例題 ある日の午前0時に，星Xが右の図のAの位置に見えた。3か月後の午前2時にはどの位置に見えるか記号で答えよ。

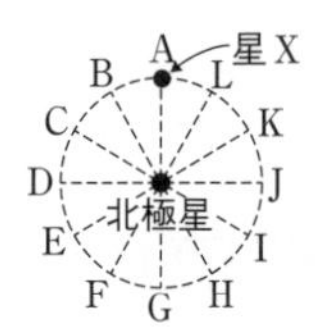

解 3か月で90°，2時間で30°，合計120°反時計回りに回るので，**E**の位置に見える。

3 地球から見た方位と時刻の決定法

地球を**真上から見た図**に人を立たせ，**自転方向から時刻**を，**北極点の方向から方位**(**北極点の方向が北**)をそれぞれ決定。

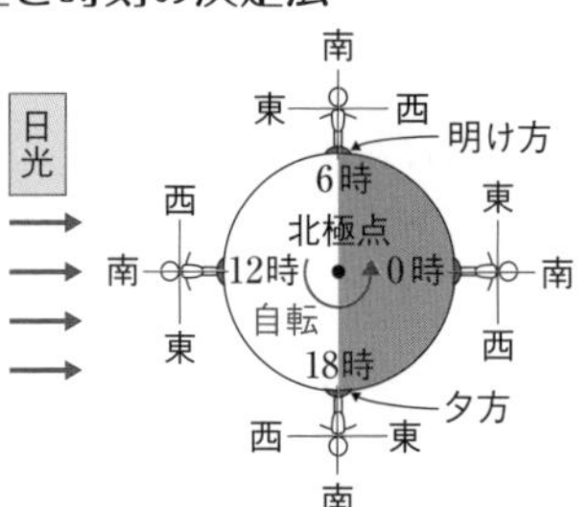

例題 明け方，オリオン座が南中する地球の位置を記号で答えよ。

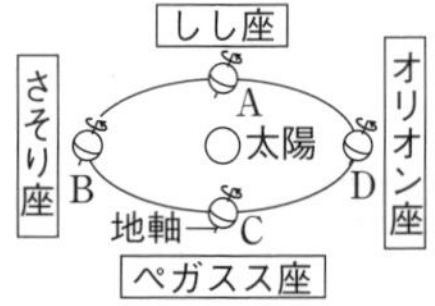

解 地球を真上から見た図を考える。右の図より，**C**の位置のとき（秋）とわかる。

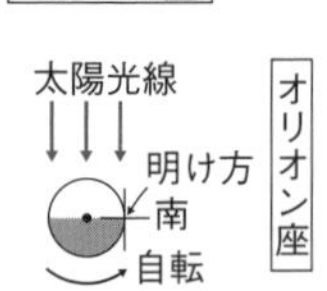

4 太陽の年周運動と黄道

天球にはりついた星を基準に考えると，**太陽**は地球の公転のため，**星の中を西から東へ1日1°移動**して見える。これを**太陽の年周運動**という。

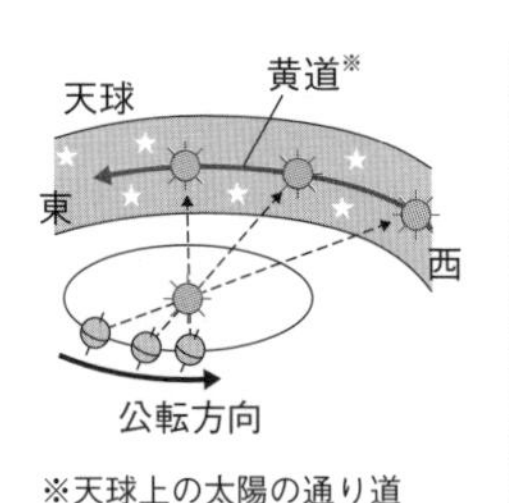

※天球上の太陽の通り道

●季節の星座と黄道十二星座

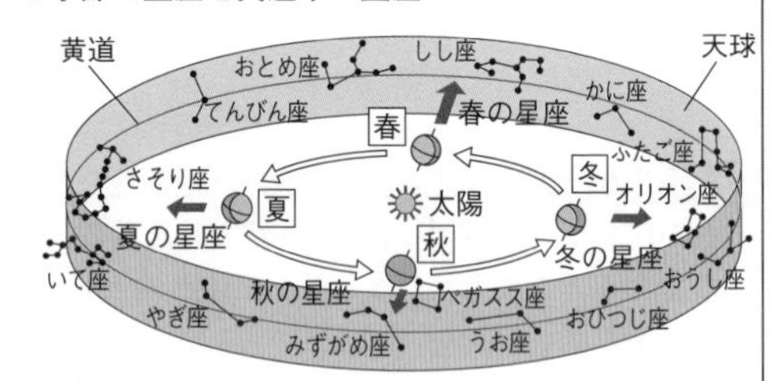

・季節の星座

真夜中頃，南中する星座(太陽の反対側にある星座)をいう。 **例** さそり座：夏の星座

塾技解説 1日と自転周期のずれと同様，**星の南中から南中までの時間(恒星日(じつ))**もずれる。用語チェックで確認！

用語チェック 1. 北極星 2. 季節の星座 3. 黄道十二星座 4. 恒星日 ➡ p.206

塾技チェック！問題

問題 右の図は，日本のある地点における，11月23日午後10時のオリオン座のスケッチで，Aはベテルギウスである。ベテルギウスが，翌年の2月23日にAの位置にくるのは，何時と考えられるか答えよ。

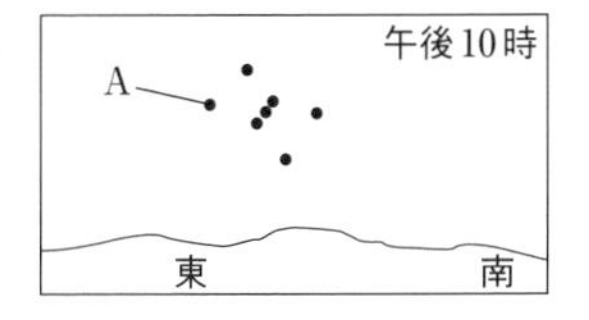

解説と解答

11月23日午後10時から，翌年2月23日の午後10時の3か月で，年周運動によって，30 × 3 = 90° 東から西へ向かって動くので，日周運動で，90 ÷ 15 = 6〔時間〕もどせばよい。よって，午後4時にAの位置にくると考えられる。

答 午後4時

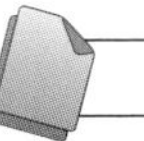

チャレンジ！入試問題

解答は，別冊 *p.77*

Q問題 1 ある日の夕方から翌朝にかけて，富山市で天体観測を行ったところ，一晩中，空全体の星が観測できた。右の図は，この日の太陽と地球および黄道付近の4つの星座の位置関係を表したもので，**表は，4つの星座をこの日の夕方から明け方に観察して，見える場合はその方位を，見えない場合は×の記号を記入したものである。表中の①，②にあてはまる方位または記号を書け。**（富山）

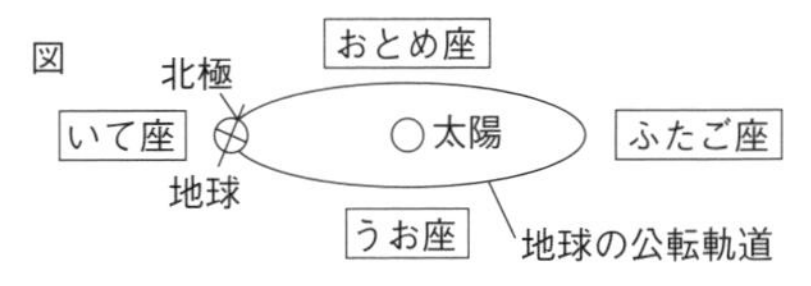

表

	うお座	ふたご座	おとめ座	いて座
日の入りのころ	×	×	南	東
真夜中	東	×	①	南
日の出のころ	②	×	×	西

Q問題 2 恵子さんは，コンピューターを用いて，カシオペヤ座が，ある日時にどのような位置に見えるかを調べた。図は，北の空に見える北極星とカシオペヤ座の位置を模式的に示したものである。2023年2月28日午前0時に見えるカシオペヤ座の位置として適切なものを，図のA～Gから1つ選び，記号で答えよ。（山形改）

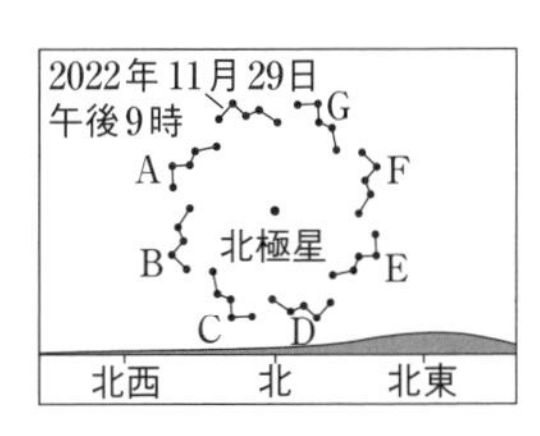

Q問題 3 右の図は，はるきさんが，12月のある日の午後8時から翌日の午前4時まで，2時間ごとに同じ場所でオリオン座を観測し，その結果を記録したものである。また，はるきさんは，図を記録した12月のある日から数か月たった日の午後10時に，同じ場所でオリオン座を観測したところ，図に表した㋐とほぼ同じ位置にオリオン座が見えた。さらに，はるきさんは，6月のよく晴れた夜に，同じ場所で星座を観測したところ，オリオン座は見えなかった。次の(1)～(3)の各問いに答えよ。

(1) 図のように，オリオン座の見える位置が時間とともに変化するのはなぜか，その理由を「地球」という言葉を使って簡単に書け。

(2) 午後10時に図に表した㋐とほぼ同じ位置にオリオン座が見えたのは，12月のある日からおよそ何か月後か，最も適当なものを次のア～エから1つ選び，その記号を書け。

ア　1か月後　　イ　2か月後　　ウ　3か月後　　エ　4か月後

(3) 6月のよく晴れた夜に，オリオン座が見えなかったのはなぜか，その理由を「太陽」，「オリオン座」という2つの言葉を使って簡単に書け。（三重）

ワザ
塾技 78 太陽と月 地球と宇宙

▶ 月の満ち欠け

1 月の満ち欠け

月は**太陽の光を反射**することで光る。月が**満ち欠けする**のは，**月が地球のまわりを公転**する衛星だからであり，地球からはつねに月の同じ半面が見える。月の形は，月が**光って見える範囲**で決まる。

例 三日月

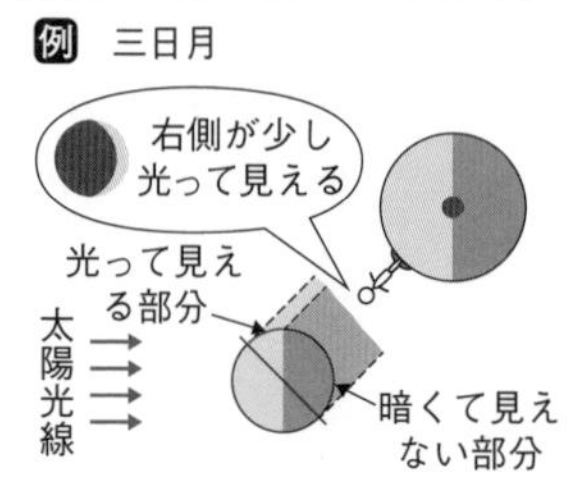

●月の満ち欠けの様子

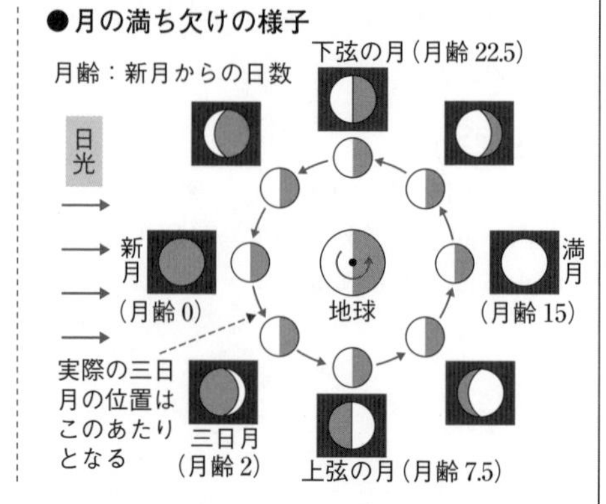

2 月の見える方位と時刻の決定法

右上の「●月の満ち欠けの様子」の図と，「塾技 77 3」を**組み合わせて決定**する。

例題 日本では，夕方，満月はどの方位に見えるか答えよ。

解 右の図より，**東**とわかる。

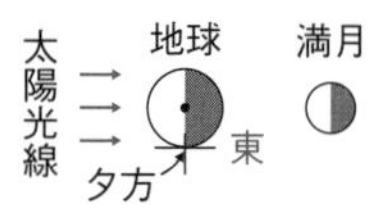

●太陽と月のつくる角度による決定法

月の見える方位と時刻は，角度でも決定できる。

① 地球をはさみ **180°** ⇨ **満月**

② 地球をはさみ **90°** ⇨ **上弦**または**下弦の月**

例 夕方（太陽は西），上弦の月は南中する。

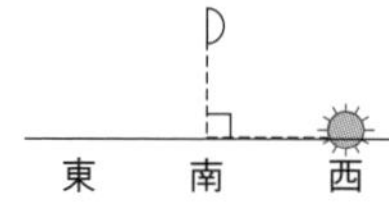

3 月の自転・公転・満ち欠けの周期

自転・公転周期：ともに約 27.3 日

満ち欠けの周期：約 29.5 日

月の公転周期と満ち欠けの周期がずれる理由

太陽 A→B で月は 1 回公転し，地球は 27.3° 公転する。次の新月までは B→C まで移動する必要があり，27.3 ÷ 12.2 = 2.23…→ 2.2〔日〕のずれが生じる。

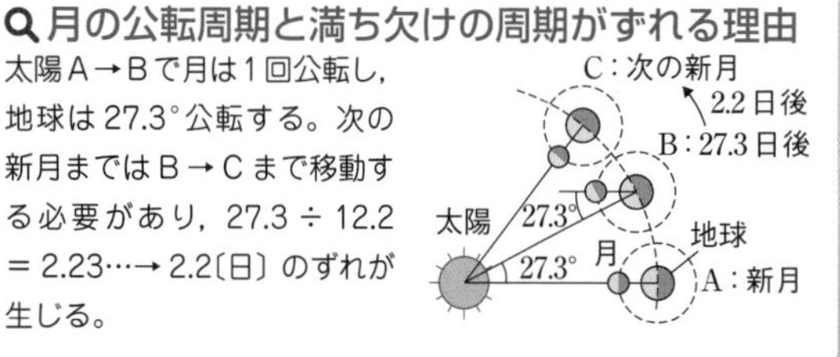

●月が見える時刻・位置の変化

① **同じ時刻で観察したときの位置**

⇨ **1 日約 12° ずつ西から東へ移動**

理由 地球から見た月は，月の満ち欠けの周期で 1 周するので，360° ÷ 29.5 = 12.2…→ 12°

② **同じ位置に見える時刻**

⇨ **1 日約 48 分（約 50 分）遅くなる。**

理由 同じ時刻に観察すると，月は①より，1 日で 12° 東へずれるので，地球を 12° 自転させると同じ位置に見える。地球は 1 時間に 15° 自転するので，1° あたり，60 ÷ 15 = 4〔分〕かかる。よって，12° には，4 × 12 = 48〔分〕かかる。

4 日食と月食の相違

	日食	月食
並び	太陽－月－地球	太陽－地球－月
その日の月の形	新月	満月
欠け方（北半球）	右（西）側から欠ける	左（東）側から欠ける

●日食の様子

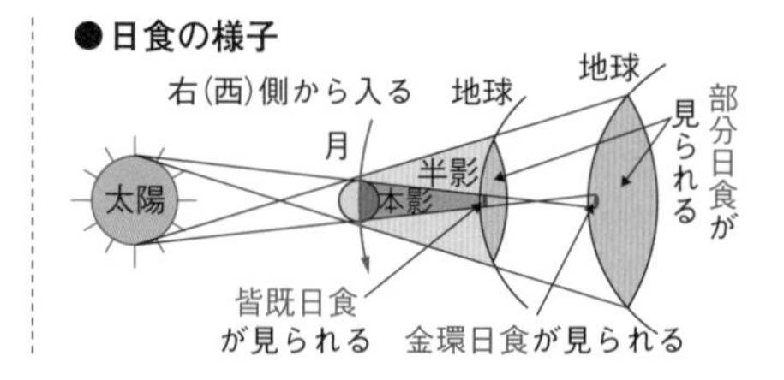

塾技解説

ここに書いていない**月の大きさや特徴，日食や月食の詳しいしくみ**などは，用語チェックで必ず確認！

用語チェック 1. 月 2. 衛星 3. 日食 4. 月食 ➡ p.206

塾技チェック！問題

問題 ある年の2月8日18時に月を観察したところ，右の図のCの位置に図のような形の月が見えた。次の問いに答えよ。

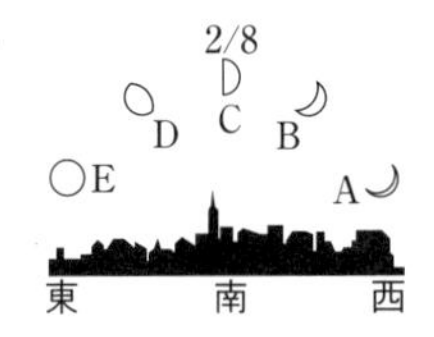

(1) 5日後の月が南中する時刻を，次のア～オの中から選べ。
ア 14時　イ 16時　ウ 18時　エ 20時　オ 22時

(2) 2月14日の18時に見える月を，A～Dの中から記号で答えよ。

解説と解答

(1)「**塾技78 3**」②より，18時よりも，48 × 5 = 240〔分〕遅れるので，オとわかる。　答 オ

(2) 2月8日の18時に観察した月は上弦の月で，この6日後の14日には，満月に近い形となる。さらに「**塾技78 3**」①より，6日後には東へ，12 × 6 = 72〔度〕ずれるので，Eとわかる。　答 E

チャレンジ！入試問題

解答は，別冊 *p.78*

問題 1 右の図は，静止させた状態の地球を北極点の真上から見たときの，地球，月の位置関係を模式的に示したものである。

ア　イ　ウ　エ　オ　カ　キ　ク　地球　太陽の光

(1) 月食が起こる可能性があるのは，月が図のア～クのどの位置にあるときか。記号で答えよ。

(2) ある日の鹿児島で日没直後，南西の空に月が観察できた。
① この日に見えた月の形を右にかけ。

地平線　南西

② この日の月の位置として最も適当なものは，図のア～クのどれか。
③ この日から1週間，同じ時刻に月を観察し続けた。次の文中の［ a ］，［ b ］にあてはまることばの組み合わせとして，正しいものは右の表のア～エのどれか。

月は少しずつ［ a ］いき，見える位置は［ b ］の空へ変わっていった。

	a	b
ア	満ちて	東
イ	満ちて	西
ウ	欠けて	東
エ	欠けて	西

（鹿児島）

問題 2 右の図は，地球の北極側から見たときの，地球のまわりを公転する月の動きと，地球と月が太陽の光を受ける様子を表した図である。

(1) 図のように，月が地球から見て太陽の方向にあるときは，新月になる。月の見え方に関する①，②の問いに答えよ。
① 新月になってから1週間後に月が南中するのは何時ごろか。ア～エの中から，この時刻に最も近いものを1つ選び，記号で答えよ。
ア 午前6時　イ 正午　ウ 午後6時　エ 午前0時
② 新月になってから1週間後に月が南中したとき，月が太陽の光を反射して光って見える部分を示した図として最も適切なものを，右のア～オの中から1つ選び，記号で答えよ。

ア　イ　ウ　エ　オ

(2) 日本において，満月の南中高度を夏と冬とで比べると，どちらが高くなると考えられるか答えよ。また，そのように判断した理由を，満月が見えるときの地球，月，太陽の位置関係に関連づけて，夏と冬のそれぞれにおける，月に対する地球の地軸の傾(かたむ)きの様子がわかるように書け。ただし，地球の公転面と月の公転面は同一であるものとする。

（静岡改）

塾技79 惑星の見え方 地球と宇宙

▶ 金星と火星

1 金星と火星の見え方の違い

違い① **金星**は満ち欠けをするが，**火星**はほとんど**満ち欠けしない。**

違い② 金星は真夜中に観察できないが，**火星**は真夜中に観察できることがある。

違い③ **金星**は**太陽面通過**をすることがある。

〈金星と火星の見え方〉

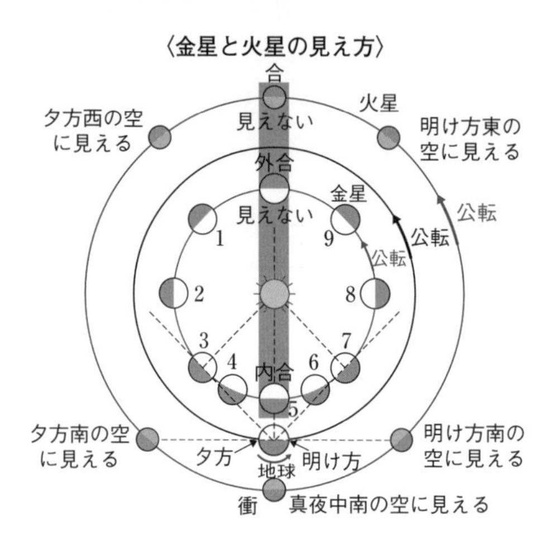

① **内惑星**の金星は**満ち欠け**するが，**外惑星**の火星はどの位置にあっても，光っている半面をほとんど見ることになり，**円に近い形**に見える。

② **衝**(しょう)**のとき**，外惑星である**火星は最も大きく，最も明るく**見える。

③ 太陽面通過は，内合かつ太陽・金星・地球が一直線上に並んだとき起こる。次回は2117年。

・金星は，**明け方東の空**（**明けの明星**）か，**夕方西の空**（**よいの明星**）にしか見えず，真夜中に見えることはない。金星・火星の**見かけの大きさ**は，**地球との距離**によって変わる。

よいの明星 夕方西の空に見える　見えない　明けの明星 明け方東の空に見える

1　2　3　4　5　6　7　8　9

・地球から金星の軌道に対する**接線上に金星が位置**する３と７のとき，太陽 - 地球 - 金星のつくる角が最も大きく，金星が**太陽から最も離れて見える**。このときの角を**最大離角**（金星で約46°）といい，金星は半月形に見え，地球から金星を**最も長い時間見ることができる**。

2 公転周期と会合周期

地球や他の惑星は太陽のまわりを**異なる周期で公転**しているため，**位置関係が常に変化**している。ある日の太陽・地球・惑星の位置から，**次に同じ位置になるまでの期間**を，その惑星の**会合周期**という。（例えば内合(ないごう)から内合）

> 内側の惑星の公転周期：X日とする
> 外側の惑星の公転周期：Y日とする
> 会合周期：T日とする
>
> $\frac{1}{X}-\frac{1}{Y}=\frac{1}{T}$ が成り立つ。
>
> 地球がある惑星に対して内側に位置するときは $X=365$，外側に位置するときは $Y=365$ となる。

●**会合周期の求め方**

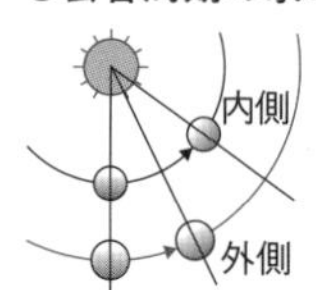

内側の惑星の公転周期 X 日

⇨ 1日あたり $\frac{360}{X}$ 度動く

外側の惑星の公転周期 Y 日

⇨ 1日あたり $\frac{360}{Y}$ 度動く

1日あたりの差である $\frac{360}{X}-\frac{360}{Y}$ が，会合周期の T 日分集まって1周分(360°)の差となるので，

$$\left(\frac{360}{X}-\frac{360}{Y}\right)\times T=360$$

両辺を $\frac{1}{360T}$ 倍

$$\frac{1}{X}-\frac{1}{Y}=\frac{1}{T}$$

例 金星の会合周期（公転周期226日とする）

$\frac{1}{226}-\frac{1}{365}=\frac{1}{T}$　$\frac{139}{82490}=\frac{1}{T}$　$T=593.4\cdots$

→593〔日〕

上の〈金星と火星の見え方〉の図で，**金星が最も明るく見える**（**最大光輝**(こうき)という）のは**4と6**の位置。またこのとき，**地球と金星が近づく**ので見かけの大きさも**大きく見える**ことになるぞ。

✓用語チェック　1. 内惑星・外惑星　2. 太陽面通過　3. 合(ごう)・内合・外合・衝(しょう)　4. 最大離角　5. 最大光輝　➡ p.207

塾技チェック！問題

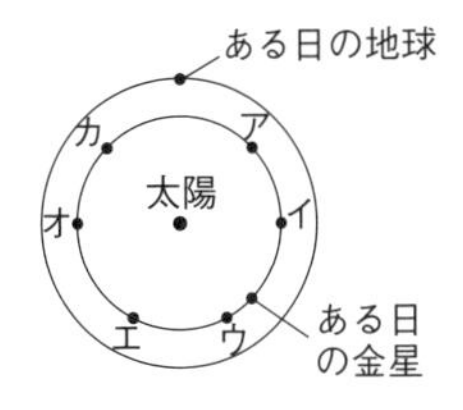

問題 右の図は，地球の北極側から見たある日の太陽，金星，地球の位置関係と，それぞれの惑星の公転軌道を示している。ある日から0.5年後，天体望遠鏡で観察したときの金星の見える位置を図のア～カから選べ。また，見える時間帯と欠け方として最も適切なものを下のア～サから選べ。ただし，金星の公転周期は0.62年であるものとする。

見える時間帯：ア　明け方　　イ　真昼　　ウ　夕方　　エ　真夜中

欠け方：オ　　カ　　キ　　ク　　ケ　　コ　　サ

解説と解答

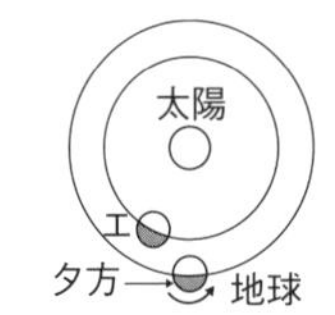

地球は0.5年で，$360 \times 0.5 = 180^\circ$ 公転し，金星は，$360 \times \frac{0.5}{0.62} = 290.3\cdots \rightarrow 290^\circ$ 公転するので，右の図のような位置関係になる。このとき金星は，夕方，肉眼では右側が少し光った形に見えるが，天体望遠鏡では，左側が少し光った形に見える。

答 **位置：エ，見える時間帯：ウ，欠け方：サ**

チャレンジ！入試問題

解答は，別冊 *p.79*

Q 問題 1 金星について教科書で調べると，太陽からの平均距離は地球の0.7倍，公転周期は地球の0.62倍であると書いてあった。次に，金星を毎日観察していると，(ア)太陽のために観察できない日が何日かあったが，その後，西の空に明るく輝いているのが見えた。観察を続けると，(イ)西の空に金星を見ることのできる時間が徐々に長くなった。最も長くなった日を過ぎると，西の空に金星を見ることのできる時間が徐々に短くなり，観察できなくなった。しかし何日かすると，(ウ)再び空に輝いている金星を観察できるようになった。

(1) 下線部(ア)が続く前に金星が見えていたのは，東・西・南・北のうち，どの方角か。

(2) 下線部(イ)が最も長くなった日の金星の位置を図1に記入せよ。

(3) (2)の日，金星が沈(しず)むのは，東・西・南・北のうち，どの方角の地平線か。

(4) (2)の日から半年後の金星の位置を図2に記入せよ。

(5) 太陽・地球・金星の位置関係が，再び(2)と同じになるのは，(2)の日からおよそ何か月後か。

(6) 下線部(ウ)で，金星を観察できるのは1日のうちのいつごろか。また，そのとき金星はどのような形に見えるか，肉眼で見たときの向きで書け。

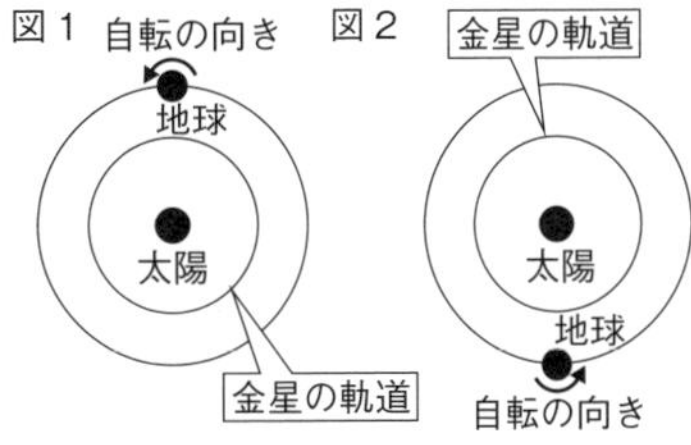

（大阪教育大附高池田改）

Q 問題 2 右の図で，金星が太陽面通過しているときの金星と地球の距離が，地球と太陽の距離の何倍になるかを求めよ。式も答えること。答えは小数第二位まで示すこと。ただし，金星が太陽から最も離れて見えたときの角度（図の a）を45°とし，金星と地球の軌道はどちらも完全な円であるものとする。必要ならば $\sqrt{2} = 1.41$，$\sqrt{3} = 1.73$ として計算せよ。

（開成高改）

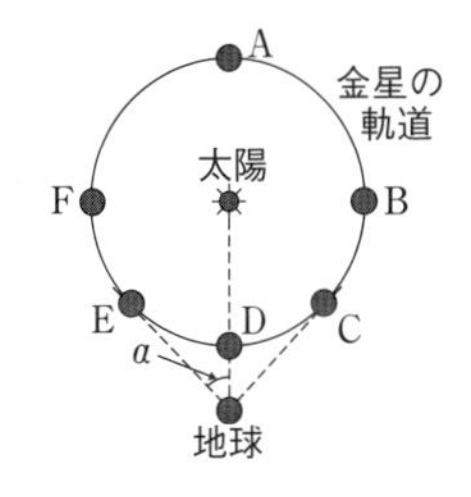

塾技 80 宇宙の広がり 地球と宇宙

▶ 太陽系と銀河系

1 太陽系と銀河系

太陽系 太陽と，そのまわりを公転している**惑星**，惑星のまわりを公転している衛星，多数の小天体群の**小惑星**，**太陽系外縁天体**，**彗星**，**流星**などの**天体の集まり**をいう。

銀河系 約2000億個の**恒星**がつくる集団で，うずを巻いた円盤状（凸レンズ状）の形をしている。太陽系は銀河系に属する。**銀河系の恒星の密集した部分を内部（地球）から見た姿**が**天の川**である。

●銀河系における太陽系の位置

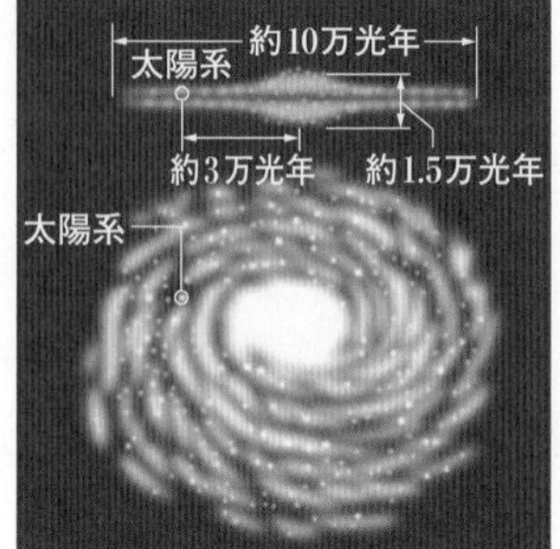

2 太陽系の惑星の特徴

※太陽地球間を1とする

惑星の名前	直径（地球＝1）	質量（地球＝1）	密度〔g/cm^3〕	太陽からの距離※	公転の周期〔年〕	大気の主な成分
水星	0.38	0.06	5.43	0.39	0.24	（ほとんどない）
金星	0.95	0.82	5.24	0.72	0.62	二酸化炭素
地球	1.00	1.00	5.51	1.00	1.00	窒素，酸素
火星	0.53	0.11	3.93	1.52	1.88	二酸化炭素
木星	11.21	317.83	1.33	5.20	11.86	水素，ヘリウム
土星	9.45	95.16	0.69	9.55	29.46	水素，ヘリウム
天王星	4.01	14.54	1.27	19.22	84.02	水素，ヘリウム
海王星	3.88	17.15	1.64	30.11	164.77	水素，ヘリウム

・**太陽からの距離が長い**ほど，**公転周期も長い**。
・直径の大きさと，質量や公転周期とは関係ない。
・**金星の表面温度**は**温室効果**により**約460℃**と最も高温。

●地球以外の各惑星の特徴

水星：**大きさ最小**。大気がほとんどなく多数のクレーターがある。
金星：**地球とほぼ同じ大きさ**。二酸化炭素を主成分とした厚い大気の層におおわれ，**表面温度が高温**。
火星：地表は酸化鉄を含む**赤褐色の土**でおおわれている。
木星：**大きさ最大**。70個をこえる衛星をもち，表面に**大赤斑**という巨大な大気のうずが見られる。
土星：**密度最小**。**大きな環**をもつ。
天王星：地軸が公転面に対しほとんど**横倒しの状態で自転**。
海王星：メタンにより**青く見える**。

3 地球型惑星と木星型惑星

地球型惑星 おもに**岩石**からでき，**大きさや質量は小さい**が，**密度は大きい**水星・金星・地球・火星をいう。

木星型惑星 おもに**ガス**からでき，**大きさや質量は大きい**が，**密度は小さい**木星・土星・天王星・海王星をいう。木星型惑星は**衛星の数が多く**，**環をもっている**。

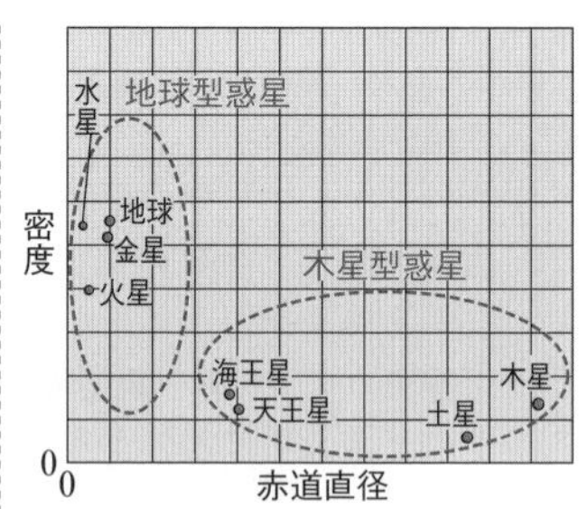

●天王星型惑星

天王星・海王星は，木星・土星と異なり氷のマントルをもつため，天王星型惑星とも呼ばれる。

木星の衛星の中でも，**イオ・エウロパ・ガニメデ・カリスト**の4つはガリレオによって発見され，**ガリレオ衛星**という。「環」というと土星だけと思いがちだけど，**木星型惑星はすべて環をもっているぞ**。

用語チェック 1. 太陽系外縁天体 2. 彗星 3. 温室効果 ➡ p.207

塾技チェック！問題

問題 右の表は太陽系の惑星の特徴をまとめたものである。次の問いに答えよ。

(1) 表中の(　)にあてはまる惑星を答えよ。

(2) 金星と土星では，どちらの体積が大きいか。

	質量(地球＝1)	密度〔g/cm^3〕	直径(地球＝1)	大気の主な成分
地球	1.00	5.51	1.00	窒素，酸素
金星	0.82	5.24	0.95	二酸化炭素
土星	95.16	0.69	9.45	水素，ヘリウム
(　)	0.11	3.93	0.53	二酸化炭素

解説と解答

(1) 大気の主な成分が二酸化炭素である惑星は，金星と火星である。　**答 火星**

(2) 体積 $= \frac{\text{質量}}{\text{密度}}$ より，質量が大きく密度が小さいほど体積は大きくなる。　**答 土星**

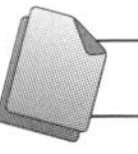

チャレンジ！入試問題

解答は，別冊 *p.80*

Q問題 1 右の表は，太陽系の惑星の特徴をまとめたものである。(1)～(3)の問いに答えよ。

	惑星A	惑星B	地球	惑星C	惑星D	惑星E	惑星F	惑星G
太陽からの距離	0.39	0.72	1.00	1.52	5.20	9.55	19.22	30.11
密度〔g/cm^3〕	5.43	5.24	5.51	3.93	1.33	0.69	1.27	1.64
質量	0.06	0.82	1.00	0.11	317.83	95.16	14.54	17.15

※太陽からの距離・質量は地球を１としたときの値

(1) 惑星Ａ～Ｅの中で，真夜中に観察することができるものはどれか。次のア～オの中からすべて選べ。

ア　惑星Ａ　　イ　惑星Ｂ　　ウ　惑星Ｃ　　エ　惑星Ｄ　　オ　惑星Ｅ

(2) 惑星Ａ～Ｇは，地球型惑星と，それ以外の惑星の２つに大きく分けられる。表のどの惑星とどの惑星の間で分けられるか。次のア～エの中から１つ選べ。

ア　Ｂと地球の間　　イ　地球とＣの間　　ウ　ＣとＤの間　　エ　ＤとＥの間

(3) 惑星Ｄの体積は，表をもとに考えたとき，地球の体積の約何倍か。次のア～オの中から最も適当なものを１つ選べ。

ア　約８倍　　イ　約80倍　　ウ　約130倍　　エ　約230倍　　オ　約1300倍

(福島改)

Q問題 2 太陽系の惑星について，次の問いに答えよ。

(1) 北半球で惑星の運動を観測した。ある日，観測者から見て，水星は太陽の後を追うように30°離れて動いており，太陽と水星の間の角度はこの日が最大であった。なお，太陽系の惑星は，太陽を中心として同一平面内で同心円を描いて公転するものとする。

①　②　③　④　⑤　⑥　⑦

(i) この日の水星はどのような形に見えるか。右の①～⑦より選べ。ただし，地平線は図の下方にあるものとする。

(ii) 太陽と水星の間の距離は，太陽と地球の間の距離のおよそ何倍か。

(iii) この日の南中時刻を比較すると，金星は水星より１時間早かった。この日の金星の位置は右の図の①～⑥のうちどれか。なお，図は地球の北極上空から見たものである。

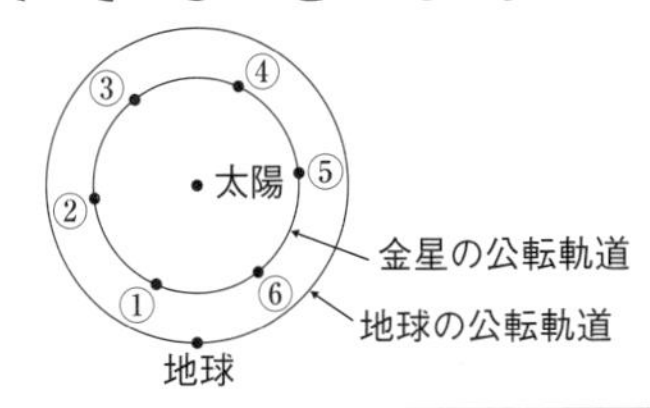

(2) 右の表は太陽系の惑星の性質を示したものである。惑星ａ～ｄは水星，金星，木星，土星のいずれかである。惑星ｂは何か。

(東京学芸大附高改)

惑星	赤道半径(地球＝1)	質量(地球＝1)	密度〔g/cm^3〕	大気の主な成分
a	9.45	95.16	0.69	水素，ヘリウム
b	0.95	0.82	5.24	二酸化炭素
c	11.21	317.83	1.33	水素，ヘリウム
d	0.38	0.06	5.43	(ほとんどない)

✓ 用語チェック　各塾技の中で説明がない用語をここで確認！

塾技 1　光の反射

1. **光の直進**…光はさえぎるものがなければ同じ物質の中をまっすぐに進む。これを光の直進という。

2. **法線**…鏡などの面に垂直な線のことを法線という。

3.4. **入射角**（にゅうしゃ），**反射角**（はんしゃ）…入射光と法線のなす角を入射角，反射光と法線のなす角を反射角という。

法線
入射光　入射角　反射角　反射光
鏡

5. **光源**（こうげん）…太陽や豆電球など自ら光を出すものを光源という。光源が見えるのは，光源からの光が直接目に入るからで，光源以外の物体が見えるのは，光源から出た光が物体の表面で反射し，その光が目に入るからである。

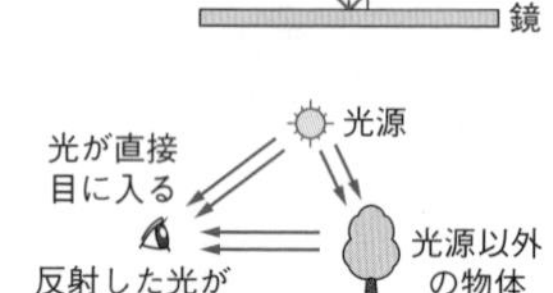

6. **像**（ぞう）…鏡やスクリーンなどに物体がうつって見えるものを，その物体の像という。鏡の像は，鏡面について物体と線対称の位置にでき，実際にそこにはない像（虚像（きょぞう）という）を見ていることになる。

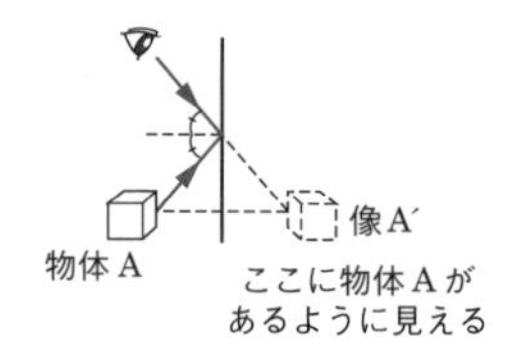

塾技 2　光の屈折

1. **屈折**（くっせつ）…光が，空気中から水中などのように密度（みつど）※の異なる物質を進むとき，その境界面で折れ曲がって進む現象を屈折という。ただし，境界面に垂直に入るときはそのまま直進する。　※物質 $1cm^3$ あたりの質量のこと

> **屈折が起こる理由**
> 光の速さは，光が進む物質により異なり，物質の密度が高くなるほど速さが遅くなる。例えば，密度の低い空気から密度の高いガラスに入射するとき，光を車輪，空気を舗装（ほそう）された道，ガラスをジャリ道と考えると，ガラスに入るときは，ガラスにふれた側の車輪が先に減速して方向が変わる。一方，空気中に出るときは，出た側の車輪が先に加速し進行方向が変わる。つまり，両輪のスピード差が生じることで進行方向が変わると考えればよい。

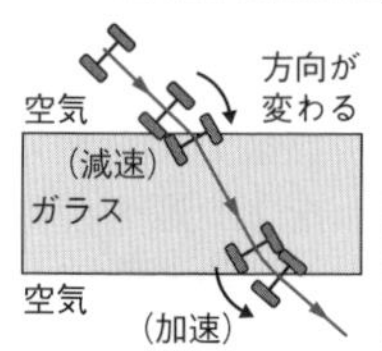

2. **屈折角**…屈折光と法線のなす角を屈折角という。

3. **光の逆進**…右の図で，A→B→C の向きに進んだ光は，C 点に屈折光に垂直に鏡を置いて光を反射させると，C→B→A と同じ道すじを逆向きに進む。これを光の逆進という。光の屈折の経路は片方のみ覚え，もう片方は逆にたどるとよい。

4. **プリズム**…プリズムは，ガラスなどの透明な材料でできた光を通す三角柱状のブロックで，プリズムに日光（白色光）を当てると7色の光に分かれる。日光がプリズムに入ると，プリズムに入るときと出るときの2度屈折するが，日光に含まれる7色の光はそれぞれ屈折率が異なる（青系は大きく赤系は小さい）ため，別々の方向に分かれて出る。

5. **光ファイバー**…ガラスを細く引きのばして作ったガラス繊維（せんい）を，ナイロンやプラスチックなどでおおった物を光ファイバーという。光ファイバーに光を入れると全反射しながら光が進むため，光が弱まらず遠くまで伝えることができ，光通信などで使われている。

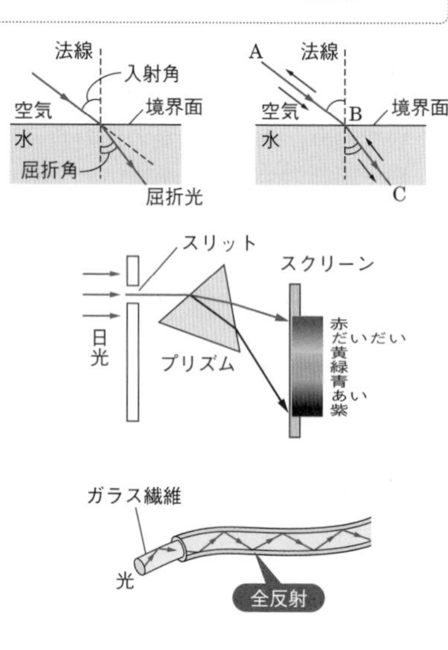

塾技 3 凸レンズの像

1. **凸レンズ**…ガラスの中央部分がまわりよりも厚いレンズを凸レンズという。光軸に平行な光が入射すると，凸レンズの中心を通る光はそのまま直進し，それ以外の光は凸レンズに入射するときと出るときの２回屈折する（図1）。ただし，とくに指示がない限りは，図２のように凸レンズの中心面で１度屈折するように作図すればよい。

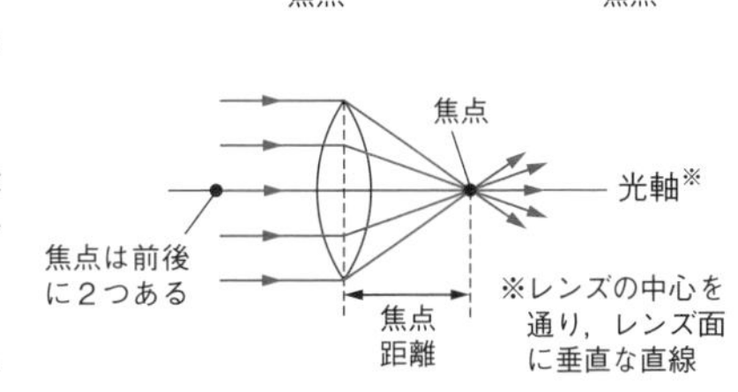

2.3. **焦点，焦点距離**…凸レンズの光軸（軸）に平行に入射した光がレンズで屈折して１か所に集まる点を焦点（focus），凸レンズの中心から焦点までの距離を焦点距離という。

4. **倒立実像**…光が集まってできる像を実像という。実像はスクリーン上にうつすことができる。物体を凸レンズの焦点の外側に置くと，物体から出た光が凸レンズで屈折し，集まって実像ができる。このとき見える像は，物体とは上下・左右が逆向きになるため，倒立実像という。

5. **正立虚像**…光が集まらない像を虚像という。虚像はスクリーンにうつすことができない。物体を凸レンズの焦点の内側に置くと，凸レンズで屈折した光が目に入り，凸レンズを通して物体より大きな虚像が見える。このとき見える虚像は物体と同じ向きなので，正立虚像という。

6. **レンズの公式**…物体とレンズの間の距離を a，実像とレンズの間の距離を b，焦点距離を f とすると，次の公式（レンズの公式という）が成り立つ。

$\frac{1}{a}+\frac{1}{b}=\frac{1}{f}$ $\left(\text{虚像では，}\frac{1}{a}-\frac{1}{b}=\frac{1}{f}\right)$，像の大きさ＝物体の大きさ×$\frac{b}{a}$

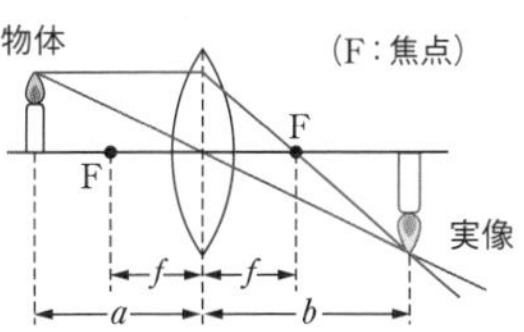

塾技 4 音

1. **振幅**…音源が振動する幅を振幅という。例えば太鼓の振動では，たたく前の皮の位置から最も外側（内側）までが振幅にあたる。太鼓を強くたたくと振幅は大きくなり，大きな音が出る。

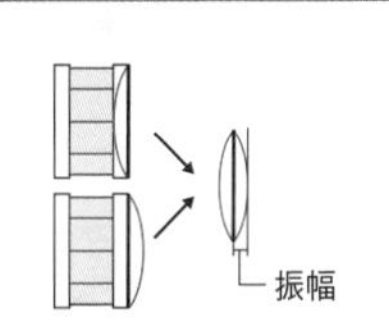

2. **モノコード**…共鳴箱の上に１本または２本の弦を張って音が出るようにした楽器。ことじを動かして弦の長さを変えたり，張りを変えたりして音の高さが変えられる。

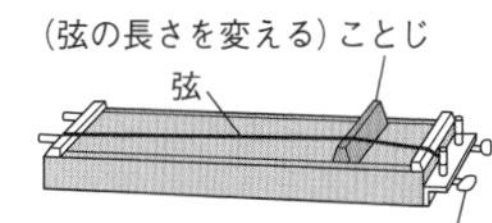

3. **振動数**…１秒間に音源が振動する回数を振動数といい，単位はヘルツ（記号 Hz）で表す。振動数が多いほど音の高さは高く，少ないほど音の高さは低くなる。

4. **波長**…音の波形で，１つの山からとなりの山（１つの谷からとなりの谷）までの長さを波長という。高い音，すなわち振動数の多い音は，山と山の間がつまっているため波長が短い。

5. **音の反射**…音はかたい物にあたると反射する性質がある。
（例）山びこ，反響

6. **共鳴**…振動数が等しい音源の一方を鳴らすともう一方の音源も鳴りだす現象。
（例）音さの共鳴

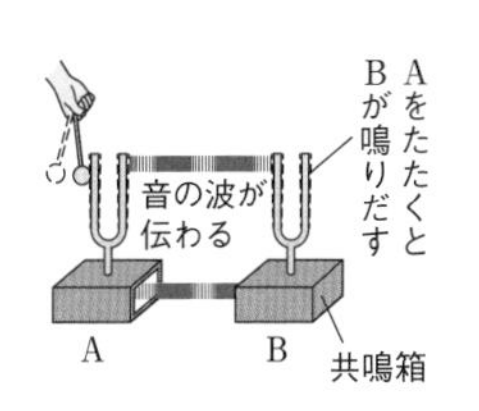

✓ 用語チェック　各塾技の中で説明がない用語をここで確認！

塾技 5 力とばね

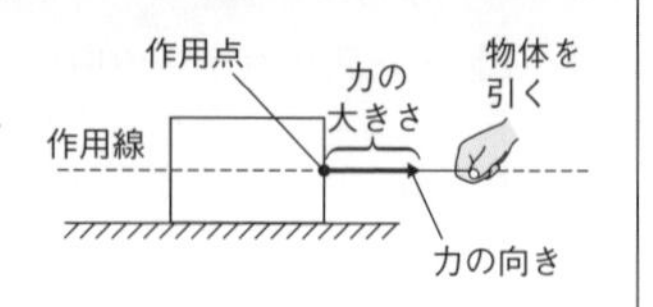

1. **力の矢印**…力は矢印で表す。このとき，力の三要素である力の大きさ※を矢印の長さで，力の向きを矢印の指す向きで，作用点を矢印の始点としてそれぞれ表す。また，力の矢印がのっている直線を作用線という。
   ※地球上で質量 100g の物体にはたらく重力の大きさを 1N(ニュートン) とし，これをもとに力の大きさを表す。
   （質量 100g の物体にはたらく重力の大きさはより正確には 0.98N。問題によってはこの値を使うこともある）

2. **作用・反作用**…物体 A が物体 B に力をおよぼす（作用）と，物体 B は物体 A に力をおよぼし返す（反作用）。作用・反作用は同じ作用線上にあり，大きさが等しく向きが反対である。力がはたらく相手が異なるため，作用と反作用の２力はつり合いとは無関係であることに注意が必要となる。

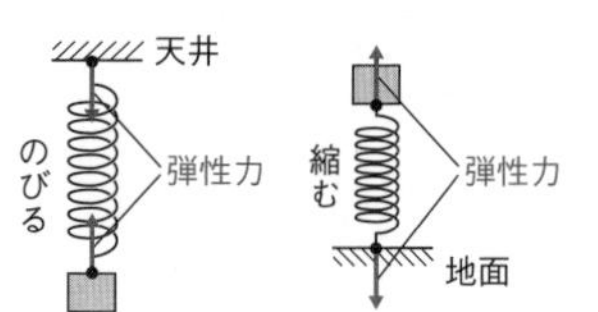

3.4. **弾性(だんせい)力，弾性限界**…変形した物体がもとの形にもどろうとする力を弾性力という。例えば，のびたり縮んだりしたばねが自然長（もとの長さ）にもどろうとする力を，ばねの弾性力という。一方，ばねは加える力がある大きさを超えるともとの形にもどらなくなる。この限界を，弾性限界という。

5.6. **ばねばかり，上皿てんびん**…ばねののびが引く力に比例することを利用して力の大きさ〔N〕をはかる器具をばねばかり（ニュートンはかり）という。ある物体をばねばかりではかると，場所により物体を引く力（重力）が異なるため，ばねばかりが指す数値も異なる。ばねばかりの数値は物体の「重さ」である。これに対し，あらかじめ質量が決まっている分銅と物体をつり合わせることで，物体の質量をはかる計器を上皿てんびんという。上皿てんびんで質量がはかれるのは，物体とともに分銅にも同じ重力がかかるので，物体と分銅とのつり合いは場所に影響されないからである。

●地球上と月面上での重さと質量
質量 100g の物体をばねばかりと上皿てんびんではかる（月の重力は地球の重力の$\frac{1}{6}$とする）

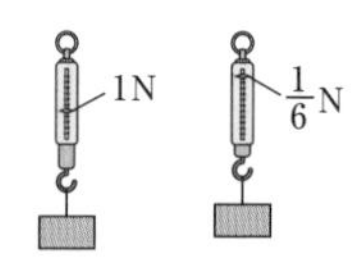

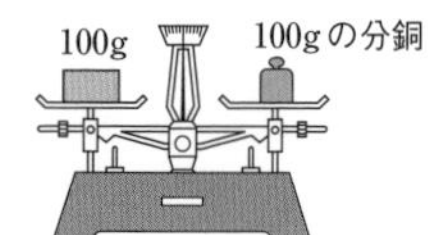

地球上では重さ1N　月面上では重さ$\frac{1}{6}$N　地球上・月面上ともに質量は 100g

塾技 6 実験器具

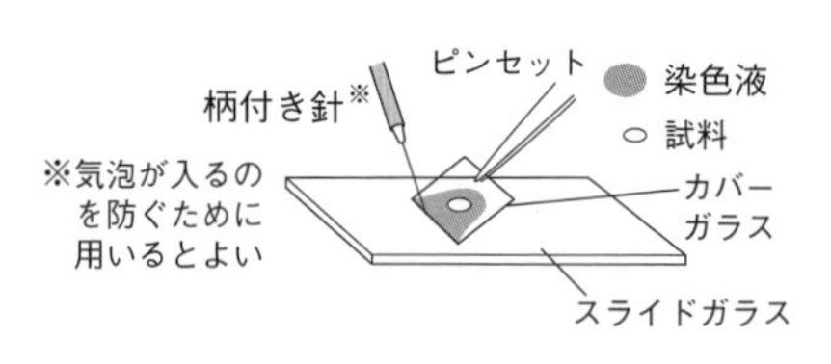

1. **プレパラート**…スライドガラスの上に観察物をのせ，カバーガラスをかけたものをプレパラートという。プレパラートを作成するときの注意点は，カバーガラスをかけるとき，中に気泡(きほう)が入らないようにカバーガラスを端からゆっくり下ろすことである。

2. **上皿てんびん(使用法)**
   上皿てんびんは次の手順で使用する。(右ききの人の場合)
   ① 上皿てんびんを水平な台の上に置き，左右の皿をうでの番号に合わせてのせ，つり合っていなければ調節ねじでつり合わせる。
   ② 物質の質量が何 g かはかるときは，物質を左の皿，分銅を右の皿にのせる。一方，決まった質量の物質をはかりとりたいときは，左右に薬包紙をのせ，左の皿に分銅を，右の皿に物質をのせてはかる。ただし，左ききでは逆になる。
   どちらも，上げ下ろしする方をきき手側の皿にのせることになる。
   ③ 使用後は２つの皿を一方に重ねてしまう。
   理由：うでがふれて支点の先がすりへるのを防ぐため。

●物質の質量をはかる場合

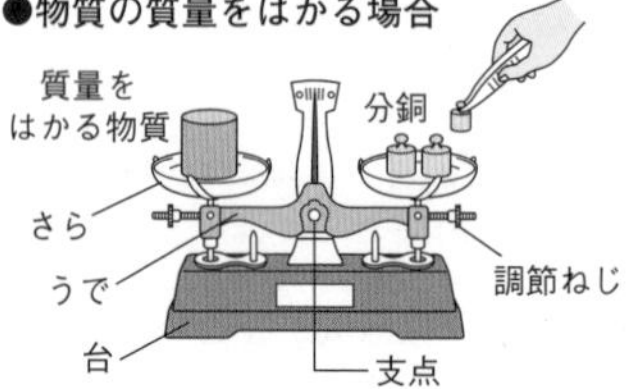

・分銅は重い順にのせて軽い順に下ろす
・指針のふれはばが左右等しくなったときにつり合ったと考える

3. **ルーペ(使用法)**…ルーペは次の手順で使用する。
① ルーペを目に近づけて持つ。
② 観察する試料をもう一方の手で持ち，試料を前後に動かしてピントを合わせる。
③ 観察するものが動かせないときは，ルーペを目に近づけたまま自分が動いてピントを合わせる。

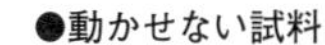

塾技 7 いろいろな物質

1. **有機物**…炭素（C）を含む化合物を有機物という（人工的につくれる有機物も含む)。ただし，炭素そのものや，一酸化炭素，二酸化炭素，炭酸カルシウム，炭酸水素ナトリウムなど簡単な炭素化合物は有機物には含めず，有機物以外の物質である無機物に分類される。有機物は主に炭素，水素からできており，有機物を完全に燃焼させると炭素は二酸化炭素に，水素は水になる。

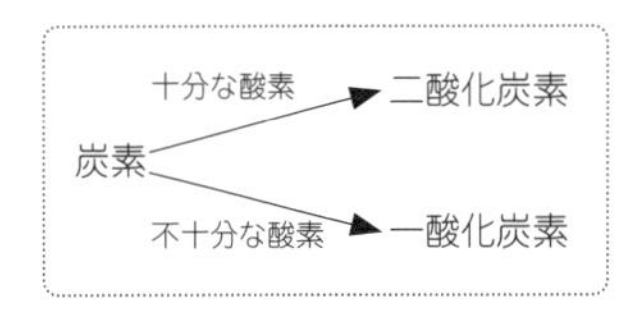

2. **延性と展性**…金属のかたまりを引っぱると細くのびる。このような性質を延性という。また，金属のかたまりを金づちなどでたたくとうすい板状に広がる。このような性質を展性という。

3. **水の密度**…水は液体から固体になると体積が増えるため，密度は氷の方が水よりも小さい。また，水は4℃のとき体積が最小となるため，密度は4℃のときが最大となる。(4℃における水の密度が1.0g/cm^3)

4. **重そう**…炭酸水素ナトリウムともいう。加熱によって分解し，二酸化炭素が発生することから，調理においてベーキングパウダー（膨(ふく)らし粉）として使われる。

炭酸水素ナトリウム	加熱→	炭酸ナトリウム	＋	二酸化炭素	＋	水
($2NaHCO_3$	→	Na_2CO_3	＋	CO_2	＋	H_2O)
フェノールフタレイン溶液		フェノールフタレイン溶液		石灰水		塩化コバルト紙
うすい赤		濃い赤		白く濁る		青→赤

炭酸ナトリウムの水溶液はフェノールフタレイン溶液により濃い赤色になる。炭酸水素ナトリウムは水に少しだけとけ，その水溶液は弱いアルカリ性を示し，フェノールフタレイン溶液によりうすい赤色になる。

5. **炭酸ナトリウム**…炭酸水素ナトリウムの熱分解によってできる。水溶液は強いアルカリ性（フェノールフタレイン溶液を加えると濃い赤色になる）で水によくとける。カルメ焼きで重そうを入れすぎると苦い味になるのは，炭酸ナトリウム水溶液のアルカリ性のためである。

塾技 8 水溶液の濃度と溶解度

1. **溶質(ようしつ)・溶媒(ようばい)**…物質が液体にとけたものを溶液(ようえき)といい，溶液中にとけている物質を溶質，溶質をとかしている液体を溶媒という。

2. **酸性・中性・アルカリ性**
酸性の水溶液：電気をよく通す。なめると酸っぱい味がする。金属をとかし，水素が発生する。
(例) 塩酸（気体の塩化水素がとけたもの)，炭酸（二酸化炭素がとけたもの)，硫酸，食酢など
アルカリ性の水溶液：電気をよく通す。なめると苦い味がする。皮ふにつくとぬるぬるする。
(例) 水酸化ナトリウム水溶液，アンモニア水，石灰水など
中性の水溶液：電気を通すものと通さないものがある。
(例) 食塩水は電気をよく通すが，砂糖水やエタノール水は通さない。

3. **pH**…ピーエイチと読む。酸性からアルカリ性の間に0～14の目盛りをつけて，酸性・アルカリ性の度合いを表したもの。pH7を中性とし，7より小さいほど酸性として強くなり，7より大きいほどアルカリ性として強くなる。

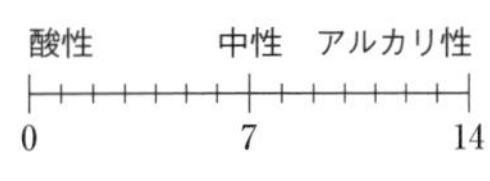

✓ 用語チェック 各塾技の中で説明がない用語をここで確認！

塾技 9 気体①

1. **水上置換法・上方置換法・下方置換法**
薬品等を用いて気体を発生させたとき，発生した気体の捕集法にはその性質によって，水上置換法，上方置換法，下方置換法の３つがある。

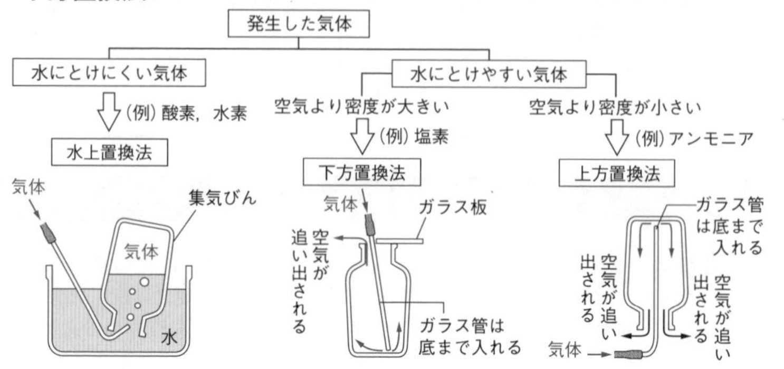

2. **オキシドール**…3% の過酸化水素の水溶液で，オキシドールは医薬品名である。

3. **助燃性**…自分自身は燃焼せず，他の物質を燃やすはたらきを助燃性という。酸素は助燃性をもつ物質であるが，通常，物質が燃え続けるには酸素が存在するだけでなく，酸素の濃度が重要となる。ほとんどの物質は，混合気体に占める酸素濃度が 15% を下回ると燃えない。例えば，酸素濃度が 20% で二酸化炭素濃度が 80% の気体のもとでろうそくは燃えるが，酸素濃度が 14% で窒素濃度が 86% の気体のもとでは燃えない。

4. **質量保存の法則**…1774 年，フランスの科学者ラボアジエによって発見された法則で，化学反応において，反応前の物質全体の質量の合計と反応後の物質全体の質量の合計は常に等しいというもの。化学反応が起こると，反応前の物質は反応後の物質とまったく別の物質になる。しかし，化学反応は原子が結びつく相手が変わるだけで，反応の前後で原子の種類および数は変化しない。そのため，反応の前後で質量も変化しないのである。

塾技 10 気体②

1. **不動態**…金属の表面に，とける作用に抵抗する酸化物の膜(まく)が生じた状態を不動態という。アルミニウムが濃硝酸(しょうさん)にとけないのは，アルミニウムを酸化力のある濃硝酸につけると，アルミニウムの表面に酸化アルミニウムの膜ができ，内部のアルミニウムが酸と触れ合わなくなる状態（不動態）になるからである。

2. **濃硫酸・希硫酸**…質量パーセント濃度(のうど)が 90% 以上の硫酸(りゅうさん)水溶液を濃硫酸，90% 未満の硫酸水溶液を希硫酸という。希硫酸は強酸で濃硫酸は弱酸である。これは，濃硫酸は水が少なく，イオンになりにくいためである。

3. **王水(おうすい)**…濃塩酸と濃硝酸を体積比で 3：1 の割合に混ぜた溶液を王水という。金や白金をとかすことができる。

4. **アルゴン・ネオン・ヘリウム**…アルゴン・ネオン・ヘリウムは化学的にとても安定しており，他の物質と化学反応を起こしにくい貴ガス（希ガス）と呼ばれる気体。アルゴンは，空気の成分のうち３番目に多い気体で，空気には体積の割合で二酸化炭素の約 20 倍含まれている。ヘリウムは空気よりも密度が小さく，水素ガスのように爆発するおそれもないため，気球などに利用されている。ネオンは管につめて放電すると橙(とう)赤(せき)色で光るため，ネオン管の封入気体として利用されている。アルゴンは水銀灯や蛍光灯，電球等の封入ガスとして利用されている。

5. **窒素充填(ちっそじゅうてん)**…食品を袋などにつめる際，中の空気を窒素ガスで置き換えることで食品の酸化を防ぎ，色・味の劣化を防ぐ方法を窒素充填という。

塾技 11 気体③

1. **塩化アンモニウム**…アンモニアは濃塩酸の蒸気（塩化水素）にふれると，白煙を生じる。これは，アンモニアと塩化水素が結びついて，塩化アンモニウムという固体の物質ができるからである。
(NH_3 + HCl → NH_4Cl)
これを利用すると，アンモニアの捕集実験でアンモニアがフラスコいっぱいに集まったかどうかが判断できる。ちなみに，濃塩酸のびんのふたを取ると白煙が立ちのぼるが，これは，塩化水素が空気中の水蒸気を集めてつくった塩酸の集まりである。

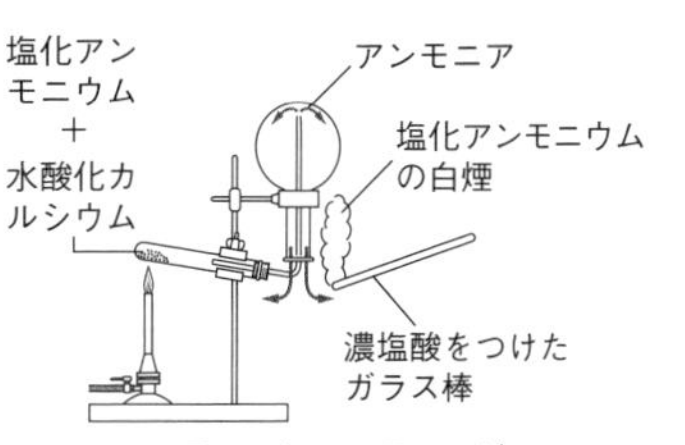

フラスコにアンモニアが集まったかどうかの確認ができる

2.3. **水酸化カルシウム，消石灰**…水酸化カルシウムはアルカリの物質で，消石灰ともいう。水酸化カルシウムの水溶液が石灰水である。水酸化カルシウムは水にとけにくく，さらに普通の固体と異なり温度が高くなると溶解度が小さくなる。そのため，多量の水酸化カルシウムの粉末を水に入れてよくかき混ぜ，しばらく放置して二層に分かれた上ずみ液を石灰水として用いる。

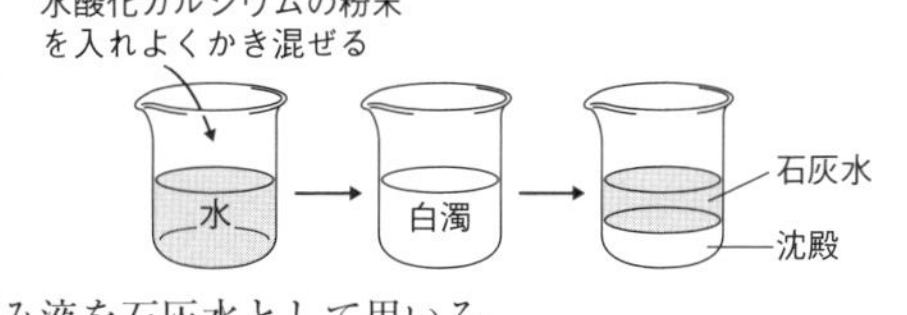

4. **硫黄**（いおう）…硫黄は黄色い固体で，硫黄を空気中で熱するととけて液体になり，それを熱し続けるとやがて青い炎を上げて燃え始める（光は弱いので暗い部屋でなければ見えない）。硫黄が燃えると二酸化硫黄という強い刺激臭（しげきしゅう）のある無色・有毒な気体ができる。

塾技 12 状態変化①

1. **状態変化**…加熱や冷却による温度変化にともない，物質の状態が固体，液体，気体と変わることを状態変化という。状態変化では，物質そのものが別の物質に変化したり，無くなったりしないため，物質の温度がもとにもどれば状態ももとにもどる。

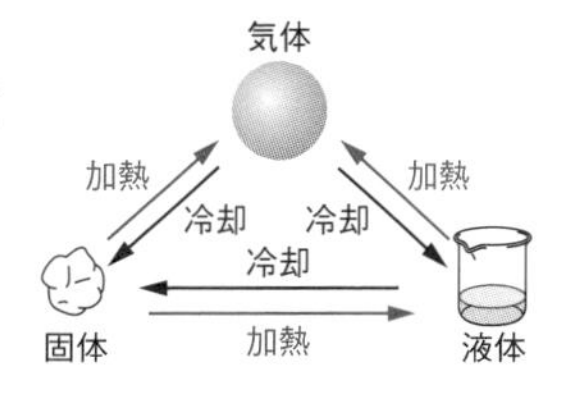

2. **凝固（ぎょうこ）・融解（ゆうかい）・蒸発**…液体→固体 の変化を凝固，固体→液体 の変化を融解，液体→気体 の変化を蒸発という。さらに，気体→液体 の変化を凝縮，気体→固体の変化を凝華，固体→気体の変化を昇華という。
昇華の例としては，ドライアイスが気体の二酸化炭素になる場合や，固体のナフタレン（防虫剤）が減っていく場合などがある。

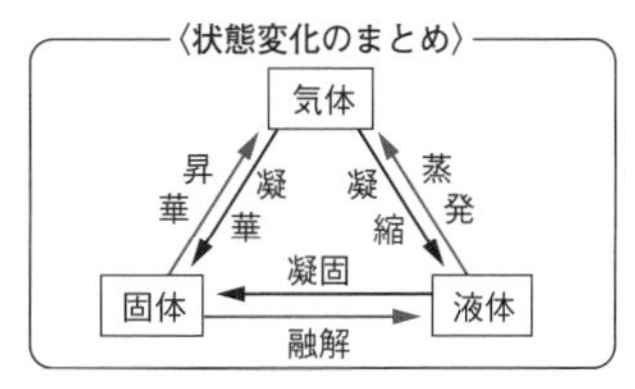

3. **融点（ゆうてん）・沸点（ふってん）**…物質が融解するときの温度を融点という。純粋な物質では，融点と凝固点（物質が凝固する温度）は等しくなる。一方，物質が沸騰する温度を沸点という。純粋な物質の融点と沸点は決まっており，融点や沸点を調べることで純粋な物質かどうかわかる。（**塾技 13 1**）

4. **沸騰**…気化（液体→気体 の変化）には，蒸発と沸騰の2種類がある。蒸発は，液体の表面で起こる気化で，温度にかかわらず液体の表面ではたえず蒸発が起きている。これに対し沸騰は液体の内部から起こる気化で，液体の内部から気体となった物質の泡がいっせいに出てくる。

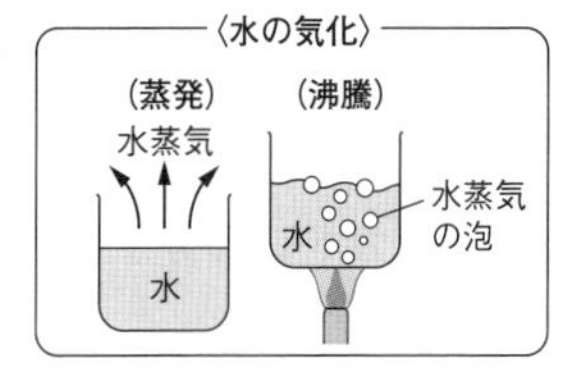

用語チェック　各塾技の中で説明がない用語をここで確認！

塾技 13 状態変化②

1. **パルミチン酸**…バターやパーム油などに含まれる白色の有機物で，ろうそくの材料の１つとしても用いられる。

2. **食塩水の沸点**…食塩水などのように，溶媒（水）に，沸点が高く気化しにくい溶質（食塩）をとかした溶液の沸点は，純粋な溶媒の沸点よりも高くなる。この現象を沸点上昇という。一方，このような溶液の凝固点は，純粋な溶媒の凝固点より低くなり，この現象を凝固点降下という。例えば，食塩水では水の凝固点０℃よりも低い温度で凝固が始まる。

塾技 14 原子と分子

1.6.7. **化合物，単体，元素**…水や食塩（塩化ナトリウム）などのように，１種類の物質だけからできているものを「純物質」という。「純物質」はさらに「単体」と「化合物」に分かれ，酸素（O_2）や鉄（Fe）など１種類の元素からできている物質を「単体」，水（H_2O）や塩化ナトリウム（NaCl）など２種類以上の元素からできている物質を化合物という。元素とは，原子の種類のことで，例えば，水（H_2O）は水素原子２個と酸素原子１個でできているが，元素でいうと，水素元素と酸素元素からできているといえる。「純物質」に対し，２種類以上の純物質が混じり合ったものを「混合物」という。例えば食塩水は，水と食塩（塩化ナトリウム）という２種類の純物質が混じった混合物である。

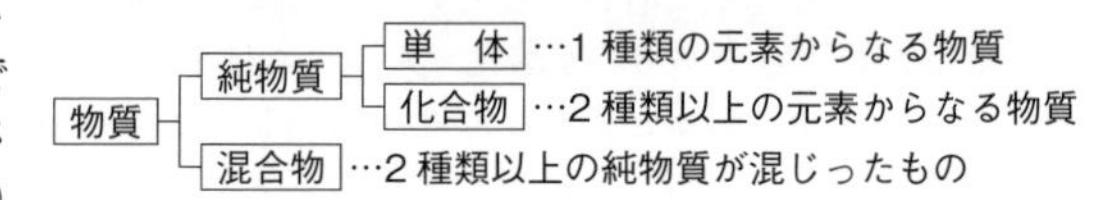

2. **原子説**…ドルトンは1803年，次のような内容の原子説を発表した。
① 物質は原子という分割できない微粒子からなる。
② 同じ原子は，同じ大きさ・質量・性質をもつ。
③ 化合物は，異なる原子が一定の割合で結合した複合原子である。
④ 化学変化は物質の原子の組み合わせが変わるだけで，新たに原子が生成したり消滅したりはしない。
ドルトンは，同種の原子は結合しないと考えており，単体はすべて１個の原子であると考えていた。

3. **原子**…物質をつくる最小の粒子を原子といい，物質はそれ以上分けることができない原子からできている。原子は英語で「atom」というが，これはギリシャ語の「a」（否定語）と「tom」（分ける）を組み合わせた語で，分けられないという意味をもつ。現在，原子は120種類近くの存在が確かめられている。原子は中心に原子核があり，そのまわりに電子が存在する。原子核は＋（プラス）の電気を帯びた陽子と電気を帯びていない中性子からできており，原子核のまわりを陽子の数と等しい－（マイナス）の電気を帯びた電子がまわっている。電子１個の電気量と陽子１個の電気量は等しく，原子全体として電気的に中性となる。

●ヘリウム原子の構造
陽子
原子核
中性子
電子

4. **気体反応の法則**…ゲーリュサック（フランス）が1808年に発表した法則で，２種類以上の気体が関与する反応において，同じ圧力，同じ温度のもとでは，反応する気体の体積と生成する気体の体積の比は，簡単な整数比となるというもの。例えば水素と酸素から水蒸気ができる反応における水素，酸素，水蒸気の体積比は２：１：２となる。ところがこれをドルトンの原子説で説明すると，水素原子２個と酸素原子１個から水の複合原子が２個生じることになり，酸素原子を分割しなければならず，「原子は分割できない」ということと矛盾が生じた。

〈ドルトンの原子説の矛盾〉
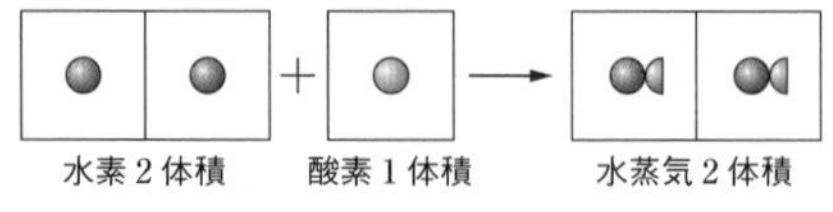

5. **アボガドロの分子説**…アボガドロ（イタリア）は，1811年，ドルトンの原子説の矛盾を解決するために，気体は複数の原子が結合した「分子」からできており，全ての気体はその種類にかかわらず，同じ温度，同じ圧力，同じ体積中に同じ個数の「分子」を含むという仮説をたてた。20世紀になると分子の実在が確認され，この仮説は「アボガドロの分子説」と呼ばれるようになった。

〈アボガドロの分子説〉
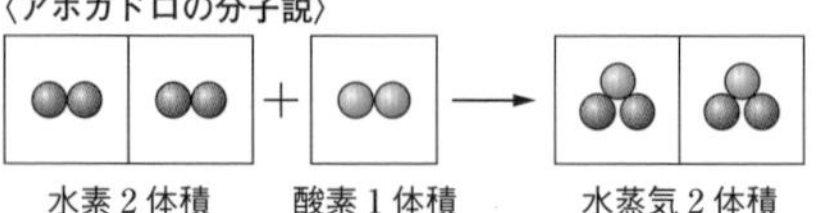

塾技 15 化学式と化学反応式

1. **化学式**…物質の成り立ちを元素記号※と数字で表し，物質をつくっている原子の種類や数がわかるようにしたもの。　※元素をアルファベットで表した世界共通の記号。1文字で表される元素記号はアルファベットの大文字1文字で，2文字で表される元素記号は，1文字目はアルファベットの大文字で，2文字目はアルファベットの小文字で表す。

   ① 分子をつくる物質の化学式
   分子をつくる元素記号を書き，同種の元素の原子が複数結びついている場合，右下に小さい数字で個数を書く。

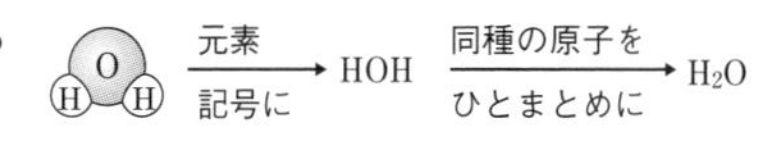

   ② 分子をつくらない物質の化学式
   たくさんの原子が集まってできる鉄などは，1個1個の原子が単位となっていると考え，化学式は1個の原子を代表させ，鉄の元素記号 Fe とする。一方，塩化ナトリウムのように，たくさんのナトリウム原子と塩素原子が交互に並んでいる場合は，1個のナトリウム原子と1個の塩素原子の組で代表させ，化学式は NaCl と書く。

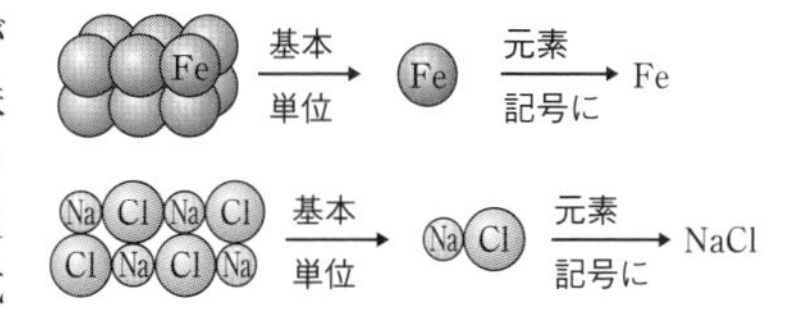

2. **化学反応式**…化学式を用いて物質の変化の様子を表した式。化学反応式では，左辺と右辺で同種の原子の数が等しくなる。

塾技 16 物質が結びつく反応

1. **結合の手**…原子の結合の手の数は，周期表の列で同じような数になる。(ただし例外も多い)
   1列：1本，2列：2本，13列：3本，14列：4本，15列：3本，16列：2本，17列：1本，18列：0本
   <**周期表**> ※入試で必要ない元素および第3列～6列は省略している

周期＼族	1	2	7	8	9	10	11	12	13	14	15	16	17	18
1	1H 1 水素													2He 4 ヘリウム
2	3Li 7 リチウム	4Be 9 ベリリウム							5B 11 ホウ素	6C 12 炭素	7N 14 窒素	8O 16 酸素	9F 19 フッ素	10Ne 20 ネオン
3	11Na 23 ナトリウム	12Mg 24 マグネシウム							13Al 27 アルミニウム	14Si 28 ケイ素	15P 31 リン	16S 32 硫黄	17Cl 35 塩素	18Ar 40 アルゴン
4	19K 39 カリウム	20Ca 40 カルシウム	25Mn 55 マンガン	26Fe 56 鉄			29Cu 64 銅	30Zn 65 亜鉛					35Br 80 臭素	
5							47Ag 108 銀						53I 127 ヨウ素	
6		56Ba 137 バリウム					79Au 197 金	80Hg 201 水銀		82Pb 207 鉛				

(凡例) 原子番号 — 8O 16 — 元素記号／元素名 — 酸素／16：炭素原子12を基準としたときのおよその質量
□ 単体は非金属　▨ 単体は金属

[覚え方]	H	He	Li Be	B C N O	F Ne	Na	Mg Al	Si P S	Cl Ar K Ca
	水	兵	リーベ	僕の	船	七	曲がる	シップス	クラークか

2. **物質の質量比**…物質の質量は物質を構成する原子の質量で決まる。原子の質量は，周期表にある「炭素原子12を基準としたときのおよその質量」を利用する。
   (例) 鉄と硫黄(いおう)の反応における物質の質量比

   $\underset{56}{\underline{Fe}} + \underset{32}{\underline{S}} \longrightarrow \underset{56+32=88}{\underline{FeS}}$　　Fe：S：FeS = 56：32：88 = 7：4：11

3. **発熱反応**…化学変化のとき熱が発生する反応を発熱反応という。これは，反応する物質のもつ化学エネルギーの一部が熱エネルギーとして放出され，より化学エネルギーの小さい別の物質に変化するためである。

✓ 用語チェック　各塾技の中で説明がない用語をここで確認！

塾技 17 分解

1. **分解**…1種類の物質から，2種類以上の物質ができる変化を分解という。

2. **熱分解**…加熱によって起こる分解を熱分解という。「**塾技 17**」の熱分解の他に，次のようなものがある。
   ① 過酸化水素水の熱分解

$$2H_2O_2 \xrightarrow{加熱} O_2 + 2H_2O$$

（過酸化水素水）（酸素）（水）

【確認法】酸素：火のついた線こうを入れると炎を上げて激しく燃える
水：塩化コバルト紙が青色から赤色に変化する

   ② 木の蒸し焼き
   試験管に木片を入れて，外から空気が入らないようにして熱すると，木の成分に分解することができる。これを，木の蒸し焼き（または乾留（かんりゅう））という。

   木 $\xrightarrow{加熱}$ 木ガス ＋ 木酢液 ＋ 木タール ＋ 木炭

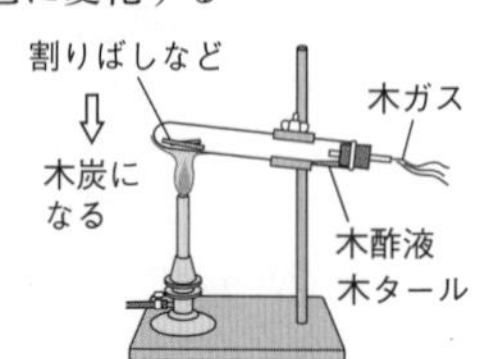

3. **電気分解**…水は熱しただけではその状態が変わるだけで別の物質に変わることはないが，水に電流を流すと水素と酸素に分解する。このように，電流を流すことによって物質を分解することを電気分解という。水以外の電気分解としてよく出題されるものに，塩酸の電気分解と塩化銅水溶液の電気分解がある。

●塩酸の電気分解

$$2HCl \longrightarrow H_2 + Cl_2$$

（塩酸）（水素）（塩素）

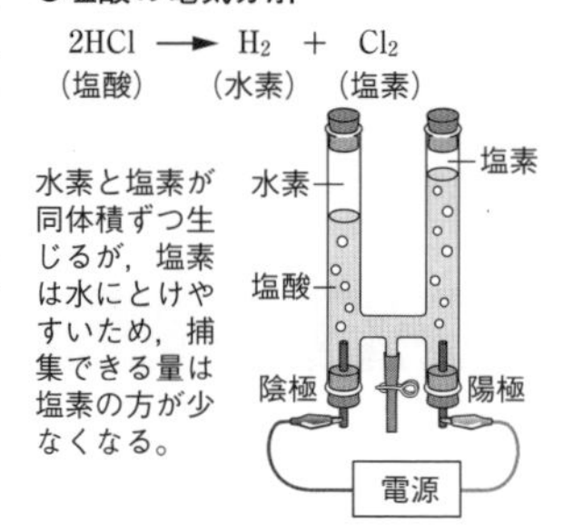

●塩化銅水溶液の電気分解

$$CuCl_2 \longrightarrow Cu + Cl_2$$

（塩化銅）（銅）（塩素）

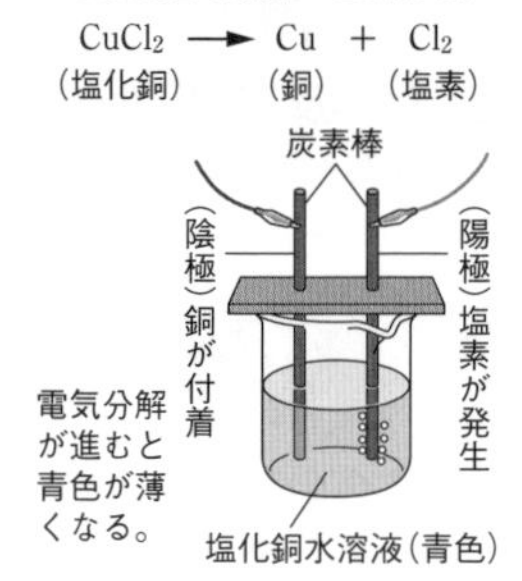

4. **吸熱反応**…化学変化のとき，熱を吸収する反応を吸熱反応という。数多くある化学変化は必ず熱が出入りし，発熱反応または吸熱反応に分けられる。例えば熱分解は吸熱反応であり，外部から熱を与え続けなければ反応が進まない。これに対し，鉄と硫黄（いおう）の反応は発熱反応であり，反応のはじめに加熱したあとは，加熱をやめても反応によって生じる熱で反応が次々と進む。吸熱反応には熱分解以外にも次のようなものがある。

・$Ba(OH)_2 + 2NH_4Cl \xrightarrow{加熱} BaCl_2 + 2NH_3 + 2H_2O$
（水酸化バリウム）（塩化アンモニウム）（塩化バリウム）（アンモニア）（水）

・$3NaHCO_3 + C_6H_8O_7 \xrightarrow{加熱} Na_3C_6H_5O_7 + 3CO_2 + 3H_2O$
（炭酸水素ナトリウム）（クエン酸）（クエン酸三ナトリウム）（二酸化炭素）（水）

〈参考〉水にとけるときの熱の出入り
硝酸（しょうさん）アンモニウムを水にとかすと，まわりから熱を吸収するため温度が下がる。この性質は冷却パックなどに利用され，発熱時の応急手当などに使われている。これに対し，水酸化ナトリウムや塩化カルシウム（乾燥剤として用いられる）などは水にとけるとき多量の熱（溶解熱（ようかい）という）を放出する。「**塾技 11**」の塩化アンモニウムと水酸化ナトリウムの反応で，加熱の必要がないのは，水酸化ナトリウムの溶解熱で反応が進むためである。また，お菓子の袋の中などに入っている乾燥剤は「水にぬらすと危険」とあるが，これも塩化カルシウムの溶解熱のためである。

塾技 18 酸化①

1. **酸化**…ある物質が酸素と結びつくことを酸化という。酸化には，空気中で金属がさびるようなゆるやかな酸化と，熱や光を出すような激しい酸化がある。

2. **燃焼**…熱や光をともなうような激しい酸化を燃焼という。

3. **酸化物**…酸化によってできた物質を酸化物という。（水は“酸化”という言葉はつかないが，水素の酸化物である）

塾技 19 酸化②

1. **赤さび・黒さび**…「さび」はおもに金属が酸化されてできるもので，酸素の結びつき方によって赤さびや黒さびなどがある。
例えば，鉄のくぎを空気中に放置すると赤さびができる。これは，鉄が空気中の酸素によってゆっくり酸化され，酸化鉄(Ⅲ)：化学式 Fe_2O_3 となったものである。これに対し，鉄を空気中で強く熱すると鉄の表面が黒くなり，黒さびができる。黒さびは四酸化三鉄：化学式 Fe_3O_4 である。赤さびができるとそこから鉄の内部まで酸化が進んでぼろぼろになるが，黒さびは非常に緻密(ちみつ)な皮膜となって内部を保護するため，中華鍋などでは空焼きして鍋の表面にわざと黒さびを生じさせる。
銅の場合も空気中に放置しておくとしだいに銅特有のつやがなくなる。これは銅の表面に赤さび(酸化銅(Ⅰ)：化学式 Cu_2O)ができたからである。これに対して銅を空気中で強く熱すると黒さび（酸化銅(Ⅱ)：化学式 CuO)ができる。さらに，銅を水分の多い所に置いておくと青さび(緑青(ろくしょう))ができる。
アルミニウムも空気中ですぐに酸化し，表面に白っぽいさび(酸化アルミニウム)の膜ができる。これも内部を保護するさびで，これを人工的につけたものがアルミサッシなどに使われている。
金属にはさびやすい金属とさびにくい金属がある。さびやすい金属とは，酸素と結びつきやすい金属，さびにくい金属とは，酸素と結びつきにくい金属である。主な金属を酸素の結びつきやすい順に並べると，右の表のようになる。

Ca	Na	Mg	Al	Zn	Fe	Cu	Ag	Au
カルシウム	ナトリウム	マグネシウム	アルミニウム	亜鉛	鉄	銅	銀	金

酸化されやすい ←→ **酸化されにくい**

酸化とは，酸素と結びつくことであるが，酸素は2価の陰イオンになりやすいので(**塾技** 27 用語チェック参照)，酸素と結びつくということは，酸素によって2個の電子をうばわれるということである。酸素に電子をうばわれやすい，言いかえると，陽イオンになりやすい金属ほど酸化されやすい金属と言える。したがって，イオン化傾向(**塾技** 29 用語チェック参照)が大きい金属ほど酸化されやすいということになる。

2. **活性炭**…成分のほとんどが炭素で，多数の微細な穴に気体や色素などを吸着するはたらきがある。浄水器(じょうすいき)や脱臭剤(だっしゅうざい)，化学カイロなど様々なものに利用されている。化学カイロにおける役割としては，空気中の酸素を吸着し，カイロ内部の酸素濃度(のうど)を高め，鉄粉を均一にむらなく酸化させるはたらきがある。またその際，食塩水を入れることで，酸素と同様に食塩水も活性炭に吸着され，鉄粉をさびやすくさせる。

3. **バーミキュライト**…農業や園芸に使われる土壌(どじょう)改良用の土で，建設資材としても使われている。多孔質(たこうしつ)で非常に軽く，保水性にすぐれている。カイロにはかなりの水が含まれているのに中の粉がさらさらしているのは，バーミキュライトが表面の小さな穴に水分を取り込んで，保水剤の役割をしているからである。

塾技 20 還元

1. **還元**…酸化物から何らかの方法で酸素を取り除くと，再びもとの物質にもどる。このように，酸化物から酸素を取り除く化学変化を還元という。例えば酸化銅は水素や炭素によって還元されて銅にもどる。炭素や水素のように，酸化物から酸素を取り除くはたらきをする物質を還元剤という。

2. **酸化還元反応**…例えば酸化銅を炭素で還元する反応では，酸化銅は還元されて銅になり，還元剤である炭素は酸化されて二酸化炭素となる。このように，還元反応が起こると同時に酸化反応が起こるので，反応における両方の側面をとらえて酸化還元反応ということがある。

〈参考〉酸化と還元の定義
中学校の化学分野における酸化とは酸素と結びついて酸化物になること，還元とは酸化物が酸素を失うことでもとの物質にもどることであるが，高校の化学ではこれ以外の定義も学習する。その１つは，酸化とは水素原子を失う反応で還元とは水素原子を得る反応であるという定義，もう１つは，酸化とは電子を失う反応で還元とは電子を得る反応という定義である。これらの定義では，必ずしも酸素の移動は必要ない。

用語チェック 各塾技の中で説明がない用語をここで確認！

塾技 21 オームの法則

1. **電圧**…水が高い所から低い所へ向かって流れるのと同様に，電流も，高い位置（高電位）から低い位置（低電位）に向かって流れる。この電位の差を電圧という。低い所に流れた水はポンプによって高い所へ持ち上げることで水の流れを絶えず起こすことができる。電流も同じで，圧力（電圧）をかけることによって，電流を高電位に押し上げ電流の流れを絶えず起こすのである。

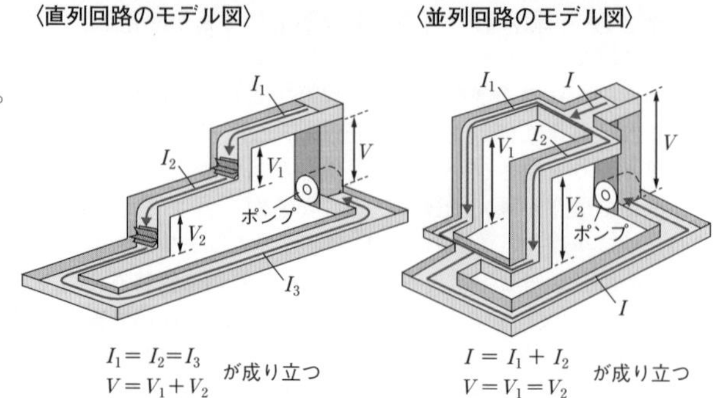

$I_1 = I_2 = I_3$, $V = V_1 + V_2$ が成り立つ

$I = I_1 + I_2$, $V = V_1 = V_2$ が成り立つ

2. **オームの法則**…ドイツの物理学者オームによって，1827年に発表された。電気抵抗の単位のオームは彼の名を記念してつけられたものである。
電熱線（抵抗）の両端に加える電圧Vを変えていくと電熱線に流れる電流Iは変化していき，グラフは図１のような原点を通る直線となる。ところが，豆電球で同じ実験をすると，電圧を高くするほど豆電球のフィラメントが高温になり，抵抗値が大きくなるため豆電球に流れる電流は電圧に比例して大きくならなくなる（図２）。また，LEDも電流の大きさによって抵抗値が変わるため，電流は電圧に比例しない（図３）。豆電球やLEDのように電流と電圧の関係が正比例の関係にならない抵抗を「非オーム抵抗」または「非線形抵抗」という。

図１　図２　図３（縦軸 I，横軸 V，原点 0）

電流は電圧に比例（図１）　オームの法則に従わなくなる（図２・図３）

3. **抵抗**…電流の流れにくさのことを電気抵抗（抵抗）という。同じ物質でも抵抗は長さや断面積で異なるため，物質の抵抗を比較するには，同じ長さ，断面積の抵抗を比較する必要がある（右表）。金属は一般に抵抗が小さく，中でも銀，ついで銅が小さい。導線として銅がよく用いられるのは，安価で抵抗が小さく，電気をよく導くからである。
同じ物質の抵抗の大きさは，太さ（断面積）が一定の場合，長さに比例し，長さが一定の場合，断面積に反比例する。

導体の抵抗（断面積 1mm^2，長さ 1m）

物　質	抵抗〔Ω〕
銀(0℃)	0.0147
銅(0℃)	0.0155
アルミニウム(0℃)	0.0250
鉄(鋼)（室温）	0.1〜0.2
ニクロム(0℃)	1.073
タングステン(20℃)	0.055
〃　(1000℃)	0.35
〃　(3000℃)	1.23

塾技 22 合成抵抗とLED

1. **合成抵抗**…電気回路において，複数の抵抗を一つの抵抗に置き換えた場合の抵抗の大きさを，合成抵抗という。

2. **フィラメント**…白熱電球の発光部分本体の抵抗をフィラメントという。フィラメントには高温に強いタングステンという金属が使われ，電流を流すと電気抵抗により2000〜3000℃の高温になり，白熱化して白色光を発する。

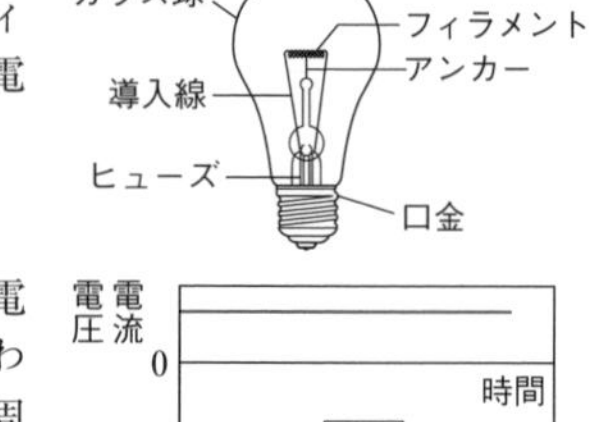

3. **直流・交流**…乾電池の電流のように決まった向きに一定の大きさで流れる電流を直流，家庭に送られてくる電流のように，向きや大きさが周期的に変わる電流を交流という。交流で，１秒間に繰り返す電流の向きが変わる回数を周波数（単位はHz（ヘルツ））といい，東日本では50Hz，西日本では60Hzとなる。交流は，変圧器で簡単に電圧を変えることができるという利点がある。

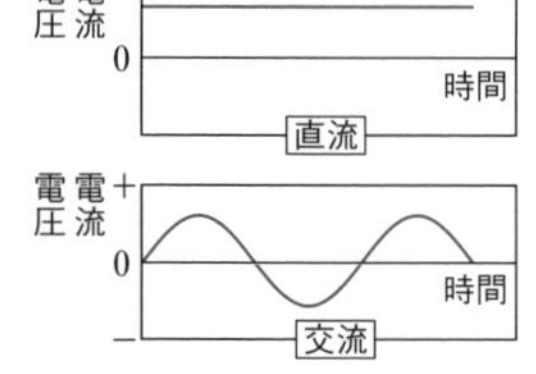

塾技 23 電流による発熱

1. **消費電力**…1 秒間あたりの電気エネルギーのはたらきを電力というが，電力は電気エネルギーを消費することなので，消費電力とも呼ばれる。電気器具をよくみると，「100V − 40W」のように表示されている。これは，100V の電圧で使用したときに消費する電力が 40W であるということを表している。

2. **熱量**…電熱線などに電流を流すと電気エネルギーが熱エネルギーに変換されて熱が発生する。この熱エネルギーの量を熱量といい，電流が流れたときに出る熱をジュール熱という。「ジュール」は熱エネルギーの理論を打ち立てたイギリスの物理学者で，その功績によって熱量の単位はジュールと名付けられている。ちなみに，熱量の単位はカロリー〔cal〕で表されることもある。1g の水を 1℃上昇させるために必要な熱量が 1cal で，1cal ＝ 約 4.2J，1J ＝ 約 0.24cal となる。

cal $\xrightarrow{\times 4.2}$ J，J $\xrightarrow{\times 0.24}$ cal

塾技 24 電流と磁界①

1. **磁界**…磁石と磁石の間や，磁石と鉄の間などには力がはたらいている。この力を磁力といい，磁力のはたらいている空間を磁界という。

2. **右ねじの法則**…直線電流がつくる磁界の向きは通常，右ねじの法則を用いて決めるが，右手を使って決めることもできる。右の図のように，右手の親指を電流の向きに合わせ，右手を軽く握ったときに握った 4 本の指の向きが磁界の向きとなる。

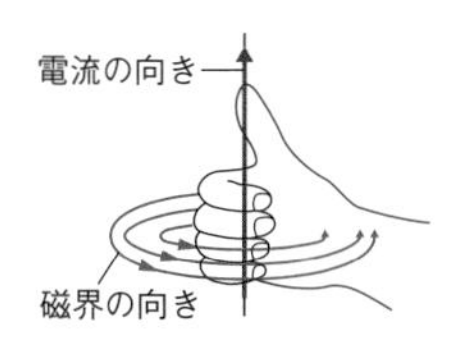

3. **ソレノイド**…導線を円柱に端から密に巻きつけると，つる巻きばねのような形になる。こうしてできたコイルをソレノイドという。ソレノイドに電流を流しただけでもソレノイドは磁石と同じような磁界をつくるが，ソレノイドの内部に鉄しんを入れて電流を流すと，鉄しんの磁界が非常に強くなる。これを電磁石という。電磁石の極は，右手の法則で，親指を立てた向きが N 極となる。

4.5. U 字形磁石，円形電流

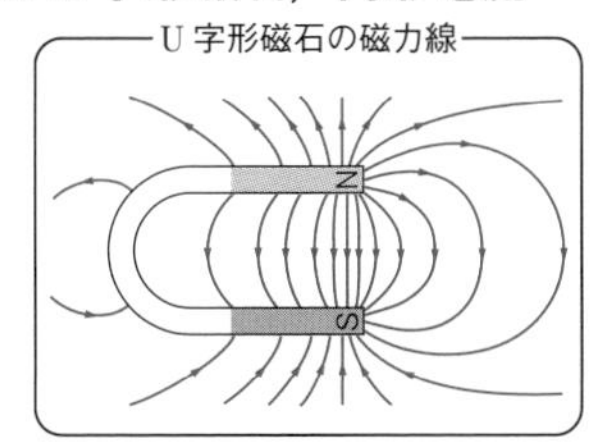

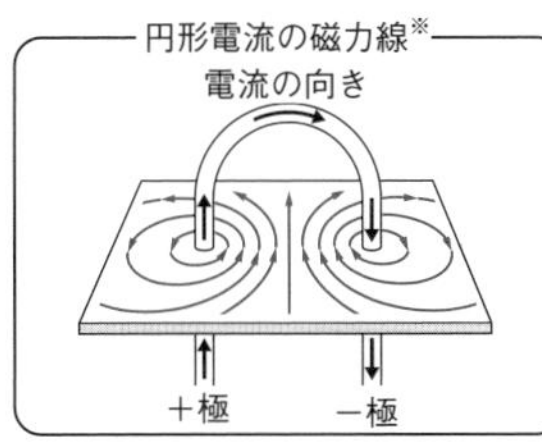

※円形電流の内部をつらぬく磁力線の向きは次のように決める。
① 円形電流の向きを右ねじを回す向きに合わせる。
② 内部の磁界の向きは，右ねじの進む向きと同じになる。
直線電流の場合と対応するものは異なるが，これも右ねじの法則という。

6. **モーター**…電磁石の性質を利用した装置としてモーターがある。モーターは，界磁石（永久磁石）と電機子（電磁石）の 2 つの磁石が引き合ったりしりぞけ合ったりして回転する。同じ向きに回転し続ける理由は，整流子が電機子といっしょに回転し，半回転ごとにふれるブラシをかえ，電機子に流れる電流の向きを変えることで電機子の極が変わるからである。

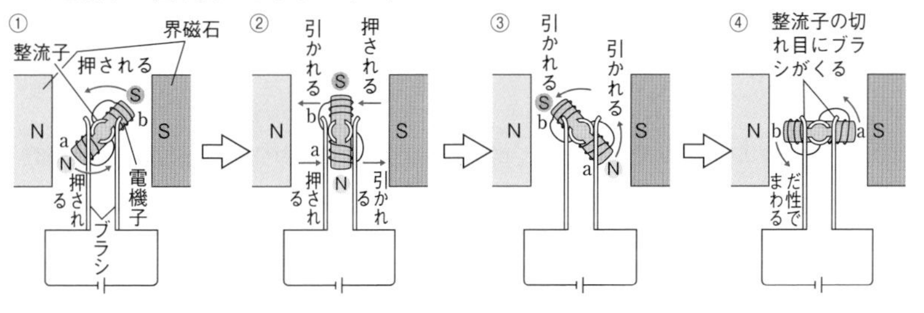

④になると整流子のはたらきで電機子の電流の向きが切り変わり，電流はいったん切れる。④から惰性で少しまわると①にもどる（a，b の極は反対）。①〜④をくり返す。

✓ 用語チェック 各塾技の中で説明がない用語をここで確認！

塾技 25 電流と磁界②

1. **電磁誘導**…コイルに磁石を近づけたり遠ざけたりすることによってコイルの中の磁界を変化させると，コイルに電圧が生じて電流が流れる。このような現象を電磁誘導といい，流れる電流を誘導電流という。

2. **検流計**…検流計は電流計の一種で，非常に弱い電流を検出するのに用いられる。検流計には＋端子と－端子があって，＋端子に電流が流れこむと，指針が中央から右にふれ，－端子に電流が流れこむと，指針が中央から左にふれる。右の図で，棒磁石をコイルに近づけると，レンツの法則によりコイルの上端がS極となるような誘導電流が流れ，検流計の－端子に流れ込む。すると検流計の針は左にふれる。検流計は非常に敏感なため，磁石を動かす実験は検流計から1m以上離れたところで行うのがよい。

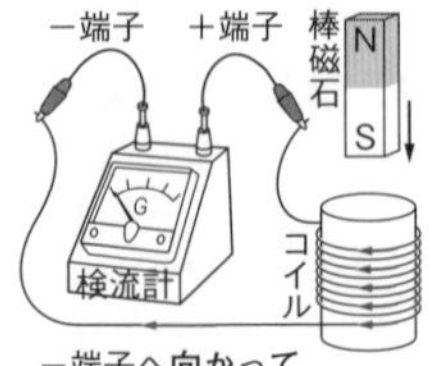

3. **発電機**…電磁誘導を利用して，電気を発生させる装置。例えば自転車の発電機は，コイルの中で磁石を回転させることにより電磁誘導を起こし，誘導電流によってライトを光らせる。この誘導電流は向きが変わる交流である。

<磁石の回転と電磁誘導>

① コイルAに磁石のN極が近づくため，コイルAの右端がN極になるように誘導電流が流れる。
一方，コイルBにはS極が近づくため，コイルBの左端がS極になるように誘導電流が流れる。

② コイルAにN極が近づいてきて遠ざかろうとする瞬間，コイルAの右端がN極からS極に切りかわるため，誘導電流が0になる。

③ コイルAからN極が遠ざかるため，コイルAの右端がS極になるように誘導電流が流れる。一方，コイルBからはS極が遠ざかるため，コイルBの左端がN極になるように誘導電流が流れる。

④ コイルAにS極が近づき，コイルBにN極が近づくので，①と反対向きの誘導電流が流れる。

⑤ ②と同様に誘導電流が0になる。

⑥ ③と反対向きの誘導電流が流れる。

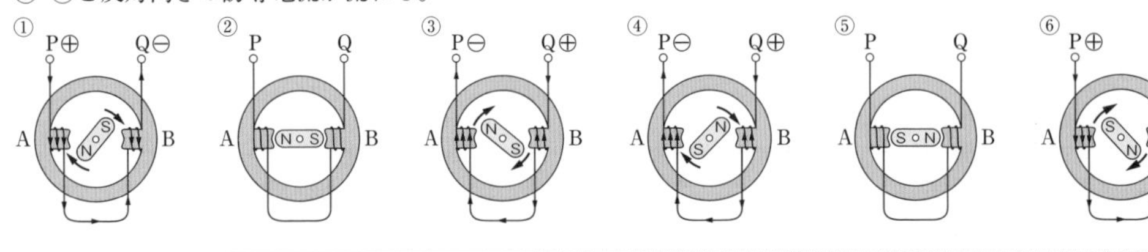

塾技 26 電流と電子

1. **静電気**…不導体（電気を通しにくい物質，絶縁体ともいう）どうしの摩擦によって生じる電気を静電気という。静電気には＋の電気と－の電気がある。

2. **帯電**…物質が電気を帯びることを帯電という。物質によって，電子（－の電気）を失いやすいものと失いにくいものがある。例えば，ストローの材料であるポリプロピレンは電子を失いにくいため，－に帯電しやすい。

3. **放電**…帯電したものから電気が流れ出す現象を放電という。プラスチック管を布でこすり蛍光灯の電極を近づけると，放電により蛍光灯が一瞬光る。ただし，発生する電流の量は小さいため，豆電球や白熱電球では光らない。

4.5. **陰極線，クルックス管**…クルックス管（一般的な真空管より内部気圧の低い真空放電管）を用いた真空放電のとき，－極から出る電子の流れを陰極線（電子線）という。

6. **放射線**…ドイツの物理学者レントゲンが，真空放電をしているクルックス管から目に見える光の他に，紙や布などを透過する目に見えない光のようなものが出ていることを発見し，X線と名づけた。X線は，物質中を通り抜ける透過性などの性質をもつ放射線の一種で，放射線には他にもα線やβ線，γ線などがある。放射線を出す物質を放射性物質，放射性物質が放射線を出す能力を放射能という。

塾技 27 水溶液とイオン

1. **イオン**…＋や－の電気を帯びた原子や原子団（→ ***p.34, 40***）のことをイオンという。

2.3. **陽イオン，陰イオン**…原子や原子団が＋の電気を帯びたものを陽イオン，－の電気を帯びたものを陰イオンという。イオンは電圧をかけると移動し，陽イオンは陰極に，陰イオンは陽極にそれぞれ移動する。イオンという言葉の由来は，ギリシャ語の「行く」という意味で，陽イオンが陰極へ，陰イオンが陽極へ移動することからイギリスの科学者ファラデーが名づけたものである。陽イオンになるか陰イオンになるかは原子の最外殻（かく）電子の数で決まり，周期表の同じ族の元素の原子は同じ価数（電子をいくつ受け取ったか，または失ったかを表す数）のイオンになりやすい。

●元素の最外殻電子の数と陽イオン・陰イオンへのなりやすさ

周期＼族	1	2	13	14	15	16	17	18
1	1 (1+) 水素 H	・18 族の元素は非常に安定。原子がイオンになるときは，電子を放出したり電子を受け取ったりして 18 族の元素と同じ電子配置になろうとする。ただし，水素原子は例外で，⊖を受け取りヘリウム原子と同じ形になるのではなく，⊖を 1 個放出して H^+ イオンになる。 ▭のついた He, B, C, N, Ne, Si, P, Ar 原子はイオンになりにくい。						2 (2+) ヘリウム He
2	3 (3+) リチウム Li	4 (4+) ベリリウム Be	5 (5+) ホウ素 B	6 (6+) 炭素 C	7 (7+) 窒素 N	8 (8+) 酸素 O	9 (9+) フッ素 F	10 (10+) ネオン Ne
3	11 (11+) ナトリウム Na	12 (12+) マグネシウム Mg	13 (13+) アルミニウム Al	14 (14+) ケイ素 Si	15 (15+) リン P	16 (16+) 硫黄 S	17 (17+) 塩素 Cl	18 (18+) アルゴン Ar
	⇩ ⊖を 1 個放出 1 価の陽イオンになる H^+, Li^+, Na^+	⇩ ⊖を 2 個放出 2 価の陽イオンになる Be^{2+}, Mg^{2+}	⇩ ⊖を 3 個放出 3 価の陽イオンになる Al^{3+}	⇩ イオンになりにくい	⇩ イオンになりにくい	⇩ ⊖を 2 個受けとる 2 価の陰イオンになる O^{2-}, S^{2-}	⇩ ⊖を 1 個受けとる 1 価の陰イオンになる F^-, Cl^-	⇩ 非常に安定しておりイオンになりにくい

4. **電離**…電解質が水にとけて陽イオンと陰イオンに分かれることを電離という。電離すると，電圧によって水溶液中をイオンが移動して電流が流れるようになる。

5. **同位体**…同じ元素の原子には，原子核の中の陽子の数は同じでも，中性子の数が異なるものがあり，このような原子どうしのことを互いに同位体という。同位体どうしの化学的性質はほとんど変わらない。

塾技 28 電気分解とイオン

1. **水の電気分解**…水酸化ナトリウムを少量加えた水を電気分解すると，水が電気分解されて陽極で酸素が，陰極で水素が発生する。電気分解が進むと水が少なくなっていくため，塩酸の電気分解と異なり水溶液の濃度（のうど）が高くなっていく。

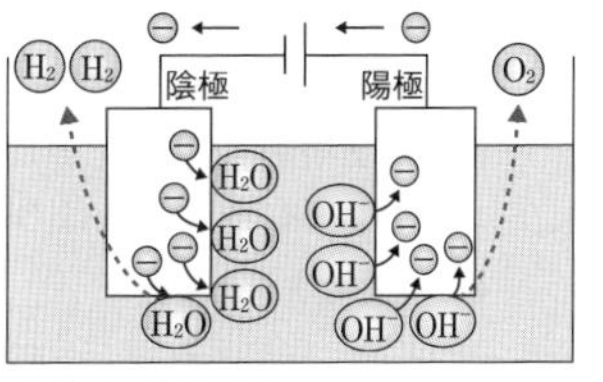

陽極での反応：水酸化物イオンが電子を放出し，酸素が発生。

$4OH^- \rightarrow O_2 + 2H_2O + 4e^-$

陰極での反応：Na^+イオンは電子を受け取りにくいため，水分子が電子を受け取り水素が発生

$2H_2O + 2e^- \rightarrow H_2 + 2OH^-$

✓ 用語チェック　各塾技の中で説明がない用語をここで確認！

塾技 29　化学変化と電池

1. **金属のイオン化傾向**…金属元素は電解質の水溶液にとけ出すと陽イオンになるが，金属元素の種類によって陽イオンになりやすいものとなりにくいものがある。陽イオンのなりやすさをイオン化傾向という。イオン化傾向によって，塩酸にとけて水素が発生する金属や，電池をつくるときどちらが＋極または－極になるかがわかる。

●金属のイオン化傾向

水にとけて H_2 発生	塩酸にとけて H_2 発生		塩酸にとけない
Li ＞ K ＞ Ca ＞ Na	＞ Mg ＞ Al ＞ Zn ＞ Fe ＞ Ni ＞ Sn ＞ Pb ＞	(H_2)	＞ Cu ＞ Hg ＞ Ag ＞ Pt ＞ Au

陽イオンになりやすい ←――――――――――――→ 陽イオンになりにくい

・電池の電極には，2種類の金属のうち，よりイオン化傾向が大きい方が－極となる。例えば，電極として Zn と Cu を用いる場合，Zn の方が左にあり電子を放出して陽イオンになりやすいので，Zn が－極，Cu が＋極となる。

・イオン化傾向の覚え方　リッチに（Li）貸そう（K）か（Ca）な（Na），ま（Mg）あ（Al）あ（亜鉛（あえん）：Zn）て（鉄：Fe）に（Ni）すん（Sn）な（鉛：Pb），ひ（H_2）ど（銅：Cu）す（水銀：Hg）ぎる（銀：Ag）借（白金：Pt）金（金：Au）

2. **ボルタ電池**…うすい硫酸の溶液に，亜鉛板と銅板を入れて導線でつないだ電池を，発明者の名前をとってボルタ電池という。亜鉛と銅では亜鉛の方がイオン化傾向が大きく，電子を放出しやすいため，亜鉛板が－極に，銅板が＋極になる。ボルタ電池は，電流が流れ始めてからしばらくすると，＋極で発生した水素の泡が付着して銅板をおおうなどして，電流が流れにくくなるという欠点のため，実用化されなかった。その欠点を改良したのがダニエル電池である。

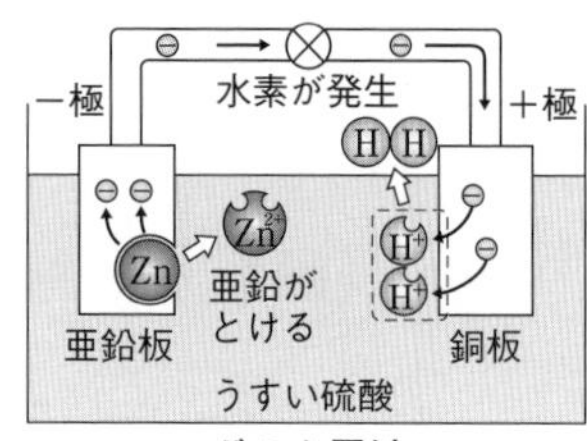

ボルタ電池

・電子の流れ

① －極では，亜鉛板が電子を放出してとけ出す（$Zn \rightarrow Zn^{2+} + 2e^-$）

② 電子が－極（亜鉛板）から＋極（銅板）へと移動

③ 硫酸中の水素イオンが銅板に移動してきた電子を受け取り，銅板表面で水素が発生（$2H^+ + 2e^- \rightarrow H_2$）

3. **一次電池**…使用すると電圧が低下し，もとにもどらない電池を一次電池という。
（例）マンガン乾電池，アルカリ乾電池

4. **二次電池**…充電によって電圧が回復し，繰り返し使える電池を二次電池（蓄電池）という。（例）鉛蓄電池

塾技 30　酸・アルカリとイオン①

1. **酸**…水溶液中で電離して水素イオン（H^+）を生じる物質を酸という。酸の水溶液は酸性を示す。酸は，塩化水素や硫酸のようにそれ自身が H を持つものが多い。二酸化炭素は H を持たないが，水にとけると一部が炭酸をつくり，それが電離して H^+ を生じる。

●炭酸の電離　CO_2 ＋ H_2O ⟶ H^+ ＋ HCO_3^-

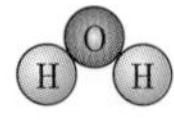

2. **アルカリ**…水溶液中で電離して水酸化物イオン（OH^-）を生じる物質をアルカリという。アルカリの水溶液はアルカリ性を示す。アルカリは，水酸化ナトリウムのようにそれ自身が OH を持つものが多いが，アンモニアのようにそれ自身は OH を持たなくても，水にとけるとアンモニア水になって OH^- を生じるものもある。

●アンモニア水の電離　NH_3 ＋ H_2O ⟶ NH_4^+ ＋ OH^-

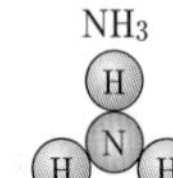
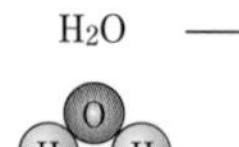
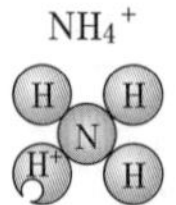

塾技 31 酸・アルカリとイオン②

1. **中和**…酸の水溶液とアルカリの水溶液を混ぜ合わせると，水素イオンと水酸化物イオンが結びついて水ができ，たがいの性質を打ち消し合う。この反応を中和という。中和が起こると水溶液は必ず中性になるわけではなく，混ぜ合わせる水溶液中にある水素イオンの数と水酸化物イオンの数で中和後の液性が決まる。酸性を示す原因となるH^+とアルカリ性を示す原因となるOH^-が過不足なく反応した（完全に中和した）とき，中和点に達したという。

2. **塩**（えん）…酸とアルカリが中和すると，酸の陽イオンであるH^+とアルカリの陰イオンであるOH^-が結びついて水ができると同時に，酸の陰イオンとアルカリの陽イオンが結びついてもう１つの物質ができる。この物質を塩という。塩には，塩化ナトリウムや塩化カルシウム（$CaCl_2$）のように水にとけやすいものや（図１），硫酸（りゅうさん）バリウムや炭酸カルシウム（$CaCO_3$）のように水にとけにくく沈殿するものがある（図２）。

図１　●塩酸と水酸化ナトリウム水溶液の中和

塩　酸

水酸化ナトリウム水溶液

混ぜる

中和

図２　●硫酸と水酸化バリウム水溶液の中和

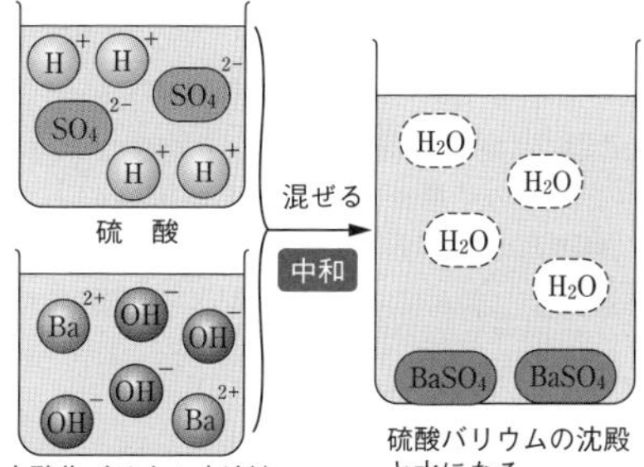

3. **中和と電流**…酸とアルカリの水溶液を混ぜ合わせたとき，流れる電流の大きさから中和の様子がわかる。例えば塩酸に水酸化ナトリウム水溶液を少しずつ加えていくと，流れる電流はしだいに小さくなり，中和点で最小になる（塩化ナトリウムが電離しているので，０にはならない）。中和点を過ぎると，加えた水酸化ナトリウム水溶液の量だけイオンの数が増えるため，電流は再び大きくなる。（図１）
一方，うすい硫酸に水酸化バリウム水溶液を加えていく場合は，生じる塩が水にとけないため中和点で電流は０になる。（図２）

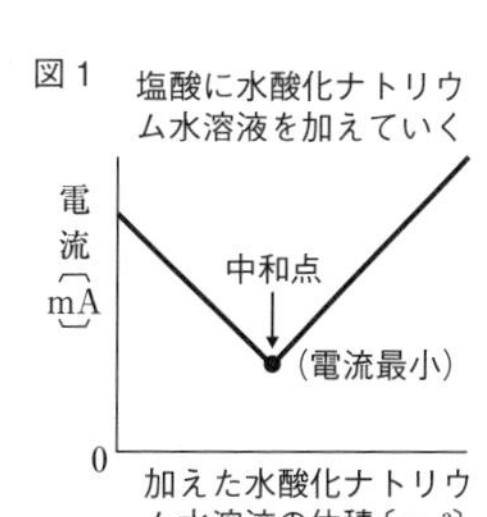

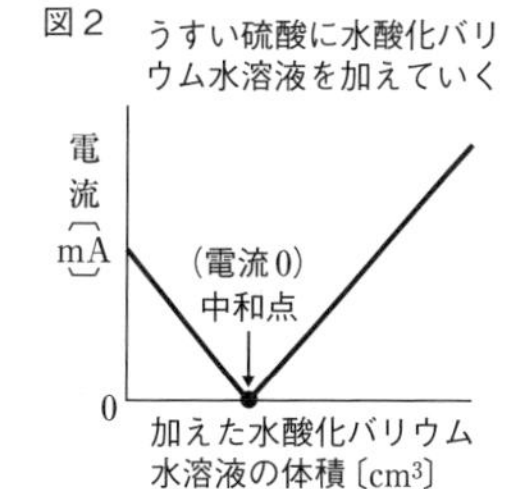

4. **中和熱**…中和が起こると熱が発生する。この熱を中和熱という。中和熱は，中和反応で結びつく水素イオンと水酸化物イオンの数に比例するので，中和点のとき発生する中和熱が最大となる。

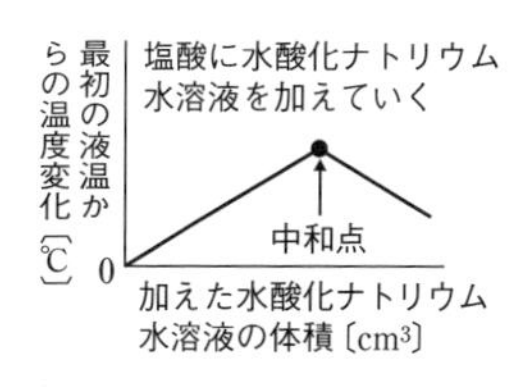

塾技 32 力のはたらき①

1.2. **力の合成，合力**…物体に２つ以上の力が同時にはたらいているとき，それら全部の力と同じはたらきをする１つの力を合力といい，いくつかの力の合力を求めることを力の合成という。力がはたらく向きは，一直線上だけではないため，単に力の大きさだけを加えたり引いたりするだけでは合力を求めることができない場合がある。そのような合力を考える２力に角度がある場合には，平行四辺形の対角線の作図を利用する。

✓ 用語チェック　各塾技の中で説明がない用語をここで確認！

塾技 33 力のはたらき②

1. **垂直抗力**（こうりょく）…物体を床に置くと，床は物体にはたらく重力によって押されると同時に，物体は床から垂直方向に押し返される。この押し返される力を，垂直抗力という。物体が床に静止しているとき，重力と垂直抗力がつり合うことになる。

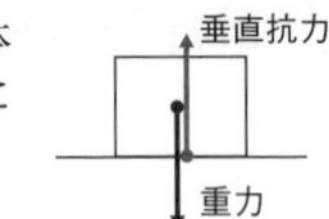

2. **摩擦力**…物体の運動を妨げるように，接触しているもう1つの物体がおよぼす力のことを摩擦力という。摩擦力には，静止している物体にはたらく静止摩擦力と，運動している物体にはたらく動摩擦力がある。静止摩擦力の大きさは，物体を動かそうとする力と同じ大きさであり，動かそうとする力を大きくしていくと静止摩擦力も大きくなり，ついには物体が動き出す（図1）。物体が動き出す直前の最大の静止摩擦力を最大摩擦力という。最大摩擦力は垂直抗力に比例する。

図1

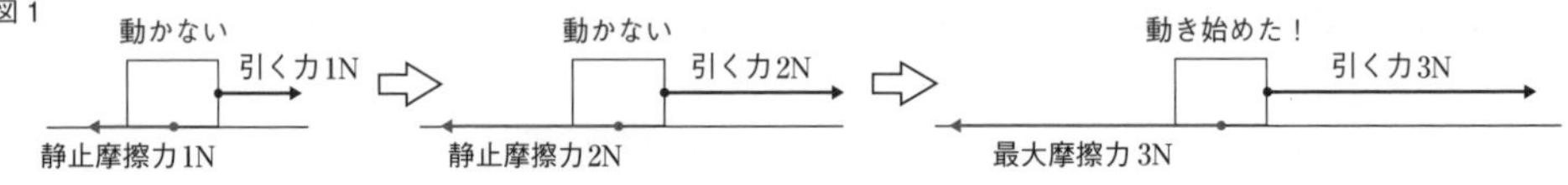

一方，動摩擦力は静止摩擦力と異なり物体を動かそうとする力に関係なく常に一定の大きさとなる（図2）。同じ物体にはたらく摩擦力は，最大摩擦力の方が動摩擦力よりも大きいため，物体が最大摩擦力をこえて動き出し，摩擦力の種類が静止摩擦力から動摩擦力に変わると，その後は，動き出す瞬間の引く力より小さい力で物体を動かし続けることができる（図3）。

図2　図3

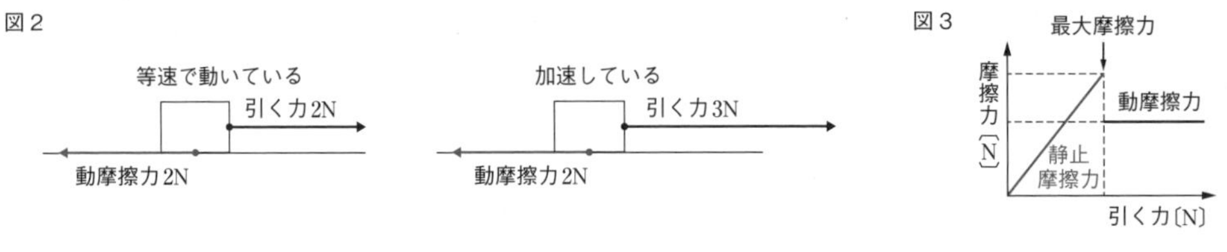

塾技 34 浮力

1. **鉛直上向き**…水平面に対して垂直であることを鉛直といい，地球の中心に向かう方向を鉛直下向き，地球の中心から逆方向を鉛直上向きという。

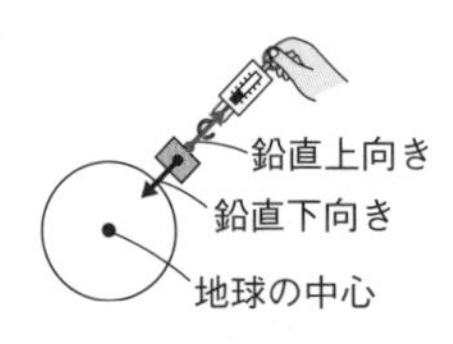

塾技 35 運動と力①

1. **慣性**…静止している物体がいつまでも静止し続けようとする性質や，動いている物体がいつまでもその状態で動き続けようとする性質を慣性という。

<慣性の代表例>

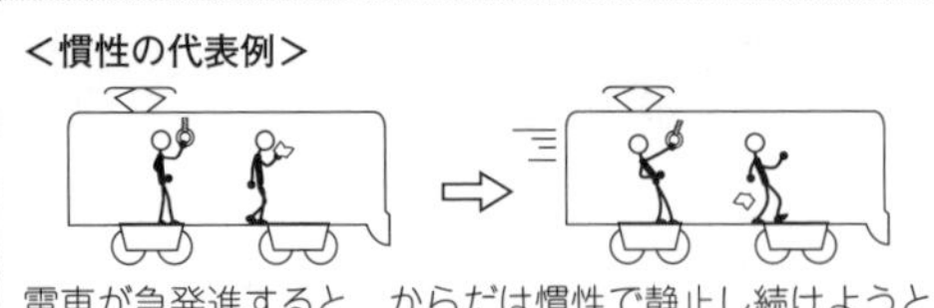

電車が急発進すると，からだは慣性で静止し続けようとするが足だけは電車と一緒に前に進もうとして，後ろに倒れそうになる。

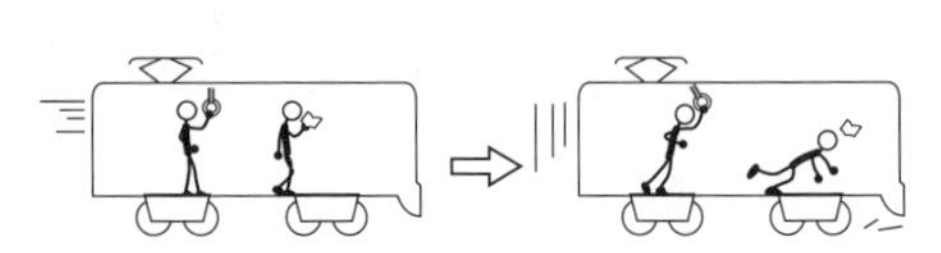

電車が急ブレーキをかけると，からだは慣性で止まる前の速さを保とうとするが，足だけは電車と一緒に止まろうとして，前へ倒れそうになる。

塾技 36 運動と力②

1. **等加速度運動**…運動している物体の速さが変化するとき，単位時間あたりの速さの変化を加速度といい，加速度が一定の運動を等加速度運動という。例えば物体が重力の向きに落下する運動（落下運動）は，等加速度運動である。また，傾きが一定のなめらかな斜面を物体がすべり落ちる場合も，物体には斜面に沿った下向きの力が変化せずにはたらき続け，物体は斜面上で等加速度運動をする。物体に，一定の向きと大きさを持った力がはたらき続けるとき，物体は一定の割合で速くなる等加速度運動をする。

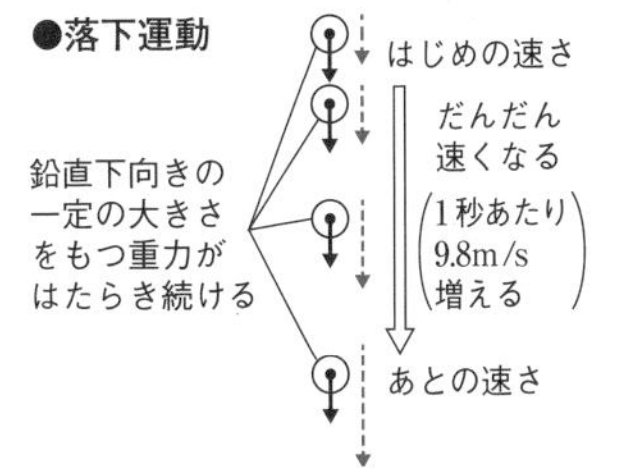

塾技 37 仕事とエネルギー①

1. **仕事**…物体に力を加えその向きに移動させたとき，力は物体に対して仕事をしたという(図1)。力を加えても仕事が0になる場合として，①力を加えてもじっとしていて動かない(図2) ②力を加えた向きと移動の向きが垂直(図3) ③力を加え続けたが物体が移動しなかった ④加えた力の大きさが0(図4) などがある。

2. **仕事の原理**…同じ仕事をするとき，仕事の大きさは道具を使っても使わなくても変わらないこと。

3. **組み合わせ滑車**…動滑車をたくさん組み合わせると物体を引き上げる力を小さくすることができる。滑車の重さを無視すると，動滑車をつり下げているひもがつながっている場合（右図A）は，どこでも同じ力 $\frac{W}{6}$ で重さWの物体を引いていると考えればよい。一方，右図Bのような場合，一番下の動滑車をつり下げているひもは $\frac{W}{2}$ の力で，その次の動滑車をつり下げているひもはさらにその $\frac{1}{2}$ というように力が半減していく。

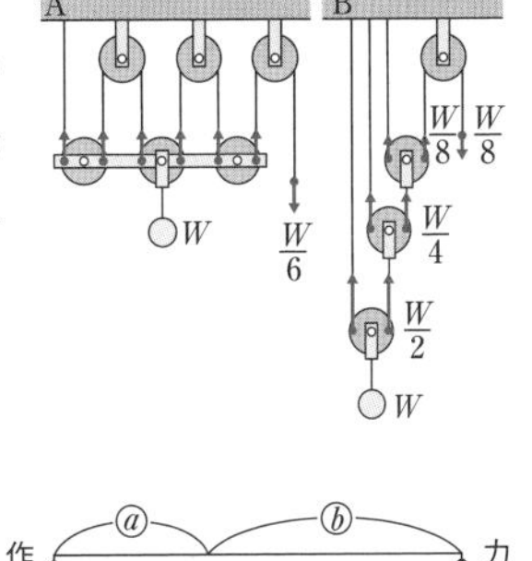

4. **てこ**…棒の1点を固定し，その点を中心に回転できるようにしたものをてこという。てこには3つの点があり，回転の中心を支点，てこに力を加える点を力点，てこが他の物体に力をはたらかせる点を作用点という。力が支点を中心に物体を回転させようとする力のはたらきを力のモーメントというが，てこがつり合うとき，支点を中心にてこを時計回りに回転させようとする力のモーメントと，反時計回りに回転させようとする力のモーメントが等しくなり，力点と作用点に加わる力の大きさの比は，支点からの距離の比の逆比となる（図1)。てこを使って仕事をすると，支点から作用点までの距離よりも支点から力点までの距離が大きいときは加える力の大きさは小さくてすむが，てこを動かす距離は大きくなり（図2)，仕事の大きさは変わらない。

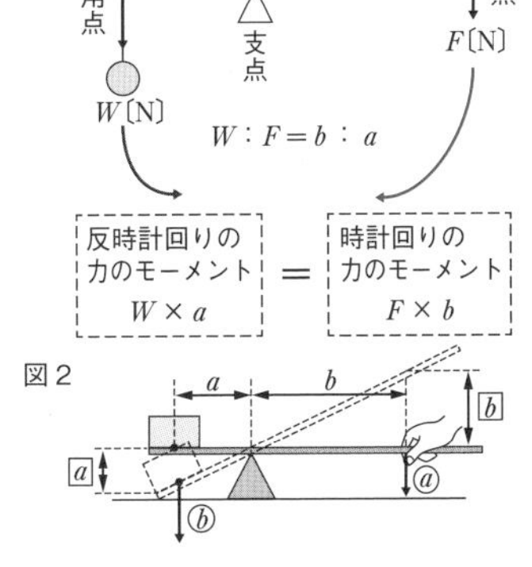

5. **輪軸**（りんじく）…中心となる半径の小さい軸に，半径の大きな輪を組み合わせ，小さな力で大きな力を生み出せるようにした道具を輪軸という。輪軸を用いた身近なものに，ドアのノブや自動車のハンドル，水道の蛇口のハンドルなどがある。輪軸の基本原理はてこと同じである。

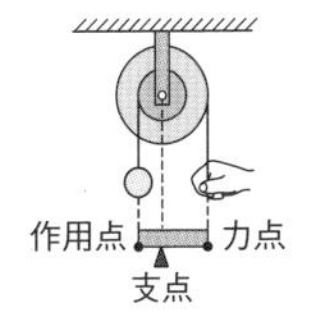

用語チェック　各塾技の中で説明がない用語をここで確認！

塾技38　仕事とエネルギー②

1. **エネルギー**…他の物体を動かしたり，熱や光，電流を発生させたりする能力のことをエネルギー（単位はJ（ジュール））という。エネルギーには，位置エネルギー，運動エネルギー，光エネルギー，電気エネルギーなど様々なものがある。エネルギーをもっている物体が他の物体に対して仕事をすると，その分だけ物体のもっていたエネルギーは減少し，逆に，仕事をされた物体は，熱や音となって逃げなければ，その分だけ何らかのエネルギーが増加する。

2. **力学的エネルギー保存の法則**…位置エネルギーと運動エネルギーの和を力学的エネルギーという。落下運動や斜面上の運動，ふりこの運動などで，摩擦（まさつ）や空気抵抗などがないとき，物体の位置エネルギーと運動エネルギーは互いに移り変わりながら変化し，その和である力学的エネルギーは常に一定に保たれる。これを，力学的エネルギー保存の法則という。

3. **ふりこの運動**
   ① ふりこの等時性
   ふりこが1往復するのにかかる時間（周期）は，ふれはばが小さいとき，ふりこの長さで決まり，おもりの重さやふれはばには関係ない。これをふりこの等時性といい，ガリレオ・ガリレイによって発見された。
   ② ふりこの糸を切ったときの動き
   ふりこの運動中にふりこの糸を切ったときのおもりの動きは次のようになる。
   （ｉ）最も高い位置で糸を切る
   ふりこの速さは0（運動エネルギーは0）となるので，鉛直下向きに落下。
   （ii）それ以外の位置で糸を切る
   つるしている糸と垂直な線の方向に飛び出し，曲線を描いて落下。
   ③ おもりにはたらく力
   右の図のように，おもりには，重力およびひもの張力がはたらく。ただし，張力はおもりの運動方向に対して常に垂直方向であり，おもりに対して仕事はしないため力学的エネルギーとは無関係となる。

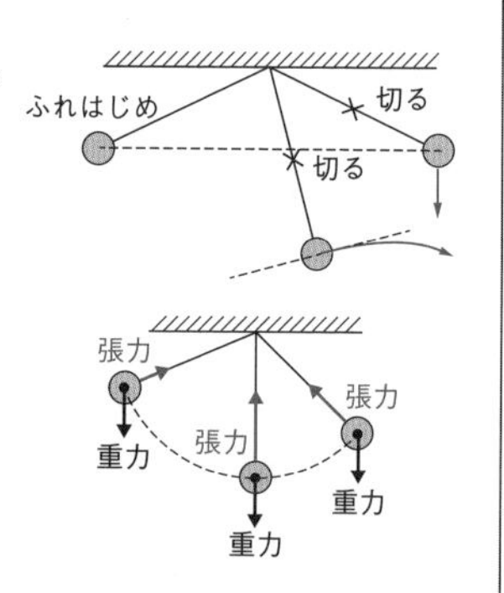

塾技39　科学技術と人間

1. **風力発電**…風の運動エネルギーを風車の運動エネルギーに変え，風車を回して発電する発電方法。
   ・長所：大気汚染（おせん）の心配がない。太陽光のない夜も発電できる。陸上だけでなく，海上にも設置できる。
   ・短所：風力が一定でないため発電量が不安定。鳥への害や騒音・振動の問題がある。

2. **波力発電**…波により水面が上下するエネルギーで空気を圧縮し，空気タービンを回して発電する発電方法。
   ・長所：環境に悪影響を与えるものが生じない。比較的発電量が安定している。
   ・短所：立地条件が限られ，気象災害にたえる設備が必要。

3. **地熱発電**…地下にあるマグマの熱エネルギーや，天然の水蒸気・熱水を利用し蒸気タービンを回して発電する発電方法。
   ・長所：環境に悪影響を与えるものが生じない。
   ・短所：場所が国立公園・国定公園の中にあることが多い。

4. **太陽光発電**…太陽からの光エネルギーを光電池で電気エネルギーに変えて発電する発電方法。
   ・長所：必要な場所に設置でき，エネルギー資源の枯渇（こかつ）の心配もない。
   ・短所：天気に左右され，夜間の発電が不能。設備費も高い。メガソーラーの設置による環境破壊。

5. **バイオマス発電**… 作物の残りかすや家畜のふんなどの生物資源（バイオマスという）を燃料として利用する火力発電。
   ・長所：カーボンニュートラルで，二酸化炭素の増加につながりにくい。
   ・短所：生物資源を集めるためのコストがかかる。燃料用に栽培する場合，食料用の生産と競合する。

塾技 40 身近な生物の観察

1.2. **陽生植物，陰生植物**…日光のよく当たる場所に生育する（強い光のもとでないと生育できない）植物を，陽生植物という。これに対し，日当たりの悪い場所でも生育する（弱い光のもとでも生育できる）植物を，陰生植物という。多くの陰生植物は日なたでも育つが，直射日光下では葉が黄色くなったり枯れたりするものもある。

陽生植物の例：ススキ，タンポポ，カタバミ，イネ　陰生植物の例：ドクダミ，コケ植物，シダ植物

3. **陽樹・陰樹**…陽生植物のうち，木の場合は特に陽樹，陰生植物のうち，木の場合は特に陰樹という。

陽樹の例：マツ，クヌギ，ケヤキ，コナラ，イチョウ　陰樹の例：シイ，カシ，ブナ，スギ，ヒノキ，アオキ

4. **草本**…草本(草)とは木本(木・樹木)に対応する概念で，木ではない植物のことである。草と木の大きな違いは，幹（茎）を太らせるか太らせないかで，草は茎が木のように太ることはないが，木は幹が年々太くなっていく。

5. **プランクトン**…水中の生物で，遊泳能力がないか，あっても弱いために水中を浮遊するものをプランクトンという。「プランクトン」は大きさには関係なく，クラゲなどのように大きな生物でも水中を浮遊しているものはプランクトンという。プランクトンは，栄養の摂取形式によって，光合成を行う植物プランクトンと，摂食を行う動物プランクトンに分類できるが，光合成を行う一方で摂食も行うプランクトン（ミドリムシなど）もいる。また，植物プランクトンと動物プランクトンは，からだのつくりによって単細胞（からだが1つの細胞でできている）と多細胞（からだが多くの細胞からできている）の生物，分けることができるいくつかのからだが集まり1つのからだをつくる群体にそれぞれ分類できる。

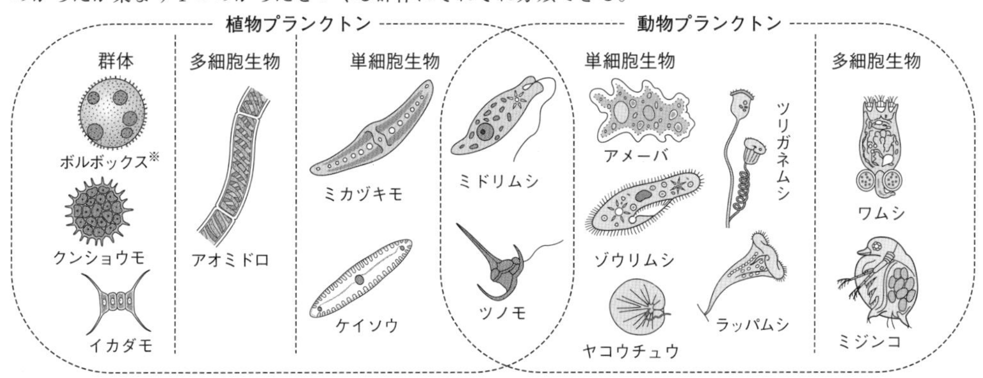

※ボルボックスは，べん毛をもち動くので，動物プランクトンでもある。

6. **原生生物**…ゾウリムシやアメーバなどの単細胞の原生動物と，アオミドロやクロレラなど細胞に核をもつ緑藻類などを原生生物という。原生生物は分類学上，植物とは異なる一群を成す。

塾技 41 花のつくりとはたらき①

1. **花弁の枚数**…花弁の枚数は植物の種類で異なるが，基本の枚数は，双子葉類が5枚または5の倍数（アブラナ科の植物は4枚），単子葉類が3枚または3の倍数（イネ科は6枚）のものが多い。

2.3. **被子植物，裸子植物**…胚珠（受精後，種子になる）が子房の中にある植物を被子植物，子房がなく胚珠がむき出しになっている植物を裸子植物という。

●アブラナ
めしべ
やく
おしべ
子房
胚珠
花弁
がく

●マツ
雄花
雌花
りん片
胚珠

4. **胚**…受精後，受精卵がある程度発達した段階にあるものを胚という。種子植物では，種子中にあって，発芽後，植物体を形成する部分（子葉→最初に出る葉，幼芽→本葉になる，幼根→根になる，胚軸→茎になる）を胚という。

✓ 用語チェック　各塾技の中で説明がない用語をここで確認！

塾技 42 花のつくりとはたらき②

1. **頭状花**…タンポポのように，茎の先にたくさんの花が集まって1つの花のように見えるものを頭状花といい，タンポポ，コスモス，ヒマワリ，キクなどキク科の植物は頭状花をつける。また，頭状花の1つ1つの花のことを小花といい，キク科の小花にはその形により舌状花と筒状花（管状花）の2種類がある。タンポポの小花は舌状花で，ヒマワリの小花は外側が舌状花，中心部が筒状花となる。

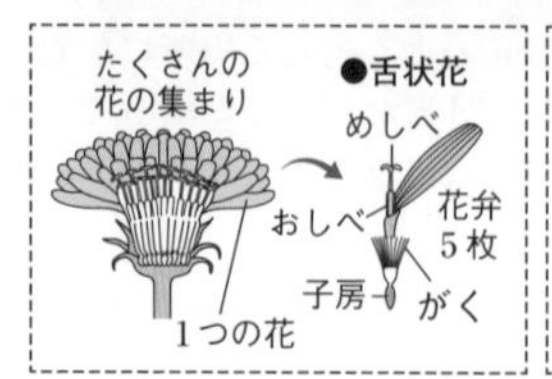

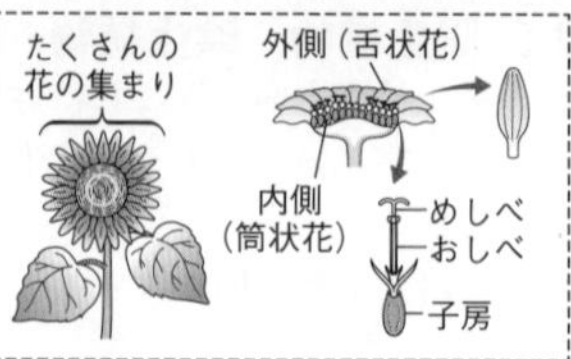

2. **在来種・外来種**…人間の活動以前からその地域に生育していた生物を在来種（在来生物），もともとその地域にいなかったのに，人間の活動によって他の地域から入ってきた生物を外来種（外来生物）という。外来生物には，キク科のセイヨウタンポポ，セイタカアワダチソウ，ブタクサ，ヒメジョオンや，マメ科のシロツメクサ，イネ科のカラスムギなど多数ある。外来種のセイヨウタンポポは，在来種のカントウタンポポやカンサイタンポポと多くの点で異なる。右の図のように，セイヨウタンポポとカントウタンポポは総ほうの形で見分けることができ，総ほうが反り返っている方がセイヨウタンポポである。セイヨウタンポポは受粉しなくても子房の中の胚珠が熟して種子がつくれる（単為生殖という）が，カントウタンポポは受粉しなければ種子はつくれず，さらに，同じ株の花粉では受粉しない性質をもつ。そのため，繁殖力はセイヨウタンポポの方が強い。また，開花時期も異なり，カンサイタンポポは5月頃だが，セイヨウタンポポは1年に数回花が咲き，秋頃まで開花する。

カントウタンポポ　セイヨウタンポポ
総ほう
総ほうがつぼんでいる　総ほうが反り返っている

3. **無性生殖**…親のからだの一部が分離して，そのまま新しい個体になる生殖方法を無性生殖という。無性生殖には，例えばミドリムシのように分裂してふえるものや，キノコのように胞子を飛ばしてふえるもの（胞子生殖），サツマイモやジャガイモのように，植物の根や茎の一部から新しい個体がつくられるもの（栄養生殖）などがある。

4. **受粉**…受粉には，同じ花（株）の中のおしべ（雄花）とめしべ（雌花）の間で行われる自家受粉，同じ種類の他の株の花との間で行われる他家受粉，人の手により人為的に行われる人工授粉などがある。他家受粉には，異なる株からの遺伝子を組み入れることで種が強くなり，環境の変化にも対応して残存可能性が高まるという利点がある。

塾技 43 種子をつくらない植物

1. **複葉**…サクラなどのように1枚1枚の葉が独立しているものを単葉という。これに対し，何枚かの小葉が集まり1枚の葉をつくっているものを複葉という。
複葉をもつものに，バラやフジ，シロツメクサなどがある。

2. **葉柄**…葉のつくりは，ふつう，葉の主要部である葉身と，葉身を支えている柄である葉柄の2つの部分からなり，葉柄と葉身は葉脈でつながっている。

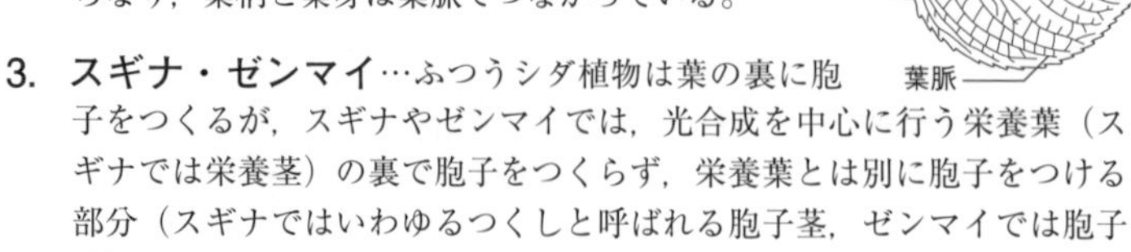

3. **スギナ・ゼンマイ**…ふつうシダ植物は葉の裏に胞子をつくるが，スギナやゼンマイでは，光合成を中心に行う栄養葉（スギナでは栄養茎）の裏で胞子をつくらず，栄養葉とは別に胞子をつける部分（スギナではいわゆるつくしと呼ばれる胞子茎，ゼンマイでは胞子葉）を地上に出す。

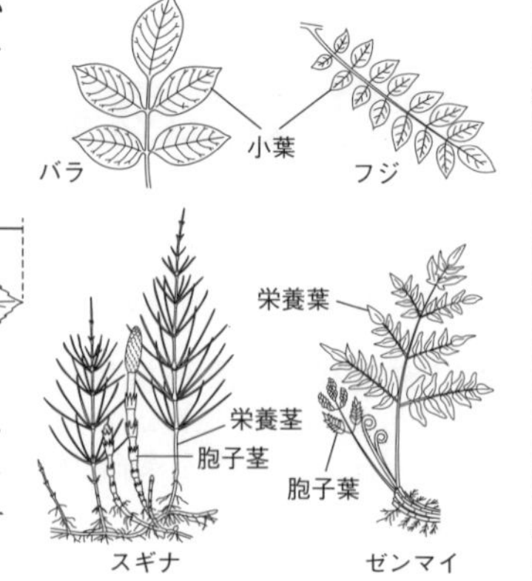

塾技 44 生物の分類①

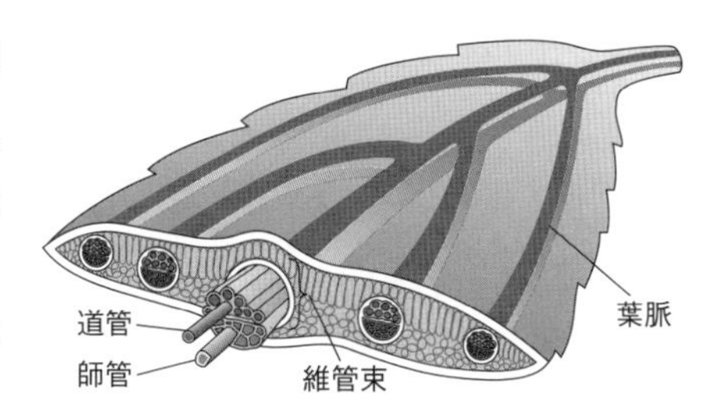

1. **維管束**…根から吸い上げられた水や養分（無機養分）が通る管である道管の束と，葉でつくられた栄養分（有機養分）が通る管である師管の束を，まとめて維管束という。維管束は，植物の葉や茎，根に存在し，特に葉の維管束を葉脈という。

2. **科**…生物を分類したとき，分類したグループの大きさが大きい方から，界－門－綱－目－科－属－種という。例えば，リンゴは，植物界－被子植物門－双子葉植物綱－バラ目－バラ科－リンゴ属－リンゴとなる。

3. **藻類**…藻類とは，種子植物やシダ植物，コケ植物といった一般的な陸上植物の定義にあてはまらない，主に水中で生育するものの総称。藻類はコケ植物と同様，根・茎・葉のつくりがなく，維管束もない。そのため，水はからだの表面全体から吸収する。からだ全体の細胞に葉緑体をもち，光合成を行うが，生育場所が水中のため，植物の仲間には含まれない。藻類は，胞子や分裂でふえる。淡水に生育する藻類にはアオミドロ，ミカヅキモなどが，海水に生育する藻類にはワカメ，コンブ，アオサなどがある。

塾技 45 生物の分類②

1. **変温・恒温**…フナやカエル，トカゲなど，周囲の温度が変化すると体温も変化する動物を変温動物という。カエルやヘビの多くは，冬に気温が下がると活動をほぼ停止し，冬眠する。これに対して，ハトやネコ，ネズミなど，周囲の温度が変化しても体温はほぼ一定に保たれる動物を恒温動物という。

2. **外骨格**…ヒトの骨格を内骨格というのに対し，昆虫やエビ・カニなどのからだをおおうかたい殻を外骨格という。

3. **節足動物**…無セキツイ動物のうち，からだや足に節をもつ動物を節足動物という。節足動物は，からだのつくりにより，昆虫類，クモ類，甲殻類，多足類に分類できる。

	昆虫類	クモ類	甲殻類	多足類
区分	頭部・胸部・腹部	頭胸部・腹部	頭胸部(頭部・胸部)・腹部	頭部・胴部
足	6本(3対)	8本(4対)	10本(ダンゴムシは14本)	多数
触角	2本(1対)	なし(触肢をもつ)	4本(2対)	2本(1対)
例	チョウ・ハチ・セミ	クモ，サソリ，ダニ	カニ，ミジンコ，ダンゴムシ	ムカデ，ヤスデ，ゲジ

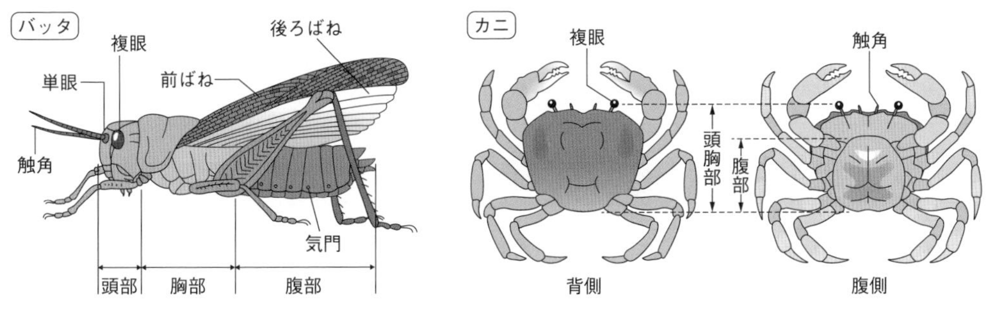

✓ 用語チェック　各塾技の中で説明がない用語をここで確認！

塾技 46 火山

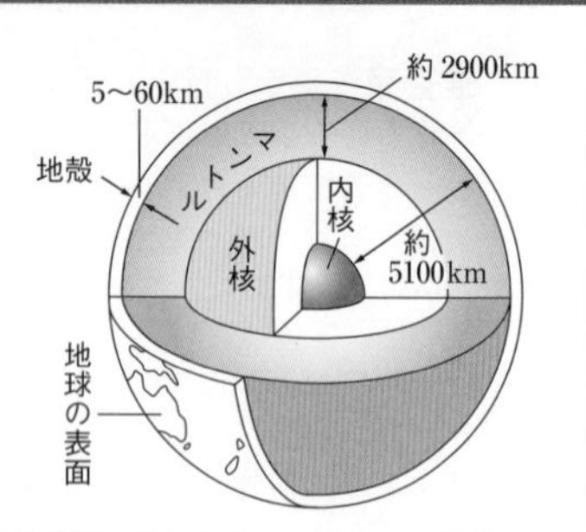

1. **マントル**…地球の構造は外側から，①地殻（ちかく），②マントル，③核という3つの部分からできていることがわかっている。
   ① 地殻：厚さは大陸部で 30 〜 60km，海洋部で 5 〜 10km くらいで，花こう岩質や玄武（げんぶ）岩質の岩石でできている。
   ② マントル：地殻の下から約 2900km までの部分で，かんらん岩質の岩石からできていると考えられている。マントルは 2000℃以上の高温だがとけてはいない。しかし，マントルをつくっている物質はわずかずつ対流しており，これが地殻変動に大きな影響を与えていると考えられている。
   ③ 核：地球の中心部で，地震の S 波（横波）が伝わらないことから，液体状態と考えられていたが，現在は，地下約 5100km よりさらに下に固体物質があると考えられている。核の液体部分を外核，固体部分を内核といい，ともに鉄やニッケルなどの金属からできている。

2. **プレート**…地球の表層部（地殻とマントル上部の一部）は，厚さ 100km くらいの固い岩板十数枚でおおわれており，この岩板をプレートという。プレートは，図1，図2のように，年数 cm というゆっくりとした速度で決まった方向に動いている。上に大陸をのせているものを大陸プレート，海底をつくるものを海洋プレートと呼ぶ。日本付近の断面図は右の図のようになっている。日本列島は，図1のように4つのプレートの境界付近に位置するが，海洋プレートの密度は大陸プレートの密度より大きいので，太平洋側の海洋プレートが，大陸側のプレートの下に沈み込むようにしてぶつかり合っている。海洋プレートが大陸プレートの下に沈み込んでいるところの海底には，細長く深い溝ができ，深さ 6000m 以上のものを海溝，6000m より浅いものをトラフと呼ぶ。北海道・東北地方の太平洋側で，太平洋プレートが北アメリカプレートの下に沈み込んでいるところに見られる海溝を日本海溝（深さ約 8000m），四国や九州の太平洋側で，フィリピン海プレートがユーラシアプレートの下に沈み込んでいるところに見られるトラフを南海トラフ（深さ約 4000m）という。海洋プレートが海溝やトラフよりさらに深く沈み込むと，海洋プレートの上面の岩石の一部がとけてマグマとなる。プレートの境では火山や地震が多い。現在活動中の火山と，約1万年以内に噴火した火山を活火山という。

図1 日本付近の4つのプレート

図2 世界のプレート

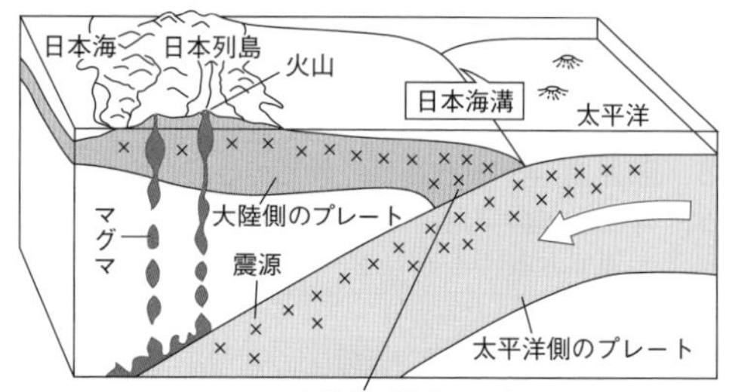

塾技 47 火成岩

1. **鉱物**…天然に存在する物質で，どの部分をとっても同じ成分からできていて，同じ物理的かつ化学的性質を示す無機物質のことを鉱物という。鉱物は，火山の活動・堆積作用・熱水活動など天然の中の様々な作用でうみ出され，その種類は非常に多い。岩石は数種類の鉱物（造岩鉱物）が集合してできるが，火成岩の造岩鉱物はセキエイ・チョウ石・クロウンモ・カクセン石・キ石・カンラン石の主に6種類である。

塾技 48 地震

1. **内陸型地震**…大陸プレートと海洋プレートの押し合いにより，日本列島の地下には強い圧縮の力（ひずみ）がかかっている。このひずみで日本列島をのせている大陸プレート内の岩の層が壊れてずれると断層（*p.106*）が発生する。断層のうち，過去約数十万年前以降に活動し，今後も動く可能性のあるものを活断層という。活断層の断層面は，普段は固着しているが，断層面をはさむ両側の岩盤には常に大きなひずみがかかっているため，限界にくると運動を起こす。これが内陸型地震である。活断層による地震は，震源が生活の場である内陸にあり，さらに震源の深さも浅いため，直下型地震となって大被害をもたらすことがある。

2. **縦波・横波**…波の進行方向と振動方向が同じである波を縦波，波の進行方向と振動方向が垂直である波を横波という。P 波は縦波，S 波は横波で，同時に発生した P 波と S 波が地面を伝わるとき，P 波は物質を進行方向と同じ方向に伸縮させるため速く伝わるが，S 波は物質を進行方向と垂直の方向に変形させながら伝わるため，P 波より遅く伝わっていくことになる。なお，P 波は固体中でも液体中でも伝わるが，S 波は固体中しか伝わらない。

3. **地震計**…土地のゆれの様子を記録する装置を地震計という。地震のゆれを記録するには，地面がゆれても動かない点（不動点）が必要であり，地震計ではおもりと針が不動点となる。地震が発生すると，記録紙（回転ドラム）は地震のゆれとともに動くが，おもりと針はほとんど動かないためゆれを記録することができる。

ばね
おもり
回転ドラム
針

4. **震度・マグニチュード**…観測地点での地震のゆれの程度を表す尺度を震度，地震そのものの規模（エネルギーの大きさ）を表す尺度をマグニチュード（記号 M）という。震度は場所で異なるが，マグニチュードは 1 つの地震で 1 つの値となる。マグニチュードは数値が 2 増えるとエネルギーが 1000 倍になるように定められており，1 増えると約 32 倍になる。

塾技 49 地層①

1. **風化**…地表付近の岩石が自然のはたらきによって細かくこわされたり，削られたりすることを風化という。風化には，温度変化による風化，水の凍結による風化，植物の根による風化，雨水などによる風化がある。

2. **流水の 3 作用**…流水は，侵食・運ぱん・堆積の各はたらきを行っており，これらをまとめて流水の 3 作用という。川の上流では侵食作用がさかんなため V 字谷という深い谷が，川の中流や下流では堆積作用によって扇形の地形の扇状地が，河口付近では堆積作用によって三角形の低い土地の三角州がそれぞれつくられる。

3. **示相化石・示準化石**…地層が堆積した当時の環境を知る手がかりとなる化石を示相化石，年代を知る手がかりとなる化石を示準化石という。示相化石となるには，生活環境が限られ環境が推定できる必要がある。示準化石となるには，①短い期間に栄えて絶滅した，②世界の広範囲で発見されている必要がある。示準化石には次のようなものがある。

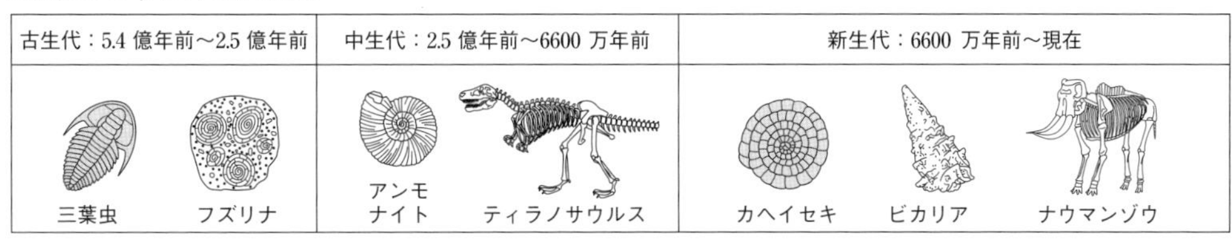

古生代：5.4 億年前～2.5 億年前	中生代：2.5 億年前～6600 万年前	新生代：6600 万年前～現在
三葉虫　フズリナ	アンモナイト　ティラノサウルス	カヘイセキ　ビカリア　ナウマンゾウ

4. **変成岩**…熱や圧力のため，一度できた岩石がとけずに鉱物や組織が変化し，別の岩石になることがある。こうしてできた岩石を変成岩という。例えば大理石は，石灰岩が地下で熱と圧力の作用を受けてできた変成岩である。

✓ 用語チェック　各塾技の中で説明がない用語をここで確認！

塾技 50 地層②

1. **横ずれ断層**…断層面に沿って，両側の地盤が水平方向にずれたものを横ずれ断層という。横ずれ断層は，地層に横方向からの押し合う力と，それと交差する方向からの引っぱる力がはたらいたときにでき，水平断層ともいう。

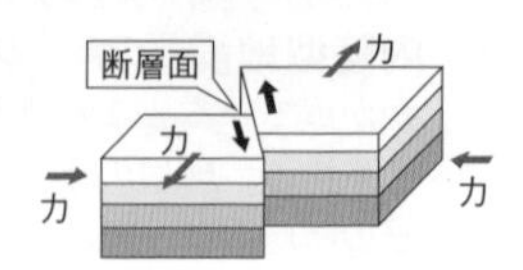

2. **不整合**…ある面を境に，上の地層と下の地層が連続していない地層の重なり方を不整合といい，不連続になった面のことを不整合面という。不整合はふつう，次のような過程で形成される。

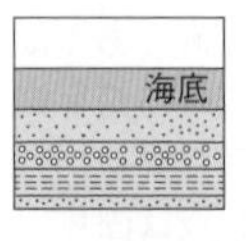

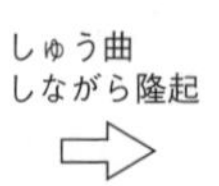

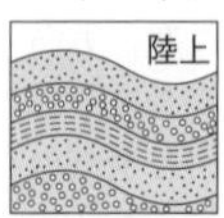

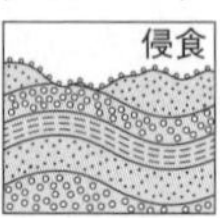

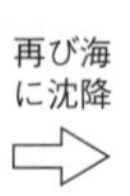

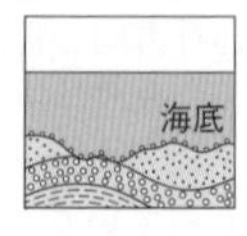

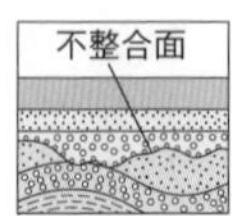

3. **柱状図**…露頭（切り通しのがけなどの地層が見えるところ）以外の地中にある地層は直接見ることができないため，地面を円筒状にくり抜いて取り出し，地層の様子を調べることがある。この調査をボーリング調査といい，取り出した地層の重なり方を柱状に表した図のことを柱状図という。

4. **鍵層**…離れた地点どうしの地層の中に，共通に見られる目立った地層が入っているとき，その層を目印としてその地域の地層の広がりを知ることができる。このような地層を鍵層という。短期間で広い範囲に堆積する火山灰の層（凝灰岩の層）や，同じ年代に堆積したと考えられる示準化石を含む層などが鍵層として利用される。

塾技 51 生物と細胞

1. **ミトコンドリア**…細胞質にあり，細胞内での呼吸が行われる場所。細胞は，ブドウ糖などの有機物を酸素を用いて分解し，生命活動に必要なエネルギーを得るために，呼吸を行っている。この細胞の呼吸を，肺などの呼吸器での呼吸(外呼吸)に対して細胞呼吸という。ミトコンドリアの大きさは2 μm以下のため，光学顕微鏡ではかなり高倍率にしなければ観察できない。

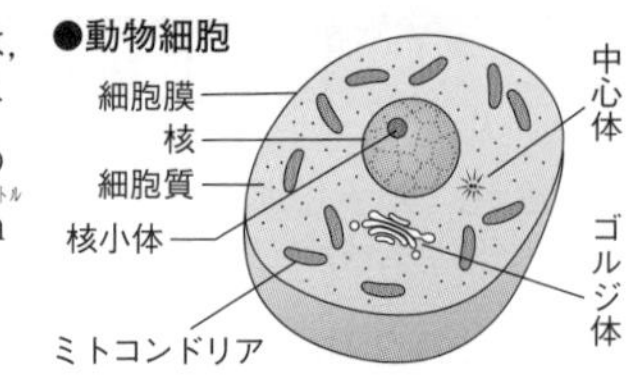

2. **ゴルジ体**…おもに動物細胞にあり，細胞の分泌活動（物質を生産し，細胞外に出すはたらき）に関係している。

3. **中心体**…おもに動物細胞の核の近くにあり，動物細胞が分裂するとき紡錘体形成の中心となる。

4. **染色液**…生物の細かいつくりを観察しやすくするために，特定の部位を染色する試薬。核や染色体を染めるには，酢酸カーミン溶液※（赤色に染まる）や酢酸オルセイン溶液（赤紫色に染まる），酢酸ダーリア溶液（青紫色に染まる）などが用いられる。
   ※酢酸カーミン溶液：45% 酢酸水溶液を煮沸し，赤い色素カーミンを加えて飽和溶液をつくり，さらに鉄イオンを含む物質を微量加えてつくる。生物の細胞に加えると，酢酸によって生物の化学反応が停止し（固定という），負に帯電した核や染色体に，正に帯電したカーミンが吸着することで核などが赤く染まる。

5. **りん葉**…タマネギの食用部分はりん茎といって，葉的器官が多肉化して多くの養分を蓄えた数枚のりん(片)葉でできている。りん葉は地中にあるため葉緑体をもたず，光合成は行わない。そのため，タマネギのりん葉の表皮細胞を観察しても，葉緑体は見られない。

タマネギのりん茎（断面）

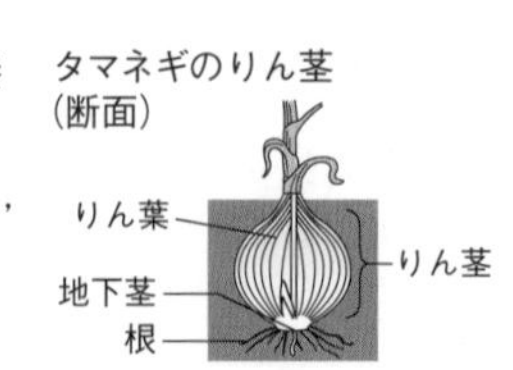

塾技 52 根・茎・葉①

1.2. 成長点，根冠…根の先端近くにあって，細胞分裂がさかんに行われ，新しい細胞が次々とつくられる所を成長点（根端分裂組織ともいう）といい，成長点を守っている部分を根冠という。成長点でつくられた細胞が，成長点より上のところで成長して根はのびる。

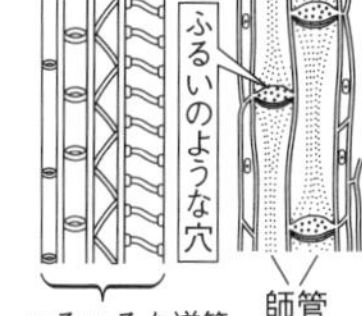

3. 木部・師部…道管が集まった部分を木部，師管が集まった部分を師部という。道管は細胞の上下のしきりがなくなった筒状の管で，死んだ細胞からできている。一方，師管は細胞の上下にしきりがあり，しきりにはふるいのような小さな穴がたくさんあいている管で，生きた細胞からできている。師管はその構造が篩(ふる)いのようであることから，「篩管」と書いていたのを簡単な字におきかえたものである。

塾技 53 根・茎・葉②

1. 柵状組織(さくじょう)・海綿状組織(かいめんじょう)…茎の表側と裏側の表皮にはさまれた細胞の層を葉肉(ようにく)組織という。葉肉組織は，柵状組織と海綿状組織という2つの組織でできている。柵状組織は，葉緑体をもった細長い細胞が柵のようにぎっしりと規則正しく並んでおり，葉の表の表皮側にある。葉の表は光を受けるため，柵状組織がぎっしり並んでいることで光合成が効率よく行える。一方，海綿状組織は，葉緑体をもった球状に近い形の細胞で，比較的まばらに並んでおり，葉の裏の表皮側にある。まばらに並んだすき間があることで，葉の裏側に多い気孔(きこう)からの気体の出入りが効率よく行える。

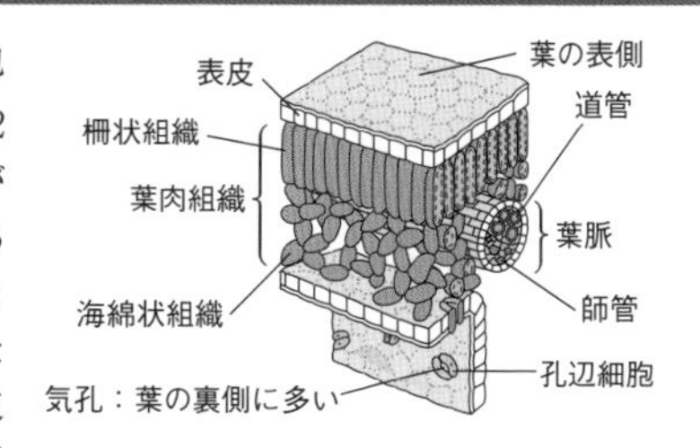

2. 気孔…植物が，外部との気体の交換を行う小さな穴を気孔という。気孔は三日月形をした2つの孔辺(こうへん)細胞が向かい合った構造となっており，孔辺細胞が水を吸ってふくれると，細胞が外側へのび，向かい合った孔辺細胞どうしが離れて開く。これは，中心部(気孔側)の細胞壁がまわりの細胞壁より厚くてのびにくいためである。一方，孔辺細胞から水が減少すると，細胞の形がもとにもどり，気孔が閉じる。

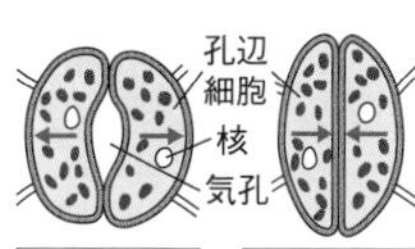

気孔は葉だけではなく茎や花弁の表皮にも見られるが，葉に比べると少ない。多くの陸上植物は，葉の表側より裏側に気孔が多く分布するが，オニユリなどでは葉の表と裏でほぼ同数の気孔が分布している。また，オオカナダモのように水中で生育する植物（沈水植物）には気孔がなく，ウキクサやスイレンのような水に浮かぶ植物（浮水植物）では，空気に触れている表側だけにしか気孔がない。

●気孔の分布（1mm² 中の数）

	植物名	表側	裏側
沈水植物	カナダモ	0	0
水辺植物	オモダカ	50	36
浮水植物	スイレン	460	0
陸上植物	アオキ	0	145
	クルミ	0	461
	インゲンマメ	40	281
	オニユリ	62	62

3. 蒸散(じょうさん)…植物が，体内の余分な水分を水蒸気として気孔から蒸発させるはたらきを蒸散という。蒸散は，①気温が高いとき，②日光が当たるとき，③雨のあと，④風が強いとき，⑤空気が乾いているときなどにさかんに起こる。蒸散には，体内の水量調節・体温調節・水分移動の促進などのはたらきがある。このうち，水分移動の促進とは，葉での蒸散による吸水力である。根毛から吸収された水は，濃度の低い方から高い方へと移動する浸透作用で，道管内を押し上げられる。このときはたらく力を根圧(こんあつ)といい，2～3気圧くらいある。

一方，葉で蒸散が起こると，葉の細胞内液の濃度(のうど)が高くなり，道管から水を吸収しようとする。このときはたらく力が吸水力で，10～20気圧もある。つまり，根では根圧によって水が押し上げられ，葉では吸水力によって水が引き上げられる。このとき，さらに水の凝集力（水分子どうしがくっついている力）がはたらき，水は途切れることなく道管内を上昇するのである。

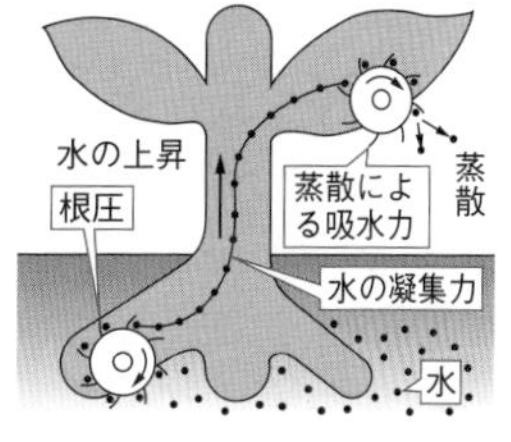

✓ 用語チェック　各塾技の中で説明がない用語をここで確認！

塾技 54 光合成と呼吸

1. **光合成・糖類**…植物が光エネルギーを利用してデンプンなどの養分をつくるはたらきを光合成という。光合成の結果，植物はデンプンをつくるが，デンプンは光合成によって直接つくられるわけではなく，一度，単糖（それ以上加水分解されない糖類）の1つであるグルコース（ブドウ糖）がつくられる。グルコースは水にとけやすく，このままの形では葉に栄養分を貯蔵できないため，グルコースが多数つながった水にとけにくいデンプンにつくり変えられ，一旦，葉に貯蔵される。一方，貯蔵されたデンプンは，2種類の単糖が結合してできた二糖類の1つであるスクロース（ショ糖）という水にとけやすい物質に変えられ，夜間，師管を通って植物のからだの各部へ運ばれ，呼吸や成長の材料として使われる。光合成の速度は，光の強さ・二酸化炭素濃度・温度が相互に関連して決まる。

2. **対照実験**…ある実験を「調べたい条件」以外のものをすべて同じにした状態で行い，両者を比べることで結果が異なれば，「調べたい条件」が原因と証明できる。このような実験を対照実験という。

3.4. **光補償点，光飽和点**…植物は，呼吸で CO_2 を排出し，光合成で CO_2 を吸収する。日中，呼吸と光合成を同時に行うと，呼吸による CO_2 排出量である呼吸速度と，光合成による CO_2 吸収量である光合成速度がつり合い，見かけ上，光合成速度が0になる状態がある。このときの光の強さを光補償点という。光の強さが光補償点以下（呼吸速度＞光合成速度）となると，呼吸で消費される栄養分が光合成で産出される栄養分を上回り，植物は成長できなくなる。
光合成速度は，光の強さが増すにつれて大きくなるが，ある一定の光の強さになると光合成速度が変わらない状態となる。この状態を光飽和といい，そのときの光の強さを光飽和点という。日なたで成長しやすい陽生植物（グラフ①）は，光補償点や光飽和点が比較的高く，弱い光でも生育できる陰生植物（グラフ②）は，光補償点や光飽和点が比較的低くなる。

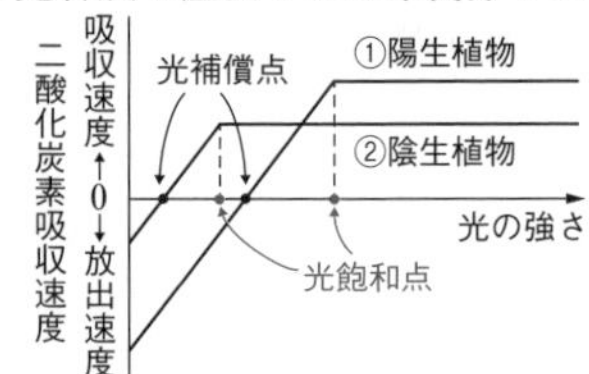

塾技 55 消化と吸収①

1. **消化器官**…食物を消化し，食物中の栄養分を体内にとり入れるはたらきをしている器官を消化器官という。消化器官には，消化管（口 → 食道 → 胃 → 十二指腸 → 小腸 → 大腸 → 肛門へとつながる1本の管）と，消化液をつくったり蓄えたりする肝臓・胆のう・すい臓などがある。

2. **乳化**…水と油など，相互に混ざり合わない液体を，よく混ざり合った状態にすることを乳化という。胆汁中には消化酵素がなく，胆汁そのものには消化能力はない。胆汁は，すい液に含まれる酵素リパーゼによる脂肪の分解を補助している。脂肪はそのままでは水と分離して消化を受けにくいが，胆汁のはたらきで脂肪の粒が細かくなり，水の中に散らばる（乳化する）ことで，消化されやすくなる。

3. **基質特異性**…酵素がはたらく相手の物質を基質という。酵素と基質はちょうど“鍵と鍵あな”のような関係があり，酵素はある決まった基質にだけはたらく。これを基質特異性という。

4. **三大栄養素**…食物中に含まれる栄養素のうち，炭水化物・タンパク質・脂肪はからだをつくる成分としても，細胞呼吸における材料としても重要であり，これらをまとめて三大栄養素という。三大栄養素のうち，炭水化物と脂肪は，炭素（C），水素（H），酸素（O）の3つの元素からできており，完全に分解されると二酸化炭素と水になるが，タンパク質だけは窒素（N）を含むので，有害なアンモニアができる。そのため，陸上に卵を産む動物はアンモニアを無害な尿酸に，卵を産まない動物は尿素にして排出する。（水中動物のほとんどはアンモニアをそのまま排出する）

塾技 56 消化と吸収②

1. **門脈**…2つの毛細血管にはさまれた血管を門脈という。通常の血管は，動脈 → 毛細血管 → 静脈 → 心臓とつながるが，門脈は，胃腸の毛細血管 → 門脈 → 肝臓の毛細血管 → 静脈 → 心臓とつながる。門脈は，消化管から吸収した養分などを肝臓に運ぶ経路で，胃・小腸・大腸・すい臓・ひ臓からの静脈血は直接心臓にもどらず，集合して門脈に流れ込み，いったん，肝臓に送られる。肝臓で，養分の貯蔵や加工，有害物質の解毒などが行われ，その後，肝静脈から心臓にもどる。

2. **タンパク質消化モデル**…かつおの削り節の主成分はタンパク質で，タンパク質は胃液に含まれる消化酵素ペプシンによって分解される。ペプシンは酸性のもとでよくはたらくため，ペプシンのみでは分解がほとんど進まず，塩酸が必要となる。入試では，40℃の水に削り節およびだ液を入れて反応を観察する実験も出題されることがあるが，基質特異性により，分解は起こらない。

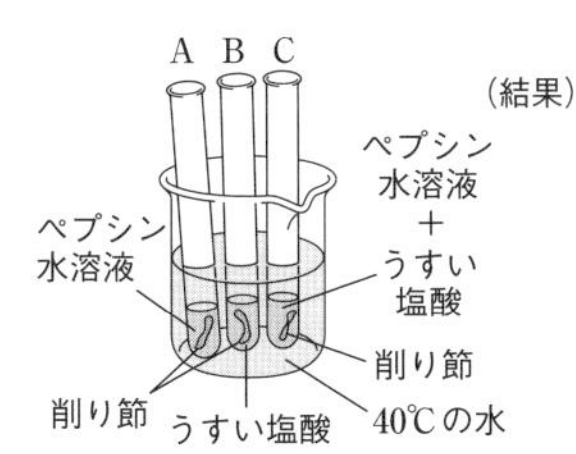

（結果）

試験管	削り節の様子
A	変化なし※
B	変化なし
C	形がくずれてぼろぼろになった

※塩酸を入れなくても反応するとしている問題もある

塾技 57 血液・心臓

1. **ヘモグロビン**…ヒトでは赤血球の中にあり，酸素の運搬を効率よく行う血色素を，ヘモグロビンという。ヘモグロビンは，赤色のヘム鉄とグロビンというタンパク質が結合してできている。ヘモグロビンは，二酸化炭素が多いところや，酸性のもとでは酸素と結びつきにくい性質をもつ。また，酸素より一酸化炭素と結びつきやすいため，火災などによる一酸化炭素中毒を起こす原因にもなる。血色素はヘモグロビンの他に，青色のヘモシアニン（銅をもつ）があり，ヘモシアニンをもつイカやタコなどの血液は青い。

2. **動脈血・静脈血**…肺でガス交換したあとの酸素を多く含む血液を動脈血，からだの各器官や組織をまわり酸素を少ししか含んでいない血液を静脈血という。動脈血は鮮紅色をしており，静脈血は少し暗い赤色をしている。

3. **弁**…心臓にもどる血液が流れる血管を静脈という。静脈内の血液は，心臓が拡張したときに吸い込まれるようにして流れるが，吸い込む力が弱いため逆流のおそれがあり，逆流を防ぐつくりがついている。それが弁である。心臓の内部にも弁があり，心房と心室の間にある弁を房室弁，心室が動脈とつながる部分にある弁を半月弁という。

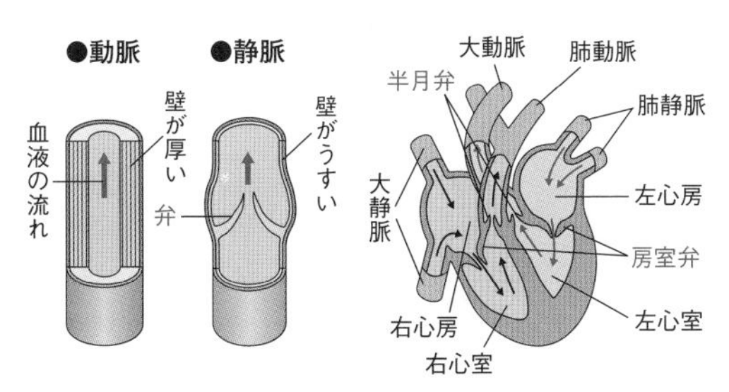

4. **心臓の拍動**…心臓は，心房と心室の収縮・拡張を交互にくりかえすことで，血液を循環させるポンプのはたらきをする。このはたらきを，心臓の拍動という。心臓の拍動は，次の①～③をくり返すことによって行われる。①心房の拡張により心房へ血液が吸い込まれて流れ込む，②心房の収縮と心室の拡張および房室弁が開き，血液が心房から心室へ流れ込む，③心室が収縮し，同時に半月弁が開き，右心室から肺動脈へ，左心室から大動脈へ血液が送り出される。

5. **セキツイ動物の心臓**…セキツイ動物の心臓のつくりは，動物の種類で異なる。魚類は1心房1心室，両生類は2心房1心室，ハチュウ類は不完全な2心房2心室（ワニを除く），鳥類・ホニュウ類は2心房2心室となる。

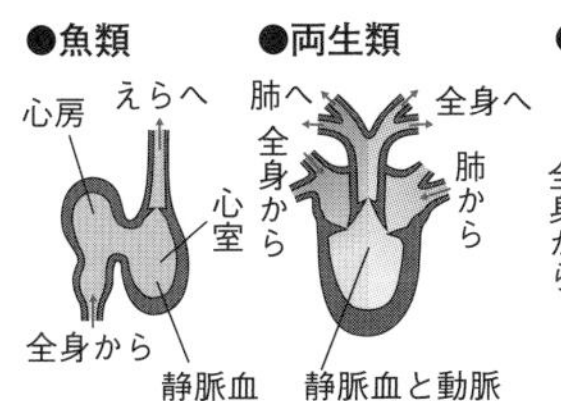

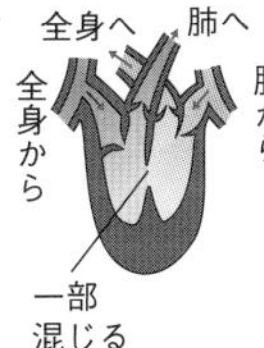

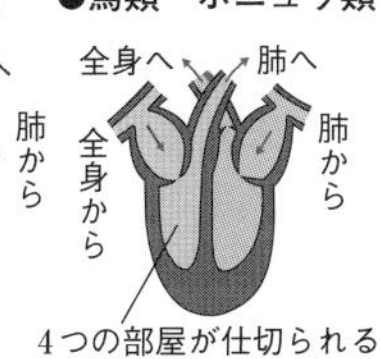

✓ 用語チェック　各塾技の中で説明がない用語をここで確認！

塾技 58 呼吸

1. **呼吸器官**…生物の呼吸は細胞呼吸（内呼吸）と外呼吸に分けられるが，外呼吸をするために発達した器官を呼吸器官という。ヒトの呼吸器官には，気管，肺，気管支などがあり，鼻や口からとり入れられた空気は，気管→気管支→肺（肺胞）へとつながる呼吸器官を通してからだの中にとり入れられる。

2. **えら呼吸**…えらは水中にすむ動物がもつ呼吸器官で，魚類や甲殻類，軟体動物などに広く見られる。えらはくし状になっており，水と接触する面積が大きくなっている。また，えらの中には，毛細血管が網目状にはりめぐらされている。

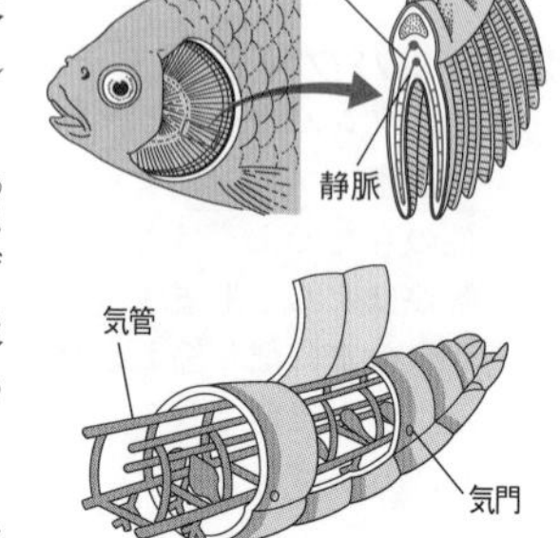

3. **気管呼吸**…気管は，腹部の体表にある気門という穴につづく細い管で，昆虫類などの陸上にすむ節足動物がもつ呼吸器官である。気管はからだのすみずみまで網目状に広がり，その外側で体液と接している。そのため，気管呼吸では毛細血管が必要なく，気管内の空気と体液との間で直接ガス交換が行われる。

4. **皮膚呼吸**…ゾウリムシなどの原生動物や，ミミズなどの環形動物などは，呼吸のための特別な器官をもっておらず，体表や皮膚のしめった細胞膜や体壁を通して直接呼吸をしている。この呼吸を皮膚呼吸という。皮膚呼吸は下等動物にだけ見られるのではなく，例えばヒトの場合でも，全呼吸の 180 分の 1 は皮膚呼吸でまかなわれている。

塾技 59 血液の循環

1. **汗腺**…ホニュウ類の皮膚にある細長い管で，①血液中の不要な水や塩類をこし出し汗として分泌，②汗が気化するときに奪う気化熱によって体温を調節するはたらきをもつ。

2. **血しょう成分**…血しょう成分の約 98% は水とタンパク質（水：約 90%，タンパク質：約 8%）でできており，他には，ブドウ糖・タンパク質・脂肪・尿酸などの有機物，NaCl，KCl といった無機塩類で構成される。尿中にはタンパク質やブドウ糖が含まれていないが，これは，じん臓で血しょう成分がろ過されるとき，分子の大きいタンパク質はろ過されずに血しょうに残り，ブドウ糖は一度ろ過されてできた原尿から，尿がつくられる過程で毛細血管を通して完全に再吸収されるからである。

3. **イヌリン**…イヌリンは主にキク科の植物の球根に存在する多糖類で，ヒトはその消化酵素をもたないためイヌリンを分解できない。イヌリンをヒトの血液中へ注射すると，じん臓でろ過されて原尿としてこし出されたあと，毛細血管からはまったく吸収されず，尿中にすべて排出される。この性質を利用して，原尿がどのくらい濃縮されて尿となったかを表す，原尿の濃縮率（尿の量 = 原尿の量 × 濃縮率となる）を求めることができる。例えば，イヌリンを注射してしばらくしてからの血しょう中のイヌリン濃度が 0.003% で，尿中のイヌリン濃度が 0.36% であったとすると，原尿が，0.36 ÷ 0.003 = 120〔倍〕濃縮して尿が生じたことがわかる。

塾技 60 刺激と反応①

1. **毛様体・チン小帯**…近くにあるものや遠くにあるものがはっきり見えるのは，レンズの厚さが変わるからであり，その調節を行うのが，毛様体とチン小帯である。毛様体の中にはレンズの厚さを調節する毛様体筋があり，毛様体筋が縮むとチン小帯がゆるんでレンズが厚くなり，近くにある物に焦点が合う。一方，毛様体筋がゆるむとチン小帯が引っぱられてレンズがうすくなり，遠くにある物に焦点が合う。

2. 鼻・舌・皮膚

・鼻は，空気の通り道であるとともに，においを感じる感覚器官でもある。嗅覚は次のしくみで生じる。

① 空気中の気体状の化学物質が，鼻のあなから鼻腔に入る。

② 化学物質が，鼻腔上部にある嗅細胞を刺激する。

③ 嗅細胞が受けとった刺激が嗅神経を通して脳へ伝えられ，嗅覚が生じる。

・舌は，食物をだ液とよく混ぜ合わせるとともに，味を感じる感覚器官でもある。味覚は次のしくみで生じる。

① 水やだ液にとけた物質が，舌乳頭（舌の表面にあるつぶつぶ）の切れこみにある味覚芽の味細胞を刺激。

② 味細胞が受けとった刺激が，味神経を通して脳へ伝えられ，味覚が生じる。

・皮膚は，からだを保護するはたらきをするとともに，温度などの刺激を受けとる感覚器官でもある。皮膚は，いろいろな感覚を，感覚点(温点・冷点・痛点・圧点の4つある)で感じ，それぞれの感覚点で受け取られた刺激が感覚神経によって脳に伝えられ，「あつさ」「痛み」などのいろいろな感覚が生じる。

3. メダカの感覚器官

①の図のように，棒を一方向に回して水の流れをつくると，メダカは水の流れと逆向きに泳ぎ始める。

→ 水の流れをからだ(正確には側線という)で感じた。

②の図のように，水槽の外側で縦じま模様の紙を回すと，メダカは紙が回転する向きと同じ向きに泳ぐ。

→ メダカは紙の動きを目で見て感じた。

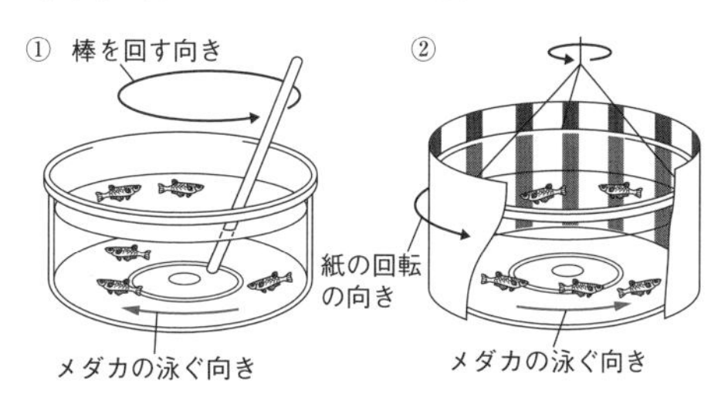

塾 技 61 刺激と反応②

1. 神経系…神経※は感覚器官から中枢，中枢から反応や行動を起こす器官や組織へとつながっており，からだ全体にはりめぐらされている。このような神経のつながりを神経系という。ヒトの神経系は，中枢（大脳・間脳・中脳・小脳・えんずい・せきずい）と末しょう神経（感覚神経・運動神経・自律神経）からなる。

※神経は，長さ数 mm ～数十 cm の神経細胞がたくさんつながり，ネットワークを形成している。神経細胞は細胞体と神経繊維からなり，神経細胞どうしのつなぎ目にあるすきま(シナプスという)では，刺激の信号が電気信号ではなく化学物質によって伝えられる。このとき，化学物質は片方の細胞からしか分泌されないため，信号は一方向にしか伝わらない。

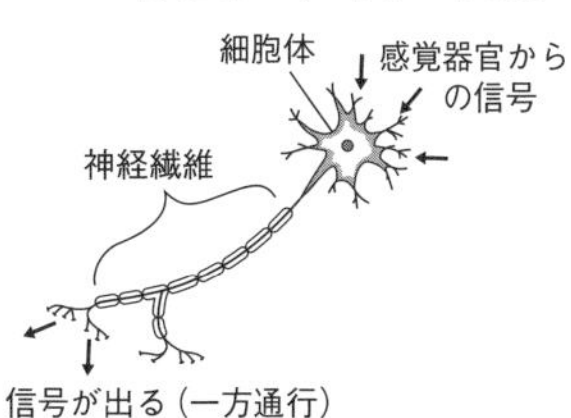

2. 脳…ヒトの脳は，大脳（運動・感覚・記憶・判断などの中枢）・間脳（大脳への神経の中継，体温を一定に保つ）・中脳（眼球運動，ひとみの調節）・小脳（からだの平衡を保つ）・えんずい（呼吸・消化・心臓の拍動の中枢）からなる。

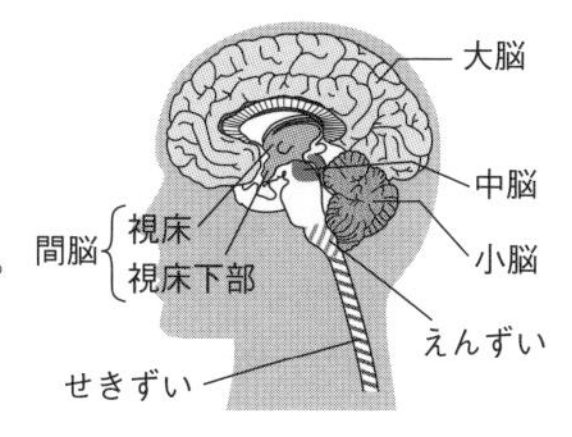

3. せきずい…背骨の中を通る神経細胞の束で，脳と末しょう神経をつなぐ通路。反射・排尿・排便などの中枢となる。せきずいには，感覚神経は後ろ側（背中側）から後根（せきずいの後ろ側の神経線維の束）として入り，運動神経は前側（腹側）から前根（せきずいの前外側溝から左右に出る神経線維の束）として出る。

4. 条件反射…大脳が過去に体験した一定の条件のもとでつくられた反射を条件反射という。「反射」が大脳のはたらきによらず起こる生まれつきの行動であるのに対し，「条件反射」は何回か体験をくり返すことによってつくりあげられる反応のため，大脳が関与する。例えば梅干を見るとだ液が出るのは，梅干を食べたことがある人だけの条件反射であり，梅干を知らない人が見てもだ液は出ない。

5. 骨格筋…骨についている筋肉で，自分の意志で収縮できる随意筋である。急な運動に適するが疲れやすい。なお，ヒトのからだをつくる筋肉は，横紋筋（筋繊維にタンパク質の横しまが見られる）と平滑筋（胃や腸などの内臓をつくる筋肉で自分の意志で収縮できない不随意筋）に分けられ，横紋筋はさらに骨格筋と心筋（心臓をつくる筋肉で不随意筋）に分けられる。

✓ 用語チェック　各塾技の中で説明がない用語をここで確認！

塾技 62 大気圧と気象の観測

1. **気圧**…空気にも質量があるため，重力の影響を受けて地表面をおおう。地表面をおおう空気の層を大気，大気による圧力を気圧（大気圧）という。1辺10cmの立方体の空気のかたまりを考えると，質量は約1gとなり，1円玉1枚の質量に相当する。この空気のかたまりを床に置いたとき，床が受ける圧力は1Paで，地表付近の気圧（1気圧）は101300Paである。よって，その高さはおよそ，10cm × 100000 = 1000000cm = 10km となるはずだが，実際の大気の厚さは約500kmである。この差は，上空へ行くほど気圧が下がるため，空気の密度が小さくなることにより生じる。

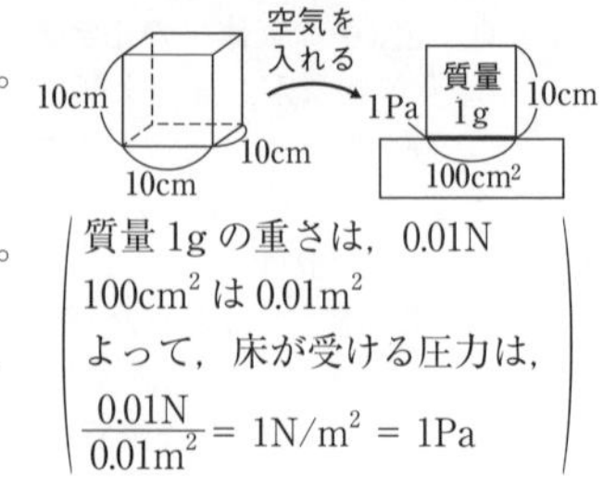

2. **天気図記号**…天気を表す天気記号と風力を表す風力記号を組み合わせ，観測地点での天気・風向・風力を表した記号を天気図記号という。降水のないとき，天気は雲量（空全体を10としたとき，雲がおおっている割合）で決まり，雲量が0〜1のときが快晴，2〜8のときが晴れ，9〜10のときがくもりとなる。風力と風向は，地点円からのばしてかいた矢ばねで表し，風力は矢ばねの本数で，風向は風が吹いてくる方向を表す。

天気記号		前線記号	風力	記号	風力	記号
○ 快晴	雨強し	温暖前線	0	○	6	
晴れ	にわか雨	寒冷前線	1		7	
◎ くもり	みぞれ	停滞前線	2		8	
砂じん嵐	雪	閉そく前線	3		9	
地ふぶき	にわか雪		4		10	
霧	あられ		5		11	
霧雨	ひょう				12	
雨	雷					

●天気図記号のかき方

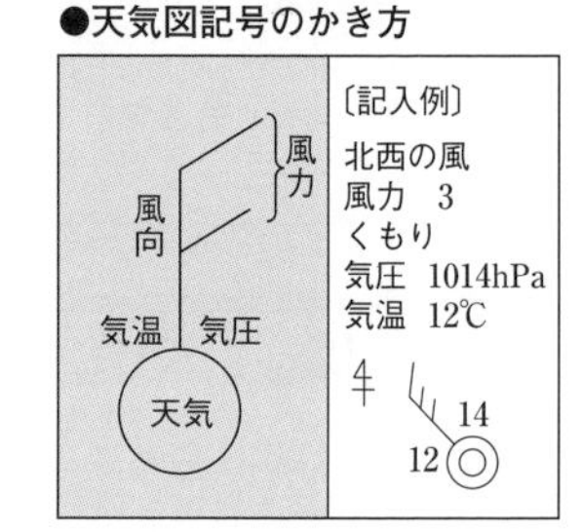

塾技 63 大気とその動き

1. **大気**…地球をとりまく大気は，だんだんうすくなりながら約500km上空まで続いている。この大気の層は，対流圏，成層圏，中間圏，熱圏の4つに区分される。

① 対流圏
地上約10kmくらいまでは大気が濃く，太陽放射を受けて大気の対流がさかんに起こっていることから，対流圏と呼ぶ。対流圏の高さは地表の温度が高いほど高くなり，赤道付近では16〜17km，極では6〜7kmとなる。

② 成層圏
対流圏の上，高さ約50kmまでの範囲を成層圏という。成層圏内はおだやかな状態で，大型ジェット機は成層圏の最下部を飛行している。また，紫外線を吸収するオゾン層も成層圏内にある。

③ 中間圏
成層圏の上層で，高度約50〜80kmの範囲を中間圏という。中間圏では上空にいくほど温度が低くなる。

④ 熱圏
中間圏の上層で，高度約80〜500kmの範囲を熱圏という。高さ400km以上では1000℃にもなる。

2. **対流**…熱の伝わり方の1つで，気体や液体といった流体の動きに伴って熱が伝えられる現象。

3. **冬の季節風**…ユーラシア大陸（シベリア気団）からの寒冷な北西の風が，日本海で水蒸気と熱を補給し，上昇気流で積雲をつくり発達していく（海上で積雲に発達しなくても，山脈にぶつかって強制的に上昇気流となり積雲が積乱雲に発達する）。日本海側では雪や雨，太平洋側では乾燥した晴れの日が続く。

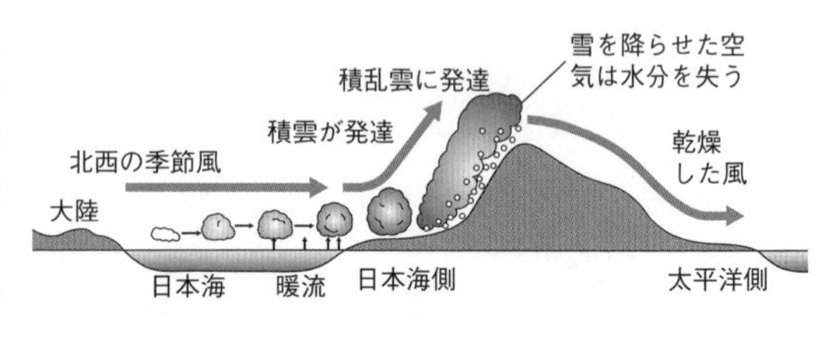

塾技 64 低気圧と高気圧

1. **低気圧・高気圧**…まわりより気圧の低い所を低気圧という。低気圧の中心には上昇気流が生じ，雲ができやすく，くもりや雨になりやすい。これに対し，まわりより気圧の高い所を高気圧という。高気圧の中心には下降気流が生じ，雲が消えて晴れやすい。北半球の地表付近では，低気圧の中心付近に風が反時計回り（左回り）に吹きこみ，高気圧の中心付近からは風が時計回り（右回り）に吹き出す。

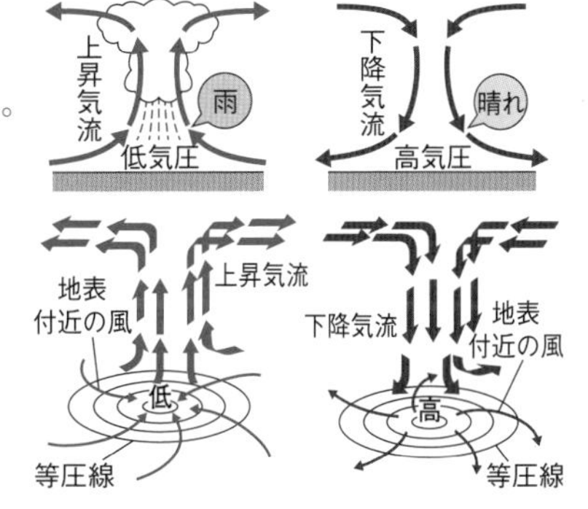

2. **等圧線**…気圧の等しい地点を結んだときにできる線を等圧線という。等圧線は1000hPaの線を基準にして，通常，4hPaごとに細い線が引かれ，20hPaごとに太い線が引かれる。等圧線は全体としてなめらかな曲線となり，互いに交わったり，途中で枝分かれしたり，途中で消えてなくなったりすることはない。等圧線を引くとき，引いている等圧線の値にあたる地点がないときは，右の図のように近くにある2つの観測地点での値をもとに，比例配分によってその他の点を求めればよい。

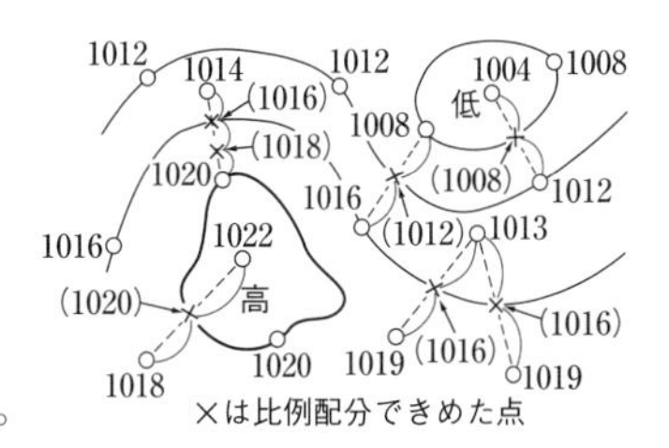

3. **転向力（コリオリの力）**…地球が自転していることにより生じる見かけの力を転向力，あるいはこの力を発見した物理学者の名をとり，コリオリの力という。転向力は物体の運動方向に対して直角にはたらき，北半球では右向き，南半球では左向きにはたらく。転向力の向きは，南北方向の移動では，緯度における回転速度の違いが影響する。図1より，赤道部分は時速約1670kmで動いているが，緯度が上がるほど回転速度は遅くなる。そのため，例えば図2のように，赤道から極へ向かう物体の移動（赤道でもつ速度のまま移動）を考えると，緯度が上がるにつれ遅くなっていく地球表面を追い越し，地表の観測者からは自転方向の東（右）に曲がっていくように見えることになる。

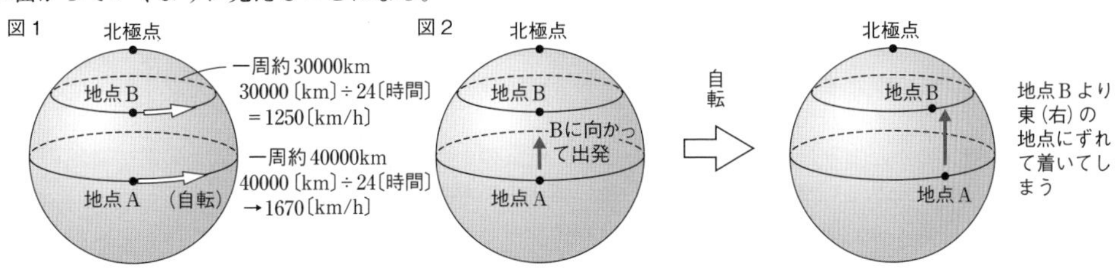

4. **気圧傾度**…等圧線に対して垂直方向にとった一定の距離での気圧の変化する割合を，気圧傾度という。気圧傾度が小さいということは，右の図のABのように傾斜が小さいことを，気圧傾度が大きいということはCDのように傾斜が大きいことを意味する。風は気圧の高い方から低い方へと吹くが，傾斜が大きければ大きいほど勢いよく風が飛び出す，すなわち，風が強く吹くことになる。よって，等圧線の間隔が狭いほど気圧傾度が大きくなり，風は強く吹くことがわかる。

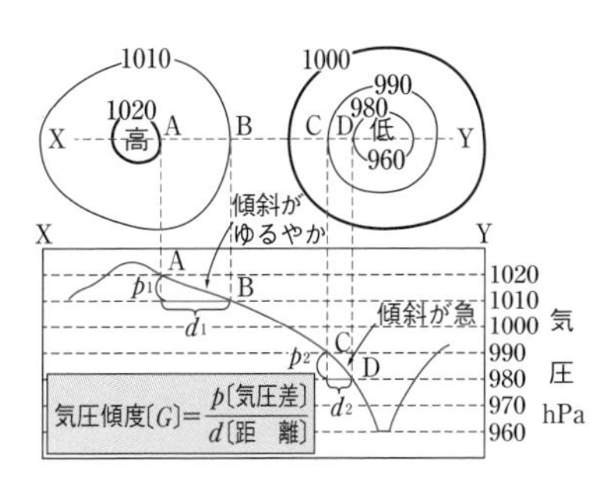

✓ 用語チェック　各塾技の中で説明がない用語をここで確認！

塾技 65　大気中の水の変化①

1. **放射冷却**（ほうしゃれいきゃく）…夜間，地表の熱が地表面から宇宙空間に向けての放射によって奪われ，地表が冷えることによって地上の気温が下がることを放射冷却という。地表面からの熱の放射は日中にも起こっているが，日中は，太陽から地表面への放射によって地表があたためられるため，地表が冷えることはない。ところが，夜間は日射がなく，地表からの熱エネルギー（赤外線）の放射のみが起こる。このとき，雲や多量の水蒸気などがあれば，宇宙へ逃げようとする赤外線を地球にとどめるため，温室効果（***p.207***）によって急激に気温が下がることはないが，春や秋などの乾燥した雲のないよく晴れた日の夜は，赤外線が宇宙に逃げやすく，放射冷却が起こりやすくなる。

2. **気化熱**…物質を気体に変化させるために必要なエネルギーを気化熱という。液体が気体に変化するためには，液体中の分子どうしの間にはたらいている力（分子間力）に打ち勝つためのエネルギーが必要であり，このエネルギーが気化熱である。例えばエタノールを皮膚（ひふ）につけると「スーッ」と冷たく感じるのは，液体のエタノールが蒸発するために必要なエネルギーを皮膚から奪うため，熱を奪われた皮膚が冷たく感じるのである。

3. **乾湿計**…乾球と湿球を組み合わせ，気温と湿度を測定する装置。乾球の示度は通常の温度計と同じであり，気温を示す。これに対して湿球は，ぬれたガーゼから水分が蒸発し，そのとき湿球から気化熱を奪うため，温度は常に乾球以下となる。湿球の示度が乾球の示度と等しくなるのは，湿度100%のときだけである。乾球の示度および乾球と湿球の示度の差から，湿度表を用いて湿度を求める。

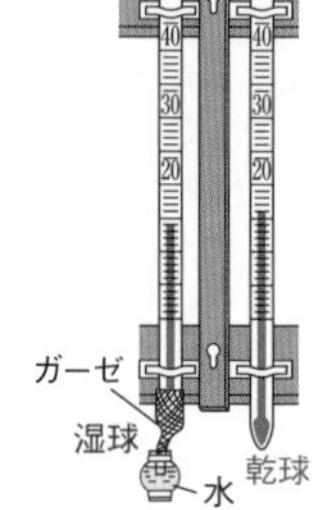

乾球の示度	乾球と湿球の示度の差 0.0	0.5	1.0	1.5	2.0	2.5	3.0
19	100						
18	100	95	90	85	80	75	71
17	100	95	90	85	80	75	70
⑯	100	95	89	84	79	74	69
15	100	95	89	84	78	73	68
14	100						

気温 16℃，湿度 79%

塾技 66　大気中の水の変化②

1. **上昇気流**（じょうしょう）…空気の流れのうち，上方向への流れをいう。雲をつくる上昇気流の生じ方は，主に右のような場合がある。

地面が強く熱せられる

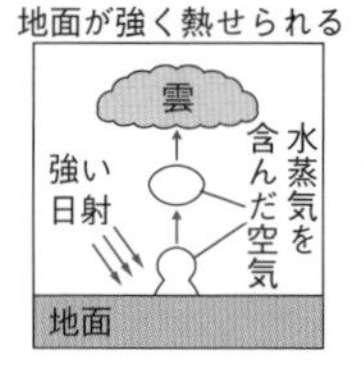

低気圧の中心付近

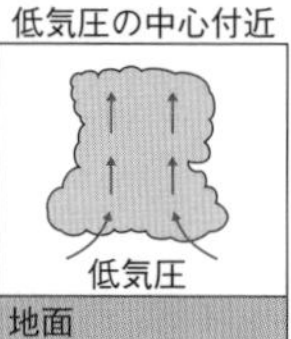

風が山にぶつかる

山
地面

前線付近

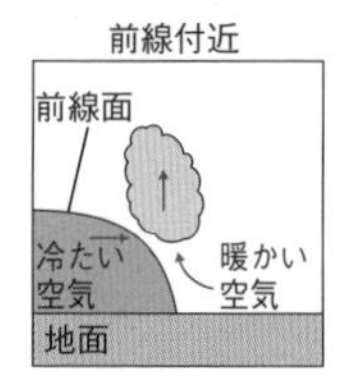

2. **断熱膨張**（ぼうちょう）…空気のかたまりが上昇すると，上空へ行くほど気圧は低く，空気のかたまりは膨張する。このとき，空気のかたまりとまわりの空気との間では熱のやりとりがほとんどない（断熱という）ので，このときの変化を断熱膨張という。断熱膨張では，膨張するために必要なエネルギーを，空気のかたまり自身がもっているエネルギーでまかなうため，空気のかたまりのもつエネルギーは減り，温度が下がる。

3. **雲の種類**…雲は，主にできる高さや形状により10種類に分けることができ，これを十種雲形という。雲の名前のつけ方は，高さ・形・雨の有無を組み合わせた簡単な決まりがある。まず，高さで3つの層に分け，上層の雲には名前の先頭に「巻」の字が，中層の雲には「高」の字がつき，下層の雲には名前の先頭に「巻」も「高」もつかない。次に形については，かたまり状の雲には「積」の字が，水平に広がる雲には「層」の字がつく。また，雨を伴う雲には「乱」の字がつく。

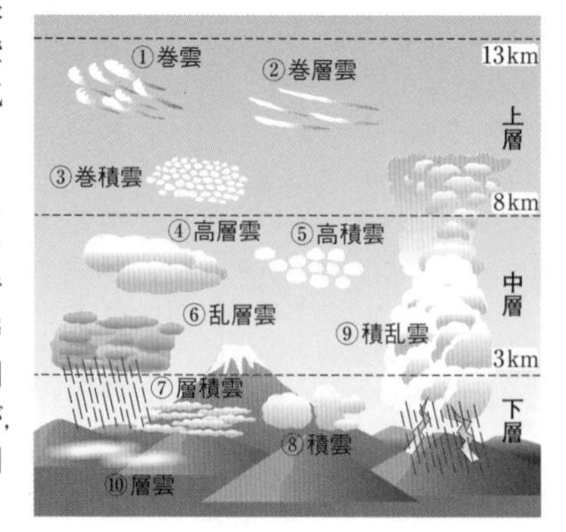

塾技 67 前線と天気の変化

1. **前線**…気温や湿度など，性質の異なる空気のかたまり(気団)どうしがぶつかると，すぐには混じり合わず，間に境ができる。この境の面のことを前線面といい，前線面が地表面と交わってつくる線のことを前線という。前線はそのでき方により，温暖前線・寒冷前線・停滞前線・閉そく前線の４つに分けられる，つゆ(梅雨)をもたらす梅雨前線や，秋の長雨をもたらす秋雨前線は，どちらも停滞前線である。

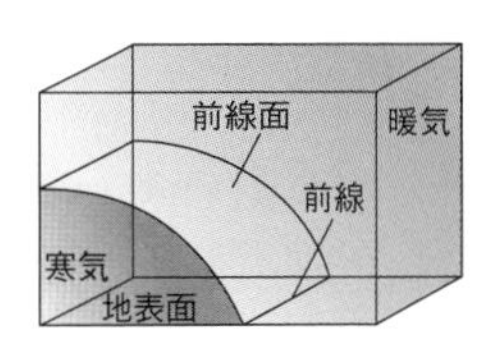

2. **寒冷前線**…寒気団の勢力が暖気団の勢力より強いときにできる前線で，寒気が暖気の下にもぐり込み，暖気を押し上げるように進む(図１)。寒冷前線のモデルとして，水槽内に仕切をして片側の空気を冷やし，線香の煙で満たしたあと，仕切りを上げるという実験がある(図２)。

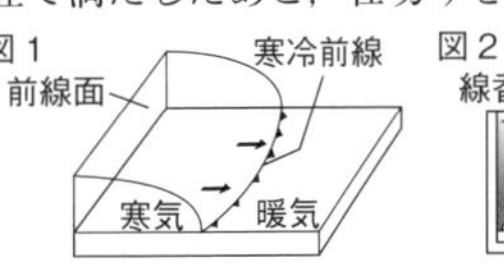

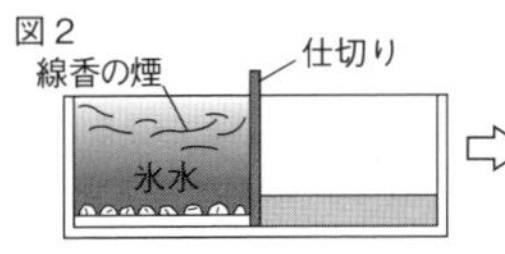

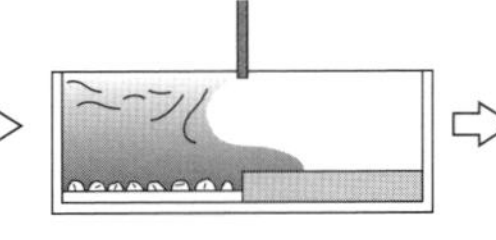

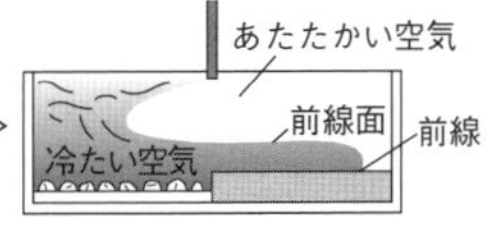

3. **閉そく前線**…寒冷前線と温暖前線をともなう温帯低気圧の中心付近で，寒冷前線が温暖前線に追いついたときにできる前線(図１)で，寒冷前線を押してきた寒気の温度が，温暖前線の寒気の温度より高い場合にできる温暖型閉そく前線(図２)と，低い場合にできる寒冷型閉そく前線(図３)がある。温帯低気圧は発生後，図４のＡ～Ｄように消滅する。

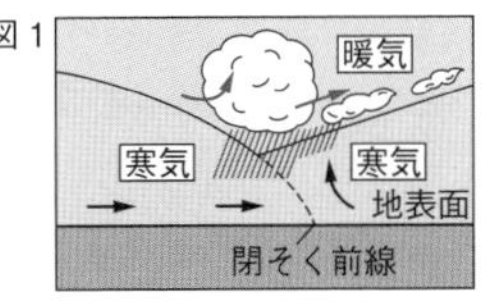

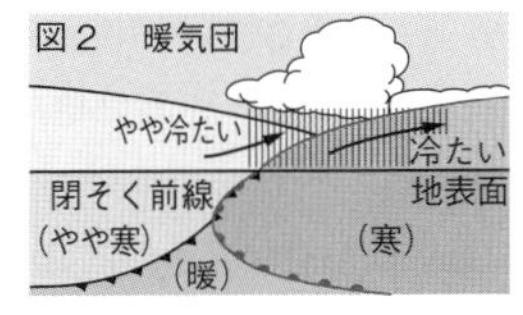

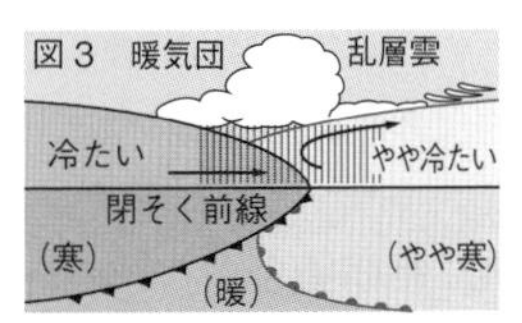

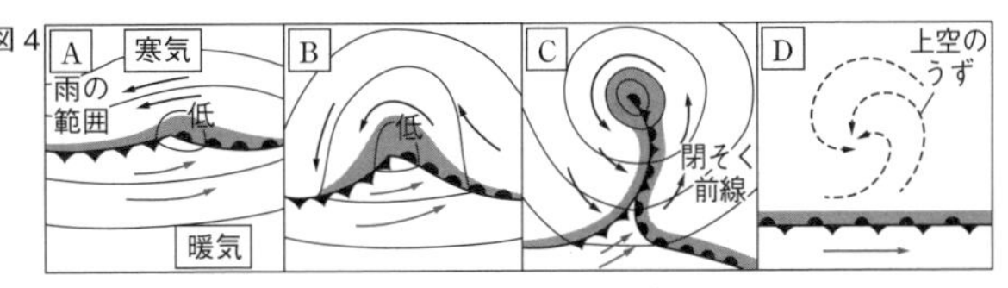

塾技 68 日本の天気

1. **気象衛星画像**…雲の分布を写した衛星画像は，気象衛星によって送られる。日本の気象衛星は「ひまわり」と呼び，赤道の約 36000km 上空を地球の自転に合わせて同じ向きに回っているためいつも同じ範囲を観測できる。

塾技 69 台風

1. **潜熱**…物質がその状態(気体・液体・固体)を変えるときに吸収または放出する熱の総称。

2. **台風の一生**…台風の一生は，大別すると発生期・発達期・最盛期・衰弱期の４つの段階に分けることができる。
   ① 発生期：海面水温が高い熱帯の海上では上昇気流が発生しやすく，この気流により次々と発生した積乱雲が多数まとまってうずを形成する。うずの中心付近の気圧が下がり，さらに発達して熱帯低気圧となり，中心付近の最大風速が 17.2m/s 以上に発達すると台風と呼ぶ。
   ② 発達期：台風となってから中心気圧が下がり，勢力が最も強くなるまでの期間。暖かい海面から供給された水蒸気が凝結して雲粒になるとき，潜熱を放出する。その熱により台風は発達していく。
   ③ 最盛期：中心気圧が最も下がり，最大風速が最も強くなる期間。
   ④ 衰弱期：台風は海面水温が熱帯より低い日本付近に到達すると，海からの水蒸気の供給量が減少する。さらに移動の際，海面や地上との摩擦で絶えずエネルギーを失い，衰えて，熱帯低気圧や温帯低気圧に変わる。

用語チェック　各塾技の中で説明がない用語をここで確認！

塾技 70　細胞分裂と生物の成長

1. **体細胞分裂**(ぶんれつ)…一般の細胞で行われている細胞分裂で，分裂後も染色体(せんしょくたい)の数は変わらないため，分裂によってできた細胞は分裂前の細胞とまったく同じ染色体，同じ遺伝子をもつ。体細胞分裂は，間期(G_1期・S期・G_2期)と分裂期（前期・中期・後期・終期）に分けられ，間期に染色体（DNA）が複製され，分裂期に核分裂および細胞質分裂が起こる。

2. **染色体**…細胞の核の中にあり，DNAとヒストンというタンパク質からなる糸状の構造物。染色液によく染まることから，その名がついた。染色体には，生物の形質（形や性質など）を決める遺伝子が存在している。

3. **DNA**…DNAはデオキシリボ核酸の略。遺伝子の本体として働く物質で，その細胞の設計図のようなものである。DNAは，糖の一種であるデオキシリボース，塩基と呼ばれる成分としてアデニン（A），グアニン（G），シトシン（C），チミン（T）およびリン酸を含み，らせん型にまきついた二重らせん構造をしている。ヒトの1つの細胞には46本の染色体（精子に含まれていた23本と，卵に含まれていた23本が受精で一緒になったもの）が入っている。ヒトの46本の染色体に含まれるDNAの長さを合計すると，およそ1.8mにもなる。この非常に長い分子を，直径わずか5μm～10μmの核の中に収納できるのは，DNAがヒストンと呼ばれるタンパク質に巻きついてヌクレオソームという構造をつくり，さらにこれがまとめられるような構造をとっているためである。

4. **相同染色体**…1個の体細胞には形や大きさが同じ染色体が2本ずつある。この一対の染色体を相同染色体という。相同染色体の片方は父親，他方は母親から由来したものである。例えば，右の図で，同じアルファベットで印をつけた染色体どうしが相同染色体である。図では，染色体は3種類で，それぞれ2本ずつ相同染色体をもつため，全部で，$3 \times 2 = 6$〔本〕の染色体がある。この染色体の種類を一般に「n」とおくと，n種類の染色体を2本ずつもつと$2n$，n種類の染色体を1本ずつしかもたなければnと表すことができる。例えば，この図の細胞の染色体数は$2n = 6$，エンドウの染色体数は$2n = 14$と表すことができ，ヒトは，$2n = 46$と表すことができる。

塾技 71　生物のふえ方

1. **形質**…それぞれの生物がもつ形や性質などの特徴を，形質という。

2. **減数分裂**…多細胞の動物の卵や精子，植物の卵細胞や精細胞がつくられるときの細胞分裂を減数分裂という。減数分裂は体細胞分裂と異なり，第一分裂と第二分裂の2回の細胞分裂が連続して起き，分裂の結果生じる4つの娘細胞の染色体数・DNA量は母細胞の半分となる（右図参照）。半分になった染色体数・DNA量は，受精を経てもとにもどる。

●減数分裂の様子

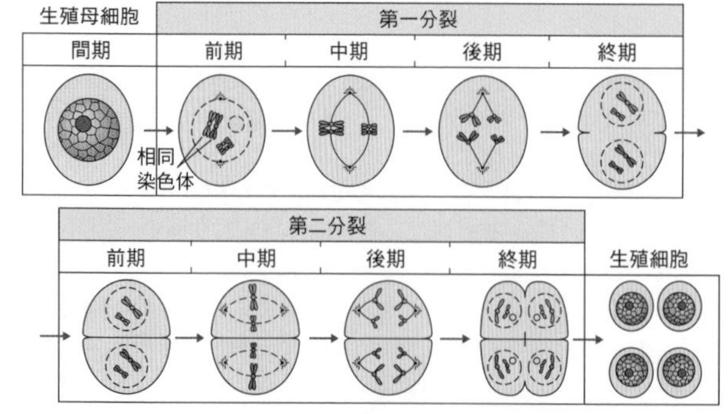

●体細胞分裂と減数分裂の染色体数変化

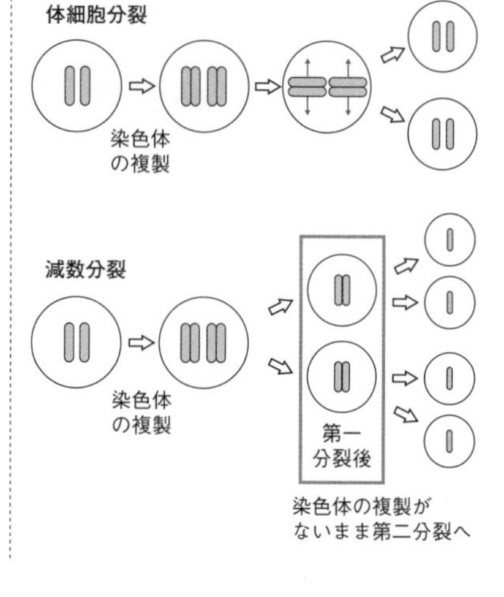

塾技 72 遺伝の規則性

1. **遺伝**…親の形質を子へ伝えることを遺伝という。遺伝は形質の設計図である遺伝子をのせた染色体を伝えることにより行われる。2本の相同染色体のうち，一方は父親から，他方は母親からもらったものであるため，2本の相同染色体は，形・大きさは同じでもそこに含まれる遺伝子情報は異なる。遺伝子・DNA・染色体はまぎらわしいが，遺伝子は情報，DNA は情報をもつ物質，染色体は DNA がタンパク質に巻きついた構造物である。本に例えると，本にかかれた内容(情報)が遺伝子で，情報がかかれている1冊分の紙(物質)が DNA，紙がまとめられて本という構造物になったものが染色体にあたる。

2. **メンデル**…オーストリアのブリュン(現在のチェコのブルノ)の司祭でもあった生物学者で，エンドウを使って遺伝の法則を発見した。メンデルがエンドウを使用した理由は，エンドウは花弁がおしべとめしべを包み込む構造(*p.90*)をしているため，昆虫が入り込めず，自然の状態では自家受粉のみが行われるため純系が維持されやすいことがある。

親　丸い種子の純系　A A　しわの種子の純系　a a
減数分裂
生殖細胞　A　A　a　a
子　A a　A a　A a　A a
丸い種子　丸い種子　丸い種子　丸い種子

3. **顕性形質・潜性形質**…対立形質をもつ純系どうしをかけ合わせたとき，子に現れる形質を顕性形質，子に現れない形質を潜性形質という。「顕性」は，形質が顕著に現れる性質という意味で，「潜性」は，普段は表に現れず潜っている性質という意味である。以前は，顕性を「優性」，潜性を「劣性」といっていたが，漢字の持つイメージが，優性の形質の方が劣性の形質よりも“優れている”という誤解や偏見を生みかねないという理由から，「顕性」，「潜性」になった。

4. **対立遺伝子**…対立形質を現す遺伝子を対立遺伝子，顕性形質を現す遺伝子を顕性遺伝子，潜性形質を現す遺伝子を潜性遺伝子という。対立遺伝子は相同染色体(そうどうせんしょくたい)(*p.202*)の対応する位置(遺伝子座)に1つずつ存在する。遺伝子の表し方は，ふつう，顕性遺伝子をアルファベットの大文字，潜性遺伝子を同じアルファベットの小文字で表す。

5. **独立の法則**…同時にはたらく2対以上の対立遺伝子(注目している遺伝子が別々の染色体上にある場合に限る)は，互いに影響されず，それぞれ独立して自由に組み合わさって生殖細胞に分配されるという法則。例えば，種子の形について丸(顕性)の遺伝子を A，しわ(潜性)の遺伝子を a，子葉の色について黄色(顕性)の遺伝子を B，緑色(潜性)の遺伝子を b とし，丸で黄色の純系の親(AABB)としわで緑色の純系の親(aabb)を交配させると，雑種第一代(F_1)はすべて丸で黄色(AaBb)となり，F_1 から生じる生殖細胞は，AB : Ab : aB : ab = 1 : 1 : 1 : 1，雑種第二代(F_2)は，丸・黄 : 丸・緑 : しわ・黄 : しわ・緑 = 9 : 3 : 3 : 1となる。種子の形のみ考えると，丸 : しわ = 12 : 4 = 3 : 1となっており，遺伝子型 Aa の F_1 を自家受粉させてつくった F_2 における出現比と同じことがわかる。このことからも，2対の対立遺伝子が互いに影響を及ぼし合わずに分配されたことがわかる。

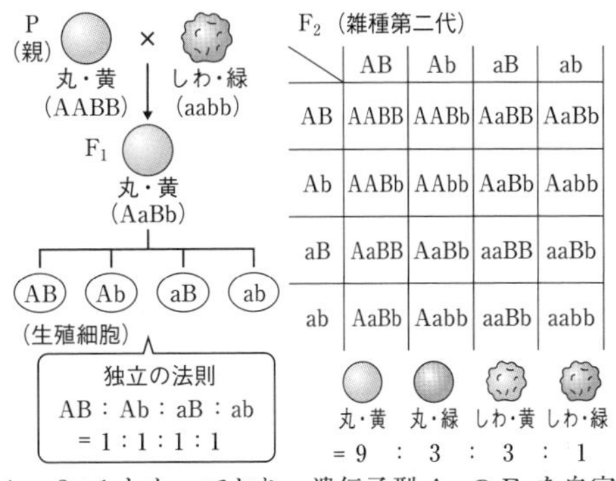

	AB	Ab	aB	ab
AB	AABB	AABb	AaBB	AaBb
Ab	AABb	AAbb	AaBb	Aabb
aB	AaBB	AaBb	aaBB	aaBb
ab	AaBb	Aabb	aaBb	aabb

6. **顕性の法則の例外**…対立遺伝子に顕性・潜性の関係がないとき，顕性の法則には従わない。例えば，マルバアサガオの赤花(遺伝子型を RR とする)と白花(遺伝子型を rr とする)を交配すると，生じる F_1 の遺伝子型は Rr となり，顕性の法則に従えばすべて赤花になるはずが，すべて桃色花となる。

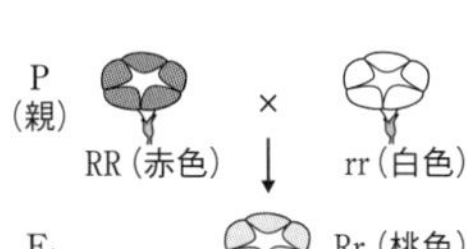

✓用語チェック 各塾技の中で説明がない用語をここで確認！

塾技 73 生物の変遷と進化

1. **進化**…地球上の生物は，ある共通の祖先から長い年月をかけてつくりがしだいに変化し，現在見られるようないろいろな仲間に分かれてきた。これを生物の進化という。

2. **始祖鳥**（しそちょう）…ドイツ南部の1億5000万年前（中生代）の地層から発見された，鳥類およびハチュウ類の両方の特徴をもつ動物である。
<鳥類の特徴>
① 羽毛をもち，くちばしがある
② 前足の骨格がつばさとよく似ている
<ハチュウ類の特徴>
① くちばしに歯，つばさの先に爪（つめ）がある
② 尾骨のある長い尾をもつ

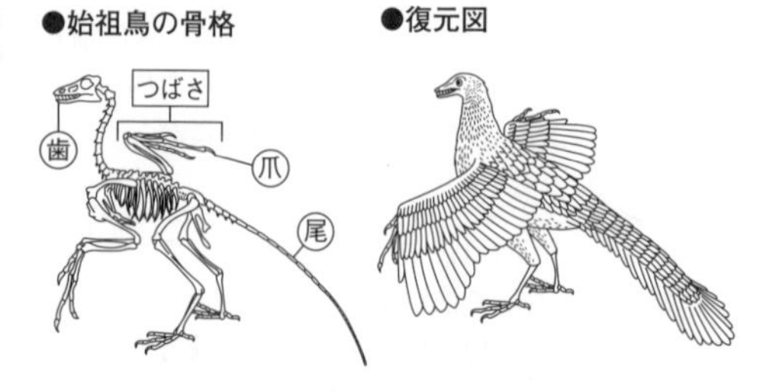

3. **シーラカンス**…何億年も前からあまり姿を変えずに生き続けてきた生物（生きている化石）の1つで，原始的な形をした魚類である。深海魚であるが，胸びれや腹びれに骨格があり，特に胸びれはセキツイ動物の前あしと相同で，魚類から両生類への進化の初期段階を表していると考えられている。

4. **カモノハシ**…オーストラリアに生息する生きている化石の1つで，全身が毛でおおわれ，雌は子を乳で育てるためホニュウ類に分類される。しかし，卵生で，体温が低く安定していないので，進化の過程で生じた初期段階のホニュウ類と考えられる。

5. **ハイギョ**…生きている化石の1つで，肺をもつ魚類。夏に水が干上がったときなどは，泥の中にもぐって粘液（ねんえき）でまゆをつくり，肺呼吸をしながら休眠する（夏眠という）。このほかにも，こどもの時期には，からだの外側に出るえらをもつなど，両生類の特徴をもつ魚類といえる。

塾技 74 生物どうしのつながり

1. **生産者・消費者**…光合成で有機物をつくり出す植物を生産者，生産者がつくった有機物や他の動物を食べる動物を消費者という。

2. **菌類・細菌類**（きんるい・さいきんるい）…カビやキノコのように，からだが菌糸と呼ばれる糸状の細長い細胞ででき，胞子でふえる生物を菌類，大腸菌や乳酸菌のように細胞の中に核がなく，細胞質の中にDNAが存在して，分裂によってふえる単細胞生物を細菌類という。

3. **根粒菌**（こんりゅうきん）…マメ科植物の根に共生（異なる生物が互いに利益を与えながら生活する現象）している細菌で，根粒というこぶ状組織をつくる。ふつうの生物は空気中の窒素を利用できないが，根粒菌は空気中の窒素を無機窒素化合物(NH_4^+)として取り込む。こうして取り込まれた無機窒素化合物を利用し，マメ科植物は有機窒素化合物であるタンパク質を合成する。

4. **プラスチック**…石油などを原料に人工的につくられた高分子化合物。プラスチックは有機物で，燃やすと二酸化炭素と水が発生する。共通する性質に，①電気を通しにくい，②腐食（ふしょく）しにくい，③熱を加えると変形しやすく容易に加工できる，などがある。ふつうプラスチックは微生物のはたらきで分解されないが，生（せい）分解性プラスチックは土の中で微生物により分解される。

●代表的なプラスチック

種類(略語)	性質	熱する	用途
ポリエチレンテレフタラート(PET)	透明で圧力に強い	燃えにくい(多少のすすが出る)	ペットボトル
ポリエチレン(PE)	油や薬品に強い	とけながらよく燃える	レジ袋 ボトルキャップ
ポリスチレン(PS)	透明度が高い	すすを出して燃える	ラベル CDケース
ポリプロピレン(PP)	熱に強い	とけながらよく燃える	ボトルキャップ

5. **地球温暖化**…大気中の二酸化炭素やメタンなどの気体には，地表から放出される熱を吸収し，再び熱を地表に向けて放出して地表をあたためるはたらき「温室効果」がある。そのため，二酸化炭素などの増加が地球の平均気温の上昇「地球温暖化」の主な原因の1つとされている。二酸化炭素が増える原因には，化石燃料（石油・石炭・天然ガスなど）やプラスチックの燃焼などがある。

塾技 75 太陽の動き①

1. **天球**…天体は，地球（観測者）を中心とした非常に大きな球形の天井にはりついて動いているように見える。このような見かけ上の球形の天井を天球という。観測者の真上の天球上の点を天頂，地軸が天球と交わる北側の点を天の北極，南側の点を天の南極，地球の赤道面の延長と天球が交わってできる線を天の赤道，観測地点の地平面を延長したものが天球と交わってできる線を地平線という。

2. **太陽の南中**…天体が真南の空にくることを南中といい，太陽が真南の空にくることを，太陽の南中という。時刻は，太陽が南中したときを正午と決めるが，日本では，東経 135° にある兵庫県明石市で太陽が南中した時刻を正午とし，これを日本標準時という。

3. **太陽の自転**…太陽の自転は黒点の観察からわかり，その周期は約 25 日である。ところが，黒点が太陽面上を 1 周してくる時間を地球上で観測すると，太陽の自転周期より約 2 日長く，約 27 日かかる。これは，太陽の自転方向が地球の公転方向と同じため，地球上から見て，ある黒点が太陽面を正しく 1 周したといえるためには，その間に公転によって地球が移動した分だけ，よけいに黒点が移動する必要があるからである。

4. **黒点**…太陽の表面温度は約 6000℃であるが，黒点はまわりより温度が低く，約 4000℃となっているため黒く見える。黒点は，太陽の内部にたまった磁場が表面につきぬけてできたものと考えられている。黒点の数は太陽の活動に関係があり，太陽の活動が活発になるほど太陽の磁力も強まり，黒点の数も増える。反対に，太陽の活動が低下すると，黒点の数が減る。黒点の数は約 11 年周期で変化している。

5. **透明半球**…太陽の動きをとらえるとき，直接観測しないで影を追いかける。このとき，透明半球を利用する。透明半球では，一定時間ごとにペンで印をつけるが，ペンの先の影が中心にくるような位置をさがして印（●）をつける。印の間隔が等しいことから，太陽の動く速さが一定であることがわかる。

塾技 76 太陽の動き②

1. **公転**…天体が，他の天体のまわりを回ることを公転といい，公転する通り道がある面を公転面という。地球は地軸を公転面に垂直な線に対し 23.4° 傾けたまま太陽のまわりを北極側から見て反時計回りに公転している。

2. **平均太陽日**…太陽が南中してから次に南中するまでを 1 日の長さと決めている。このように，太陽の動きを基準にして決めた 1 日の長さを太陽日という。太陽が見かけ上動く速さは，地球が太陽のまわりを回る軌道が完全な円ではなく楕円のため日によって違い，実際の太陽の南中時刻は日によって変化する。太陽の実際の動きで決める 1 日を視太陽日，太陽の実際の速さではなく，太陽が 1 年を通して同じ速さで動くと仮定して決める 1 日を平均太陽日という。日常使用している 1 日の長さ(24 時間)は，平均太陽日である。

3. **日影曲線**…1 日の太陽の影の動きを測定し，その影の先端どうしを結んだものを日影曲線という。季節によって日の出・日の入りの方位や南中高度が変化するため，日影曲線も変化する。例えば，夏至は太陽が真東より北寄りから昇り，真西より北寄りに沈むため，影は，真西より南寄りから真東より南寄りに向かって動く。

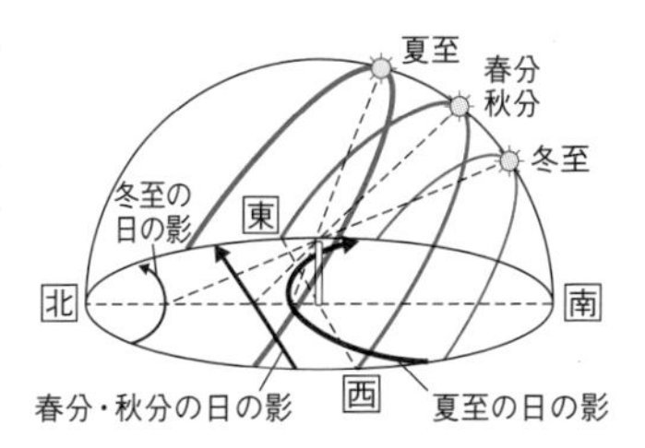

✓ 用語チェック　各塾技の中で説明がない用語をここで確認！

塾技 77　星の動き

1. 北極星…北極星はこぐま座の一部の2等星で，あまり目立たないため，見つけやすい北斗七星（ほくとしちせい）やカシオペヤ座を利用して見つける。

<北極星の特徴>

① 地軸のほぼ延長線上にあるため，ほとんど動かない。

② 北極星の高度 = その地点の緯度(右図)

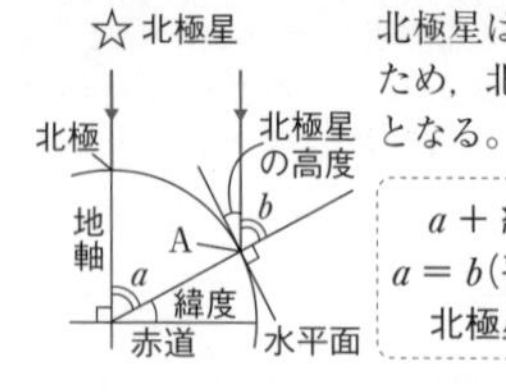

北極星は地球から非常に遠くにあるため，北極星からとどく光は平行光となる。

a + 緯度 = 北極星の高度 + b，
$a = b$(平行線の同位角)より，
北極星の高度 = A 地点の緯度

2. 季節の星座…真夜中，南の空に見える星座は決まっている。右の表はその代表的なもので，これらを季節の星座という。

季節	春	夏	秋	冬
星座	しし座	さそり座	ペガスス座	オリオン座

3. 黄道十二星座…黄道(天球上の太陽の通り道)にそって並んだ星占いによく使われる星座。地球から見て太陽に近い方向にあるため自分の誕生日にその星座は見えない。季節の星座とその季節に誕生した人に対応する星占いの星座は，それぞれ太陽をはさんで反対側あたりに位置する。

4. 恒星日（じつ）…太陽の動きで1日の長さを決める太陽日と同様に，恒星(自ら光を放つ星)が南中してから次に南中するまでを1日とした日のことを恒星日という。地球の自転周期と同様に，恒星日も24時間より少し短く，約23時間56分となる(右図参照)。毎日同じ時刻に見える星の位置は，1日約1°ずれるが，その1°にあたる時間が4分(60分 × 24 ÷ 360° = 4〔分〕)に相当するため，ある星の南中時刻は，1日につき約4分ずつ早くなることがわかる。

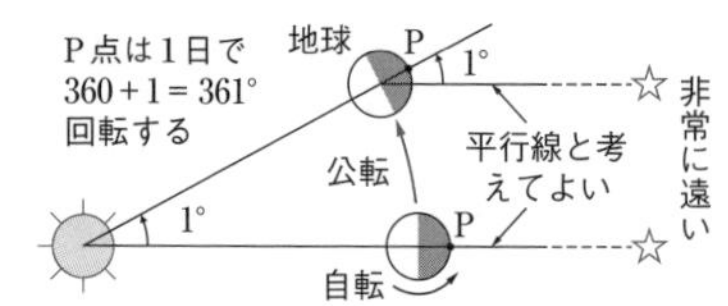

地球で太陽が南中してから次に南中するまでに，P地点は360 + 1 = 361°回転する。よって，恒星が1回転する時間は24時間より短くなる。

塾技 78　太陽と月

1.2. 月，衛星…惑星（わくせい）(太陽のまわりを公転する大きな天体)のまわりを公転している天体を衛星という。月は地球のまわりを公転する衛星である。月の重力は地球の重力の約$\frac{1}{6}$，直径(3480km)は地球の約$\frac{1}{4}$，太陽の約$\frac{1}{400}$で，表面はいん石の衝突によりできたクレーターがある。地球から月までの距離は約38万kmで，地球から太陽までの距離の約$\frac{1}{400}$となる。太陽は月より約400倍大きいが，地球からの距離も約400倍遠くにあるので，地球から見て太陽と月は同じくらいの大きさに見える。月と宇宙との境目がはっきりしていることから，月には大気がないことがわかり，いつ見ても雲がないことから，月には水がないことがわかる。

3.4. 日食，月食…太陽と月と地球の位置が，太陽・月・地球の順に一直線に並ぶ(月は新月)ときに日食が起こり，太陽・地球・月の順に一直線に並ぶ(月は満月)ときに月食が起こる。しかし，新月や満月のたびに日食や月食が起こるわけではない。これは，月の公転面(公転軌道)が地球の公転面(公転軌道)に対して約5度傾（かたむ）いているからである。日食には，皆既（かいき）日食(太陽が全部月にかくされ，コロナやプロミネンスが見られる)，部分日食(太陽の一部が月にかくされる)，金環日食(月の外側に太陽がはみ出し，光っているところが輪に見える)がある。一方，月食には，皆既月食(月の全体が地球の影に入る)と部分月食(月の一部が地球の影を通過し，月の一部だけ欠ける)がある。

約5°　太陽　月　地球

●皆既月食のしくみ

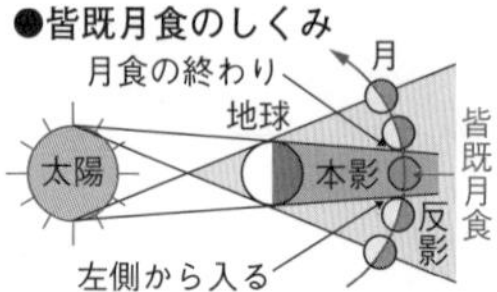

●日食での欠け方

右(西)側から欠け右側から満ちる

●月食での欠け方

左(東)側から欠け左側から満ちる

塾技 79 惑星の見え方

1. **内惑星・外惑星**…恒星のまわりを公転している大きな天体を惑星という。惑星はそれぞれ公転周期が異なるので，地球から他の惑星を観測すると恒星と異なる複雑な動きをする。惑星という名前は，“惑う星”という意味でつけられた名前である。惑星を分けるとき，地球より内側を公転しているか外側を公転しているかによる分け方があり，内側を公転している水星・金星を内惑星，外側を公転している火星・木星・土星・天王星・海王星を外惑星と呼ぶ。

2. **太陽面通過**…地球から見て内惑星である金星または水星が太陽の表面を通過する現象を，太陽面通過(日面通過)という。金星の太陽面通過は非常に珍しい現象で，直近では2012年6月6日に起こったが，次回は2117年12月である。金星の太陽面通過は，太陽－金星－地球が一直線上に並んだとき見られるが，通常，金星が内合(地球と太陽の間にあること)になっても，一直線上に並ばない。これは，金星の軌道が地球の軌道に対して3.4°傾いているからで，天球上では，金星は内合のとき太陽の北か南を通過していくように見える。一方，水星は金星よりも太陽に近いところをより速く公転しているため，水星の太陽面通過はあまり珍しい現象ではなく，21世紀には14回起こる。

3. **合・内合・外合・衝**…地球から惑星を見たとき，惑星が太陽と同じ方向にあるときを「合」，惑星が太陽の反対方向にあるときを「衝」という。内惑星の場合，「合」には，地球から見て太陽の前を通過する内合と，後ろを通過する外合がある。

4. **最大離角**…地球から見て，太陽と内惑星との間にできる角（太陽－地球－惑星がつくる角）を離角という。離角は，地球の中心から惑星の軌道に引いた接線上に惑星が来たとき最も大きく，これを最大離角（惑星が太陽の東側にあるときを東方最大離角，西側にあるときを西方最大離角）という。このとき，太陽－惑星－地球がつくる角度は90°になり，地球から見て惑星が太陽と最も離れる。例えばよいの明星は，日没直後，西の空に見える金星だが，太陽と離れているほど太陽が沈んでから金星が沈むまで時間がかかるため，最大離角のときが最も長く金星を観察できる。

5. **最大光輝**…金星が最も明るく見えるときを，金星の最大光輝という。金星の最大光輝は内合の前後36日頃で，全天で最も明るい恒星シリウスの20倍も明るい(－4.6等くらい)。外合や最大離角のときの方が光っている部分の割合が大きく明るくなりそうだが，地球－金星間の距離が近いほど見かけの大きさが大きくなるので，光っている部分の見かけの面積は，内合前後の三日月形よりやや太った形のときが最も大きく，明るくなる。

●金星の位置と地球からの見え方

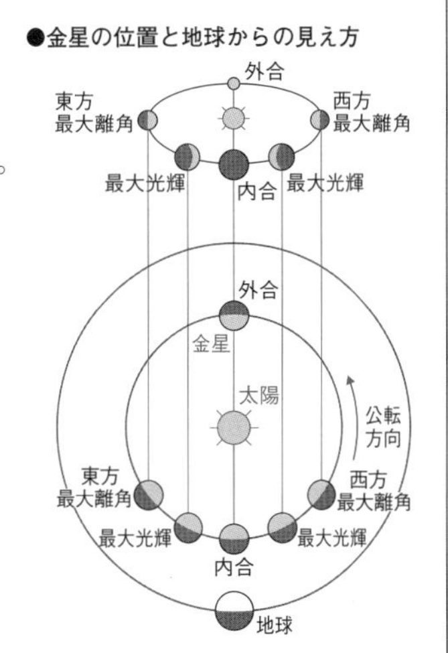

塾技 80 宇宙の広がり

1. **太陽系外縁天体**…海王星の軌道よりも外側を公転する，氷などでおおわれた小型の天体。かつて惑星とされていた冥王星もこの1つである。

2. **彗星**…氷のかたまりやちりが集まってできた小さな天体で，ほうき星とも呼ばれる。太陽に近づくととけてガス化して流され，太陽と反対側に長い尾を引くように見える。

3. **温室効果**…地表から宇宙へ出ていく熱の一部を二酸化炭素やメタンなどの温室効果ガスが吸収し，気温が上昇する現象。温室効果ガスである二酸化炭素などの増加が，地球温暖化の主な原因の1つとされている（温室効果に最も影響するのは水蒸気であるが，人間の力で調整できないため二酸化炭素濃度の上昇が問題になる)。また，金星の表面温度が約460℃に達しているのも，90気圧ともいわれる金星の大気のほとんどが，温室効果ガスの二酸化炭素で占められているためと考えられている。

著者紹介

森　圭示（もり　けいじ）

1969年静岡県生まれ。

東京理科大学大学院修了後，大手進学塾市進学院で長年にわたり多くの生徒を指導。

現在は，首都圏難関高校の合格率ですば抜けた実績を誇るZ会進学教室で教鞭を執る。そのわかりやすい授業で，多くの生徒を合格に導く傍ら，高校入試数学研究所を独自に立ち上げ，数学・理科の力をつけるための情報発信も行っている。著書に『塾で教える高校入試 数学 塾技100』『塾講師が公開！中学入試 算数 塾技100』（文英堂）などがある。

HP名 **「塾講師が公開！高校入試 理科 塾技80」**

URL **https://www.nyushi-sugaku.com/jukuwaza_rika.html**

▶ 近年，理科の入試問題は，実験結果から考察させる長文問題が多いという特徴があり，2ページ以上にわたる問題も多く見られます。ところが通常の参考書・問題集ではページの都合上，2ページに渡るような問題を扱うことはできません。そこで，『塾で教える高校入試理科塾技80』だからこそできる各塾技ごとの補充問題を，上記ホームページにて「**無料補充問題**」として公開中！本書と併せてご活用下さい。

姉妹サイト

HP名 **「塾講師が公開！わかる中学 数学」**

URL **https://www.nyushi-sugaku.com/**

▶ 上記ホームページにて，『塾で教える高校入試数学塾技100』の紙面の都合上，掲載しきれなかった入試問題を「**塾技100補充問題**」として公開しております。

◆ 執筆協力　森　美恵

ＤＴＰ業務・データ処理・Microsoft社Wordソフトサポート業務の経験を生かし，夫である著者の原稿作成を全面的に協力。

□ 編集協力　石渓徹　田中麻衣子　出口明憲

□ DTP　株式会社シーキューブ

□ 図版作成　藤立育弘

シグマベスト
塾で教える高校入試
理科　塾技80 [改訂版]

著　者　森圭示
発行者　益井英郎
印刷所　株式会社加藤文明社
発行所　株式会社文英堂
〒601-8121　京都市南区上鳥羽大物町28
〒162-0832　東京都新宿区岩戸町17
(代表)03-3269-4231

●落丁・乱丁はおとりかえします。

●「チャレンジ！ 入試問題」の問題文を載せています。

● 本冊の「例題」や「塾技チェック！ 問題」と同等の解答です。

●「別冊解答」単独で持ち運んで使用することができます。

文英堂

チャレンジ！入試問題 の解答

Q問題 1 光源装置から出た１本の光が，鏡で反射するときの様子を観察した。

> 観察１　図１のように光源装置から，鏡上の点Pに向けて１本の光を当てて，入射角と反射角を調べた。
> 観察２　図２のように，光源装置の位置と向きおよび点Pの位置をそのままにして，点Pを中心に鏡を10°だけ反時計回りに回転させ，入射角と反射角の変化を調べた。なお，鏡の厚さは無視する。

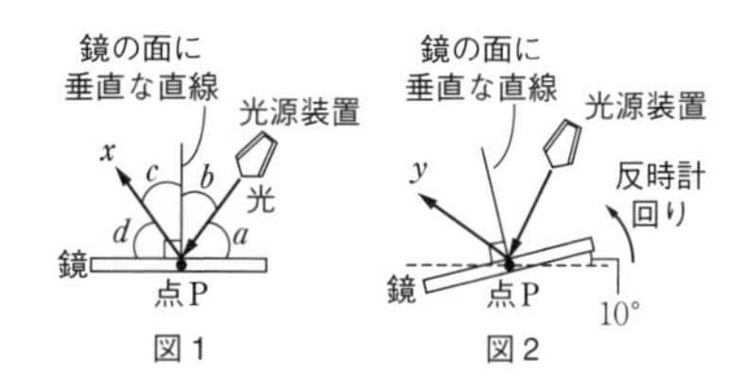

(1) 観察１で，鏡に対する光の入射角と反射角は，図１のそれぞれどれか。正しい組み合わせを右のア～エから１つ選べ。

	ア	イ	ウ	エ
入射角	a	a	b	b
反射角	c	d	c	d

(2) 観察２での反射光 y の方向は，観察１での反射光 x の方向と比べてどのように変化するか。次のア～オから１つ選べ。

ア　反時計回りに5°　　イ　反時計回りに10°　　ウ　反時計回りに20°
エ　反時計回りに30°　　オ　反時計回りに45°

（高田高）

A 解説と解答

(1) 入射角と反射角はそれぞれ鏡の面に垂直な直線(法線)と光のなす角であることに注意する。　答 ウ

(2)「塾技１**2**」より，反射光は鏡の回転角の２倍ずれるので，10 × 2 = 20°　答 ウ

> **反射光のずれ**　入射光の位置はそのままに鏡を a°回転させると，法線も a°ずれるので，入射角が a°ずれ，さらに，反射角も a°ずれる。よって，全体として $2a$°ずれることになる。

Q問題 2 図１は，光を鏡で反射させて消しゴムに当て，光の反射の仕方を調べる装置を模式的に示したものである。図２は，鏡を２枚直角に合わせて垂直に立て，その鏡の前にサイコロを置いて像を観察する装置を模式的に示したものである。これについて，下の(1)・(2)に答えよ。

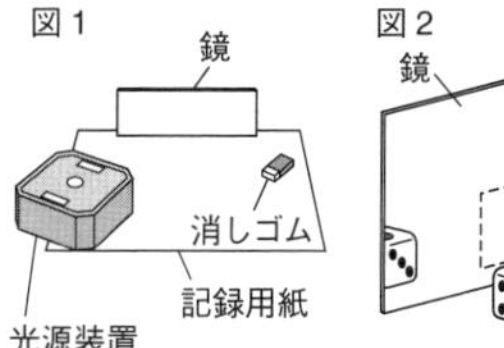

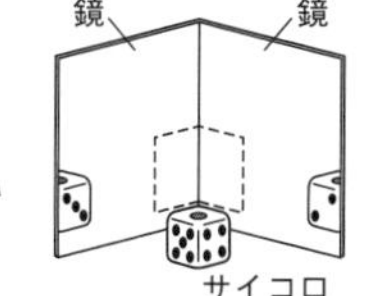

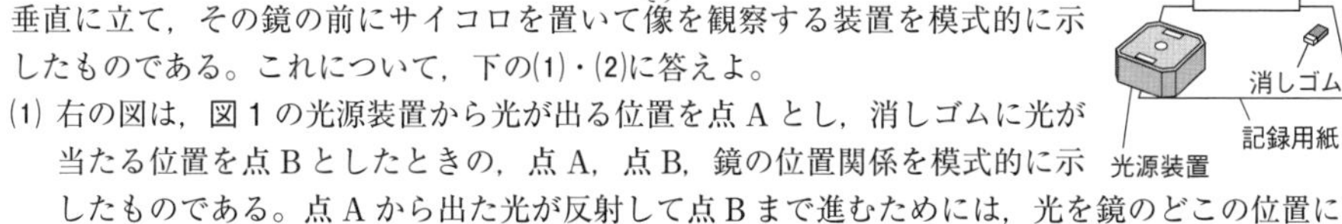

(1) 右の図は，図１の光源装置から光が出る位置を点Aとし，消しゴムに光が当たる位置を点Bとしたときの，点A，点B，鏡の位置関係を模式的に示したものである。点Aから出た光が反射して点Bまで進むためには，光を鏡のどこの位置に当てればよいか。図中のア～オの位置の中から適切なものを選び，その記号を書け。

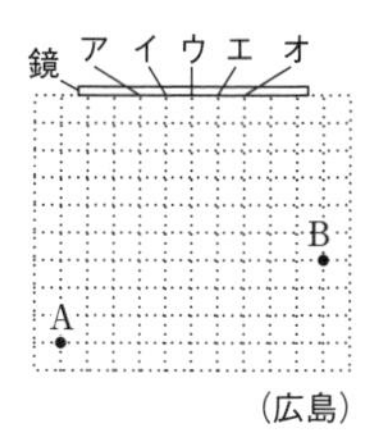

(2) 図２中の［　　］には，サイコロの像が見えている。次のア～エの中から，この像の見え方として適切なものを選び，その記号を書け。

ア 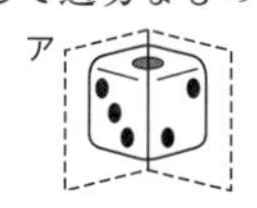
イ 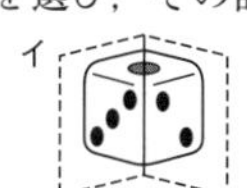
ウ 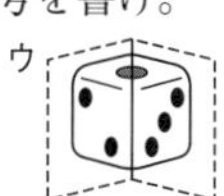
エ 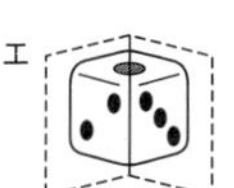

（広島）

A 解説と解答

(1) 反射点（ア～オ）にそれぞれ法線を引き，反射点とAおよび反射点とBを結んだとき,それぞれの直線と法線とのなす角が等しくなる点が求める反射点となる。右の図より，エとわかる。　答 エ

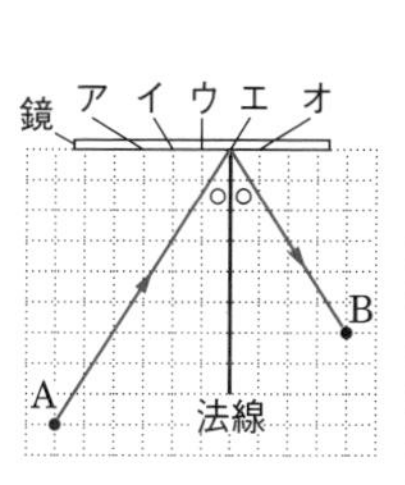

(2) 左側の鏡にうつっている３の目と右側の鏡にうつっている２の目は実物と左右反転になる。「塾技１**3**」(4)より，合わせ鏡の境目にできる第３の像は，境目方向から実物を見た時と左右が同じになる。以上より，［　　］には，ウの像が見えることがわかる。　答 ウ

塾技2 チャレンジ！入試問題 の解答

Q 問題 1 透明な物質中での光の進み方について調べた。

(1) 図1のように，水中に光源を置き，水面に向けて光を当てた。水面と光の進む向きのつくる角度が30°のとき，屈折(くっせつ)する光は観察されなかった。このことについて説明した次の文中のaには数値を，bには最も適当なことばを書け。

> 図1において屈折する光はなく，反射角［ a ］°で反射する光だけが観察された。この現象を［ b ］という。

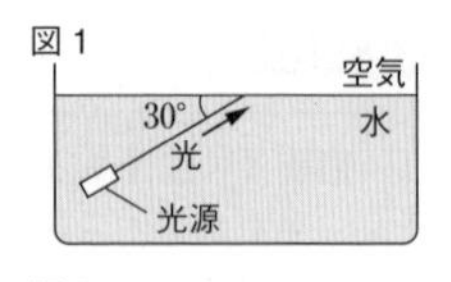

(2) 図2のように，実験台上に直方体の透明なガラスを置き，その後ろにチョークを立てた。図3は図2を真上から見たときの位置関係を示している。図3の点Pの位置からガラスを通してチョークを観察すると，どのように見えるか。次のア～エから1つ選べ。

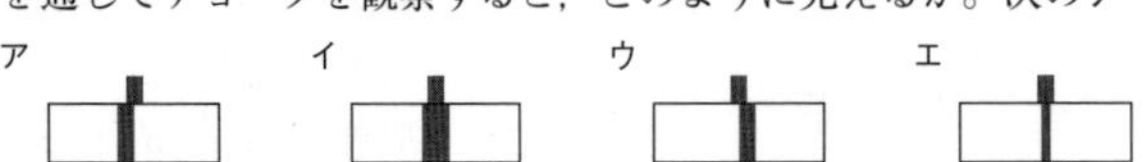

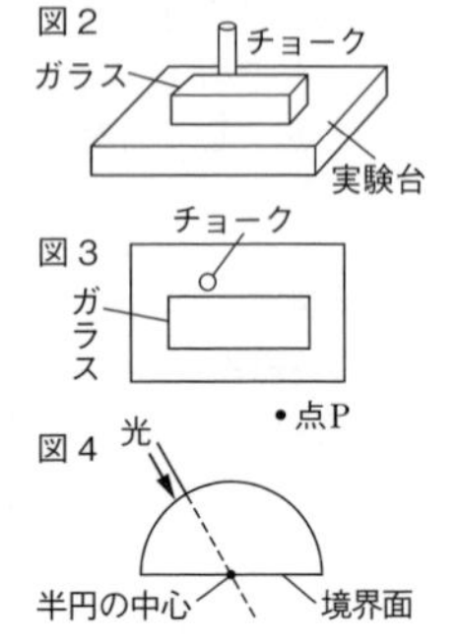

(3) 図4のように，半円形レンズの半円の中心方向へ光を入射した。光がレンズ中を進み，境界面で屈折し空気中へ出ていく道筋を図の中に実線でかけ。 (鹿児島)

A 解説と解答

(1) 図1で，入射角は 90 − 30 = 60° となり，水→空気の臨界角(約49°)を超えるので，光は屈折できず全反射が起こる。

答 **a：60，b：全反射**

(2)「**塾技2 3**」**例**②を考えればよい。ガラスを通して見えるチョークの下側は，右方向から見ると左方向にずれて見える。 答 **ア**

(3)「**塾技2 1**」(2)②より，下の図のようになる。

答
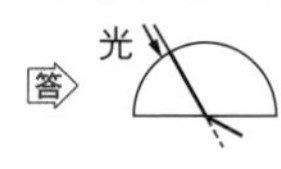

Q 問題 2 光の進み方を調べるために次の実験を行った。

実験 図1のような直角三角形の底面をもつ三角柱のガラスを用意した。ガラスの置き方をいろいろ変えて，図2のように水平な方向から光源装置の光を当て，光の進み方を調べた。図3，図4は，ガラスをそれぞれの図のように置いたときの，真上から見た光の道すじを矢印で示したものである。

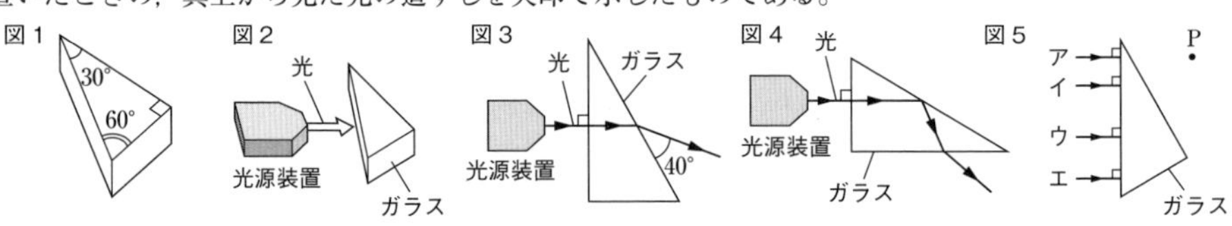

(1) 図3において，光がガラス内から空気中へ出ていくときの入射角と屈折角は，それぞれ何度か。

(2) 図5のようにこのガラスを置き，ガラスの左側から光源装置の光をガラスの面に垂直に当てたところ，ガラス内を通った光はP点を通った。このとき，ガラスに当てた光源装置の光として，最も適当なものはどれか，図3，図4にもとづいて図5のア～エから選べ。ただし，図5は真上から見たものである。 (北海道)

A 解説と解答

(1) 右の図で，aが入射角，bが屈折角となる。

$a = 90 - 60 = 30°$

$b = 90 - 40 = 50°$

答 **入射角：30度，屈折角50度**

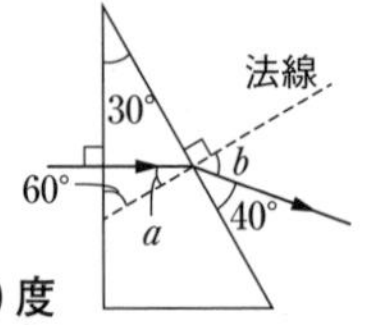

(2) 図6のように，ア，イ，ウから入射した光は屈折してP点から離れていく。一方，図7で，エから入射した光がガラス面Aに入射するときの入射角は，90 − 30 = 60° となるので，面Aで全反射し，その後，面Bで屈折して点Pを通る。 答 **エ**

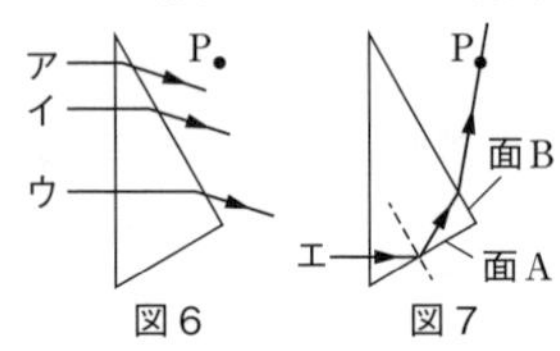

塾技（ワザ）3　チャレンジ！入試問題 の解答

Q問題 1　図１のように，物体（火のついたろうそく），凸レンズ，スクリーン，光学台を用い，スクリーン上に物体の像をはっきりとうつす実験を行った。これについて，あとの各問いに答えよ。

図１

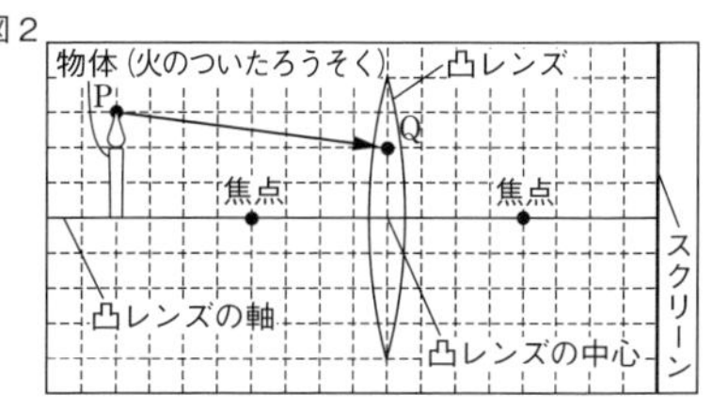

(1) 凸レンズをはさみ焦点距離の２倍の位置に，物体，スクリーンを置き，スクリーン上に物体の像をはっきりとうつす実験を行った。図２は，この実験を模式的に表したものであり，―▶は点Ｐから点Ｑに進んだ光の道すじを示している。点Ｐから点Ｑに進んだ光が，その後進む道すじを――を使って，図にかき入れよ。ただし，光は，凸レンズの中心を通る線上で屈折（くっせつ）しているものとする。

図２

(2) 凸レンズを固定して，物体より大きい像をスクリーン上にはっきりとうつすには，物体を光学台上のどの位置に置くことが必要か，その範囲を簡単に書け。

(3) (1)で行った実験で用いた凸レンズより焦点距離の短い凸レンズにかえて，スクリーン上に物体の像をはっきりとうつした。このとき，凸レンズからスクリーンまでの距離とうつる像の大きさは，(1)で行った実験のときと比べて，それぞれどのようになるか。最も適当なものを次のア～エから１つ選び，その記号を書け。ただし，焦点距離の短い凸レンズと物体は，図２に示した凸レンズと物体の位置にそれぞれ固定し，物体の大きさは変わらないものとする。

ア　距離は長くなり，像は大きくなる。　　イ　距離は長くなり，像は小さくなる。
ウ　距離は短くなり，像は大きくなる。　　エ　距離は短くなり，像は小さくなる。

（三重）

A 解説と解答

(1)「塾技３ **1**」の光④を作図する。物体が焦点距離の２倍の位置にあるので，スクリーンには物体と同じ大きさの倒立実像ができる。その先端（せんたん）と点Ｑを直線で結ぶ。

答

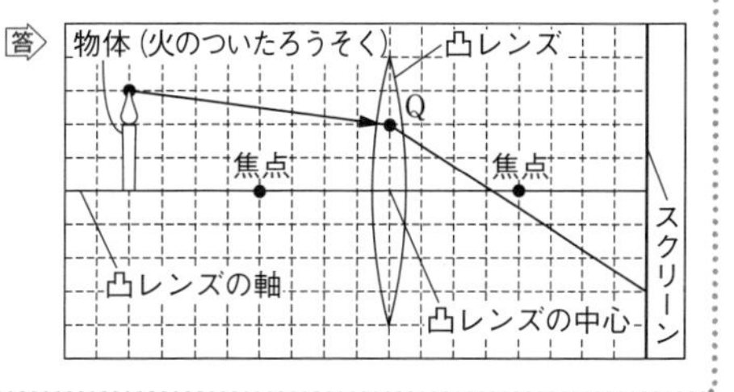

(2)「塾技３ **2**」(1)③の位置に置けばよい。
答 **焦点と焦点距離の２倍の点との間に置く**

(3)「塾技３ **2**」(3)より，エとわかる。　答 **エ**

Q問題 2　棒状の光源PQ，凸レンズ，スクリーン，光学台を使って，右図のような装置を組み立てて，スクリーンにできる光源の像P′Q′を観察した。まず，光源PQ，凸レンズ，スクリーンの位置を調節して，スクリーンにできる像P′Q′の大きさがPQの２倍になるようにした。

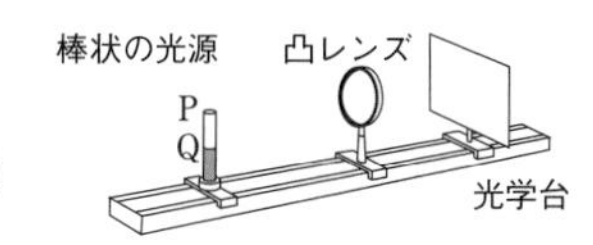

(1) このとき，凸レンズからPQまでの距離と，凸レンズの焦点距離との関係を正しく表している式を，下のア～オのうちから選び，記号で答えよ。ただし，凸レンズからPQまでの距離を a〔cm〕，凸レンズの焦点距離を f〔cm〕とする。

ア　$a > 2f$　　イ　$a = 2f$　　ウ　$2f > a > f$　　エ　$a = f$　　オ　$f > a > 0$

(2) このとき，凸レンズからスクリーンまでの距離は，凸レンズからPQまでの距離の何倍か。

（清風高）

A 解説と解答

(1)「塾技３ **2**」(2)より，$a = 1.5f$ のとき，像の大きさは２倍となる。　答 **ウ**

(2)「塾技３ **2**」(2)より，凸レンズからスクリーンまでの距離は，凸レンズからPQまでの距離の２倍になることがわかる。　答 **２倍**

チャレンジ！入試問題 の解答

Q 問題 1 モノコードの弦(げん)をはじいたときの音を調べた。図１のように，モノコードの中央にコマを置き，コマと弦が接する点をPとして，PQ間をはじいた。その音をマイクで集め，コンピューターにとりこんだところ，振動の様子が図２のようになった。縦軸(じく)は振幅を，横軸は時間を表している。

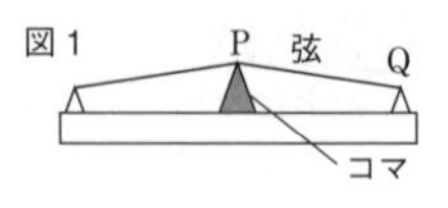

図２

(1) 次の①，②の振動の様子として，それぞれ最も適当なものを，ア～エから選べ。ただし，縦軸，横軸の１目盛りの値は図２と同じである。
① PQ間を強くはじいたとき
② コマを動かし，PQ間を短くしてはじいたとき

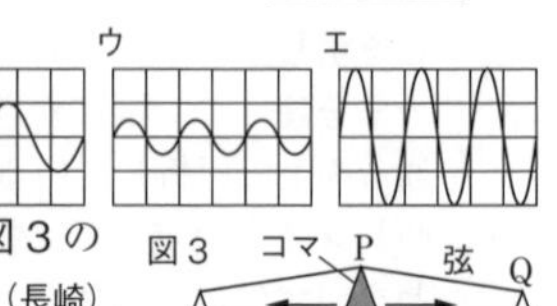

(2) 図１の弦を細い弦にかえて，弦の張り方の強さを初めの状態にした。PQ間をはじいて，図２と同じ高さの音を出すためには，コマを中央から図３のア，イのどちらに動かせばよいか。理由を含めて答えよ。 (長崎)

図３ コマ P 弦 Q ア イ

A 解説と解答

(1) ①「塾技４ **2**」(2)①より，弦を強くはじくほど振幅が大きくなり，大きな音になる。しかし，音の高さは変わらないため，振動数は図２と同じになる。 答 エ

②「塾技４ **2**」(2)②より，弦を短くすると振動数は多くなり，高い音になる。音の大きさについては問題文で与えられていないが，図２の振幅と同じものと考える。 答 ア

(2) 答 **ア，理由：弦を細くすると音が高くなるので，同じ音を出すためにはコマをアの向きに動かし，PQ間を長くして音を低くすればよい。**

Q 問題 2 水平でまっすぐなレールの上を電車が一定の速さ17m/sで走っている場合を考える。この電車の先頭にはAさんが乗っていて，電車の前方には止まっているBさんがいるとする。AさんとBさんとの間の距離が170mになった時から，Aさんが振動数1900Hzの音が出る笛(ふえ)を２秒間吹き続けた。ただし，この笛の音が空気中を伝わる速さは340m/sであり，風はないものとする。

(1) Aさんが笛を吹き始めてから，Bさんに笛の音が聞こえ始めるまでに何秒かかるか。
(2) Aさんが笛を吹き終えてから，Bさんに笛の音が聞こえなくなるまでに何秒かかるか。
(3) Bさんは何秒間笛の音を聞くことになるか。
(4) (3)で笛の音が聞こえている間にBさんの所では3800回空気が振動したことになる。Bさんが聞く笛の音の振動数は何Hzか。
(5) Bさんが聞く音は，Aさんが止まったまま音を出す場合と比べ，高く聞こえるか，低く聞こえるか答えよ。またその理由を，(4)で求めた振動数を用いて述べよ。 (東邦大付東邦高改)

A 解説と解答

(1) 170 ÷ 340 = 0.5〔s〕 答 **0.5秒**

(2) 電車はAさんが笛を吹いた２秒間で，17 × 2 = 34〔m〕進むので，Aさんが笛を吹き終えた瞬間のAさんとBさんの間の距離は，170 − 34 = 136〔m〕となる。Aさんが最後に出した音がBさんに伝わる時間が求める時間となるので，136 ÷ 340 = 0.4〔s〕 答 **0.4秒**

(3) Aさんが笛を吹き終えた瞬間の音は，Aさんが笛を吹き始めてから，2 + 0.4 = 2.4〔s〕後にBさんに聞こえる。一方，(1)より，笛がBさんに聞こえ始めるのは0.5秒後なので，Bさんは，2.4 − 0.5 = 1.9〔s〕間，笛の音を聞くことになる。 答 **1.9秒間**

(4) 1.9秒間で3800回空気が振動しているので，1秒では，3800 ÷ 1.9 = 2000〔Hz〕 答 **2000Hz**

(5) 答 **高く聞こえる，理由：Bさんが聞く音の振動数は2000Hzで，この音は，Aさんが出した音の振動数の1900Hzより振動数が多いから。**

チャレンジ！入試問題 の解答

Q 問題 1 ばねにはたらく力の大きさが1.0Nのとき，9cmのびるばねを用いて次のような実験を行った。

実験1 図1のようにばねに物体Pをつるしたところ，ばねは5.4cmのびて静止した。

実験2 ばねの下方に台を置き，ばねに物体Pをつるしたところ，図2のように，物体Pが台の上に接して静止した。このときばねは4.5cmのびた。

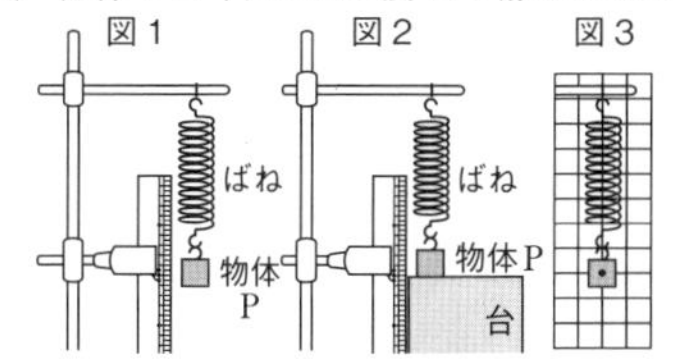

(1) 実験1で，物体Pにはたらく力を図3に矢印でかき入れよ。ただし，方眼1目盛りは0.2Nの力の大きさを表すものとし，作用点には黒丸（●）をつけ，重力の作用点は，すでに示してある黒丸（●）を使うこと。

(2) 実験2で，物体Pが台を押す力の大きさは何Nか，書け。　（千葉改）

A 解説と解答

(1)「**塾技5 2**」より，ばねののびは加えた力に比例する。比例式を用いて物体Pの重さ(xとする)を求めると，$1:9=x:5.4$ より，$x=0.6$〔N〕とわかる。「**塾技5 1**」より，物体Pにはばねが P を引く力と，地球が P を引く力がはたらくので，2本の矢印をかく。　答

(2) ばねが上向きの力(yとする)で引いているので，物体Pが台を押す力は，$(0.6-y)$Nとなる。$1:9=y:4.5$ より，$y=0.5$〔N〕。よって，求める力は，$0.6-0.5=0.1$〔N〕　答 **0.1N**

Q 問題 2 自然の長さが同じばねA，ばねBの2本のばねを使って，ばねに加える力とばねののびとの関係を調べる実験を図1のようにして行った。その結果，図2のグラフが得られた。これについて，以下の各問いに答えよ。

ただし，ばねを自然の長さから1.0mのばすのに必要な力の大きさをばね定数と呼び，その単位は〔N/m〕で表される。また，ばねの重さは無視できるものとする。

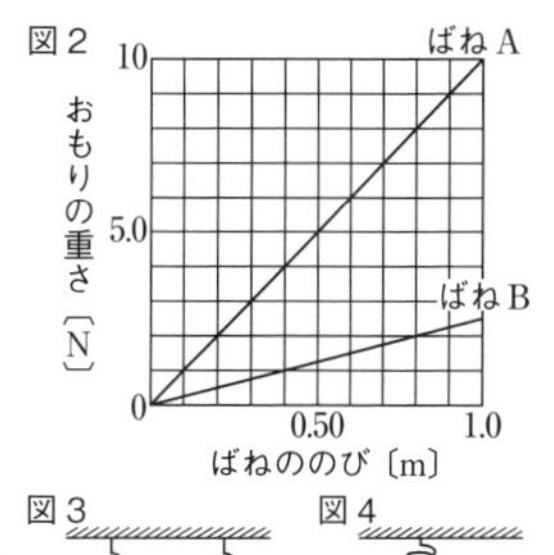

(1) ばねAとばねBのばね定数はそれぞれいくらか。

(2) 重さの無視できる棒の両端（りょうたん）にばねA，Bを取り付け，それぞれのばねのもう一方の端（はし）を天井に固定した。次に，重さ5.0Nのおもりを棒が天井と平行になるように移動させたところ，図3の状態でつり合った。このときのばねAにはたらく力の大きさを求めよ。

(3) 図3のとき，ばねは何mのびたか。

(4) 図3で，ばねA，Bを1本のばねとみなしたとき，このばねのばね定数はいくらか。

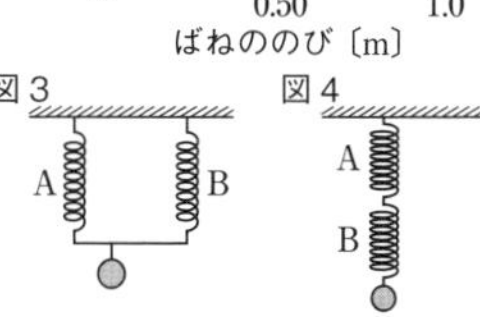

(5) 図4のように，ばねA，Bをつないで，ばねAの上端を天井につけ，ばねBの下端に重さ2.0Nのおもりをつるした。ばねA，Bを1本のばねとみなしたとき，このばねのばね定数はいくらか。　（大阪星光学院高）

A 解説と解答

(1) ばねAのばね定数は，図2より，10N/mとわかる。ばねBは，0.40mのばすのに1.0Nの力が必要なので，1mのばすには，$1.0\div0.40=2.5$〔N〕の力が必要となる。　答 **ばねA：10N/m，ばねB：2.5N/m**

(2)「**塾技5 4**」(2)①より，ばねAとばねBに加わる力の比は，$10:2.5=4:1$となる。　答 **4.0N**

(3) ばねAのばね定数は10N/mなので，のびは，$4.0\div10=0.40$〔m〕　答 **0.40m**

(4) (3)より，ばねA，Bを1本のばねとみなしたとき，5.0Nの力で0.40mのびたことになる。よって，求めるばね定数は，$5.0\div0.40=12.5$〔N/m〕　答 **12.5N/m**

(5)「**塾技5 3**」より，ばねA，Bにはそれぞれ2.0Nの力が加わる。このとき，ばねAは，$2.0\div10=0.2$〔m〕，ばねBは，$2.0\div2.5=0.8$〔m〕のびるので，2つのばねののびの合計は，$0.2+0.8=1.0$〔m〕となる。よって，ばねA，Bを1本のばねとみなしたときのばね定数は，$2.0\div1.0=2.0$〔N/m〕　答 **2.0N/m**

塾技（ワザ）6 チャレンジ！入試問題 の解答

Q問題 1 ある金属の質量を上皿てんびんで調べたところ 13.3g であった。右図は水が 10.0cm^3 入ったメスシリンダーにこのかたまりを沈（しず）めたときの様子である。

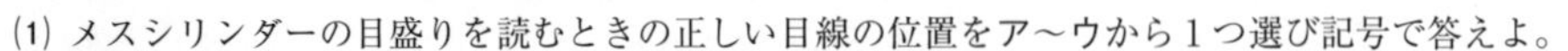

(1) メスシリンダーの目盛りを読むときの正しい目線の位置をア～ウから１つ選び記号で答えよ。
(2) 金属のかたまりの体積は何 cm^3 か。小数第一位まで答えよ。 （愛光高）

A解説と解答

(1)「**塾技 6 1**」①より，イとわかる。 **答** イ
(2) メスシリンダーの目盛りは 11.5cm^3 なので，体積は，$11.5 - 10.0 = 1.5$〔cm^3〕 **答** 1.5cm^3

Q問題 2 顕微鏡において，接眼レンズを 10 倍から 15 倍に，対物レンズを 10 倍から 40 倍にかえたとき，視野の広さは理論上どのように変化するか。「○○倍に広くなる」，「○○分の１に狭くなる」，「変化しない」のいずれかの形で答えよ。 （東海高）

A解説と解答

顕微鏡の倍率は，$10 \times 10 = 100$〔倍〕から $15 \times 40 = 600$〔倍〕と 6 倍になるので，「**塾技 6 4**」(1)②より，視野は，36 分の１に狭くなる。 **答** 36 分の１に狭くなる

Q問題 3 顕微鏡の対物レンズを「× 10」から「× 40」にするにあたっての操作として適当でないものを，次のア～エのうちから１つ選び，その記号を書け。

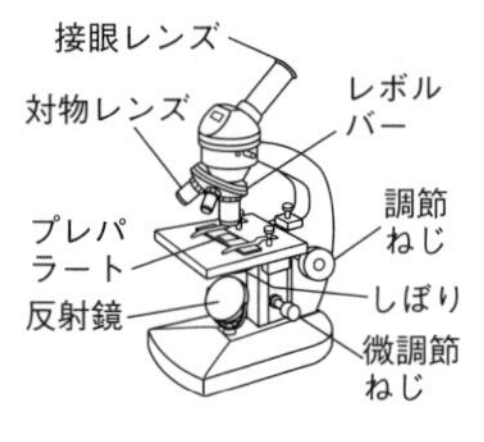

ア 「× 10」のときに，見るものが視野の中央にくるようにしてから「× 40」にする。
イ 「× 40」に変えたあと細かな部分をくわしく観察するために微調節ねじを調整する。
ウ 「× 40」に変えると視野全体が明るくなるので，しぼりや反射鏡を調整し，光の強さを弱くする。
エ 「× 40」の対物レンズは「× 10」より長いので，プレパラートにぶつからないようにしてレボルバーを回す。 （千葉）

A解説と解答

対物レンズの倍率を上げると，観察物をより拡大して見ることができるかわりに視野自体は狭くなる。視野が狭くなると，対物レンズに入る光量も少なくなるため，視野全体が暗くなる。また，対物レンズは，倍率が高いほど焦点距離が短いため，観察物に近づく必要があり，長くなる。 **答** ウ

Q問題 4 顕微鏡での観察について，次の問いに答えよ。

(1) 右の図は，接眼レンズ，対物レンズを真横からみた模式図である。接眼レンズは「× 5」，「× 10」，「× 15」の３種類，対物レンズは「× 7」，「× 15」，「× 40」の３種類である。図の接眼レンズと対物レンズを組み合わせたとき，倍率が４番目に低くなるのは，どれとどれの組み合わせか。ア～カの記号で答えよ。

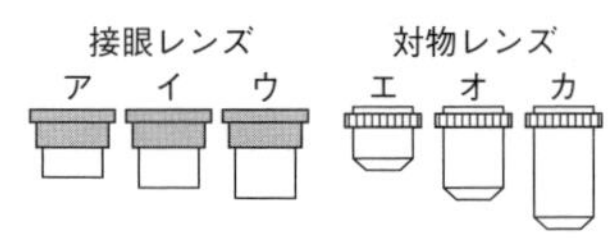

(2) ある細胞を，「× 5」の接眼レンズと，「× 15」の対物レンズの組み合わせで観察したところ，細胞が視野の中央に観察された。プレパラートを動かさず，対物レンズのみを「× 40」のものに変えたとき，視野における細胞の面積は，対物レンズを変える前の何倍になるか。分数で答えよ。 （青雲高改）

A解説と解答

(1)「**塾技 6 4**」(1)①より，接眼レンズは短いものほど倍率が高く，対物レンズは長いものほど倍率が高い。顕微鏡の倍率の低い方から調べていくと，$15 \times 7 = 105$〔倍〕が４番目に低くなる。 **答** アとエ
(2) 対物レンズは $\frac{40}{15} = \frac{8}{3}$ 倍になったので，視野における面積はその２乗の $\frac{64}{9}$ 倍となる。 **答** $\frac{64}{9}$ 倍

チャレンジ！入試問題 の解答

Q 問題 1 炭素と水素と酸素からなる化合物がある。このうち，炭素や水素が含まれていることを確認するために，まず，集気ビン内で十分な酸素を加えながら燃焼させた。この後，どのような方法でどのような結果を得て，何という物質の存在を確認すればよいかを表に簡潔に書きこめ。

確認したい元素	方法と結果	検出された物質
炭素		
水素		

（大阪教育大附高平野改）

A 解説と解答

答

確認したい元素	方法と結果	検出された物質
炭素	発生する気体を石灰水に通すと，石灰水が白く濁る。	二酸化炭素
水素	生じた液体を塩化コバルト紙につけると，青色から赤色に変わる。	水

Q 問題 2 物質の密度を調べるために，液体Xと液体Yの体積と質量を測定したところ，表のような結果となった。次に，液体Xと液体Yを同じ質量ずつはかりとり，それらを1つのビーカーに入れ，しばらく静かに置いておくと，2つの液体は混ざらずに上下に分かれた。右の図のア～エから，このときの様子を表しているものとして，最も適当なものを1つ選び，その記号を書け。

表〔1気圧，20℃での値〕

	体積〔cm^3〕	質量〔g〕
液体X	50	50
液体Y	50	40

図

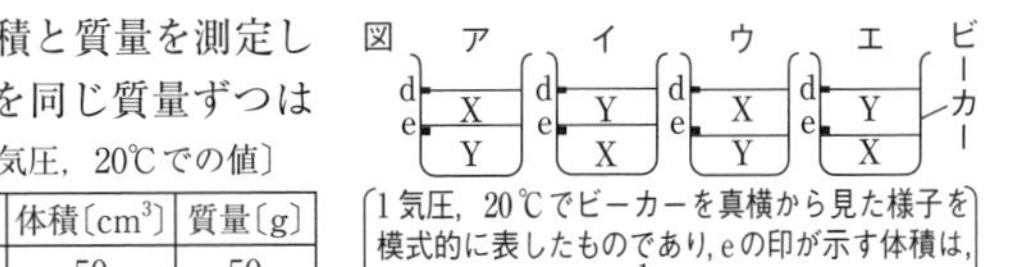

（1気圧，20℃でビーカーを真横から見た様子を模式的に表したものであり，eの印が示す体積は，dの印が示す体積の$\frac{1}{2}$である。）

（愛媛改）

A 解説と解答

表より，液体Xの密度は，$\frac{50}{50}=1.0$〔g/cm^3〕，液体Yの密度は，$\frac{40}{50}=0.8$〔g/cm^3〕とわかり，「**塾技7 3**」(2)より，液体Yは液体Xに浮く。さらに，同じ質量では液体Yの方が体積は大きくなるので，エとわかる。

答 エ

Q 問題 3 4種類の白い粉末状の物質A，B，C，Dは，砂糖，重そう，食塩，デンプンのいずれかである。A，B，C，Dを見分けるために，次の実験1，2，3を順に行った。

実験1 A，B，C，Dをそれぞれ1gはかり，別々の試験管に入れ，それぞれ5cm^3の水を加えてよく混ぜた。C，Dは完全にとけたが，A，Bの粉末は試験管に残っていた。

実験2 A，Bの粉末をそれぞれ燃焼さじにのせ，ガスバーナーで加熱した。その結果，Aはほとんど変化がみられなかった。Bは黒くなり燃焼したため，石灰水の入った集気びんに入れた。燃焼後の集気びんをふると石灰水が白く濁ったので，二酸化炭素が発生したと確認できた。

実験3 C，Dの水溶液に，電流が流れるかどうかを調べた。その結果，Cの水溶液には電流が流れたが，Dの水溶液には流れなかった。

このことについて，次の問いに答えよ。

(1) A～Dはそれぞれどの物質か答えよ。

(2) Bのように，燃焼して二酸化炭素が発生するものはどれか。次のア～オのうち，あてはまるものをすべて選び，記号で書け。

ア　アルミニウムはく　　イ　ペットボトル（PET）　　ウ　ろうそく
エ　スチールウール　　オ　ガラスびん

（栃木改）

A 解説と解答

(1) 実験1より，A，Bは重そうまたはデンプン，C，Dは砂糖または食塩とわかる。一方，実験2より，Bは有機物のデンプンと決まるので，Aは重そうとわかる。さらに，実験3より，Cは電解質の食塩で，Dは非電解質の砂糖とわかる。　答 **A：重そう，B：デンプン，C：食塩，D：砂糖**

(2) 有機物を選べばよい。（ア，エは金属，オは非金属）　答 **イ，ウ**

物質・エネルギー　中1で習う分野　身のまわりの物質

チャレンジ！入試問題 の解答

Q問題 1 塩化ナトリウムと硝酸カリウムそれぞれの溶解度をさまざまな温度で調べたところ，表のような結果になった。これを使って，次の問いに答えよ。

100g の水にとける質量〔g〕

温度	20℃	40℃	60℃
塩化ナトリウム	37	38	39
硝酸カリウム	32	64	110

⑴ 水の入った容器に少量の塩化ナトリウムを入れ，かき混ぜずに十分長い間放置した場合，どうなるか。次のア～ウから最も適当と思われるものを１つ選び記号で答えよ。ただし，水は蒸発しないものとする。

ア　容器中の液体の下の方が濃い水溶液ができる

イ　均一な濃さの水溶液ができる

ウ　均一な濃さの水溶液ができ，さらに放置すると下の方が濃くなる

⑵ 40℃の水 100g に硝酸カリウムをとかして飽和水溶液をつくった。この溶液の質量パーセント濃度はいくらか。答えが割り切れない場合は，小数第一位を四捨五入して，整数で答えよ。

⑶ 60℃の硝酸カリウム飽和水溶液 105g を加熱して 40g の水を蒸発させたのち，20℃に冷却するとき，何 g の硝酸カリウムが結晶になって出てくるか。答えが割り切れない場合は，小数第二位を四捨五入して，小数第一位まで答えよ。

（大阪星光学院高改）

A解説と解答

⑴「**塾技 8 1**」⑴より，塩化ナトリウムはかき混ぜなくてもとける。１度水溶液ができると，水が蒸発して少なくならない限り，塩化ナトリウムの粒子（りゅうし）は水溶液中に均一に散らばったままとなる。 **答 イ**

⑵「**塾技 8 1**」⑷より，$\frac{64}{100 + 64} \times 100 = 39.0\cdots \rightarrow 39$〔%〕 **答 39%**

⑶ 60℃の水 100g に硝酸カリウムは 110g とける。このときできる飽和水溶液の質量と硝酸カリウムの質量の比は，$(100 + 110) : 110 = 21 : 11$ となるので，60℃の硝酸カリウム飽和水溶液 105g の中に含まれる硝酸カリウムの質量は，$105 \times \frac{11}{21} = 55$〔g〕，水の質量は，$105 - 55 = 50$〔g〕とわかる。これを加熱して 40g の水を蒸発させたので，20℃に冷却したときの溶液中の水の量は 10g となる。20℃の水 10g にとける硝酸カリウムは，$32 \times \frac{10}{100} = 3.2$〔g〕より，$55 - 3.2 = 51.8$〔g〕の結晶が出る。 **答 51.8g**

Q問題 2 硝酸カリウムは 100g の水に 40℃で 64g，60℃で 110g までとかすことができる。

⑴ 60℃の硝酸カリウムの飽和水溶液 100g を 40℃に冷却すると何 g の結晶が生じるか。小数第二位を四捨五入し，小数第一位まで答えよ。

⑵ 40℃の硝酸カリウムの飽和水溶液が 150g あった。この水溶液から水を 20g 蒸発させた後，ふたたび 40℃に保つと何 g の結晶が生じるか。小数第二位を四捨五入し，小数第一位まで答えよ。

⑶ 60℃の硝酸カリウムの飽和水溶液を，40℃に冷却したところ 10g の結晶が生じた。初めの 60℃の飽和水溶液は何g か。小数第二位を四捨五入し，小数第一位まで答えよ。

（清風南海高）

A解説と解答

⑴ 60℃の水 100g にとかした硝酸カリウムの飽和水溶液 210g を 40℃に冷やすと，$110 - 64 = 46$〔g〕の硝酸カリウムの結晶が生じるので，飽和水溶液 100g では，$46 \times \frac{100}{210} = 21.90\cdots \rightarrow 21.9$〔g〕の硝酸カリウムの結晶が生じることになる。 **答 21.9g**

⑵ 40℃の水 20g にとけていた硝酸カリウムが出てくるので，$64 \times \frac{20}{100} = 12.8$〔g〕 **答 12.8g**

⑶ ⑴より，60℃の硝酸カリウム飽和水溶液 210g を 40℃に冷やすと，46g の硝酸カリウムが出てくる。10g の結晶が出たことより，初めの飽和水溶液の質量は，$210 \times \frac{10}{46} = 45.65\cdots \rightarrow 45.7$〔g〕 **答 45.7g**

 チャレンジ！入試問題 の解答

Q問題 1 5つのビーカーA～Eを用意し，それぞれにうすい塩酸40.0gを入れた。図のようにして，薬包紙にのせた石灰石1.0gとビーカーAを電子てんびんにのせ，反応前の全体の質量を測定した。次に，薬包紙にのせた石灰石をビーカーAに入れた。二酸化炭素の発生がみられなくなってから，薬包紙とビーカーAを電子てんびんにのせ，反応後の全体の質量を測定した。その後，ビーカーB～Eのそれぞれに入れる石灰石の質量を変えて，同様の実験を行った。表は，この結果をまとめたものである。

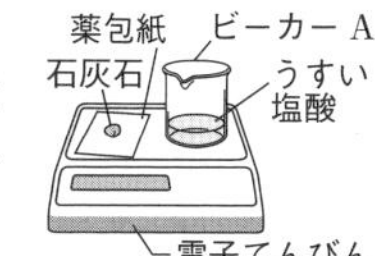

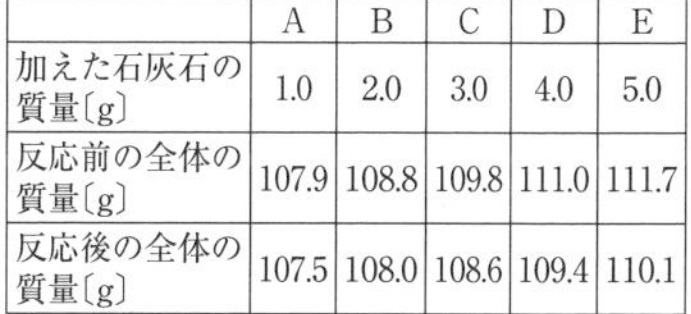

	A	B	C	D	E
加えた石灰石の質量〔g〕	1.0	2.0	3.0	4.0	5.0
反応前の全体の質量〔g〕	107.9	108.8	109.8	111.0	111.7
反応後の全体の質量〔g〕	107.5	108.0	108.6	109.4	110.1

(1) 反応後のビーカーEには，未反応の石灰石が残っていた。何gの未反応の石灰石が残っていたと考えられるか。

(2) 表をもとに，加えた石灰石の質量と発生した二酸化炭素の質量の関係を，右のグラフに点線（----------）でかけ。

(3) この実験において用いた塩酸を水でうすめて質量パーセント濃度を半分にする。このうすめた塩酸を，新たに用意した5つのビーカーのそれぞれに20.0g入れる。その他の条件は同じにして同様の実験を行うと，石灰石の質量と発生した二酸化炭素の質量の関係を表すグラフはどのようになると考えらえるか。(2)のグラフに実線（———）でかけ。 （静岡改）

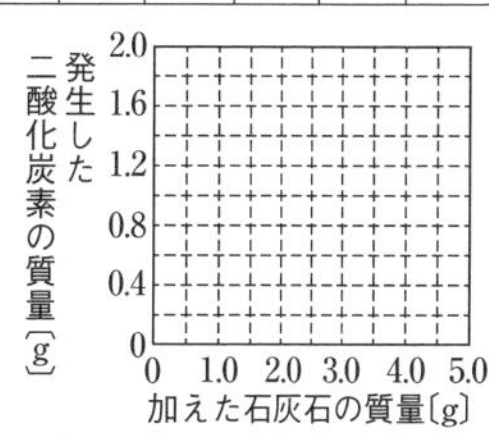

A 解説と解答

(1), (2) 質量保存の法則より，発生した二酸化炭素の質量は，反応前の全体の質量から反応後の全体の質量を引けばよいことがわかるので，それぞれのビーカーにおける発生量を求めてグラフにすると，右の点線のグラフとなる。グラフより，うすい塩酸40.0gと過不足なく反応する石灰石の質量は4.0gとわかるので，ビーカーEには，未反応の石灰石が，5.0 − 4.0 = 1.0〔g〕残ることになる。

答 **1.0g**

答

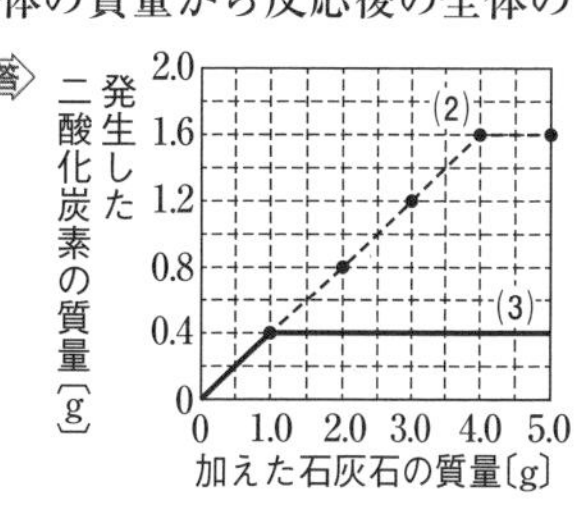

(3) 塩酸の質量パーセント濃度を半分にし，さらに各ビーカーに加えた塩酸の質量も40.0gから20.0gと半分にしているので，過不足なく反応する石灰石および発生する二酸化炭素の質量はともに$\frac{1}{4}$となる。

Q問題 2 うすい塩酸5.0gを入れたビーカーに石灰石2.0gを加えると反応し，気体が発生した。反応が終わってから，ビーカーの中に残った反応後の物質の質量を測定し，表に記入した。次に石灰石の質量は変えずに，最初に使ったうすい塩酸と同じ濃さの塩酸の質量を表のように変えて同様の実験を繰り返し，反応後の物質の質量を測定して，表にまとめた。

うすい塩酸の質量〔g〕	5.0	10.0	15.0	20.0
反応後の物質の質量〔g〕	6.7	11.4	16.1	21.1

(1) うすい塩酸が5.0gのときに発生した気体は何gか書け。ただし，答えは小数第一位まで表せ。

(2) うすい塩酸10.0gと石灰石2.0gの反応が終わった後のビーカーに，同じ濃さのうすい塩酸を少しずつ加えていくと気体はさらに発生した。気体は最大であと何g発生するか書け。ただし，答えは小数第一位まで表せ。 （長野）

A 解説と解答

(1) 質量保存の法則より，発生した気体の質量は，反応前の塩酸と石灰石の質量の和から反応後の物質の質量をひいて，5.0 + 2.0 − 6.7 = 0.3〔g〕と求められる。

答 **0.3g**

(2) (1)と同様にして，塩酸の質量と発生した気体の質量の関係を求めると，下の表のようになる。表より，石灰石2.0gが過不足なく塩酸と反応すると，0.9gの気体が発生することがわかるので，気体は最大であと，0.9 − 0.6 = 0.3〔g〕発生する。

うすい塩酸の質量〔g〕	5.0	10.0	15.0	20.0
二酸化炭素の質量〔g〕	0.3	0.6	0.9	0.9

答 **0.3g**

塾技(ワザ) 10 チャレンジ！入試問題 の解答

Q問題 うすい塩酸とマグネシウムを反応させたときに発生する気体の体積を調べる実験を行った。発生した気体は，図１のように水で満たしたメスシリンダーを用いて集めた。これについて，あとの問いに答えよ。

実験１ うすい塩酸（塩酸 A）$5.0cm^3$ を用いて，マグネシウムの質量と発生した気体の体積の関係を調べた。その結果は**表１**のようになった。また，**表１**をもとに，用いたマグネシウムの質量と発生した気体の体積との関係をグラフに表すと，図２のようになった。

図１

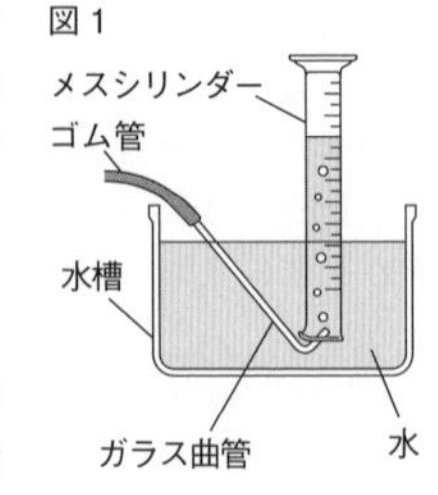

図２

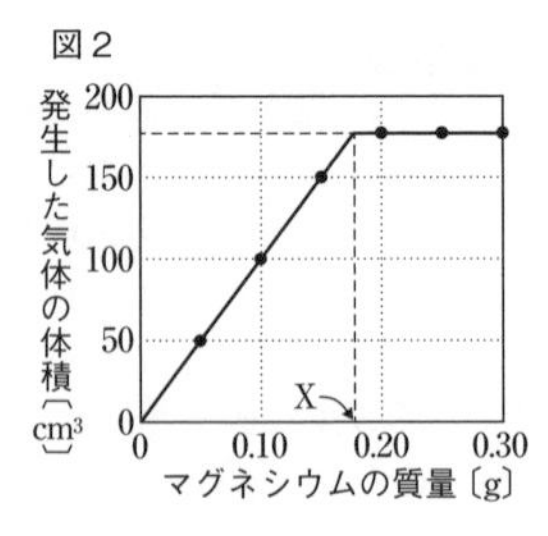

実験２ マグネシウム 0.30g に**実験１**とは濃度の異なる塩酸（塩酸 B）を加え，塩酸 B の体積と発生した気体の体積の関係を調べた。その結果，**表２**のようになった。

表１

マグネシウムの質量〔g〕	0.05	0.10	0.15	0.20	0.25	0.30
発生した気体の体積〔cm^3〕	50.0	100.0	150.0	180.0	180.0	180.0

表２

塩酸 B の体積〔cm^3〕	2.0	4.0	6.0	8.0	10.0	12.0
発生した気体の体積〔cm^3〕	30.0	60.0	90.0	120.0	150.0	180.0

(1) この実験で発生した気体は何か。気体名を答えよ。
(2) この実験のような気体の集め方を何というか。
(3) 図２のグラフのように，塩酸 A$5.0cm^3$ にある量以上のマグネシウムを加えたとき，発生する気体の体積が一定になるのはなぜか。次の文の □ にあてはまることばを 20 字以内で答えよ。
「一定量の塩酸 A と反応する □ 。」
(4) 図２のグラフの点 X は何 g か。
(5) **実験１**の結果から，塩酸 A$7.5cm^3$ にマグネシウムを 0.20g 加えたときに発生する気体の体積は，何 cm^3 と考えられるか。
(6) 塩酸 A のかわりに塩酸 B$5.0cm^3$ を用いて，**実験１**と同様の実験を行ったときのマグネシウムの質量と発生した気体の体積の関係を，右のグラフに表せ。（広島大附高改）

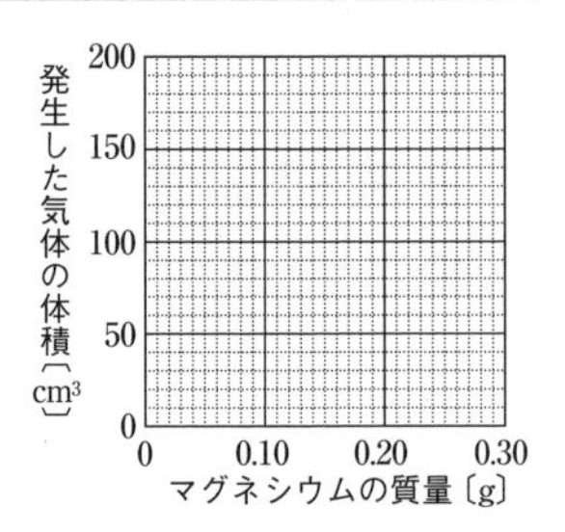

A 解説と解答

(1)「塾技 10 **1**」より，水素が発生する。 答 **水素**
(2) 水素は水にとけにくいので，通常，水上置換法で集める。 答 **水上置換法**
(3) 答 **マグネシウムの質量は決まっているから。**
(4) 表１と図２より，0.10g のマグネシウムでは $100.0cm^3$ の水素が発生していることがわかる。よって，水素が $180cm^3$ 発生するのに必要なマグネシウムの質量 X は，$0.10 \times 1.8 = 0.18$〔g〕 答 **0.18g**
(5) (4)より，塩酸 A$5.0cm^3$ が過不足なく反応するマグネシウムの質量は 0.18g で，このとき $180.0cm^3$ の水素が発生する。一方，マグネシウム 0.20g と過不足なく反応する塩酸 A の体積を Ycm^3 とすると，$5.0 : 0.18 = Y : 0.20$ より，$Y = 5.55\cdots$〔cm^3〕となり，A$7.5cm^3$ にマグネシウム 0.20g はすべてとけることがわかる。図２より，マグネシウム 0.10g のとき $100.0cm^3$ の水素が発生することより，マグネシウム 0.20g では，$200.0cm^3$ の水素が発生すると考えられる。 答 **$200.0cm^3$**
(6) 表２より，塩酸 B$10.0cm^3$ が反応したとき水素が $150.0cm^3$ 発生しているから，半分の塩酸 B$5.0cm^3$ が反応したとき発生する水素は最大 $75.0cm^3$ とわかる。
一方，このとき過不足なく反応するマグネシウムの質量を yg とすると，$0.10 : 100.0 = y : 75.0$ より，$y = 0.075$〔g〕となり，これ以上マグネシウムを増やしても，水素の発生量は変わらないことがわかる。

答

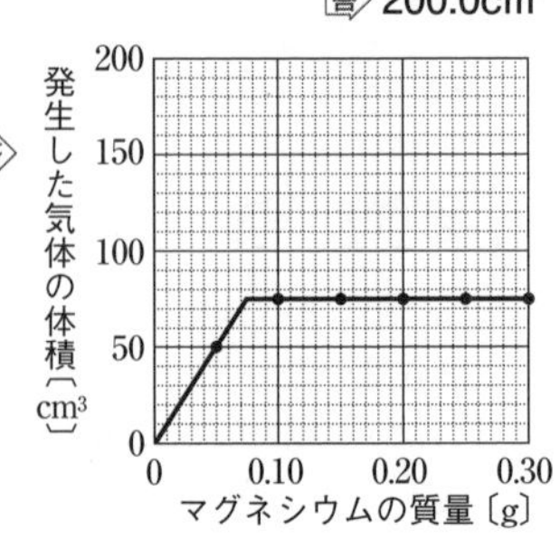

チャレンジ！入試問題 の解答

Q問題 1 図のように，試験管に炭酸アンモニウム$(NH_4)_2CO_3$を入れて加熱した。三角フラスコA，BにはBTB溶液を加えた水が入っている。発生した気体を三角フラスコA，Bに通すと，それぞれ何色に変わるか。　（ラ・サール高改）

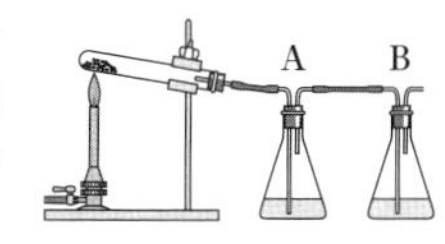

A 解説と解答

「**塾技 11 1**」(1)より，炭酸アンモニウムを加熱すると，アンモニアと水，二酸化炭素が生じる。アンモニアは水に非常によくとけるので，フラスコAのBTB溶液を加えた水には発生したアンモニアがほとんどとけ，水溶液はアルカリ性となり，BTB溶液を加えた水は青色に変わる。一方，二酸化炭素は水に少しとけるので，フラスコBのBTB溶液を加えた水に二酸化炭素を十分に通すと水溶液は酸性になり，BTB溶液は黄色を示す。　答 **フラスコA：青色，フラスコB：黄色**

> **アンモニアの発生と加熱の有無**　上記の実験のように，アンモニアの発生には加熱が必要な反応が多い。「塾技 11 1」(1)にあげたアンモニアの発生法のうち加熱が必要ないものに，塩化アンモニウムに水酸化ナトリウムと少量の水を加えたものがあるが，水酸化ナトリウムはとけると多量の熱を発生するため，この反応では加熱が必要ないのである。

Q問題 2 アンモニアを用いて次のような実験を行った。

操作①　試験管にアンモニア水を入れて穏やかに加熱しアンモニアを発生させ，図1のように，乾いた丸底フラスコに集めた。

操作②　操作①で集めたアンモニアが入っている丸底フラスコを用いて，図2のような実験器具を組み立てた。

操作③　フラスコ内にスポイトで少量の水を入れた。その結果，ビーカーの水がガラス管を上がり，フラスコの中で噴水となった。

図1　アンモニア水　沸騰石

図2　スポイト　ビーカー　フェノールフタレイン溶液を数滴加えた水

図3　ガラス棒　塩酸

(1) 図1のような気体の集め方を何というか。漢字で答えよ。

(2) 操作③で，フラスコ内で噴水となった水は何色に変化するか。

(3) 操作③においてフラスコ内で噴水ができた理由を，次の文の形で答えよ。
「アンモニアが（7字以内）ため，フラスコ内の圧力が（4字以内）から。」

(4) アンモニアと同様に空気よりも密度が小さい気体が発生するものを次のア～オの中から記号で答えよ。
ア　亜鉛(あえん)にうすい塩酸を加える　　イ　石灰石にうすい塩酸を加える
ウ　二酸化マンガンにうすい過酸化水素水を加える　　エ　硫黄(いおう)を燃焼させる
オ　炭酸水素ナトリウムを加熱する

(5) 図3のようにアンモニアを十分に満たしたフラスコの口の部分に，塩酸をつけたガラス棒を近づけたところ，白煙が生じた。このことについて正しいものを次のア～オの中から記号で答えよ。
ア　気体の二酸化炭素が生じた　　イ　液体のアンモニアが生じた　　ウ　液体の塩化水素が生じた
エ　固体の塩化アンモニウムが生じた　　オ　液体の水が生じた　（開成高改）

A 解説と解答

(1)「**塾技 11 1**」(2)②・③より，上方置換法で捕集する。　答 **上方置換法**

(2) アンモニアがとけたフェノールフタレイン溶液は赤色を示す。　答 **赤色**

(3) 答 **水にとけた（水にとけこんだ），下がった**

(4) アは水素（空気より軽い），イは二酸化炭素（空気より重い），ウは酸素（空気より重い），エは二酸化硫黄（空気より重い），オは二酸化炭素（空気より重い）がそれぞれ発生する。　答 **ア**

> **参考**　水素は空気の重さの約0.07倍，二酸化炭素は約1.5倍，酸素は約1.1倍，二酸化硫黄は約2.2倍

(5)「**塾技 11 1**」(2)④より，塩化アンモニウムの白色の固体を生じる。　答 **エ**

塾技(ワザ) 12 チャレンジ！入試問題 の解答

Q問題 右の図は，水を氷の状態からゆっくりと加熱したときの，加熱した時間と温度との関係を模式的に表したものである。

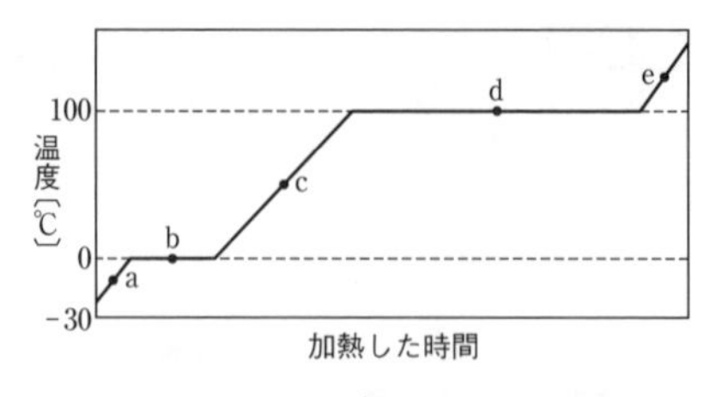

(1)〜(5)の問いに答えよ。

(1) 図のb点の前後では，0℃で温度が一定になっている。このときの温度のことを何というか，その名称を書け。

(2) 図のd点で，水はどのような状態であるか，次のア〜ウから最も適当なものを1つ選び，その記号を書け。
ア　固体と液体　　イ　液体と気体　　ウ　固体と気体

(3) 右のX，Y，Zは，固体，液体，気体のいずれかの状態における，物質をつくる粒子(りゅうし)の運動の様子を模式的に表したものであり，●は粒子を表している。図のa点，c点，e点における水の粒子の運動の様子を表すものとして最も適当なものを，それぞれX，Y，Zから1つずつ選び，その記号を書け。

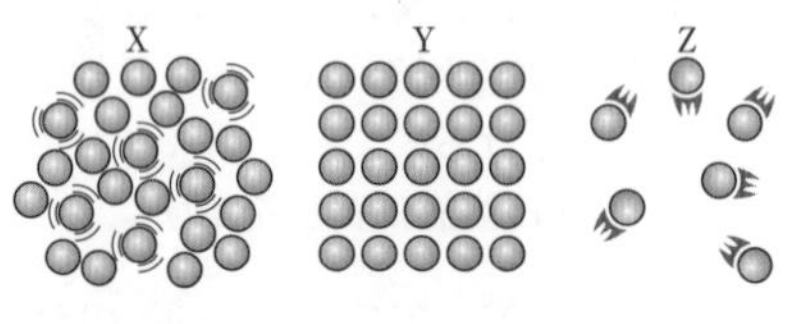

(4) 液体を加熱して気体にすると，体積は大きくなる。4℃の水(液体)10cm^{3}を加熱して，100℃の水蒸気にすると，体積はおよそ何cm^{3}になると考えられるか。次のア〜エから最も適当なものを1つ選び，その記号を書け。ただし，水(液体)はすべて水蒸気になるものとし，4℃の水(液体)の密度は1.00g/cm^3，100℃の水蒸気の密度は0.00060g/cm^{3}とする。
ア　1700cm^3　　イ　6000cm^3　　ウ　17000cm^3　　エ　60000cm^3

(5) 一般に，固体を同じ物質の液体に入れると固体は沈むが，氷を水(液体)の中に入れると，氷は浮く。氷が水(液体)に浮く理由を，「体積」と「密度」という2つの語句を使って簡単に書け。　(山梨)

A解説と解答

(1) 固体を加熱したとき，固体から液体に変化(融解(ゆうかい))するときの温度を融点という。これに対し，液体から固体に変化(凝固(ぎょうこ))するときの温度を凝固点という。純粋な物質では，融点と凝固点は同じ温度になる。
答 融点

(2) a：固体のみ，b：固体と液体，c：液体のみ，d：液体と気体，e：気体のみ
答 イ

(3) 「塾技12 **1**」より，固体は粒子が規則正しく並んだY，液体は粒子が一定の範囲で動いているX，気体は粒子が自由に飛び回っているZとわかる。
答 a：Y，c：X，e：Z

(4) 密度 $= \frac{質量}{体積}$ より，質量 = 密度 × 体積，体積 $= \frac{質量}{密度}$ で求めることができる。
4℃の水10cm^{3}の質量は，1.00 × 10 = 10〔g〕で，100℃にしても質量は変わらない。よって，求める体積は，100℃の水蒸気10gの体積となるので，$\frac{10}{0.00060} = 16666.6\cdots$〔cm^3〕
答 ウ

(5) 「塾技12 **2**」の図より，例外的に，液体のときより体積が大きくなる氷の密度は，
$\frac{100}{109} = 0.91\cdots$〔g/cm^3〕となり水(液体)の密度1.0g/cm^{3}より小さくなるため，氷は水に浮く。
答 氷は同じ質量の水(液体)より体積が大きく，密度が小さいため。

Q水の不思議 通常，液体は温度が上昇するとともに体積はほぼ一定の割合で増加する。ところが，水は例外的に4℃のときに体積が最小となり，密度は最大となる。真冬，池の氷は表面から凍(こお)っていく。これは，0℃の水の方が4℃の水より密度が小さいため水面に移動し，水面に移動した0℃の水から凍るからである。

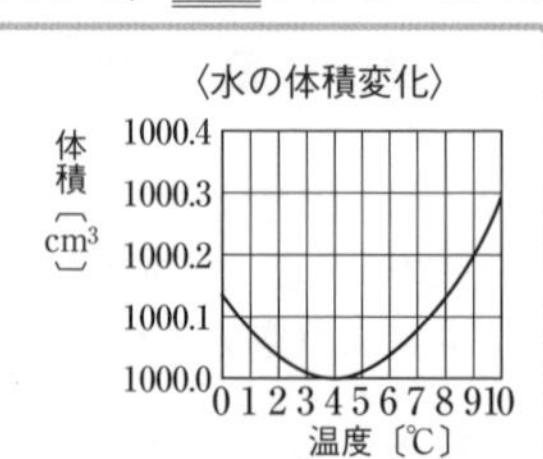

塾技13 チャレンジ！入試問題 の解答

Q問題 エタノールを用いて物質の状態変化について調べる実験を行った。あとの問いに答えよ。

図1 温度計 試験管 沸騰石

実験1 試験管に沸騰石(ふっとうせき)を3個入れてから，エタノールを試験管の$\frac{1}{5}$ほど入れた。これを図1のように沸騰した水が入ったビーカーに入れ，エタノールの温度の変化を調べた。

実験2 エタノール3.0cm^{3}と水17.0cm^{3}の混合物をガラス器具Aの中に入れ，図2のように装置を組み立てて弱火で熱した。蒸気の温度を記録しながら，出てきた液体を約2cm^{3}ずつ3本の試験管1～3に集めた。次に，集めた液体にひたしたろ紙を蒸発皿に入れ，図3のようにマッチの火を近づけて燃えるかどうかを調べ，これらの結果を表にまとめた。

図2 温度計 ガラス器具A 試験管 沸騰石

実験3 試験管に入れたエタノールを液体窒素の中に入れ，エタノールを固体にした。この固体のエタノールを液体のエタノールに入れたら沈(しず)んだ。

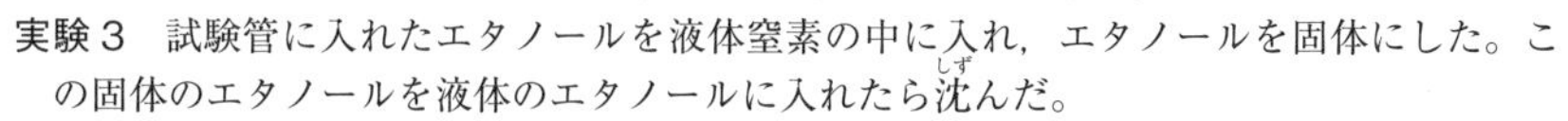

(1) 実験1で，エタノールの温度変化を表したグラフはどれか。最も適当なものを図4のア～エから選んで，その記号を書け。

(2) 実験2で使用したガラス器具Aの名前を書け。

(3) 実験2で，試験管2に集めた液体として最も適当なものはどれか。次のア～エから選んで，その記号を書け。

ア 純粋なエタノール　　イ わずかな水を含むエタノール

ウ 純粋な水　　エ わずかなエタノールを含む水

図3 集めた液体にひたしたろ紙

(4) 実験2で，下線部の混合物の質量パーセント濃度は何％か。ただし，この混合物はエタノールが溶質で水が溶媒の水溶液であり，液体のエタノールの密度は0.79g/cm^3，水の密度は1.0g/cm^{3}とする。答えは小数第一位を四捨五入し，整数で答えよ。

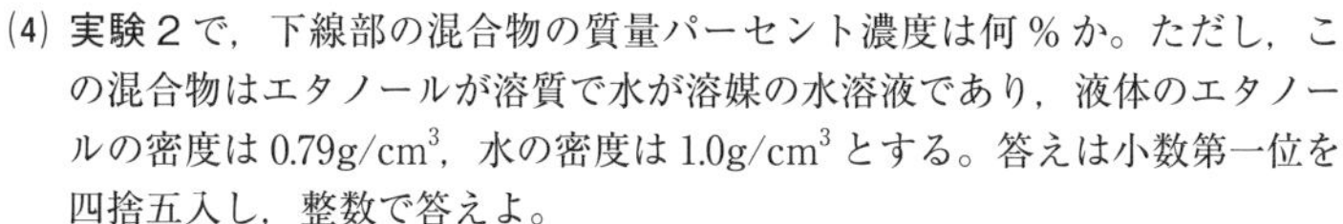

	蒸気の温度	火を近づけたとき
試験管1	40℃～60℃	燃えなかった
試験管2	70℃～80℃	燃えた
試験管3	90℃以上	燃えなかった

(5) 実験3で，試験管に入れたエタノールが液体から固体になったとき，質量，体積，密度はそれぞれどうなるか。

（福井改）

図4

ア

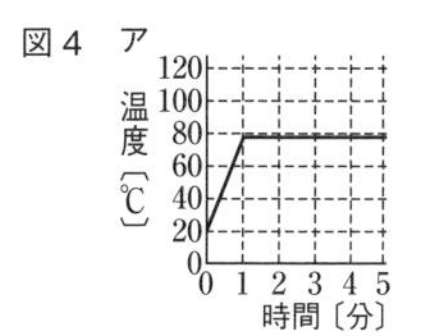

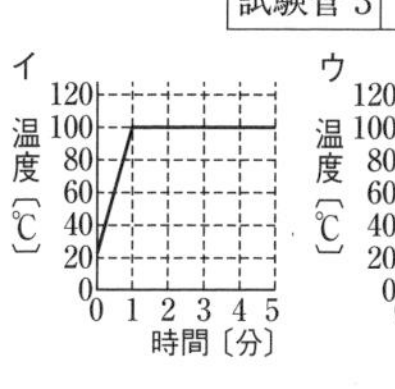

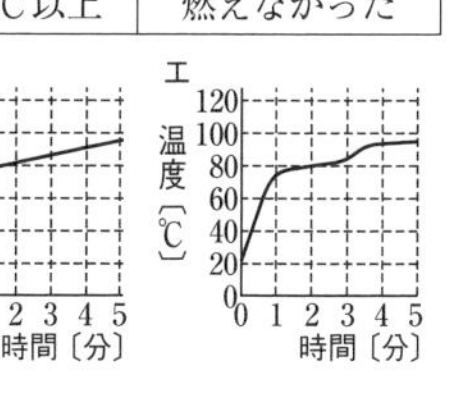

A 解説と解答

(1) エタノールの沸点は約78℃で，沸点に達するとすべて気体になるまで温度が上がらなくなる。これは，加えられた熱がエタノールを液体から気体に変えるためだけに使われるからである。 **答 ア**

(2) **答 枝つきフラスコ**

(3) 表より，試験管2に集めた液体は，蒸気の温度が70℃～80℃とエタノールの沸点が含まれる範囲であり，火を近づけると燃えたことより，エタノールが多く含まれていると考えられる。 **答 イ**

(4) エタノール3.0cm^{3}の質量は，0.79 × 3.0 = 2.37〔g〕で，水17.0cm^{3}の質量は17.0gとなるので，「塾技8 **1**」(4)より，求める濃度は，$\frac{2.37}{2.37 + 17.0} \times 100 = 12.2\cdots$〔%〕 **答 12%**

(5) 実験3より，エタノールの密度は固体の方が大きく，体積は小さくなることがわかる。一方，質量は状態が変わっても変わらない。 **答 質量：変わらない，体積：小さくなる，密度：大きくなる**

単位から公式を考える方法 例えば問題で「物質Aの密度は何g/cm^{3}か」とあったとき，密度の公式（密度 = $\frac{質量}{体積}$）を覚えていなくても単位g/cm^{3}に注目すると，「g」は質量，「/」は分数の横線，「cm^3」は体積なので，g/m^3 = $\frac{質量}{体積}$とわかる。同様に，「圧力は何Paか」といわれたら，圧力PaはN/m^{2}とも表されるので，力〔N〕を面積〔m^2〕で割る〔/〕とわかる。

塾技14 チャレンジ！入試問題 の解答

Q問題 1 次の問いに答えよ。

(1) 有機物は一般に分子からできている。一方，無機物には，分子をつくらない物質もある。無機物の分子をつくらない純粋な物質について，最も適するものはどれか。

① 1個の原子である　② 単体である　③ 化合物である　④ 単体も化合物もある

(2) 水と二酸化炭素の分子のモデルは右のように示される。この2つの物質から1つずつ原子を選び，それらを合わせてできる単体の分子のモデルを示せ。（東京学芸大附高改）

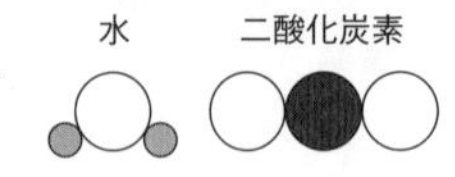

A 解説と解答

(1) 分子をつくらない無機物には，鉄やアルミニウムなどの単体と，NaCl などの化合物がある。　答 ④

(2) それぞれの分子から共通して持つ○を選び，酸素分子をつくればよい。　答 ○○

Q問題 2 1774年，ラボアジエは①「化学変化の前後で，物質の質量の総和は変化しない。」という法則を発見した。また，1799年にプルーストは「同一の化合物に含まれる成分の質量の割合は一定である。」という法則を発見した。これらの法則を説明するため，1803年にドルトンは「物質はすべて分割できない最小単位の粒子である原子からできている。」と考えた。ドルトンの考えた原子および複合原子（2種類以上の原子が結合した粒子）のモデルの例を下の図1に示す。その5年後の1808年，ゲーリュサックは様々な気体反応に関する実験を行い，「気体の反応において，反応する気体および生成する気体の体積は簡単な整数比となる。」という法則を発見した。ゲーリュサックは，「気体の種類によらず，同体積の気体は同数の原子または複合原子を含んでいる。」という仮説を立てた。この仮説とドルトンのモデルを用いて水素と酸素から水蒸気ができるときの反応を考えると下の図2のようになるが，体積比が「水素：酸素：水蒸気 = 2：1：2」になるように右辺を埋めようとすると②矛盾が生じる。そこで，1811年，アボガドロは「原子がいくつか結びついた粒子である（A）がその物質の性質を示す最小単位として存在している。そして，気体の種類によらず，同体積の気体は（B）。」と考え，ドルトンの考えとゲーリュサックの実験との間にある③矛盾を解決した。

(1) 下線部①の法則名を答えよ。

(2) 上の文中の（A）にあてはまる語句を答えよ。

(3) 下線部②について，矛盾が生じることをモデルを用いた図で図3に示すとともに，矛盾の内容を文章で説明せよ。

(4) 上の文中の（B）に入れるのに適切な文章を，15字以内で答えよ。

(5) 下線部③について，アボガドロは（A）の存在を考えることで，どのように矛盾を解決したか。モデルを用いた図で図4に示すとともに，文章で説明せよ。（大阪教育大附高池田）

図1

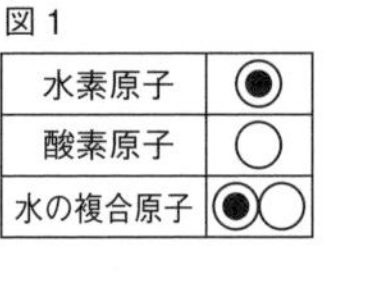

図2

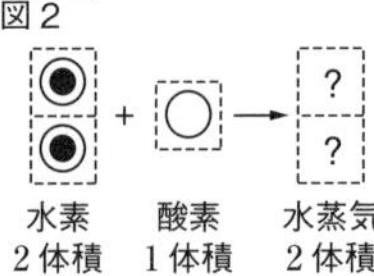

モデル　図3

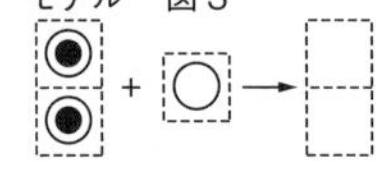

モデル　図4

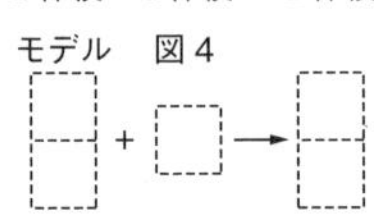

A 解説と解答

(1) 答 質量保存の法則

(2) 例えば水を分割していくと，1つの水分子 H_2O になる。これをさらに分割すると，H，H，O の原子に分けることができるが，水の性質は失う。　答 分子

(3) 答 モデル：

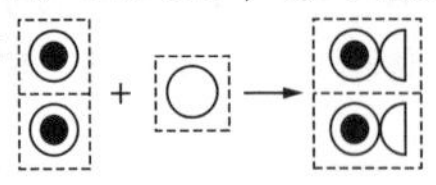

説明：酸素原子を分割しなければ体積比が2：1：2になる反応を説明できず，「物質はすべて分割できない最小単位の粒子である原子からできている」というドルトンの考えと矛盾する。

(4) 答 同じ数の分子を含んでいる

(5) 答 モデル：

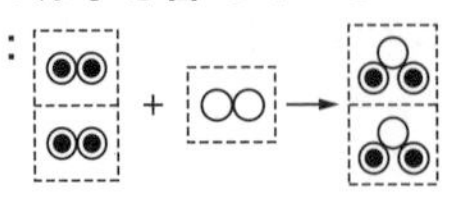

説明：水素や酸素などは同じ種類の原子どうしが結合して分子をつくり，それらが組み変わることで水分子ができたと考えることで矛盾を解決した。

チャレンジ！入試問題 の解答

Q 問題 1 次の化学反応式において，左辺と右辺で原子の種類と数が等しくなるように，ア～カにあてはまる数を答えよ。

ア $NaHCO_3$ → イ Na_2CO_3 ＋ ウ CO_2 ＋ H_2O

エ $(NH_4)_2CO_3$ → オ NH_3 ＋ カ CO_2 ＋ H_2O　（清風南海高）

A 解説と解答

「塾技 15 **2**」手順③より，一番複雑な化学式 $NaHCO_3$ の Na の個数を，右辺の Na の個数の 2 とそろえるため，アに 2 を入れ，$2NaHCO_3 \rightarrow Na_2CO_3 + CO_2 + H_2O$ とする。H，C，O はすべてそろっているのでこれで完成となる。

同様に，一番複雑な化学式 $(NH_4)_2CO_3$ の N の個数の 2 とそろえるため，右辺のオに 2 を入れ，$(NH_4)_2CO_3 \rightarrow 2NH_3 + CO_2 + H_2O$ とする。H，C，O はすべてそろっているのでこれで完成となる。

答 ア：2，イ：1，ウ：1，エ：1，オ：2，カ：1

Q 問題 2 ブドウ糖 $C_6H_{12}O_6$ は酵母によって発酵し，エタノール C_2H_6O が生成する。ブドウ糖の発酵を表す次の化学反応式中の係数 a，b，c を決定せよ。なお，係数が 1 になる場合にも省略せずに記すこと。

$a\,C_6H_{12}O_6 \rightarrow b\,C_2H_6O + c\,CO_2$　（函館ラ・サール高改）

A 解説と解答

「塾技 15 **2**」手順③に方程式を用いる方法で係数を決定する。

C について，$6a = 2b + c$ …①　H について，$12a = 6b$ …②　O について，$6a = b + 2c$ …③

②に $a = 1$ を代入して，$b = 2$。①と③より，$c = 2$　答 $\boldsymbol{a = 1,\ b = 2,\ c = 2}$

別解 まず H の個数をそろえ $a = 1$，$b = 2$。次に C の個数をそろえ $c = 2$（O はそろっている）

答 $\boldsymbol{a = 1,\ b = 2,\ c = 2}$

Q 問題 3 次の文章を読んで，下の問いに答えよ。

窒素と水素に触媒を加え，特別な条件にすると反応しアンモニアができる。これを化学反応式にすると次のようになる。

$N_2 + 3H_2 \rightarrow 2NH_3$

この反応は気体の反応であり，気体については，「同じ温度，同じ圧力のとき，同じ体積中には，気体の種類にかかわらず同じ数の分子が含まれる」という性質をもっている。それを，モデルで示すと下の図のようになる。このことから，同じ温度，同じ圧力においては，気体の反応の体積比は，分子数の比に対応していることがわかる。

下の問いにおいても，気体の体積は，同じ温度，同じ圧力で測定されたものとする。

実験　ある条件で窒素 10L と水素 10L を反応させたところ，気体の全体積が 17L になったところで反応が止まった。

(1) アンモニアは，それ自身は有害な気体であるが，これを原料として硫酸アンモニウムが工業的に生産されている。硫酸アンモニウムは何に利用されているか。

(2) 実験において，生じたアンモニアの体積は何 L か。　（東大寺学園高）

A 解説と解答

(1) 硫酸アンモニウム（硫安（りゅうあん））は，窒素肥料として用いられている。　答 **肥料（窒素肥料）**

(2) 反応した窒素の体積を xL とすると，「塾技 15 **3**」より，窒素と反応する水素は $3x$L，生じたアンモニアは $2x$L となり，反応の前後における各気体の体積変化は右の表のようになる。反応後の気体の全体積が 17L より，

	窒素〔L〕	水素〔L〕	アンモニア〔L〕
反応前	10	10	0
反応後	$10 - x$	$10 - 3x$	$2x$

$$(10 - x) + (10 - 3x) + 2x = 17 \qquad 20 - 2x = 17 \qquad 2x = 3$$

よって，生じたアンモニアの体積は，3L　答 **3L**

塾技(ワザ) 16 チャレンジ！入試問題 の解答

Q問題 1 図１のようにして，鉄粉 14g と硫黄(いおう) 8g を乳鉢でよく混ぜ合わせ，２本の試験管 A，Bに半分ずつ分けて入れた。試験管 A は，そのまま置いた。試験管 B は，図２のように加熱し，加熱した部分の色が赤く変わり始めたところで加熱をやめた。その後，試験管 B の温度が下がったとき，試験管 B の様子を観察すると黒い物質ができていた。試験管 A の中の物質と試験管 B の中にできた黒い物質を比較するため，うすい塩酸を加えた。その結果，試験管 A では無臭(むしゅう)の気体が発生し，試験管 B ではにおいのある気体が発生した。

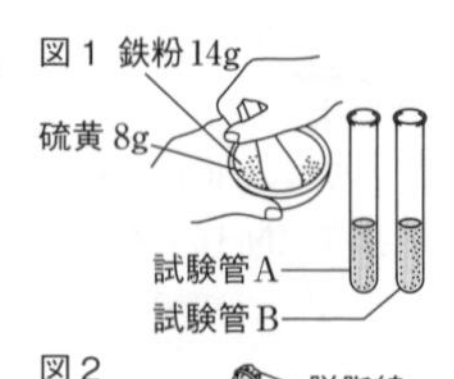

(1) 図１の試験管 A，B の中の物質のように，２種類以上の物質が混ざり合ったものは混合物と呼ばれる。次のア～エの中から混合物をすべて選び，記号で答えよ。

ア　塩化銅　　イ　石油　　ウ　窒素　　エ　食酢

(2) 試験管 A にうすい塩酸を加えたときに発生した無臭の気体を，別のかわいた試験管に集め，火を近づけたところ，反応して試験管内が水滴でくもった。この無臭の気体は何か。化学式で書け。

(3) 試験管 B の中にできた黒い物質は，鉄の原子と硫黄の原子が１：１の割合で結びついてできている。鉄の原子と硫黄の原子が１：１の割合で結びついたときの化学変化を，化学反応式で書け。

(4) 鉄と硫黄が完全に反応するときの質量の比は，７：４であることが知られている。鉄 9.8g と硫黄 5.2g を，いずれか一方の物質が完全に反応するまで反応させた場合，もう一方の物質の一部は反応しないで残る。反応しないで残る物質はどちらか。また，残る物質の質量は何 g か。それぞれ答えよ。ただし，鉄と硫黄の反応以外は，反応が起こらないものとする。（静岡）

A 解説と解答

(1) 塩化銅は塩素と銅が結びついた化合物，窒素は１種類の元素からできた単体で，ともに純粋な物質である。これに対して石油や食酢は，複数の物質が混じり合った混合物である。 **答 イ，エ**

(2) 試験管 A では，鉄と硫黄は反応せず，それぞれの性質がそのまま残るため，うすい塩酸を加えると鉄と反応して水素が発生する。水素は可燃性の物質で，火をつけると音を立てて燃え，水(水蒸気)ができる。 **答 H_2**

(3) **答 $Fe + S \rightarrow FeS$**

(4) 鉄 9.8g と反応する硫黄を xg とすると，$9.8 : x = 7 : 4$ より，x は 5.6g となり，硫黄が不足する。一方，硫黄 5.2g と反応する鉄を yg とすると，$y : 5.2 = 7 : 4$ より，y は 9.1g となり，$9.8 - 9.1 = 0.7$〔g〕の鉄が反応しないで残る。 **答 鉄，0.7g**

Q問題 2 鉄と硫黄を混ぜ，試験管に入れて図のように加熱すると，黒色の化合物が生成する。以下の問いに答えよ。

(1) この反応で生成する黒色の化合物の化学式と名称を答えよ。

(2) 鉄と硫黄の質量をいろいろ変えて加熱するとき，生成する黒色の化合物の質量は次の表の通りである。

① 鉄 4.2g と硫黄 8.0g を混ぜて加熱したとき，反応せずに残っているのは鉄，硫黄のいずれか。また，それは何 g か。

② これらの結果から，鉄原子１個と硫黄原子１個の質量比を求めよ。（滝高）

鉄〔g〕	4.2	8.0	10.0
硫黄〔g〕	8.0	4.0	2.0
黒色の化合物〔g〕	6.6	11.0	5.5

A 解説と解答

(1) **答 化学式：FeS，名称：硫化鉄**

(2) ①「**塾技 14 1**」より，生成した硫化鉄よりももともとの質量が大きかった硫黄が反応せずに残っていることがわかる。残った硫黄は，$(4.2 + 8.0) - 6.6 = 5.6$〔g〕と求められる。 **答 硫黄，5.6g**

② ①より，過不足なく反応する鉄と硫黄の質量比は，$4.2 : (8.0 - 5.6) = 7 : 4$ また，(1)より，鉄原子１個と硫黄原子１個が反応して硫化鉄が１個できることがわかる。よって，鉄原子１個と硫黄原子１個の質量比は反応する物質の質量比７：４と等しくなる。 **答 7：4**

塾技17 チャレンジ！入試問題 の解答

Q問題 物質の分解について調べるために，図のような実験装置を組み立てて，実験１・２を行った。

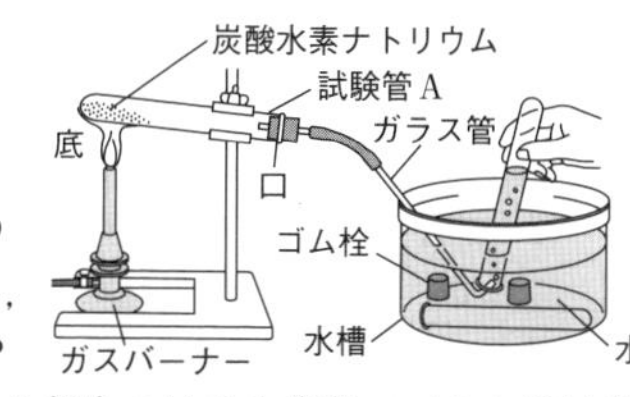

実験１ 図のように，試験管Aに入れた炭酸水素ナトリウムを加熱し，発生する気体Pを試験管に集めた。しばらく加熱すると，気体Pが発生しなくなったので，ⓐすぐに操作①を行い，その後，操作②を行った。試験管Aを観察すると，口近くの内側には液体Qがついており，底には固体Rが残っていた。気体Pを集めた試験管に石灰水を加えてふると白く濁り，液体Qに青色の塩化コバルト紙をつけると塩化コバルト紙は赤色に変化した。また，固体Rの水溶液と炭酸水素ナトリウムの水溶液をつくり，それぞれの水溶液にⓑ無色の指示薬を加えると，どちらも赤色に変化したが，その色の濃さに違いが見られた。

(1) 下線部ⓐの操作は，試験管Aが割れるのを防ぐために行った操作である。次のア～エのうち，下線部ⓐの操作①，②として，最も適当なものをそれぞれ１つずつ選び，その記号を書け。
　ア　試験管Aを水で冷やす　　　イ　ガラス管の先を水槽の水から取り出す
　ウ　ガスバーナーの火を消す　　エ　試験管Aの口を底よりも高くする

(2) 下線部ⓑの指示薬の名称を書け。

(3) 実験１で，炭酸水素ナトリウムは，気体P，液体Q，固体Rの３種類の物質に分解した。炭酸水素ナトリウムは４種類の元素からできている。この４種類の元素のうち，固体Rには含まれているが，気体Pと液体Qのどちらにも含まれていない元素が１種類ある。その元素を，元素記号で書け。

実験２ 酸化銀(Ag_2O)2.9gを試験管Bに入れ，図の試験管Aを試験管Bにかえて加熱すると，酸化銀(Ag_2O)はすべて銀と酸素に分解した。このとき，試験管Bに残った銀の質量を測定すると2.7gであった。

(4) 原子や分子のモデルを使って，酸化銀(Ag_2O)が銀と酸素に分解する反応を考える。酸化銀(Ag_2O)が分解してできた銀の原子が16個であるとき，できた酸素の分子は何個か。

(5) 実験２の酸化銀(Ag_2O)の質量を7.2gにかえて加熱したところ，加熱時間が短かったので，酸化銀(Ag_2O)の一部が分解しないで残った。このとき，試験管の中に残った固体の物質は銀と酸化銀(Ag_2O)だけであり，この２つの物質の質量の合計は6.8gであった。試験管の中に残った固体の物質6.8gのうち，酸化銀(Ag_2O)は何gか。　(愛媛)

A解説と解答

(1) ガスバーナーの火を消す前にガラス管の先を水槽の水から取り出さなければ，ガラス管から水槽の水が逆流し，試験管が割れてしまうおそれがある。
　答 操作①：イ，操作②：ウ

(2) 固体R(炭酸ナトリウム)の水溶液と炭酸水素ナトリウムの水溶液はともにアルカリ性であり，フェノールフタレイン溶液を入れると赤色になる。赤色の濃さはアルカリ性の強弱で決まり，強いアルカリ性の炭酸ナトリウム水溶液は濃い赤色に，弱いアルカリ性の炭酸水素ナトリウム水溶液はうすい赤色になる。
　答 フェノールフタレイン溶液

(3) 炭酸水素ナトリウムの分解の化学反応式および生成した物質は次の通りである。

$$2NaHCO_3 \rightarrow Na_2CO_3 + H_2O + CO_2$$

炭酸水素ナトリウム　→　炭酸ナトリウム(固体R)　＋　水(液体Q)　＋　二酸化炭素(気体P)
　答 Na

(4) 酸化銀の分解の化学反応式および反応のモデルは次の通りである。

$$2Ag_2O \rightarrow 4Ag + O_2$$

(銀原子●，酸素原子○)

銀原子４個に対して酸素分子が１個できるので，銀原子16個では，４個の酸素分子ができる。
　答 4個

(5) 発生した酸素の質量は，7.2 − 6.8 = 0.4〔g〕とわかる。一方，実験２より，酸化銀2.9gがすべて分解すると，2.9 − 2.7 = 0.2〔g〕の酸素と2.7gの銀が生じることより，0.4gの酸素が発生するときに生じる銀の質量は，2.7 × 2 = 5.4〔g〕とわかる。よって，未反応の酸化銀の質量は，6.8 − 5.4 = 1.4〔g〕と求められる。
　答 1.4g

塾技18 チャレンジ！入試問題 の解答

Q問題1 銅を加熱したときの質量の変化を調べる実験について，あとの問いに答えよ。

実験　3つのステンレス皿の上に1.2g，1.6g，2.0gの銅の粉末をそれぞれはかりとり，図1のような装置を使って加熱した。もとの温度にもどったあとに，粉末の質量をはかった。ステンレス皿上の粉末をよくかき混ぜて再び加熱し，冷えた後に質量をはかるという操作を繰り返した。実験の結果をグラフに表すと，図2のようになった。加熱後の粉末はどれも黒色に変化した。

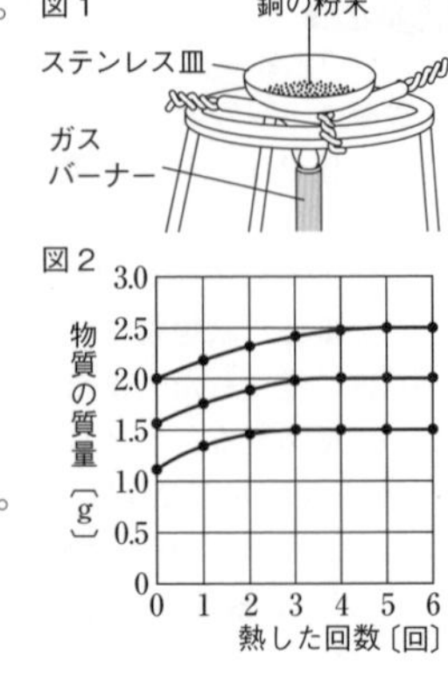

(1) 黒色の物質の名称を書け。

(2) 銅を加熱したときの化学変化を，化学反応式を用いて表せ。また，銅原子100個に対して酸素分子が何個反応したか，答えよ。

(3) 5.0gの銅を加熱し，もとの温度にもどった後に質量をはかったところ，5.8gであった。反応していない銅は何gか，答えよ。

(4) ステンレス皿上で，次のア～エの物質を十分に加熱したとき，皿上に残る物質の質量が大きくなるものをすべて選び，ア～エの記号で答えよ。

ア 水　イ 炭素　ウ マグネシウム　エ 鉄

（富山）

A解説と解答

(1) 銅(赤色)が酸化すると，黒色の酸化銅ができる。　**答 酸化銅**

(2)「塾技18 1」の反応のモデルより，銅原子2個に対して1個の酸素分子が反応するので，100個の銅原子に対して反応する酸素分子は50個とわかる。　**答 $2Cu + O_2 \rightarrow 2CuO$，50個**

(3) 結びついた酸素の質量は，5.8 − 5.0 = 0.8〔g〕。「塾技18 1」より，銅と酸素の質量比は4:1となるので，反応した銅は，0.8 × 4 = 3.2〔g〕。よって，未反応の銅は，5.0 − 3.2 = 1.8〔g〕　**答 1.8g**

(4) 炭素を燃やすと二酸化炭素や一酸化炭素となって空気中に逃げていく。　**答 ウ，エ**

Q問題2 次の文章を読み，あとの(1)～(5)に答えよ。

マグネシウムの粉末と銅の粉末を用意し，それらを完全に酸化してできた化合物(灰)の質量を調べた。右図のグラフはその結果を表したものである。

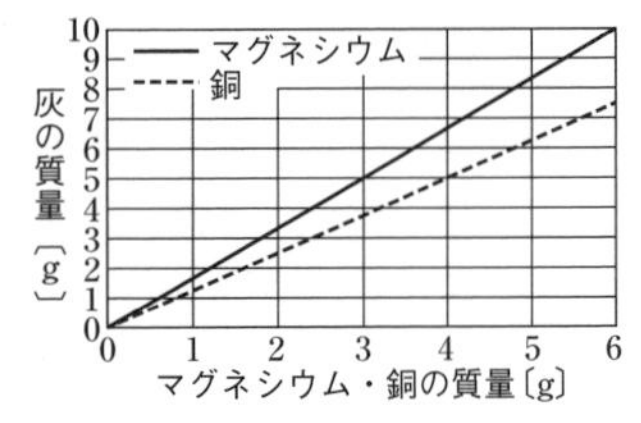

(1) マグネシウムおよび銅が酸化してできた化合物の名称をそれぞれ答えよ。

(2) マグネシウムの粉末6gが完全に酸化してできた化合物中の酸素の質量は何gか。

(3) 銅が完全に酸化してできた化合物5g中に含まれる酸素の質量は何gか。

(4) マグネシウムの粉末と銅の粉末の混合物11gを完全に酸化させたところ，合計の質量が15gになった。この混合物中のマグネシウムの粉末は何gか。

(5) マグネシウムと銅が，それぞれ同じ質量の酸素と結びついたとき，できた化合物の質量の比はどのようになるか。最も簡単な整数比で答えよ。

（清風高）

A解説と解答

(1) **答 酸化マグネシウム，酸化銅**

(2) グラフより，6gのマグネシウムから10gの酸化マグネシウムができるので，含まれる酸素の質量は，
　10 − 6 = 4〔g〕　**答 4g**

(3) グラフより，酸化銅5gができるときの銅の質量が4gなので，含まれる酸素の質量は，
　5 − 4 = 1〔g〕　**答 1g**

(4) 混合物中の銅の質量をxg，マグネシウムの質量をygとすると，「塾技18 3」(2)より，

連立方程式 $\begin{cases} x + y = 11 \\ \dfrac{5}{4}x + \dfrac{5}{3}y = 15 \end{cases}$ を解けばよいことがわかり，$x = 8$，$y = 3$と求められる。　**答 3g**

(5)「塾技18 3」(1)から，銅：マグネシウム：酸素 = 8：3：2より，(3 + 2)：(8 + 2) = 1：2

答 マグネシウムの化合物：銅の化合物 = 1：2

チャレンジ！入試問題 の解答

Q問題 化学変化とは，ある物質が他の物質へ変化することを指す。身近に起こる化学変化に，金属がさびることがあげられる。金属がさびるのは，金属が空気中の酸素と結びつくことによる。物質が酸素原子と結びついたり，水素原子を失ったりする反応を酸化反応と呼ぶ。例えば，水素が燃焼して水ができる反応は，式(a)のように表せる。

$2H_2 + O_2 \rightarrow 2H_2O$ …(a)

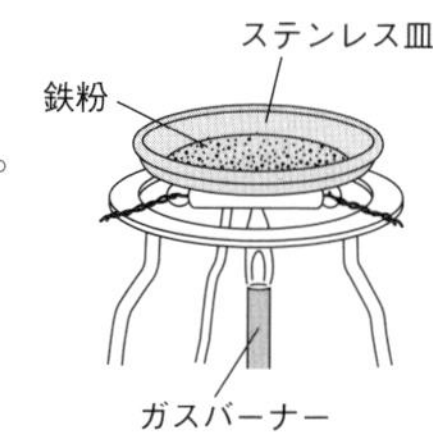

このとき水素は，酸素原子と結びつくことで酸化されている。鉄粉にどれくらいの酸素が結びつくかを調べる実験を行った。ある質量の鉄粉を図のようにステンレス皿に入れ，ガスバーナーで加熱した。十分に加熱したあと，放冷して反応後の物質の質量を測定した。結果は表のようになった。

鉄粉の質量〔g〕	2.0	4.0	8.0	16.0
反応後の質量〔g〕	3.2	5.3	10.2	22.3

(1) 下線部の反応は，鉄原子が酸素原子を受け取る典型的な酸化還元反応である。つまり，鉄は酸化されて四酸化三鉄（Fe_3O_4）になる。この変化を化学反応式で表せ。

(2) 実験結果を右のグラフに表し，グラフから鉄粉を15.0g使用したときの反応後の質量を小数第一位まで求めよ。

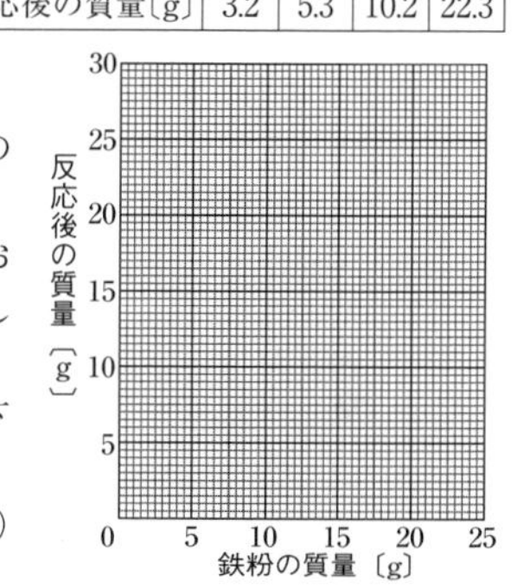

化学カイロは，金属がさびることを利用している。化学カイロには，鉄粉，食塩水および活性炭が含まれており，鉄がさびるときに生じるエネルギーを熱エネルギーとして取り出している。

(3) 化学カイロでは，鉄はさびて水酸化鉄 $Fe(OH)_3$ を生じる。この化学反応式は以下のように表せる。（ ）内に適切な数値を入れて化学反応式を完成させよ。

（ ）Fe +（ ）O_2 +（ ）$H_2O \rightarrow$（ ）$Fe(OH)_3$ （渋谷幕張高改）

A 解説と解答

(1)「塾技 15 **2**」の手順にしたがって化学反応式をつくればよい。

鉄 + 酸素 → 四酸化三鉄 （物質名，＋と矢印で書く）

$Fe + O_2 \rightarrow Fe_3O_4$ （物質名を化学式に書き直す）

$3Fe + 2O_2 \rightarrow Fe_3O_4$ （左辺と右辺で同種の原子の数をそろえる） 答 $3Fe + 2O_2 \rightarrow Fe_3O_4$

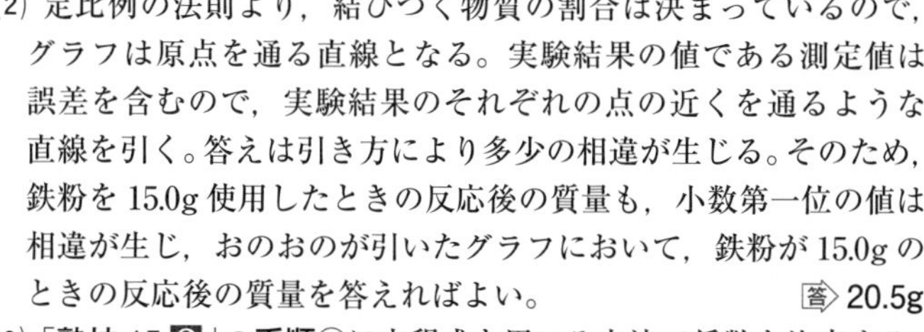

(2) 定比例の法則より，結びつく物質の割合は決まっているので，グラフは原点を通る直線となる。実験結果の値である測定値は誤差を含むので，実験結果のそれぞれの点の近くを通るような直線を引く。答えは引き方により多少の相違が生じる。そのため，鉄粉を15.0g使用したときの反応後の質量も，小数第一位の値は相違が生じ，おのおのが引いたグラフにおいて，鉄粉が15.0gのときの反応後の質量を答えればよい。 答 20.5g

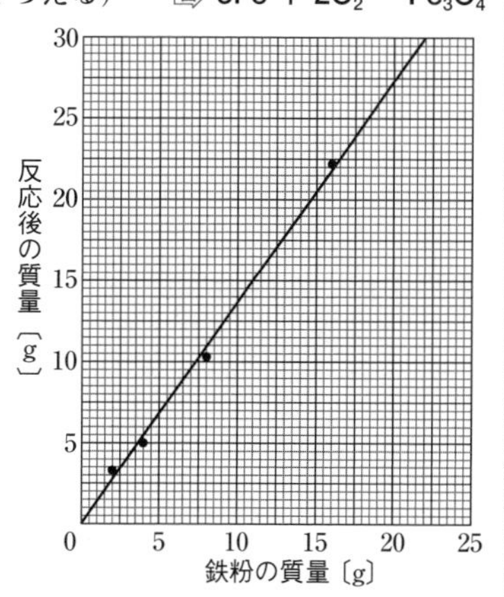

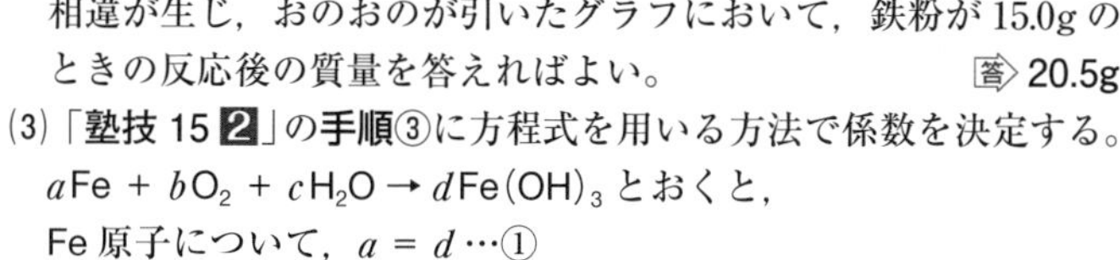

(3)「塾技 15 **2**」の手順③に方程式を用いる方法で係数を決定する。

$aFe + bO_2 + cH_2O \rightarrow dFe(OH)_3$ とおくと，

Fe原子について，$a = d$ …①

O原子について，$2b + c = 3d$ …②

H原子について，$2c = 3d$ …③

$a = 1$ とすると，①より $d = 1$，③より $c = \frac{3}{2}$，②より $b = \frac{3}{4}$

となり，

$$a : b : c : d = 1 : \frac{3}{4} : \frac{3}{2} : 1 = 4 : 3 : 6 : 4$$

よって，$a = 4$，$b = 3$，$c = 6$，$d = 4$ と求められる。 答 $4Fe + 3O_2 + 6H_2O \rightarrow 4Fe(OH)_3$

チャレンジ！入試問題 の解答

Q 問題 1 次の(1)，(2)の問いに答えよ。

図１

(1) 図１のような装置で，酸化銅の粉末に水素を送り込みながら十分に加熱した。酸化銅は銅に変化し，ガラス管の内側に水滴がついた。次の①～③の問いに答えよ。

① 酸化銅が銅に変化したことで，色は何色から何色に変化したか書け。

② ガラス管の内側の水滴が，水であることを容易に確かめるにはどうしたらよいか。その方法を簡単に書け。

③ この実験で，酸化銅と水素が反応するときの化学反応式を書け。

水滴
水素
ガラス管

(2) 5本の試験管に，酸化銅 4.0g と炭素 0.1g，0.2g，0.3g，0.4g，0.5g をそれぞれ混ぜ合わせて入れた。この5種類の，酸化銅と炭素の混合物を，図２のような装置で試験管ごと十分に加熱し，発生した気体を石灰水に通した。図３は，そのときの炭素の質量と加熱後の固体の質量の関係を表したグラフである。次の①～③の問いに答えよ。

図２

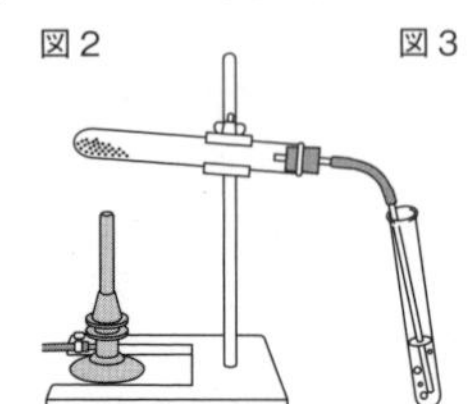

図３

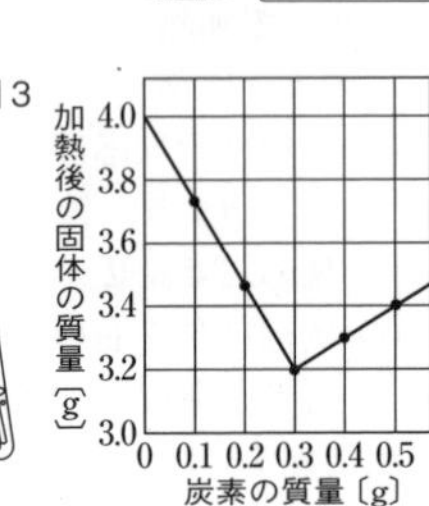

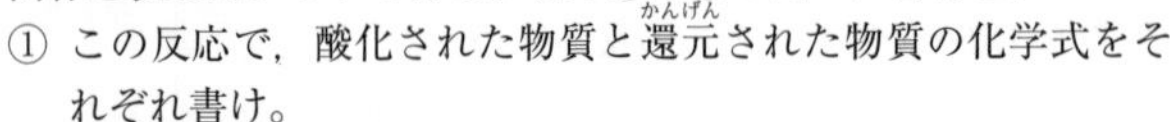

① この反応で，酸化された物質と還元（かんげん）された物質の化学式をそれぞれ書け。

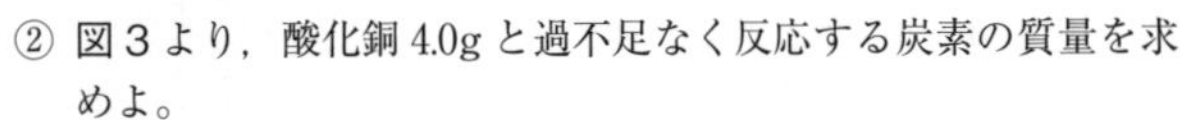

② 図３より，酸化銅 4.0g と過不足なく反応する炭素の質量を求めよ。

③ 酸化銅 4.0g と炭素 0.1g を混合して十分に加熱したとき，加熱後の固体の質量は 3.73g であった。次のア，イの問いに答えよ。ただし，銅原子１個と酸素原子１個の質量の比は，4：1 とする。

ア　このとき発生した二酸化炭素の質量を求めよ。

イ　加熱後の固体 3.73g 中には，単体の銅が何 g 含まれているか求めよ。（山梨）

A 解説と解答

(1) ① 答 **黒色から赤色に変化**

② 答 **塩化コバルト紙につける。**

③ 答 **$CuO + H_2 \rightarrow Cu + H_2O$**

(2) ① 答 **酸化された物質：C，還元された物質：CuO**

② 「**塾技 20 1**」(2)より，0.3g　答 **0.3g**

③ ア 質量保存の法則より，$4.0 + 0.1 - 3.73 = 0.37$〔g〕　答 **0.37g**

イ 炭素と結びついた酸素の質量は，$4.0 - 3.73 = 0.27$〔g〕となる。酸化銅の化学式は CuO なので，生成する銅原子の数と炭素と結びつく酸素原子の数は等しい。銅原子の質量は酸素原子の質量の４倍なので，求める銅の質量は，$0.27 \times 4 = 1.08$〔g〕　答 **1.08g**

Q 問題 2 (a)鉄 Fe は塩酸にとける。空気中でも簡単に酸化され，そのときに熱を放出するので，化学カイロにも利用されている。鉄鉱石に含まれる酸化鉄は安定な化合物で，そこから単体の鉄を得るのは困難だが，製鉄所では，酸化鉄の一種である(b)Fe_2O_3 を一酸化炭素 CO で〔 A 〕することにより単体の鉄を得ている。

(1) 下線部(a)について，鉄が塩酸にとける様子を化学反応式で表せ。ただし，鉄は反応後には塩化鉄 $FeCl_2$ に変化したものとする。

(2) 文中の空欄〔 A 〕に入る最も適当な語句を漢字で書け。

(3) 下線部(b)の変化を化学反応式で表せ。（函館ラ・サール高）

A 解説と解答

(1) 「**塾技 10 2**」(1)の亜鉛やマグネシウムと同様，鉄も塩酸にとけて水素が発生する。化学反応式の係数は，「**塾技 15 2**」の方法で決定すればよい。　答 **$Fe + 2HCl \rightarrow FeCl_2 + H_2$**

(2) 答 **還元**

(3) 酸化鉄 Fe_2O_3 は還元されて鉄 Fe になり，一酸化炭素 CO は酸化されて二酸化炭素 CO_2 になる。「**塾技 20 3**」(2)の化学反応式の係数は，「**塾技 15 2**」の方法で決定すればよい。

答 **$Fe_2O_3 + 3CO \rightarrow 2Fe + 3CO_2$**

チャレンジ！入試問題 の解答

Q 問題 1 次の実験についてあとの問いに答えよ。

実験 電源装置，電熱線 a，電熱線 b，電流計，電圧計，スイッチを用意し，図 1，図 2 の回路をつくった。それぞれの回路のスイッチを入れたところ，電圧計はいずれも 3.0V を示した。

(1) 図 1 の回路の電流計は何 mA を示すか。

(2) 図 2 の回路の電流計は何 mA を示すか。　（新潟改）

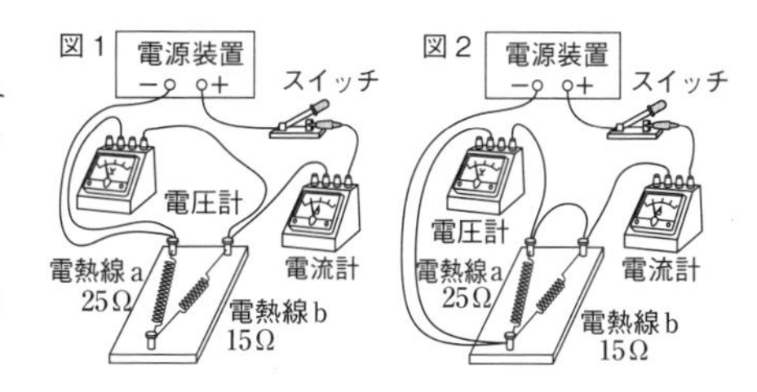

A 解説と解答

(1) 図 1 は直列回路で，回路全体の抵抗は，25 + 15 = 40〔Ω〕と考えることができる。「**塾技 21 3**」① より，電流計は，$\frac{3.0〔V〕}{40〔Ω〕} = \frac{3.0}{40}〔A〕 = \frac{3.0}{40} \times 1000〔mA〕 = 75〔mA〕$ を示す。　答 **75mA**

(2) 図 2 は並列回路で，「**塾技 21 4**」①より，電熱線 a，b にはともに 3.0V の電圧が加わる。一方，「**塾技 21 4**」②より，電流計が示す値は電熱線 a と b それぞれに流れる電流の和となる。以上より，求める電流の大きさは，$\frac{3.0}{25} + \frac{3.0}{15} = \frac{8}{25}〔A〕 = \frac{8}{25} \times 1000〔mA〕 = 320〔mA〕$　答 **320mA**

Q 問題 2 電圧と電流の関係を調べるために，電熱線 a 〜 d を用いて，次の実験 1 〜 3 を行った。この実験に関して，あとの問いに答えよ。

実験 1 図 1 のように，電熱線 a を用いて回路をつくり，a の両端に加わる電圧と回路を流れる電流を測定した。図 2 はその結果である。

実験 2 図 3 のように，電熱線 a と電熱線 b を用いて回路をつくり，直列につないだ a と b の両端に加わる電圧と回路を流れる電流を測定した。図 4 はその結果である。

実験 3 図 5 のように，電気抵抗 90 Ω の電熱線 c と電気抵抗 30 Ω の電熱線 d を用いて回路をつくり，電圧計 X_1，X_2，電流計 Y_1，Y_2，Y_3 を配置し，電源装置の出力を一定にしたところ，電流計 Y_1 は 90mA を示した。

(1) 実験 1 について，電熱線 a の電気抵抗は何 Ω か，求めよ。

(2) 実験 2 について，電熱線 b の電気抵抗は何 Ω か，求めよ。

(3) 実験 3 について，電圧計 X_1 および X_2 は何 V を示すか，求めよ。また，電流計 Y_2 および Y_3 は何 mA を示すか，求めよ。　（新潟改）

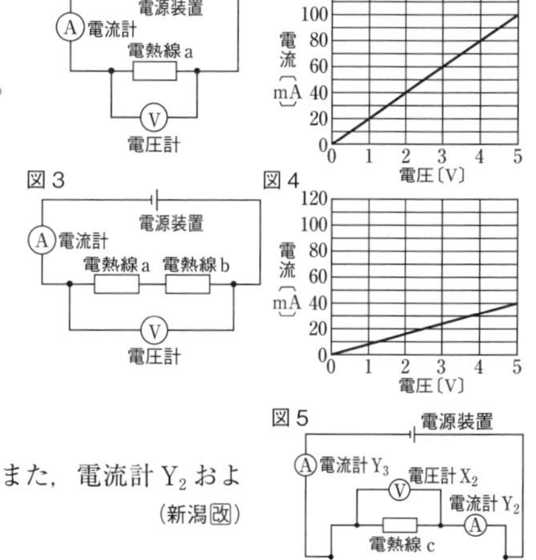

A 解説と解答

(1) 図 2 より，5V のとき 100mA の電流が流れているので，求める抵抗は，$\frac{5}{0.1} = 50〔Ω〕$　答 **50Ω**

(2) 図 4 より，5V のとき 40mA の電流が流れているので，電熱線 a と電熱線 b の全体の電気抵抗は，$\frac{5}{0.04} = 125〔Ω〕$ となる。よって，電熱線 b の電気抵抗は，125 − 50 = 75〔Ω〕　答 **75Ω**

(3) 電圧計 X_1 は，30 × 0.09 = 2.7〔V〕。並列回路なので，X_2 も同じ値を示す。一方，「**塾技 21 4**」③より，電熱線 c と電熱線 d に流れる電流の比は，30:90 = 1:3 となる。よって，電流計 Y_2 は，$90 \times \frac{1}{3} = 30〔mA〕$ を示し，Y_3 は，90 + 30 = 120〔mA〕を示す。　答 **X_1 : 2.7V，X_2 : 2.7V，Y_2 : 30mA，Y_3 : 120mA**

チャレンジ！入試問題 の解答

Q問題1 大きさが1Ωの抵抗a，2Ωの抵抗b，3Ωの抵抗cが1つずつある。これらの抵抗a，b，cを，右の回路図の①～③のいずれかの場所に組み入れて電源装置を接続し，電源装置の電圧を11Vにして回路のアの部分を流れる電流の大きさを測定する。抵抗a，b，cのすべての組み合わせで測定したとき，最も大きい電流の大きさは何Aと考えられるか。その値を書け。ただし，実験中の電源装置の電圧は一定とする。（神奈川）

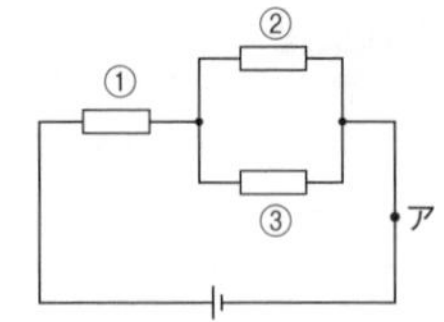

A解説と解答

アに流れる電流を大きくするには，回路全体の抵抗を小さくすればよい。並列部では，合成抵抗は各抵抗より小さくなるので，②と③に大きい抵抗bとcを組み入れると，$\frac{1}{2}+\frac{1}{3}=\frac{5}{6}$より並列部の合成抵抗は$\frac{6}{5}=1.2$〔Ω〕となる。よって，回路全体の抵抗は，$1+1.2=2.2$〔Ω〕となり，アに流れる最も大きい電流は，$\frac{11}{2.2}=5$〔A〕と求められる。

答 5A

Q問題2 同じ抵抗の大きさの電熱線X，Y，Zと電源装置を用いて，図のような回路をつくった。hj間の電圧が6.0Vになるように電源装置で回路に電圧を加え，i点に流れる電流の大きさを測定したところ，0.20Aであった。電熱線Xの抵抗の大きさは何Ωか求めよ。（山梨）

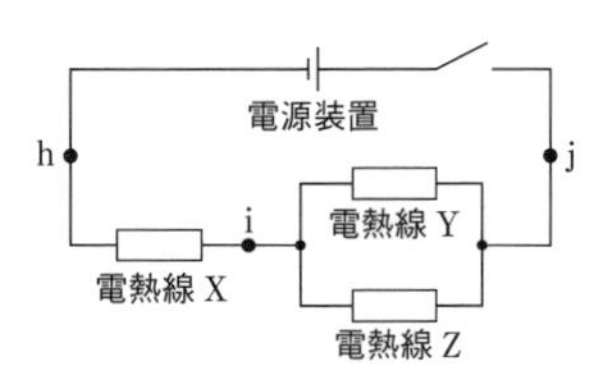

A解説と解答

電熱線X，Y，Zの抵抗をRとする。電熱線YとZの合成抵抗は，「**塾技22 1**」(3)より，$\frac{R}{2}$となるので，回路全体の合成抵抗は，$R+\frac{R}{2}=\frac{3}{2}R$となる。オームの法則より，$6.0=\frac{3}{2}R\times0.20$を解いて，

$12=0.60R \qquad R=20$〔Ω〕

答 20Ω

Q問題3 次の実験について，あとの問いに答えよ。

実験 電源装置と，100Ωの抵抗器C，発光ダイオードを用い，図のような回路をつくった。そのあと，スイッチを入れ，電源装置の電圧を調整し電圧計が2Vを示すようにして，電流計が示す値を読みとった。

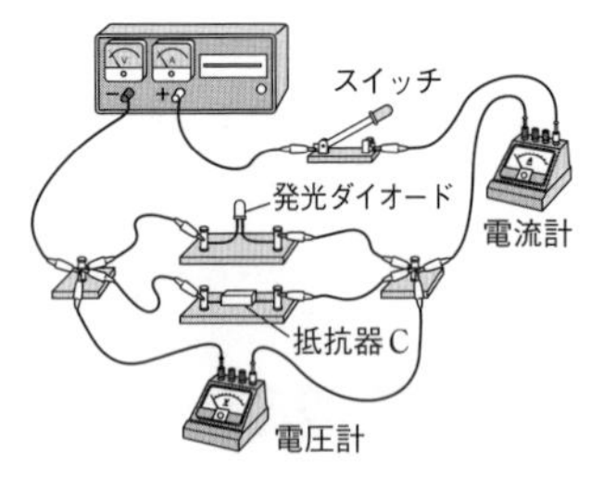

(1) 実験の結果，発光ダイオードに明かりがつき，電流計は44mAを示した。発光ダイオードを流れる電流は何mAか，求めよ。

(2) 実験と同様の操作を，図の回路の発光ダイオードの向きを逆にしてつないで行うと，電流計の示す値は，実験で電流計が示した44mAと比べてどうなるか。次のア～ウから1つ選び，記号で答えよ。

ア 大きくなる　イ 小さくなる　ウ 変わらない

（山形改）

A解説と解答

(1) 図は並列回路なので，抵抗器Cに加わる電圧は電源と同じ2Vとなり，流れる電流は，$\frac{2}{100}=0.02$〔A〕となる。よって，発光ダイオードを流れる電流は，$44-0.02\times1000=24$〔mA〕と求められる。

答 24mA

(2) 発光ダイオードには電流が流れなくなるので，その分だけ回路を流れる電流は小さくなる。 答 イ

チャレンジ！入試問題 の解答

Q 問題 抵抗値がそれぞれ5Ω，2Ωの電熱線a，bと，抵抗値が不明の電熱線c，電源装置，電流計を図１のように直列接続し，電熱線を水の入ったビーカーA，B，Cにひたした。A，C内の水の質量はそれぞれ200g，150gで，B内の水の質量は不明である。回路に７分間通電したら，ビーカー内の水温が図２のグラフに示したような変化をした。電流計の抵抗は考えず，電熱線で発生した熱はすべて水温の上昇に使われたものとせよ。また，水1gの温度を1℃上昇させるには4.2Jの熱量が必要であるものとする。

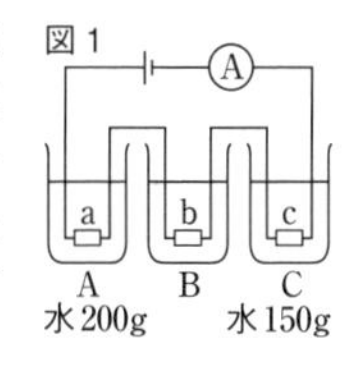

(1) ７分間で電熱線aから発生した熱量は何Jか。
(2) 通電中，電流計は何Aを示していたか。
(3) ビーカーB内の水の質量は何gか。
(4) 電熱線cの抵抗値は何Ωか。
(5) 電源装置の電圧は何Vであったか。

次にこの回路を図３のようにつなぎ変え，ビーカー内の水を等しい水温の新しい水に入れかえた。電源装置の電圧は図１の回路と同じ電圧にして通電した。

(6) 電熱線aにかかる電圧は何Vか。
(7) 電流計は何Aを示すか。
(8) 消費電力が大きい順にa，b，cを並べよ。
(9) 水温上昇の関係を正しく表したものは次のア～コのうちどれか。１つ選んで記号で答えよ。

ア　A＞B＞C　　イ　A＞B＝C　　ウ　A＝B＞C　　エ　A＝B＝C　　オ　B＞C＞A
カ　B＞C＝A　　キ　B＝C＞A　　ク　C＞A＞B　　ケ　C＞A＝B　　コ　C＝A＞B

（青雲高）

A 解説と解答

(1) 図２より，ビーカーAの水200gは７分間で10℃上昇していることがわかる。「**塾技23 2**」(2)より，求める熱量は，$4.2 \times 200 \times 10 = 8400$〔J〕　**答** 8400J

(2) 電熱線の抵抗を R，流れる電流を I，通電時間を t とすると，「**塾技23 塾技解説**」より，発生した熱量 $Q = I^2Rt$ が成り立つ。よって，$I^2 \times 5 \times (7 \times 60) = 8400$ より，$I = 2$〔A〕　**答** 2A

(3) 図１は直列回路なので，回路に流れる電流の大きさはどこも一定である。$Q = I^2Rt$ より，電流による発熱量は電流が一定のとき抵抗に比例するので，bの発熱量はaの発熱量の $\frac{2}{5}$ 倍となる。Bの水の量を xg とすると，「**塾技23 2**」(2)より，$4.2 \times x \times (25 - 20) = 8400 \times \frac{2}{5}$ が成り立つ。これを解いて，$x = 160$〔g〕と求められる。　**答** 160g

(4) 求める抵抗を R とし，$Q = I^2Rt = 4.2 \times$ 水の質量 $\times$ 上昇温度 で方程式をつくり解けばよい。
$2^2 \times R \times 60 \times 7 = 4.2 \times 150 \times (36 - 20)$　　$1680R = 10080$　　$R = 6$〔Ω〕　**答** 6Ω

(5) a，b，cの合成抵抗は，$5 + 2 + 6 = 13$〔Ω〕となるので，電圧は，$13 \times 2 = 26$〔V〕　**答** 26V

(6) 「**塾技22 1**」(1)・(2)より，回路全体の抵抗を求める。$\frac{1}{2} + \frac{1}{6} = \frac{2}{3}$ より，bとcの合成抵抗は1.5Ωとなり，回路全体の抵抗は，$5 + 1.5 = 6.5$〔Ω〕とわかる。電源電圧は26Vなので，回路に流れる電流は，$\frac{26}{6.5} = 4$〔A〕となる。よって，aにかかる電圧は，$5 \times 4 = 20$〔V〕と求められる。　**答** 20V

(7) cに加わる電圧は，$26 - 20 = 6$〔V〕となるので，流れる電流は，$\frac{6}{6} = 1$〔A〕　**答** 1A

(8) 消費電力は，aが，$20 \times 4 = 80$〔W〕，bが，$6 \times 3 = 18$〔W〕，cが，$6 \times 1 = 6$〔W〕となる。
答 a＞b＞c

(9) 水の上昇温度は，電力に比例し，水の質量に反比例するのでA，B，Cの水温上昇の比は，
$$A : B : C = \frac{80}{200} : \frac{18}{300} : \frac{6}{100} = \frac{40}{100} : \frac{6}{100} : \frac{6}{100} = 40 : 6 : 6 = 20 : 3 : 3$$
答 イ

塾技(ワザ) 24 チャレンジ！入試問題 の解答

Q問題 1 図１のように，鉄しんにエナメル線を巻いてつくった電磁石を台の上に置き，乾電池をつないで矢印の向きに電流を流した。電磁石の周囲に４つの磁針を置き，できた磁界の向きを調べた。図２はこのとき用いた磁針のＮ極，Ｓ極を示したものである。電磁石を真上から見たとき，まわりに置いた４つの磁針の向きを次の中から選び，記号で答えよ。

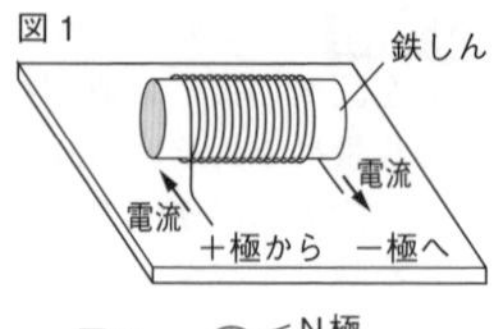

1 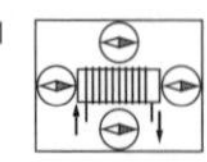 2 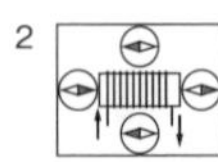 3 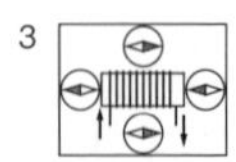 4 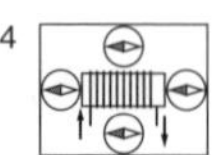

（山口改）

A解説と解答

「塾技 24 **2**」(3)より，電磁石の左端がＮ極，右端がＳ極となることがわかり，磁界の向きは右の図のようになる。

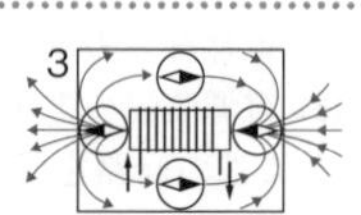

答 3

Q問題 2 右の図１のように，コイルを厚紙の中央に差しこんでとめた装置を用いて回路をつくった。次に，スイッチを閉じて，この回路に電流を流した。

(1) このとき，電圧計は 4.8V，電流計は 0.80A を示していた。電熱線の抵抗は何Ωか。

(2) 右の図２のように，コイルの中心に置いた磁針ＢのＮ極は南を指した。このとき，コイルの西側および東側に置いた磁針Ａおよび磁針Ｃは，それぞれどのようになっているか。次のア～エのうち，磁針Ａおよび磁針Ｃを表した図として最も適当なものを，それぞれ１つずつ選んで，その記号を書け。

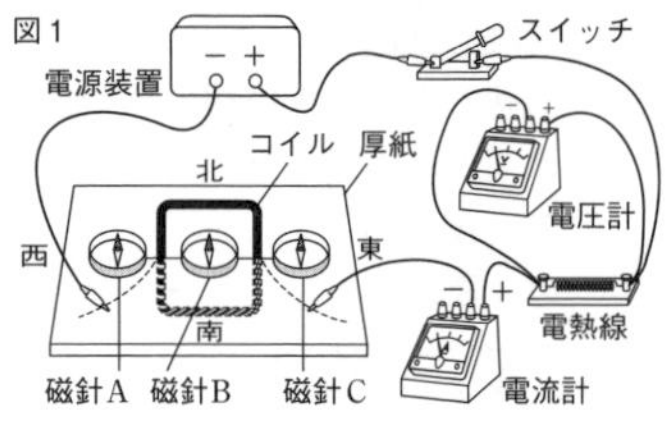

ア 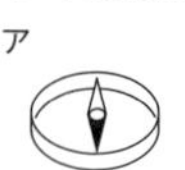 イ 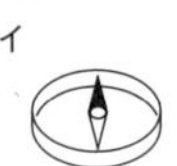 ウ  エ 

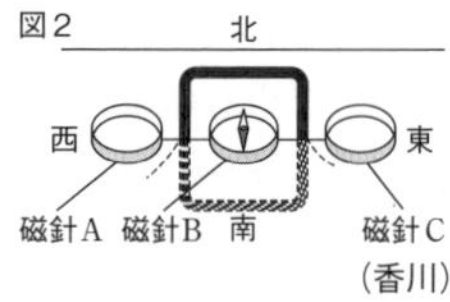

（香川）

A解説と解答

(1) オームの法則より，$\frac{4.8}{0.80}=6$〔Ω〕　**答 6Ω**

(2)「塾技 24 **2**」(1)より，コイルの右側と左側にできる磁界の向きは右の図のようになる。　**答 磁針Ａ：イ，磁針Ｃ：イ**

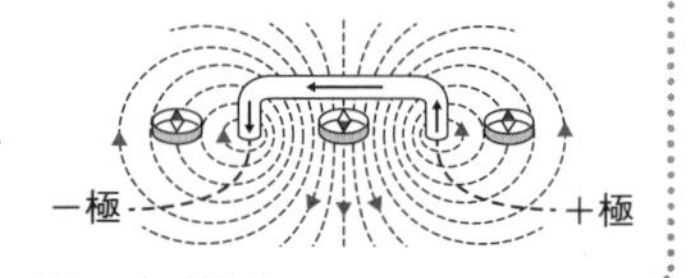

Q問題 3 右の図の装置で，スイッチを入れたとき，アルミニウムの棒が上下に振動した。その理由を，アルミニウムの棒が鉄の棒から離れると，電流が流れなくなることをもとに説明せよ。

（奈良改）

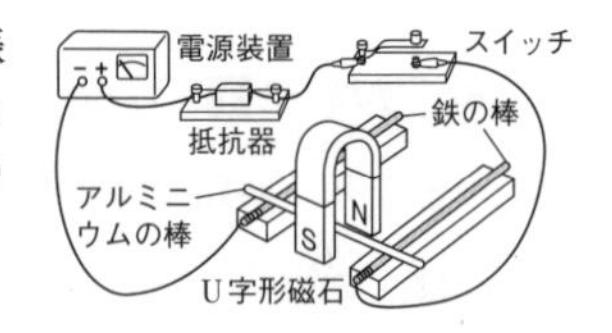

A解説と解答

アルミニウムの棒に電流が流れると，フレミングの左手の法則より，棒は上向きの力を受けて浮(う)く。

答 アルミニウムの棒に電流が流れると，磁石の磁界から上向きの力を受けて浮き上がるが，浮いたとたん電流が流れなくなり力が消えて落下する。これをくり返すため，上下に振動する。

チャレンジ！入試問題 の解答

Q 問題 1 図のように手でコイルを固定して，棒磁石を矢印の方向に動かす実験を行ったところ，検流計の針が左側にふれた。これについて，次の(1)，(2)に答えよ。

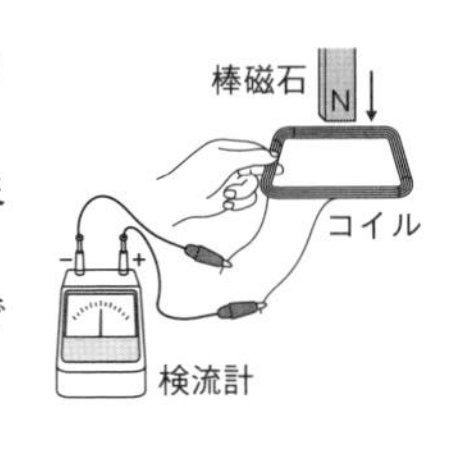

(1) コイル内部の磁界が変化すると，コイルには電流を流そうとする電圧が生じる。この現象を何というか，その名称を答えよ。

(2) 図の検流計の場合と，同じ向きに針がふれるものを，次のア～オからすべて選んで記号で答えよ。

ア	イ	ウ	エ	オ
N極を遠ざける	S極を近づける	S極を遠ざける	N極を横にコイルの中央まで動かす	S極を横にコイルの中央まで動かす

（島根）

A 解説と答

(1) 答 **電磁誘導**（ゆうどう）

(2)「**塾技 25 1**」(3)の**特徴⑤**より，N極を近づけるときとS極を遠ざけるときとで同じ向きの誘導電流が流れる。また，N極を横にコイルの中央まで動かしても，右の図のように，N極をコイルに近づけるときと同じ下向きの磁界が強くなる変化がコイル内部に生じる。

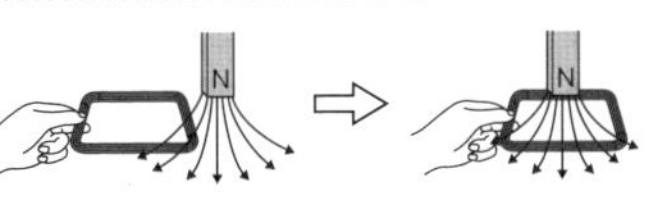

答 **ウ，エ**

Q 問題 2 右の図のように，コイルと発光ダイオードをつなぎ，矢印の向きに棒磁石を動かした。発光ダイオードが点灯するものを2つ選び，記号で答えよ。

（山口改）

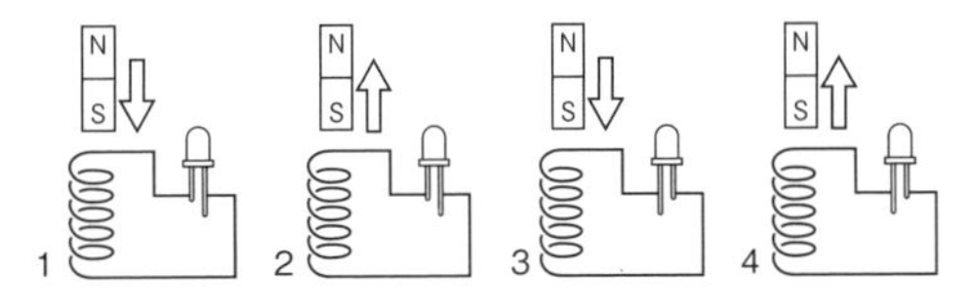

A 解説と答

LEDは足の長い＋極から短い－極に電流が流れると点灯する。「**塾技 25 1**」(2)のレンツの法則より，1～4でコイルに流れる電流の向きは右の図のようになる。 答 **2，3**

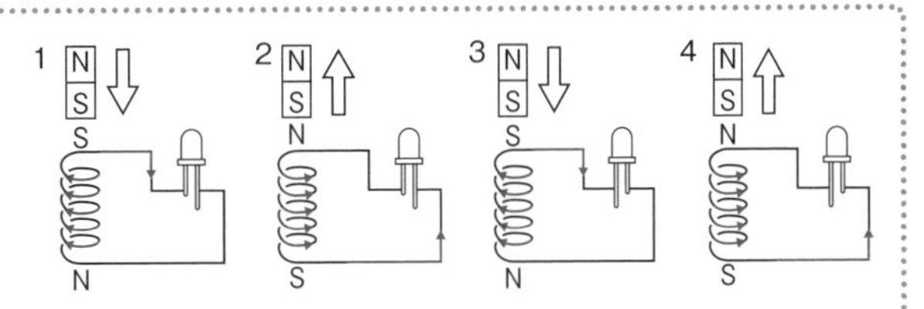

Q 問題 3 右の図のように，コイルAと鉄しんの入ったコイルBを用意し，点bに一定の強さの電流をZの向きに流し続けた。図の点Pは，------線上にある。次の文の①～③の｛　｝の中から，それぞれ適当なものを1つずつ選びア，イの記号で書け。

図のコイルBのまわりには流れる電流によって磁界ができている。このとき，点Pでの磁界の向きは，①｛ア　上向き　　イ　下向き｝であり，鉄しんの点P側の端は，②｛ア　N極　　イ　S極｝になっている。また，鉄しんの入ったコイルBをコイルAから遠ざけると，図の点aに③｛ア　Xの向き　　イ　Yの向き｝の電流が流れる。

（愛媛改）

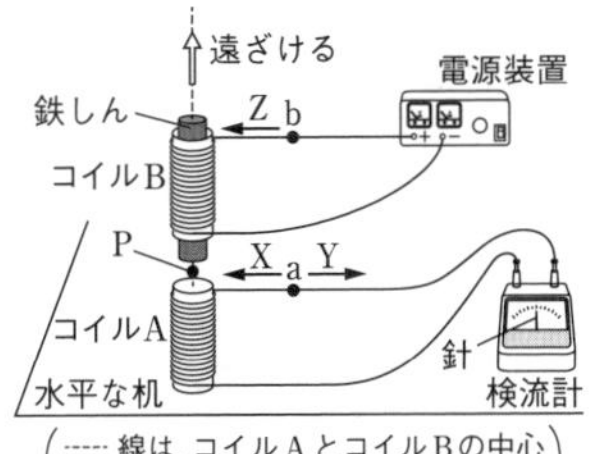

（------線は，コイルAとコイルBの中心を通る軸で机に対して垂直である。）

A 解説と答

鉄しんを入れたコイルBに電流が流れると，図1のようにコイルの磁界の向きは上向きとなり，鉄しんの上端がN極となる。コイルBを遠ざけて上向きの磁界が弱くなると，レンツの法則よりコイルAの内部に上向きの磁界を強めるように，図2のような誘導電流が流れる。

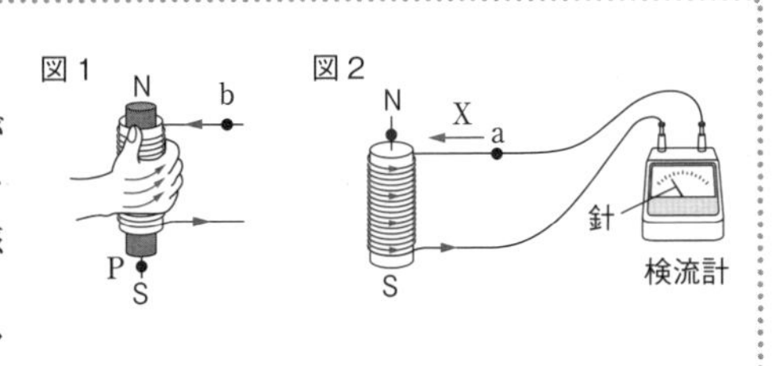

答 **①：ア，②：イ，③：ア**

塾技(ワザ) 26 チャレンジ！入試問題 の解答

Q 問題 1 静電気について調べるために，次のような実験を行った。

実験 2本のストローA，Bを用意した。図1のように，ストローAが回転できるような装置を組み立て，ストローAをティッシュペーパーで十分にこすった。次に，ストローBを別のティッシュペーパーで十分にこすり，ストローBを図2のようにストローAに近づけた。また，ストローBをこすったティッシュペーパーを，同様にストローAに近づけた。

ストローAにストローBを近づけたときのAの様子と，ストローAにストローBをこすったティッシュペーパーを近づけたときのAの様子をそれぞれ述べよ。

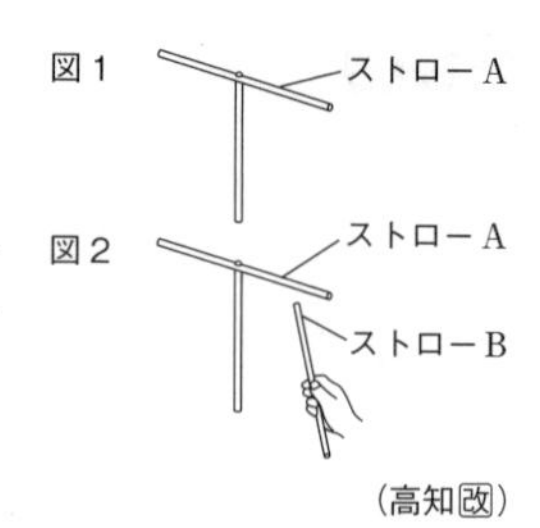

(高知改)

A 解説と解答

ストローをティッシュペーパーでこすると，ストローより電子を失いやすいティッシュペーパーが＋に帯電し，ストローはティッシュペーパーから電子を受け取り－に帯電する。「塾技26 **1**」(3)①・②より，ストローどうしを近づけると反発し合い，ストローとティッシュペーパーを近づけると引き合う。

答 ストローBを近づける：Aは遠ざかる，ティッシュペーパーを近づける：Aは近づく

Q 問題 2 次の実験についてあとの問いに答えよ。

実験1 図1のように，十字形の金属板の入った真空放電管の電極Aを－極に，電極Bを＋極にして高電圧を加えると，蛍光面(けいこう)に十字形のかげが観察された。

実験2 電極Aを＋極に，電極Bを－極にして，高電圧を加えると，かげは観察できなかった。

実験3 図2のように，真空放電管の電極Cを－極に，電極Dを＋極にして高電圧を加えると，蛍光板に光のすじが見え，その光のすじは直進した。

実験4 電極C，電極Dに高電圧を加えたまま，さらに電極Eを＋極，電極Fを－極にして電圧を加えた。その結果，蛍光板に見えた光のすじは上に曲がった。

実験1で観察された十字形のかげが，実験2で観察できなかったのはなぜか。また，実験3で直進していた光のすじが，実験4で上に曲がったのはなぜか。それぞれの理由を電子ということばを用いて簡単に説明せよ。 (岩手改)

A 解説と解答

答 実験2の理由：電子が－極から出ているから。
実験4の理由：光のすじが見える原因の電子は－の電気をもっているから。

Q 問題 3 図のように，蛍光板を入れた真空放電管（クルックス管）の電極A，Bの間に大きな電圧を加えると，電極Aから陰極線が出た。その後，真空放電管をはさむようにS極を手前にしてU字形磁石を近づけた。陰極線は上，下のどちらに曲がるか。 (鹿児島改)

A 解説と解答

電極Aから陰極線が出たので，Aが－極，Bが＋極とわかる。電流の向きは電子の流れである陰極線の向きと反対の右から左，磁界の向きは奥から手前となるので，フレミングの左手の法則より上向きの力を受ける。

答 上

Q 参考 磁界の中で電流が受ける力の向きは，「塾技24 **3**」のフレミングの左手の法則以外にも右手を使う方法がある。右手の親指と残り4本の指を垂直にし，親指を電流の向き，残り4本の指を磁界の向きに合わせると，手のひらの向く方向が力の向きとなる。

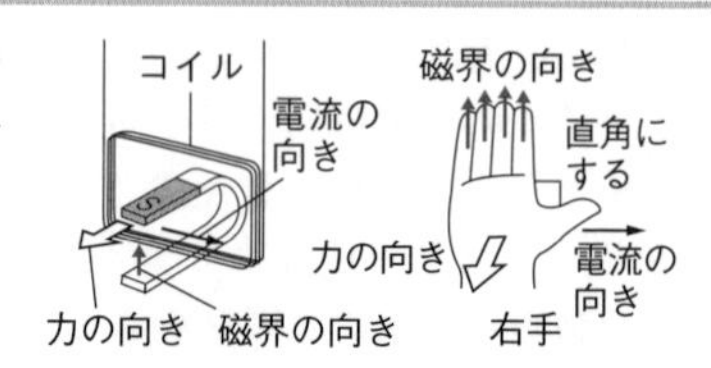

チャレンジ！入試問題 の解答

Q問題1 次の文を読み，あとの問いに答えよ。

原子の中心には＋（プラス）の電気をもつ（ a ）があり，そのまわりを－（マイナス）の電気をもつ（ b ）が運動している。（a）は，一般に，＋の電気をもつ（ c ）と，電気をもたない（ d ）からできている。1個の（ c ）がもつ＋の電気の量と，1個の（ b ）がもつ－の電気の量は等しい。原子では，（ c ）の数と（ b ）の数が等しいので，原子全体は電気を帯びていない。しかし，原子が（ b ）を失ったりもらったりすると，全体で電気を帯びるようになる。これがイオンである。

固体の塩化ナトリウム（化学式 NaCl）は，ナトリウムイオン Na^{+} と塩化物イオン Cl^{-} が結びついてできている。ナトリウムの原子は11個の（ b ）をもち，塩素の原子は17個の（ b ）をもつので，ナトリウムイオンの（ b ）の数は塩化物イオンの（ b ）の数よりも[A]個少ない。固体の塩化ナトリウムは電気を通さないが，塩化ナトリウムの水溶液は電気を通す。塩化ナトリウムのようにその水溶液が電気を通す物質を（ e ）という。

(1)（ a ）～（ e ）にあてはまる語句を漢字で答えよ。

(2) [A] にあてはまる整数を答えよ。

(3) 固体の塩化ナトリウムは電気を通さないが，塩化ナトリウムの水溶液が電気を通すのはなぜか。イオンということばを使って説明せよ。

（筑波大附高）

A解説と解答

(1)「塾技27 **1**」(1)・(2)の図を参照。　　答 **a：原子核，b：電子，c：陽子，d：中性子，e：電解質**

(2) ナトリウム原子の電子は11個で，電子を1個失い，電子10個のナトリウムイオンになる。一方，塩素原子の電子は17個で，電子を1個受け取り，電子18個の塩化物イオンになる。
よって，A＝18－10＝8〔個〕　　答 8

(3) 答 **固体の塩化ナトリウムはイオンが移動できないが，水にとけると電離して，電圧を加えるとイオンが水溶液中を移動できるようになるから。**

Q問題2 亜鉛（あえん）Zn に塩酸を加えると，亜鉛がとけて水素 H_2 が発生する。それは，

$Zn + 2HCl \rightarrow ZnCl_2 + H_2$ …① と表される化学反応が起こるためである。この化学反応式は次のように考えられる。①式左辺の塩化水素 HCl は水溶液中では電離し，水素イオン H^{+} を生じる。右辺の生成物 H_2 と見比べることで，この変化では水素イオンが電子 e^{-} を受け取っていることがわかる。

$xH^{+} + xe^{-} \rightarrow H_2$ …②

また，①式右辺の塩化亜鉛 $ZnCl_2$ は水溶液中では電離し，亜鉛イオン Zn^{x+} を生じる。左辺の反応物 Zn と見比べることで，亜鉛がとける変化では亜鉛が電子 e^{-} を放出していることがわかる。

$Zn \rightarrow Zn^{x+} + xe^{-}$ …③

つまり，②式と③式の反応に関わる電子の数をそろえ，塩化物イオン Cl^{-} を補うことで①式が得られる。

(1) 上記②，③式中の x に適する整数を答えよ。

(2) アルミニウム Al も塩酸にとけ，次のように変化する。

$Al \rightarrow Al^{3+} + 3e^{-}$

これと上記②式を参考にして，アルミニウムと塩酸が反応する様子を化学反応式で表せ。ただし，化学反応式の係数には x を用いないこと。

（函館ラ・サール高）

A解説と解答

(1) 水素イオンは電子を1個受け取り水素原子となり，水素原子が2個結びついて水素分子が1個できるので，②の x は2とわかる。また，亜鉛は電子を2個放出して Zn^{2+} となるので，③からも $x=2$ とわかる。　　答 2

(2) ②式の $2H^{+} + 2e^{-} \rightarrow H_2$ と，与えられた式 $Al \rightarrow Al^{3+} + 3e^{-}$ の電子の数を2と3の最小公倍数6にそろえると，②式は，$6H^{+} + 6e^{-} \rightarrow 3H_2$，与えられた式は，$2Al \rightarrow 2Al^{3+} + 6e^{-}$ となる。これらを合わせると，$6H^{+} + 6e^{-} + 2Al \rightarrow 2Al^{3+} + 6e^{-} + 3H_2$ となり，$6e^{-}$ のかわりに $6Cl^{-}$ を補うと，

$\underbrace{6H^{+} + 6Cl^{-}}_{6HCl} + 2Al \rightarrow \underbrace{2Al^{3+} + 6Cl^{-}}_{2AlCl_3} + 3H_2$ となる。　　答 $6HCl + 2Al \rightarrow 2AlCl_3 + 3H_2$

チャレンジ！入試問題 の解答

Q問題 1 次の文を読み，下の問いに答えよ。

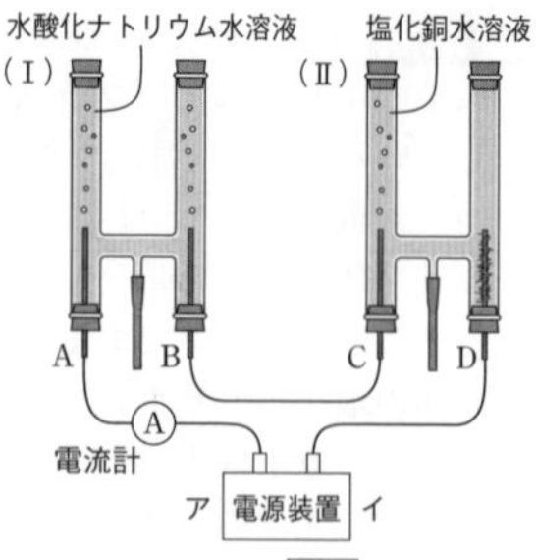

右の図のようにH管を用いて実験装置を組み立て，H管（Ⅰ）には水酸化ナトリウム水溶液を，H管（Ⅱ）には塩化銅水溶液を入れ，一定の電流を流して電気分解を行った。しばらくすると，H管（Ⅰ）の電極A，電極Bではいずれも気体が生じ，その体積比は1：2であった。また，H管（Ⅱ）の電極Cでは気体を生じたが，電極Dでは電極上に赤い物質が付着した。

(1) 電極A，B，Cで生じた気体をそれぞれ化学式で答えよ。
(2) 図中の電源装置の＋極はア，イのどちらか。記号で答えよ。
(3) 下線部の説明について，次の文章の空欄に適当な語句を入れよ。

塩化銅水溶液中では，塩化銅は ① して ② と ③ に分かれている。そこへ電圧を加えると， ② は電極Cに引きよせられ，電極上で電子をはなして ④ になり， ③ は電極Dに引きよせられ，電極上で電子を受け取り ⑤ となる。電極D上に付着した赤い物質とは ⑤ のことである。

（愛光高）

A解説と解答

(1) 水酸化ナトリウム水溶液に電圧を加えると水が電気分解され，陰極で水素，陽極で酸素が発生する。その体積比は，「塾技 17 **3**」より，水素：酸素 ＝ 2：1となり，実験結果より，電極Aで酸素が，電極Bで水素が発生したことがわかる。一方，塩化銅水溶液を電気分解すると陽極で塩素が発生するので，電極Cで生じた気体は塩素とわかる。 答 **電極A：O_2，電極B：H_2，電極C：Cl_2**

(2) (1)より，電極A，Cが陽極とわかるので，電源装置の＋極はアとわかる。 答 **ア**

(3) 電極Cは陽極で，塩化物イオン2個が電子をはなして塩素が発生する。一方，電極Dは陰極で，銅イオンが電子を受け取り銅が付着する。

答 **①：電離，②：塩化物イオン，③：銅イオン，④：塩素，⑤：銅**

Q問題 2 右の図のようなH管に塩酸やうすい水酸化ナトリウム水溶液を満たして直流電流を通して，発生する気体を調べた。ただし，電極自身は化学変化しないものを用いた。

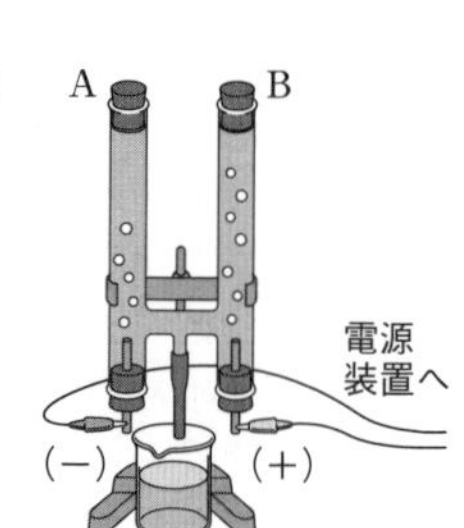

(1) 塩酸の場合，H管の上のAとBにたまる気体の体積はどうなるか。次のア～オから最も適当なものを1つ選び，記号で答えよ。
ア　AとBは同じだけたまる
イ　BはAの2倍たまる
ウ　AはBの2倍たまる
エ　Aでは多くたまるが，Bではわずかしかたまらない
オ　Bでは多くたまるが，Aではわずかしかたまらない

(2) 水酸化ナトリウム水溶液の場合の陽極および陰極での変化を，電子をe^-としてイオン反応式で示すと次のようになる。 あ ～ う の中に適当な化学式を入れよ。
【陽極での反応式】4 あ → い ＋ $2H_2O$ ＋ $4e^-$　【陰極での反応式】$2H_2O$ ＋ $2e^-$ → う ＋ 2 あ

(3) 水酸化ナトリウム水溶液の場合，電流を流し続けると，水酸化ナトリウム水溶液の濃度はどのように変化していくか答えよ。

（東大寺学園高改）

A解説と解答

(1) 塩酸を電気分解すると，陽極で塩素が発生し，陰極で水素が発生する。塩素は水にとけやすいため，H管内にはわずかしかたまらない。一方，図より，電源装置の(－)とつながっているA側が陰極で，(＋)とつながっているB側が陽極とわかる。以上より，Aでは水素が発生して多くたまるが，Bでは塩素が発生し水にとけるためわずかしかたまらないことがわかる。 答 **エ**

(2)「塾技 28」の用語チェック（*p.181*）を参照。 答 **あ：OH^-，い：O_2，う：H_2**

(3) 水酸化ナトリウムは分解されず，溶媒（ようばい）の水の電気分解が起こる。そのため，電気分解が進むにしたがい，水酸化ナトリウム水溶液の濃度（のうど）が高くなる。 答 **濃度が高くなっていく。**

チャレンジ！入試問題 の解答

Q 問題 うすい塩酸に異なる金属板を入れると電池になって，電流をとり出すことができる。右の図のように，金属板Aと金属板Bをうすい塩酸に入れ，プロペラのついたモーターをつないだ装置を使って電池の実験をした。金属板Aと金属板Bの組み合わせをかえることにより，次のa～dの実験結果を得た。これらに関連して，以下の(1)～(5)に答えよ。

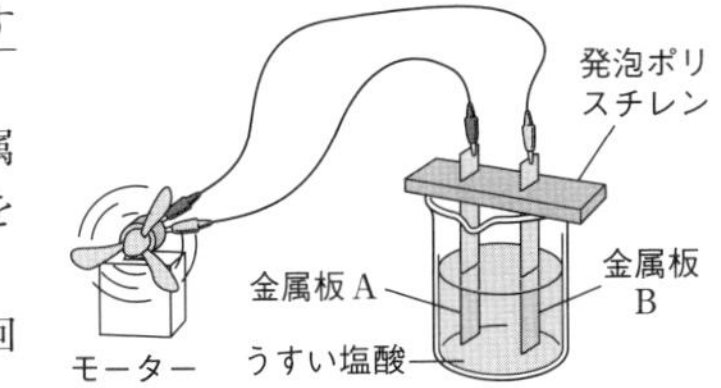

a　Aを亜鉛(あえん)板，Bを銅板にすると，モーターについたプロペラは，時計回りに回転した。

b　Aを銅板，Bを亜鉛板にすると，モーターについたプロペラは，反時計回りに回転した。

c　Aを銅板，Bをマグネシウムリボンにすると，モーターについたプロペラは，反時計回りに回転した。さらに，プロペラの回転の速さは，aやbの場合よりも速かった。

d　Aを亜鉛板，Bをマグネシウムリボンにすると，モーターについたプロペラは，反時計回りに回転した。

(1) 文章中の下線部において，ビーカー中のうすい塩酸を次のア～エにかえたとき，電池ができるものはどれか。次のア～エの中から1つ選び，記号で答えよ。
　ア　食塩水　　イ　エタノール　　ウ　砂糖水　　エ　精製水

(2) Aが亜鉛板でBが銅板の電池では，＋極となる金属は，亜鉛，銅のどちらの金属か。元素記号で答えよ。

(3) 実験した電池の－極では，金属の表面で原子が電子を失って陽イオンとなり，うすい塩酸の中にとけ出していく。Aが銅板でBが亜鉛板の電池における－極の変化を，例にならって式で表せ。ただし，アには元素記号，イには化学式，ウには数字を書け。
　例：$Na \rightarrow Na^{+} + e^{-}$　　（ア）→（イ）＋（ウ）e^{-}（：e^{-}は電子1個を表す）

(4) Aが銅板でBが亜鉛板の電池において，電子が－極から導線を通って，＋極にn個流れたとき，＋極の表面では，水素分子は何個できるか。数字とnを使って表せ。ただし，＋極の表面では，うすい塩酸中の水素イオンが，流れてくる電子をすべて受け取り，水素分子になったとする。

(5) a～dの実験結果から，亜鉛，銅，マグネシウムを，うすい塩酸中で電子を失って陽イオンになりやすい順に並べたものはどれか。次のア～カの中から1つ選び，記号で答えよ。
　ア　亜鉛，銅，マグネシウム　　イ　亜鉛，マグネシウム，銅　　ウ　銅，マグネシウム，亜鉛
　エ　銅，亜鉛，マグネシウム　　オ　マグネシウム，亜鉛，銅　　カ　マグネシウム，銅，亜鉛　（開成高改）

A 解説と解答

(1)「塾技29 **1**」(1)②より，電池には電気を通す水溶液（電解質の水溶液）が必要となる。　答 ア

(2)「塾技29 **1**」(3)より，－極には＋極より陽イオンになりやすい金属を用いる。「塾技29 **1**」(2)より，亜鉛の方が銅よりイオン化傾向が大きいので，－極が亜鉛，＋極が銅となる。　答 Cu

(3) －極では亜鉛原子が電子を2個失って亜鉛イオンとなりとけ出す。　答 ア：Zn，イ：Zn^{2+}，ウ：2

(4)「塾技29」の用語チェック2.③より，銅板（＋極）での反応は，$2H^{+} + 2e^{-} \rightarrow H_2$となる。2個の電子が－極から＋極に流れると，水素分子が1個できることになるので，n個の電子が流れると，$\frac{n}{2}$個の水素分子ができることになる。　答 $\frac{n}{2}$個

(5) 実験a，bの結果から，Aが－極，Bが＋極のときプロペラは時計回りに，Aが＋極，Bが－極のときは反時計回りに回転することがわかる。実験cではプロペラが反時計回りに回転したことから，銅板が＋極，マグネシウムリボンが－極とわかり，マグネシウムの方が銅よりイオン化傾向が大きいことがわかる。さらに，aやbより速く回転したことより，銅とマグネシウムのイオン化傾向の差は，銅と亜鉛のイオン化傾向の差より大きいことがわかる。よって，イオン化傾向はMg＞Zn＞Cuである。なお，実験dでは，亜鉛板が＋極，マグネシウムリボンが－極となるので，マグネシウムの方が亜鉛よりイオン化傾向が大きいことが直接確かめられる。　答 オ

チャレンジ！入試問題 の解答

Q問題1 次の実験について，あとの問いに答えよ。

実験　スライドガラスに食塩水でしめらせたろ紙を置き，両端を金属のクリップでとめ，青色リトマス紙をのせた。その中央に塩酸をしみこませた糸をのせ，電圧をかけると青色リトマス紙の赤色に変化した部分が陰極側にしだいに広がった。右の図は，装置の一部を拡大したものである。

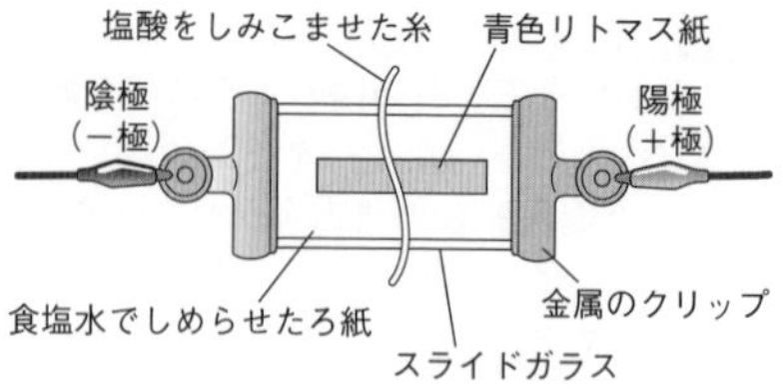

(1) 実験において，青色リトマス紙を赤色に変化させるのは塩酸中のイオンによるものである。そのイオンの名称は何か。そのように判断した理由を含め，実験結果をもとに答えよ。

(2) 塩酸のかわりに水酸化ナトリウム水溶液をしみこませた糸を，青色リトマス紙のかわりにフェノールフタレイン溶液をしみこませたろ紙を用いて実験と同様の実験を行った。そのときのフェノールフタレイン溶液をしみこませたろ紙の色の変化として最も適当なものは，次のどれか。

ア　中央の青色に変化した部分が陽極側に広がる　　イ　中央の青色に変化した部分が陰極側に広がる
ウ　中央の赤色に変化した部分が陽極側に広がる　　エ　中央の赤色に変化した部分が陰極側に広がる

(長崎改)

A解説と解答

(1) 答 **赤色に変化した部分が陰極側に広がったことから，青色リトマス紙を赤色に変化させたのは，陽イオンである。塩酸中の陽イオンは水素イオンなので，青色リトマス紙を赤色に変化させたのは，水素イオンである。**

(2) フェノールフタレイン溶液は，アルカリ性を示す水酸化物イオンによって赤色に変化する。また，この水酸化物イオンは陰イオンなので，電圧をかけると陽極側に引きよせられる。　答 **ウ**

Q問題2 水溶液に電流を流して，水溶液の性質を調べる実験を行った。

実験　ガラス板の上に，食塩水をしみこませたろ紙をのせ，その上に青色のリトマス紙と赤色のリトマス紙を置いた。さらに，うすい塩酸をしみこませた糸を両方のリトマス紙にかかるように中央に置いた。次に，両端を電極用のクリップではさんで電源につなぎ電流を流した。図はこのときの様子を示したものである。しばらくすると，図のリトマス紙のア～エのうち１か所でリトマス紙の色が変化し，その変化した部分が電極側にしだいに広がっていく様子が観察できた。

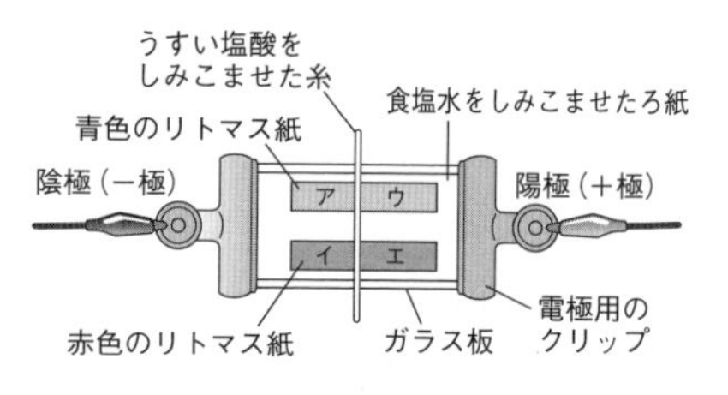

(1) 実験で，純粋な水ではなく，食塩水をろ紙にしみこませた理由を書け。

(2) 実験の図のリトマス紙のア～エのうち，電流を流したときに，色の変化した部分が電極側にしだいに広がっていく様子が観察できたのはどこか。図のア～エの中から１つ選び，その記号を書け。また，その選んだ場所において，リトマス紙の色が変化する理由を，関係するイオンの名称を用いて書け。さらに，リトマス紙の色の変化した部分が電極側に広がっていく理由を書け。

(埼玉改)

A解説と解答

(1) 電流を流すためには，調べる酸性やアルカリ性の水溶液に影響を与えない中性の電解質の水溶液でろ紙をしめらせる必要がある。よく使われるものとして，食塩水の他にも硫酸ナトリウム水溶液や硝酸カリウム水溶液がある。　答 **電流が流れるようにするため。**

(2) 塩酸中の水素イオンにより青色リトマス紙が赤く変化する。水素イオンは陽イオンなので，電流を流すと陰極側に広がるため，変化するリトマス紙は図のアの部分とわかる。

答 **記号：ア，変化する理由：塩酸には水素イオンが含まれているから。**
電極側に広がっていく理由：水素イオンは陽イオンのため，陰極側に引きよせられるから。

塾技 31 チャレンジ！入試問題 の解答

Q問題 1 塩酸(A液)と水酸化ナトリウム水溶液(B液)を用いて実験を行った。B液10mLにA液10mLを混合した溶液Xと，B液10mLにA液30mLを混合した溶液Yの中にそれぞれマグネシウムを加えた。このとき，化学反応が起こるのはX，Yのどちらか。ただし，A液10mLとB液5mLを加えたとき，ちょうどぴったり中和するものとする。 (清風高改)

A 解説と解答

中和後，A液（塩酸）が残っているとマグネシウムと反応して水素が発生する。ぴったり中和する量に対し，溶液XではB液が5mL，溶液YではA液が10mL残るので，化学反応が起こるのはYとなる。 答 Y

Q問題 2 濃度未知の塩酸(塩化水素の水溶液)Aと，濃度未知の水酸化ナトリウム水溶液Bを，いろいろな体積で混ぜて反応させたのち，反応後の水溶液にBTB溶液を加えたところ，右の表のような結果になった。これについて，次の問いに答えよ。

実験番号	1	2	3	4	5
Aの体積〔cm^3〕	20	40	60	80	100
Bの体積〔cm^3〕	100	80	60	40	20
BTB溶液の色	青	青	青	緑	黄

(1) 実験番号1～5のうち，反応後の水溶液を加熱して水を蒸発させたとき，水酸化ナトリウムが残らないものはいくつかあるか。その数を答えよ。

(2) 右の図は，実験番号1～5の反応後の水溶液中に含まれるNa^+のイオンの数を表したグラフである。このグラフを参考にして，実験番号1～5の反応後の水溶液中に含まれるOH^-のイオンの数を表したグラフを描け。ただし，実験番号1～5の反応後の水溶液中に含まれるOH^-のイオンの数は○で示し，それらを結んでグラフを描くこと。 (筑波大附高)

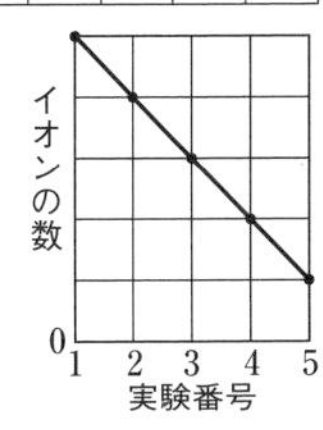

A 解説と解答

(1) 水酸化ナトリウムが残るものは，BTB溶液の色が青色となる。よって，4と5は残らない。 答 2

(2) 実験番号4のとき，ちょうどぴったり中和し，加えたNaOHの数とHClの数が等しくなる。グラフより，このときのNa^+の数を2個とすると，B 40cm^3にNaOHが2個，A 80cm^3にHClが2個含まれることになる。また，実験番号4と5ではアルカリ性の性質を示していないため，OH^-の個数は0個となる。一方，実験番号2では，Aが40cm^3よりHClが1個，Bが80cm^3よりNaOHが4個含まれることになる。4個のOH^-のうち，1個はH^+と中和するので，実験番号2では3個のOH^-が残ることになる。これらをもとにグラフをつくればよい。

答

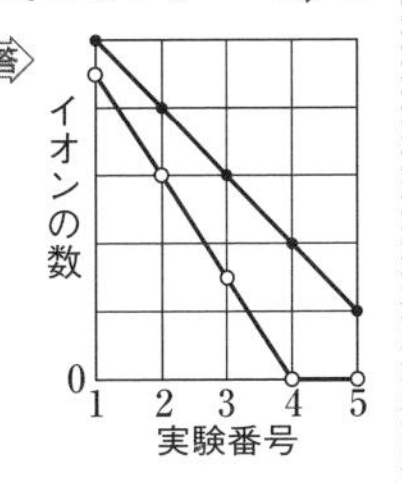

Q問題 3 塩酸と硫酸を混ぜ合わせたところ，混合水溶液中にとけている水素イオンと硫酸イオンの個数はそれぞれ7*N*個，2*N*個であった。この水溶液に水酸化バリウム水溶液を加えると，硫酸イオンの個数は右の図のように減少した。次の問いに答えよ。

(1) 水酸化バリウムと硫酸の反応を化学反応式で記せ。なお，反応式にイオンを表す式を用いてはならない。

(2) 水酸化バリウム水溶液を50mL加えたとき，水溶液中にとけている水素イオンの個数を*N*を用いて表せ。なお，存在しないときは「0」と記せ。 (東海高改)

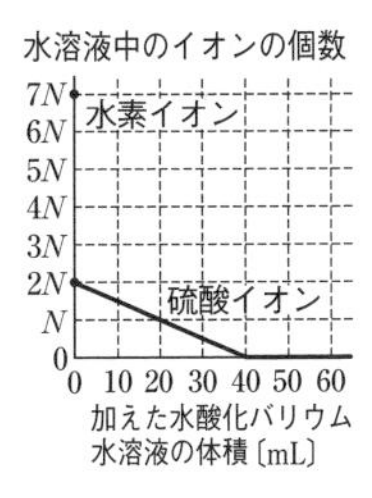

A 解説と解答

(1)「塾技31 **2**」参照。 答 $H_2SO_4 + Ba(OH)_2 \rightarrow BaSO_4 + 2H_2O$

(2) グラフより，加えた水酸化バリウム水溶液が40mLのとき硫酸イオンの個数が0個となるので，水酸化バリウム水溶液40mL中のバリウムイオンの個数は2*N*個。一方，水酸化バリウム40mL中の水酸化物イオンの個数はバリウムイオンの2倍の4*N*個となるので，水酸化バリウム50mL中の水酸化物イオンの個数は5*N*個。よって，中和後に残る水素イオンの個数は，$7N - 5N = 2N$〔個〕

答 2*N*個

塾技 32　チャレンジ！入試問題 の解答

Q問題 1 力のつり合いや，力の合成と分解について調べるために，図１のような装置を組み，次の実験を行った。あとの問いに答えよ。ただし，ばねばかりは水平に置いたときに針が0を指すように調整してある。また，糸は質量が無視でき，のび縮みしないものとする。図１～３は，上から見たものである。

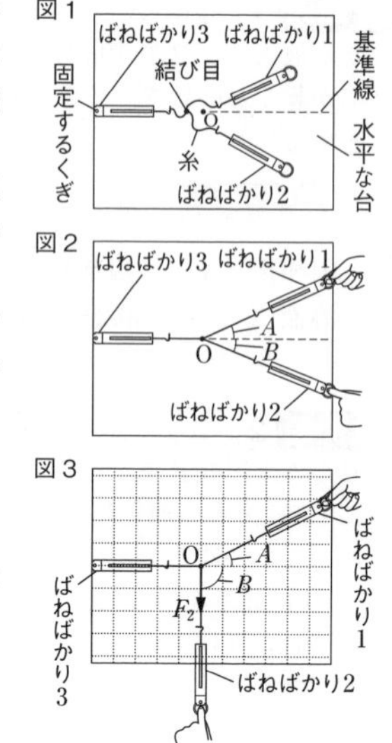

実験　図２のように，ばねばかり１，２につけた糸を異なる方向に引いて結び目を点Oに合わせたときの，ばねばかり１～３の示す値を調べた。A，Bは，それぞれの糸と基準線との間の角を表す。

(1) A，Bの大きさが等しいとき，ばねばかり１，２は等しい値を示した。次は，このときの規則性をまとめたものである。 a ， b にあてはまる言葉を，それぞれ書け。

A，Bの角度の大きさをそれぞれ同じだけ大きくしていくとき，Aの角度が大きくなると，ばねばかり１の示す値は a 。ばねばかり３の示す値は b 。

(2) 図３は，実験におけるA，Bの組み合わせの１つを表している。図３には，このときの，ばねばかり２につけた糸が結び目を引く力F_2を方眼上に示してある。次の問いに答えよ。

① ばねばかり１につけた糸が結び目を引く力F_1を，図３にかき入れよ。

② ばねばかり２の示す値が1.0Nのとき，ばねばかり３の示す値は何Nか，求めよ。

（山形）

A 解説と解答

(1) ばねばかり３の示す値は，結び目を点Oまで引く力なので変化しない。「**塾技 32 3**」より，合力が一定のとき，角度が大きくなるほど，ばねばかり１や２にかかる力は大きくなる。

答 a：大きくなる，b：変わらない（変化しない，一定である）

(2) ばねばかり１と２の合力F_3は，それとつり合うばねばかり３が引く力と向きは反対で一直線上にある。力の平行四辺形を，向きと大きさが決まっているF_2をもとに，向きが決まっているF_1の対辺から考えると，右上の図のように，F_3は基準線上にあり４目盛りの大きさであることがわかる。図より，$F_3 = 2F_2 = 1.0 \times 2 = 2.0$〔N〕

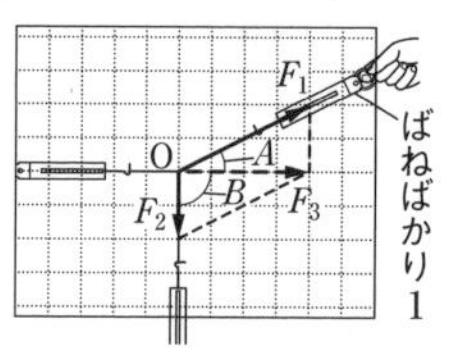

① 答

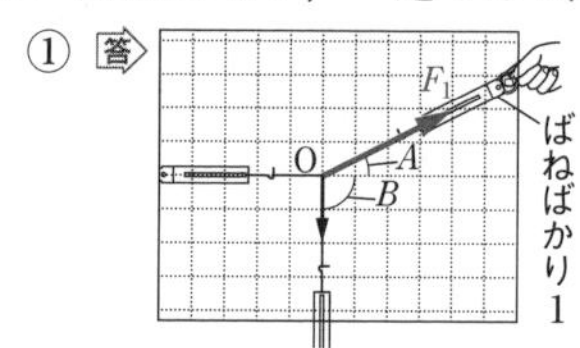

② **答 2.0N**

Q問題 2 次の操作について，あとの問いに答えよ。ただし，糸の重さは考えないものとする。また，図は長さや角度が必ずしも正確に描かれていないことに注意し，正三角形の頂点から対辺におろした垂線は，対辺の垂直二等分線であることを利用せよ。

操作　２本の糸A，糸Bの結び目をPとする。糸Aの端は天井に固定し，結び目Pにはおもり X（重さ1.2N）をつり下げた。次に，糸Bの端を手で引き，糸Aと鉛直線のなす角が60°となるように調整をした（右の図）。

天井
糸A
60°
a
手で引く
結び目P
糸B
おもりX

操作において，糸Bと鉛直線のなす角aの値が次の①～③の場合，糸Aが結び目Pを引く力の大きさはそれぞれ何Nになるか求めよ。

① 30°　② 60°　③ 90°

（筑波大附駒場高改）

A 解説と解答

糸Aが引く力をF_1，手で引く力をF_2，結び目Pを下向きに引く力とつり合う力をF_3とする。

①「**塾技 32 3**」の60°，30°，90°の図より，$F_1 : F_3 = 1 : 2$

$$F_1 = \frac{1}{2}F_3 = 0.6〔N〕$$

②「**塾技 32 3**」の正三角形の図より，$F_1 = F_3 = 1.2N$

③ 右の図より，$F_1 = 2F_3 = 2.4$〔N〕　**答 ① 0.6N，② 1.2N，③ 2.4N**

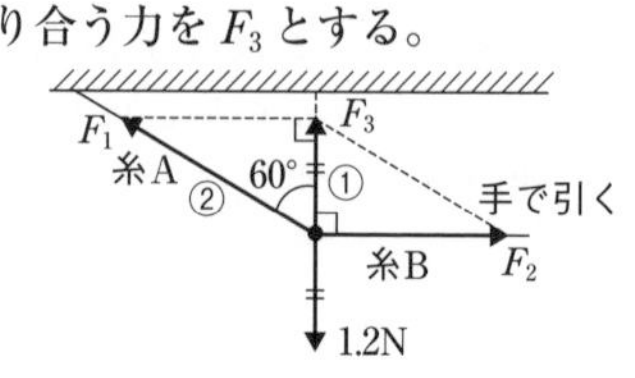

チャレンジ！入試問題 の解答

Q問題1 次の実験に関して，あとの(1)，(2)の問いに答えよ。ただし，質量100gの物体にはたらく重力を1Nとし，斜面と物体の間には，摩擦力(まさつりょく)ははたらかないものとする。

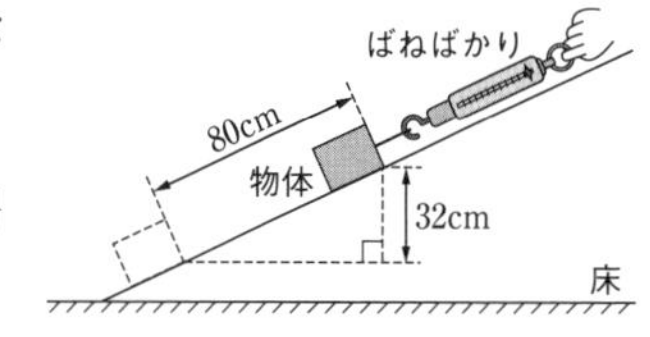

実験 右の図のように，斜面の上で質量200gの物体にばねばかりをつなぎ，斜面に沿ってゆっくりと80cm引き上げた。このとき，物体はもとの位置より32cm高い位置にあった。

(1) 物体をゆっくりと引き上げているとき，物体にはたらく重力の向きを表した矢印として，最も適当なものを，右のア〜エから1つ選び，その符号を書け。

ア　イ　ウ　エ

(2) 物体をゆっくりと引き上げているとき，ばねばかりが示す値は何Nか，求めよ。

（新潟改）

A解説と解答

(1) 鉛直下向きとなる。　　答 ア

(2) 求める値は斜面に平行な分力と等しいので，「塾技33 **1**」(2)より，$2 \times \frac{32}{80} = 0.8$〔N〕　　答 0.8N

Q問題2 摩擦のある金属板と小さな木片を用いて次のような実験を行った。これについてあとの問いに答えよ。

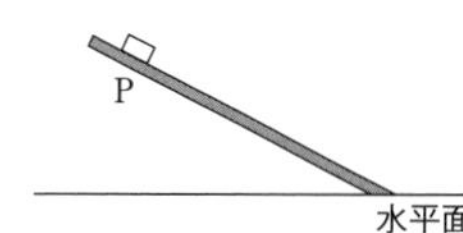

実験 金属板上の点Pに木片をのせて金属板をゆっくりと傾けていったところ，やがて木片はすべりはじめて最下点まで降りた。

図は，木片が金属板上の点Pに静止しているときを示している。静止している木片には3つの力，重力W，垂直抗力N，摩擦力Fがはたらいている。次の①〜③にあてはまる力は，W，N，Fのどれか。記号で答えよ。

① 傾けていくと，しだいに大きくなる力　　② 傾けていっても，大きさは変わらない力

③ 傾けていくと，しだいに小さくなる力

（函館ラ・サール高改）

A解説と解答

Wは常に一定なので，②にあてはまる。Nは重力の斜面に垂直な分力とつり合うので，「塾技33 **1**」(1)の図より，傾けていくと小さくなり，③にあてはまる。Fは，静止摩擦力（*p.184*）なので，斜面を傾けていくと大きくなり，①にあてはまる。

答 ①：F，②：W，③：N

Q問題3 以下の問いに答えよ。

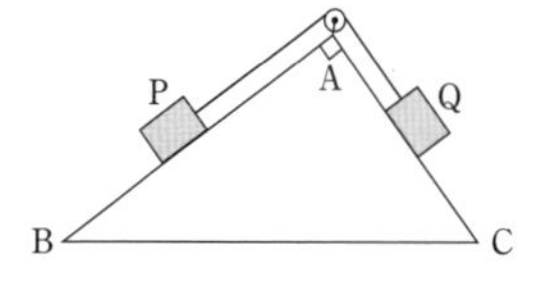

図のように，斜面AB上の物体Pと，斜面AC上の物体Qは，Aに取り付けた滑車を介して，質量の無視できるロープでつながれて静止している。斜面ABと斜面ACは直交していて，AB = 2.0m，AC = 1.5m，BC = 2.5mである。斜面に摩擦はなく，滑車はなめらかに動くものとする。

(1) Pの質量が4kgのとき，Qの質量は何kgか。

(2) ロープが，Pを引く力は何Nか。ただし，1Nは100gの物体にはたらく重力の大きさとする。

（愛光高改）

A解説と解答

右の図のようにPとQにはたらく力を考えると，PとQは静止しているので，力の大きさは，$F_1 = F_2 = F_3 = F_4$となる。かげをつけた三角形は三角形ABCと相似となるので，$F_1 : W_1 = AC : BC = 3 : 5$より，

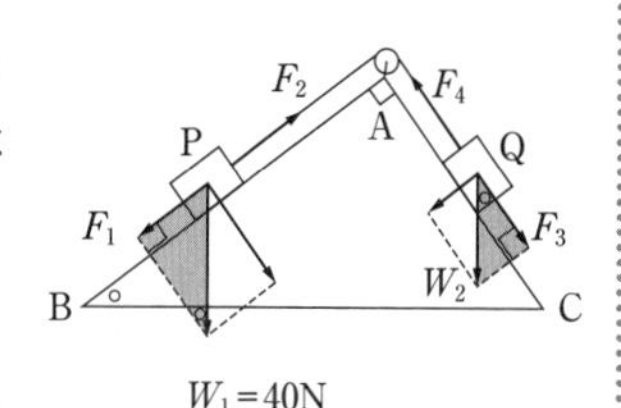

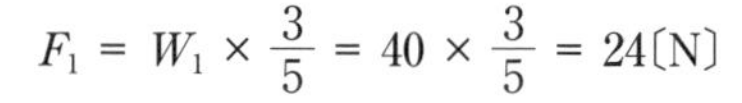

$$F_1 = W_1 \times \frac{3}{5} = 40 \times \frac{3}{5} = 24〔N〕$$

一方，$F_3 : W_2 = AB : BC = 4 : 5$より，$W_2 = F_3 \times \frac{5}{4} = 24 \times \frac{5}{4} = 30$〔N〕

以上より，(1)は3kg，(2)は24Nとわかる。　　答 (1) 3kg，(2) 24N

塾技34 チャレンジ！入試問題 の解答

Q 問題 1 右の図のように，高さ4cmの直方体のおもりを，底面積が$250cm^2$の容器の中に，自然長が10cmで，0.5Nの力で1cmのびるばねでつるす。容器に毎分$300cm^3$で水を入れていくとき，水を入れ始めてからの時間とばねの長さの関係はグラフのようになった。

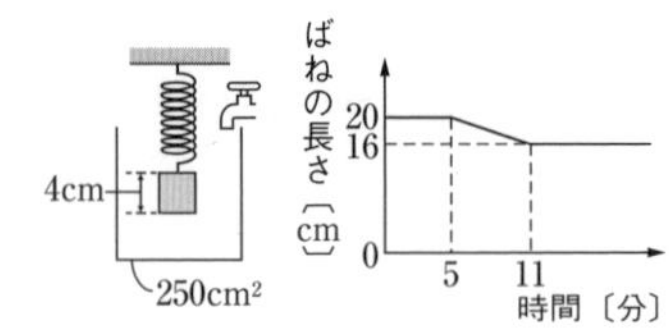

(1) 物体の重さは何Nか。
(2) 水を入れる前の，容器の底面から直方体の下の面までの距離は何cmか。
(3) おもりが完全に水につかっているときの，おもりにはたらく浮力は何Nか。
(4) おもりの底面積は何cm^2か。

（愛光高）

A 解説と解答

(1) 水につかる前のばねの長さは20cmなので，物体の重さは，$0.5 \times (20 - 10) = 5$〔N〕 答 5N
(2) おもりが水につかり始めるまでに5分かかるので，求める距離は，$300 \times 5 \div 250 = 6$〔cm〕 答 6cm
(3) グラフより，おもりが完全につかるとばねは，$20 - 16 = 4$〔cm〕縮んでいる。これは，浮力（ふりょく）によってばねにかかる力が小さくなったためで，その力はばねを4cmのばす力と等しい。よって，浮力は，$0.5 \times 4 = 2$〔N〕 答 2N
(4)「塾技34 **2**」(1)より，おもりが押しのけた水の重さは2Nとわかり，おもりの体積は，水の質量200gにあたる水の体積$200cm^3$と等しい。よって，底面積は，$200 \div 4 = 50$〔cm^2〕 答 $50cm^2$

Q 問題 2 次の文を読み，以下の各問いに答えよ。ただし，水の密度を$1g/cm^3$とし100gの物体にはたらく重力の大きさを1Nとする。

〔Ⅰ〕水中にある物体には浮力がはたらく。いま，図1のように水中にある直方体（底面積$20cm^2$，高さ10cm）にはたらく浮力を考える。浮力は，深さによって水が物体を押す（ ア ）に違いがあることによって生じる。直方体の側面にはたらく（ ア ）は，同じ深さのとき，向かい合う側面に同じ大きさで反対向きにはたらくためたがいに打ち消し合う。しかし，底面にはたらく（ ア ）は，上面にはたらく（ ア ）より大きいので，この差が上向きの浮力の原因となる。

(1) 文中の空欄（ ア ）にあてはまる語句を漢字2文字で答えよ。
(2) 直方体の上面が水面から5cmの深さにあり，直方体がまっすぐに立って水中に静止しているとき，直方体にはたらく浮力の大きさは何Nか。

〔Ⅱ〕台ばかりの上に水の入ったビーカーをのせ，その水の中に質量50gの物体を入れたところ，図2のように浮（う）かんで静止した。次に，0.1Nの力を加えると長さが1cm変わるばねを物体にとりつけ，図3のようにばねの上端を鉛直に押し下げて，物体が完全に水中に入るようにして静止させた。このとき，ばねは自然の長さから2cm縮んだ状態であった。ばねの体積は無視できるものとし，ビーカーと水を合わせた質量は550gである。

図2

図3

(3) 図2のとき，物体にはたらく浮力の大きさは何Nか。
(4) 図2のとき，台ばかりの目盛りは何Nを示すか。
(5) 図3のとき，物体にはたらく浮力の大きさは何Nか。
(6) 図3のとき，台ばかりの目盛りは何Nを示すか。

（久留米大附設高）

A 解説と解答

(1)「塾技34 **1**」より，浮力は物体の上面と下面にはたらく圧力の差で生じる。 答 圧力
(2)「塾技34 **2**」(1)より，求める浮力は直方体の体積($200cm^3$)と同体積の水の重さに等しい。 答 2N
(3)「塾技34 **2**」(2)より，求める浮力は物体の重さ(0.5N)と同じ大きさになる。 答 0.5N
(4) ビーカーと水を合わせた重さに，物体の重さが加わる。$5.5 + 0.5 = 6.0$〔N〕 答 6N
(5) 物体に鉛直下向きにはたらく力は，物体にはたらく重力とばねで押される力で，その大きさは，$0.5 + 0.1 \times 2 = 0.7$〔N〕。物体は静止しているので，浮力はこの力とつり合っている。 答 0.7N
(6)「塾技34 **3**」②より，(4)のときよりも，ばねが物体を押す力の分(0.2N)だけ台ばかりの値は増加する。 答 6.2N

チャレンジ！入試問題 の解答

Q問題 1秒間に60打点する記録タイマーを用いて，台車の運動を調べる実験を行った。あとの問いに答えよ。

図1 記録タイマー 台車 糸 机 床 おもり

実験

① 図1のように，水平な机の上でおもりのついた糸を台車に結びつけ，静かに台車から手をはなした。台車が動き始めてからしばらくすると，おもりは床について静止したが，台車はその後も運動を続けた。このときの記録テープを，台車が動き始めた点から6打点ごとに切り，方眼紙に左から順にはり付けた。図2は，その結果である。ただし，はり付けた記録テープの打点は省略してある。

② おもりの質量と落下距離をかえて①と同じ実験を行った。図3は，その結果である。

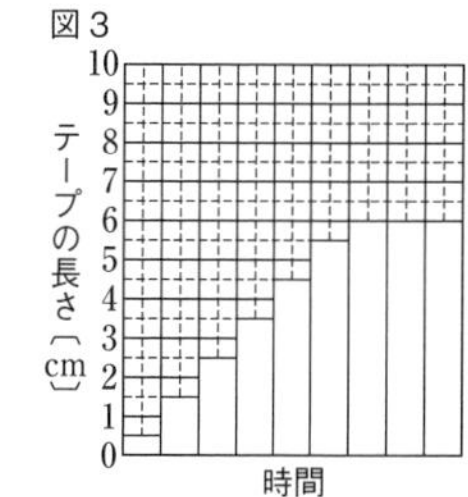

図3 テープの長さ〔cm〕 時間

(1) 記録テープの6打点間隔の時間は何秒か。

(2) 実験①で，おもりが動き始めてから床につくまでの落下距離は何cmか。

(3) 実験①で，おもりが床について静止した後，台車はどのような運動をしたか。その名前を書け。また，この運動をしているとき，台車にはたらく力を表しているものはどれか。最も適当なものを次のア～オから選んで，その記号を書け。

ア　重力だけがはたらいている
イ　運動している方向への力だけがはたらいている
ウ　運動している方向への力と重力がはたらいてつり合っている
エ　重力と垂直抗力がはたらいてつり合っている
オ　運動している方向への力と垂直抗力がはたらいてつり合っている

(4) 実験②で，台車が動きはじめて0.2秒後から0.6秒後までの平均の速さは何cm/sか。

(5) 実験①と②のおもりの質量はどちらが大きいか。理由とともに簡潔に書け。（福井）

A解説と解答

(1) 6打点は60打点の $\frac{1}{10}$ より，6打点間隔の時間は，1秒の $\frac{1}{10}$ である0.1秒となる。記録タイマーでは，切り分けられたそれぞれのテープの長さは，0.1秒間にテープが進んだ距離を表す。 **答 0.1秒**

(2) 図2より，テープの長さは，4枚目まで0.1秒ごとに2cmずつ規則的に増加し，5枚目からは一定の長さ（8cm）となっているため，おもりは4枚目のテープの最後の点を打った0.4秒後にちょうど床についたことがわかる。よって，求める落下距離は，

$1 + 3 + 5 + 7 = 16$〔cm〕 **答 16cm**

(3) おもりが床についた後は記録テープの長さが変わらない。よって，この運動は等速直線運動である。「**塾技35 4**」(1)より，摩擦力など運動方向の力ははたらいておらず，運動に関係しない重力と垂直抗力がつり合っている。（「**塾技35 4**」(2)の慣性の法則により，等速直線運動を続ける）

答 等速直線運動，エ

(4) 0.2秒後から0.6秒後までの0.4秒間で台車が動いた距離は，

$2.5 + 3.5 + 4.5 + 5.5 = 16.0$〔cm〕

よって，平均の速さは，$\frac{16.0}{0.4} = 40$〔cm/s〕 **答 40cm/s**

(5) おもりが床につくまでの間，台車には運動している方向へ一定の力がはたらき続ける。そのため，この間の台車の運動は，速さの変化する等加速度運動（*p.185*）となり，速さの変化の大きさは，おもりが重いほど大きくなる。実験①で台車が等加速度運動しているのは0秒～0.4秒の間で，0.1秒間に2cmずつテープが長くなっている。一方，実験②で台車が等加速度運動しているのは0秒～0.6秒の間で，0.1秒間に1cmずつテープが長くなっている。よって，速さの変化の大きさは①の方が大きく，①の方が重いおもりとわかる。

答 実験①の方が実験②より速さの変化が大きいので，おもりの質量は実験①の方が大きい。

塾技(ワザ) 36　チャレンジ！入試問題 の解答

Q問題 図の斜面 A ～ C は，同じ高さ H〔m〕でそれぞれ傾きの違うなめらかな斜面である。傾きの大小関係は，斜面 B >斜面 A >斜面 C のようになっている。斜面 A の上端から大きさを考えない物体 P を静かにすべらせると，下端につくまで 4 秒かかった。グラフ 1 は，物体 P が斜面 A をすべり始めて下端につくまでの，物体の移動時間と速さの関係を示したものである。グラフ 1 でぬりつぶした部分の面積は，斜面 A の長さ L〔m〕を表している。

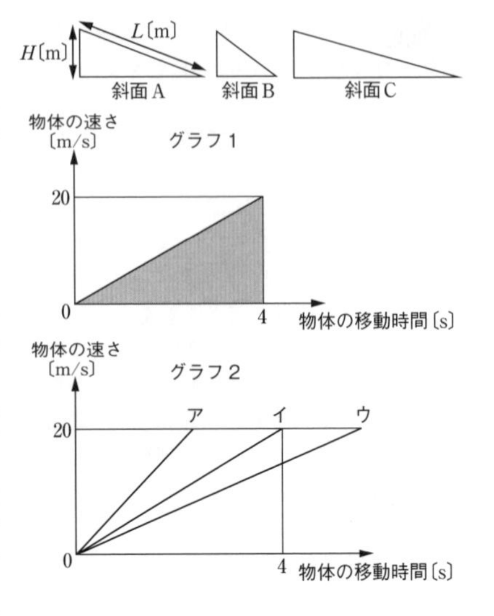

(1) 斜面 A の長さ L〔m〕を数値で答えよ。

(2) 斜面 B，C で物体 P を上端から下端まですべらせたとき，物体 P の移動時間と速さの関係はどうなるか。グラフ 2 のア～ウからそれぞれ 1 つずつ選び，記号で答えよ。

これらのグラフから，同じ高さからすべらせた場合，斜面の傾きに関係なく下端での物体 P の速さは等しいことがわかる。

(3) 物体にはたらく重力を，斜面に平行な分力と垂直な分力に分解した場合，斜面に平行な分力が一番大きいのは，斜面 A ～ C のうちどれか。また，斜面に垂直な分力が一番大きいのは斜面 A ～ C のどれか。それぞれ記号で答えよ。

斜面 D は斜面 A と同じ傾きだが，高さの違うなめらかな斜面である。物体 P を上端から静かにすべらせると，下端につくまで 3 秒かかった。

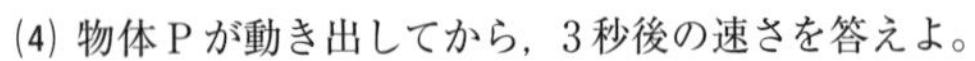

(4) 物体 P が動き出してから，3 秒後の速さを答えよ。

(5) 斜面 D の高さは，斜面 A の高さの何倍か。分数で答えよ。

（清風南海高）

A 解説と解答

(1) $4 \times 20 \times \frac{1}{2} = 40$〔m〕　　答 40m

(2) 斜面の傾きが大きいほど斜面に平行な分力は大きくなるので，「塾技 36 **1**」(2)③より速さの増え方も大きくなる。よって，斜面 B がア，斜面 C がウとわかる。　　答 斜面 B：ア，斜面 C：ウ

(3) 「塾技 33 **1**」(1)より，斜面の傾きが大きくなると斜面に平行な分力は大きくなるので，斜面に平行な分力が一番大きいのは斜面 B とわかる。また，物体にはたらく重力は，斜面の傾きに関係なく一定の大きさなので，重力の 2 つの分力のうち，一方が大きくなると他方は小さくなる。よって，斜面に垂直な分力は，傾きが大きいほど小さく，傾きが小さいほど大きくなり，斜面に垂直な分力が一番大きいのは，斜面 C とわかる。　　答 斜面に平行な分力：B，斜面に垂直な分力：C

(4) 斜面 D は斜面 A と同じ傾きなので，速さの増え方は同じになり，斜面 D のグラフは，斜面 A のグラフ（グラフ 2 のイ）と同じ傾きになる。斜面 A のグラフは，P が動き出してから 4 秒後の速さが 20m/s となるので，3 秒後の速さは，$20 \times \frac{3}{4} = 15$〔m/s〕と求められる。　　答 15m/s

(5) 斜面 D の長さは，右の図の三角形の面積と等しいので，斜面 A と斜面 D の長さの比は，$4^2 : 3^2 = 16 : 9$　また，斜面 A と斜面 D の図は相似な三角形となるので，斜面 A と斜面 D の高さの比は，斜面 A と斜面 D の長さの比と等しくなる。
斜面 A の高さ：斜面 D の高さ = 16：9 より，斜面 D の高さは，斜面 A の高さの $\frac{9}{16}$ 倍と求められる。　　答 $\frac{9}{16}$ 倍

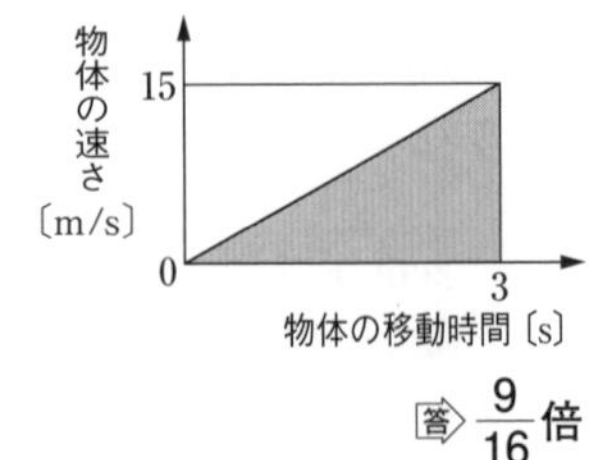

チャレンジ！入試問題 の解答

Q 問題 1 右の図のように，なめらかな斜面に5kgの台車を置き，台車にひもをつけ，滑車を通して，おもりをつるした。1kgの物体にはたらく重力の大きさを9.8Nとして，次の問いに答えよ。

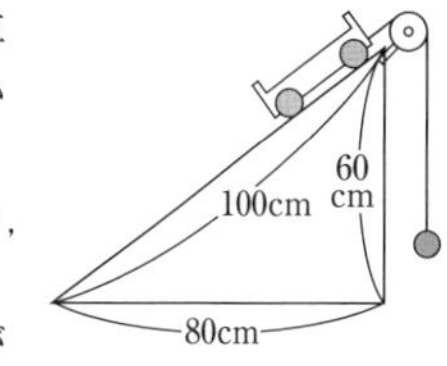

(1) おもりをある質量のものにして，静かにはなすと，おもりは動き出さなかった。このとき，おもりの質量はいくらか。

(2) おもりを2kgのものにして静かにはなすと，台車とおもりはともに動き出した。台車が斜面に沿って40cm走り下りるまでに，台車にはたらく重力が台車にする仕事はいくらか。小数第2位を四捨五入し，小数第1位までの値で答えよ。

（開成高図）

A 解説と解答

(1) 台車にはたらく重力は，9.8 × 5 = 49.0〔N〕となるので，「**塾技 33 1**」(2)より，台車にはたらく斜面に平行な分力は，$49 \times \frac{60}{100}$ = 29.4〔N〕となる。おもりには，この分力と同じ大きさの力がはたらくので，おもりの質量は，29.4 ÷ 9.8 = 3〔kg〕　**答 3kg**

(2) 台車の移動方向には29.4Nの力がはたらくので，求める仕事は，29.4 × 0.4 = 11.76〔J〕
小数第2位を四捨五入して，11.8〔J〕　**答 11.8J**

Q 問題 2 図1～4のように，さまざまな道具を使って，1.5kgの物体Pをもとの高さより20cm高くなるように引き上げたり持ち上げたりして，手が加える力の大きさを比較した。あとの(1)～(5)の問いに答えよ。ただし，100gの物体にはたらく重力の大きさを1Nとし，糸の質量やのび，摩擦は考えないものとする。

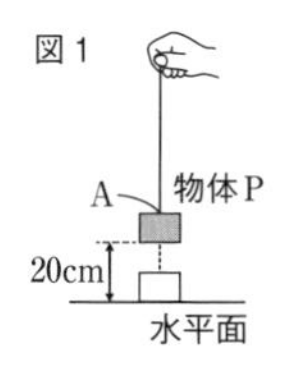

・図1のように，物体Pに取り付けた糸を手でゆっくりと引き上げた。このときの力の大きさは15Nであった。

・図2のように，てこを使って，固定された物体Pをゆっくりと持ち上げた。このときの力の大きさは7.5Nであった。

・図3のように，斜面と定滑車を使って物体Pをゆっくりと引き上げた。このときの力の大きさは5Nであった。

・図4のように，動滑車を使って物体Pをゆっくりと引き上げた。このときの力の大きさは8Nであった。

(1) 図1で，糸が物体Pを引く力がA点にはたらく。このA点を何というか書け。

(2) 次の文が正しくなるように，X，Yにあてはまる数値や語句を書け。
図1と図2の場合，手が物体Pにした仕事の大きさはいずれも（ X ）Jになる。このように，道具の質量や摩擦を考えなければ，手で直接仕事をしても，道具を使っても仕事の大きさは変わらない。このことを（ Y ）という。

(3) 図3で，物体Pが斜面上を移動した距離は何cmか求めよ。

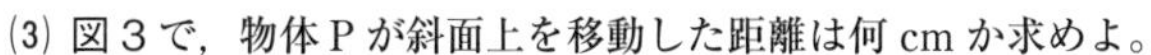

(4) 図4で，動滑車の質量は何gか求めよ。

(5) 図4で，手が糸を引き上げた速さは5cm/sであった。このときの仕事率は何Wか求めよ。

（秋田）

A 解説と解答

(1) **答 作用点**

(2) 仕事は，図1では，15 × 0.2 = 3〔J〕，図2では，7.5 × 0.4 = 3〔J〕　**答 X：3，Y：仕事の原理**

(3) 図1と同じ仕事をするのに，力の大きさが$\frac{5}{15} = \frac{1}{3}$になっているから，移動距離は3倍になり，
20 × 3 = 60〔cm〕　**答 60cm**

(4) 図4で手が引く力は，物体Pと動滑車にはたらく重力の和の半分となる。動滑車の重さをxNとすると，(15 + x) ÷ 2 = 8より，x = 1〔N〕。よって，動滑車の重さは，8 × 2 − 15 = 1〔N〕だから，質量は100gと求められる。　**答 100g**

(5) 手は動滑車の糸を，20 × 2 = 40〔cm〕引き上げる必要があるので，手がした仕事は，8 × 0.4 = 3.2〔J〕。
40cm引き上げるには，40 ÷ 5 = 8〔s〕かかるので，仕事率は，3.2 ÷ 8 = 0.4〔W〕　**答 0.4W**

チャレンジ！入試問題 の解答

Q 問題 1 次の実験についてあとの(1), (2)に答えよ。ただし，質量100gの物体にはたらく重力の大きさを1Nとする。また，エネルギーの単位はJとする。

実験

① 右の図のように，質量2kgの物体を，基準面から，20cmのP点の高さまで垂直に持ち上げた。

② P点から物体を静かにはなして，摩擦のある斜面に沿って下向きにすべらせ，基準面上のQ点から，物体が止まったR点までの移動距離をはかった。

結果　移動距離は10cmだった。

(1) P点の高さにある物体がもっていた位置エネルギーは何Jか。答えよ。

(2) 結果から，Q点で物体がもっていた運動エネルギーを求める式として，正しいものはどれか。次のア～エから1つ選び，記号で答えよ。ただし，物体と基準面の間の摩擦力を F〔N〕とする。

ア　$F \times 0.1$　　イ　$F \times 0.2$　　ウ　$F \times 10$　　エ　$F \times 20$　　（宮崎改）

A 解説と解答

(1) 物体にはたらく重力は20Nとなるので，実験①で物体がされた仕事は，$20 \times 0.2 = 4$〔J〕となる。「塾技38 **1**」より，求める位置エネルギーは4Jとわかる。　**答 4J**

(2) Q点で物体がもっていた運動エネルギーが，物体をQ点からR点まで摩擦力に逆らって移動させる仕事をしたことになる。水平方向の仕事の大きさは，「塾技37 **1**」(2)より，摩擦力〔N〕× 移動距離〔m〕となるので，求める運動エネルギーの式はアとなる。　**答 ア**

Q 問題 2 小球の運動を調べるため，レールを使って図1のようなコースを水平な床面上に作り，実験を行った。A点で静かに小球から手をはなしたところ，小球はB点，C点を通過し，D点から飛び出した。これをもとに，以下の各問いに答えよ。ただし，空気の抵抗や摩擦は考えないものとし，小球はB点，C点をなめらかに通過するものとする。

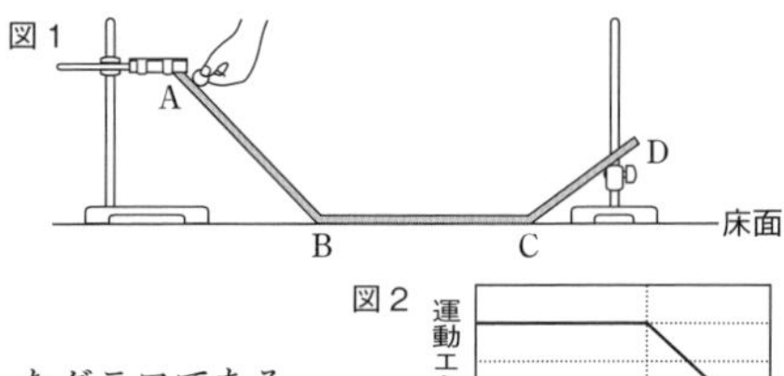

(1) 図2は，BD間の小球の位置と小球の運動エネルギーの関係を表したグラフである。これをもとに，A点における小球の位置エネルギーとD点における小球の位置エネルギーの大きさの比を書け。ただし，B点における小球の位置エネルギーを0とする。

(2) D点から飛び出した後の小球の運動の様子について，右の図のア～ウから適切なものを1つ選び，その符号を書け。また，そう判断した理由を，エネルギーの移り変わりに着目して書け。ただし，「速さ」という語句を用いること。　（石川）

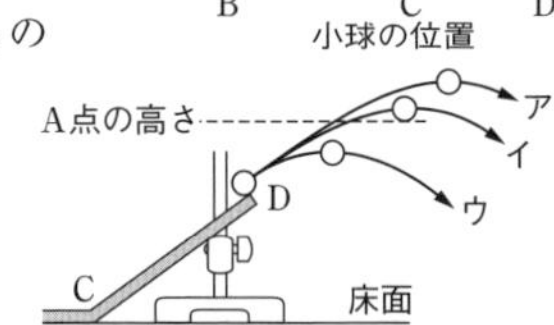

A 解説と解答

(1) 図2のB点における運動エネルギーの大きさを5とすると，A点では速さが0なので，運動エネルギーは0で，力学的エネルギー保存の法則より，位置エネルギーは5となる。一方，D点では，運動エネルギーが2なので，力学的エネルギー保存の法則より，位置エネルギーは，$5 - 2 = 3$となる。　**答 5：3**

(2) 小球を真上に打ち上げると最高点では速さが0になるが，ななめに飛び出した小球は最高点でも水平方向の速さをもつため速さが0になることはなく，運動エネルギーも0にはならない。

答 符号：ウ，理由：小球は飛び出したあと最高点になっても速さが0にならないので，最高点での位置エネルギーがA点での位置エネルギーに達しないから。

チャレンジ！入試問題 の解答

Q 問題 1 右の図は火力発電の過程と，エネルギーの移り変わりを表している。(1)，(2)の問いに答えよ。

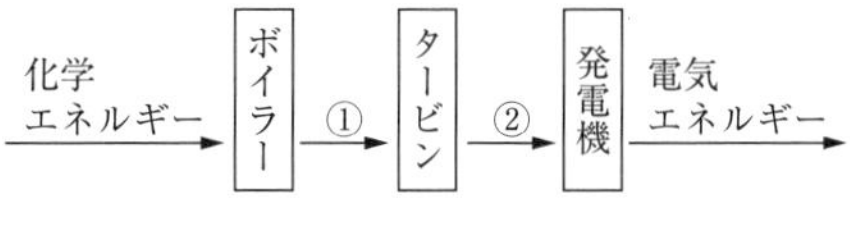

化学エネルギー → ボイラー → ① → タービン → ② → 発電機 → 電気エネルギー

(1) 図の①，②にあてはまるエネルギーとして適当なものを書け。

(2) 図の発電機でのエネルギーの移り変わりとは逆に，電気エネルギーを②のエネルギーに変えるものとして最も適当なものを，次のア～エの中から1つ選び，記号を書け。

ア　モーター　　イ　豆電球　　ウ　太陽電池　　エ　電熱線

（佐賀改）

A 解説と解答

(1) 答 ①：**熱エネルギー**，②：**運動エネルギー**

(2) モーターは，電気エネルギー→運動エネルギーとなる。　答 **ア**

Q 問題 2 ふりこのおもりのエネルギーは，おもりの位置エネルギーと運動エネルギーとが常に移り変わっている。次のうち，物体の位置エネルギーを運動エネルギーに変えることで発電を行っているものはどれか。1つ選び，記号を書け。

ア　火力発電　　イ　原子力発電　　ウ　水力発電　　エ　太陽光発電

（大阪）

A 解説と解答

水力発電は，水のもつ位置エネルギーを水車の運動エネルギーに変え発電を行う。　答 **ウ**

Q 問題 3 燃料電池で走る車の排出物の物質名を答えよ。また燃料電池で走る車は，ガソリンで走る車と比べ環境への影響が少ないといわれている。その理由を簡潔に書け。ただし，ここでの燃料電池は水素を燃料とするものとする。

（清風南海高）

A 解説と解答

答 **排出物：水，理由：走るときに大気汚染の原因となる物質を排出しないから。**

Q 問題 4 火力発電では，天然ガスや石油などの化石燃料を用いることが多い。一方，家畜の排泄物（はいせつぶつ）や作物などを用いて，ガスやアルコールを発生させて，それらを燃料として用いることもある。

(1) このような燃料を何というか。カタカナで記せ。

(2) このような燃料は，植物が吸収した二酸化炭素を最終的には燃料により二酸化炭素として放出するので大気中の二酸化炭素量が増えないとされている。この性質を何というか。

（東大寺学園高）

A 解説と解答

(1) 答 **バイオマス**　　(2) 答 **カーボンニュートラル**

Q 問題 5 次の問いに答えよ。

(1) エネルギー資源のうち，石油や石炭，天然ガスは，生物の遺骸（いがい）が変化してできた燃料である。このような燃料を何というか，書け。

(2) 電気エネルギーは，いろいろなエネルギーが移り変わってうみ出される。その移り変わりをさかのぼっても，太陽のエネルギーと関係していない発電方法はどれか。最も適当なものを次のア～エの中から1つ選び，記号で書け。

ア　火力発電　　イ　水力発電　　ウ　風力発電　　エ　原子力発電

（佐賀改）

A 解説と解答

(1) 答 **化石燃料**

(2) 火力発電に使われる化石燃料の化学エネルギーは，大昔の植物が行った光合成によって太陽からの光エネルギーが移り変わったもの。また，水力発電で使われる水の位置エネルギーや，風力発電で使われる風の運動エネルギーは，太陽からの光エネルギーによって起こる気象現象によってもたらされるものである。答 **エ**

塾技(ワザ) 40　チャレンジ！入試問題 の解答

Q問題 1 次の問いに答えよ。

(1) 陽生植物を次のア～キからすべて選び，記号で答えよ。

ア トマト　イ フキ　ウ ドクダミ　エ ススキ　オ アカマツ　カ ブナ　キ スギ

(2) 荒れ地を放置していると草が生えだし，やがて森林が形成される。はじめの頃は森林を構成する種は変化していくが，最終的には一定の種で構成されるようになる。このような森林を極相林(きょくそうりん)という。極相林で最も主となっているのは陽生植物か陰生植物のどちらであるか。また，その植物が極相林を構成する理由となる性質を次のア～オから1つ選び，記号で答えよ。

ア 種子の散布範囲が広い。　イ 日陰でも発芽する。

ウ 発芽したあと成長速度が速い。　エ 発芽したあと日陰でも育つ。

オ 寿命が長い。

（東大寺学園高 改）

A 解説と解答

(1) よく出題される陰生植物（ドクダミ，コケ植物，シダ植物，スギ，ヒノキ，シイ，カシ，ブナ）は覚える。本問ではさらに，フキが陰生植物という知識が必要。　答 ア，エ，オ

(2)「塾技 40 **2**」(2)を参照。　答 陰生植物，エ

Q問題 2 顕微鏡(けんびきょう)を使って池の微生物などの観察を行った。下の各問いに答えよ。

(1) 図1は，顕微鏡の模式図である。図のア・ウ・キ・クの部分の名称を答えよ。

(2) 小さな文字で「アメーバ」と書かれた紙片を文字が読める向きでスライドガラスの上に置き顕微鏡で観察したところ，図2の●の位置にぼんやりと文字が1つ見えた。

① ピントを合わせたら，文字はどのように見えたか。右下のa～hより選び，記号で答えよ。

② この文字が視野の中央にくるようにしたい。紙片がのったスライドガラスをどの方向に動かせばよいか。次より選び，記号で答えよ。

a 右上　b 右下　c 左上　d 左下

図1

図2

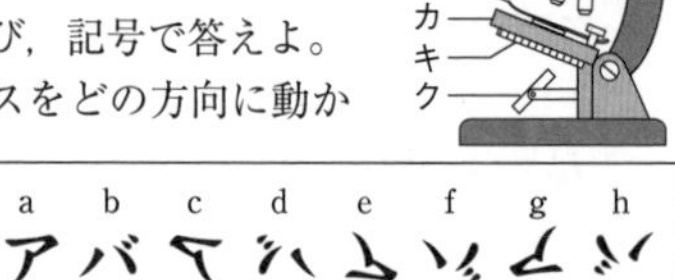

(3) 池の水をすくい取ってスライドガラスの上に置き，様々な倍率で観察したところ，図3のような微生物が観察できた。

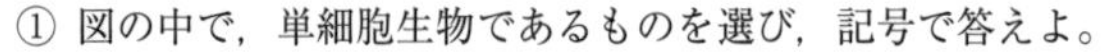

① 図の中で，単細胞生物であるものを選び，記号で答えよ。

② 図の中で，細胞内に葉緑体をもつものを選び，記号で答えよ。

③ 図の中で，生きているときに自らはほとんど動かないものを選び，記号で答えよ。

図3

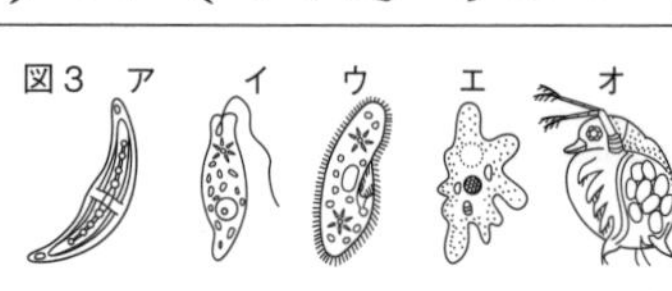

（大阪教育大附高平野 改）

A 解説と解答

(1) 答 ア：**接眼レンズ**，ウ：**レボルバー**，キ：**しぼり**，ク：**反射鏡**

(2) 顕微鏡の像は倒立像のため，上下左右が反転する。そのため，スライドガラスを右上に動かすと，像は左下に動く。　答 ①：h，②：a

(3) ① アはミカヅキモ，イはミドリムシ，ウはゾウリムシ，エはアメーバ，オはミジンコである。この中で，多細胞生物はオのミジンコだけで，その他は単細胞生物である。　答 ア，イ，ウ，エ

② ミカヅキモやミドリムシ，アオミドロ，ボルボックス，ツノモといった藻類(そうるい)は細胞内に葉緑体をもち，光合成を行う。　答 ア，イ

③ ミドリムシはべん毛，ゾウリムシは繊毛(せんもう)，アメーバは仮足，ミジンコは大きな腕のように見える触角を使って動く。これに対し，アのミカヅキモは植物性プランクトンで，生きているときに自らはほとんど動かない。　答 ア

塾技41 チャレンジ！入試問題 の解答

Q問題1 双子葉類を，花弁のつき方で，合弁花類と離弁花類に分けるとき，エンドウと同じなかまに分けられるものを，右のア～エから1つ選び，その記号を書け。（愛媛）

A解説と解答

マメ科のエンドウは花弁が1枚ずつ分かれている離弁花である。離弁花は他にも，アブラナ科のアブラナ・ダイコン・キャベツ，バラ科のバラ・サクラ・リンゴ・イチゴなどがある。　**答 エ**

Q問題2 次の各問いに答えよ。

(1) 図1は，マツの枝と花を示したものである。「花粉のう」がある花を，図1のA～Dから1つ選び，記号で答えよ。

(2) 図2は，図1のAの一部をルーペで観察したものである。また，図3は，アブラナの花のつくりを示したものである。次の問いに答えよ。

① 図2のEの部分の名称を答えよ。

② アブラナの花のつくりの中で，図2のEにあたる部分を，図3のア～オから1つ選び，記号で答えよ。（鳥取）

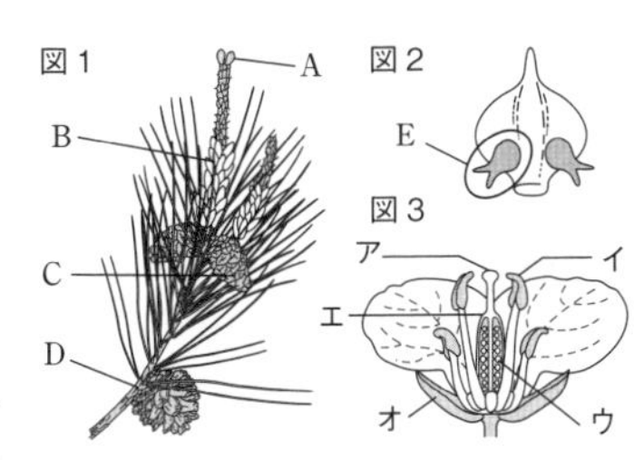

A解説と解答

(1) 花粉のうは雄花Bのりん片に2個ついている。　**答 B**

(2) ① 図2は雌花Aのりん片で，2個の胚珠(はいしゅ)がついている。　**答 胚珠**

② アブラナは被子植物で，胚珠（ウ）が子房（エ）の中にある。　**答 ウ**

Q問題3 森林に関する次の問いに答えよ。

(1) 図1はマツの若い枝の先のスケッチで，図2は，図1のX，Yのりん片を双眼実体顕微鏡(けんびきょう)で観察したスケッチである。図2のP，Qの説明として適切なものを，次のア～エから1つ選んで，その符号を書け。

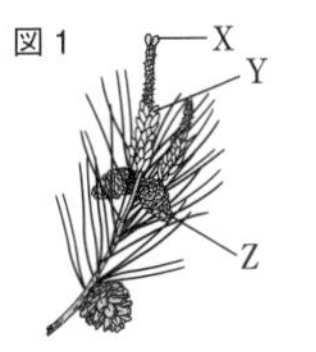

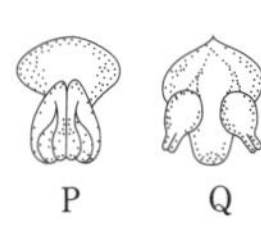

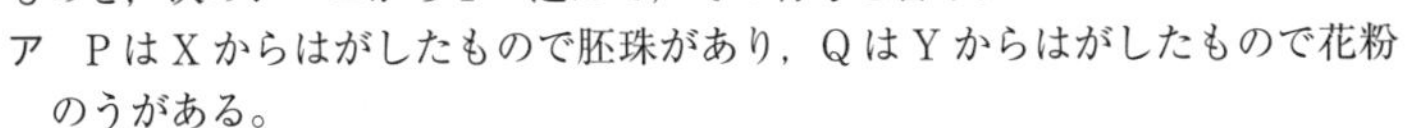

ア　PはXからはがしたもので胚珠があり，QはYからはがしたもので花粉のうがある。

イ　QはXからはがしたもので胚珠があり，PはYからはがしたもので花粉のうがある。

ウ　PはXからはがしたもので花粉のうがあり，QはYからはがしたもので胚珠がある。

エ　QはXからはがしたもので花粉のうがあり，PはYからはがしたもので胚珠がある。

(2) 図1のZは受粉した雌花である。何か月前に受粉したものか，適切なものを，次のア～エから1つ選んで，その符号を書け。

ア　約1か月　　イ　約3か月　　ウ　約6か月　　エ　約12カ月

(3) 受粉や受精に関する次の文の［①］，［②］に入る適切な語句を書け。

マツは，花粉が雌花の胚珠に直接ついて受粉するが，ツツジは，めしべの先の［①］についた花粉から［②］がのびて，子房の中の胚珠に到達して受精が行われる。（兵庫）

A解説と解答

(1) Pは雄花Yのりん片で，花粉のうをもち，Qは雌花Xのりん片で胚珠をもつ。　**答 イ**

(2) 雄花のすぐ下には，前年受粉した成熟前の雌花がある。雌花は夏にかけて受精し，胚珠は種子に成長する。　**答 エ**

(3) ツツジは被子植物なので，花粉が胚珠に直接つかない。　**答 ①：柱頭，②：花粉管**

塾技(ワザ) 42　チャレンジ！入試問題 の解答

Q問題 1　エンドウの花を，外側から順に１つずつ取り外し，図１のア～エのように並べた。ただし，図１は取り外した順に並んでいるとは限らない。

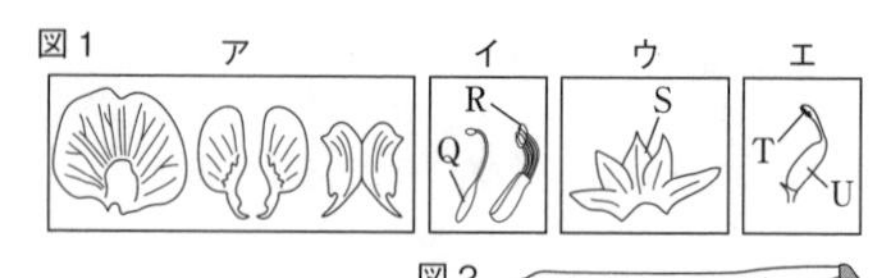

⑴ 図１のア～エを，取り外した順に並べて，左から記号を書け。
⑵ 図２の果実は，どこが成長したものか，図１のＱ～Ｕから最も適切なものを１つ選び，記号を書け。また，その名称を書け。

（長野改）

A 解説と解答

⑴ エンドウの花には 10 本のおしべがあり，９本と１本に分かれている（イの図）。　答 ウ→ア→イ→エ
⑵ 受精後，胚珠(はいしゅ)は種子に，子房は果実になる。（胚珠 → 種子，脂肪(しぼう) → 身(み)になると覚えるとよい）

答 記号：U，名称：子房

Q問題 2　被子植物の花は４つの要素から構成されている。４つの要素とは，外側から順に，（ ア ），（ イ ），（ ウ ），（ エ ）である。１つの花にこれら４つの要素がすべてそろっているものを，完全花という。４つの要素のうち１つ以上が欠けているものを不完全花という。花粉が（ オ ）によって運ばれる（ オ ）媒花(ばいか)は，花粉媒介生物を引きつける必要がないため，（ イ ）の欠けた不完全花であることが多い。

⑴ 文中の空欄（ ア ）～（ オ ）にあてはまる語句を答えよ。
⑵ 次のＡ～Ｅの植物のうち，完全花をつけるものをすべて選び，記号で答えよ。
　Ａ　アサガオ　　Ｂ　アブラナ　　Ｃ　ヘチマ　　Ｄ　イネ　　Ｅ　サクラ

（開成高）

A 解説と解答

⑴ 答 ア：がく，イ：花弁，ウ：おしべ，エ：めしべ，オ：風
⑵ ウリ科のヘチマは単性花で，１つの株におしべだけをもつ雄花と，めしべだけをもつ雌花を咲かせる不完全花である。また，イネは，花弁とがくをもたない不完全花である。　答 A，B，E

Q問題 3　次の文を読み，以下の問いに答えよ。
図１はエンドウの花の断面を，図２はタンポポの花の一部を，図３はアブラナの花の断面をあらわしたものである。

⑴ 図１のａにあたる部分を，図２のア～オ，図３のカ～ケよりそれぞれ選び，記号で答えよ。
⑵ 図１のｂは何というか。また，図３ではどれにあたるか。カ～ケより１つ選び，記号で答えよ。
⑶ 図１のｂ，ｃは，受精後それぞれ何に成長するか。
⑷ 図２の花が受精して成長したとき，枯れて落ちてしまうものはどれか。図２のア～オからすべて選び，記号で答えよ。
⑸ 図２のエは，受精後どのようなはたらきをするか。

（滝高）

A 解説と解答

⑴ 図１のａはめしべの柱頭で，図２のア，図３のカにあたる。　答 図２：ア，図３：カ
⑵ 図１のｂは胚珠で，ｃの子房の中にある。図３ではクにあたる。　答 胚珠，ク
⑶ ｂの胚珠は種子に，ｃの子房は果実になる。　答 b：種子，c：果実
⑷，⑸ タンポポは受精後，果実（種子）ができると，がくと果実の間がのびて，がくは綿毛に変化し，種子が風で運ばれやすくなる。　⑷ 答 ア，イ，ウ　⑸ 答 種子が風で運ばれるのを助ける。

塾技（ワザ）43　チャレンジ！入試問題 の解答

Q 問題 1　明さんは，シダ植物の特徴を調べるために，イヌワラビの観察を行った。下の［　　］内は，観察中の明さんと先生の会話の一部であり，図は先生が説明に用いたイヌワラビの図である。

> 先生「図の各部分は，①根，茎，葉のどれにあたるか確認できましたね。それでは，イヌワラビの特徴を調べるために，葉の裏を観察してみましょう。」
>
> 【観察する】
>
> 明「先生，袋のようなものがいくつもあります。これは何ですか。」
>
> 先生「袋のようなものは，胞子のうといいます。イヌワラビは，その胞子のうの中の②胞子でふえる植物です。では，胞子のうを白熱電球であたためて③乾燥させてみましょう。」

(1) 下線部①のそれぞれにあてはまるものを，図のア～エからすべて選び，記号で答えよ。

(2) 下線部②にあてはまる植物を，次の1～4から2つ選び，番号で答えよ。

1　ゼニゴケ　　2　アブラナ　　3　ゼンマイ　　4　マツ

(3) 下線部③の操作によって胞子のうに変化が生じた。どのような変化が生じたかを，「胞子のうが」という書き出しで，簡潔に書け。

（福岡）

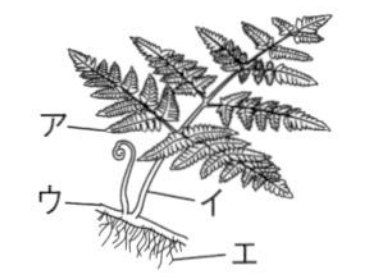

A 解説と解答

(1) アとイは全体で1枚の葉である（イは葉柄（ようへい））。茎は地下茎のウとなる。

答 根：エ，茎：ウ，葉：ア・イ

(2) コケ植物とシダ植物があてはまる。　答 1，3

(3) 答（胞子のうが）さけ，胞子が飛び出した。

Q 問題 2　まさみさんは，スギゴケとイヌワラビを観察し，それぞれ図1と図2のようにまとめた。このことについて，次の問いに答えよ。

図1 スギゴケ　（約4cm，A，約180倍）
図2 イヌワラビ　（約40cm，葉の裏，B，約100倍）

(1) スギゴケとイヌワラビのうち，スギゴケだけにあてはまる特徴はどれか，最も適当なものを次のア～エから1つ選び，その記号を書け。

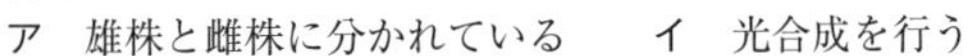

ア　雄株と雌株に分かれている　　イ　光合成を行う

ウ　根・茎・葉の区別がある　　エ　種子をつくる

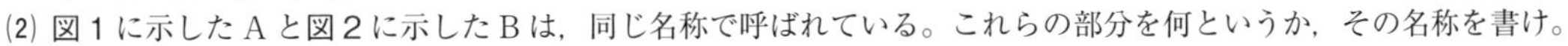

(2) 図1に示したAと図2に示したBは，同じ名称で呼ばれている。これらの部分を何というか，その名称を書け。

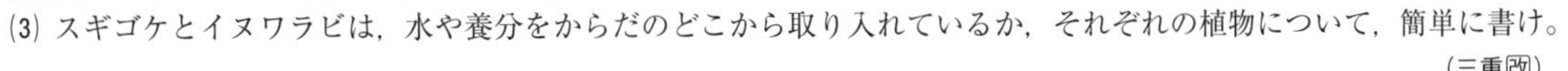

(3) スギゴケとイヌワラビは，水や養分をからだのどこから取り入れているか，それぞれの植物について，簡単に書け。

（三重改）

A 解説と解答

(1)「塾技 43 **3**」②より，コケ植物は雄株と雌株に分かれているものが多い。　答 ア

(2) 胞子が入っている胞子のうで，スギゴケでは雌株の先端部，イヌワラビでは葉の裏にある。

答 胞子のう

(3) 答 スギゴケ：からだの表面から取り入れている。　イヌワラビ：根から取り入れている。

Q 問題 3　シダ植物とコケ植物の共通点を次のア～オからすべて選び，記号で答えよ。

ア　胞子をつくる　　イ　精子は泳ぐことができる

ウ　卵をつくる部分は光合成をすることができる　　エ　雄株と雌株に分かれている

オ　水を吸収する部分は根である

（東大寺学園高）

A 解説と解答

ウで卵をつくる部分は，シダ植物では前葉体，コケ植物では雌株で，ともに葉緑体をもち光合成を行う。エはコケ植物のみに，オはシダ植物のみにあてはまる特徴である。　答 ア，イ，ウ

塾技(ワザ) 44　チャレンジ！入試問題 の解答

Q 問題 1　右の図は，植物をその特徴により分類したものである。マツ，ツユクサ，ワラビを観察して，その特徴を調べた。これらの植物は，図の①から⑤までのどれに分類されるか，それぞれ答えよ。　（愛知改）

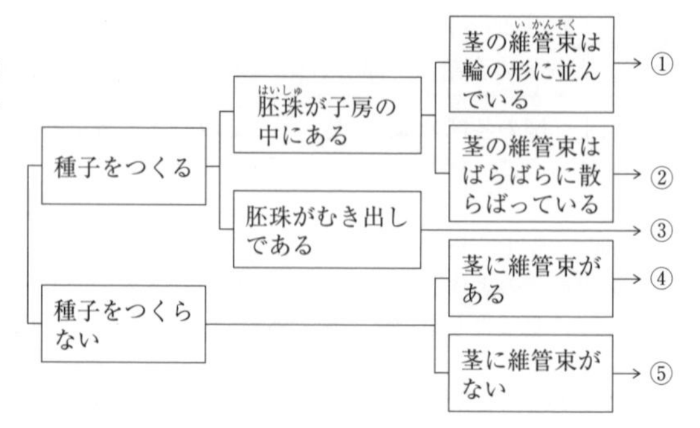

A 解説と解答

マツは胚珠がむき出しの裸子植物なので，③に分類される。ツユクサは種子植物で，胚珠が子房の中にある被子植物である。一方，被子植物のうち，単子葉類であるツユクサは，茎の維管束がばらばらに散らばっているため，②に分類される。ワラビはシダ植物で，種子をつくらず胞子でふえ，茎に維管束があるので，④に分類される。

答 マツ：③，ツユクサ：②，ワラビ：④

Q 問題 2　植物の分類に関する下の各問いに答えよ。ただし，あとの〔生物名〕より，A は 3 種，E は 1 種，残りはすべて 2 種ずつあてはまるとする。

(1) 右の図は，次に挙げた仲間を分類したものである。1 ～ 10 にあてはまる項目を，あとのア～ツから 1 つずつ選び，記号で答えよ。

植物
- 1
  - 3 ……A
  - 4 ……B
- 2
  - 5　O ……C
  - 6
    - 7　P
      - 9　Q ……D
      - 10 ……E
    - 8 ……F

〔生物名〕 a スギゴケ　b イチョウ　c イヌワラビ　d トウモロコシ　e キク　f アブラナ　g ゼニゴケ　h アカマツ　i スギナ　j オニユリ　k アサガオ　l ゼンマイ

〔項目〕
ア 光合成をする　イ 光合成をしない　ウ おもに水中生活
エ おもに陸上生活　オ 維管束がある　カ 維管束がない
キ 子葉が 1 枚　ク 子葉が 2 枚　ケ 子葉が 3 枚以上
コ 花弁が合わさっている　サ 花弁がばらばら　シ 花弁がない
ス 種子をつくらない　セ 種子をつくる　ソ 胚珠がむき出し
タ 胚珠が子房の中にある　チ 花粉は風で運ばれる　ツ 花粉は虫で運ばれる

(2) 上の図の A ～ F にあてはまる生物を，a ～ l よりすべて選び，記号で答えよ。

(3) 上の図の O ～ Q のグループの名称をそれぞれ漢字 4 文字で答えよ。(～類という表現でもよい)　（開成高改）

A 解説と解答

(1)，(2)，(3) 下の図のような分類となる。

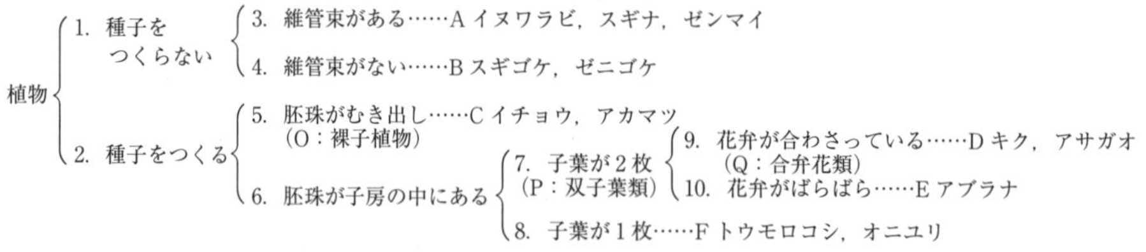

(1) **答 1：ス，2：セ，3：オ，4：カ，5：ソ，6：タ，7：ク，8：キ，9：コ，10：サ**

(2) **答 A：c, i, l　B：a, g　C：b, h　D：e, k　E：f　F：d, j**

(3) **答 O：裸子植物，P：双子葉類，Q：合弁花類**

チャレンジ！入試問題 の解答

Q問題1 右の表は，セキツイ動物の５つのなかまの特徴を示したものであり，表中のＡ～Ｅは魚類，両生類，ハチュウ類，鳥類，ホニュウ類のいずれかを示している。

(1) 表のＡ～Ｅのうち，魚類とホニュウ類にあてはまるものをそれぞれ１つずつ選び，記号で答えよ。

(2) 表のＡ～Ｄはすべて「卵生である」が，このうち，殻(から)のある卵を産むものをすべて選び，記号で答えよ。　(広島大附高)

特　徴	A	B	C	D	E
背骨をもっている。	○	○	○	○	○
えらで呼吸する時期がある。	○		○		
肺で呼吸する時期がある。	○	○		○	○
卵生である。	○	○	○	○	
胎生である。					○
変温動物である。	○		○	○	
恒温動物である。		○			○

あてはまるものには○がつけてある。

A解説と解答

(1) Ａは両生類，Ｂは鳥類，Ｃは魚類，Ｄはハチュウ類，Ｅはホニュウ類である。

答 魚類：C，ホニュウ類：E

(2) 卵生であり，殻のある卵を産むものは，陸上生活をするＢの鳥類とＤのハチュウ類である。卵の殻は，卵を乾燥から守る役目をし，水中生活から陸上生活への進化に欠かせないものである。　**答 B，D**

Q問題2 水族館に出かけ，イワシ，イカ，エビ，クラゲ，ウミガメ，ペンギン，イルカ，カエルなど，さまざまな動物を観察した。次に観察した動物の特徴を調べ，図のように分類した。図の①から⑤までに分類した動物は，それぞれ魚類，両生類，ハチュウ類，ホニュウ類，鳥類のいずれかであり，ペンギンは④，エビは⑥，イカは⑦，クラゲは⑧の仲間に分類した。

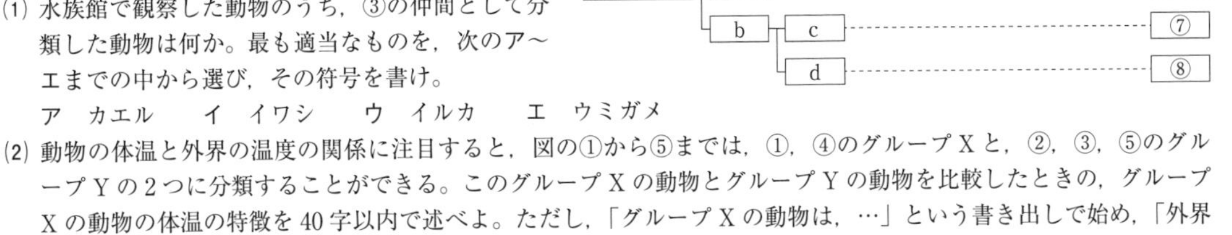

次の(1)～(3)までの問いに答えよ。

(1) 水族館で観察した動物のうち，③の仲間として分類した動物は何か。最も適当なものを，次のア～エまでの中から選び，その符号を書け。

ア　カエル　　イ　イワシ　　ウ　イルカ　　エ　ウミガメ

(2) 動物の体温と外界の温度の関係に注目すると，図の①から⑤までは，①，④のグループＸと，②，③，⑤のグループＹの２つに分類することができる。このグループＸの動物とグループＹの動物を比較したときの，グループＸの動物の体温の特徴を40字以内で述べよ。ただし，「グループＸの動物は，…」という書き出しで始め，「外界の温度」，「体温」という語を用いること。

(3) 図のａ，ｂ，ｃ，ｄには，それぞれ「外とう膜がある」，「外骨格がある」，「外とう膜がない」，「外骨格がない」のいずれかがあてはまる。図のａとｃにあてはまる語句をそれぞれ答えよ。　(愛知改)

A解説と解答

(1) ①はホニュウ類，②は魚類，③は両生類，④は鳥類，⑤はハチュウ類，⑥は節足動物，⑦は軟体動物，⑧は刺胞(しほう)動物（クラゲ・サンゴ・イソギンチャクなどからだが袋状で口のまわりにえさをとるはたらきをする触手をもつ）などのその他の無セキツイ動物。ここで，アは両生類，イは魚類，ウはホニュウ類，エはハチュウ類より，③の仲間はアとわかる。　**答 ア**

(2) グループＸの動物は恒温(こうおん)動物，グループＹの動物は変温動物である。

答 (グループXの動物は,) 外界の温度が変化しても体温を保つことができる恒温動物である。

(3) ⑥の節足動物は，からだが外骨格のじょうぶな殻でおおわれているので，ａには「外骨格がある」があてはまる。また，ｂの「外骨格がない」動物は，ｃの「外とう膜がある」軟体動物と，ｄの「外とう膜がない」その他の無セキツイ動物に分類できる。　**答 a：外骨格がある，c：外とう膜がある**

塾技46 チャレンジ！入試問題 の解答

Q問題1 次の(1)～(4)の火山の形を右のア～ウの中からそれぞれ1つ選んで，記号で答えよ。

(1) 富士山　(2) 桜島
(3) 雲仙普賢岳　(4) マウナロア

ア ドーム状の形

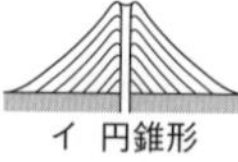
イ 円錐形

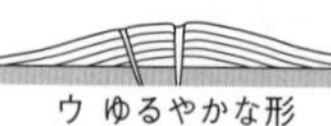
ウ ゆるやかな形

（洛南高）

A解説と解答

火山の形はマグマに含まれる二酸化ケイ素の割合で決まる。二酸化ケイ素を多く含むほどマグマの粘性は大きく，流れにくくなり，ガスが抜けにくくなるため爆発的な噴火をし，ドーム状の形の火山になる。一方，二酸化ケイ素が少ないマグマほど，粘性は小さくて流れやすく，ガスが抜けやすいため静かにマグマが流れ出し，ゆるやかな形の火山になる。粘性が中間のマグマからは，円錐形の火山ができる。

答(1)：イ，(2)：イ，(3)：ア，(4)：ウ

Q問題2 火山に関する文章を読み，以下の問いに答えよ。

火山の噴火のしかたは様々である。激しい爆発的な噴火をする火山もあれば，比較的おだやかに噴出物が流れ出す火山もある。このような噴火のしかたの違いは①マグマの粘性の違いが原因で生じている。粘性の大きなマグマは爆発的な噴火を引き起こす。マグマの粘性はマグマに含まれる二酸化ケイ素 SiO_2 の割合によって決まる。また，マグマに含まれる二酸化ケイ素の割合（質量%）によって，冷えた後の色にも違いが生じ，二酸化ケイ素が含まれる割合が多いほど岩石は白っぽくなる。火山の噴火によって地表に運び出された物質を②火山噴出物という。

(1) 下線部①に関して，二酸化ケイ素を多く含むマグマの粘性は大きいか，小さいか。
(2) 下線部②に関して，マグマが地表に流れ出したものを何というか。漢字で答えよ。
(3) 下線部②に関して，火山噴出物のうち，火山ガスの主成分は何か。漢字で答えよ。
(4) 下線部②に関して，高温の火山ガスと火山灰や火山弾などが高速で山腹を流れ下る現象を何というか。漢字で答えよ。

（西大和学園高）

A解説と解答

(1) マグマの粘性は二酸化ケイ素の含有量で決まり，45% ～ 52% 含むものを玄武岩質マグマ，52% ～ 66% のものを安山岩質マグマ，66% 以上のものを流紋岩質マグマという。流紋岩質マグマは温度が低く（約 780℃），粘性が大きく，白っぽい岩石になる。 **答 大きい**

(2)～(4)「**塾技 46 2**」を参照。

(2) **答 溶岩**　(3) **答 水蒸気**　(4) **答 火砕流**

Q問題3 ハワイのマウナロアおよび雲仙普賢岳について調べた結果を，表1のようにまとめた。

(1) 表1のⅰ～ⅳにあてはまる言葉として，最も適当な組み合わせを，表2の①～④より1つ選べ。

表1

火山の名前	火山の形	噴火の様子	岩石の色
マウナロア	うすく広がった平らな形	ⅰ	ⅲ
雲仙普賢岳	おわんをふせたようなドーム状の形	ⅱ	ⅳ

表2

	ⅰ	ⅱ	ⅲ	ⅳ
①	激しい（爆発的）	比較的おだやか	白っぽい色	黒っぽい色
②	激しい（爆発的）	比較的おだやか	黒っぽい色	白っぽい色
③	比較的おだやか	激しい（爆発的）	白っぽい色	黒っぽい色
④	比較的おだやか	激しい（爆発的）	黒っぽい色	白っぽい色

(2) 火山の形は噴火口から噴出するマグマのある性質に影響を受ける。マグマのどの性質が火山の形に最も影響を与えるか。また，その性質によりどのような形になるか，簡潔に書け。

（大阪教育大附高平野改）

A解説と解答

(1) マウナロアは粘り気の弱いマグマでできており，マグマに含まれる二酸化ケイ素は少なく，噴火はおだやか，岩石は黒っぽい。一方，雲仙普賢岳は粘り気の強いマグマでできたドーム状の形の火山で，マグマに含まれる二酸化ケイ素は多く，噴火は激しく，岩石は白っぽい。 **答④**

(2) **答 マグマの粘り気が強いほどドーム状の形に，小さいほどうすく広がった平らな形になる。**

塾技47 チャレンジ！入試問題 の解答

Q問題1 ある火山Xと火山Yの火山灰を観察したところ，火山Xの火山灰中にはカンラン石やキ石が多く，火山Yの火山灰中にはセキエイやチョウ石が多く含まれていた。次の文は，このちがいをまとめたものである。文中の（ ）に適する語句をそれぞれ選ぶと，下のア～カのどの組み合わせになるか。

> 観察の結果より，火山Xの噴出物の色は火山Yより（[a]白っぽい，[b]黒っぽい）ことがわかる。したがって，火山Xは火山Yよりマグマの粘り気が（[c]大きく，[d]小さく），火山の形は（[e]傾斜がゆるやかな形，[f]ドーム状の形）をしていると推測される。

ア aとcとe　イ aとcとf　ウ aとdとe　エ bとcとf　オ bとdとe　カ bとdとf　（高田高）

A解説と解答

火山Xの火山灰中のカンラン石とキ石は有色鉱物，火山Yの火山灰中のセキエイとチョウ石は無色鉱物なので，Xの噴出物はYより黒っぽく，マグマの粘り気は小さいため，傾斜がゆるやかな火山となる。

答 オ

Q問題2 次の文は，太郎さんと花子さんが，理科室にあった3種類の火成岩A，火成岩B，火成岩Cを観察したときの会話の一部である。(1)～(4)の各問いに答えよ。

> 〔太郎〕AはBに比べて黒っぽいね。
> 〔花子〕AやBでは，同じくらいの大きさの鉱物がきっちりと組み合わさっているわ。
> 〔太郎〕そうだね。Cでは，大きな鉱物が，ごく小さな鉱物の集まりやガラス質の部分の中に散らばっているよ。
> 〔花子〕Cに含まれている鉱物の種類は，Aに含まれている鉱物の種類とよく似ているけど，つくりがちがうね。

(1) 文中の下線部のような，大きな鉱物の結晶を何というか，書け。

(2) 火成岩Cのようなつくりは，地下の深いところよりも，地表付近の浅いところでできやすい。その理由を書け。

(3) 火成岩A，火成岩B，火成岩Cの組み合わせとして最も適当なものを，右のア～エの中から1つ選び，記号を書け。

	火成岩A	火成岩B	火成岩C
ア	玄武岩	流紋岩	斑れい岩
イ	斑れい岩	花こう岩	玄武岩
ウ	流紋岩	玄武岩	花こう岩
エ	花こう岩	斑れい岩	流紋岩

(4) 火成岩を調べることで，それらがつくられた火山の形や噴火の様子を推測することができる。表は，火成岩と，各火成岩がつくられた火山におけるマグマの粘り気との関係を表したものである。流紋岩がつくられた火山の形と噴火の様子はどうだったと考えられるか。その組み合わせとして最も適当なものを，次のア～エの中から1つ選び，記号を書け。　（佐賀改）

表

	マグマの粘り気
玄武岩，斑れい岩	弱い
安山岩，せん緑岩	↕
流紋岩，花こう岩	強い

	火山の形	噴火の様子
ア	傾斜のゆるやかな形	激しい爆発をともなう噴火
イ	傾斜のゆるやかな形	おだやかに溶岩を流しだす噴火
ウ	ドーム状の形	激しい爆発をともなう噴火
エ	ドーム状の形	おだやかに溶岩を流しだす噴火

A解説と解答

(1) Cは大きな鉱物（斑晶）が，ごく小さな鉱物（石基）の中に散らばっていることより，マグマが地表や地表付近で急に冷えて固まった火山岩である。火山岩のつくりは，斑模様に見えるため，斑状組織という。　答 斑晶

(2) 答 地下の深いところよりも，地表付近の浅いところの方がマグマが速く固まるから。

(3) Cは火山岩なので，イの玄武岩またはエの流紋岩が考えられる。一方，AとBは深成岩なので，花こう岩・せん緑岩・斑れい岩が考えられるが，AはBに比べて黒っぽいことより，Aが斑れい岩，Bが花こう岩のイとわかる。「塾技47 3」の表より，Aの斑れい岩とCの玄武岩は鉱物の種類も同じである。　答 イ

(4) 表より，流紋岩がつくられたマグマは粘り気が強いので，「塾技46 3」より，ウとわかる。　答 ウ

塾技（ワザ）48　チャレンジ！入試問題　の解答

Q問題 1　図１は，栃木県北部で起こったある地震のゆれを新潟県の観測地点Ａの地震計で記録したものである。また，図２は，この地震が発生してからＰ波およびＳ波が届くまでの時間と震源からの距離との関係を示したものである。あとの問いに答えよ。

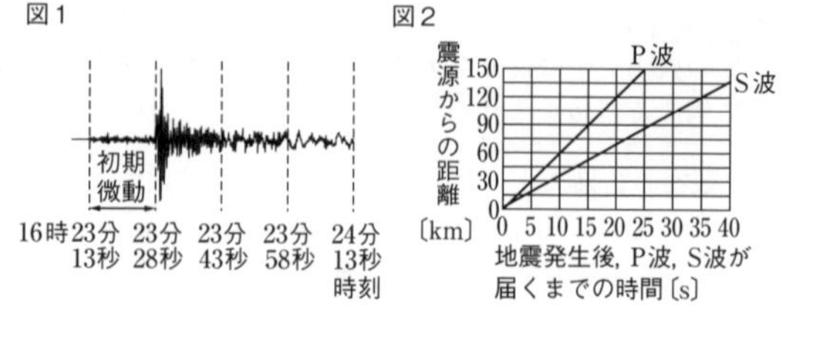

(1) 初期微動に続く大きなゆれを何というか，書け。

(2) 過去にくり返し地震を起こし今後も地震を起こす可能性がある断層を何というか，書け。

(3) 図１と図２から，

① この地震の震源から観測地点Ａまでの距離はいくらと考えられるか，書け。

② 地震が発生した時刻は何時何分何秒と考えられるか，書け。

(4) 右の図３は，地震発生から緊急地震速報が受信されるまでの流れを表している。この地震で，震源からの距離が30kmの地点に設置されている地震計がＰ波をとらえ，緊急地震速報が発信されたとき，震源からの距離が60kmの地点で，緊急地震速報を受信してからＳ波が届くまで何秒かかると考えられるか，図２，図３をもとに書け。

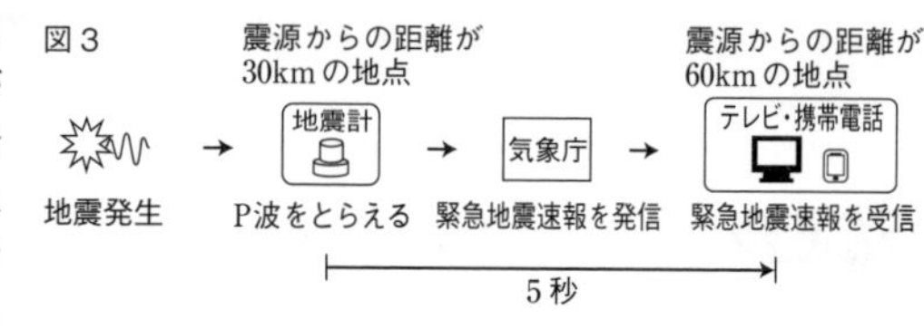

ただし，震源から30kmの地点の地震計が最初にＰ波を観測してから，震源から60kmの地点で緊急地震速報を受信するまでに５秒かかったとする。

（群馬）

A解説と解答

(1) 答 **主要動**　(2)「塾技48」の用語チェック（*p.191*）1. 内陸型地震を参照。　答 **活断層**

(3) ① 図１より，観測地点Ａの初期微動継続時間は，28 − 13 = 15〔s〕とわかる。図２より，初期微動継続時間が15秒となる震源からの距離を読み取り，120kmと求められる。　答 **120km**

② 図２より，地点ＡにＰ波が到達するまでに20秒かかるので，16時23分13秒 − 20秒 = 16時22分53秒に地震が発生したと考えられる。　答 **16時22分53秒**

(4) 図２より，震源から60km地点にＳ波が到達するのは地震発生後17.5秒後。一方，震源から30km地点にＰ波は５秒で到達し，さらにその５秒後に緊急地震速報が発信されるので，地震発生後，緊急地震速報を受信するまでには10秒かかる。以上より，求める時間は，17.5 − 10 = 7.5〔s〕　答 **7.5秒**

Q問題 2　ある地震波の到達時刻を，震源から離れたＸ～Ｚの３地点で観測した結果をまとめると右の表のようになった。表中の“—”は，測定機器の不具合により，データが得られなかったことを表している。地震波は地形や地質に関係なく一定の速度で伝わるものとして，下の(1)～(4)に答えよ。

地点	P波の到達時刻	S波の到達時刻	震源からの距離
X	8時15分23秒	—	63km
Y	8時15分29秒	—	105km
Z	8時15分32秒	8時15分50秒	

(1) Ｐ波の速度は何km/sか。

(2) 地震発生時刻は何時何分何秒か。

(3) 震源からＺ地点までの距離は何kmか。

(4) Ｓ波の速度は何km/sか。

（清風高）

A解説と解答

(1) 地点ＹとＸの震源からの距離の差は，105 − 63 = 42〔km〕で，Ｐ波の到達時刻の差は，29 − 23 = 6〔s〕であることより，Ｐ波は42kmを６秒で到達したことになる。よって速度は，42 ÷ 6 = 7〔km/s〕　答 **7km/s**

(2) 地点ＸにＰ波が到達するまでにかかる時間は，63 ÷ 7 = 9〔s〕とわかるので，地点ＸにＰ波が到達する９秒前が，地震発生時刻となる。　答 **8時15分14秒**

(3) Ｚ地点にはＹ地点より，32 − 29 = 3〔s〕遅くＰ波が到着するので，震源からの距離はＺ地点の方がＹ地点より，3 × 7 = 21〔km〕遠い。よって求める距離は，105 + 21 = 126〔km〕　答 **126km**

(4) Ｓ波はＺ地点に，50 − 14 = 36〔s〕で到達するので，126 ÷ 36 = 3.5〔km/s〕　答 **3.5km/s**

塾技49 チャレンジ！入試問題 の解答

Q問題1 右の図は，ある地点で見られる地層の重なりや，それらの地層をつくっている堆積岩（たいせきがん）や化石についてまとめたものである。このことについて，次の各問いに答えよ。

層A　層B　層C　層D　層E

岩石に含まれる主な粒の大きさが直径2mmより小さい。
岩石に含まれる主な粒の大きさが直径2mm以上である。
凝灰岩でできている。
岩石に含まれる主な粒の大きさが直径2mmより小さい。アンモナイトの化石が見られる。
石灰岩でできている。

(1) 層Bで見られる堆積岩は何と考えられるか，最も適当なものを次のア～エから1つ選び，その記号を書け。
　ア　泥岩　　イ　砂岩
　ウ　れき岩　エ　花こう岩

(2) 層Dで見られるアンモナイトの化石のように，地層ができた時代を推定することができる化石を何というか，その名称を書け。また，層Dが堆積したのはいつの時代だと考えられるか，最も適当なものを次のア～ウから1つ選び，その記号を書け。
　ア　古生代　イ　中生代　ウ　新生代

(3) 図の地層をつくっている堆積岩から，かつて火山活動があったことがわかる。かつて火山活動があったことがわかるのはなぜか，その理由を「火山灰」という言葉を使って，簡単に書け。（三重改）

A解説と解答

(1) 層Bの岩石に含まれる主な粒の大きさが直径2mm以上ということから，れき岩とわかる。　**答 ウ**

(2)「**塾技49 3**」(2)より，アンモナイトは示準化石で，時代は中生代とわかる。
答 示準化石，記号：イ

(3) **答 火山灰が堆積して固まってできた凝灰岩（ぎょうかいがん）が見られるから。**

Q問題2 日本の各地から4種類の岩石を集め，観察を行った。そのスケッチが図のア～エである。以下の問いに答えよ。

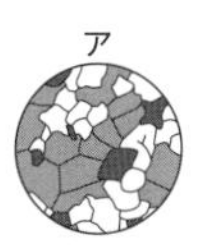

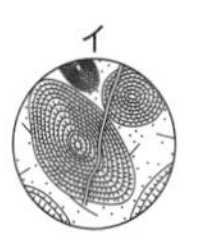

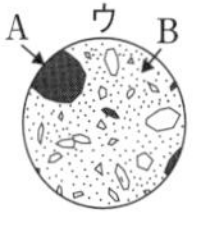

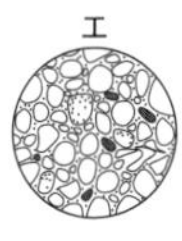

(1) ア～エのうち，うすい塩酸をかけると気体が発生するのはどれか。記号で1つ答えよ。また，その気体の名称を答えよ。
(2) ア～エのうち，岩石の作られた年代がわかる化石が含まれているのはどれか。記号で答えよ。
(3) (2)のような，岩石の作られた年代を知る手がかりとなる化石を一般に何化石というか。
(4) ウのA，Bの部分をそれぞれ何というか。また，このような組織を何というか。
(5) ア～エのうち，マグマが冷えて固まった岩石はどれか。記号で2つ答えよ。また，それぞれの岩石のできた場所やでき方を説明せよ。
(6) ア～エの岩石の名称として適当なものを次からそれぞれ1つずつ選び，番号で答えよ。
　① セキエイ　② カコウ岩　③ チャート　④ 石灰岩
　⑤ ゲンブ岩　⑥ 砂岩　⑦ ウンモ
（高知学芸高）

A解説と解答

(1) うすい塩酸をかけると気体（二酸化炭素）が発生するのは，堆積岩の1つの石灰岩である。石灰岩は，フズリナなどの石灰質が堆積したもので，イには，うず巻き状のフズリナの化石が見られることから，イが石灰岩とわかる。
答 イ，二酸化炭素

(2) イに含まれるフズリナから，イは古生代に作られたことがわかる。　**答 イ**

(3) **答 示準化石**

(4) アとウは粒が角ばっているので火成岩とわかる。アは結晶が成長していることから深成岩，ウは結晶が成長していないことから火山岩である。「**塾技47 1**」より，火山岩は細かい結晶の石基と，大きな結晶の斑晶をもつ斑状組織であることがわかる。　**答 A：斑晶（はんしょう），B：石基，斑（はん）状組織**

(5) **答 ア：マグマが地下深くでゆっくり冷えて固まったもの**
　ウ：マグマが地表や地表付近で急に冷えて固まったもの

(6) ②は深成岩なので，アは②，⑤は火山岩なので，ウは⑤とわかる。一方，堆積岩は③，④，⑥で，(1)よりイは④，粒が丸みを帯びていることからエは⑥とわかる。なお，①，⑦は鉱物である。
答 ア：②，イ：④，ウ：⑤，エ：⑥

チャレンジ！入試問題 の解答

Q問題 1 ある地域において，ボーリングによる地質調査が行われた。図1は，この地域の地形を表したもので，A～Eは調査が行われた地点を示している。なお，実線は等高線，数字は標高〔m〕である。図2は，この調査により作成したA～D地点の地層の柱状図である。図1のE地点で行われた調査において，地表からの深さが12mのところで得られた岩石は何か。ただし，この地域の地層は，ずれたりせず，同じ厚さ，同じ角度で，ある一定方向に傾いているものとする。

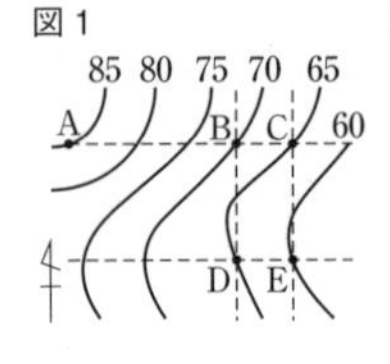

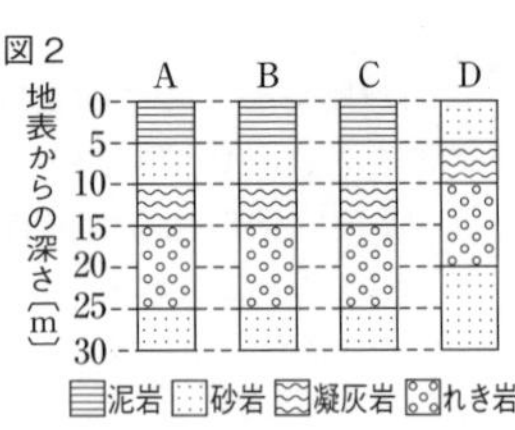

（福島改）

A 解説と解答

「塾技50 **4**」④より，鍵層となる凝灰岩の層のそれぞれの地点における上面の標高を求めると，

A：85 − 10 = 75〔m〕，B：70 − 10 = 60〔m〕，C：65 − 10 = 55〔m〕，D：65 − 5 = 60〔m〕

B地点とD地点の凝灰岩の層の標高は同じなので，南北方向には傾いていないことがわかる。ここで，E地点はC地点と南北方向の関係にあるので，E地点の柱状図はC地点の地表から，65 − 60 = 5〔m〕下の柱状図と一致するはずである。以上より，E地点の地表から12mのところでは，C地点の地表から17mのところにある岩石であるれき岩が得られる。

答 **れき岩**

Q問題 2 次の文章を読んであとの問いに答えよ。

地層や岩石を調べると，その土地の歴史を知ることができる。

S君の町には切り立ったがけがあり，地層が見えている。右の図はその地層を模式的に示したものである。<u>図のX－X′は，風化，侵食を受けた不規則な凹凸であり，その上にはれき岩が見られる。</u>

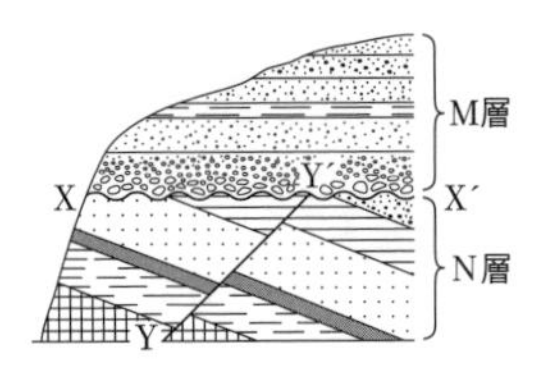

(1) 次のア～エはどの順に起こったと言えるか。古いものから順に記号で答えよ。

ア　地層M層の堆積（たいせき）　　イ　地層N層の堆積

ウ　X－X′の形成　　エ　地層N層の傾きとY－Y′の形成

(2) 下線部のことから，この土地の隆起・沈降が見てとれる。この地層から判断すると，この土地は少なくとも何回隆起したと考えられるか。その回数を答えよ。

(3) M層の地層の一部を見てみると，下から「泥岩」→「砂岩」→「れき岩」の順になっている部分があった。このことから，この部分が堆積した期間の大地の動きについて推測できることを次のア～オから選び記号で答えよ。なお，大地の隆起・沈降は，ゆっくりと行われたものとする。

ア　地球の温暖化により，海水面が上昇した。

イ　浅い海の海底が沈降した後，元の深さまで隆起した。

ウ　深い海の海底が隆起した後，元の深さまで沈降した。

エ　深い海の海底が隆起して浅い海になった。

オ　浅い海の海底が沈降して深い海になった。

（青雲高改）

A 解説と解答

(1) 「塾技50 **4**」③より，断層が切っている層に着目する。Y－Y′は不整合面X－X′を切っていないので，N層形成後，しゅう曲により断層が起こって隆起し，その後，X－X′およびM層が形成されたことがわかる。

答 **イ→エ→ウ→ア**

(2) 不整合ができるときの1回と，現在のがけができたときの合計2回と考えられる。不整合面の数と隆起の数の関係は，現在，陸上で見られている地層の場合，「隆起の数 ＝ 不整合面の数 ＋ 1」となる。

答 **2回**

(3) 粒の小さい泥岩は遠くまで流されるため，泥岩が堆積したときは深い海だったことがわかる。その後，上の層へ行くほど粒が大きくなっているので，だんだん浅い海になったと推測できる。

答 **エ**

チャレンジ！入試問題 の解答

Q問題 1 花子さんは，オオカナダモの葉の細胞とヒトのほおの内側の細胞を観察した。図は，オオカナダモの葉の細胞のつくりを模式的に表したものであり，図のａ～ｄは，それぞれ細胞壁，細胞膜，葉緑体，核のいずれかにあたる。次の①，②の文は，それぞれａ～ｄのいずれかを説明したものである。①，②が説明している細胞のつくりとして適当なものをそれぞれａ～ｄから１つずつ選び，その記号を書け。また，その名称を，細胞壁，細胞膜，葉緑体，核から１つずつ選んで書け。

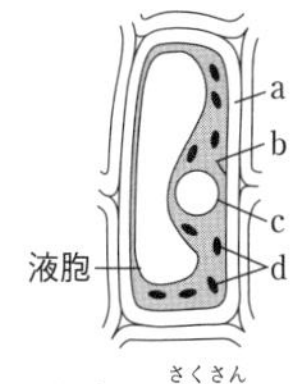

① オオカナダモの葉の細胞とヒトのほおの内側の細胞に共通して見られるつくりで，遺伝子を含んでおり，酢酸オルセイン溶液によく染まる。

② ヒトのほおの内側の細胞には見られないが，オオカナダモの葉の細胞には見られるつくりで，細胞質の一部である。

（愛媛）

A 解説と解答

① ａは細胞壁，ｂは細胞膜，ｃは核，ｄは葉緑体である。植物と動物の細胞に共通して見られ，遺伝子を含んでおり，酢酸オルセイン溶液で赤紫色に染まるのは，ｃの核である。 答 c，核

② ａの細胞壁とｄの葉緑体はヒトの細胞には見られない。このうち，細胞質（核のまわりにある流動性の物質）の一部であるのは，ｄの葉緑体である。 答 d，葉緑体

Q問題 2 以下の問いに答えよ。

(1) 生物のからだは，たくさんの細胞が集まってできている。細胞内には，様々な構造物が存在する。以下の構造物①～⑤の説明として正しいものをア～カより１つずつ選び，記号で答えよ。

① 細胞壁　② ゴルジ体　③ 葉緑体　④ ミトコンドリア　⑤ 核

ア 光合成を行う
イ 染色体を含み，染色液でよく染まる
ウ 酸素を使って，炭水化物などからエネルギーを取り出す
エ 物質の分泌を行う
オ 細胞の形を維持する
カ 物質の輸送を行う

(2) 細胞内において，特に植物細胞で発達し，物質の貯蔵を行う構造物の名称を答えよ。

(3) 次にあげる動物細胞のうち，そのはたらきから，ゴルジ体がとくに発達していると考えられるものをア～オより１つ選び，記号で答えよ。

ア だ液腺の細胞　イ 食道の内壁の細胞　ウ 筋肉の細胞
エ 皮膚の細胞　オ 真皮の細胞

(4) 動物では胃や小腸，目や耳などが器官である。では，植物の場合，何が器官であるか。次のア～キより植物の器官を２つ選び，記号で答えよ。

ア 道管　イ 師管　ウ 茎　エ 葉　オ 気孔　カ 根毛　キ 葉脈

（灘高改）

A 解説と解答

(1) ① 細胞壁は植物細胞にのみ見られ，細胞内を保護するとともに細胞の形を保持する。 答 オ
② ゴルジ体は動物細胞でよく発達しており，細胞の分泌活動に関係している。 答 エ
③ 葉緑体は植物細胞にのみ見られ，葉緑素（クロロフィル）をもち光合成を行う。 答 ア
④ ミトコンドリアは細胞呼吸が行われる所で，呼吸によりエネルギーをつくり出す。 答 ウ
⑤ 核は中に遺伝子をのせた染色体をもち，染色液でよく染まる。（染色体の“染色”の名の由来） 答 イ

(2) 液胞は，細胞中の水分量の調節，糖・無機塩類・不要物などの蓄積のはたらきをする。 答 液胞

(3) ゴルジ体は分泌に関与する。皮膚の細胞も分泌腺をもつが，とくに消化腺で発達している。 答 ア

(4) 植物では，根・茎・葉・花などが器官となる。 答 ウ，エ

塾技(ワザ) 52　チャレンジ！入試問題 の解答

Q問題 1　図１はある植物の茎のつくりを，図２は根のつくりを模式的に示したものである。次の⑴，⑵に答えよ。

⑴ 図１のＡの部分を何というか，その名称を書け。

⑵ 葉でつくられたデンプンが，水にとけやすい物質にかえられて運ばれるのはどの管か。図１，図２のａ～ｄの中から２つ選び，その記号を書け。

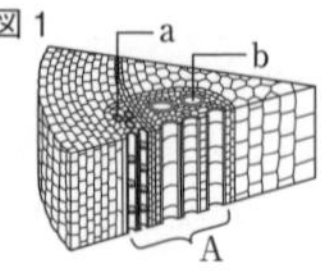

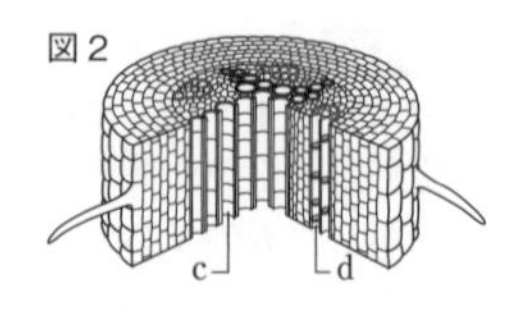

（青森改）

A 解説と解答

⑴ ａは師管，ｂは道管で，師管と道管の束のＡを維管束(いかんそく)という。　　答 **維管束**

⑵ 葉でつくられたデンプンの粒は大きく，そのままでは運ばれないため，水にとけやすい粒の小さい物質にかえられて，師管でからだの各部に運ばれる。根では，中心近くに師管と道管が交互に並んでいるが，図１の師管部分ａと同じ形の細胞ｄが師管とわかる。　　答 **a，d**

Q問題 2　⑴トウモロコシと⑵ヒマワリの葉のついた状態でそれぞれ茎の途中から切断し，茎の断面から赤インクをとかした水を２～３時間吸わせた。その後，茎の一部を2cmほど切りとり，茎の中心を通るように縦に切断して断面を観察した。それぞれの断面には赤く染まった部分があった。どのように染まっていたか，右のＡ～Ｄの中から最も適当なものを１つずつ選び，記号で答えよ。　（開成高）

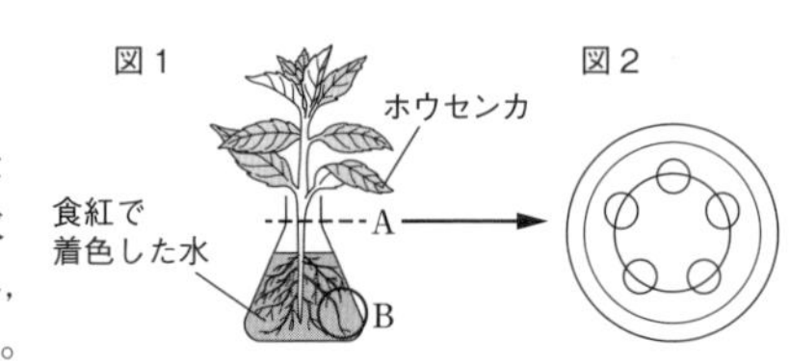

A 解説と解答

トウモロコシは単子葉類で，茎の維管束は全体に散らばる。一方，ヒマワリは双子葉類で，茎の維管束は輪状に並ぶ。「**塾技 52** **4**」右側の図１，図２より，トウモロコシがＡ，ヒマワリがＢと考えられる。

答 **⑴：A，⑵：B**

Q問題 3　植物の茎や根および葉のつくりとはたらきを調べるために，次の観察を行った。あとの各問いに答えよ。

観察　根から吸収した水が，茎のどの部分を通っているのかを調べるために，図１のように食紅(しょくべに)で着色した水に，根のついたホウセンカを数時間つけた。その後，図１の点線Ａの部分で茎をうすく輪切りにし，断面を顕微鏡で観察した。図２は，観察した茎の断面の模式図である。

図１　図２
ホウセンカ
食紅で着色した水
A
B

⑴ 図２で，食紅で着色した水によって赤く染まった部分を，すべてぬりつぶせ。

⑵ 図２のように，茎の維管束が輪のように並んでいる特徴をもつ植物はどれか。最も適切なものを，次のア～エから１つ選び，記号で答えよ。

ア　アヤメ　　**イ**　ユリ　　**ウ**　トウモロコシ　　**エ**　エンドウ

⑶ 図１の根のＢの部分をルーペで観察すると，細い毛のようなものが無数にはえているのが見えた。このつくりが，水を吸収する上でつごうがよい理由を説明せよ。　（鳥取）

A 解説と解答

⑴ 水の通る管である道管が赤く染まる。茎の道管は，維管束の内側にあるため，図２の形成層の内側をぬりつぶせばよい。　答

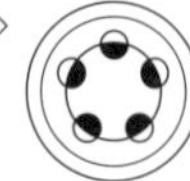

⑵ 双子葉類を選べばよいので，マメ科のエンドウとわかる。　　答 **エ**

⑶ 細い毛のようなものは根毛である。根毛により，根の表面積が大きくなる。

答 **根の表面積が大きくなり，水を効率よく吸い上げることができるから。**

チャレンジ！入試問題 の解答

Q問題 1 右の図は，ある種子植物の葉の断面の様子を示したものである。①～⑤の細胞のうち，葉緑体が含まれるものをすべて選び，番号で答えよ。 （広島大附高改）

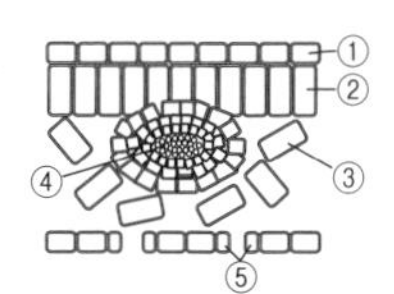

A解説と解答

①は表皮，②は柵状組織，③は海綿状組織，④は維管束，⑤は孔辺細胞で，「塾技53 **1**」(1)より，②と③と⑤が葉緑体をもつ。

答 ②，③，⑤

Q問題 2 植物のからだのつくりやはたらきについて，次の(1)～(4)の問いに答えよ。

(1) 花弁のつき方によって，双子葉類の花を２つに分けたとき，アブラナの花と同じなかまに入るのは次のどの植物の花か，すべて選んで記号を書け。

ア アサガオ　イ エンドウ　ウ サクラ　エ タンポポ　オ ツツジ

(2) 図１，図２は，それぞれ双子葉類の茎と葉の断面の模式図である。赤く着色した水を入れた容器に，葉のついた茎をさしておくと，水の通る部分が赤く染まる。その部分はア～オのどれか，茎と葉から１つずつ選んで記号を書け。

図１ 茎（ア　イ　ウ　表皮）　図２ 葉（表側　エ　オ　裏側）

(3) ツユクサの葉の裏側の表皮を，顕微鏡で観察すると図３のように見えた。

① 気孔のまわりの細胞Xを何というか，名称を書け。

② 植物は，気孔から気体を出入りさせている。光が当たっているとき，植物は光合成と呼吸を同時に行っているが，気体の出入り全体としては二酸化炭素を取り入れて酸素を出しているように見える。それはなぜか，「気体の量」という語句を用いて書け。

図３（X）

(4) 表のようにツバキの枝ア～エを用意した。水を入れた４本のメスシリンダーに，それぞれの枝を図４のようにさして，水面に油を数滴たらした。数時間後の水の量は，４本とも減少していた。このうち２本のメスシリンダーの減少した水の量を用いると，葉の裏側から蒸散した量を求めることができる。どの枝をさしたものを用いればよいか，ア～エの記号で組み合わせを２通り書け。ただし，ツバキの枝についている葉の枚数と大きさは，すべて同じものとする。

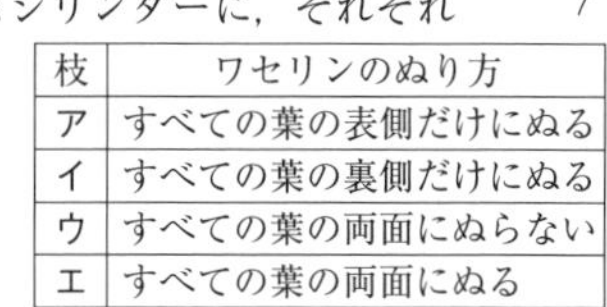

枝	ワセリンのぬり方
ア	すべての葉の表側だけにぬる
イ	すべての葉の裏側だけにぬる
ウ	すべての葉の両面にぬらない
エ	すべての葉の両面にぬる

ワセリンは蒸散を防ぐためにぬる。

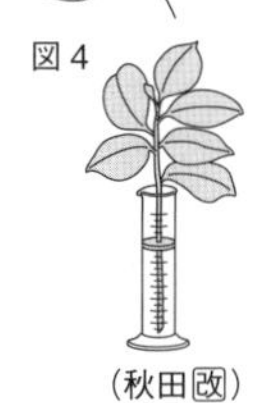

図４

（秋田改）

A解説と解答

(1) アブラナは花弁が１枚ずつ分かれている離弁花である。離弁花には他に，マメ科のエンドウや，バラ科のサクラなどがある。

答 イ，ウ

(2) 道管が赤く染まる。「塾技53 **1**」(3)より，茎では内側，葉では表側にある。　答 茎：イ，葉：オ

(3) ① 答 孔辺細胞

② 呼吸では，酸素が入り二酸化炭素が出て，光合成では，二酸化炭素が入り酸素が出る。光合成が呼吸よりさかんなときは，光合成で出入りする気体の量が呼吸で出入りする量を上回る。

答 光合成で出入りする気体の量の方が，呼吸での量より多いから。

(4) ア － エ ＝ (茎 ＋ 葉の裏) － (茎) ＝ 葉の裏

ウ － イ ＝ (茎 ＋ 葉の表 ＋ 葉の裏) － (茎 ＋ 葉の表) ＝ 葉の裏　答 アとエ，イとウ

塾技54 チャレンジ！入試問題 の解答

Q問題1 4本の試験管A～Dを用意し，そのうちの2本の試験管CとDに同じ長さに切った水草を入れた。次に，BTB溶液を加えて緑色にした水道水をすべての試験管に満たしてゴム栓をした。さらに，水草を入れた試験管Dと水草を入れていない試験管Bの外側をアルミニウムはくで完全に包み，光が入らないようにした。そして，4本の試験管の外側から同じように光を当てたところ，1本の試験管の中の水草の茎からさかんに気泡が発生しはじめた。6時間光を当て続けたところ，4本の試験管のうち2本だけBTB溶液の色が変化していた。次の各問いに答えよ。

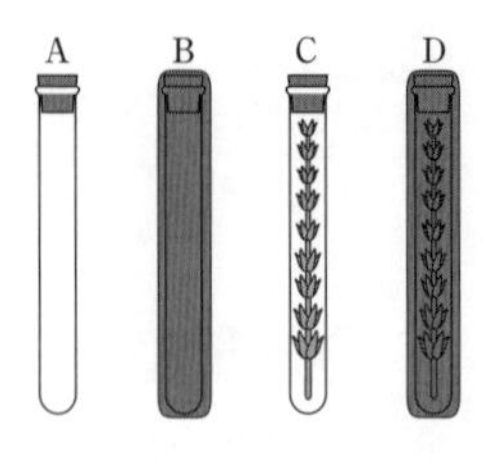

(1) 色が変化した試験管はどれとどれか。また，その変化後の色をそれぞれ答えよ。

(2) 色が変化した試験管のうちの1本は，うすい塩酸をごく少量加えたところ，BTB溶液をもとの緑色に近い色にもどすことができた。このBTB溶液を使って，もう一度この試験管だけで同じ実験操作を行ったところ，試験管中のBTB溶液の色は，ほとんど変化しなかった。なぜ変化しなかったのか，初めの実験のときと比べて，その理由を簡単に答えよ。

（筑波大附駒場高）

A解説と解答

(1) Cでは水草が呼吸と光合成を行うが，光合成で出入りする気体の量が呼吸で出入りする気体の量を上回るため，酸素の気泡がさかんに発生する。すると，光合成で水中の二酸化炭素が消費され，用意した水道水にとけていた二酸化炭素が減少し，液がアルカリ性に戻り，青色に変化する。一方，Dでは呼吸のみ行われ，二酸化炭素が放出されるため水中にとける二酸化炭素が増え，液が酸性になり黄色に変化する。

答 C：青色，D：黄色

(2) アルカリ性の溶液であるCに塩酸を加えると中和が起き，液を緑色にもどせるが，液中にとけていた二酸化炭素は，前の実験でほとんど使われたため，Cに再び光を当てても水草は光合成を行えない。

答 液中に二酸化炭素がほとんど含まれておらず，光合成ができなかったから。

Q問題2 ある植物の「日なたの葉」と「日かげの葉」を1枚ずつとり，光合成と呼吸について調べた。表は，温度を一定にして，0ルクス（暗黒），2000ルクス，14000ルクスの3種類の光の強さのもとに各1時間置いたときの，葉の二酸化炭素吸収量または放出量を測定したものである。このことに関して，あとの各問いに答えよ。ただし，呼吸の速さは光の強さに関係なく，つねに一定であるものとし，測定に用いた葉の面積は，どちらも100cm^{2}とする。

葉1枚の1時間の二酸化炭素吸収量（－の値は放出量を表す）

光の強さ（ルクス）	0ルクス	2000ルクス	14000ルクス
日なたの葉	－4.8mg	0mg	24.0mg
日かげの葉	－1.6mg	8.0mg	12.8mg

(1) 2000ルクスの光の強さのもとに1時間置いたとき，日なたの葉の二酸化炭素吸収量が0mgであるのはなぜか。その理由を簡潔に答えよ。

(2) 葉の面積100cm^{2}あたりの呼吸の速さは，日なたの葉は日かげの葉の何倍になるか求めよ。

(3) 2000ルクスの光の強さのもとに1時間置いたときの葉の面積100cm^{2}あたりの光合成の速さは，日なたの葉は日かげの葉の何倍になるか求めよ。

（麗澤高改）

A解説と解答

(1) 日なたの葉の光補償点は2000ルクスとわかる。光補償点では二酸化炭素の吸収量と放出量が等しく，差し引き0となる。

答 光合成による二酸化炭素吸収量と呼吸による二酸化炭素放出量が等しくなったから。

(2) 光の強さが0ルクスのとき，植物は呼吸のみ行うため，0ルクスでの日なたの葉と日かげの葉の二酸化炭素放出量を比べて，4.8 ÷ 1.6 = 3〔倍〕とわかる。 **答 3倍**

(3) 2000ルクスでの日なたの葉の二酸化炭素吸収量は，呼吸による二酸化炭素放出量と等しく4.8mgとなる。一方，日かげの葉の二酸化炭素吸収量（真の光合成量）は，8.0 + 1.6 = 9.6〔mg〕となるので，日なたの葉の光合成の速さは，日かげの葉の光合成の速さの，4.8 ÷ 9.6 = 0.5〔倍〕とわかる。

答 0.5倍

チャレンジ！入試問題 の解答

Q問題1 右の図は，食物の通り道である消化管から分泌される消化液や消化酵素などによって炭水化物，脂肪，タンパク質が分解されていく様子を表したものである。A～Eは消化管の各部位とそこから分泌される消化液や消化酵素などを表している。

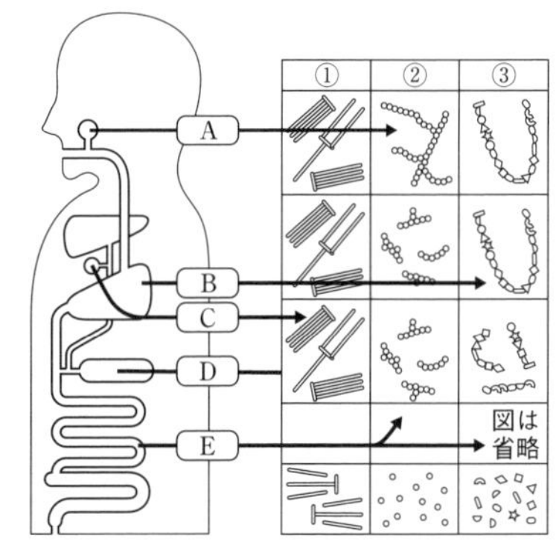

(1) 図中の①～③は，炭水化物，タンパク質，脂肪のうちそれぞれ何を示しているか。

(2) Cは消化酵素を含まないが①を小さな粒にするはたらきがある。この消化液の名称を答えよ。

(3) 図中にはDからの矢印が描かれていない。矢印を描くとすると，①～③のどれにむけて描くのがふさわしいか。次のア～キから正しいものを1つ選び，記号で答えよ。

ア ①　イ ②　ウ ③　エ ①と②
オ ①と③　カ ②と③　キ ①と②と③

（筑波大附属高改）

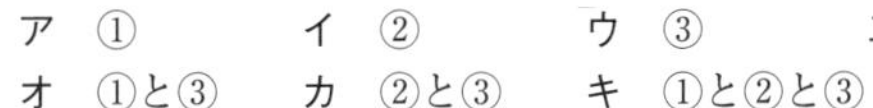

A解説と解答

(1) A(だ液腺)から分泌されるだ液は炭水化物にはたらき，B(胃)から分泌される胃液はタンパク質にはたらくので，②が炭水化物，③がタンパク質とわかる。

答 **①：脂肪，②：炭水化物，③：タンパク質**

(2) Cは胆のうで，肝臓でつくられた胆汁がためられる（胆のうは胆嚢と書き，“嚢”は訓読みでふくろと読む)。胆汁は消化酵素を含まないが，脂肪を乳化することで，すい液中のリパーゼが脂肪を脂肪酸とモノグリセリドに消化するはたらきを助ける。　答 **胆汁**

(3) Dはすい臓で，すい液が分泌される。すい液は，三大栄養素のすべての消化に関わる。　答 **キ**

Q問題2 ヒトの消化器官と吸収について，以下の問いに答えよ。

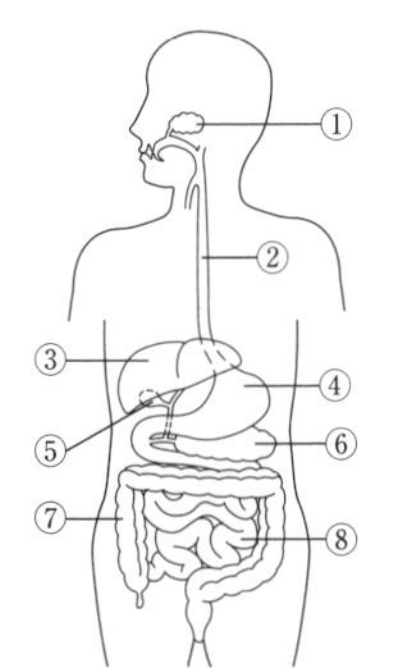

(1) 右の図はヒトの消化器官を表したものである。図中の①，⑤，⑥，⑦の名称を書け。

(2) 消化器官は，次の4通りに大別される。

A：食物の通り道となっていて，消化酵素の合成や分泌がさかんなもの。
B：食物の通り道となっているが，消化酵素の合成や分泌がないかほとんどないもの。
C：食物は通らないが，消化酵素の合成や分泌がさかんなもの。
D：食物は通らず，消化酵素の合成や分泌もないかほとんどないもの。

A～Dにあてはまるものを図中①～⑧から選んだ。正しい組み合わせのものを次のア～エから1つ選び，記号で答えよ。

ア A－②，④　イ B－②，⑧　ウ C－①，⑥　エ D－③，⑥

(3) 脂肪は重要な栄養素の1つである。脂肪の消化に関係の深い消化液を次のア～エから2つ選び，記号で答えよ。

ア だ液　イ 胃液　ウ すい液　エ 胆汁

（大阪星光学院高）

A解説と解答

(1) ①はだ液腺，②は食道，③は肝臓，④は胃，⑤は胆のう，⑥はすい臓，⑦は大腸，⑧は小腸である。

答 **①：だ液腺，⑤：胆のう，⑥：すい臓，⑦：大腸**

(2) Aは④，⑧，Bは②，⑦，Cは①，⑥，Dは③，⑤となる。③の肝臓でつくられる胆汁は，脂肪を乳化し，脂肪の消化を助けるが，消化酵素は含んでいない。　答 **ウ**

(3) 脂肪は胆汁で乳化されたあと，すい液に含まれるリパーゼのはたらきで，脂肪酸とモノグリセリドに分解された後，小腸で柔毛に吸収され，再び脂肪となってリンパ管に入る。　答 **ウ，エ**

チャレンジ！入試問題 の解答

Q 問題 デンプンのりとだ液を使って，消化についての実験①～③を行った。あとの問いに答えよ。

① 右の図1のように，試験管X・Yを準備し，それぞれの試験管に1%のデンプンのり$10cm^3$を入れた。さらに，試験管Xには水$2cm^3$を，試験管Yにはうすめただ液$2cm^3$をそれぞれ入れ，よくふって混ぜた。そして，これらの試験管を40℃の湯の中に10分間入れた。

図1

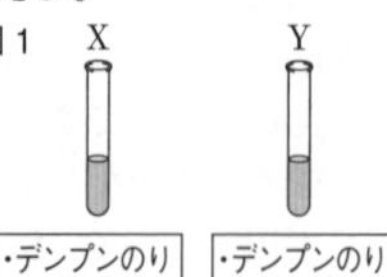

② 試験管X・Yの液をそれぞれ2つの試験管に分け，試験管Xから取り出した液をA液，B液，試験管Yから取り出した液をC液，D液とする。そして，A液，C液にヨウ素液を2，3滴加えた。また，B液，D液にはベネジクト液を少量加え，沸騰石を入れて，軽くふりながら加熱した。表1は，その結果をまとめたものである。

表1

液	A液	B液	C液	D液
加えた試薬	ヨウ素液	ベネジクト液	ヨウ素液	ベネジクト液
液の色の変化	青紫色	変化なし	変化なし	赤褐色

③ 新たに試験管X・Yを準備し，実験①の操作を行った後，図2のように試験管の中の液をセロハンでできた袋(ふくろ)にそれぞれ入れ，水の入ったビーカーにつけた。10分間置いた後，袋の外側の液をE液，F液としてそれぞれ別々に試験管にとった。そして，E液にヨウ素液を2，3滴加えた。また，F液にはベネジクト液を少量加え，沸騰石を入れて，軽くふりながら加熱した。表2は，その結果をまとめたものである。

図2

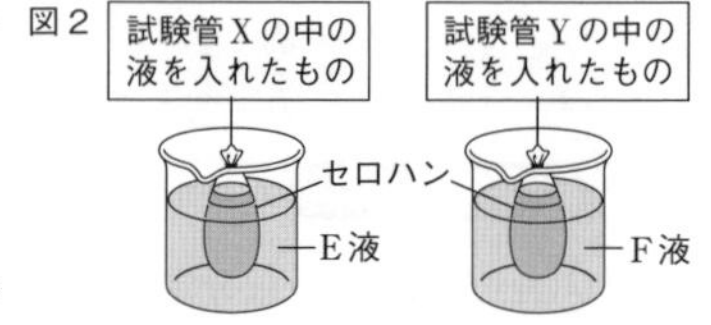

表2

液	E液	F液
加えた試薬	ヨウ素液	ベネジクト液
液の色の変化	変化なし	黄色

(1) 下線部のように，沸騰石を入れるのはなぜか。その理由を書け。

(2) 実験②の結果からわかるだ液に含まれている消化酵素(こうそ)は何か，名称を書け。

(3) 次の文は，上の実験②の結果を考察したものである。文中の（あ）・（い）にあてはまる言葉として正しいものはどれか。ア～エからそれぞれ1つずつ選べ。

> A液とC液の結果を比較すると，だ液のはたらきによって（あ）ことがわかる。また，B液とD液の結果を比較すると，だ液のはたらきによって（い）ことがわかる。

ア　デンプンができた
イ　デンプンがなくなった
ウ　ブドウ糖がいくつか結びついたものができた
エ　ブドウ糖がいくつか結びついたものがなくなった

(4) セロハンの穴の大きさをa，デンプンの大きさをb，F液でベネジクト液と反応した物質の大きさをcとするとき，a～cを大きいものから順に並べよ。

（徳島改）

A 解説と解答

(1) 答 **中の液体が急に沸騰して飛び出すのを防止するため（突沸を防ぐため）。**

(2) 表1より，試験管Yの液（デンプンのり＋だ液）が入ったD液にベネジクト液を加えて加熱すると，赤褐色に変化したことから，だ液には，デンプンを小さい分子の糖に分解する酵素アミラーゼが含まれていることがわかる。

答 **アミラーゼ**

(3) ヨウ素液はデンプンがあると青紫色に変化する。A液はC液の対照実験で，A液とC液を比較すると，C液は，だ液のはたらきでデンプンがなくなったことがわかる。一方，ベネジクト液は，ブドウ糖やブドウ糖がいくつか結びついたものがあると，黄色～赤褐色に変化する。B液はD液の対照実験で，B液とD液を比較すると，D液では，デンプンがだ液のはたらきでブドウ糖かブドウ糖がいくつか結びついたものに分解したことがわかる。

答 **(あ)：イ，(い)：ウ**

(4) 表2より，E液の外側の液にはデンプンはなく，F液の外側の液にはデンプンが分解してできたブドウ糖か小さい分子の糖があることがわかる。これより，bはaを通れないが，cはaを通れることがわかる。

答 **b→a→c**

チャレンジ！入試問題 の解答

Q問題 1 ヒメダカを用いて次の観察を行った。

観察　ポリエチレンの袋(ふくろ)に少量の水とヒメダカを入れた。この袋を顕微鏡(けんびきょう)のステージの上に置き，ヒメダカの尾びれを観察したところ，図のように，血管の中を流れるたくさんの<u>円盤形の粒</u>が見られた。

血管　円盤状の粒　骨

観察について，次の文の ① にあてはまる語句を書け。また，②，③の｛　｝にあてはまるものを，それぞれア，イから選べ。

下線部の多くは赤血球であり，赤血球は ① と呼ばれる物質を含んでいる。 ① は，酸素の多い所では②｛ア　酸素と結びつき　　イ　酸素を離し｝，酸素の少ない所では③｛ア　酸素と結びつく　　イ　酸素を離す｝性質をもっている。　　（北海道改）

A 解説と解答

ヒメダカの尾びれを観察すると，血液が毛細血管の中を流れていることがわかる。また，血液中の赤血球の動きから，血液は常に一定の方向に流れていることがわかる。赤血球は赤い色素のヘモグロビンをもつ。ヘモグロビンは，酸素の多い所では酸素と結びつき，少ない所では酸素を離す。

答 ①：ヘモグロビン，②：ア，③：イ

Q問題 2 図は，ヒトの心臓と血管を模式的に表したもので，矢印は血液の流れる向きを示している。次の(1)，(2)に答えよ。ただし，図は，からだの前面から見たものである。

(1) 酸素を多く含む血液が流れる血管を，図のA～Eの中から2つ選び，その記号を書け。

(2) 血液の逆流を防ぐための弁が，ところどころにあるのは，動脈，静脈のどちらか，書け。また，その血管を図のA～Eの中からすべて選び，その記号を書け。　　（青森）

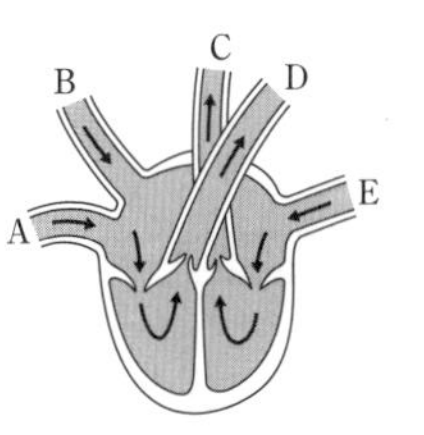

A 解説と解答

(1) 肺から心臓にもどる血液が流れる血管E（肺静脈）と，心臓から全身へ送り出される血液が流れる血管C（大動脈）は，酸素を多く含む血液が流れる。　**答** C，E

(2) 弁は静脈についている。静脈は，心臓にもどる血液が流れる血管A，B（大静脈）とEである。

答 静脈，記号：A，B，E

Q問題 3 心臓は血液の循環の中心となっている。ヒトの心臓は，拍動(はくどう)することで，全身や肺に血液を送り出している。心臓から出た血液は，動脈を通って毛細血管に達し，静脈を通って心臓にもどる。このように血液が循環することによって，酸素や養分などの必要な物質や，二酸化炭素やアンモニアなどの不要な物質を運んでいる。図は正面から見たヒトの心臓の断面の様子を表したものであり，ア，イ，ウ，エは血管を，A，B，C，Dは心臓の各部屋を表している。このことについて，次の(1)，(2)，(3)の問いに答えよ。

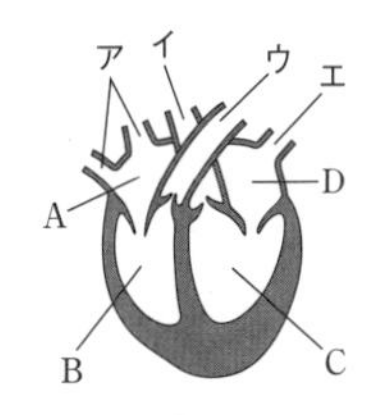

(1) 心臓から血液を送り出すときに収縮する心臓の部屋はどれか。図中のA，B，C，Dのうちからすべて選び，記号で書け。

(2) 図中のア，イ，ウ，エのうち，動脈血が流れている静脈はどれか。

(3) 酸素は血液中の赤血球によって運ばれる。赤血球に含まれ，酸素と結びつく物質を何というか。　　（栃木）

A 解説と解答

(1) 心臓は絶えず収縮・拡張をくりかえし（拍動という），血液を送り出したり取り込んだりして全身に血液を循環させる“ポンプ”と似たしくみをもつ。血液を送り出すには，心臓（ポンプ）を収縮させる必要があり，血液を送り出す部屋である心室（B：右心室，C：左心室）が収縮する。　**答** B，C

(2) 酸素を多く含む動脈血が流れる静脈は，肺から心臓にもどる血液が流れるエ（肺静脈）である。

答 エ

(3) 酸素は赤血球に含まれる赤い色素ヘモグロビンと結びついて運ばれる。　**答** ヘモグロビン

チャレンジ！入試問題 の解答

Q 問題 1 右の図は肺の一部を拡大し，酸素と二酸化炭素の出し入れを模式的に示したものである。次の各問いに答えよ。

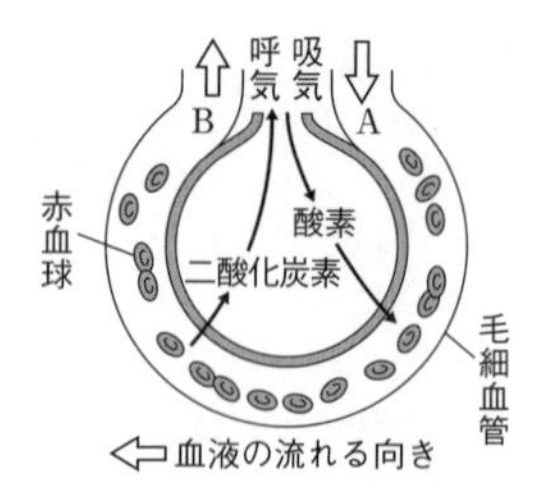

(1) 次の文の｛ ｝の中から適切なものを１つずつ選べ。
横隔膜(おうかくまく)が①｛ア 上がる　イ 下がる｝と肺胞(はいほう)は②｛ア ふくらみ　イ 縮まり｝，肺に空気が入る。

(2) 次の文の下線部①～③について，誤っているものを１つ選び，その番号を訂正した語を書け。
図のＢを通る①<u>酸素</u>を多く含む血液は，②<u>肺静脈</u>を通って心臓にある４つの部屋のうち，③<u>右心房</u>へ流れる。

（青森改）

A 解説と解答

(1) 空気を吸い込むためには，肺（肺胞）が入った部屋である胸腔(きょうこう)を広げる必要があるが，肺は，心臓などと違って筋肉でできていない。そのため，筋肉でできた横隔膜を下げ，ろっ間筋によりろっ骨を上方に引き上げることで胸腔を広げている。
答 ①：イ，②：ア

(2) 心臓から肺へ向かう血液（Ａを通る血液）には，二酸化炭素が多く含まれ，肺から心臓へ流れる血液（Ｂを通る血液）には，酸素が多く含まれる。肺から心臓へ流れる血液は，肺静脈を通って左心房へ流れる。
答 ③，**左心房**

Q 問題 2 肺への空気の出入りを調べるために，次の実験を行った。あとの各問いに答えよ。

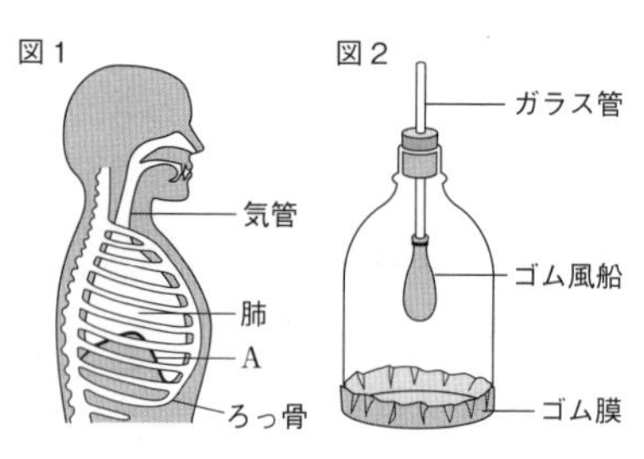

実験　図１はヒトのろっ骨や肺などを模式的に表したものである。肺への空気の出入りを調べるために，図１を参考にして，図２のように，下部を切りとったペットボトルにゴム膜をつけ，ゴム風船をつけたガラス管をとりつけて模型を組み立てた。この模型で，ゴム風船は肺に，ガラス管は気管に，ゴム膜は図１のＡに相当する。図２のゴム膜を指でつまんで下に引くと，ゴム風船がふくらんだ。

(1) 図１のＡは何か，その名称を書け。

(2) この実験の結果から考えて，肺に空気が入るしくみの説明として正しいものを，次のア～エから１つ選び，記号で答えよ。ただし，胸腔は図１のろっ骨とＡとにとり囲まれた部屋である。
ア　Ａが上がり，胸腔がせまくなる。　イ　Ａが上がり，胸腔が広くなる。
ウ　Ａが下がり，胸腔がせまくなる。　エ　Ａが下がり，胸腔が広くなる。

(3) 肺に吸いこまれた空気は，図３のような多数の小さな袋(ふくろ)に入る。この小さい袋を何というか。

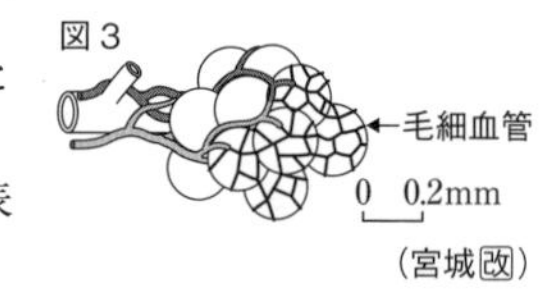

(4) 肺が(3)で答えた小さい袋に分かれていることの利点を，肺の役割にふれながら，「表面積」という語句を用いて簡潔に説明せよ。

（宮城改）

A 解説と解答

(1) Ａは横隔膜で，胸腔と腹腔(ふっこう)（胃や肝臓(かんぞう)などが入っている部屋）の間を仕切る。
答 **横隔膜**

(2) 図２で，ゴム膜（横隔膜にあたる）を下に引くと，ペットボトル内（胸腔にあたる）の容積が大きくなり，ペットボトル内の気圧が下がる。すると，ガラス管（気管にあたる）から空気がペットボトル内に流入する（空気が肺に入ることにあたる）。
答 **エ**

(3) 気管が枝分かれしたものが気管支で，気管支はさらに枝分かれして先が肺胞につながる。
答 **肺胞**

(4) 肺胞や小腸の内壁の柔毛，植物の根の根毛など物質を吸収する部位は，表面積が広がる構造になっていることが多い。
答 **<u>表面積</u>が大きくなり，効率よく酸素と二酸化炭素を交換（ガス交換）できる。**

塾技59 チャレンジ！入試問題 の解答

Q問題 図１はヒトのからだの循環系を示したものであり，図２は，その中の心臓の断面を拡大したものである。以下の問いに答えよ。

(1) 血液の流れを図２の a ～ f を用いて以下の（　）に示せ。ただし，循環は G で始まり，心臓を通過して J で終わるものとする。
G →（　　）→（　　）→（　　）→ H → I →（　　）→（　　）→（　　）→ J

(2) 下記の血液が流れている血管，または特徴をもつ血管を記号 A ～ K で答えよ。
ア　逆流を防ぐ弁がある　　イ　酸素を最も多く含む血液
ウ　二酸化炭素を最も多く含む血液　　エ　栄養分を最も多く含む血液
オ　尿素が最も少ない血液　　カ　最も厚い血管壁をもつ

(3) アンモニアは，からだのもとになっているある成分の１つが分解してつくられる。その成分を答えよ。

(4) アンモニアは，からだのある場所で別の物質になる。その臓器の名称と，物質名を答えよ。

(5) 血管 E を流れる血液に多量に含まれている栄養分を２つ書け。

(6) 右の表はブドウ糖と尿素について，ヒトの血しょうと尿に含まれる濃度〔g/L〕を示したものである。ただし，〔g/L〕は溶液 1L 中に含まれている溶質の質量〔g〕を示している。
ヒトの成人の場合，心臓は１分間に 70 回収縮し，１回につき 50mL の血液を送りだしている。そのうち，じん臓に流入する血液は 30 分の１である。また，１日に排出される尿の量は 1.5L である。次のア～オに答えよ。
ア　１日にじん臓に流入する血液は何 L か。　　イ　１日にじん臓に流入する尿素量は何 g か。
ウ　１日に尿として排出される尿素量は何 g か。
エ　ろ過された尿素の何 % が排出されたか，小数第一位まで求めよ。
オ　１日にろ過されたブドウ糖量は何 g か。

(7) 肺の内部は多数の肺胞からできている。このようなつくりになっているのはなぜか。20 字以内で書け。

（大阪教育大附高池田）

図１

図２

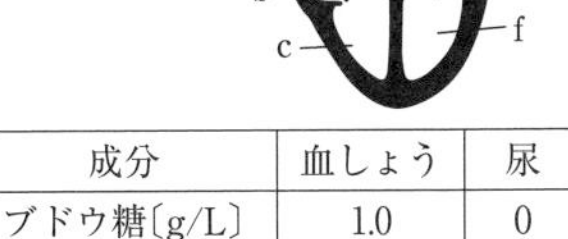

成分	血しょう	尿
ブドウ糖〔g/L〕	1.0	0
尿素　〔g/L〕	0.3	20.0

A解説と解答

(1) 全身の細胞から心臓へもどる血液は，大静脈 G → 右心房 b → 右心室 c → 肺動脈 d → H → 肺 → 肺静脈 I → 左心房 e → 左心室 f → 大動脈 a → J の順に流れる。　答 b, c, d, e, f, a

(2) ア　静脈は圧力が低くなるため，逆流を防ぐ弁がある。イ　肺でガス交換直後の血液は酸素を最も多く含む。ウ　全身をまわって心臓にもどり，肺に入る直前の血液は二酸化炭素を最も多く含む。エ　栄養分は小腸で吸収されるため，小腸を出た直後の血液が，栄養分を最も多く含む。オ　じん臓を出た直後の血液は，尿素が最も少ない。カ　心臓から全身に送り出す血液が流れる血管の壁は，大きな圧力がかかるため厚い。　答 ア：G　イ：I　ウ：H　エ：E　オ：G　カ：J

(3) アンモニアは，細胞呼吸でアミノ酸が分解されると生じる。　答 アミノ酸

(4) アンモニアは非常に毒性が強いため，肝臓で尿素に変換後，じん臓でろ過される。　答 肝臓，尿素

(5) E の門脈を流れる血液は，柔毛から吸収されたブドウ糖とアミノ酸を多く含む。　答 ブドウ糖，アミノ酸

(6) ア　１日は，$60 \times 24 = 1440$〔分〕なので，$50 \times 70 \times 1440 \times \frac{1}{30} = 168000$〔mL〕$= 168$〔L〕　答 168L

イ　$0.3 \times 168 = 50.4$〔g〕　答 50.4g

ウ　$20.0 \times 1.5 = 30.0$〔g〕　答 30.0g

エ　じん臓に流入した尿素 50.4g のうち，30.0g が尿として排出されるので，求めるろ過された尿素の排出率は，$30.0 \div 50.4 \times 100 = 59.52\cdots \rightarrow 59.5$〔%〕　答 59.5%

オ　$1.0 \times 168 = 168$〔g〕　答 168g

(7) 答 ガス交換をする表面積を大きくするため。

塾技60 チャレンジ！入試問題 の解答

Q問題1 ヒトの目（図）では，［1］が光を屈折させて［2］の上に像を結ぶ。光刺激が信号となって［3］を通じて脳へ伝えられる。［3］は，約100万個の繊維の集まりである。また，目に入る光の量を調節する［4］がある。

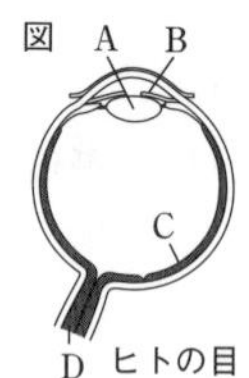

表

	名称	図に示した部位		名称	図に示した部位
①	レンズ（水晶体）	A	⑤	視神経	C
②	レンズ（水晶体）	B	⑥	視神経	D
③	虹彩	B	⑦	網膜	C
④	虹彩	C	⑧	網膜	D

文中の［1］～［4］にあてはまる名称と図に示した部位の組み合わせとして，それぞれ正しいものはどれか。表の①～⑧より1つずつ選べ。

（東京学芸大附高改）

A解説と解答

Aはレンズ（水晶体），Bは虹彩，Cは網膜，Dは視神経である。ヒトの目は，光の刺激がレンズを通過 → 網膜の上に倒立像をつくる → 視神経を通じて刺激が脳に送られることによって物が見える。目に入る光の量は，虹彩にある筋肉でひとみ（瞳孔）の大きさを変化させることで調節する。明るい場所では，虹彩筋がのびてひとみが小さくなり，レンズに送る光の量が少なくなる。一方，暗い場所では，虹彩筋が縮んでひとみが大きくなり，光を取り込みやすくなる。

答 1：①，2：⑦，3：⑥，4：③

Q問題2 耳の役割について，次の文を読んであとの問いに答えよ。ただし，図中の記号と文中の記号は一致している。

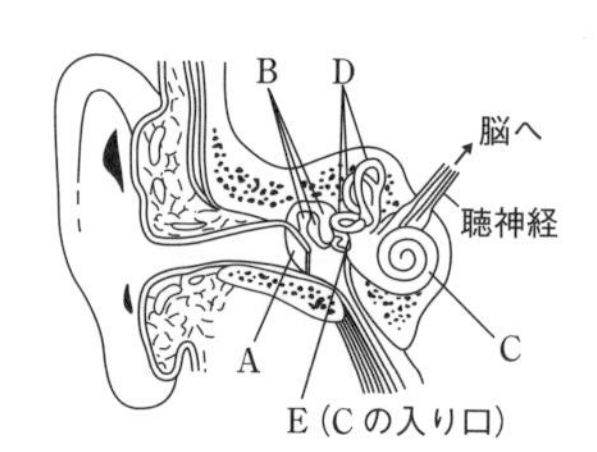

音は耳かくで集められて，外耳道を通って［A］でとらえられて［B］を伝わり，［C］の中のリンパ液を振動させることにより音の刺激として受け取られている。リンパ液が振動することにより［C］の中にある細胞（聴細胞）が上下に動き，その細胞の毛が［C］の中にある膜に接触する。これにより聴神経が刺激され，その刺激は電気信号として脳に伝えられ，「音」と認識される。これを聴覚という。また，［D］の中にもリンパ液が入っており，からだが回転するときにその液体に流れが生じる。このとき［D］の中にある細胞の毛がなびき，その毛が引っ張られることによりその刺激を神経が脳に伝え，回転の感覚が生じる。このように，耳は聴覚以外にも回転の感覚もつかさどっている。

(1) 文中の空欄［A］～［D］に適語を入れよ。

(2) Bは1つではなく，3つの部分でできている。また，Aの面積はEの面積よりかなり大きい。これらの構造による共通の利点を答えよ。

(3) 耳が受容する刺激は前の文に示すように次々に変換されて脳に伝えられている。これについて説明した次の文について，［a］～［c］に固体，液体，気体のいずれかを入れよ。
　Aの部分で［a］の振動は［b］の振動に変換される。Eの部分では［b］の振動が［c］の振動に変換される。

(4) Dは3つの管から成り立っている。3つの位置関係はどのようになっているか，簡単に答えよ。

（東大寺学園高）

A解説と解答

(1)「塾技60 **3**」を参照。 **答 A：鼓膜，B：耳小骨，C：うずまき管，D：半規管**

(2)，(3) 音は，空気（気体）の振動が鼓膜（固体）の振動に変換され，さらに耳小骨で振動が増幅されてうずまき管の中のリンパ液（液体）の振動に変換される。鼓膜や耳小骨で振動が増幅されるのは，振動エネルギーを増幅しなければ液体を振動させることができないからである。Bの耳小骨は，3つの骨を組み合わせることで「てこ」をつくり，てこの原理により振動を増幅するはたらきをしている。

(2) **答 音の振動を増幅できる。**　(3) **答 a：気体，b：固体，c：液体**

(4) Dは半規管で，中に入っているリンパ液の流れで平衡感覚をつかさどる。半規管は互いに垂直に位置し，前転方向，側転方向，水平方向の3つの回転軸に対応している。

答 3つが互いに垂直に位置する。

チャレンジ！入試問題 の解答

Q問題 1 右の図は，腕の内部の骨と，腕の曲げのばしに関わる２種類の筋肉 a，b の一部を示したものである。ただし，筋肉 a の端が骨についている部分は省略している。(1)，(2)の問いに答えよ。

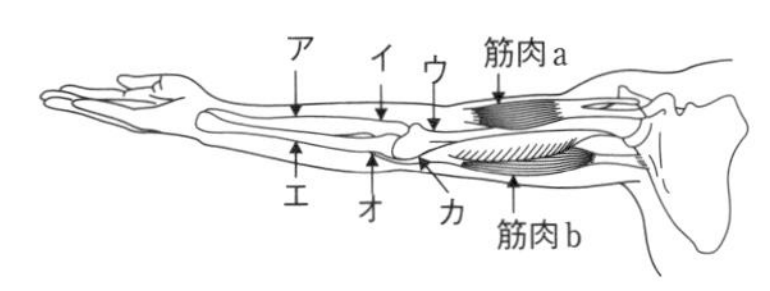

(1) 筋肉 a の端は骨のどこについているか。最も適当なものを，図のア～カの中から１つ選び，記号を書け。

(2) 腕を曲げたとき，図の筋肉 a と筋肉 b はそれぞれどうなっているか。最も適当なものを，次のア～エの中から１つ選び，記号を書け。

ア　筋肉 a も筋肉 b もゆるんでいる。
イ　筋肉 a も筋肉 b も縮んでいる。
ウ　筋肉 a はゆるんでいるが，筋肉 b は縮んでいる。
エ　筋肉 a は縮んでいるが，筋肉 b はゆるんでいる。

（佐賀）

A 解説と解答

(1) 筋肉 a は上腕二頭筋(じょうわんにとうきん)で，けんで前腕にある２本の骨のうちの上側の骨（橈骨(とうこつ)）についている。一方，筋肉 b は上腕三頭筋で，けんで前腕にある下側の骨（尺骨(しゃっこつ)）についている。筋肉の両端は，けんで関節をへだてたとなりの骨にそれぞれついているので，筋肉 a の端はイについている。　**答 イ**

(2) 腕を曲げると上腕二頭筋（曲げるときに使われ屈筋という）が縮んで橈骨が引かれ，上腕三頭筋はゆるむ。一方，腕を伸ばすと，上腕二頭筋がゆるみ，上腕三頭筋（のばすときに使われ伸筋という）が縮む。　**答 エ**

Q問題 2 動物は外界から刺激(しげき)を受け，さまざまな反応をする。図は刺激を受け反応するまでの経路を示した模式図であり，A から F の矢印は神経を通る信号の伝わる向きを示している。このことについて，次の問いに答えよ。

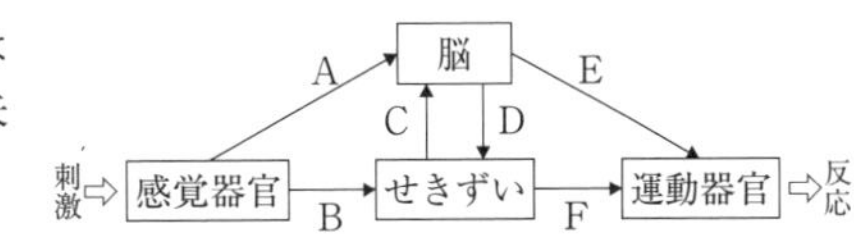

(1) 図の B の向きに信号を伝える神経を何というか。

(2) 次の①，②，③はヒトの反応の例を示している。これらの反応が起きたとき，図のどのような経路で信号が伝わったか。信号が伝わった向きの組み合わせとして，最も適切なものをそれぞれ下のア，イ，ウ，エのうちから１つずつ選び，記号で書け。

① 熱いものに手がふれたとき，無意識に手を引っ込めた。
② 靴(くつ)の中に砂が入ったのを感じて，靴を脱(ぬ)いだ。
③ 黒板に書かれた文字を見て，ノートに書いた。

ア　B－C－D－F　　イ　A－D－F　　ウ　A－E　　エ　B－F

（栃木）

A 解説と解答

(1) 感覚器官で受けとった刺激は，感覚神経で伝えられる。　**答 感覚神経**

(2) ①は反射。反射では，信号が脳を通らない。

感覚器官(手の皮膚) →(B 感覚神経)→ せきずい →(F 運動神経)→ 運動器官　**答 エ**

②は意識して起こす運動で，感覚器官は足の皮膚となるため，行き・帰りともにせきずいを通る。

感覚器官(足の皮膚) →(B 感覚神経)→ せきずい →(C)→ 脳 →(D)→ せきずい →(F 運動神経)→ 運動器官　**答 ア**

③は意識して起こす運動で，感覚器官の目は首より上にあるため，行きはせきずいを通らず帰りのみ通る。

感覚器官(目) →(A 感覚神経)→ 脳 →(D)→ せきずい →(F 運動神経)→ 運動器官　**答 イ**

チャレンジ！入試問題 の解答

Q問題 1 縦10cm，横20cm，高さ5cmの図のような同じ重さのレンガが何個かある。A面を下にして2個積んだときの床に及ぼす圧力と等しくするには，B面，C面を下にして積む場合，それぞれ何個ずつ積む必要があるか。次のア～オの中から適当なものを1つ選べ。

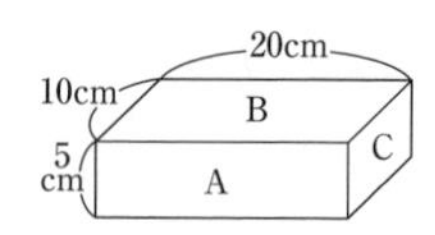

ア B面では1個，C面では4個　イ B面では4個，C面では2個
ウ B面では1個，C面では2個　エ B面では2個，C面では1個
オ B面では4個，C面では1個

（青雲高）

A 解説と解答

B面の面積はA面の面積の2倍なので，「**塾技62 1**」(2)より，同じ力では圧力が$\frac{1}{2}$倍となる。よって，圧力を等しくするにはA面のときの2倍の重さが必要で，レンガは4個必要となる。同様に，C面の面積はA面の面積の$\frac{1}{2}$倍なので，同じ力では圧力が2倍となる。よって，圧力を等しくするにはA面のときの$\frac{1}{2}$倍の重さにする必要があり，レンガは1個必要となる。

答 オ

Q問題 2 直方体P，Qがあり，面A～Eを右の図のように決める。P，Qの密度はそれぞれ$6g/cm^3$，$3g/cm^3$であった。質量100gの物体にはたらく重力を1Nとして，次の問いに答えよ。

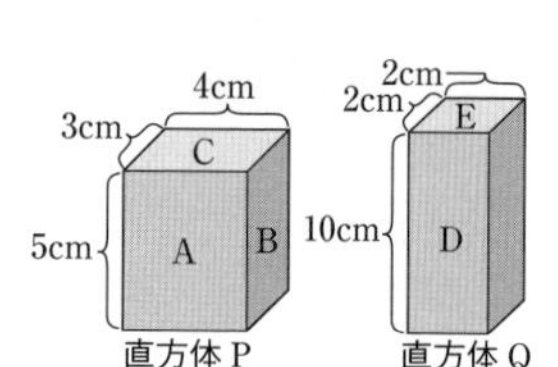

(1) 直方体Pの質量は何gか。次の①～⑥の中から1つ選び，番号を書け。
① 120g　② 180g　③ 240g　④ 360g　⑤ 400g　⑥ 460g

(2) 面A～Eの各面を下にして床に置いたとき，床が受ける圧力の大きさの関係として正しいものはどれか。
① A＝D＞B＞C＞E　② C＝E＞B＞A＞D　③ A＞B＞C＝E＞D
④ C＞B＞A＝D＞E　⑤ E＞A＝D＞B＞C　⑥ C＝E＞D＞B＞A

（東京学芸大附高）

A 解説と解答

(1) 直方体Pの体積＝3×4×5＝60〔cm^3〕より，質量は，6×60＝360〔g〕 **答** ④

(2)「**塾技62 1**」(2)より，直方体Pによって床が受ける圧力の大きさは，C＞B＞Aで，直方体Qでは，E＞Dとなる。一方，直方体Qの質量は，3×（2×2×10）＝120〔g〕で，Pの質量はQの質量の3倍となるが，面Cの面積も面Eの面積の3倍となるので，面Cを下に置いたときと面Eを置いたときとでは，床が受ける圧力の大きさは等しくなる。また，AとDは面積が等しいので，圧力は質量の大きい方の面Aの方が面Dより大きい。以上より，②とわかる。 **答** ②

Q問題 3 右の図1は，4月3日の0時から4月5日の0時までの気温，湿度，気圧を測定し，4月4日の12時の天気をかきこんだものである。

(1) 図1より，4月4日の気温が最高になる時刻を24時間制で答えよ。

(2) 4月3日の18時の観測地点における天気はくもり，風向は北東，風力は3だった。この地点の天気図記号を図2に表せ。

（オリジナル問題）

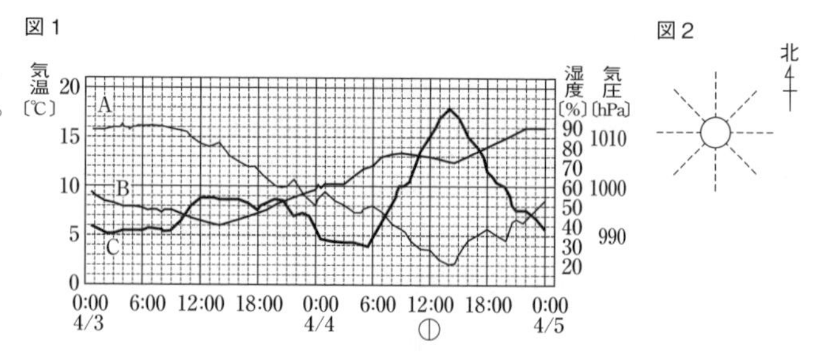

A 解説と解答

(1) Cが上がるとAが下がるというように，グラフのAとCは反対の変化をしていることから，気温と湿度のグラフとわかる。また，4月4日の12時は晴れで，晴れの日は気温が高くなると湿度は低くなるので，Cが気温とわかる。以上より，4月4日の気温が最高になるのは，14時である。 **答** 14時

(2) **答**

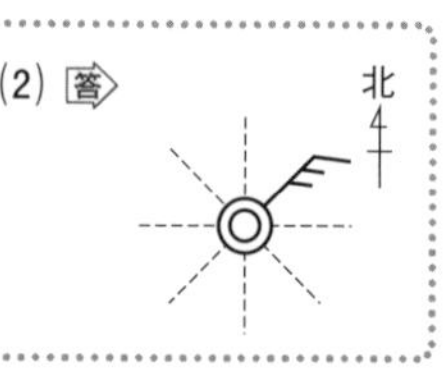

チャレンジ！入試問題 の解答

Q問題 1 地球を取り巻く大気の動きについて，次の(1)，(2)に答えよ。

(1) 上空で吹く偏西風の様子を模式的に表したものとして，最も適当なものを，ア～エから選べ。なお，矢印は風の吹く向きを表す。

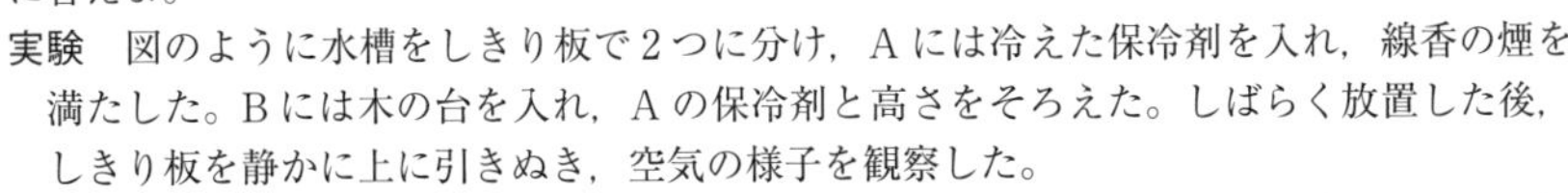

(2) 次の文の①，②の｛ ｝にあてはまるものを，それぞれア，イから選べ。
天気の変化が起こっている大気の層の厚さは，①｛ア 約10km イ 約1000km｝であり，地球の半径の②｛ア 約60分の1 イ 約600分の1｝である。 (北海道改)

A 解説と解答

(1) 偏西風は，北緯30度～60度付近(中緯度付近)を蛇行しながら西から東に移動する大気の流れである。特に，地上から約10km上空で吹く強い偏西風を，ジェット気流という。なお，偏西風は南半球でも南緯30度～60度付近を蛇行しながら西から東に吹いている。 答 エ

(2) 天気の変化が起こっている大気の層の厚さは約10kmで，この層を対流圏という。対流圏では空気が対流し，雲の発生や降水などの気象現象が起こっている。地球の半径は約6400kmなので，対流圏の厚さは地球の半径のおよそ600分の1となる。 答 ①：ア，②：イ

Q問題 2 海陸風について調べるため，次の実験を行った。これに関して，(1)，(2)の問いに答えよ。

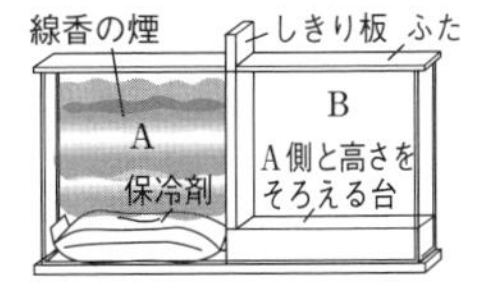

実験 図のように水槽をしきり板で2つに分け，Aには冷えた保冷剤を入れ，線香の煙を満たした。Bには木の台を入れ，Aの保冷剤と高さをそろえた。しばらく放置した後，しきり板を静かに上に引きぬき，空気の様子を観察した。

(1) 実験で，しきり板を静かに上に引きぬいたときの水槽の中の様子をX群のア～ウのうちから，また，暖かい空気と冷たい空気の密度の大きさの関係をY群のア～ウのうちから，最も適当なものをそれぞれ1つずつ選び，その記号を書け。

X群 ア Aの空気は水槽の下部でB側に移動し，Bの空気は水槽の上部でA側に移動した。
　　 イ Aの空気は水槽の上部でB側に移動し，Bの空気は水槽の下部でA側に移動した。
　　 ウ A，Bの空気は不規則に混じり合った。

Y群 ア 暖かい空気は冷たい空気より密度が大きい。
　　 イ 暖かい空気は冷たい空気より密度が小さい。
　　 ウ 暖かい空気と冷たい空気の密度は同じ。

(2) 実験のAを陸上の空気，Bを海上の空気とすると，水槽の下部での空気の動きは，昼夜のどちらの時間帯に吹く，どのような向きの海陸風を表しているか。その様子を示す模式図として最も適当なものを，右のア～エのうちから1つ選び，その記号を書け。 (千葉)

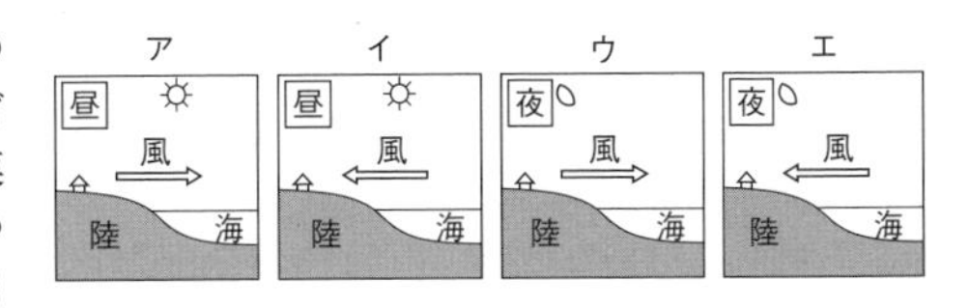

A 解説と解答

(1) 水槽の下部では，冷たく密度の大きいAの空気が暖かく密度の小さいBの空気の方へ移動する。一方，Bの水槽下部にあった空気は上部に押し上げられ，A側に移動する。 答 X群：ア，Y群：イ

(2) 陸上の空気が冷たく，海上の空気が暖かくなるのは夜である。夜は，冷たい陸上から暖かい海上へと陸風が吹く。 答 ウ

チャレンジ！入試問題 の解答

Q 問題 千葉県に住むSさんは，自宅で3日間続けて天気の観察を行った。さらに，アメダスなどの気象情報を集めて天気の変化について調べた。図1は2日目9時と3日目9時の天気図である。これに関して，あとの(1)～(3)の問いに答えよ。

図1

2日目9時　　3日目9時

観察

【1日目】9時：高気圧におおわれて青空が広がっていた。

14時：上空に巻雲が見えた。

16時：高積雲が動いているのが見え，雲量は7だった。旗が北西の方角に，はためいていた。木の小枝が動く様子から，風力は4であることがわかった。

【2日目】9時：雲が空いっぱいに広がっていた。

15時～17時：雨が降り続いた。

【3日目】9時：青空が広がっていた。

(1) 1日目16時に観察した「天気・風向・風力」について，記号で右に表せ。

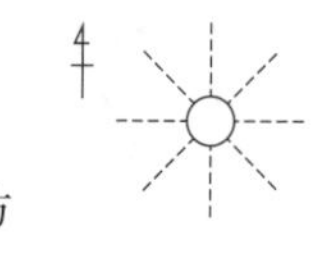

(2) 図1の2日目9時の天気図に示された地点a，b，c，dにおける気圧を比べ，低い方から高い方へ左から順に並べて，記号を書け。

(3) 図2は低気圧を模式的に表したものである。低気圧が①，②，③と移動するとき，地点P，Qでの風の向きは，それぞれどのように変化するか。あとのX群のア～エのうちから最も適当なものを1つ選び，その記号を書け。ただし，風の向きの変化は，図3にある「時計回り」「反時計回り」を用いるものとする。

図2　　図3 風の向きが1から2へ変化する場合（時計回り／反時計回り）

X群
- ア　地点P：時計回り　　地点Q：時計回り
- イ　地点P：時計回り　　地点Q：反時計回り
- ウ　地点P：反時計回り　　地点Q：時計回り
- エ　地点P：反時計回り　　地点Q：反時計回り

（千葉）

A 解説と解答

(1) 雲量は2～8のときが晴れなので，1日目16時の天気は晴れとわかる。一方，旗が北西の方向にはためいていたことより，風は南東から吹いていることがわかり，風向は南東とわかる。

答

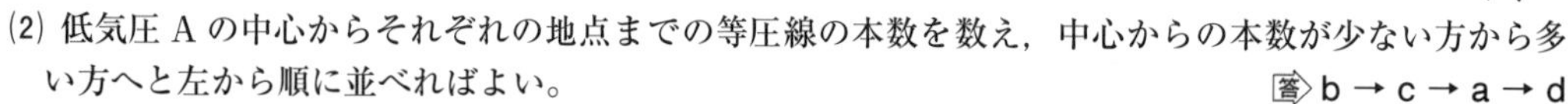

(2) 低気圧Aの中心からそれぞれの地点までの等圧線の本数を数え，中心からの本数が少ない方から多い方へと左から順に並べればよい。

答 b → c → a → d

(3) 風は低気圧の中心に向かって吹く。このとき，「塾技64 2」より，風向は等圧線に対して垂直の方向よりも右にそれる。

低気圧が①のときの地点P，Qを，それぞれ右の図のP_1，Q_1とすると，低気圧が① → ② → ③と移動すると，点Pは低気圧の位置に対して，P_1 → P_2 → P_3と移動し，点Qは，Q_1 → Q_2 → Q_3と移動する。

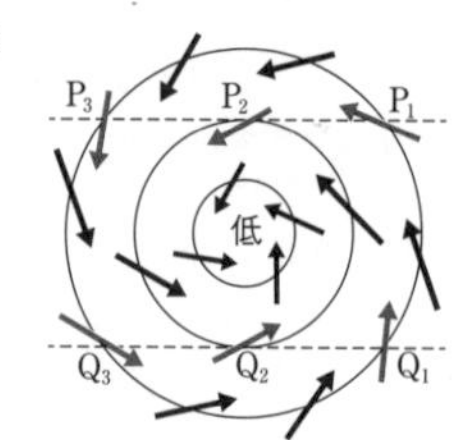

図より，地点Pでの風の向きは反時計回り，地点Qでの風の向きは時計回りに変化することがわかる。

答 ウ

チャレンジ！入試問題 の解答

Q問題1 空気中の湿度を調べるために，次の実験を行った。各問いに答えよ。

実験 室温20℃の理科室で，金属製のコップに水を半分ぐらい入れ，その水の温度が室温とほぼ同じになったことを確かめた後，図のように，金属製のコップの中の水をガラス棒でよくかき混ぜながら，氷水を少しずつ入れた。金属製のコップの表面がくもり始めたときの水温をはかると，10℃であった。表は，気温と飽和水蒸気量の関係を示したものである。

気温〔℃〕	5	10	15	20	25
飽和水蒸気量〔g/m³〕	6.8	9.4	12.8	17.3	23.1

(1) 身のまわりに起こる現象について述べた次のア～エのうちから，水が水蒸気に変わる現象を述べたものを1つ選び，その記号を書け。
ア 寒いところで，はく息が白くなる。　イ 家の外から暖かい部屋に入ると，めがねがくもる。
ウ 葉の上に露がつく。　エ 湿っていた洗濯物が乾く。
(2) 実験で，コップの表面がくもり始めたときの温度を何というか。その用語を書け。
(3) 実験を行ったときの理科室の湿度は何％か。小数第一位を四捨五入して整数で書け。
(4) 昔から，「朝に霧(きり)が出ると晴れる」と言われている。これは，深夜から早朝にかけて晴れた日の朝に霧が発生しやすく，昼になるとその霧が消えるということである。深夜から早朝にかけて晴れた日の朝に霧が発生する理由を，「熱」，「飽和水蒸気量」の語を用いて簡潔に書け。 (奈良)

A解説と解答

(1) ア，イ，ウは水蒸気が水に変わる現象。 答 エ
(2) 答 **露点**
(3) 露点が10℃なので，室温20℃の理科室の空気1m³中に含まれる水蒸気量は9.4gとわかる。よって，理科室の湿度は，$\frac{9.4}{17.3} \times 100 = 54.3\cdots \rightarrow 54$〔%〕 答 **54%**
(4) 答 **晴れた日の夜は，地面から熱が放出されて地面付近の空気が冷やされ，飽和水蒸気量が小さくなって空気中の水蒸気が水滴に変わるから。**

Q問題2 右の図は温度〔℃〕と空気中の水蒸気量〔g/m³〕の関係を示しており，図中の曲線は飽和水蒸気量を示したグラフである。図中の黒丸（•）A～Eは，温度や含まれる水蒸気量の異なる5種類の空気の状態を示している。次の①～③の文はA～Eのどれについて述べたものか。あてはまるものをA～Eよりそれぞれ1つずつ選び，記号で答えよ。

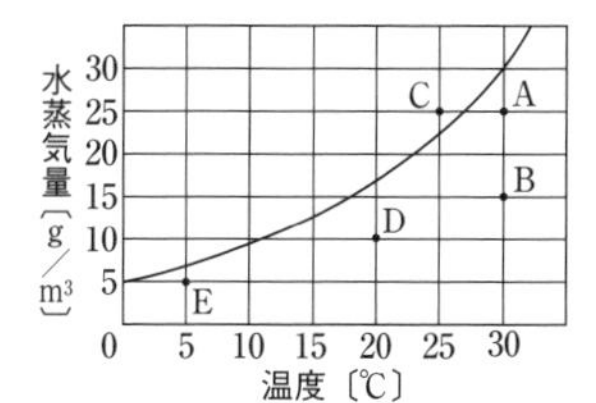

① 露点が最も低い
② 湿度が最も低い
③ 温度が5℃下がったときに空気1m³あたり2.5gの水滴を生じる (筑波大附高改)

A解説と解答

① 露点は空気中に含まれる水蒸気量のみで決まり，水蒸気量が多いほど露点は高く，水蒸気量が少ないほど露点は低くなる。よって，露点が最も低い空気は，水蒸気量が最も少ないEとわかる。 答 E
② ある空気の湿度は，その空気の温度における飽和水蒸気量に対する，空気に含まれている水蒸気量の割合で決まる。グラフより，Bが最も割合が小さいので，湿度が最も低い空気はBとわかる。 答 B
③ 5℃下がったとき水滴が生じるのはAとCで，Aは約2.5g，Cは約8.0g生じる。 答 A

塾技 66 チャレンジ！入試問題 の解答

Q問題 次の文章を読んで，あとの(1)～(5)に答えよ。

大気の成分は(a)が78%，(b)が21%，3番目に多いのはアルゴン，4番目に多いのは(c)である。ここでいう大気の成分には，水蒸気は含まれていない。なぜなら，水蒸気の量は，大気の状態によって大きく変化するからだ。大気中の水蒸気量の変化が，さまざまな気象現象を引き起こすもとになる。例えば，水蒸気を含んだ空気が山を越えて風下側に吹いたとき，風下側の地域では，風上側に比べて気温が高く空気が乾燥する。これを(d)現象という。図のように，風上側の山のふもと（標高0m）に，温度20℃の空気のかたまりがあるとする。この空気のかたまりが上昇気流となって山の斜面を上ると，高度100mにつき1℃の割合で気温が下がる。したがって，ふもとにあった空気のかたまりが標高1000mまで雲をつくらずに上昇すると，温度は（ A ）℃になる。いま，ここで気温が（ e ）に達し雲ができ始めたとすると，ここから先，空気のかたまりは水蒸気で飽和し，雲をつくり雨を降らせながら上昇する。含まれている □ ので，水蒸気で飽和している空気の温度が下がる割合は，100mにつき0.5℃になる。標高1000mで（ A ）℃だった空気のかたまりは，標高2000mの山頂に達すると気温が（ B ）℃になる。この空気のかたまりが斜面を下るときは，温度が上がり続けるので，雲をつくることはない。山頂でちょうど雲が消えたとすると，風下側のふもと（標高0m）で温度は（ C ）℃になり，湿度は（ D ）%になる。

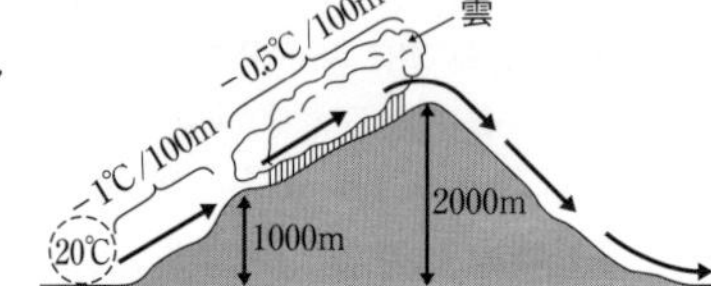

(1)（ a ）～（ e ）にあてはまる語を答えよ。

(2)（ A ）～（ C ）にあてはまる数値を答えよ。

(3) 文章中の下線部の理由を，簡潔に答えよ。

(4) □ にあてはまるものを，次の中から記号で答えよ。

ア　水蒸気が水滴になるとき熱が放出される　　イ　水滴が水蒸気になるとき熱が放出される

ウ　水蒸気が水滴になるとき熱が吸収される　　エ　水滴が水蒸気になるとき熱が吸収される

(5)（ D ）にあてはまる数値はいくらか。右の表を参考に，四捨五入して整数で答えよ。（洛南高図）

気温〔℃〕	0	5	10	15	20	25	30
飽和水蒸気量〔%〕	4.8	6.8	9.4	12.8	17.3	23.0	30.3

A解説と解答

(1) 空気の成分は，「塾技 10 3」(1)より，体積の割合で窒素が約78%，酸素が約21%，アルゴンが約0.9%，4番目に多いのは二酸化炭素で約0.04%となる。よって，aは窒素，bは酸素，cは二酸化炭素とわかる。一方，「塾技 66 3」より，dはフェーン現象とわかる。空気のかたまりが上昇すると，気圧が下がり膨張するため気温が下がる。気温が露点に達すると雲が生じる。雲が生じる（空気が飽和する）までは100m上昇するごとに1℃ずつ気温が下がるが，雲ができて（飽和して）からは100mにつき0.5℃ずつしか下がらない。これに対し，雨などにより多量の水蒸気を失い乾燥した空気が斜面を下るときは，100m下るごとにずっと1℃ずつ気温が上がるので，フェーン現象が起こる。

答 a：窒素，b：酸素，c：二酸化炭素，d：フェーン，e：露点

(2) はじめの1000mで気温が10℃下がるので，Aは，20 − 10 = 10〔℃〕。一方，1000mから2000mまでは，気温が0.5℃ずつ下がるので，Bは，10 − 0.5 × {(2000 − 1000) ÷ 100} = 5〔℃〕。空気のかたまりが斜面を下るときは，100mにつき1℃ずつ気温が上がるので，Cは，5 + 1 × (2000 ÷ 100) = 25〔℃〕

答 A：10，B：5，C：25

(3) 空気が断熱膨張すると気温が下がる。断熱膨張については，「塾技 66」の用語チェック（*p.200*）を参照。

答 気圧が下がり空気のかたまりが（断熱）膨張したから。

(4) 水が水蒸気になるときは外部から熱を吸収する。逆に，水蒸気が水になるときは熱を放出する。これにより，飽和した空気が断熱膨張するときは，飽和していない空気にくらべて気温の下降幅が小さくなる。

答 ア

(5) 山頂でちょうど雲が消えたことより，山頂における空気のかたまりが含む水蒸気量は，山頂の気温5℃のときの飽和水蒸気量と等しい。また，斜面を下るときは気温が上がるため，風下側のふもとの空気中の水蒸気量は山頂における水蒸気量と変わらない。

よって，求める湿度は，$\frac{6.8}{23.0} \times 100 = 29.5\cdots \rightarrow 30$〔%〕

答 30

チャレンジ！入試問題 の解答

Q問題1 沖縄県のある場所で２日間気象観測を行い，その間に前線が通過した。図１はその結果の一部をグラフにしたものである。図２のAB，ACは低気圧と前線付近の模式図である。

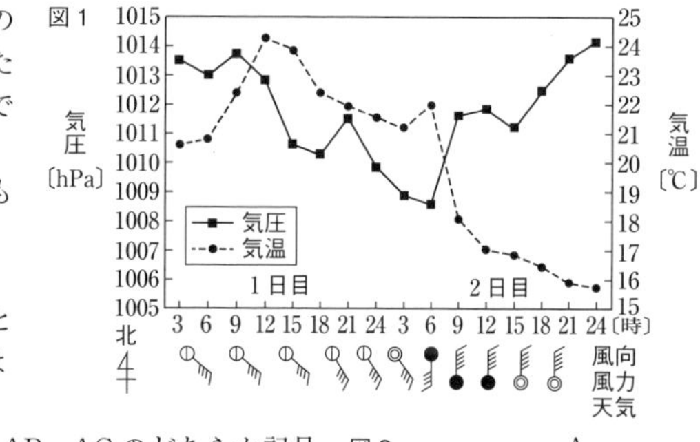

(1) 次の文は，観測を行った２日間の天気の変化を説明したものである。①～⑥の（　）に適する語句を答えよ。

1日目：（①）よりの風で天気は（②）だった。

2日目：明け方前から（③）におおわれ，6時頃から雨となった。その後，（④）よりの風となり，気温は（⑤）した。夕方には天気は（⑥）となった。

(2) 上の観測期間中に通過したと考えられる前線は，図２のAB，ACのどちらか記号で答えよ。また，その前線名を漢字で書け。

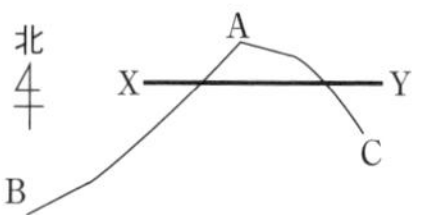

(3) 図２のX－Y断面（太線）を南から見たときの寒気と暖気の動き，雲の分布として正しいものを，次のア～エから１つ選び，記号で答えよ。

ア
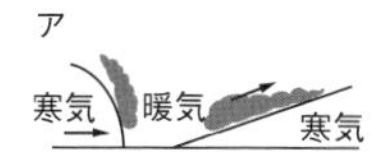

イ

ウ
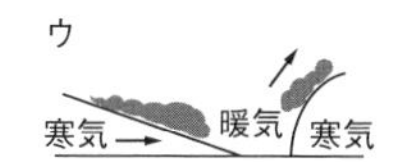

エ
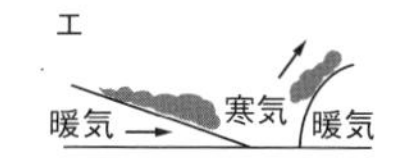

（沖縄改）

A解説と解答

(1) 天気図記号より，1日目は南よりの風で，天気は晴れとわかる。一方，1日目の24時～2日目3時の天気図記号はくもりで，6時には雨が降り出し気温が急速に低下し，9時には北よりの風に変わっている。また，15時以降は雨がやみ，くもりとなったことがわかる。

答 **①：南（南東），②：晴れ，③：雲（積乱雲），④：北，⑤：低下，⑥：くもり**

(2) 2日目の6時～12時頃に，気温が急速に下がり，風向が南よりから北よりに変わったことから，「**塾技67 3**」(2)②より，寒冷前線が通過したことがわかる。寒冷前線は，前線の中心から南西方向にのびるABである。

答 **AB，寒冷前線**

(3)「**塾技67 3**」(1)より，寒冷前線と温暖前線にはさまれた部分には暖気が，それ以外には寒気が分布することがわかるので，アまたはウとわかる。さらに，ABは寒冷前線，ACは温暖前線で，それぞれの前線の構造を考えると，X－Y断面の寒気と暖気の動き，雲の分布はアとわかる。

答 **ア**

Q問題2 温帯低気圧の移動にともない，図１のように，寒冷前線が温暖前線に追いつき，閉そく前線ができる。寒冷前線側の寒気aの温度が温暖前線側の寒気bより低い場合，C－D間の断面はどのようになるか，例のA－B間の断面にならって，寒気a，寒気b，暖気と閉そく前線の位置がわかるように図２にかき入れよ。

（石川）

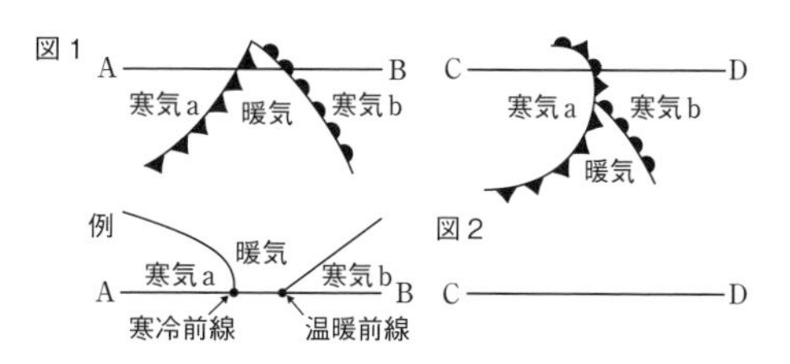

A解説と解答

寒冷前線と温暖前線では，寒冷前線の方が進む速さが速いため，低気圧の中心付近から徐々に温暖前線に追いつき，閉そく前線となる。このとき，温度が低い寒気aの方が寒気bより密度が大きく重いので，寒気aが寒気bを押し上げることになる。このようにしてできた閉そく前線を，寒冷型閉そく前線という。閉そく前線については，「**塾技67**」の用語チェック（*p.201*）を参照。

答
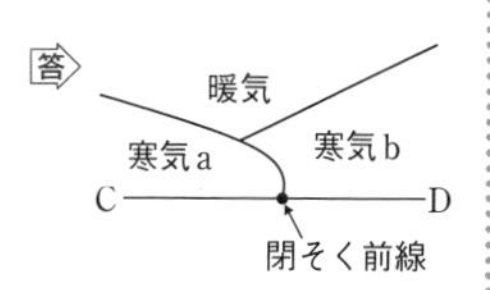

塾技68　チャレンジ！入試問題 の解答

Q問題1 日本の四季の天気は，それぞれの季節に現れる気団の影響を受ける。右の図は，日本付近で発達する気団を示したものである。次の(1)，(2)の問いに答えよ。

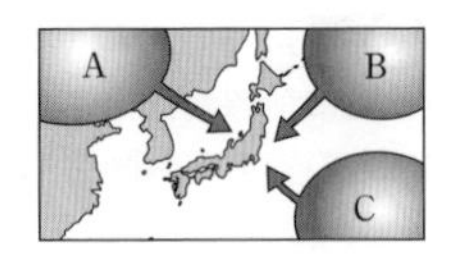

(1) つゆ（梅雨）の時期は，勢力のほぼ同じ2つの気団が日本付近でぶつかり合い，停滞前線ができるため，雨の多いぐずついた天気が続く。この2つの気団を，図のA～Cから選び，記号で答えよ。

(2) 夏から秋にかけて発生した台風の進路に，最も影響を与える気団はどれか。図のA～Cから1つ選び，記号で答えよ。

（宮崎）

A 解説と解答

(1) Aはシベリア気団，Bはオホーツク海気団，Cは小笠原気団である。つゆの時期は，Bのオホーツク海気団とCの小笠原気団の勢力がほぼつり合い，両者の間に梅雨前線ができる。　**答 B，C**

(2) 台風は，小笠原気団の縁にそって進むため，小笠原気団の勢力が少しずつ弱まる8月～9月頃に日本に上陸しやすく，秋になり小笠原気団の勢力がさらに弱まると，日本からはなれた進路をとりやすくなる。（「**塾技69 3**」参照）　**答 C**

Q問題2 図1～3は，日本のそれぞれ異なる季節の特徴的な天気図である。次の問いに答えよ。

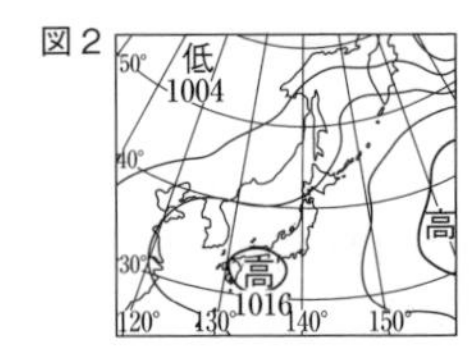

(1) 図1の地点Pを通る等圧線が表す気圧は何hPaか。

(2) 次のア～エのうち，図2において日本列島を広くおおっている気団の特徴として最も適当なものを1つ選び，その記号を書け。

ア　暖かく湿っている　　イ　暖かく乾燥している

ウ　冷たく湿っている　　エ　冷たく乾燥している

(3) 図3の天気図のような気圧配置が見られる季節の日本列島において，同じ天気が長く続かず，晴れの日とくもりや雨の日とがくり返される理由を，図3の天気図に着目して，「交互に」という言葉を用いて簡単に書け。

（愛媛改）

A 解説と解答

(1) 地点Pの右側にある低気圧の中心が1016hPaより，$1016 + 4 \times 3 = 1028$〔hPa〕　**答 1028hPa**

(2) 図2の気圧配置は，南高北低の夏型である。夏は，暖かく湿った小笠原気団が発達する。　**答 ア**

(3) 図3は春や秋の天気図である。　**答 移動性高気圧と低気圧が日本列島を交互に通過するから。**

Q問題3 次の天気図は，ある季節に典型的なものである。次の問いに答えよ。

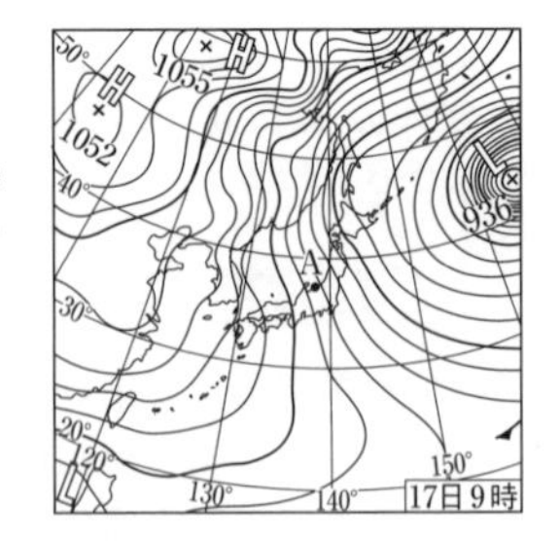

(a) 地点Aにおけるこの季節に特徴的な天気を天気記号で表せ。

(b) (a)の天気になる理由について，関係のある気団名とその特徴，季節風の向きを明らかにして説明せよ。

（お茶の水女子大附高）

A 解説と解答

(a) 天気図の気圧配置は西高東低で，等圧線の間隔が狭く，ほぼ南北に走ることから，季節は冬とわかる。冬は発達したシベリア気団から吹く季節風によって，日本海側は大雪になりやすい。　**答 ⊗**

(b) **答 冷たく乾燥したシベリア気団が発達し，暖かい太平洋に向かって北西の季節風が吹く。この季節風は日本海で水蒸気を吸収し，冷たく湿った風となって日本海側に雪を降らせる。**

塾技 69 チャレンジ！入試問題 の解答

Q問題 1 右の図は，ある年の9月16日に日本の上空を通過した台風の進路を模式的に示したものである。次の(1)〜(3)の問いに答えよ。

(1) 台風は，日本の南方海上で発生した低気圧が発達したものである。台風に発達する前の低気圧を何というか。

(2) 右の図の台風のように，日本付近で台風が東寄りに進路を変えるのは，ある風の影響によるものだと考えられる。台風の進路に影響を与えるこの風を何というか。

(3) 下の表は，上の図中の観測地点ア，イのどちらかの地点で，16日の3時間ごとの風向を観測した結果をまとめたものである。この表は，ア，イのどちらの地点の観測結果だと考えられるか。また，そのように判断した理由を，台風の風の吹き方に着目して，簡潔に書け。 (群馬改)

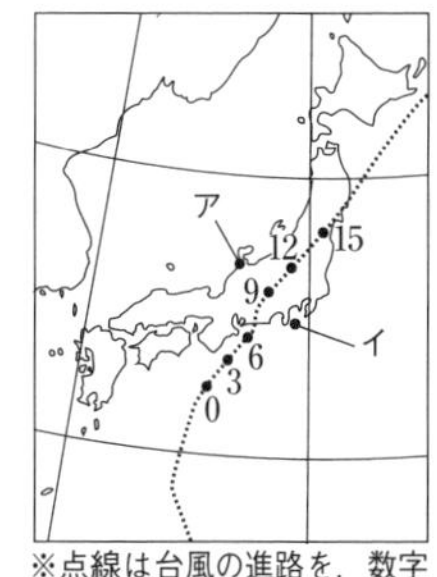

※点線は台風の進路を，数字は台風が通過した時刻〔時〕を，それぞれ表す。

時刻〔時〕	0	3	6	9	12	15
風向	南東	南東	南南東	南	南南西	西南西

A 解説と解答

(1) 台風は，熱帯低気圧が発達し，中心付近の最大風速が17.2m/s以上になったもの。 答 **熱帯低気圧**

(2) 台風や，日本付近の低気圧，移動性高気圧は偏西風によって西から東へ移動する。 答 **偏西風**

(3) 台風は低気圧の一種のため，風は中心付近に向かって反時計回りに吹きこむ。表より，9時の風向は南であり，9時に風向が南となるのは地点イである。

答 **イ，理由：風は台風の中心に向かって反時計回りに吹きこみ，観測地点イは9時に風向が南となるから。**

別解 理由は「**風向が時計回りに変化しているので，観測地点は台風の進路の右側とわかるから。**」も可。

Q問題 2 台風について，次の問いに答えよ。

(1) 台風について述べた次のア〜オの文から，正しいものを2つ選び，記号で答えよ。

ア 等圧線の間隔は一定である。

イ 台風の目で雲が発生しないのは，中心部で下降気流が発生しているためである。

ウ 台風は低気圧なので，寒冷前線をともない，前線付近では激しい雨が降りやすい。

エ 北上している台風の進路の東側と西側では，東側の方が風が強い。

オ 台風が南側を通過した地点では，10月でも思いもかけず気温が上昇することがある。

(2) 北半球のある観測地点で台風接近の前後の風を観測したところ，東風 → 北風 → 西風と変化した。観測地点に対して台風はどのように通過したか。右のア〜エから最も適切な図を1つ選び，記号で答えよ。ただし，•は観測地点を，⟶は台風の進路を示す。

ア イ ウ エ 北

(3) 南半球で台風（南半球ではサイクロン等と呼ばれる）が発生した場合，風はどのように吹くか。右のア〜カから最も適切な図を1つ選び，記号で答えよ。 (筑波大附高改)

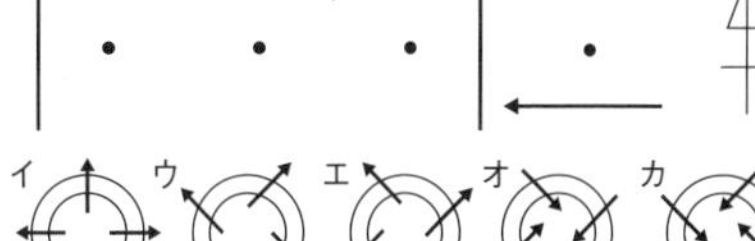

A 解説と解答

(1) ア：等圧線の間隔は中心へいくほど狭くなる。イ：台風の目では下降気流が発生し，青空が見えることもある。ウ：台風は暖気のみでできており，前線はともなわない。エ：台風の東側では，風の向きと台風の進む向きが一致し，西側より強い風が吹く。オ：台風が南側を通過すると風は北から入り，気温は上昇しにくい。 答 **イ，エ**

(2) 風向は，東 → 北 → 西と反時計回りに変化しているので，「**塾技69 4**」より，ウとわかる。 答 **ウ**

(3) 風は，転向力により北半球では等圧線に対して垂直の方向から右に傾いた方向へ吹く。南半球では北半球とは反対に風は垂直の方向から左に傾くため，中心に向かって時計回りに吹き込むことになる。転向力については，「**塾技64**」の用語チェック(*p.199*)を参照。 答 **オ**

チャレンジ！入試問題 の解答

Q問題 次の文章を読んで，下の各問いに答えよ。

タマネギの根を使って，次のような手順で，細胞分裂の様子を観察した。図１のように発根させたタマネギから根を切り取り，その一部をスライドガラスの上に置き，①（い）を１滴落として，数分間放置した。その後ろ紙でこの液を吸い取り，次に②（ろ）を１滴落として，さらに数分間放置した。カバーガラスをかけて，その上をろ紙でおおい，上から指でゆっくりと③根を押しつぶした。これを顕微鏡で観察した際，特に細胞分裂がさかんであった部分をスケッチしたものが図２である。

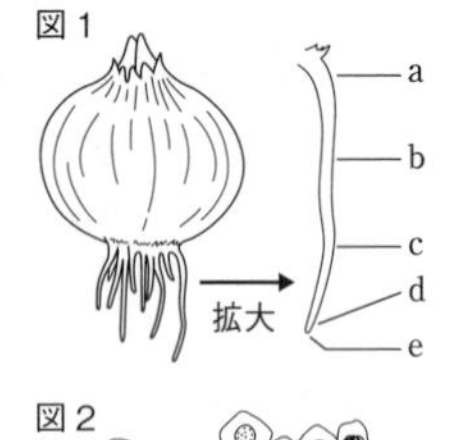

図１

図２（ア，イ，ウ，エ，オ）

(1) 図１のタマネギの根で，最も分裂像がよく観察される部分は，a～e のうちどの部分か，記号で答えよ。

(2) 文中の（い）・（ろ）に入る薬品の名称を答えよ。

(3) 文中の下線部①の操作は，どのような目的で行ったか。簡単に説明せよ。

(4) 文中の下線部②の操作は，どのような目的で行ったか。簡単に説明せよ。

(5) 文中の下線部③の操作は，どのような目的で行ったか。簡単に説明せよ。

(6) 図２の顕微鏡像のうち，ア～エは分裂中の細胞の様子を示している。これらを，細胞分裂の初期の段階のものから順に並べ，記号で答えよ。

(7) 図２の顕微鏡像のうち，ア～エの分裂中の細胞ではひものように見える構造が観察できる。これを何というか。

(8) 図２の顕微鏡像がえられた周辺で，分裂中の細胞ア～エと，細胞分裂していない時期の細胞オの数を数えたところ，表のようになった。観察した部位のタマネギの細胞は 24 時間に１回細胞分裂を行っているとして，分裂から次の分裂までの時間（つまり 24 時間）のうち，図２のエおよびオの時期に相当する時間は，おおよそ何時間（あるいは何分）になるか。ただし，細胞が分裂してから次に分裂するまでの時間の中で，各時期の細胞数の割合は，その時期がしめる時間の割合と比例関係にあるものとする。

時期	細胞数
ア	2
イ	15
ウ	2
エ	1
オ	100

（大阪教育大附高平野）

A解説と解答

(1) 細胞分裂がさかんに行われる場所は，根の先端（根冠）の少し上にある根端分裂組織（根の成長点）である。e が根冠で，d が根の成長点となる。なお，植物では茎の先端付近にも細胞分裂がさかんに行われているところがあり，その部分を茎頂（けいちょう）分裂組織（茎の成長点）という。 **答 d**

(2) **答（い）：塩酸，（ろ）：酢酸オルセイン溶液（酢酸カーミン溶液，酢酸ダーリア溶液）**

(3) この操作を解離（かいり）という。解離により細胞壁間の接着物質をとかし，細胞どうしを離れやすくすることができる。 **答 細胞どうしを離しやすくするため。**

(4) 染色液には，酢酸カーミン溶液（赤色に染まる），酢酸オルセイン溶液（赤紫色に染まる），酢酸ダーリア溶液（青紫色に染まる）などがある。酢酸には固定（生物の化学反応を停止させ，細胞を生きた状態に近いまま維持する）の働きがあるため，染色と同時に固定の働きもある。染色液については，「塾技 51」の用語チェック（*p.192*）を参照。 **答 核や染色体を観察しやすくするため。**

(5) 細胞どうしを塩酸処理で離し，最後に押しつぶして広げることで細胞どうしの重なりをなくす方法を，押しつぶし法という。 **答 細胞の重なりを少なくし，観察しやすくするため。**

(6) **答 イ→エ→ウ→ア**

(7) **答 染色体**

(8) 体細胞分裂では，いろいろな時期（状態）の細胞が観察される。例えば，観察された全細胞数に対して間期の細胞が多数観察された場合，間期にかかる時間は長いとわかる。

エの時期にかかる時間は，$24 \times \frac{1}{2+15+2+1+100} = \frac{1}{5}$〔時間〕

一方，オの時期の細胞数はエの時期の 100 倍より，オの時期にかかる時間は，$\frac{1}{5} \times 100 = 20$〔時間〕

答 エ：12 分，オ：20 時間

チャレンジ！入試問題 の解答

Q問題 1 ジャガイモAのめしべの柱頭に，ジャガイモAとは異なる形質をもつジャガイモBの花粉が受粉して種子ができた。この種子をまいて育て，ジャガイモCをつくった。また，ジャガイモAの地下にできた「いも」を土に植えて育て，ジャガイモDをつくった。

ジャガイモAのからだの細胞　ジャガイモBのからだの細胞

①ジャガイモAにできる生殖細胞　②ジャガイモCのからだの細胞

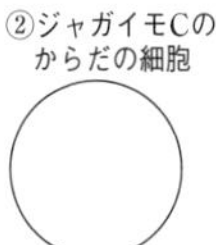

(1) ジャガイモA，Bにおけるからだの細胞の染色体（せんしょくたい）の一部が，右上のような模式図に示されるとき，次の細胞①，②に見られる染色体はどのように表されるか。模式図にならって右の図に記入せよ。
① ジャガイモAにできる生殖（せいしょく）細胞　② ジャガイモCのからだの細胞

(2) ジャガイモDの形質について，ジャガイモAと比べたときどのようなことがいえるか。理由を含めて説明せよ。

（長崎）

A 解説と解答

(1) ① ジャガイモAの生殖細胞の染色体の数は，減数分裂によりジャガイモAのからだの細胞の染色体の半分となる。
② ジャガイモCは有性生殖でできたもので，AとBの両方の性質をもつ。

答 ①　②

(2) ジャガイモDは無性生殖（栄養生殖）のため，ジャガイモAとまったく同じ形質をもつ。

答 **ジャガイモDはジャガイモAと同じ遺伝子を受けつぐので，ジャガイモAとまったく同じ形質となる。**

Q問題 2 カエルの成長のしかたとふえ方について調べた。図1は，カエルの卵が受精し，成体になるまでを表した模式図であり，Aは精子，Bは卵，Cは受精卵，Dは受精卵が細胞分裂を1回した状態，Eは成体を示している。

図1

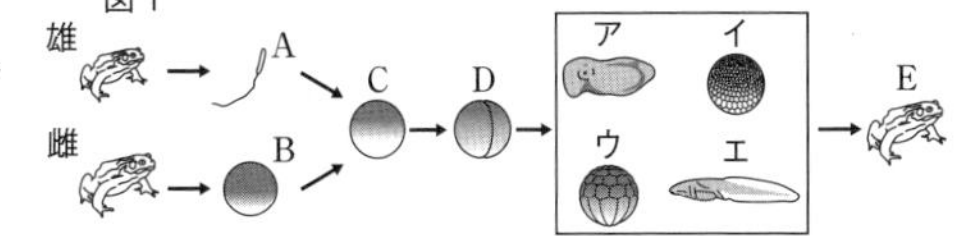

(1) Dは細胞分裂をくり返しながら成長してEになる。図1の□の中のア～エを成長していく順に並べ，記号で答えよ。

(2) 動物の場合，受精卵が細胞分裂を始めてから，自分で食物をとることのできる個体となる前までは何と呼ばれるか。その名称を書け。

(3) 図2は，雄と雌のカエルの体細胞の核内の染色体をそれぞれ表した模式図である。図1のBとDの染色体はどのように表されるか。図2をもとにして，右のBとDの図に染色体の模式図をそれぞれ完成させなさい。

図2
雄の体細胞の核内の染色体　雄
雌の体細胞の核内の染色体　雌
B　D

(4) 次の文が，核の中の染色体について適切に述べたものとなるように，文中の（ア），（イ）のそれぞれに言葉を補いなさい。
核の中の染色体には，形質を伝える（ア）が存在し，（ア）の本体は（イ）という物質である。

（静岡）

A 解説と解答

(1) 受精卵から始まる初期の体細胞分裂を卵割（らんかつ）という。卵割では，生じた娘細胞は成長せずに次の分裂が行われるので，分裂にともない1つ1つの細胞の大きさは小さくなっていく。 答 **ウ，イ，ア，エ**

(2) 答 **胚**

(3) Bは卵なので雌の体細胞がもつ染色体数の半分の染色体をもつ。Dは受精卵が1回体細胞分裂したものなので，雄と雌の染色体を1本ずつもった細胞が2つある。

答 B　D

(4) 答 **ア：遺伝子，イ：DNA（デオキシリボ核酸）**

塾技(ワザ) 72　チャレンジ！入試問題 の解答

Q問題 1 エンドウの種子の形には丸形としわ形があり，丸形が顕性の形質である。ある丸形の種子から育った個体Xの花粉を，あるしわ形の種子から育った個体Yのめしべに受粉させたところ，多くの種子ができ，その中には丸形としわ形の両方の種子があった。このとき，個体Xの遺伝子の組み合わせはどのように表されるか。また，得られた丸形としわ形の種子の数の比はどうなるか。最も適当なものを，表のアからエまでの中から選んで，そのかな符号を書け。ただし，エンドウの種子を丸形にする遺伝子をA，しわ形にする遺伝子をaとする。

	個体Xの遺伝子の組み合わせ	丸形としわ形の種子の数の比
ア	AA	丸形：しわ形 = 1：1
イ	AA	丸形：しわ形 = 3：1
ウ	Aa	丸形：しわ形 = 1：1
エ	Aa	丸形：しわ形 = 3：1

（愛知）

A 解説と解答

個体Yはしわ形なので，遺伝子型はaaとなる。一方，個体Xと個体Yの子の種子には，丸形としわ形の両方があったことから，個体Xは，種子を丸形にする遺伝子Aと，しわ形にする遺伝子aの両方をもつことがわかる。「**塾技72 2**」**パターン**②より，Aaとaaを交配させると，丸形としわ形の子が1：1でできる。

答 **ウ**

Q問題 2 メンデルの遺伝の実験とエンドウの遺伝現象について，次の問いに答えよ。

(1) エンドウはマメ科植物で，自然の状態で1つの花の中で受粉が起こる。このことを何というか。

(2) メンデルは，数年間にわたり何代と育てても，種子の形が同じになるものを実験に用いた。このように，代を重ねてもその形質がすべて親と同じもののことを何というか。

(3) メンデルが発見した分離の法則の遺伝子（遺伝の要素）の分配の動きは，現在わかっているある生命現象の染色体の動きと一致する。その生命現象とは何か。

(4) 遺伝子は何という物質でできているか。物質名を答えよ。

(5) エンドウの体細胞の中の染色体数は14本である。同じ形をした染色体は何本ずつあるか。

(6) エンドウの種子には丸いものとしわのものがあり，丸が顕性形質でしわが潜性形質である。いま，右の図のように親として丸の個体①と別の株のある個体②をかけ合わせると，子の代の100個体の種子の形はすべて丸となった。その丸のうち，1つの個体③と別の株のある個体④をかけ合わせると，次の代には丸の個体⑤と，しわの個体⑥ができ，100個体のうちの丸としわの比は，1：1となった。図中の①～⑥にあてはまる遺伝子型（遺伝子の構成）を次から選び，それぞれア～ウの記号で答えよ。ただし，遺伝子記号は丸の遺伝子をA，しわの遺伝子をaとする。また，複数の可能性がある場合は，そのすべての記号を答えよ。

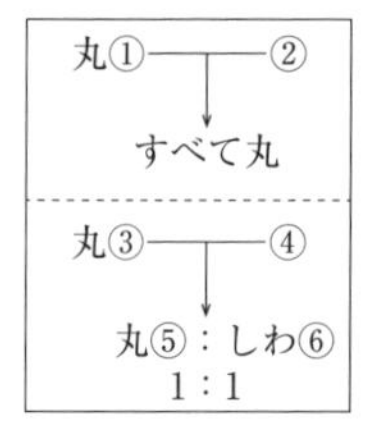

ア　AA　　イ　Aa　　ウ　aa

（広島大附高）

A 解説と解答

(1) エンドウは，おしべとめしべが花弁に包まれており，自然の状態では自家受粉のみ行われる。

答 **自家受粉**

(2) 答 **純系**

(3) 減数分裂では分離の法則に従って遺伝子が分配される。　答 **減数分裂**

(4) 遺伝子の本体はDNA（デオキシリボ核酸）である。　答 **DNA（デオキシリボ核酸）**

(5) 同じ形をした染色体を相同染色体という。相同染色体は2本ずつある。相同染色体については，「**塾技70**」の用語チェック（*p.202*）を参照。

答 **2本**

(6) まず，丸⑤：しわ⑥ = 1：1に注目すると，「**塾技72 2**」**パターン**②より，丸⑤はAa，しわ⑥はaa，その親の丸③はAa，④はaaとなることがわかる。一方，「**塾技72 2**」**パターン**①より，子がすべて丸となる親の交配パターンは3通りあるが，丸③がAaということを考えると，丸①がAAで②がaaまたは，丸①がAAで②がAa，丸①がAaで②がAAのいずれかとなる。

丸① AA × ② aa	丸① AA × ② Aa	丸① Aa × ② AA
Aa	AA，Aa	AA，Aa

答 **①：ア・イ，②：ア・イ・ウ，③：イ，④：ウ，⑤：イ，⑥：ウ**

塾技(ワザ) 73 チャレンジ！入試問題 の解答

Q問題 1 セキツイ動物の進化の過程を正しく表しているものを1つ選び，記号で答えよ。（愛光高改）

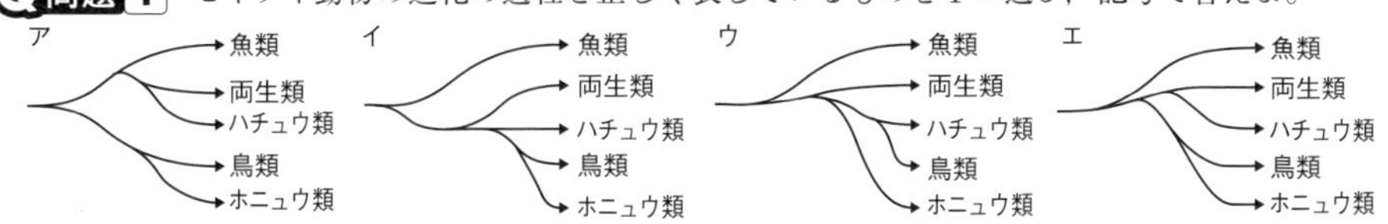

A 解説と解答

魚類から両生類に，両生類からハチュウ類とホニュウ類に，ハチュウ類から鳥類に進化。 答 ウ

Q問題 2 次の問いに答えよ。

(1) 図1に示す4種類のセキツイ動物の前あしやつばさは，形もはたらきも大きく異なるが，骨格の基本的なつくりが似ており，その起源が同じ器官であると考えられている。

図1 両生類（カエル） ハチュウ類（カメ） 鳥類（ハト） ホニュウ類（イヌ）

① このような器官を何というか。

② ①の器官をもつ現在のセキツイ動物について，過去から現在に至るまで動物ごとにその器官の形やはたらきが大きく変化したのはなぜか。35字以内で説明せよ。

(2) 次の文中の空欄（ア）と（イ）にあてはまるセキツイ動物の種類を答えよ。

図2に示す始祖鳥(しそちょう)は，口に歯があること，つばさの先に爪があること，長い尾（尾骨）をもつことなど，現在の（ア）に似た特徴をもっている。また，からだが羽毛でおおわれていること，前あしがつばさになっていることなど，現在の（イ）に似た特徴ももっている。これらのことから，始祖鳥は（ア）と（イ）の中間形の生物と考えられており，セキツイ動物の進化を示す証拠とされている。（広島大附高改）

図2

A 解説と解答

(1) ① カエル，カメ，イヌの前あしとハトのつばさは起源が同じ相同器官である。 答 相同器官

② 答 **それぞれ生活環境に応じ，生存に適したからだのつくりを獲得してきたため。**

(2) 歯・爪・尾はハチュウ類の特徴で，羽毛・つばさは鳥類の特徴。 答 **ア：ハチュウ類，イ：鳥類**

Q問題 3 表1は，セキツイ動物の5つのグループについて，生活のしかたやからだのつくりの5つの特徴をまとめたもので，グループ内の多くの動物がその特徴をもつ場合は○，もたない場合は×，特徴をもつがあてはまらない時期がある場合は△を途中まで記入したものである。表2は，表1の結果を比べて，グループの特徴が同じだった数を途中まで記入したものである。どちらかが△の場合は0.5として記入している。表2の数が大きいほど共通する特徴を多くもつのである。魚類およびホニュウ類と共通する特徴を最も多くもつグループ名をそれぞれ書け。（茨城改）

表1

特徴＼グループ	魚類	両生類	ハチュウ類	鳥類	ホニュウ類
背骨がある	○	○	○	○	○
肺で呼吸する	×	△		○	○
子は陸上で生まれる	×			○	○
恒温動物である	×				○
胎生である	×	×	×		○

表2

	魚類	両生類	ハチュウ類	鳥類
ホニュウ類	1	1.5		
鳥類	2			
ハチュウ類				
両生類				

A 解説と解答

表1，表2を完成させると，それぞれ表3，表4のようになる。表4より，魚類は両生類と，ホニュウ類は鳥類とそれぞれ共通する特徴を最も多くもつことがわかる。

答 **魚類：両生類，ホニュウ類：鳥類**

表3

特徴＼グループ	魚類	両生類	ハチュウ類	鳥類	ホニュウ類
背骨がある	○	○	○	○	○
肺で呼吸する	×	△	○	○	○
子は陸上で生まれる	×	×	○	○	○
恒温動物である	×	×	×	○	○
胎生である	×	×	×	×	○

表4

	魚類	両生類	ハチュウ類	鳥類
ホニュウ類	1	1.5	3	4
鳥類	2	2.5	4	
ハチュウ類	3	3.5		
両生類	4.5			

塾技 74 チャレンジ！入試問題 の解答

Q 問題 1 右の図は，一般的な生態系における炭素の循環と生物どうしのつながりなどを模式的に示したものである。例えば，①の矢印は大気から（A）に炭素が移動したことを示している。

大気
①↓ ↑②　③↑　④↑
（A）→⑤→一次（B）→⑥→二次（B）
石油・石炭 ← 遺体・枯死体・排出物
（C）　⑦

(1) （C）に属する生物を下から3つ選べ。
ア　クロモ　　イ　アオカビ　　ウ　ケイソウ
エ　ミミズ　　オ　アオミドロ　　カ　ボルボックス
キ　納豆菌　　ク　オオカナダモ

(2) ①の矢印による炭素の移動は，生物の何というはたらきによるものか。

(3) (2)の材料となる物質を化学式で2つ答えよ。

(4) 炭素が有機物（タンパク質・脂肪・炭水化物）として移動している矢印を②～⑦からすべて選べ。

(5) 図の生態系において，a. 一次（B）の数が急激に増加した場合，またはb. 一次（B）の数が急激に減少した場合，被食者である（A）と捕食者である二次（B）の数の関係は，その直後にどうなるか。下線部a，bについて，正しいものをそれぞれ選べ。
ア　（A）は増加，二次（B）は増加　　イ　（A）は増加，二次（B）は減少
ウ　（A）は減少，二次（B）は増加　　エ　（A）は減少，二次（B）は減少

（ラ・サール高改）

A 解説と解答

(1) （C）は分解者で，アオカビなどの菌類や納豆菌などの細菌類，ミミズやダンゴムシなどの土の中の小動物が属する。
答 イ，エ，キ

(2) （A）は生産者である植物で，①の移動によって二酸化炭素を光合成の材料として取り込んで，有機物をつくり出している。
答 光合成

(3) 光合成の材料となる CO_2 は気孔から，H_2O は根毛から取り込む。
答 CO_2，H_2O

(4) ②，③，④，⑦は呼吸によって炭素が二酸化炭素として大気中へ放出されていることを表し，⑤，⑥は，（A）がつくり出した有機物が，食物連鎖によって移動していくことを表す。
答 ⑤，⑥

(5) aの場合，天敵が増えた被食者である（A）は減少し，食物が増えた捕食者である二次（B）は増加する。一方，bの場合，被食者である（A）は増加し，捕食者である二次（B）は減少する。
答 a：ウ，b：イ

Q 問題 2 分解者のはたらきを調べるために次の実験を行った。あとの(1)，(2)の問いに答えよ。

実験1　デンプンを入れた寒天培地をペトリ皿につくる。
実験2　右の図のように，林から取ってきたそのままの土（A）と焼いた土（B）をそれぞれ別の培地の中央に少量入れ，ふたをする。

（A）そのままの土　（B）焼いた土

実験3　2～3日後，A，Bのペトリ皿の土を除き，それぞれ全体にヨウ素液を加える。

(1) A，Bのヨウ素液による反応はどのようになったか。右のア～エから1つずつ選び，記号で答えよ。
なお，ぬりつぶしたところが青紫になった部分である。

ア　イ　ウ　エ

(2) そのままの土（A）について，(1)のような実験結果になった理由を説明せよ。

（高知学芸高）

A 解説と解答

(1) そのままの土Aの中には分解者が多数いるため，デンプンが分解され，ヨウ素液をかけても土があった部分の色は変化せず，土のまわりのデンプン部分のみ青紫色に変化する。一方，焼いた土Bには分解者が死滅していないため，土の部分のデンプンもそのまま変化せず，ヨウ素液をかけるとペトリ皿全体のデンプン入り寒天培地が青紫色に変化する。
答 A：イ，B：エ

(2) 答 土の中の分解者が，土に接した寒天培地の中のデンプンを分解したから。

チャレンジ！入試問題 の解答

Q問題 1 日本国内の地点Hで，ある日の太陽の動きを，右の図のように透明半球を用いて調べた。透明半球上に太陽の位置を1時間ごとに記録し，記録した各点をなめらかな曲線で結び，その曲線の延長線が透明半球の底面と交わる点をX，Yとした。Oは透明半球の中心を，Aは8時00分，Bは15時00分の太陽の位置を示している。また，P，Q，R，Sは東西南北のいずれかを示している。

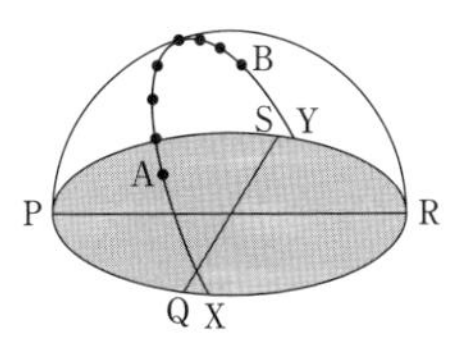

(1) 透明半球上にかいた曲線の長さをはかったところ，XからAまでが6cm，AからBまでが14cm，BからYまでが7cmであった。この日の，日の出と日の入りの時刻をそれぞれ答えよ。

(2) 次の文は，同じ日に，地点Hより低緯度で西の位置にある日本国内の地点Iで同様の観測を行った結果を述べたものである。a，bにあてはまる語句をそれぞれ漢字1字で答えよ。

> 地点Hと比べて地点Iでは，南中時刻は(a)くなり，南中高度は(b)くなる。

（高田高改）

A 解説と解答

(1) AからBまでの記録時間は，15時00分 − 8時00分 = 7〔時間〕なので，太陽が1時間あたりに透明半球上を動く長さは，14 ÷ 7 = 2〔cm〕とわかる。よって日の出の時刻は，Aの位置の6 ÷ 2 = 3〔時間〕前である5時00分，日の入りの時刻は，Bの位置の，7 ÷ 2 = 3.5〔時間〕後である18時30分と求められる。

答 日の出：5時00分，日の入り：18時30分

(2)「**塾技75 1**」(2)①・②より，西の位置にあるほど南中時刻は遅くなり，低緯度になるほど南中高度は高くなる。

答 a：遅，b：高

Q問題 2 図1のような天体望遠鏡を太陽の方向に合わせ，太陽投影板に太陽の像がはっきりうつるようにして，太陽の表面の様子を観察した。

図1

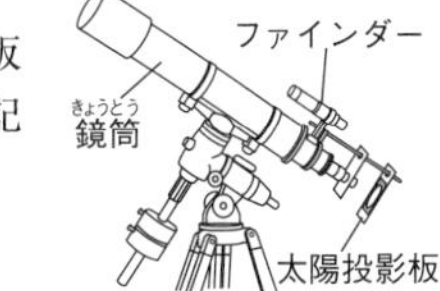

(1) 天体望遠鏡の鏡筒を固定しておくと，太陽投影板にうつる太陽の像は，数分で太陽投影板から外れていった。その理由として最も適当なものを，次のア～エから1つ選び，その記号を書け。

ア　太陽が自転しているから　　イ　地球が公転しているから
ウ　地球が自転しているから　　エ　地軸が傾いているから

(2) 図2に示すように，太陽投影板にうつる太陽の像の直径が10cmのとき，黒点の像の直径は2mmであった。この黒点の実際の直径は，地球の直径のおよそ□倍である。次のア～エのうち，□にあてはまる数値として最も適当なものを1つ選び，その記号を書け。ただし，太陽の直径は，地球の直径の109倍とする。

ア 0.2　イ 0.5　ウ 2　エ 5

図2

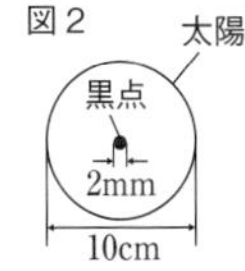

(3) 水星が太陽の手前にあるとき，太陽を観察すると，図3のように斑点Aと斑点Bがあり，2つとも円形に見えた。斑点Aと斑点Bのうち，一方は水星で，もう一方は実際の形も円形の黒点であった。黒点は，斑点Aと斑点Bのどちらか。A，Bの記号で書け。また，そのように判断した理由を，「実際の形が円形の黒点は，」という書き出しに続けて簡単に書け。

図3

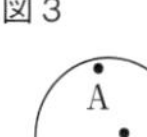

（愛媛）

A 解説と解答

(1) 太陽は地球の自転により，1時間に約360 ÷ 24 = 15〔度〕東から西へ動いて見える。

答 ウ

(2) 太陽の直径は地球の直径の109倍なので，太陽の像の直径に対する黒点の像の直径の割合から，黒点の実際の直径が地球の直径の何倍になるかわかる。「**塾技75 2**」(2)③より，$109 \times \frac{2}{10 \times 10} = 2.18$〔倍〕

答 ウ

(3) 太陽は球形のため，円形の黒点は，太陽の周辺部に近づくほどだ円形に見える。

答 B，理由：(実際の形が円形の黒点は，) 太陽の周辺ではだ円形に見えるはずだから。

塾技（ワザ）76 チャレンジ！入試問題 の解答

Q問題1 図は，冬至の日に地点Xで太陽が南中したときの地球を模式的に表したものである。地点Xでの太陽の南中高度と地点Xの緯度を表すのはどれか，ア～オからそれぞれ1つずつ選び，記号で書け。（大分）

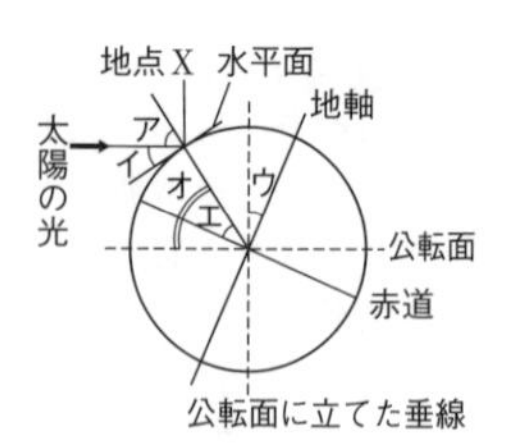

A解説と解答

南中高度は，地点Xの接線と太陽光線がつくる角イ，緯度は中心と地点Xを結んだ線と赤道がつくる角エとなる。

答 **南中高度：イ，緯度：エ**

Q問題2 地球の地軸は，公転面に対して垂直な方向から現在23.4°傾いている。地軸の傾きが公転面に対して垂直な方向から25.0°になったとすると，北緯38.0°にあるX地点における，夏至と冬至の昼の長さは，現在と比べて，どのようになるか，簡潔に書け。（山形改）

A解説と解答

「塾技76 1」より，現在よりも夏至では南中高度が高く昼が長く，冬至では南中高度が低く昼が短くなる。

答 **夏至では，現在より昼の長さが長くなり，冬至では，現在より昼の長さが短くなる。**

Q問題3 夏至の日に赤道上で透明半球に太陽の1日の動きを記録すると，太陽の動いた道すじはどのように記録されると考えられるか。次のア～エから最も適当なものを1つ選び，その記号を書け。

ア

イ
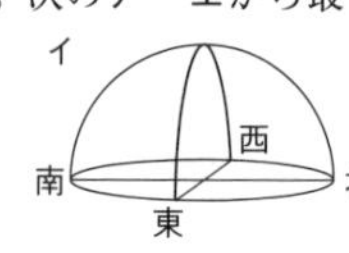

ウ
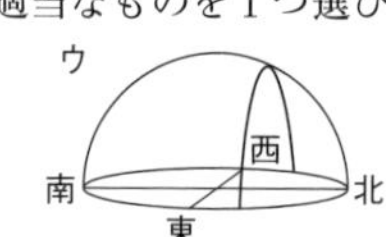

エ
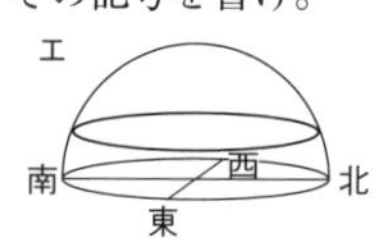

（山梨）

A解説と解答

「塾技76 4」より，夏至は日の出・日の入りともに北寄りのウ。アは冬至，イは春分・秋分，エは北極での夏至の頃とわかる。

答 **ウ**

Q問題4 夏至の日，北緯32.0°のある地点で透明半球を使って太陽の動きを調べた。右の図のCは透明半球の中心であり，曲線EIGはこの日の太陽の動きを記録したものである。ただし，Iは太陽が南中したときの位置である。次の各問いに答えよ。答えを選ぶ問いについては記号で答えよ。

(1) この地点で，秋分の日の太陽の動きを透明半球に記すとどのようになるか。右の図に実線でかけ。ただし，右の図は，この透明半球をBの方向から見たものである。また，点線は夏至の日の太陽の動きを記録したものである。

(2) 地球は，公転面に対して垂直な方向から地軸を23.4°傾けたまま公転している。地軸の傾きが0°であると仮定すると，この地点での太陽の南中高度はどのようになるか。

ア 年間を通して23.4°で変化しない　　イ 年間を通して58.0°で変化しない

ウ 1年の間に23.4°～32.0°の範囲で変化する　　エ 1年の間に32.0°～58.0°の範囲で変化する

（鹿児島改）

A解説と解答

(1)「塾技76 1」より，Bを通り線分IEに平行な線分を引けばよい。

答

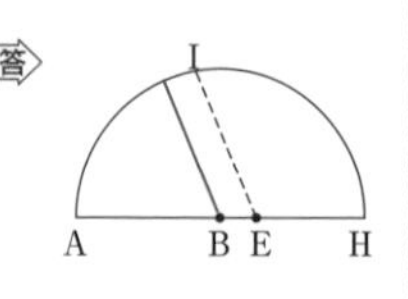

(2) 地軸の傾きが0°になると，南中高度は季節によって変化せず，年間を通して，

$90° - 緯度 = 90° - 32.0 = 58.0°$ となる。

答 **イ**

チャレンジ！入試問題 の解答

Q問題1 ある日の夕方から翌朝にかけて，富山市で天体観測を行ったところ，一晩中，空全体の星が観測できた。右の図は，この日の太陽と地球および黄道付近の4つの星座の位置関係を表したもので，**表**は，4つの星座をこの日の夕方から明け方に観察して，見える場合はその方位を，見えない場合は×の記号を記入したものである。**表**中の①，②にあてはまる方位または記号を書け。（富山）

図

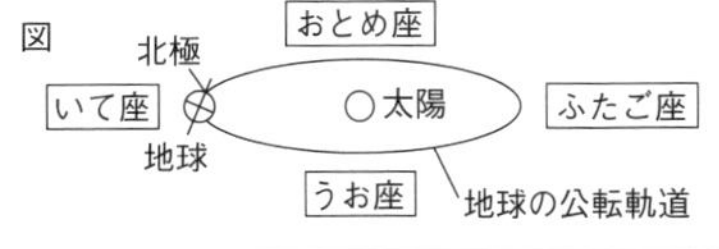

表

	うお座	ふたご座	おとめ座	いて座
日の入りのころ	×	×	南	東
真夜中	東	×	①	南
日の出のころ	②	×	×	西

A解説と解答

「塾技77 **3**」の図を考える。右の図1より，真夜中，おとめ座は西方向に見え，図2より，日の出のころ，うお座は南方向に見えることがわかる。なお，図1，図2では，星座は地球からそれほど離れていないが，実際の星座は地球のはるか遠くにあるため，それぞれ星座のある方向は西と南になる。

答 ①：西，②：南

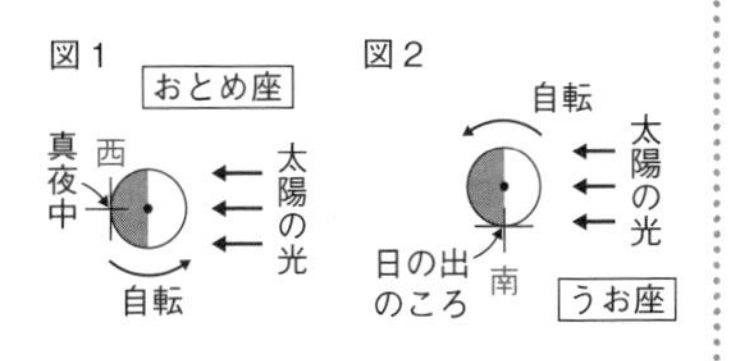

Q問題2 恵子さんは，コンピューターを用いて，カシオペヤ座が，ある日時にどのような位置に見えるかを調べた。図は，北の空に見える北極星とカシオペヤ座の位置を模式的に示したものである。2023年2月28日午前0時に見えるカシオペヤ座の位置として適切なものを，図のA～Gから1つ選び，記号で答えよ。（山形改）

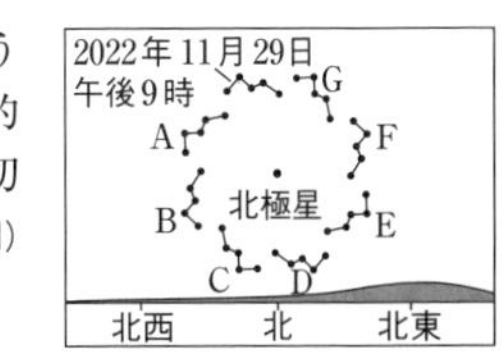

A解説と解答

北の空の星座は北極星を中心に反時計回りに動く。2022年11月29日から2023年2月28日までの約3か月で $30 \times 3 = 90°$，午後9時から午前0時の3時間で $15 \times 3 = 45°$，合計135°動くので，Cとわかる。

答 C

Q問題3 右の図は，はるきさんが，12月のある日の午後8時から翌日の午前4時まで，2時間ごとに同じ場所でオリオン座を観測し，その結果を記録したものである。また，はるきさんは，図を記録した12月のある日から数か月たった日の午後10時に，同じ場所でオリオン座を観測したところ，図に表した㋐とほぼ同じ位置にオリオン座が見えた。さらに，はるきさんは，6月のよく晴れた夜に，同じ場所で星座を観測したところ，オリオン座は見えなかった。次の(1)～(3)の各問いに答えよ。

(1) 図のように，オリオン座の見える位置が時間とともに変化するのはなぜか，その理由を「地球」という言葉を使って簡単に書け。

(2) 午後10時に図に表した㋐とほぼ同じ位置にオリオン座が見えたのは，12月のある日からおよそ何か月後か，最も適当なものを次のア～エから1つ選び，その記号を書け。

ア 1か月後　イ 2か月後　ウ 3か月後　エ 4か月後

(3) 6月のよく晴れた夜に，オリオン座が見えなかったのはなぜか，その理由を「太陽」，「オリオン座」という2つの言葉を使って簡単に書け。（三重）

A解説と解答

(1) **答 地球が自転しているから。**

(2) 星座は見かけ上，東から西へ動くので，㋐は，12月のある日の午前4時とわかる。午後10時は午前4時の6時間前で，$15 \times 6 = 90°$ 東へもどるので，年周運動で90°にあたる3か月進めればよい。

答 ウ

(3) **答 オリオン座と同じ方向に太陽があったから。**

塾技78 チャレンジ！入試問題 の解答

Q問題1 右の図は，静止させた状態の地球を北極点の真上から見たときの，地球，月の位置関係を模式的に示したものである。

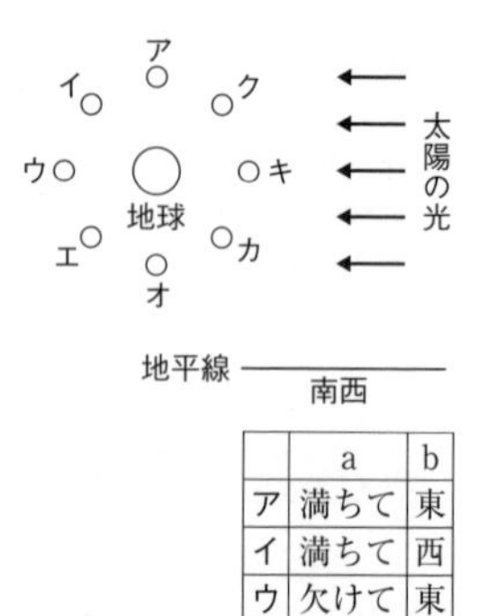

(1) 月食が起こる可能性があるのは，月が図のア～クのどの位置にあるときか。記号で答えよ。

(2) ある日の鹿児島で日没直後，南西の空に月が観察できた。

① この日に見えた月の形を右にかけ。

地平線
南西

② この日の月の位置として最も適当なものは，図のア～クのどれか。

③ この日から1週間，同じ時刻に月を観察し続けた。次の文中の a ， b にあてはまることばの組み合わせとして，正しいものは右の表のア～エのどれか。

月は少しずつ a いき，見える位置は b の空へ変わっていった。

	a	b
ア	満ちて	東
イ	満ちて	西
ウ	欠けて	東
エ	欠けて	西

（鹿児島）

A解説と解答

(1) 月食は，「太陽－地球－月」の順に，一直線に並んだときに起こるので，ウの位置とわかる。 答 ウ

(2) ①，② 右の図より，クの位置に月があることがわかる。また，月の形は，右側が少し光った形に見える。（日没直後，南中する月が上弦(じょうげん)の月なので，南西に見える月は，新月と上弦の月の中間位の月齢となる）

南
東
西
見える部分
光って見
①答
地平線
南西
② 答 ク

③ 月は右側から満ちていくので，少しずつ満ちる。また，同じ時刻では，1日約12°東へ移動する。

答 ア

Q問題2 右の図は，地球の北極側から見たときの，地球のまわりを公転する月の動きと，地球と月が太陽の光を受ける様子を表した図である。

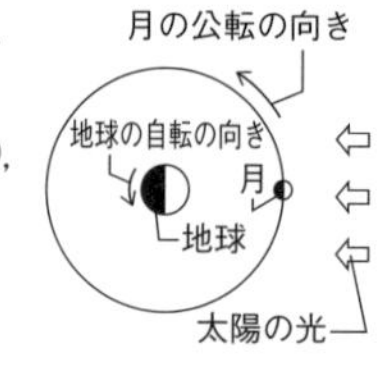

(1) 図のように，月が地球から見て太陽の方向にあるときは，新月になる。月の見え方に関する①，②の問いに答えよ。

① 新月になってから1週間後に月が南中するのは何時ごろか。ア～エの中から，この時刻に最も近いものを1つ選び，記号で答えよ。

ア 午前6時　イ 正午　ウ 午後6時　エ 午前0時

② 新月になってから1週間後に月が南中したとき，月が太陽の光を反射して光って見える部分を示した図として最も適切なものを，右のア～オの中から1つ選び，記号で答えよ。

ア　イ　ウ　エ　オ

(2) 日本において，満月の南中高度を夏と冬とで比べると，どちらが高くなると考えられるか答えよ。また，そのように判断した理由を，満月が見えるときの地球，月，太陽の位置関係に関連づけて，夏と冬のそれぞれにおける，月に対する地球の地軸の傾(かたむ)きの様子がわかるように書け。ただし，地球の公転面と月の公転面は同一であるものとする。

（静岡改）

A解説と解答

(1) ① 新月から1週間後の月は上弦の月である。上弦の月が南中するのは，「塾技78 **2**」②より，夕方（日の入り）頃とわかる。 答 ウ

② 答 エ

参考
日没直後に見られる月の形
東　南　西

(2) 月も太陽と同様，地軸の傾いている側に月が位置するとき，南中高度が最も高くなる。

答 冬，理由：満月のときは太陽，地球，月の順に並び，夏は地軸の北極側を太陽の方に傾け，反対に冬は地軸の北極側を月の方に傾けているから。

チャレンジ！入試問題 の解答

Q問題 1 金星について教科書で調べると，太陽からの平均距離は地球の 0.7 倍，公転周期は地球の 0.62 倍であると書いてあった。次に，金星を毎日観察していると，(ア)太陽のために観察できない日が何日かあったが，その後，西の空に明るく輝いているのが見えた。観察を続けると，(イ)西の空に金星を見ることのできる時間が徐々に長くなった。最も長くなった日を過ぎると，西の空に金星を見ることのできる時間が徐々に短くなり，観察できなくなった。しかし何日かすると，(ウ)再び空に輝いている金星を観察できるようになった。

(1) 下線部(ア)が続く前に金星が見えていたのは，東・西・南・北のうち，どの方角か。

(2) 下線部(イ)が最も長くなった日の金星の位置を図 1 に記入せよ。

(3) (2)の日，金星が沈むのは，東・西・南・北のうち，どの方角の地平線か。

(4) (2)の日から半年後の金星の位置を図 2 に記入せよ。

(5) 太陽・地球・金星の位置関係が，再び(2)と同じになるのは，(2)の日からおよそ何か月後か。

(6) 下線部(ウ)で，金星を観察できるのは 1 日のうちのいつごろか。また，そのとき金星はどのような形に見えるか，肉眼で見たときの向きで書け。

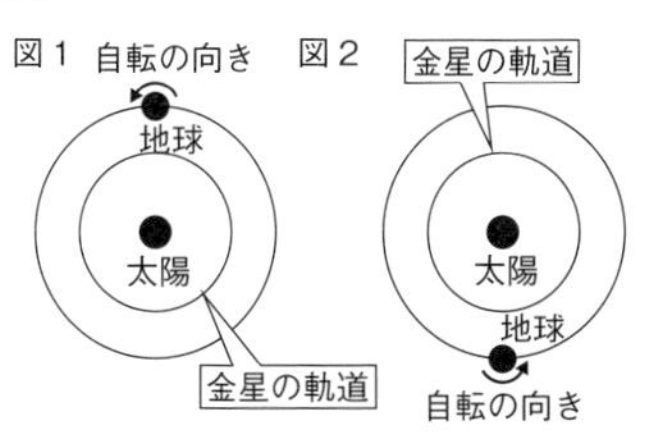

（大阪教育大附高池田改）

A 解説と解答

(1) 金星が見えるのは，東か西の空である。(ア)の後が西に見えたので，(ア)の前は東に見える。 答 東

(2) 地球の中心から金星の軌道に引いた接線上に金星が位置するとき（最大離角のとき），最も金星が長く見える。このとき，西の空に見える金星は，よいの明星である。 答 右図 1

(3) よいの明星は西寄りの地平線に沈む。 答 西

(4) 金星の公転周期は 0.62 年より，半年で，$360 \times \dfrac{0.5}{0.62} = 290.3\cdots$

→ 290° 公転する。一方，地球は図 2 のように 180° 公転する。 答 右図 2

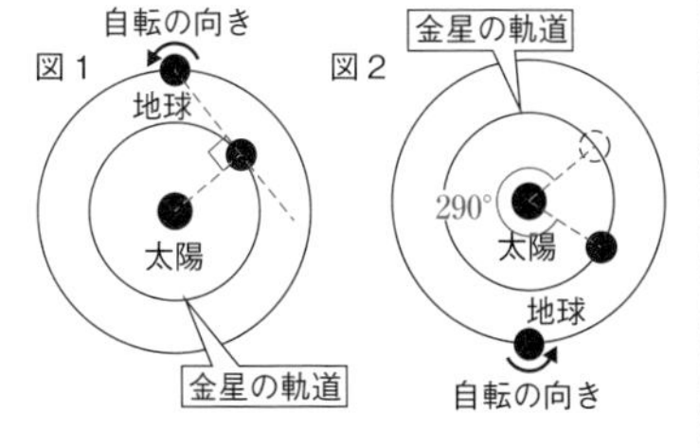

(5) 金星の会合周期は約 593 日（「塾技 79 **2**」の **例** を参照）なので，およそ 20 か月後。 答 20 か月後

(6) (ウ)の金星は，明け方東の空に見える明けの明星である。明けの明星は右側が欠けた三日月形からだんだん小さく，丸くなっていく。 答 明け方，☾

Q問題 2 右の図で，金星が太陽面通過しているときの金星と地球の距離が，地球と太陽の距離の何倍になるかを求めよ。式も答えること。答えは小数第二位まで示すこと。ただし，金星が太陽から最も離れて見えたときの角度（図の α）を 45° とし，金星と地球の軌道はどちらも完全な円であるものとする。必要ならば $\sqrt{2} = 1.41$，$\sqrt{3} = 1.73$ として計算せよ。

（開成高改）

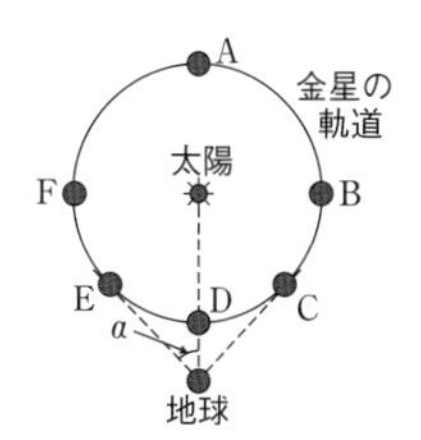

A 解説と解答

金星と地球の軌道はどちらも完全な円と考えているので，金星が太陽面通過するのは図の D に位置するときである。一方，金星が太陽から最も離れて見えるのは，地球から見て金星が E または C の位置のときである。45°，45°，90° の三角定規の辺の比は，1 : 1 : $\sqrt{2}$ であるので，太陽と E までの距離を 1 とすると，右の図より，金星が太陽面通過しているときの地球と太陽の距離は $\sqrt{2}$，金星と地球の距離は $\sqrt{2} - 1$ となる。よって，求める値は，

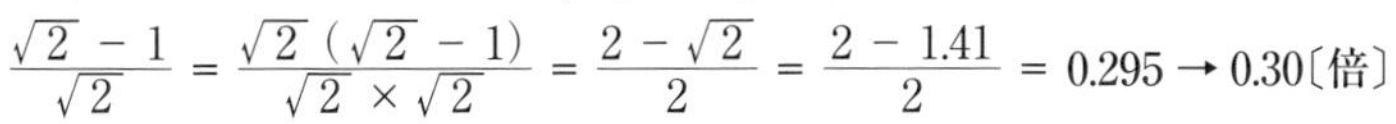

$$\frac{\sqrt{2}-1}{\sqrt{2}} = \frac{\sqrt{2}(\sqrt{2}-1)}{\sqrt{2}\times\sqrt{2}} = \frac{2-\sqrt{2}}{2} = \frac{2-1.41}{2} = 0.295 \rightarrow 0.30〔倍〕$$

答 0.30 倍

塾技 80 チャレンジ！入試問題 の解答

Q 問題 1 右の表は，太陽系の惑星の特徴をまとめたものである。(1)〜(3)の問いに答えよ。

	惑星 A	惑星 B	地球	惑星 C	惑星 D	惑星 E	惑星 F	惑星 G
太陽からの距離	0.39	0.72	1.00	1.52	5.20	9.55	19.22	30.11
密度〔g/cm^3〕	5.43	5.24	5.51	3.93	1.33	0.69	1.27	1.64
質量	0.06	0.82	1.00	0.11	317.83	95.16	14.54	17.15

※太陽からの距離・質量は地球を１としたときの値

(1) 惑星 A 〜 E の中で，真夜中に観察することができるものはどれか。次のア〜オの中からすべて選べ。

ア 惑星 A　イ 惑星 B　ウ 惑星 C　エ 惑星 D　オ 惑星 E

(2) 惑星 A 〜 G は，地球型惑星と，それ以外の惑星の２つに大きく分けられる。表のどの惑星とどの惑星の間で分けられるか。次のア〜エの中から１つ選べ。

ア B と地球の間　イ 地球と C の間　ウ C と D の間　エ D と E の間

(3) 惑星 D の体積は，表をもとに考えたとき，地球の体積の約何倍か。次のア〜オの中から最も適当なものを１つ選べ。

ア 約 8 倍　イ 約 80 倍　ウ 約 130 倍　エ 約 230 倍　オ 約 1300 倍

（福島改）

A 解説と解答

(1) 太陽からの距離が地球よりも遠い外惑星は，真夜中，南の方向の空に観察できることがある。

答 ウ，エ，オ

(2) 密度の違いに注目する。地球型惑星は，直径は小さいが密度が大きい。　答 ウ

(3) 体積 $= \frac{質量}{密度}$ より，体積は質量に比例し，密度に反比例するので，$\frac{317.83}{1.00} \times \frac{5.51}{1.33} = 1316.7\cdots \to 1317$〔倍〕

答 オ

Q 問題 2 太陽系の惑星について，次の問いに答えよ。

(1) 北半球で惑星の運動を観測した。ある日，観測者から見て，水星は太陽の後を追うように 30° 離れて動いており，太陽と水星の間の角度はこの日が最大であった。なお，太陽系の惑星は，太陽を中心として同一平面内で同心円を描いて公転するものとする。

(i) この日の水星はどのような形に見えるか。右の①〜⑦より選べ。ただし，地平線は図の下方にあるものとする。

(ii) 太陽と水星の間の距離は，太陽と地球の間の距離のおよそ何倍か。

(iii) この日の南中時刻を比較すると，金星は水星より１時間早かった。この日の金星の位置は右の図の①〜⑥のうちどれか。なお，図は地球の北極上空から見たものである。

① ② ③ ④ ⑤ ⑥ ⑦

太陽　金星の公転軌道　地球の公転軌道　地球

(2) 右の表は太陽系の惑星の性質を示したものである。惑星 a 〜 d は水星，金星，木星，土星のいずれかである。惑星 b は何か。

（東京学芸大附高改）

惑星	赤道半径（地球＝1）	質量（地球＝1）	密度〔g/cm^3〕	大気の主な成分
a	9.45	95.16	0.69	水素，ヘリウム
b	0.95	0.82	5.24	二酸化炭素
c	11.21	317.83	1.33	水素，ヘリウム
d	0.38	0.06	5.43	(ほとんどない)

A 解説と解答

(1) (i) 水星は太陽の後を追うように 30° 離れて動いていたことより，日没後，西の空に見えることがわかる。さらに，最大離角のときの形は半月形に見えることより，⑥の形とわかる。　答 ⑥

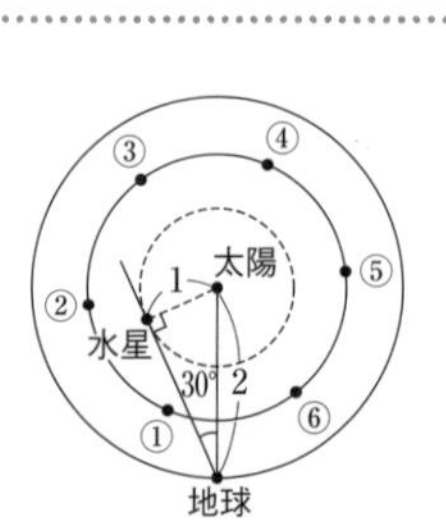

(ii) 30°，60°，90° の直角三角形の辺の比は $1:2:\sqrt{3}$ となることを利用。右の図より，0.5 倍とわかる。　答 0.5 倍

(iii) １時間の回転角は 15° にあたるので，右の図より，水星よりも 15° 太陽側に見える③の方向とわかる。　答 ③

(2) 大気の主な成分が二酸化炭素であることや，赤道半径が地球の大きさに近いこと，質量・密度から地球型惑星であることなどから，金星と考えられる。　答 金星